기초에서 활용까지

AutoCAD

박 상 호

오토캐드를 처음 접하거나 제도를 모르는 독자들을 기준으로 구성

오토캐드 버전에 구애받지 않는 내용 구성(단, 오토캐드 2000 이상 권장)

해당 파트를 복습하기에 최적화되고 오랜 기간 검증된 도면예제

제도(투상)가 미흡하고 도면을 그리지 못하는 독자들을 위해 3차원 도면 삽입

이 책을 만든 동기

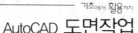

설계회사라면 오토캐드 프로그램이 설치되어 있지 않은 곳이 없습니다. 거의 모든 설계도면은 오토캐드라는 프로그램을 거치게 되어 있습니다. 그만큼 2차원 설계프로그램으로서는 독보적이라 할 수 있습니다.

오토캐드가 2차원 설계프로그램으로서 자리를 확고히 한 후 좋은 3차원 설계프로그램들이 개발되어 나왔습니다.

설계자라면 당연히 3차원 설계프로그램을 다룰 줄 알아야 할 정도로 3차원 설계프로그램들이 회사에 많이 보급되었습니다. 기계 관련 국가기술자격검정도 산업기사 이상의 시험답안 제출시 3차원 설계프로그램을 사용해야만 가능하기 때문입니다.

그러나 3차원 설계프로그램을 잘 다룬다 해도 오토캐드 프로그램은 꼭 필요합니다. 3차원 모델링 혹은 3차원 조립·분해도를 결국은 2차원 도면화로 변환해야 하기 때문입니다. 그러려면 3차원 설계프로그램에서 모델링 데이터를 2차원으로 변환해야 하는데, 2차원으로 변환한 후 개별수정은 어렵습니다. 그래서 2차원으로 변환된 데이터를 오토캐드에서 읽을 수 있는 파일로 변환한 후, 마무리는 오토캐드에서 하게 되는 것입니다.

오토캐드를 사용해서 그림을 그리는 것도 중요하지만 요즘은 다른 프로그램에서 저장된 파일을 불러와 수정과 편집을 해주어야 합니다. 때문에 오토캐드는 앞으로도 계속해서 실무자가 사용해야 할 필수 프로그램이며, 그리는 것도 중요하지만 얼마만큼 일괄적으로 수정·편집을 잘 하느냐에 따라 업무의 효율이 결정됩니다.

필자는 94년도부터 현재까지 오토캐드 과목을 강의하고 있습니다.

그동안 오토캐드를 필요로 하는 많은 학생들과 인연을 맺어왔고 현재에도 교류하고 있습니다. 수많은 학생들을 만나오면서 필자가 나름대로 3단계 분류를 해보았는데, 이분들 모두 필자를 일깨워준 고마운 스승님들이라 생각됩니다.

[완전 초보자] 컴퓨터가 사람의 마음까지 읽을 수 있다고 생각하는 분들로, 마우스나 키보드를 제때 입력하지 않고 모니터만 바라보거나 아무 키나 입력하거나 아무 곳이나 마우스로 클릭해도 도면이 본인의 의도대로 그려지는 줄 압니다.

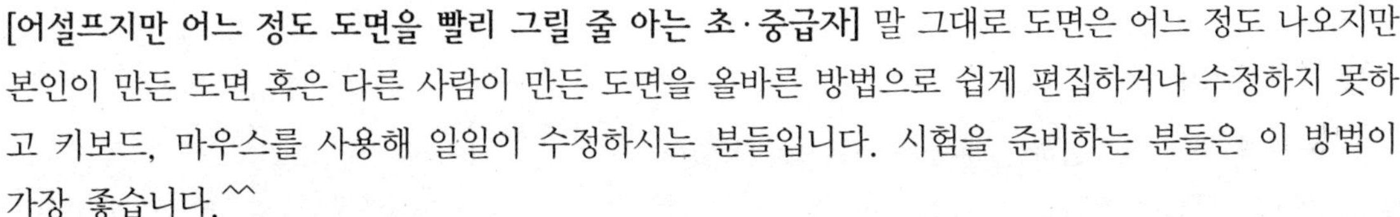

[어설프지만 어느 정도 도면을 빨리 그릴 줄 아는 초·중급자] 말 그대로 도면은 어느 정도 나오지만 본인이 만든 도면 혹은 다른 사람이 만든 도면을 올바른 방법으로 쉽게 편집하거나 수정하지 못하고 키보드, 마우스를 사용해 일일이 수정하시는 분들입니다. 시험을 준비하는 분들은 이 방법이 가장 좋습니다.^^

[중급 이상 사용자] 나름대로의 노하우와 축적된 확실한 지식이 있어 때로는 필자에게 가르치려 하거나 수업에서 틀린 부분이 없는지 찾아내려는 분들입니다. 이분들 중 몇몇은 대량적인 도면을 효과적으로 편집하거나 관리하는 면에서는 필자보다 한 수 위인 것이 확실한 것 같습니다.^^

이처럼 수강생들의 수준이 다양하나 필자는 수업을 진행할 때 무조건 완전 초보자 위주로 합니다. 이들이 가장 많기 때문입니다.
오토캐드를 조금이라도 알거나 아주 많이 아는 분들에게도 처음부터 수업을 들으라고 합니다. 의외로 정말 중요한 기본을 모르는 경우가 많기 때문입니다.

수업 초·중반을 넘어가면서 초보자는 나름대로 오토캐드의 개념을 가지고 흥미를 느끼게 되며 초·중급자는 예제도면을 그려 나가면서 이런 방법도 있구나 하며 배움의 재미를 갖게 됩니다.
드물지만 고급 사용자들은 간혹 나오는 전혀 몰랐던 기법, 평소에 짜증났던 도면관리를 정말 단 하나의 명령어로 해결할 수 있는 것 등을 알게 되었을 때 아주 좋아합니다.

수준이 다른 사람들을 모아놓고 초보자 위주로 수업을 진행하지만, 수료 후 오토캐드 활용 수준은 거의 비슷하게 됩니다. 초보자였어도 열심히 하여 오래 해왔던 사람들보다 더 잘하게 되는 경우를 수없이 보았습니다.

강의를 하다보면 개인적인 사정으로 결석 또는 지각을 하는 분들이 종종 있는데 그런 분들을 일일이 보강하다보면 저도 힘들고 학생들도 힘들어 해서 효율이 그다지 좋지 않습니다.

그래서 이 책을 만들어 봤습니다. 강의 순서와 강의 내용을 그대로 옮겨 놓았고 해당 명령어를 사용해야만 완성할 수 있는 도면들을 해당 부분에 연습도면으로 넣었습니다. 한마디로, 따로 설명을 듣지 않아도 혼자서 할 수 있도록 구성했습니다.

여러 차례 실험 강의를 하면서 미처 생각하지 못했던 부분들을 수정, 보완하여 학생들로부터 대부분 만족스럽다는 평가를 받았으므로 자신 있게 펴냅니다.

[이 책의 특징]

1. 오토캐드를 처음 접하는 분들을 기준으로 하였다.
2. 제도를 모르는 분들을 대상으로 하였다.
3. 오토캐드 버전에 무관하다.(단 오토캐드 2000 이상 버전 권장)
4. 각 명령어마다 단축키를 넣어 대문자로 표현하였다.
5. 각 파트에 수록된 예제는 해당파트를 복습하기에 최적화된 예제들로서 10년 넘게 다듬어진 검증된 도면들이다.
6. 제도(투상)를 못해서 도면을 못 그리는 분들을 위해 필요할 때는 한쪽에 3차원 도면을 삽입하여 참고하도록 했다.
7. 기계CAD에 목적을 둔 책이므로 건축/토목/인테리어나 전자분야의 CAD가 필요하신 분들은 이 책이 적합하지 않다.
8. 이 책의 내용을 빠짐없이 이해하고 부록을 제외한 해당 과제도면을 거의 다 그릴 줄 알면 오토캐드를 마스터한 것이다.

강의를 들었던 수많은 학생들, 박인종 원장님, 류명현 실장님 그리고 동료직원들, 도서출판 예문사의 지원에 감사드립니다.
그리고 "굼벵이도 구르는 재주가 있다더니……" 하면서 놀리는 홍수영 마눌님, 조금만 실수해도 지적하는 귀여운 지적쟁이 박서연 양의 응원에 감사드립니다.

한백 산업디자인학원 교육부장
박 상 호

이 책으로 공부하는 방법

오토캐드를 사용하여 도면작업을 하기 위해서는 그리기와 편집명령어를 잘 다루는 것보다 더 중요한 것이 환경설정과 도면 세팅의 활용이라고 할 수 있다.

도면 세팅을 예를 들자면 레이어, 블록, 문자스타일, 치수스타일, 시스템 변수, 레이아웃, 템플릿 도면 등을 적절히 잘 관리하고 활용하여야 도면의 작성, 편집, 일괄변환 등을 쉽고 빠르게 할 수 있다. 하지만 초보자 입장에서는 도면 세팅에 대한 중요성이 피부로 와 닿지 않기 때문에 처음부터 도면 세팅 설명을 하기에는 무리가 있고 흥미 또한 반감되므로 어려운 세팅에 관해서는 책의 뒤쪽에 설명과 활용법을 자세히 설명하였다.

[Part 1]

이 책을 따라하는 데 있어서 사용자의 작업환경과 책의 환경이 일치하도록 하려면 환경설정을 다룰 줄 알아야 한다. 하지만 환경설정 자체가 너무 광범위하고 처음 시작하는 초보자가 이해하기에 상당히 어려우므로 되도록 설명은 생략하고 꼭 해야만 하는 설정은 순서대로 따라하도록 만들었다. 파트1이 끝나면 오토캐드의 업그레이드에 의해 계속해서 달라지는 작업환경에 적응하기 위해 또다시 공부해야 하는 수고를 하지 않아도 된다. 즉 이 책은 오토캐드 버전과는 상관없다고 할 수 있다.

[Part 2~5]

초보자에게 가장 필요하면서도 잘 이해할 수 있는 그리기와 편집명령에 대해서 설명하였다.
명령어 입력 시 디스플레이 되는 옵션들이 사실은 중요하지만 초보자들에게 상당한 거부감과 두려움을 준다. 한글 오토캐드와 영문 오토캐드가 서로 다른 관계로 일부러 디스플레이 되는 옵션들은 기재하지 않았고 사용자가 직접 입력을 해야 하는 옵션들만 기재하여 단순화시켰다.

옵션의 사용법에 대한 규칙은 다음과 같다.

- Command 창에 c라는 명령어를 입력한 후 Enter↵를 입력하면 원의 중심점을 지정하거나 옵션을 선택하라고 나온다.
  이때 제공되는 옵션은 3가지로서 3P, 2P, Ttr이 제공되고 있다.
  옵션을 선택하려면 대문자로 디스플레이되고 있는 영문자를 대소문자 구별 없이 입력한 후 Enter↵를 입력한다.

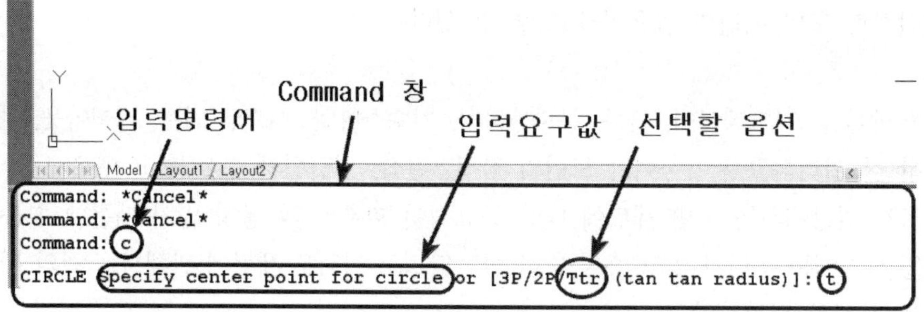

- 오토캐드에서 제공되는 옵션은 대괄호 [ ] 내에서만 표현된다.
  간혹 ( ) 나 〈 〉 내에 문자나 값이 들어있는데 ( ) 안에 기입된 문자는 주석문이며 〈 〉 안에 있는 값은 기본 값으로서, 그냥 Enter↵를 입력했을 때 자동으로 들어가는 값이다.

- 파트 2부터는 따라 그리거나 예제도면을 스스로 작성할 때 실수로 명령을 잘못 사용하여 되돌리고 싶은 경우 Ctrl 키를 누른 상태에서 Z를 눌러 방금 전 상태로 되돌릴 수 있다. 하지만 이 기능을 남용하는 것은 권하고 싶지 않다.

- 파트 5까지만 확실히 이해해도 문자와 치수기입을 제외한 대부분의 도면작성을 다 할 수 있으며, 오토캐드에 흥미를 갖게 될 것이다.

[Part 6]

파트 6에서는 가장 중요하면서 이해하기 쉬운 설정의 한 종류인 레이어 개념과 활용법을 넣었다. 오토캐드와 어느 정도 친해졌으므로 이때부터는 레이어가 어떤 기능이며, 왜 필요하며, 얼마나 편리한 기능인지를 알게 될 것이다.
파트 6을 이해하면 도면에 색상과 선 모양에 대한 효과적인 제어가 가능해진다.
파트 6을 마치면 파트2부터 파트5까지의 그렸던 예제도면을 다시 열어 레이어를 추가하여 외형선의 분리와 빠진 중심선을 추가함으로써 도면의 완성도를 높일 수 있다.

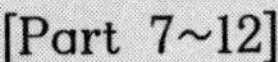

[Part 7~12]

파트 7부터 파트 12까지 설정에 대한 언급은 전혀 하지 않았다. 그만큼 설정에 대한 개념이 아직은 어려우므로 도면그리기에 필요한 추가 명령어와 편집명령을 다루었다.
파트12까지 잘 이해하고 해당 예제도면들을 스스로 그릴 줄 알게 된다면 도면작성 및 편집은 초급자를 뛰어넘었다고 봐도 무방하다. 파트 12까지의 예제도면은 일반 예제도면들과는 격이 다른 즉 명령어를 확실히 이해하고 응용할 수 있어야만 그릴 수 있는 도면들이며 해당 파트의 핵심을 방해하는 예제도면 부풀리기는 하지 않았다.

[Part 13]

문자기입 작성법과 문자 설정법 및 활용법에 대해서 다루었다.

[Part 14]

블록개념을 도입하여 비슷한 형상으로 대부분의 도면에 반복해서 들어가는 요소들을 간편하고 효과적으로 그릴 수 있는 기법을 소개하였다.

[Part 15]

치수기입의 설정법과 활용법을 설명하였으며 꼭 알아야 할 치수변수에 대한 설명을 추가로 넣었고 치수기입 연습은 파트 12까지 연습했던 예제도면에 직접 치수기입을 해봄으로써 학습할 수 있다. 기존에 그렸던 예제도면에 치수기입을 하면서 치수설정에 대한 설정을 반복 연습하게 되므로 치수설정 숙달을 위해서는 파트15를 끝낸 후 이전 파트 예제도면에 꼭 치수기입을 해보길 권한다.

[Part 16]

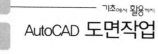

매번 반복해야 하는 작업 즉 표제란, 테두리선, 주서작성, 레이어작성, 문자스타일, 치수 스타일, 자주 쓰는 심볼(예를 들어 표면거칠기, 기어 요목표 등)의 블록화, 레이아웃 및 출력 설정 등을 하나의 도면에 내장시켜 다음에 새로 도면작성을 할 때는 완벽히 세팅된 새 도면에서 시작하게 되므로 도면 그리기에만 집중할 수 있도록 템플릿 도면작성법에 대해서 배운다.
기계 관련 국가기술자격증을 준비하는 수험자와 일반 실무자를 위해 템플릿 유형을 2가지로 나누어 설명하였다.
파트 15까지 충분히 이해가 되어야만 파트16을 이해할 수 있으므로 파트15까지 충분히 연습한다.

[Part 17]

비전공자들이 가장 어려워하는 나사의 표현법에 대해서 다루었다.

[Part 18]

표면거칠기의 종류와 형상공차 심볼의 기재방법만 다루었다. 형상공차 개념은 비전공자에게는 어려우므로 개념에 대한 이해가 필요한 분들은 기계제도에 관련된 전문서적을 참고하기 바란다.
예제도면에서는 조립도와 부품도의 개념을 쉽게 파악할 수 있도록 최대한 간단한 조립도를 1:1 척도로 만들어 보았다.

[Part 19]

객체스냅의 효과적인 사용법에 대해 다루었다. 일명 자동 객체스냅의 설정이라고도 하는데 보통의 경우 자동 객체스냅을 앞장에서 다루지만 이 책에서는 뒷부분에 넣었다. 그 이유는 자동 객체스냅이 만능이 아니므로, 수동 객체스냅(빠른 객체스냅) 예를 들어 end,int 등등을 수천 번 반복 입력해봄으로써 손과 머리에 완전히 익힌 후에야 자동 객체스냅을 효과적으로 활용할 수 있기 때문이다.

[Part 20]

오토캐드를 사용하면서 간혹 생기는 문제점에 대한 해결방법을 다루었다. 책의 흐름을 방해하지 않도록 뒤쪽에 삽입하였다.

[Part 21]

이 책에서 다루는 명령어를 드로잉, 객체스냅 명칭, 편집, 설정으로 분류하여 알파벳 순으로 배열하였다.
편집명령에서 되돌리기 Ctrl+Z과 되돌리기 취소기능 Ctrl+Y는 오토캐드 숙달을 위해 본문에서는 다루지 않았지만 정말 필요할 때는 사용하도록 한다.

[Part 22]

오토캐드 시스템 변수로서 오토캐드가 완전히 숙달되면 한 번씩 실험해본다.

[Part 23]

출제되었던 기계 관련 국가기술자격증 실기시험문제로서, 문제도를 1 : 1로 표현하였다. 독자가 직접 문제도의 각 부품들을 측정하여 부품도 작성을 할 수 있도록 하였고 모범답안도 만들어 넣었다.
투상이 잘 안 되는 분들을 위해서 모범답안 뒤에는 분해 조립도를 삽입하였다.
비전공자가 파트 23을 공부하기 위해서는 기본적인 제도개념과 규격집의 활용을 할 수 있어야 가능하지만 오토캐드 명령어 연습을 위해 해답도를 보며 그려보는 것은 비전공자도 얼마든지 가능하다.

이 책에서는 3차원 모델링에 대한 사용법은 다루지 않았다.
오토캐드의 3차원 모델링의 단점은 모델링만 될 뿐 기존 데이터의 치수를 바꾼다든지 형상을 바꾸는 기능이 거의 없고, 조립 분해도 작성의 비효율성 때문에 다른 3차원 전용 CAD를 권하고 싶다. 하지만 오토캐드 2차원은 도면생성과 편집에서 독보적인 위치에 있으므로 잘 활용하기 바란다.

이 책을 하루 평균 3시간에서 4시간 정도 공부한다고 가정했을 때 한 달이면 마스터하여 오토캐드 왕초보에서 오랜 기간 오토캐드를 다루어본 실무진들과 어깨를 견주게 될 것이다.

파트 2부터 파트 19까지 이해했다면 독자는 모든 도면작성을 다음과 같은 패턴으로 하게 될 것이다. 지금부터의 설명은 앞으로 독자가 도면작업을 어떤 과정을 거쳐 완성해야 하는지를 개략적으로 설명한 것이므로 참고한다.

가장 처음 그림과 같이 항상 사용하는 레이어, 문자스타일, 치수스타일, 블록설정을 만든다.

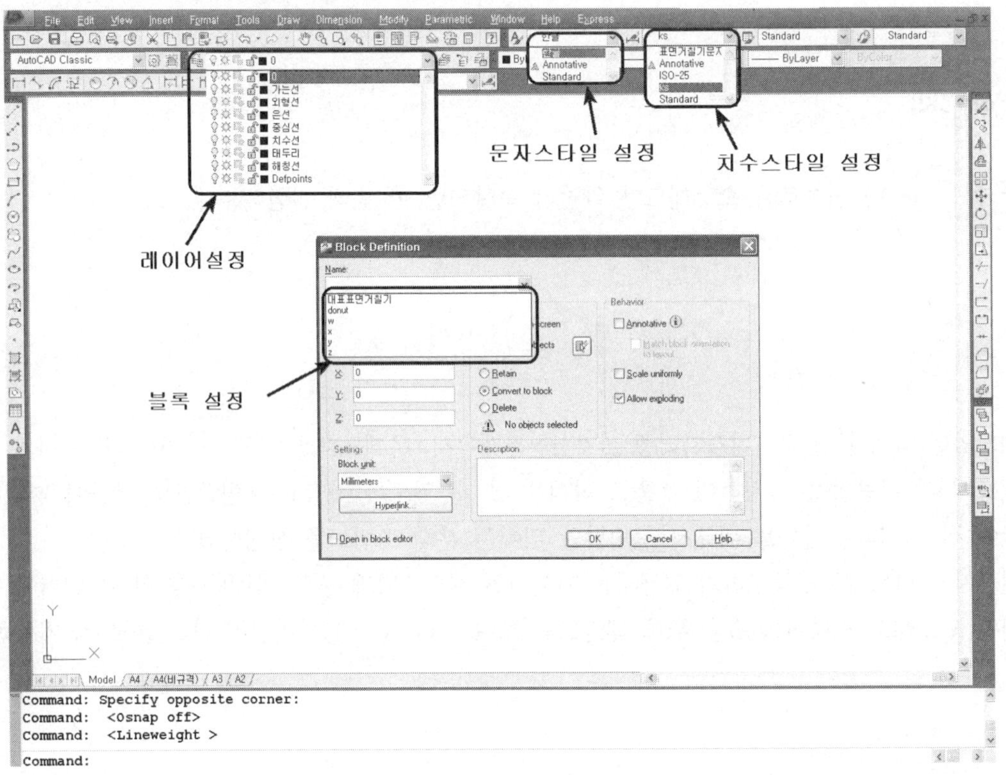

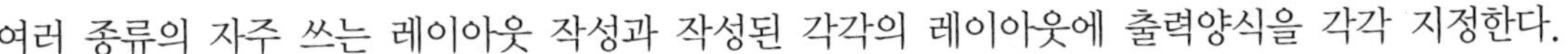

여러 종류의 자주 쓰는 레이아웃 작성과 작성된 각각의 레이아웃에 출력양식을 각각 지정한다.

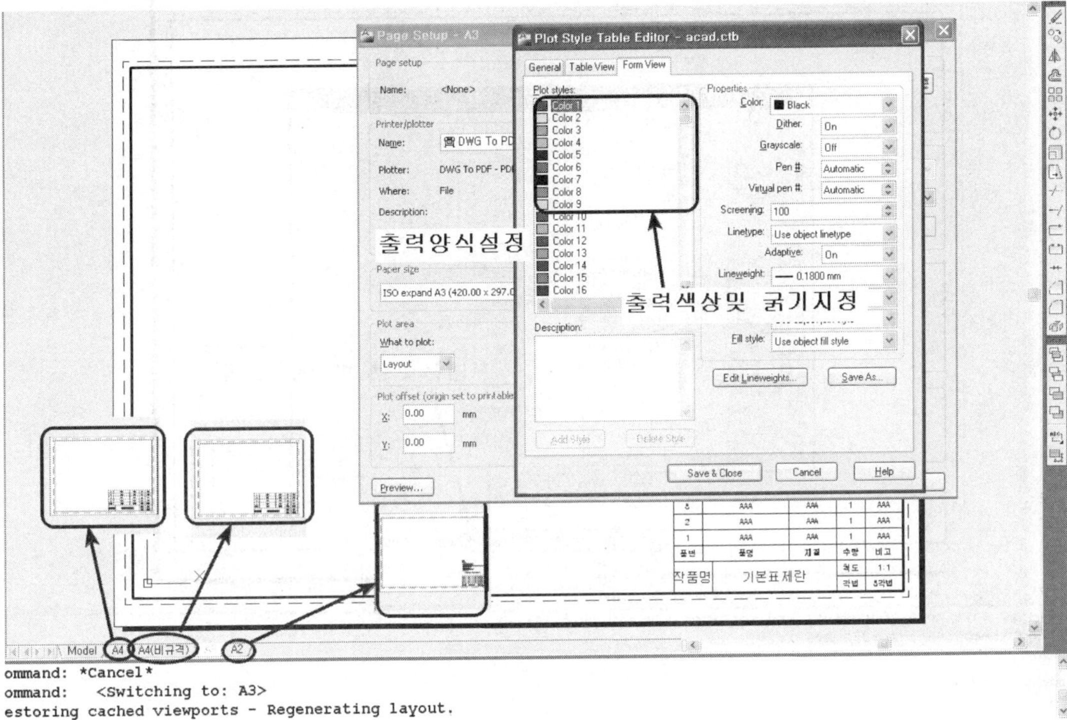

작업한 도면을 일반 dwg 도면이 아닌 템플릿 도면으로 등록한다. 이 템플릿 도면에는 출력 설정 값을 포함한 레이어, 블록, 각종 스타일에 관한 모든 설정 값들이 내장되며, 사용자가 도면을 시작할 때 도면작성 소요시간 단축 및 출력 시 일관성을 유지하게 된다.

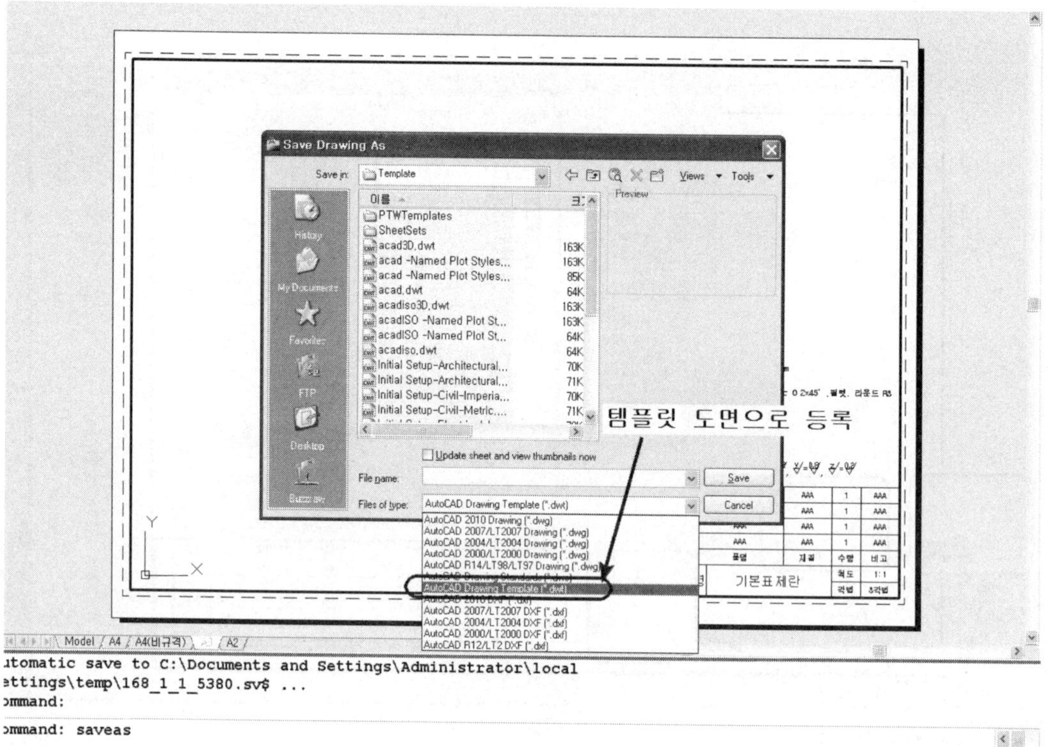

새로운 도면을 작성할 때는 미리 만들어 놓은 템플릿 도면을 시작 도면으로 지정한다.

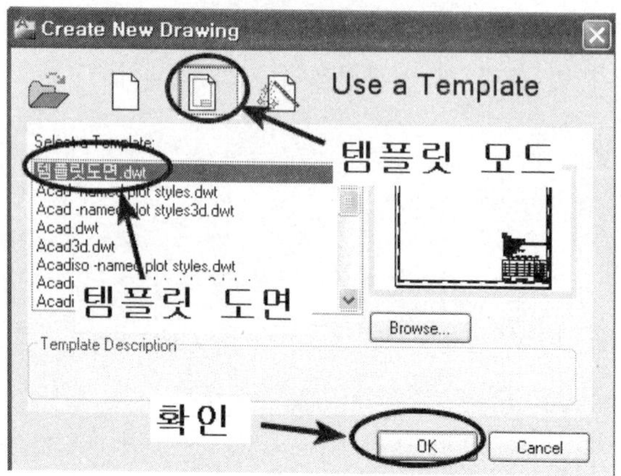

이 템플릿 도면에는 오토캐드 도면작업에 필요한 모든 설정이 사용자에 맞게 세팅되어 있지만 구조적으로 비어 있는 도면으로 인식된다.

레이아웃에서 모델영역으로 이동한다.

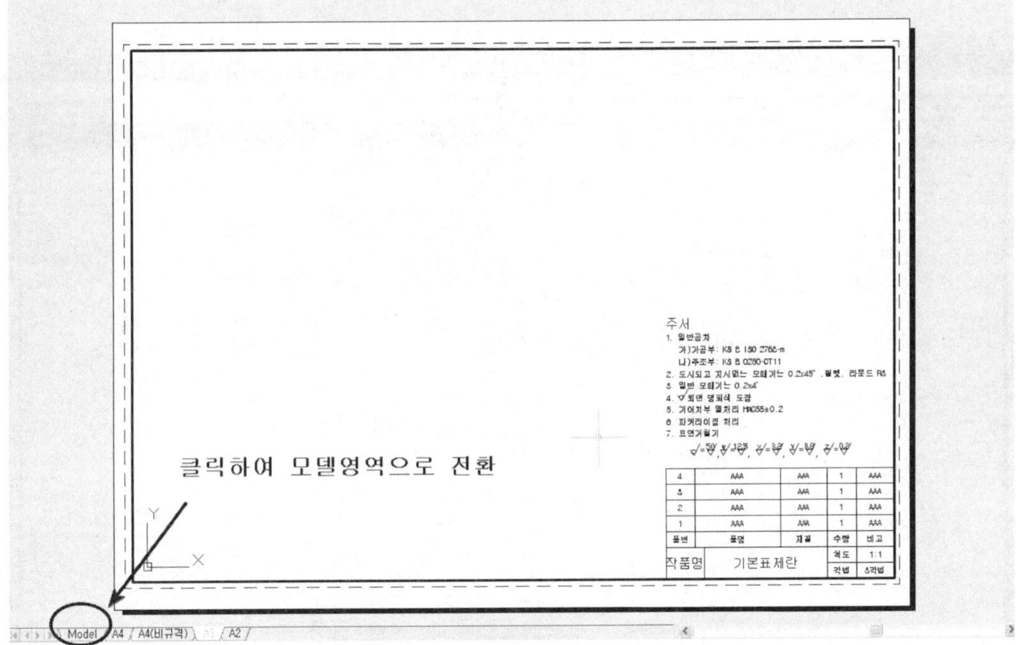

시작도면에 모든 설정 값들이 이미 제공되어 있으므로 도면작성에만 몰두할 수 있고 각종 내장된 표면거칠기와 해당 블록들을 마음대로 사용하면 된다.

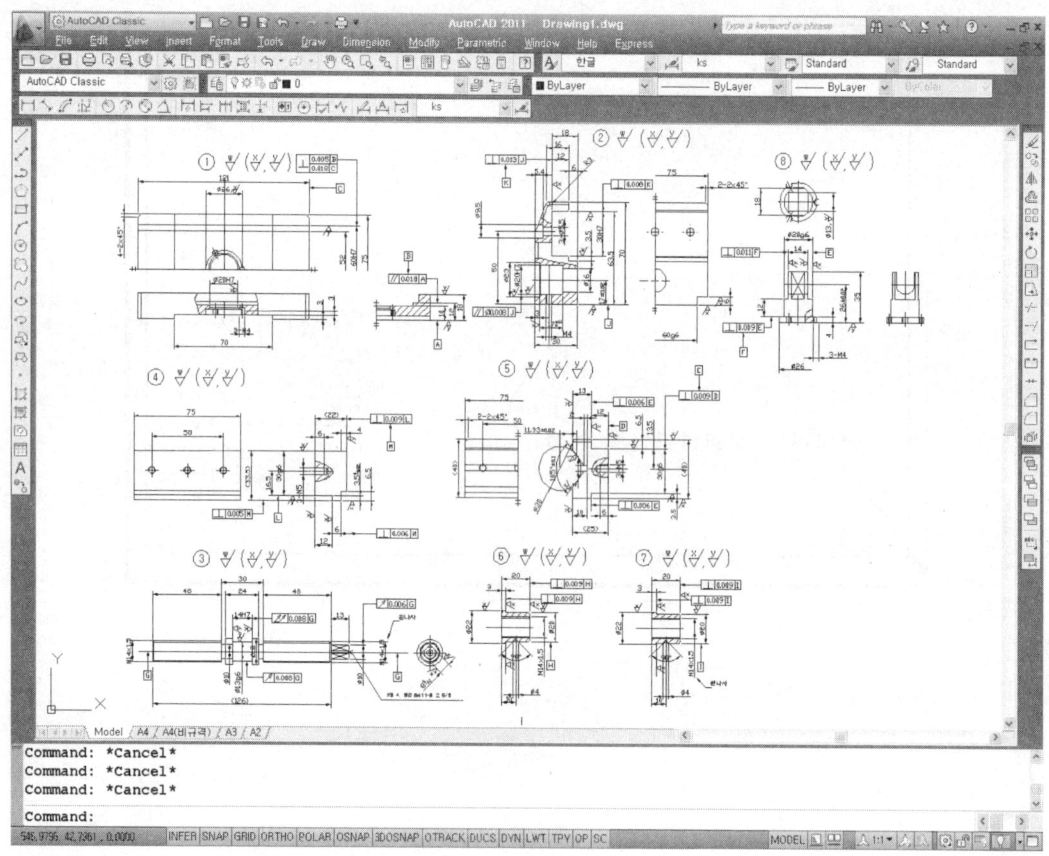

이제 출력을 해보자.

이미 설정해 놓은 레이아웃 탭 중에서 원하는 레이아웃 탭을 클릭한다.
모델영역 내의 드로잉 요소들이 테두리선 내에 적당히 배치되도록 Zoom 명령을 사용하여 조정한다.

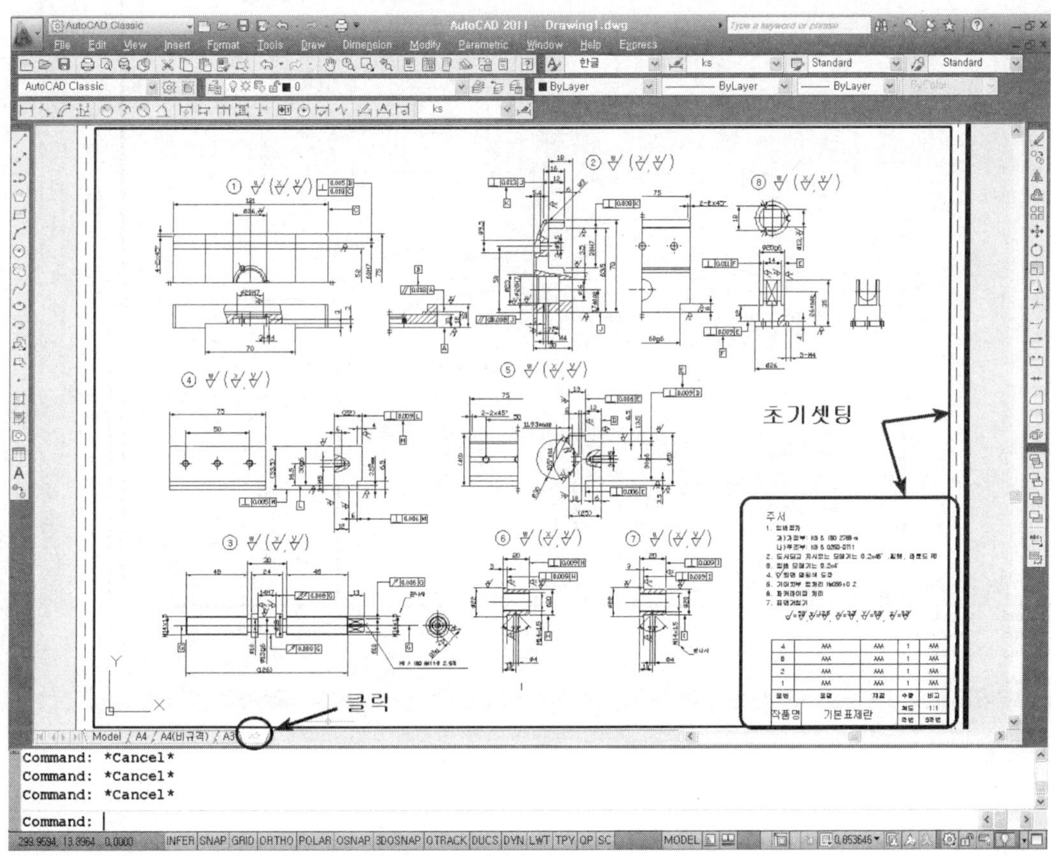

종이영역으로 전환하여 초기 세팅인 주서와 표제란의 부품명을 현 도면에 맞도록 수정한다.

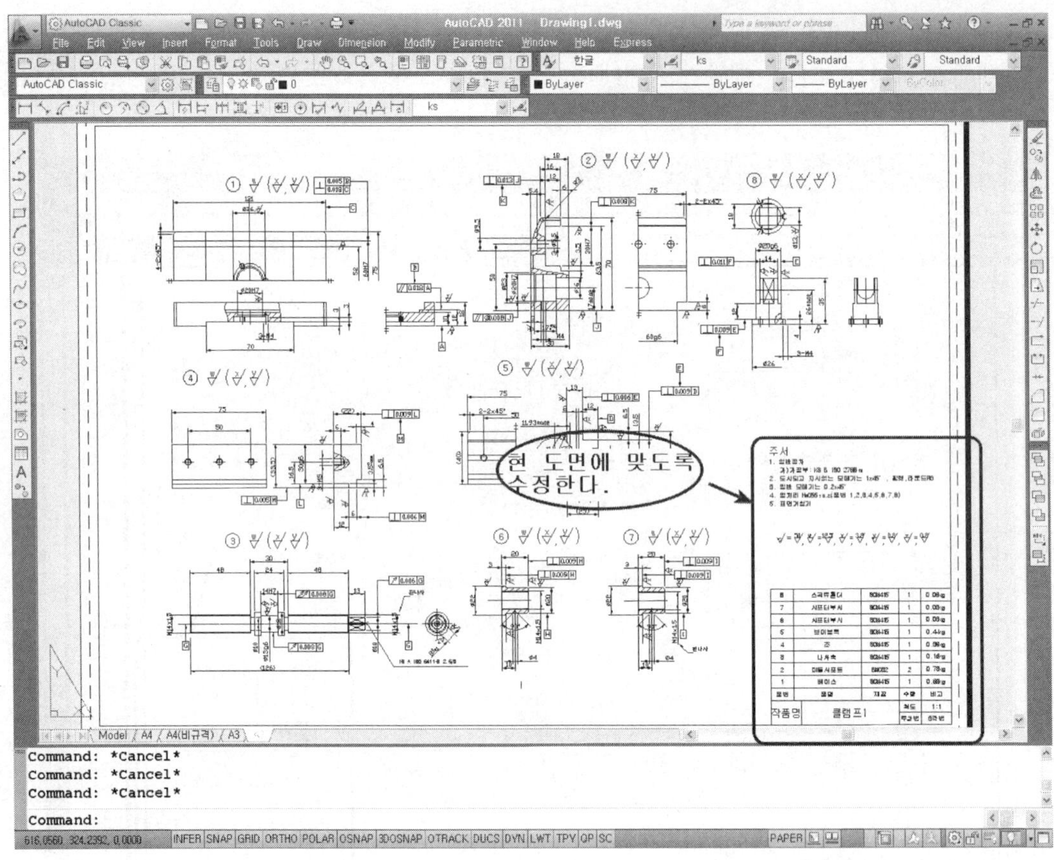

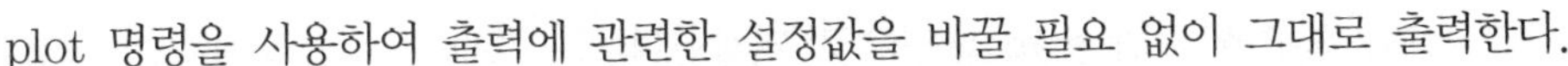

plot 명령을 사용하여 출력에 관련한 설정값을 바꿀 필요 없이 그대로 출력한다.

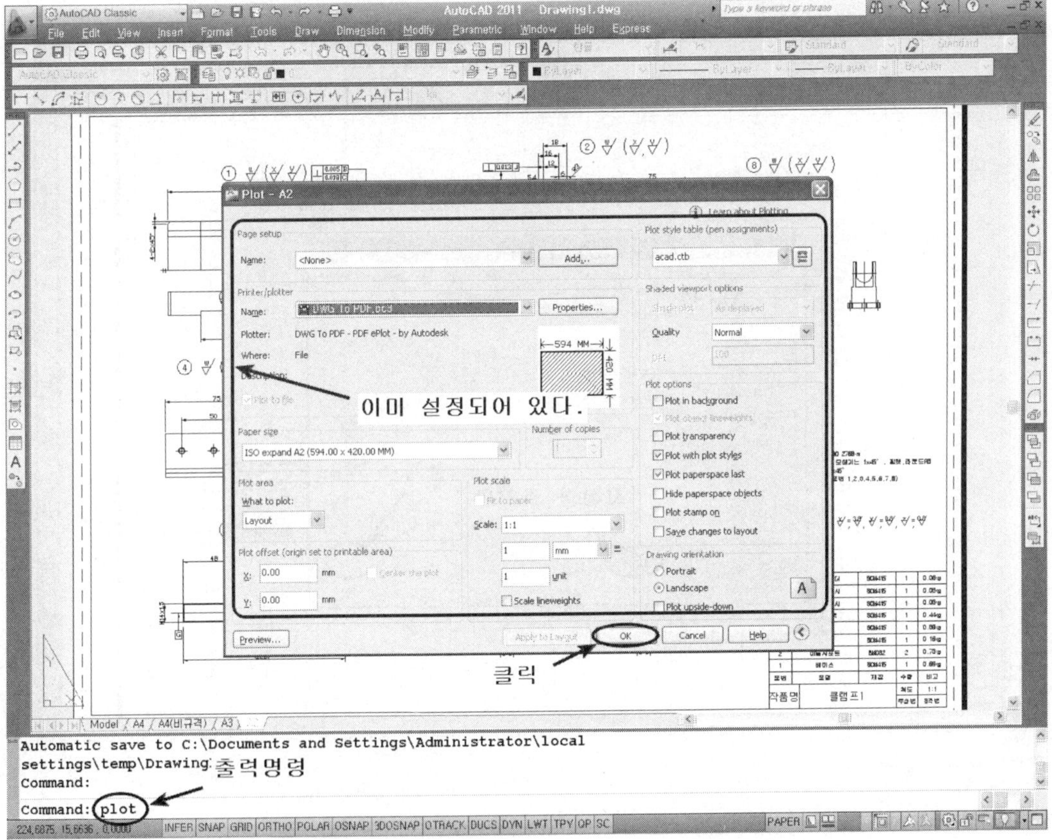

save 명령을 사용하여 현재 도면을 일반 dwg 도면으로 저장한다.

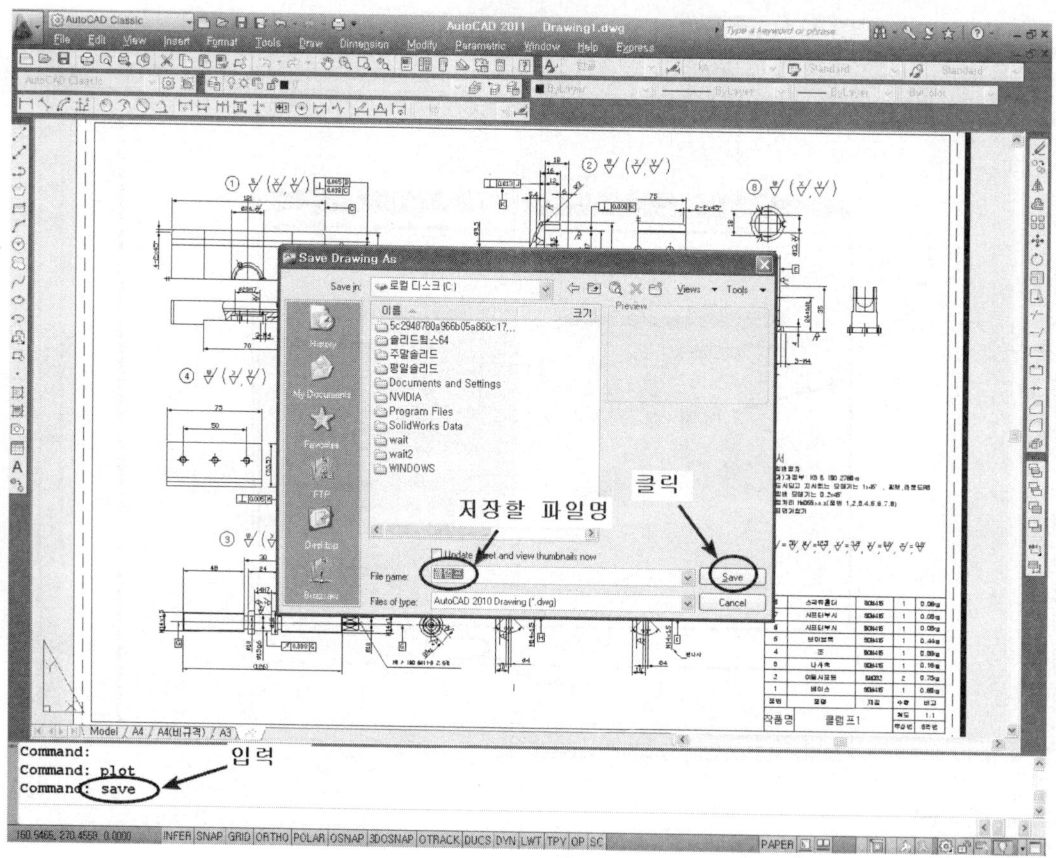

차 례

PART 01

환경 설정

사용자에 맞게 환경을 변경하고, 본 책을 학습하기 위해 다음과 같이 환경 설정을 한다.

오토캐드를 처음 실행하면 다음과 같은 화면이 나타난다.

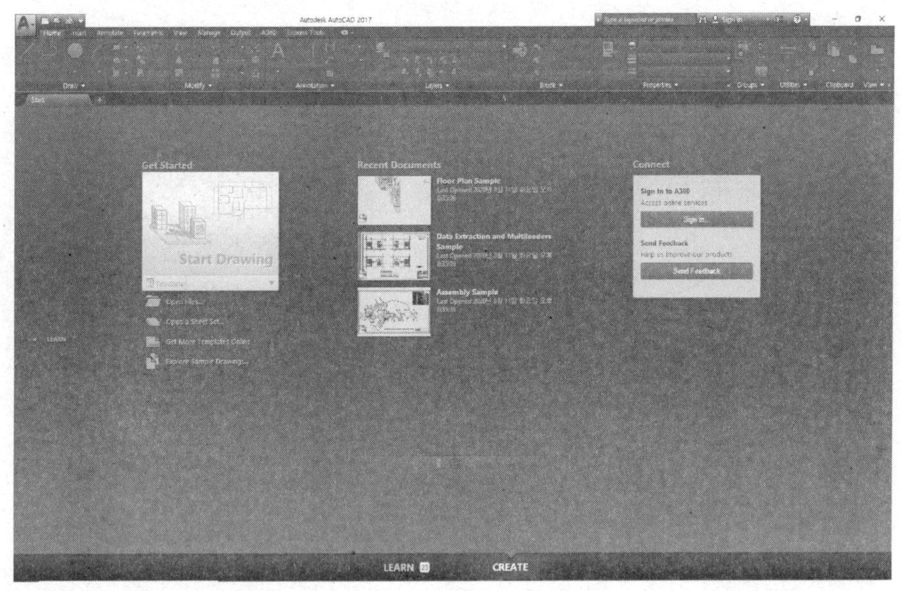

왼쪽 상단의 뉴 버튼을 클릭한다.

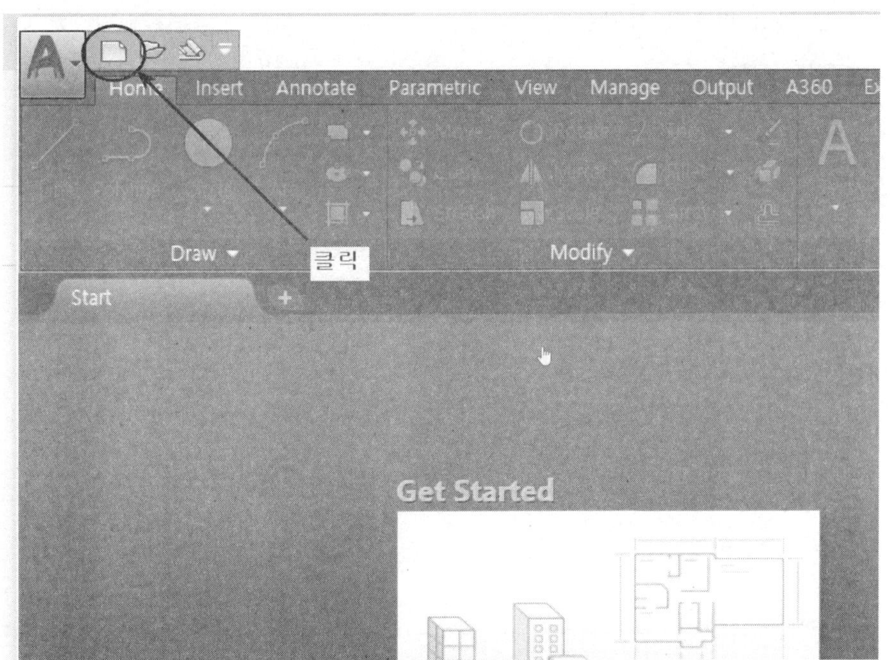

acadiso.dwt 파일을 클릭한 후 Open 버튼을 클릭한다.

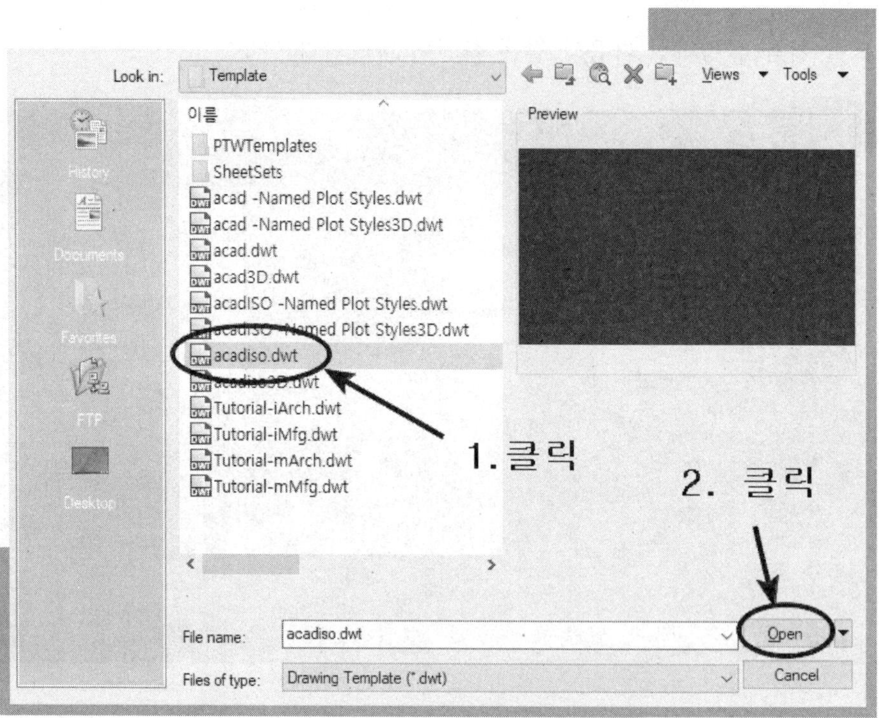

redo 버튼 옆 확장 버튼을 클릭한다.

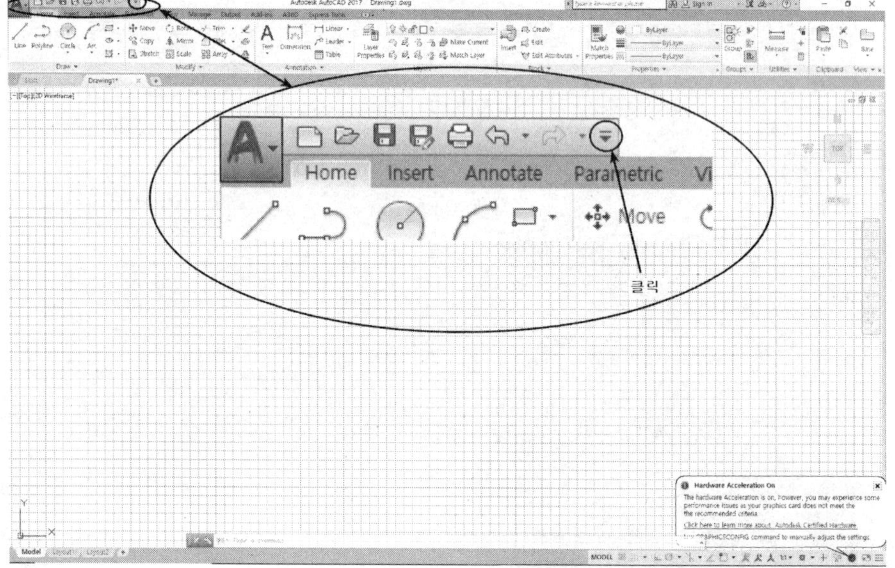

풀다운 메뉴의 Show Menu Bar를 클릭한다.

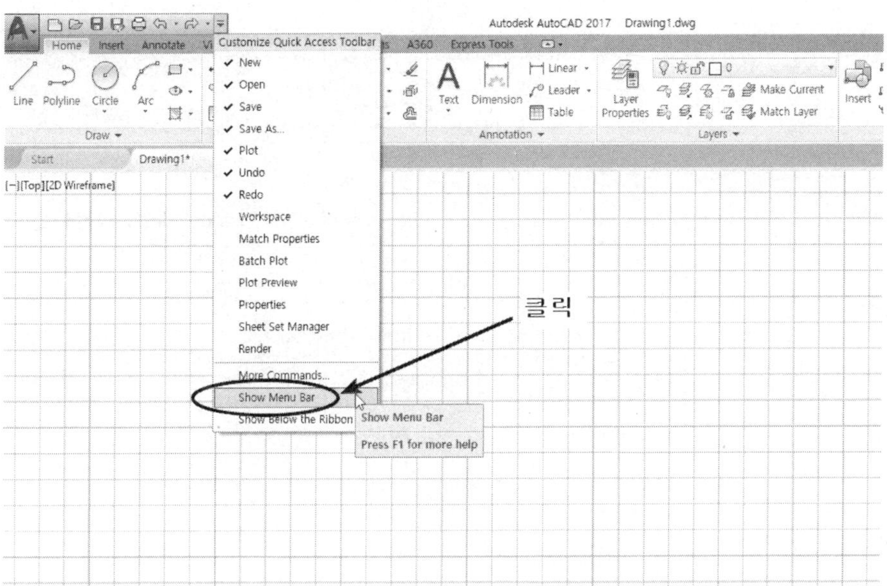

메뉴 바의 Tools를 클릭한다.

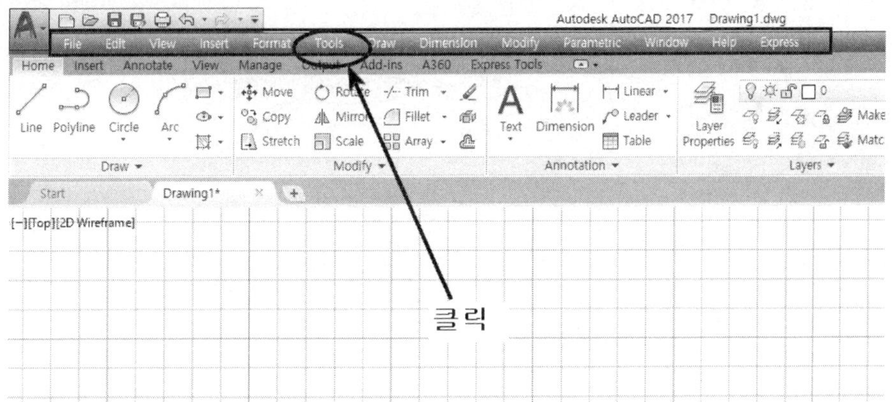

Tools-Palettes-Ribbon을 클릭하여 Ribbon 바를 숨긴다.

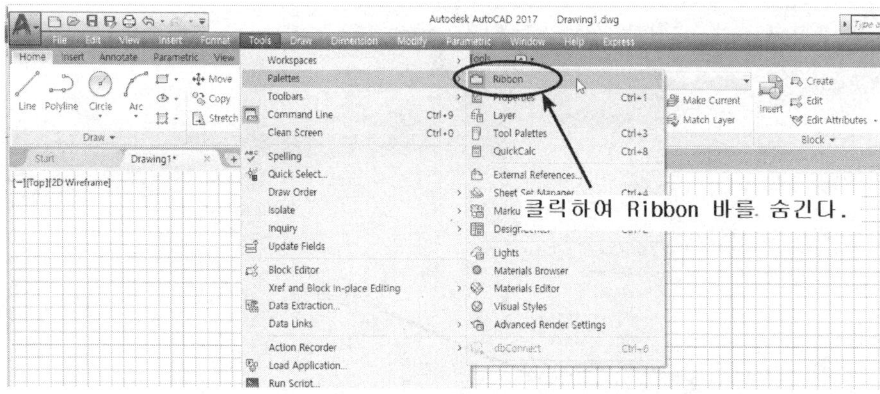

메뉴 바의 Tools를 클릭한 후 Toolbars-AutoCAD-Dimension을 클릭하여 치수기입 툴바를 나타나게 한다.

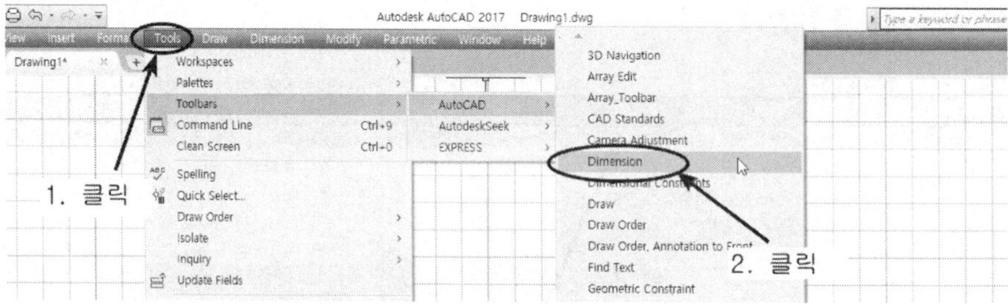

Dimension 툴바의 왼쪽 혹은 오른쪽 끝 세로줄 부위를 드래그 & 드롭 하여 가운데 지점으로 이동한다.

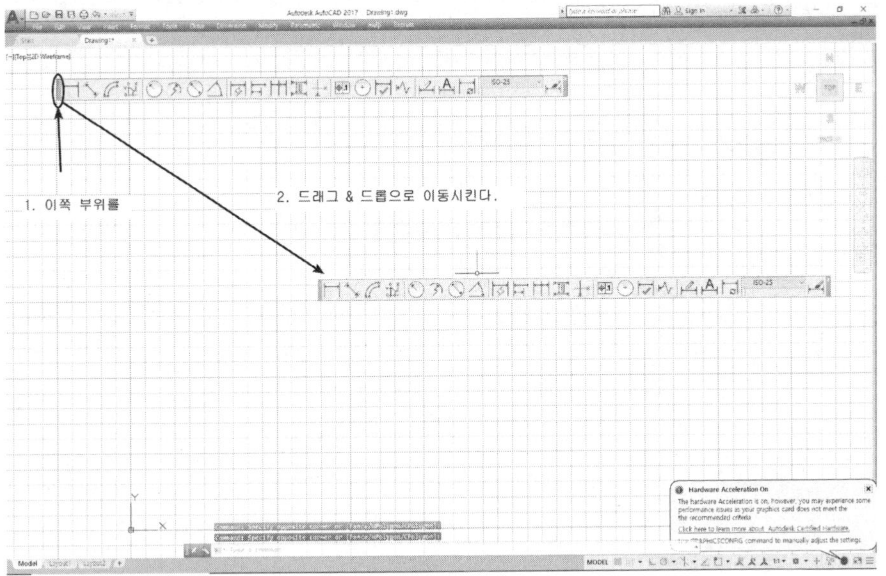

Dimension 툴바의 아무 아이콘이나 마우스 우클릭 후 버튼 메뉴에서 Layers를 클릭한다.

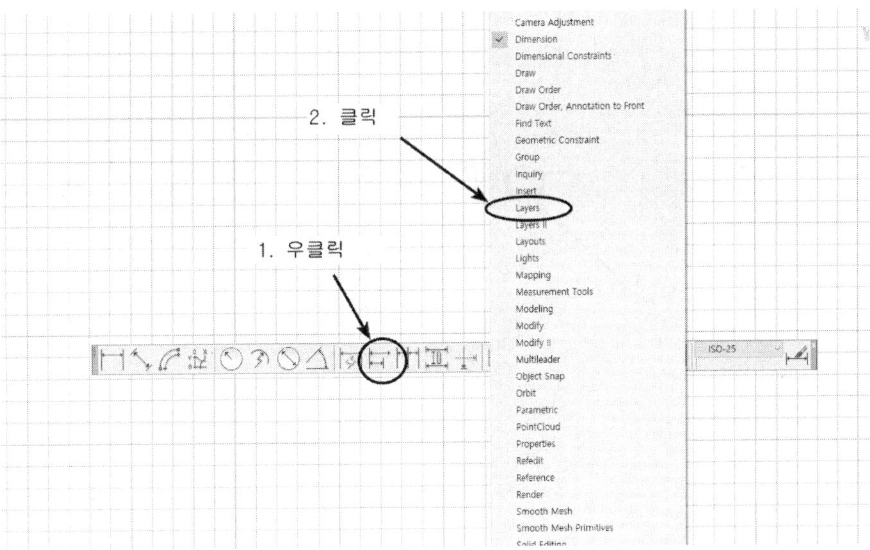

Layers 툴바를 드래그 & 드롭 하여 아래 그림과 같이 이동한다.

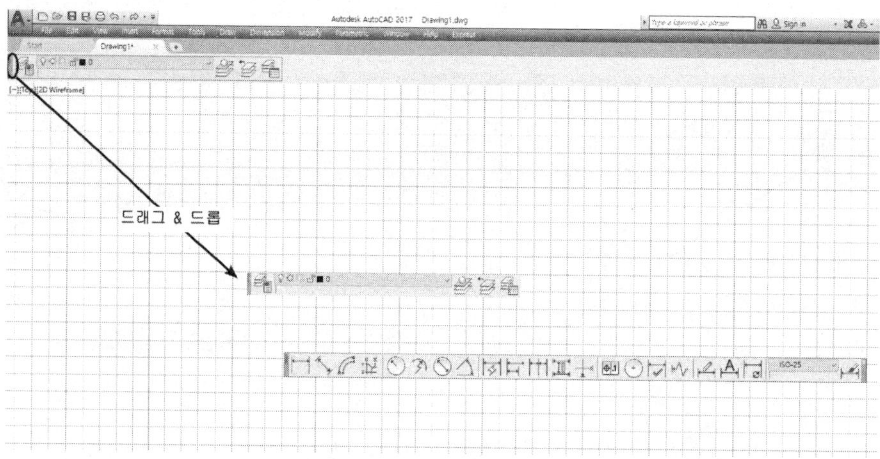

Dimension 툴바의 아무 아이콘이나 마우스 우클릭 후 버튼 메뉴에서 Properties를 클릭한다.

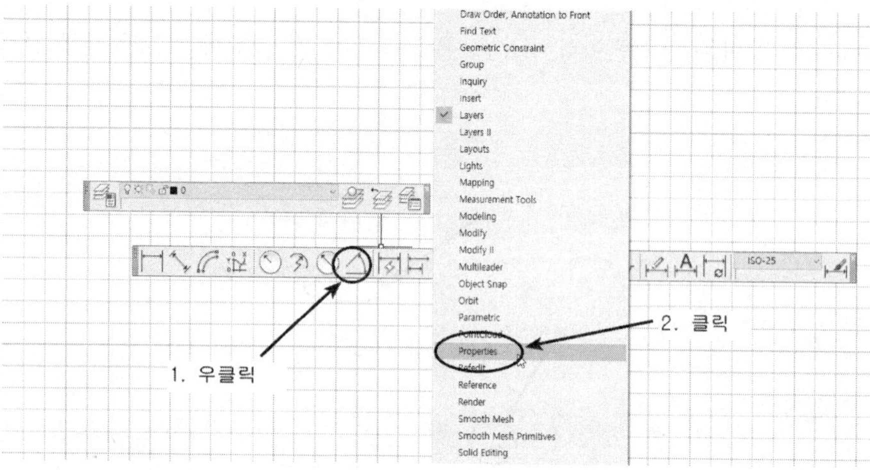

아래 그림과 같이 Properties 툴바를 드래그 & 드롭 하여 이동한다.

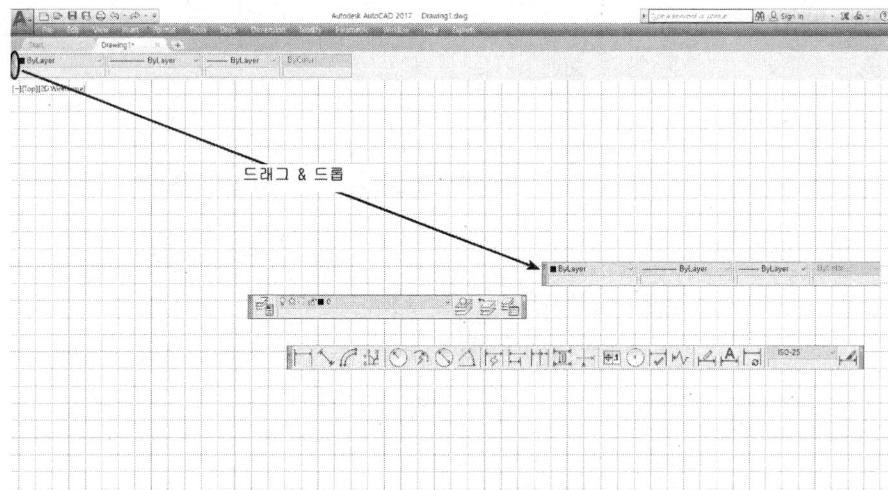

Dimension 툴바의 아무 아이콘이나 마우스 우클릭 후 버튼 메뉴에서 Styles를 클릭한다.

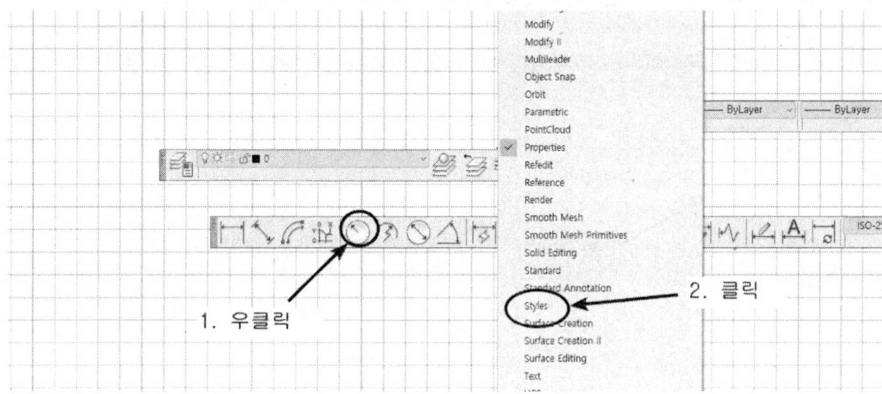

아래 그림과 같이 Styles 툴바를 드래그 & 드롭 하여 이동한다.

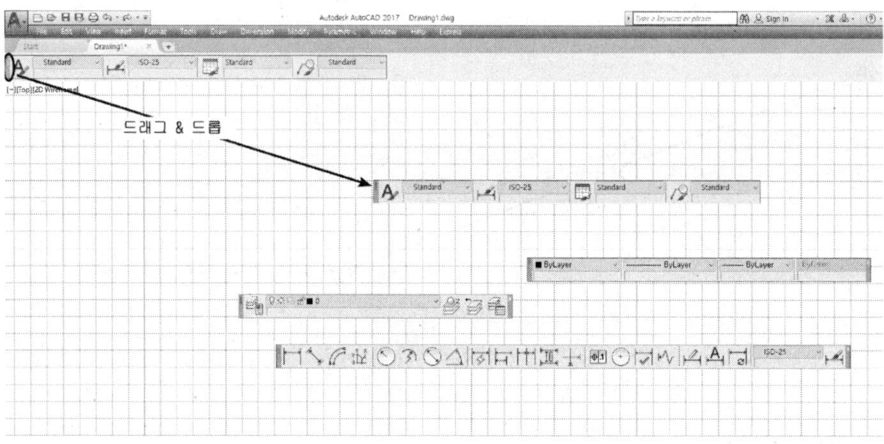

4개의 툴바는 도면 작성 및 편집에 꼭 필요한 필수 툴바이므로 항상 같은 자리에 위치시켜 놓자.

아래 그림과 같이 Styles 툴바를 위쪽 방향으로 드래그 & 드롭 하여 도킹한다.

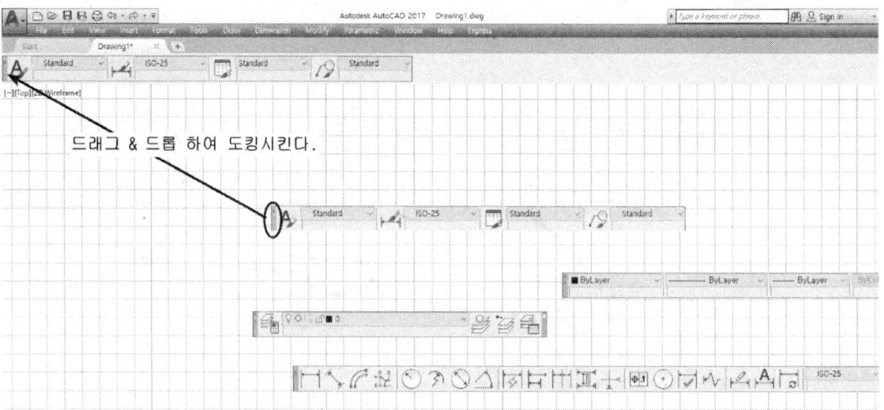

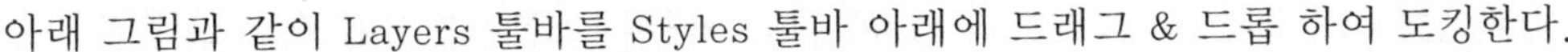

아래 그림과 같이 Layers 툴바를 Styles 툴바 아래에 드래그 & 드롭 하여 도킹한다.

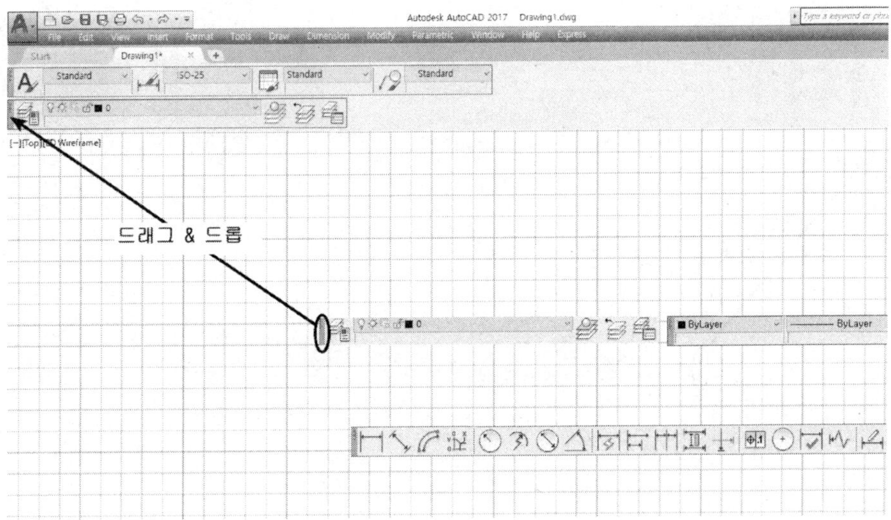

아래 그림과 같이 Properties 툴바를 Layers 툴바 우측 옆에 드래그 & 드롭 하여 도킹한다.

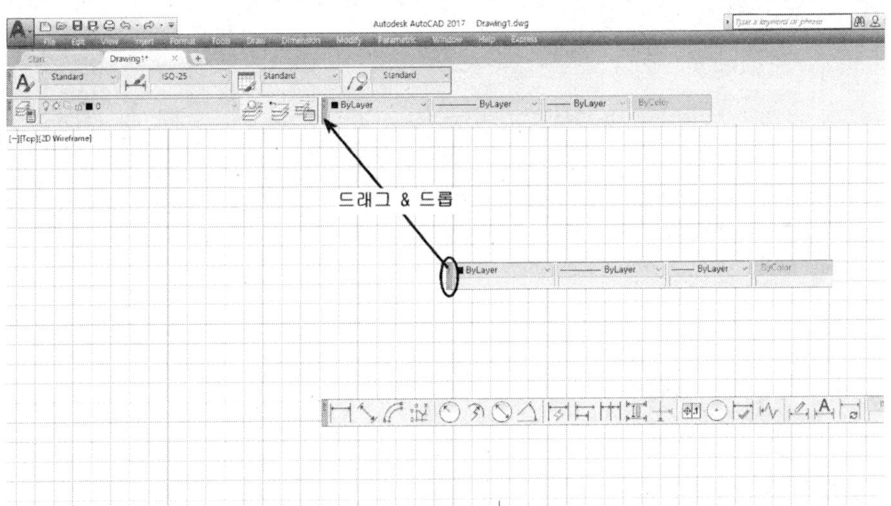

아래 그림과 같이 Dimension 툴바를 Layers 툴바 아래에 드래그 & 드롭 하여 도킹한다.

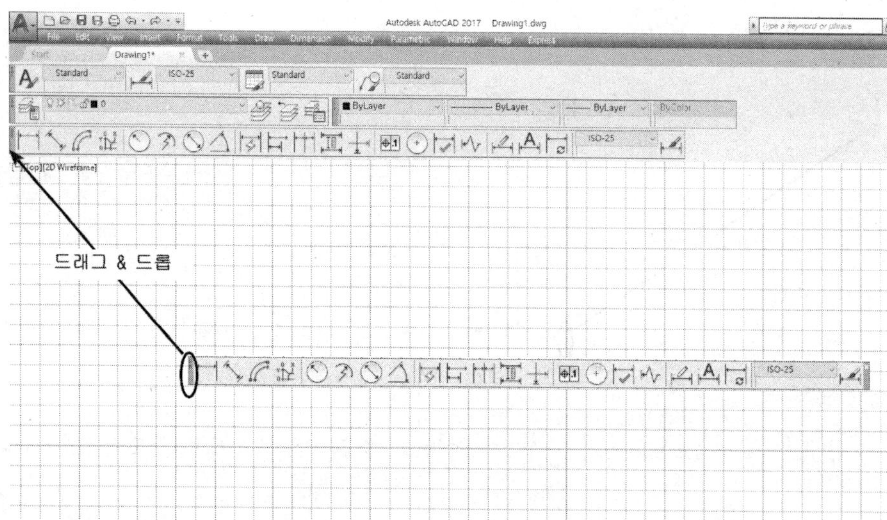

Command 바(명령 입력 바)를 아래 그림과 같이 드래그 & 드롭 하여 아래쪽에 도킹한다.

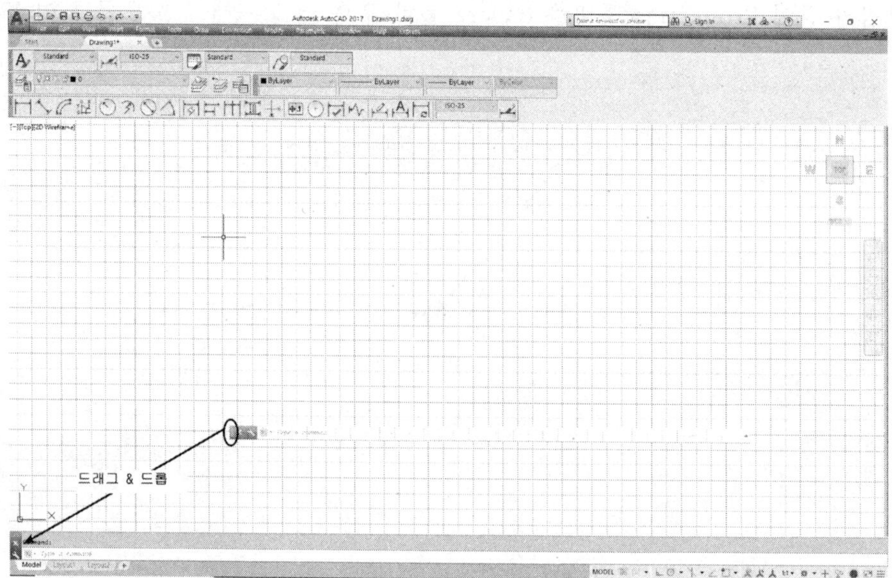

아래 그림과 같이 Command 바가 Command 창으로 변형되었으면, 마우스 커서 모양이 바뀔 때 Command 창 라인의 경계선을 위쪽 방향으로 드래그 & 드롭 하여 Command 창을 4줄 이상으로 넓힌다.

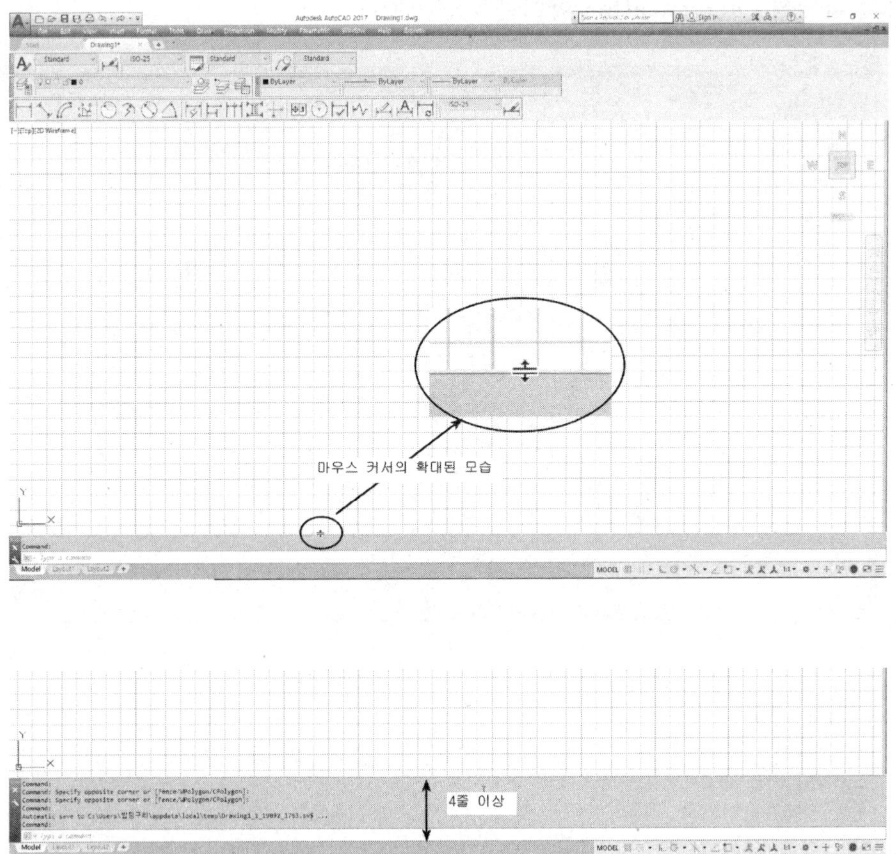

지금까지 툴바 구성방법과 Command 창의 위치고정에 대해 알아보았다.

다음은 기능키의 조작에 대한 내용이다. 초보자인 경우 기능키가 켜져 있으면 앞으로의 학습에 방해가 될 수 있으므로, 다음 방법에 따라 기능키를 끄도록 한다.

화면 우측 하단의 Customization 아이콘을 클릭한다.

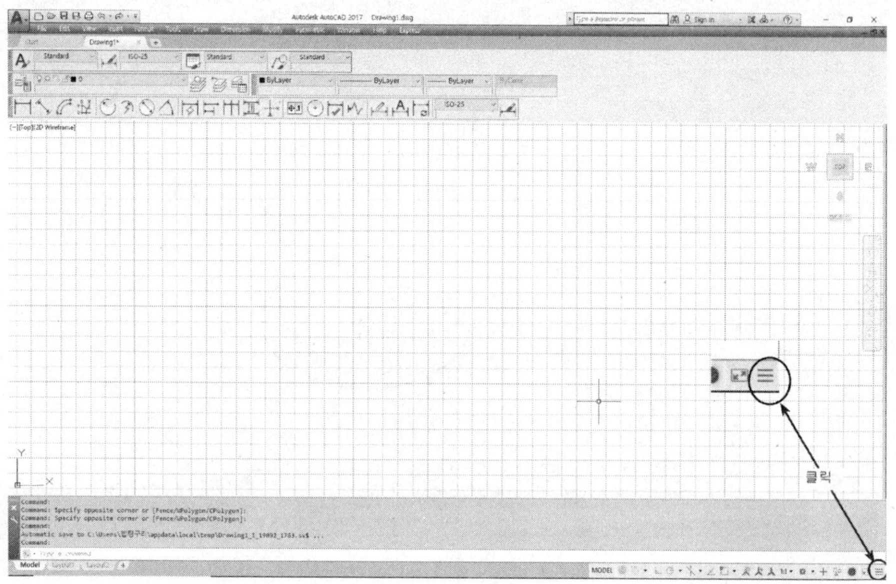

Dynamic Input을 클릭하여 기능 바에 Dynamic Input 기능키를 나타나게 한다.
빈 곳을 클릭하여 메뉴를 닫는다.

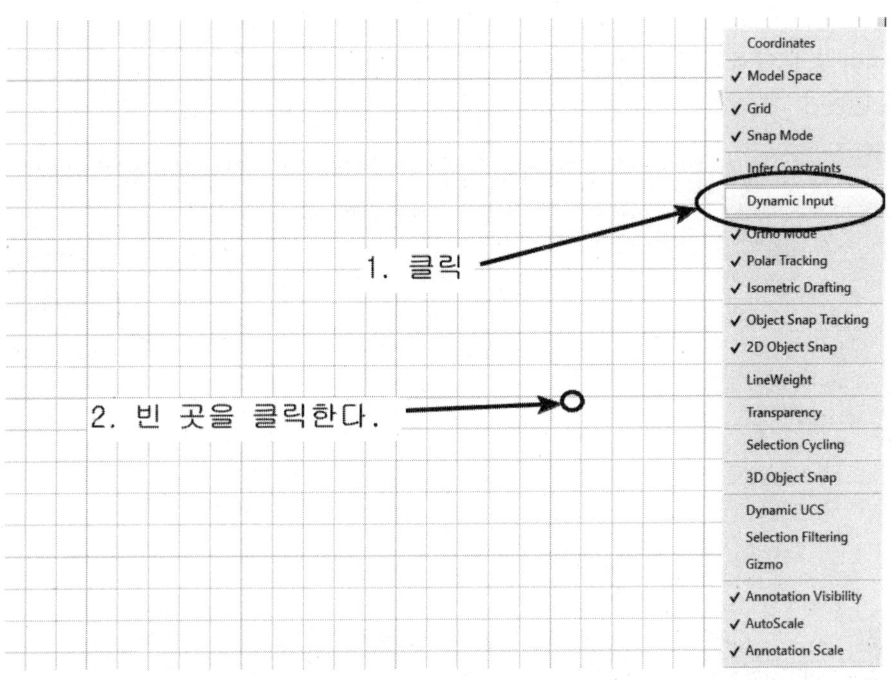

우측 하단부에는 기능키들이 모여 있고 이들 중 하늘색은 켜져 있는 것이고 회색은 꺼져 있는 것이다. 하늘색으로 되어있는 버튼들을 마우스로 하나씩 클릭해 가며 모두 끈다.
이때 하늘색에서 회색으로 바뀌지 않는 버튼은 그대로 둔다.

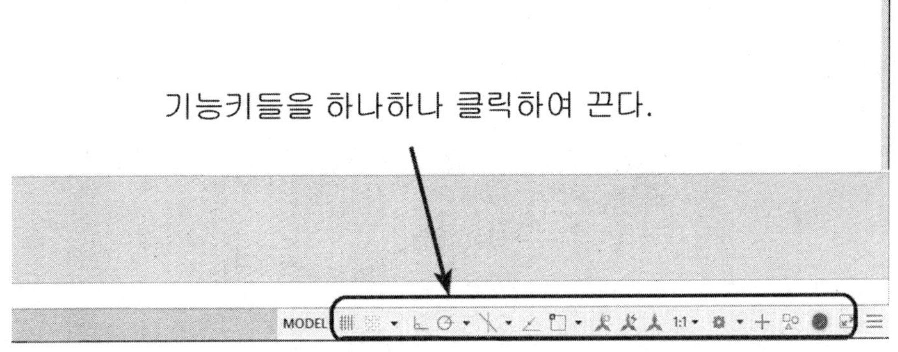

지금까지 기능키들을 강제로 끄는 방법을 알아보았다.

우측 상단에 위치한 View Cube는 3차원 모델링에 필요한 툴로서 2차원 도면작성 때 오히려 방해가 되므로 다음 방법으로 숨기도록 한다.

Command 창에 다음과 같이 입력한다.

CONFIG Enter↵

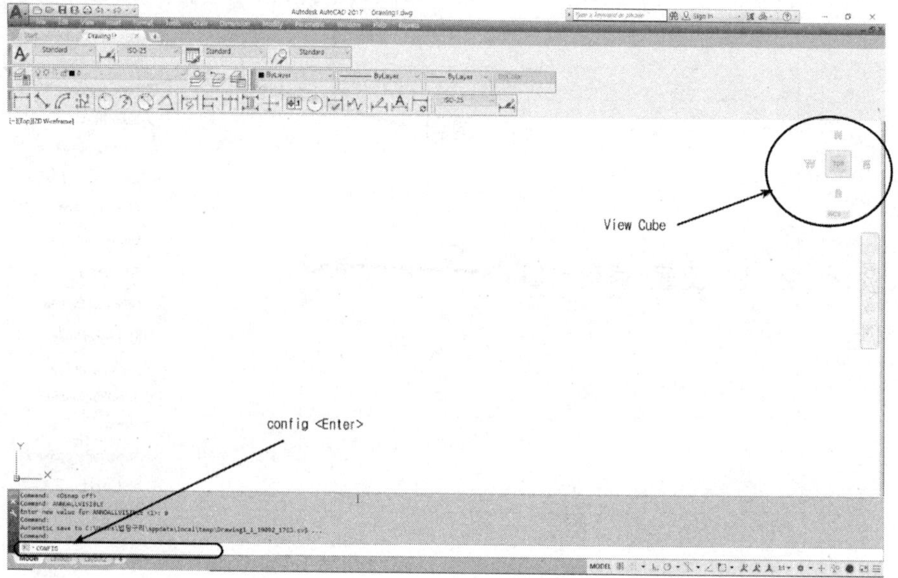

Options 창의 3D Modeling 탭을 클릭한다.
Display the ViewCube에서 2D Wireframe Visual style을 해제한다.
OK 버튼을 클릭하여 Option 창을 빠져나간다.

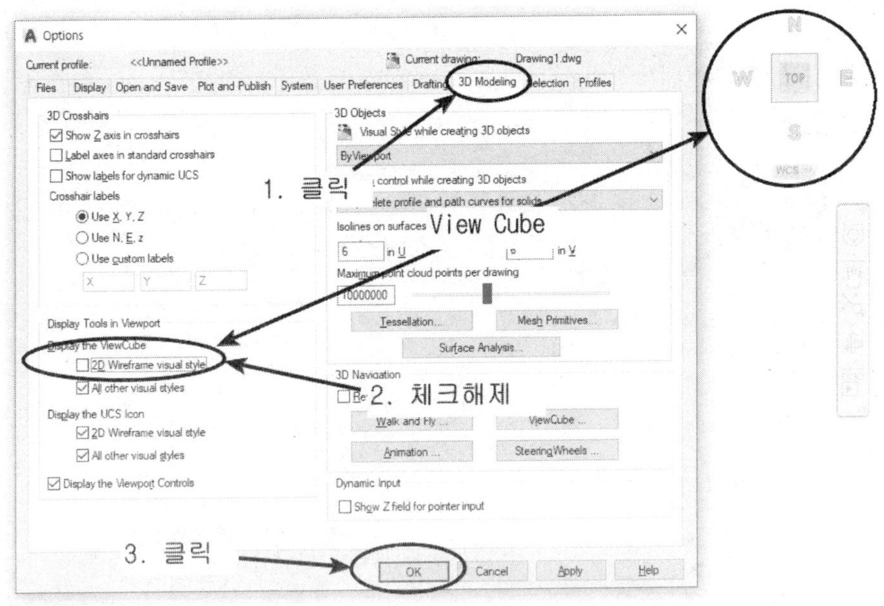

또한, 그림과 같이 2차원 도면작업에 불필요한 툴을 숨긴다.

다음은 초보자에게도 중요한 오토캐드 환경 중 바탕색의 제어방법이다.

Command 창에 다음과 같이 입력한다.
CONFIG Enter↵

아래 그림과 같은 Option 대화창이 나타나는데 Display 탭을 클릭한 후 Colors 버튼을 클릭한다.

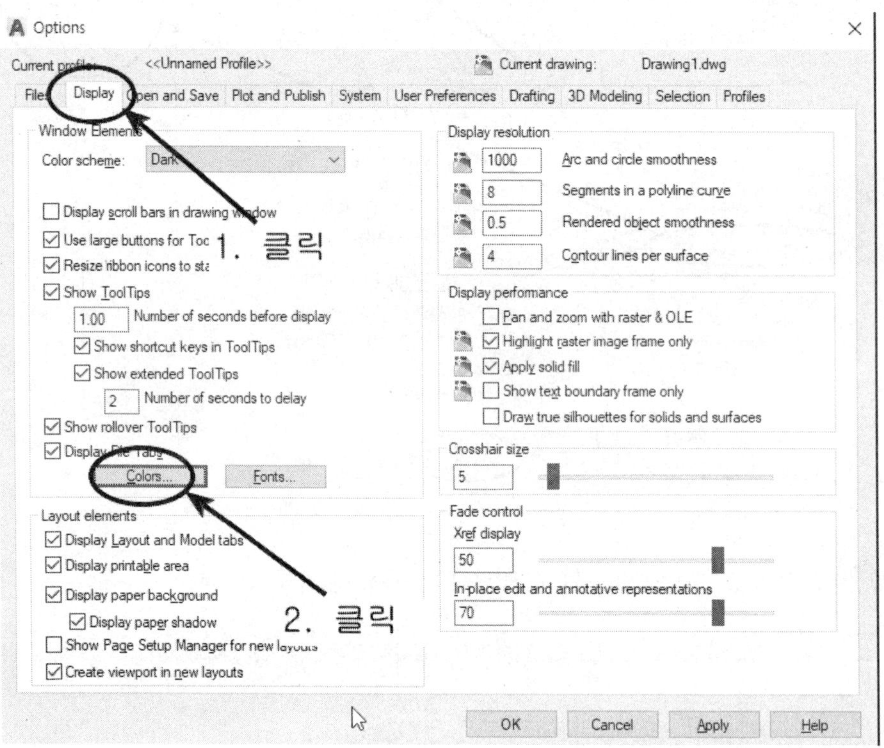

Drawing Window Colors 창이 나타나면 2D model space를 클릭하고, Uniform background를 클릭한 후 Color 항목에서 Black을 지정한다.
이렇게 하면 배경화면이 검정으로 바뀐다.

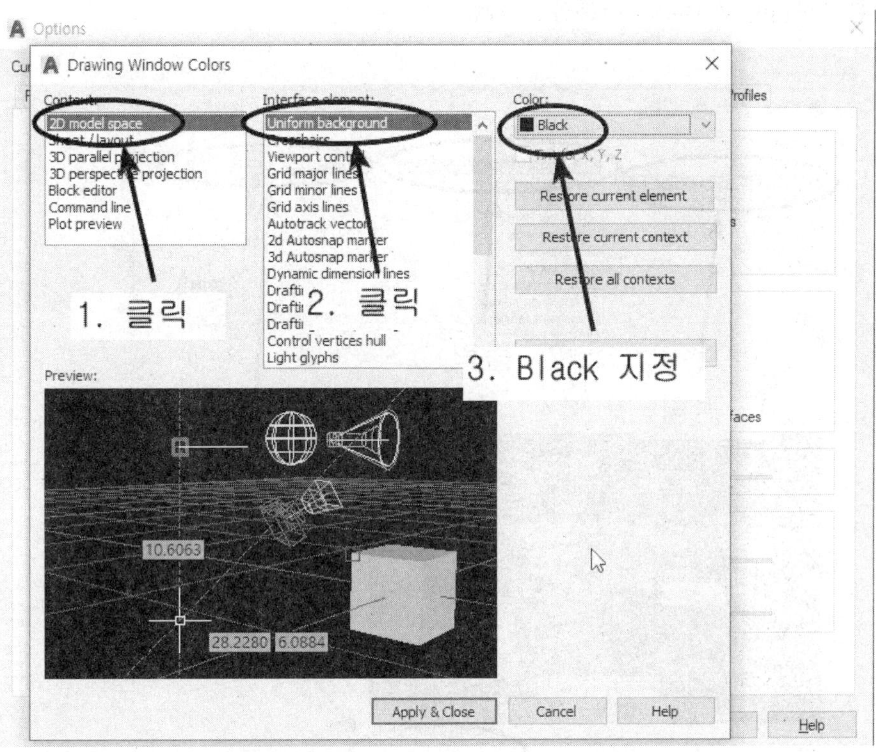

이번에는 나중에 사용할 레이아웃 바탕색상을 바꾸어 보자.

그림과 같이 Sheet/layout을 클릭하고 Uniform background를 클릭한 후 Color 항목에서 Black을 지정하고 Apply & Close 버튼을 클릭한다.

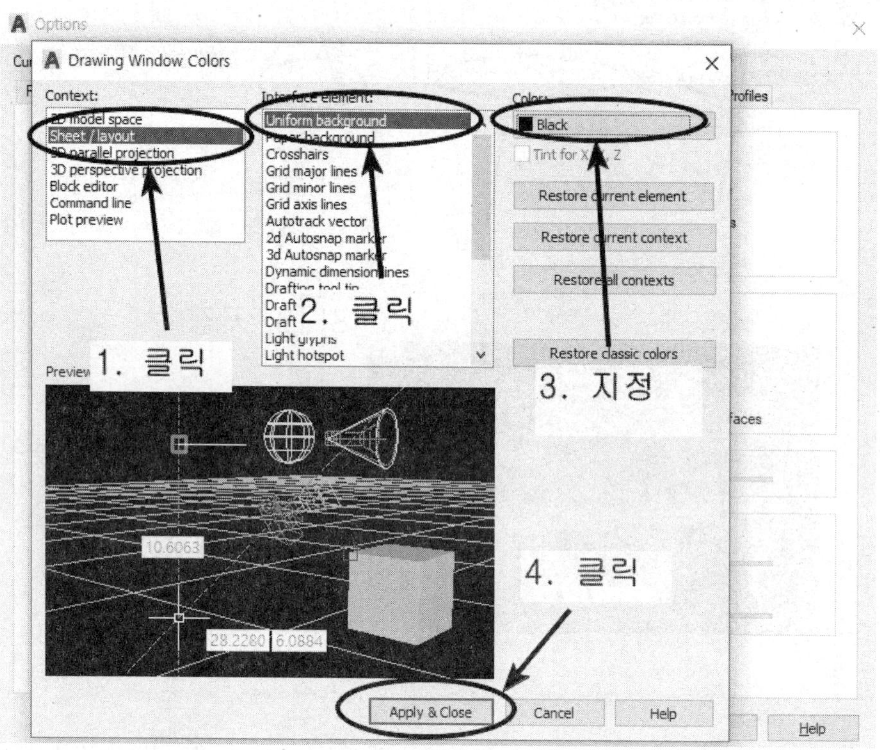

OK 버튼을 클릭하여 Options 창을 닫는다.

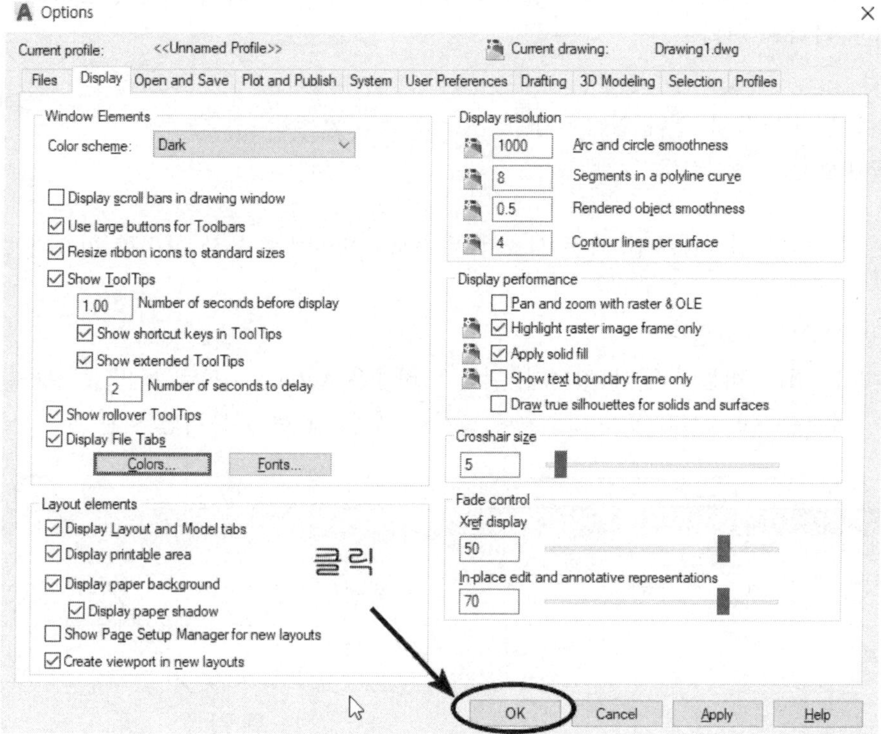

작업 바탕색상 조정은 위의 방법을 사용하여 여러 가지 색상으로 조절할 수 있다.

AutoCAD를 처음 시작하면 시작도면을 선택하라는 창이 나타나야 하지만, 기본값은 AutoCAD 시작 시 시작도면 선택창이 나타나지 않도록 설정되어 있다. 따라서 다음 방법으로 시작도면 선택창이 나타나게 한다.

Command 창에 다음과 같이 입력한다.
STARTUP Enter↵
1 Enter↵
위의 값은 한 번만 설정해주면 되는 시스템 변수로, 이후에는 다시 설정할 필요가 없다.

이제 AutoCAD를 종료한다.
화면 우측 상단에 × 버튼이 두 개 있는데, 위의 × 버튼은 AutoCAD 프로그램을 종료하는 것이고 아래의 × 버튼은 AutoCAD 프로그램을 종료하지 않은 채 현재 문서만 닫는 것이다.

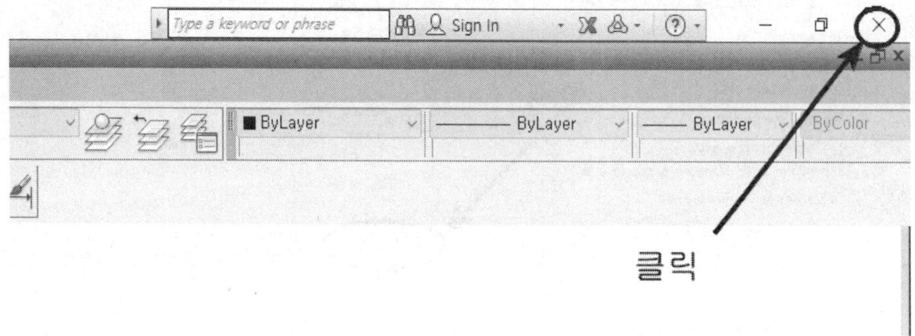

혹시 다음과 같이 현재 도면의 저장 여부를 물어보면 아니요 버튼을 클릭하여 저장하지 않고 프로그램을 종료한다.

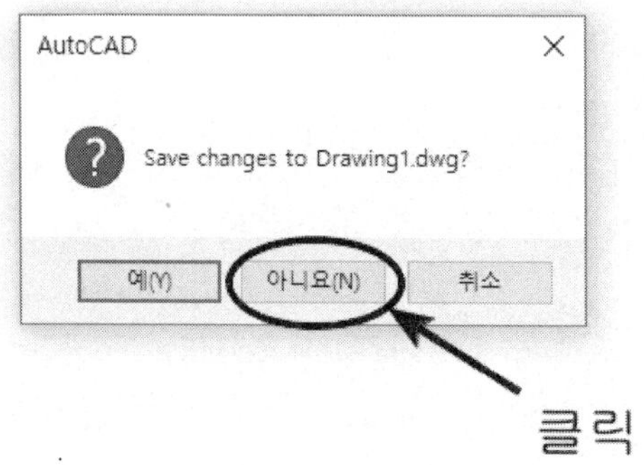

다시 AutoCAD 프로그램을 실행하면 다음과 같은 창이 나타난다.

Start from Scratch 버튼을 클릭하고 Metric을 활성화시켜 mm를 기본단위로 설정한 후 OK 버튼을 클릭한다.

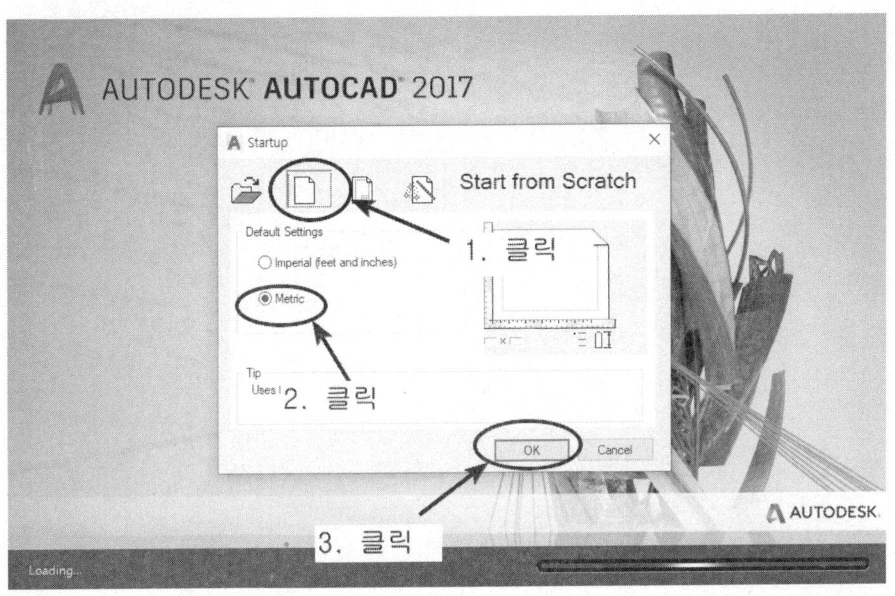

새로운 도면이 본 책과 같은 환경에서 시작된다.

2편부터는 1편에서 설정한 환경을 바탕으로 명령어 사용을 설명한다.
1편의 환경설정이 제대로 되어있지 않으면 결과나 명령 사용방법이 달라질 수 있으므로 빠짐없이, 정확히 설정해 주어야 한다.

PART 02

좌표계와 객체스냅

기초에서 활용까지
AutoCAD 도면작업

Line

직선을 그린다.

[옵션]
u : 방금 입력한 점을 취소한다.
c : 선을 시작점까지 닫아주면서 Command 상태로 빠져나간다.

Line [Enter↵]
마우스로 클릭1, 클릭2.....[Esc]

이 책에서 설명되는 모든 명령어에서 대문자로 표시되어 있는 문자는 단축키, 즉 별명으로서, 단축키만 입력하여 명령을 실행할 수도 있다.

예를들어 Line [Enter↵] 대신 l [Enter↵] 이렇게 입력하면 된다.

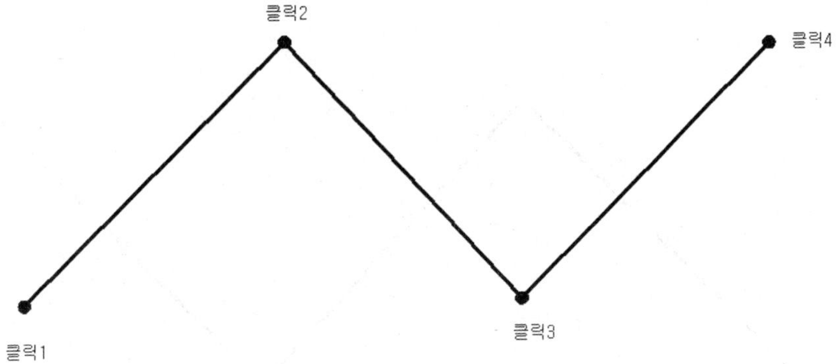

Erase

선을 지운다.

[옵션]

r : 선택한 물체를 해제한다.

a : 선택한 물체를 추가한다.

w : 영역으로 물체를 선택 시 완전히 포함된 물체만 선택된다.

c : 영역으로 물체를 선택 시 걸쳐진 물체도 선택된다.

Erase Enter↵
클릭1
클릭2
클릭3
Enter↵

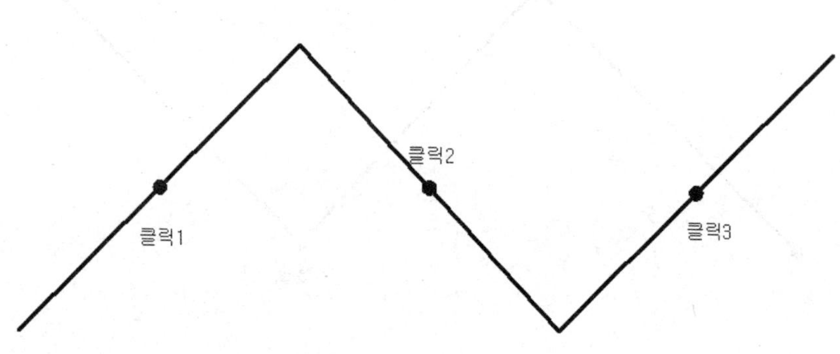

좌표계

절대좌표

형식 : x,y

상대좌표

형식 : @x증분,y증분

상대극좌표

@거리<각도

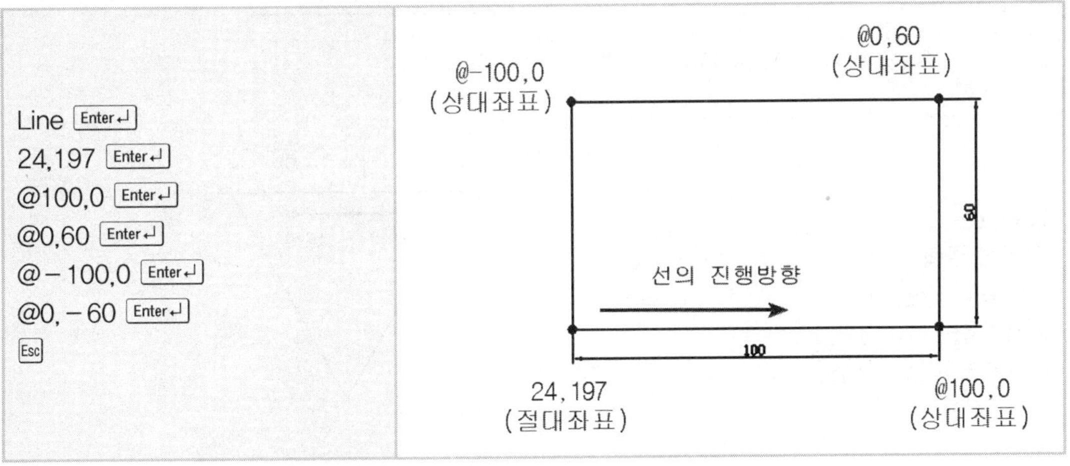

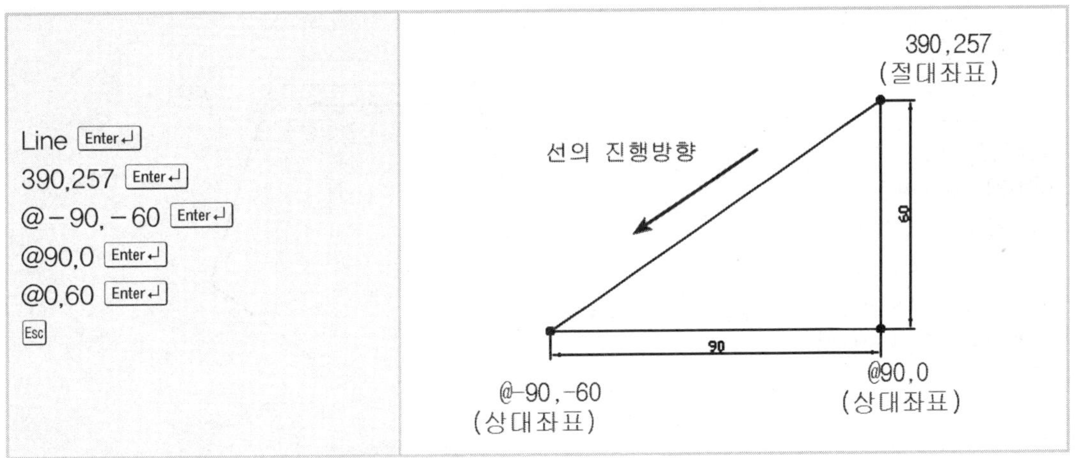

정다각형의 차이 각도 구하는 방법

3각형 : 360/3=120 4각형 : 360/4=90

5각형 : 360/5=72 6각형 : 360/6=60

Line Enter↵ 임의점 클릭 @100<0 Enter↵ @100<120 Enter↵ @100<240 Enter↵ Esc	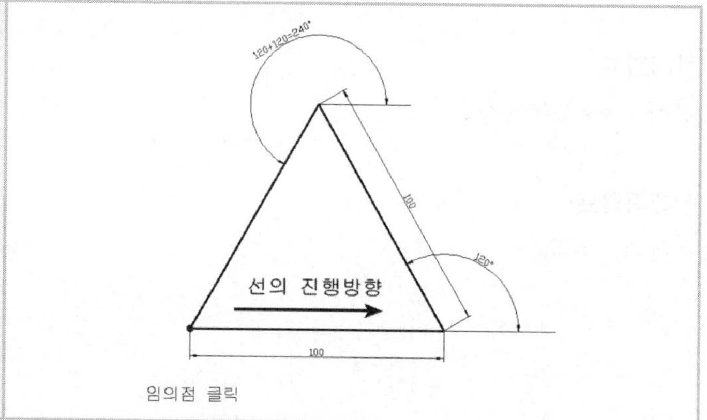
Line Enter↵ 임의점 클릭 @100<0 Enter↵ @100< −120 Enter↵ @100< −240 Enter↵ Esc	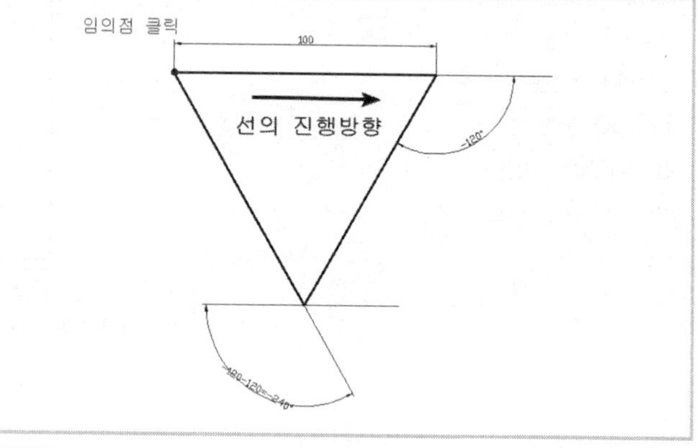
Line Enter↵ 임의점 클릭 @100<0 Enter↵ @100< −72 Enter↵ @100< −144 Enter↵ @100< −216 Enter↵ @100< −288 Enter↵ Esc	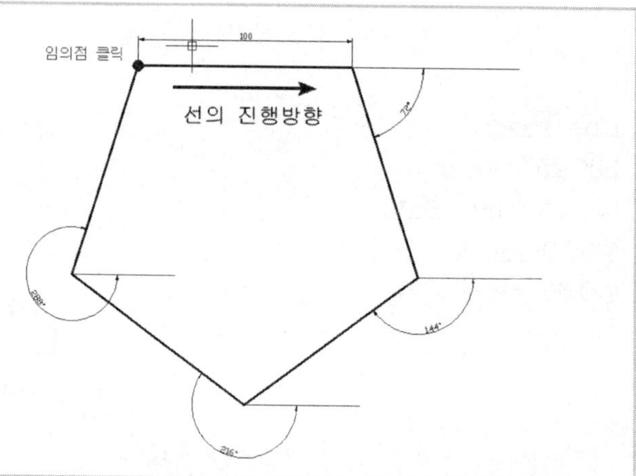

Circle

원을 그린다.

[옵션]

d : 지름입력

2p : 2점을 지름으로 하는 원

3p : 3점을 지나는 원

t : 두 선에 접하고 지정한 반지름을 갖는 원

Circle Enter↵ 임의점 클릭1 100 Enter↵	Circle Enter↵ 임의점 클릭2 d Enter↵ 100 Enter↵

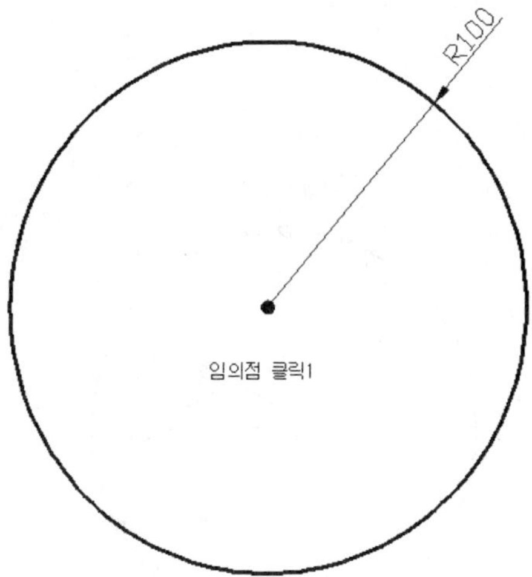

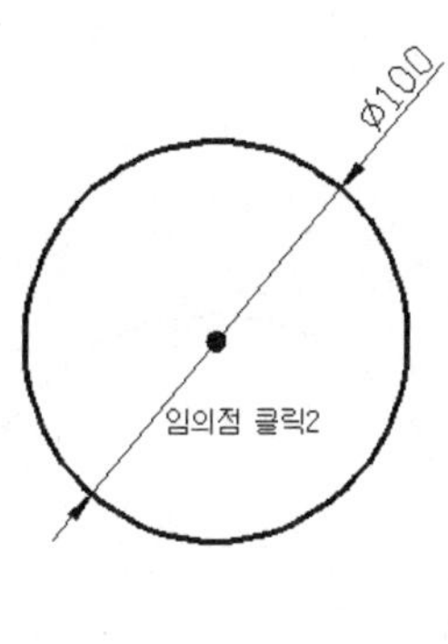

다음과 같은 그림을 그린다.

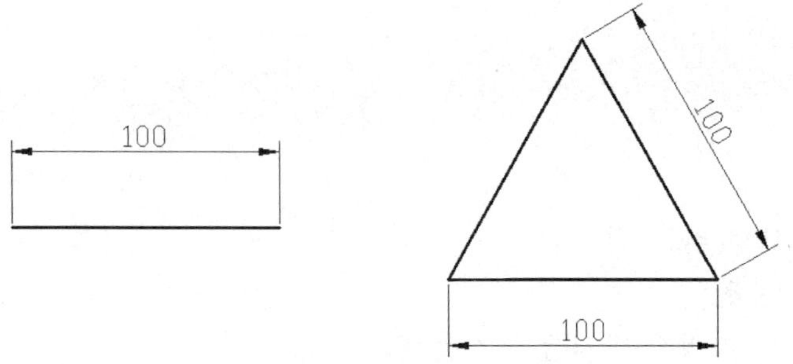

Circle Enter↵
2p Enter↵
end Enter↵
클릭1
end Enter↵
클릭2

Circle Enter↵
3p Enter↵
end Enter↵
클릭3
end Enter↵
클릭4
end Enter↵
클릭5

Circle Enter↵
t Enter↵
클릭6
클릭7
20 Enter↵

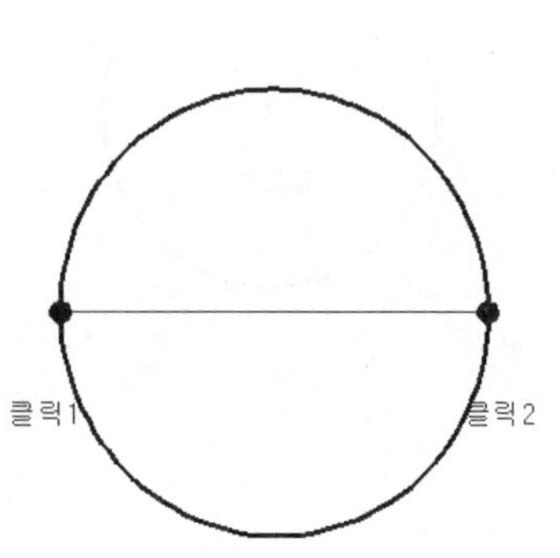

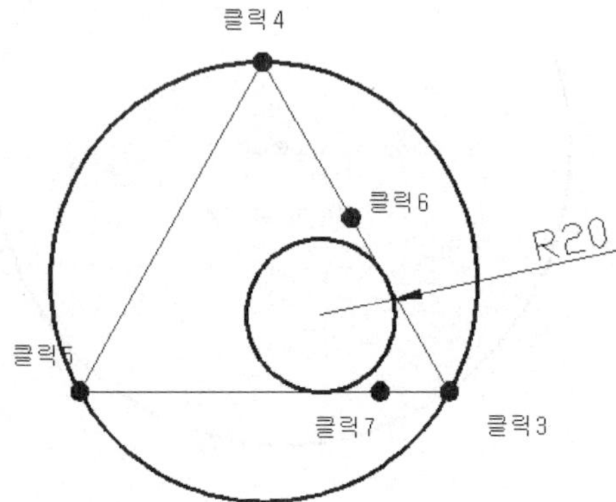

객체스냅이란

물체의 특정 점을 찾아준다.

명령 입력란에서는 쓸 수 없고 점(좌표)을 입력하라고 나올 때만 쓸 수 있는 기능이다.

■end(선의 끝점)

■mid(선의 중간점)

■int(선의 교차점)

■tan(접점)

■per(직교점)

■cen(원, 호의 중심점)

■qua(원, 호의 사분점)

■from(떨어진 점 → 기준점과 떨어진 점 두 점의 입력을 요구한다.)

■node(삽입된 점)

■ins(블록의 삽입점, 문자의 삽입점)

■nea(선상의 임의점)

반지름 R50원을 그린다.

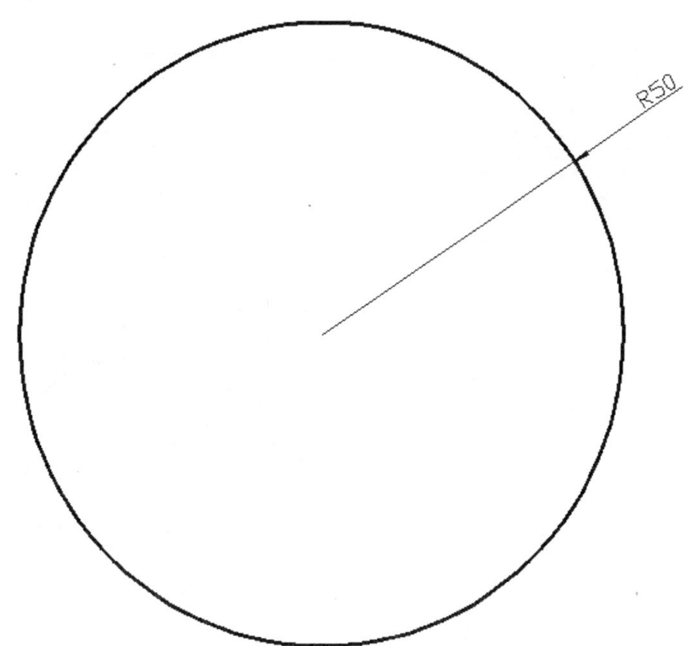

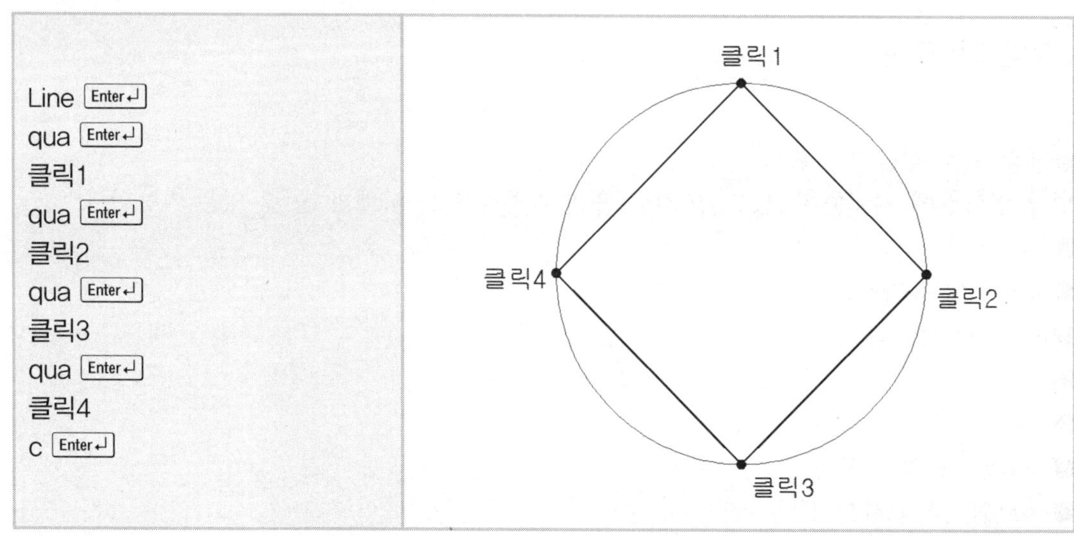
Line Enter↵
qua Enter↵
클릭1
qua Enter↵
클릭2
qua Enter↵
클릭3
qua Enter↵
클릭4
c Enter↵
클릭1
클릭4
클릭2
클릭3

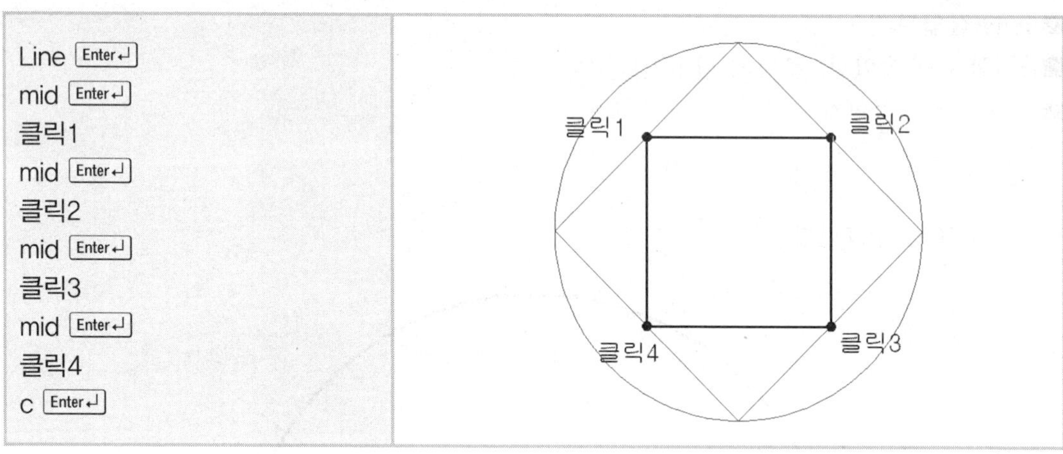
Line Enter↵
mid Enter↵
클릭1
mid Enter↵
클릭2
mid Enter↵
클릭3
mid Enter↵
클릭4
c Enter↵
클릭1
클릭2
클릭4
클릭3

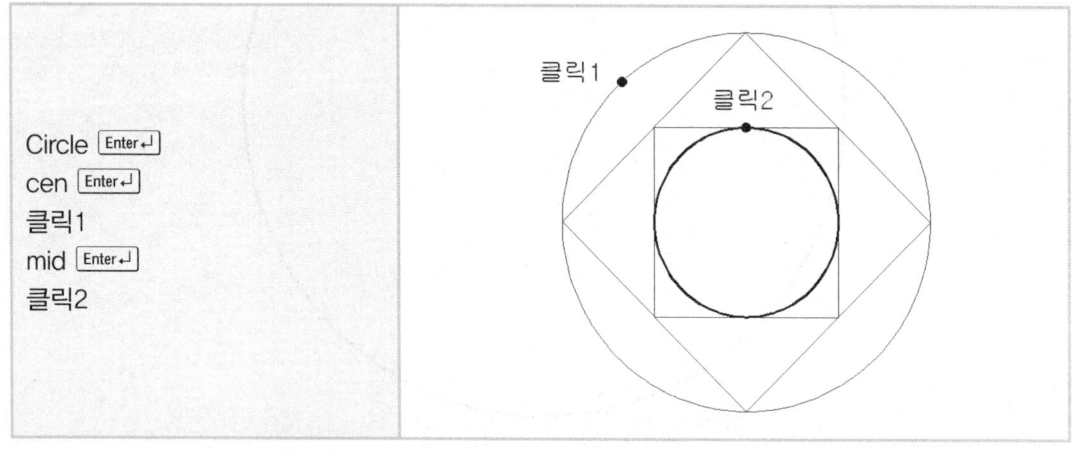
Circle Enter↵
cen Enter↵
클릭1
mid Enter↵
클릭2
클릭1
클릭2

Circle Enter↵
2p Enter↵
qua Enter↵
클릭1
cen Enter↵
클릭2

Circle Enter↵
2p Enter↵
cen Enter↵
클릭3
qua Enter↵
클릭4

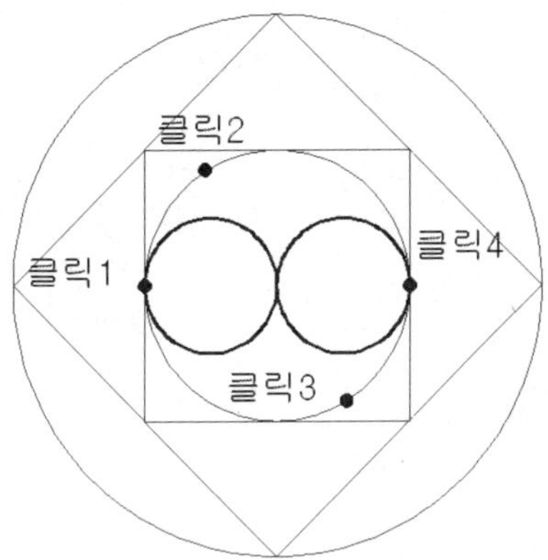

Circle Enter↵
3p Enter↵
tan Enter↵
클릭1
tan Enter↵
클릭2
tan Enter↵
클릭3

Circle Enter↵
3p Enter↵
tan Enter↵
클릭4
tan Enter↵
클릭5
tan Enter↵
클릭6

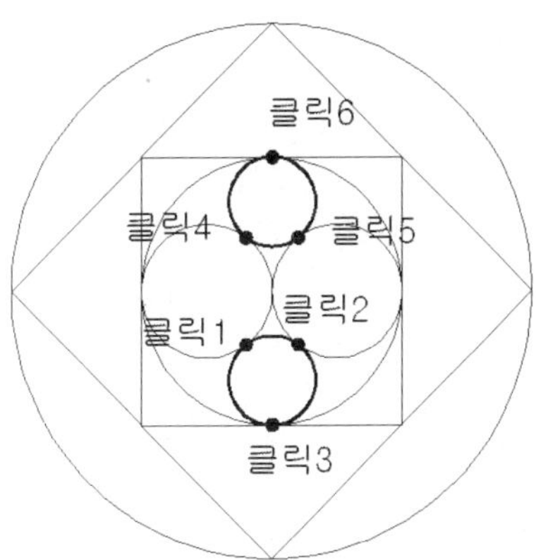

Circle [Enter↵]
t [Enter↵]
클릭1
클릭2
5 [Enter↵]

Circle [Enter↵]
t [Enter↵]
클릭3
클릭4
5 [Enter↵]

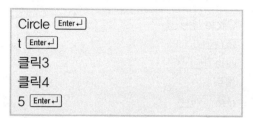

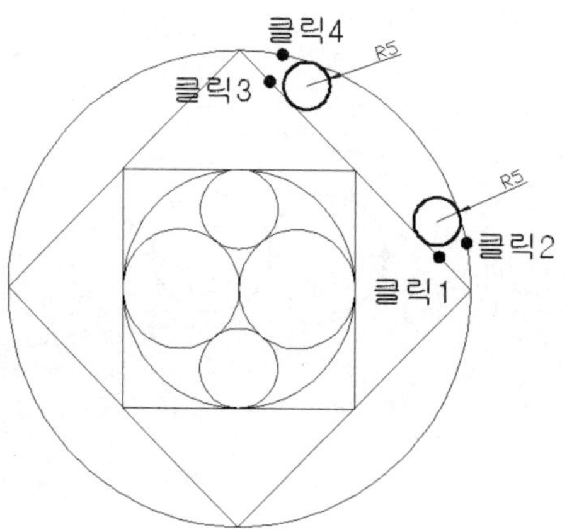

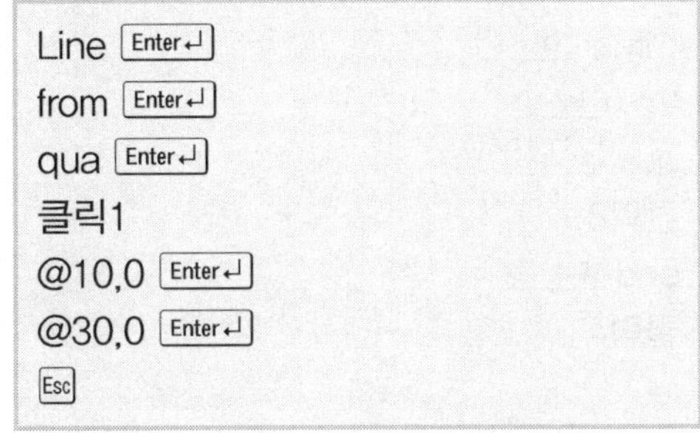

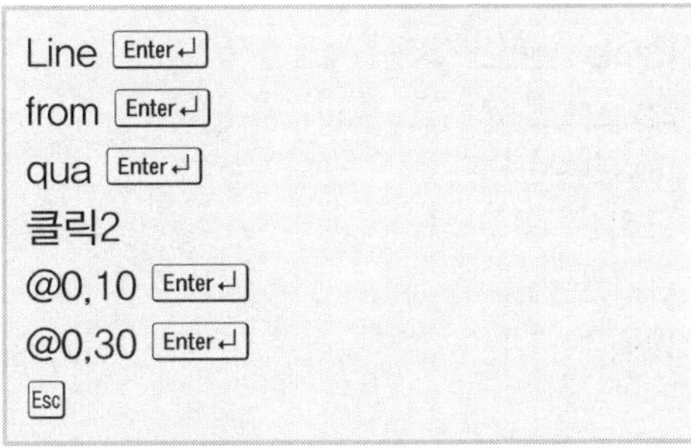

Line Enter↵
from Enter↵
qua Enter↵
클릭3
@－10,0 Enter↵
@－30,0 Enter↵
Esc

Line Enter↵
from Enter↵
qua Enter↵
클릭4
@0,－10 Enter↵
@0,－30 Enter↵
Esc

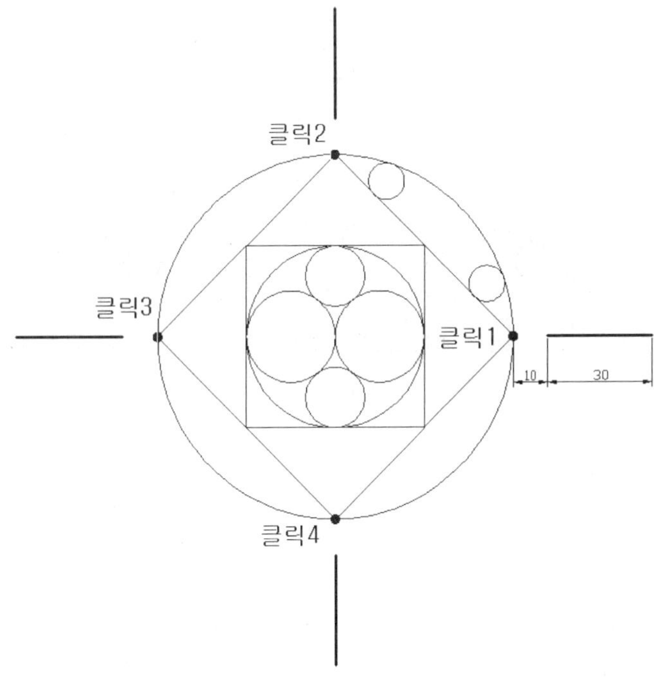

Circle [Enter↵]
2p [Enter↵]
qua [Enter↵]
클릭1
end [Enter↵]
클릭2

Circle [Enter↵]
2p [Enter↵]
qua [Enter↵]
클릭3
end [Enter↵]
클릭4

Circle [Enter↵]
2p [Enter↵]
qua [Enter↵]
클릭5
end [Enter↵]
클릭6

Circle [Enter↵]
2p [Enter↵]
qua [Enter↵]
클릭7
end [Enter↵]
클릭8

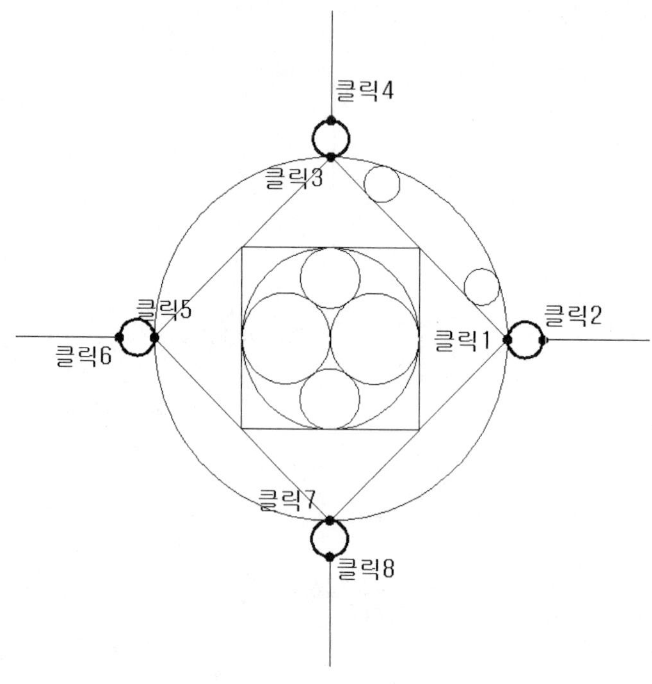

Circle Enter↵
2p Enter↵
end Enter↵
클릭1
@10,0

Circle Enter↵
2p Enter↵
end Enter↵
클릭2
@0,10 Enter↵

Circle Enter↵
2p Enter↵
end Enter↵
클릭3
@−10,0

Circle Enter↵
2p Enter↵
end Enter↵
클릭4
@0,−10

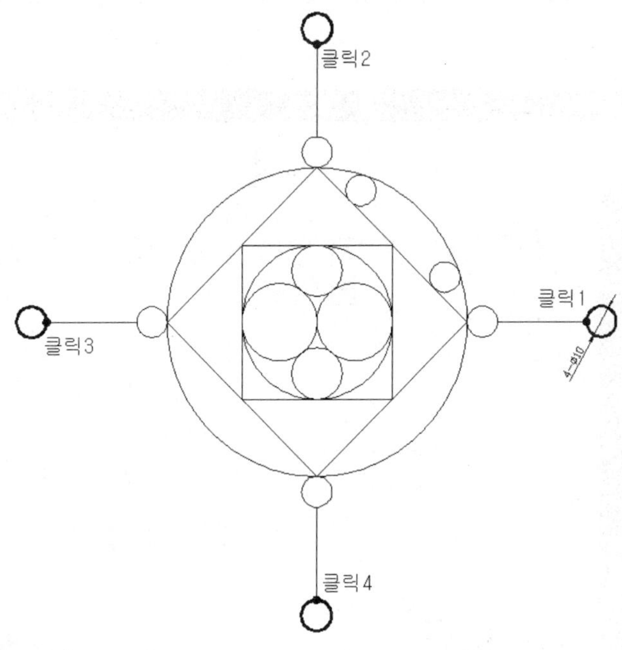

SAVE

현재 도면을 저장한다.

그림과 같이 File name 항목에 저장할 파일이름을 입력(확장명은 입력하지 않는 것이 좋다.) 후 Save 버튼을 클릭한다.

Save in 항목은 저장될 파일위치를 따로 지정할 때 쓰이며 기본값은 내문서로 되어 있다.

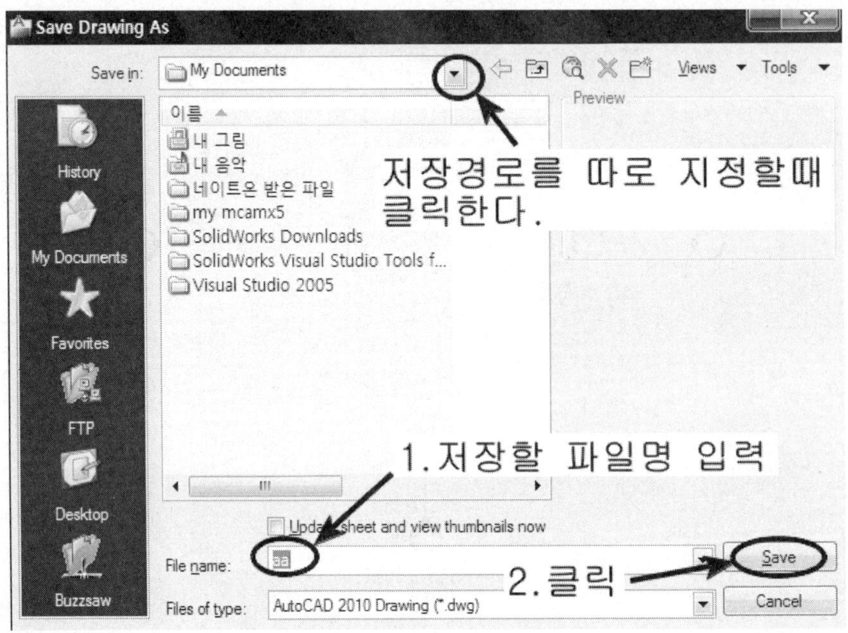

OPEN

저장해 놓은 도면을 연다.

OPEN Enter↵

사용법은 SAVE 명령과 같다.

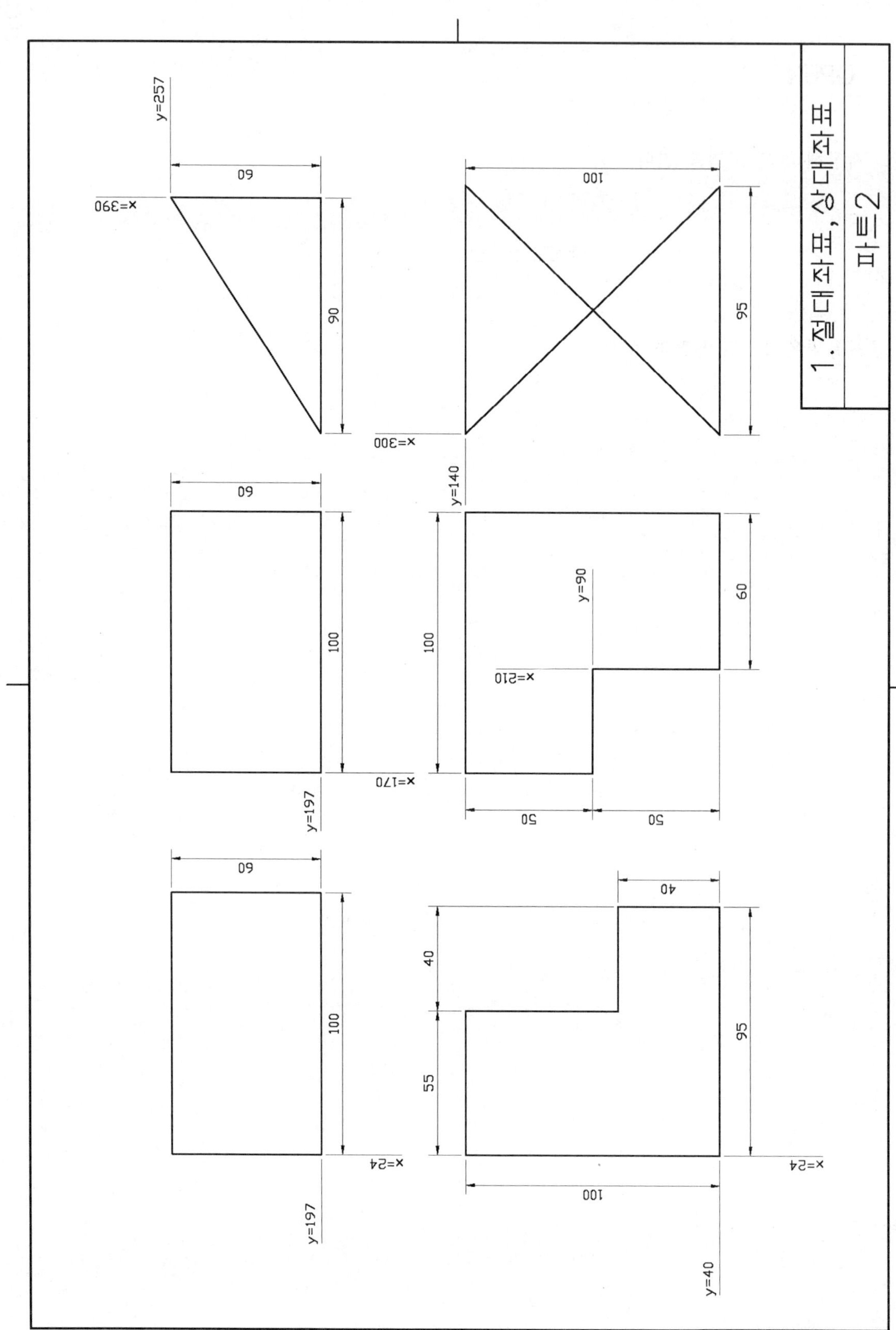
1. 절대좌표, 상대좌표
파트2
y=257
60
x=390
90
100
95
x=300
y=140
60
100
100
y=90
60
x=210
x=170
y=197
50
50
60
40
40
100
55
95
x=24
x=24
100
y=197
y=40

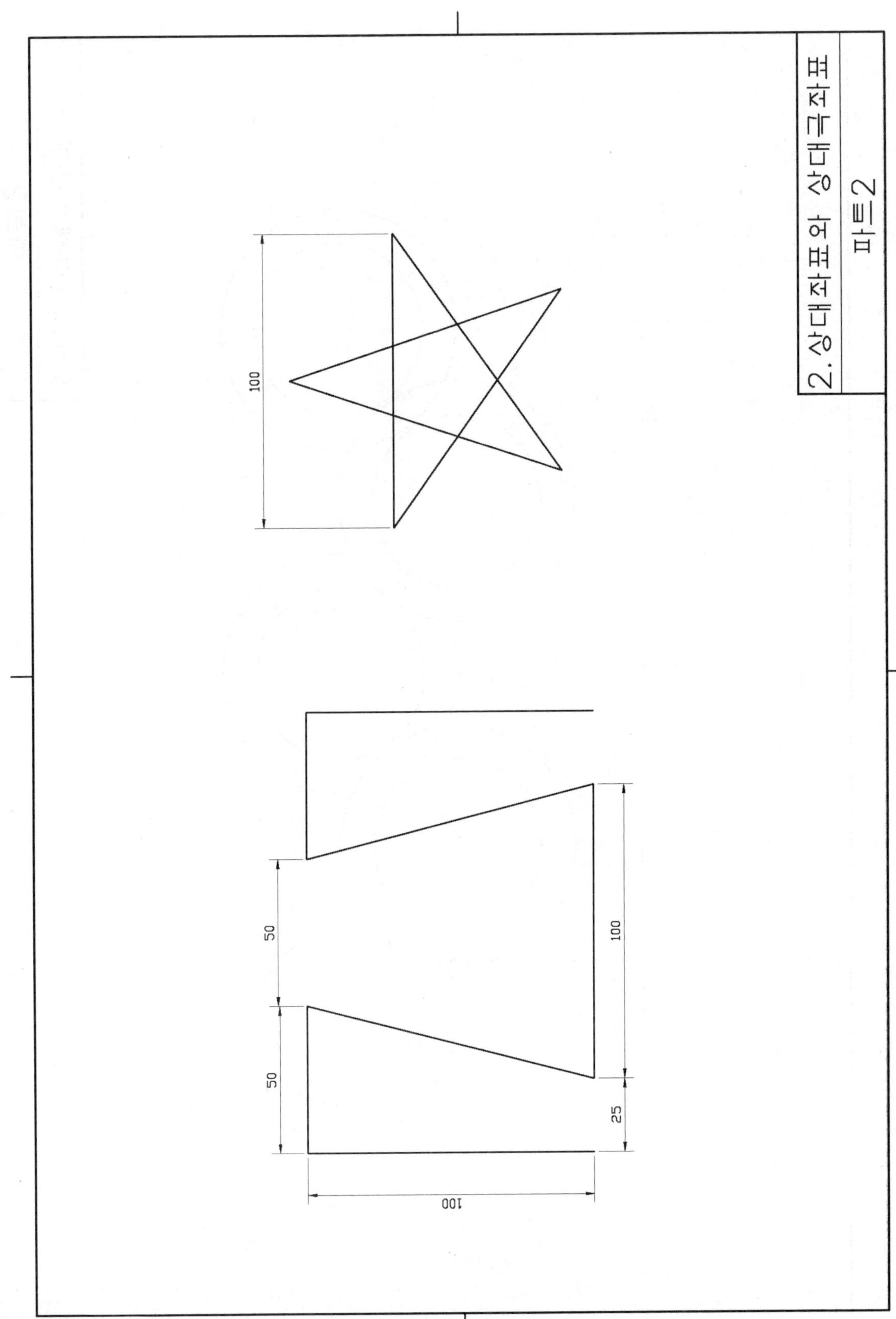
2. 상대좌표와 상대극좌표
파트2
100
50
50
100
25
100

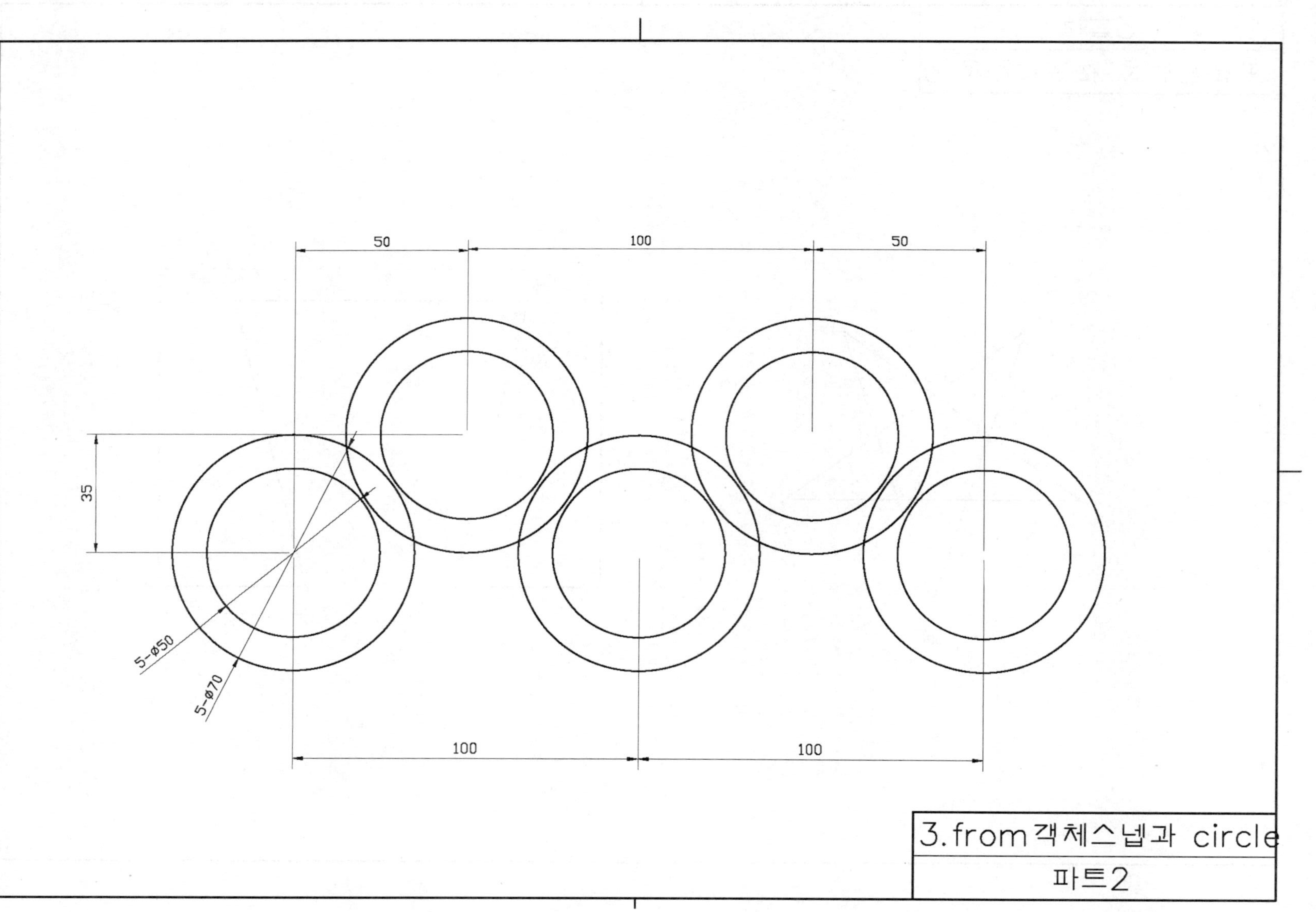
50
100
50
35
5-ø50
5-ø70
100
100
3.from객체스넵과 circle
파트2

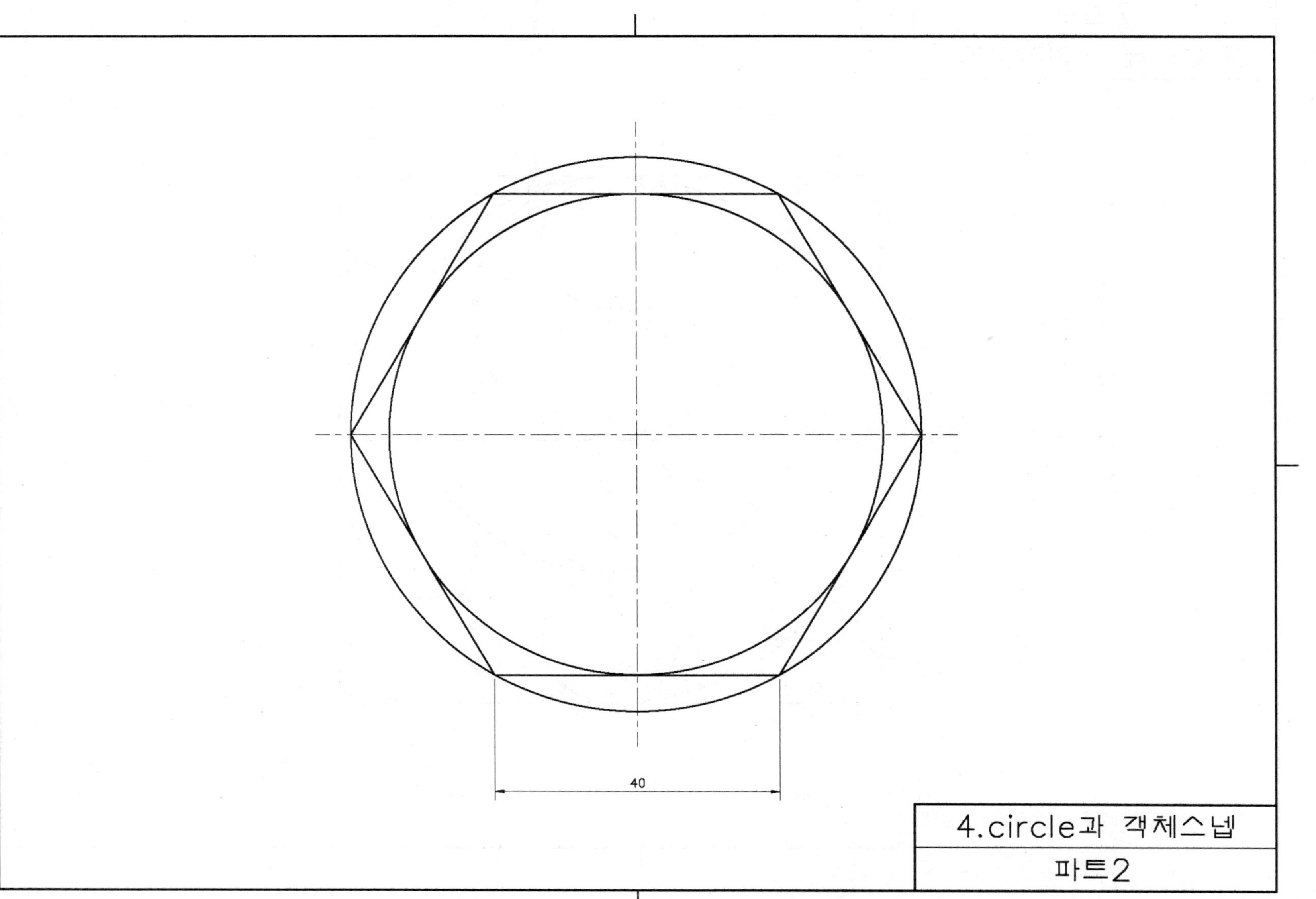
40
4.circle과 객체스냅
파트2

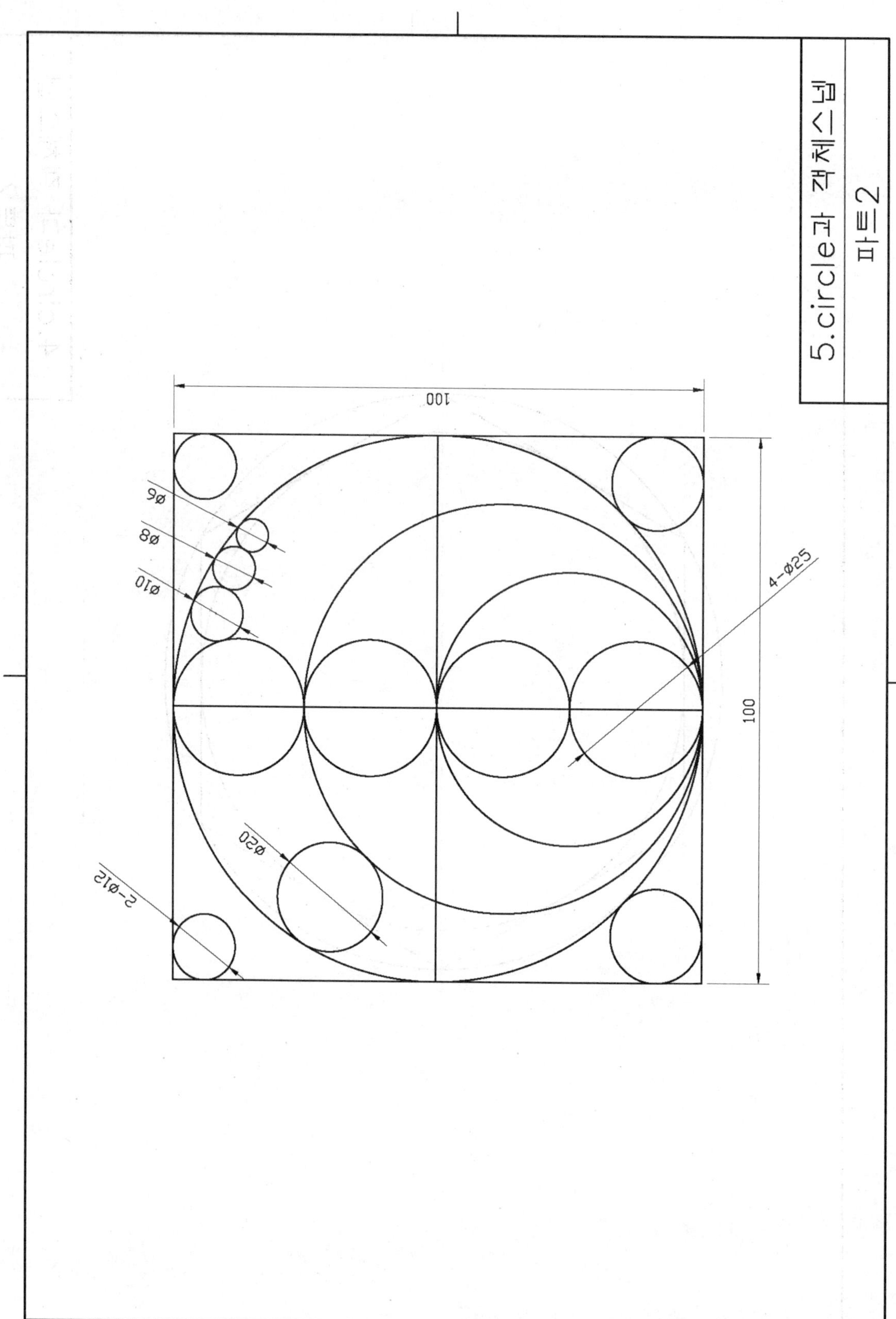
5.circle과 객체스냅
파트2
100
100
4-ø25
ø6
ø8
ø10
ø20
2-ø12

PART 03

간격띄우기와 잘라내기 화면크기 조정하기

TRim

물체의 일부분을 맞닿는 지점까지 잘라낸다.

[옵션]

e : 연장선까지 고려하여 잘라낼지 여부를 결정한다.

다음과 같은 그림을 그린다.

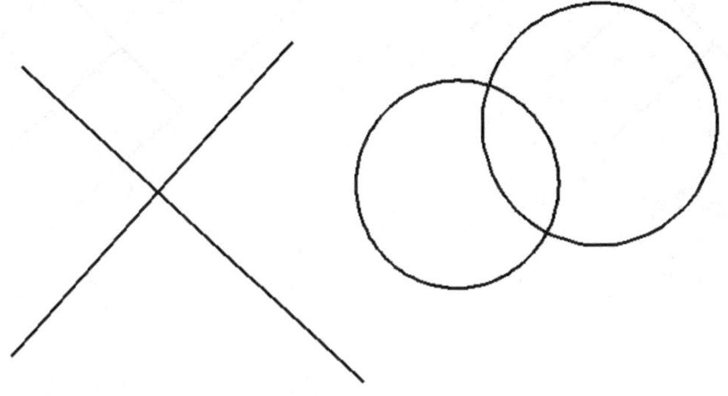

임의의 선과 원

TRim Enter↵
한 번 더 Enter↵
클릭1
클릭2
클릭3
클릭4

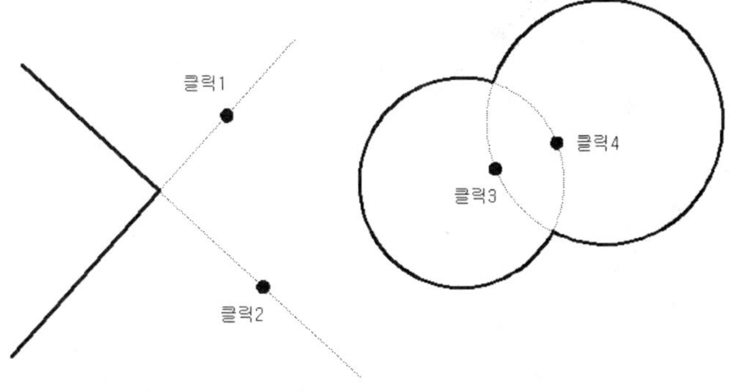

경계선을 수동으로 지정해야 할 경우도 있다.

다음과 같은 그림을 그린다.

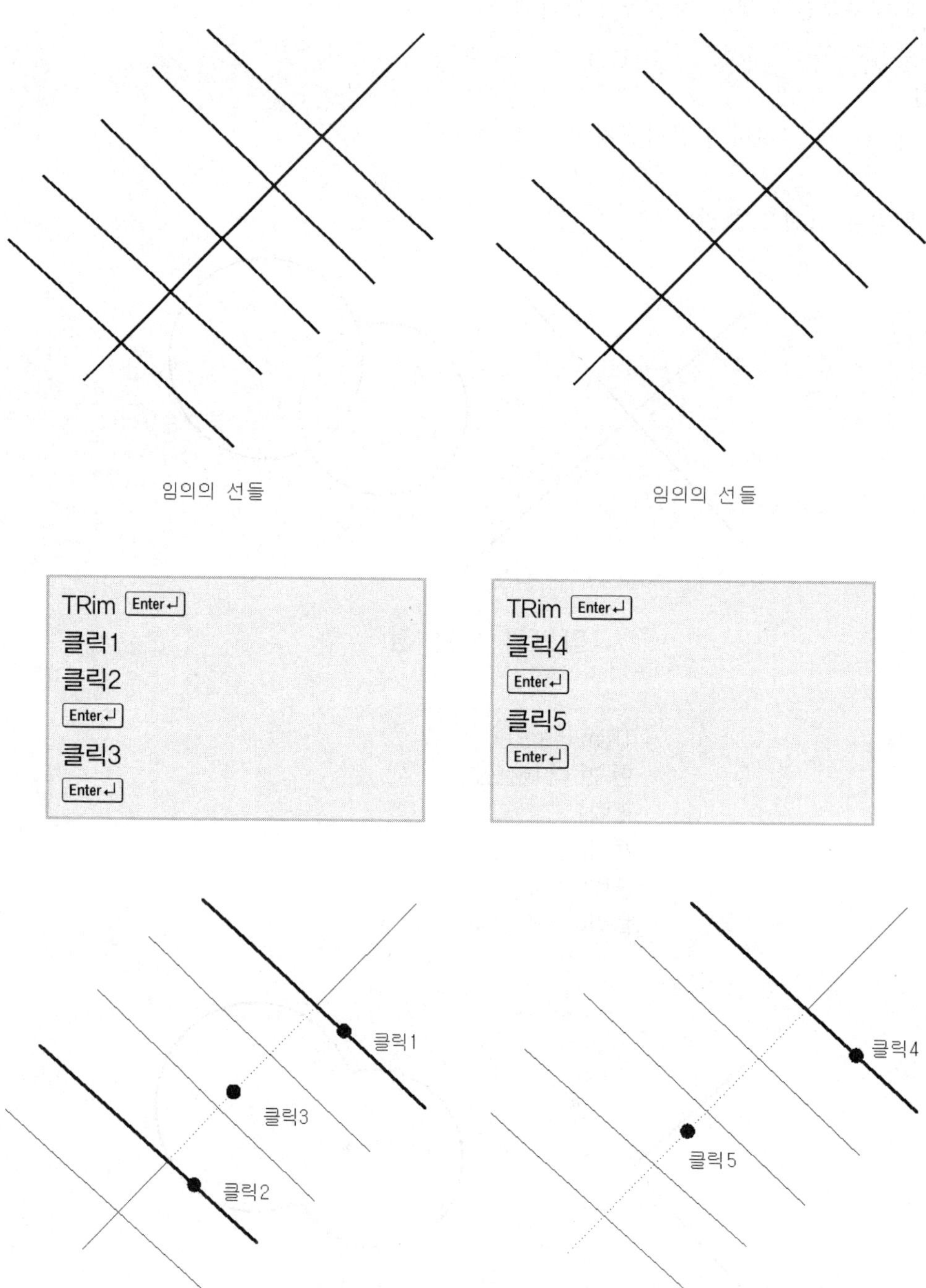

만일 그림과 다르게 지저분하게 잘리는 경우

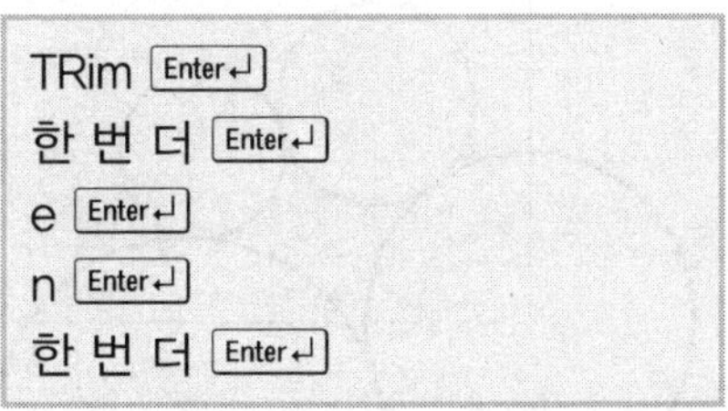

이렇게 한 후 다시 TRim 명령을 사용한다.

다음과 같은 그림을 그린다.

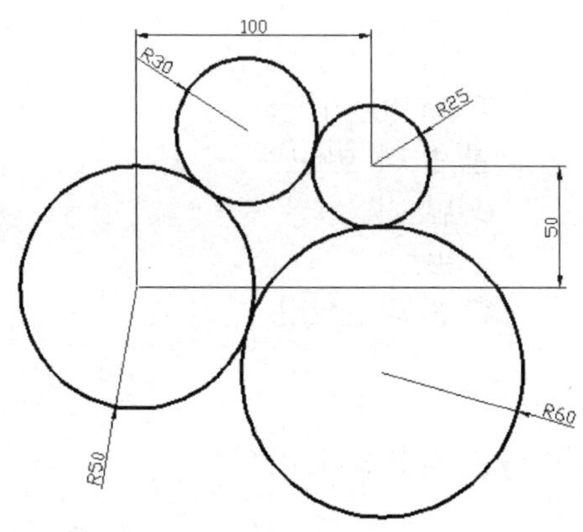

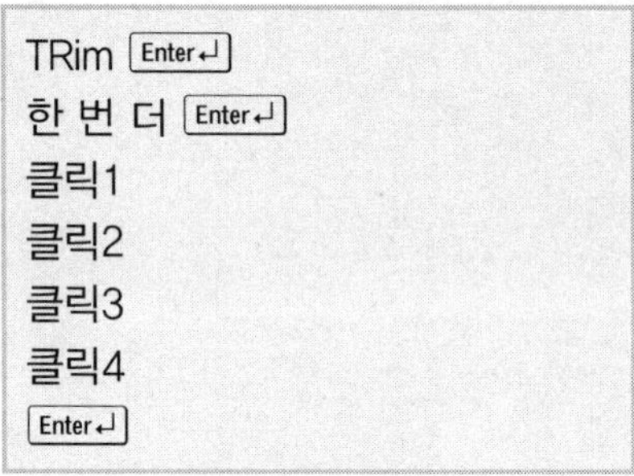
TRim Enter↵
한 번 더 Enter↵
클릭1
클릭2
클릭3
클릭4
Enter↵

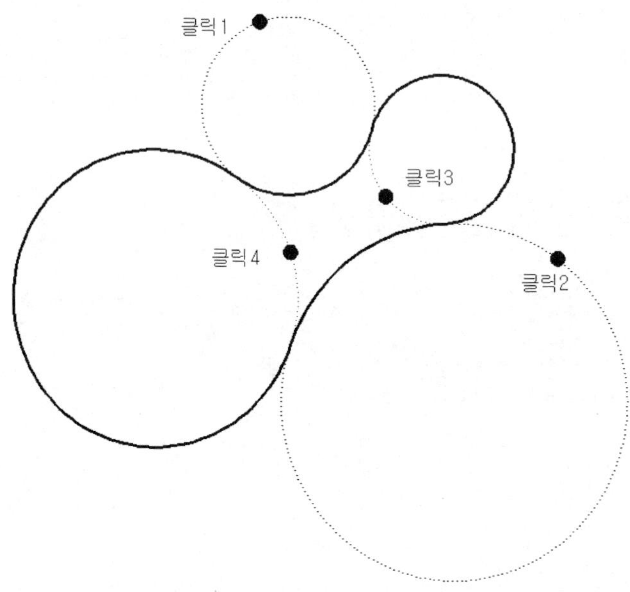

Offset

간격 띄우기

[옵션]

t : 지정된 지점을 지나도록 간격을 띄운다.

다음과 같은 그림을 그린다.

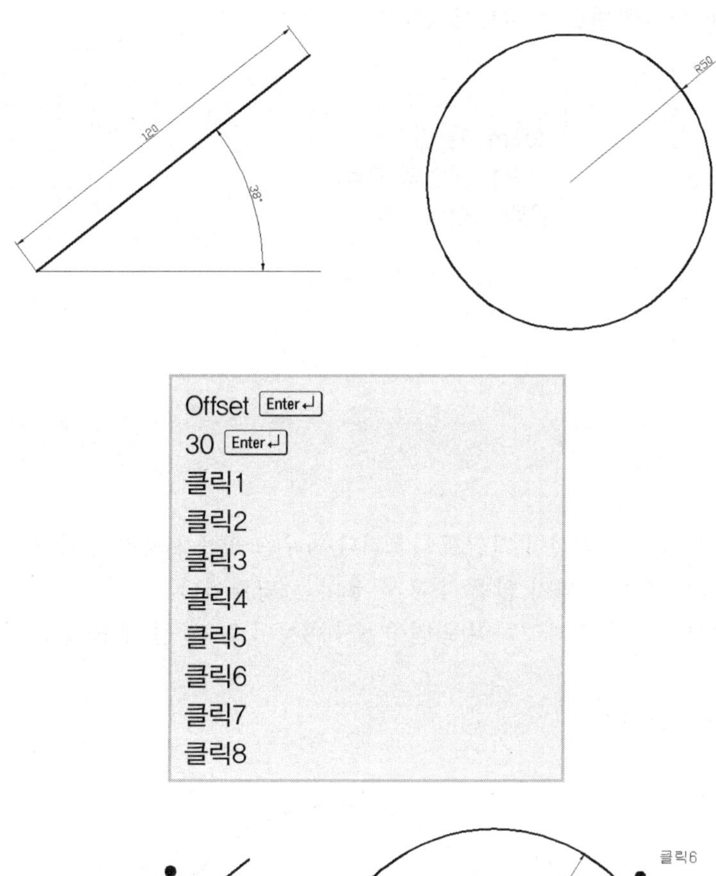

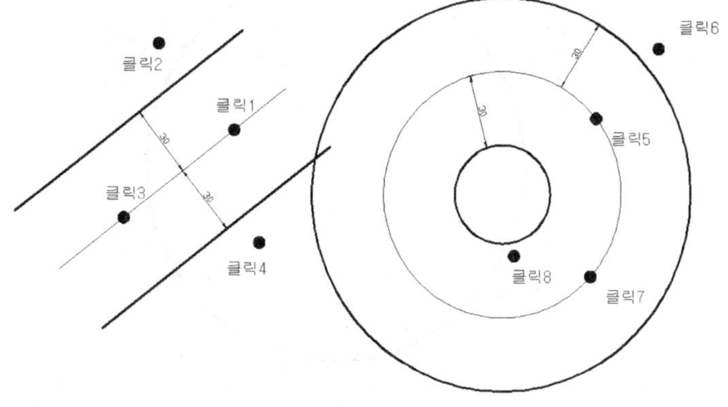

Zoom

화면을 확대 또는 축소시킨다.

[옵션]

e : 물체 혹은 물체들이 화면에 꽉 차게 보일 수 있도록 확대, 축소시켜준다.
a : limits 영역만큼만 화면을 보이도록 한다.

> Zoom Enter↵
> 클릭1 (첫번째 영역)
> 클릭2 (반대 코너)

REgen

축소된 화면을 확대했을 때 곡선이 거칠게 나오거나 마우스 휠을 사용하여 확대, 축소하는 과정에서 어느 순간 확대, 축소가 되지 않을 경우 사용하는 명령어다.
또한 마우스 가운데 버튼을 드래그하여 화면이동시 이동이 잘 안 될 때 REgen 명령을 사용한다.

반지름 100인 원을 그린다.

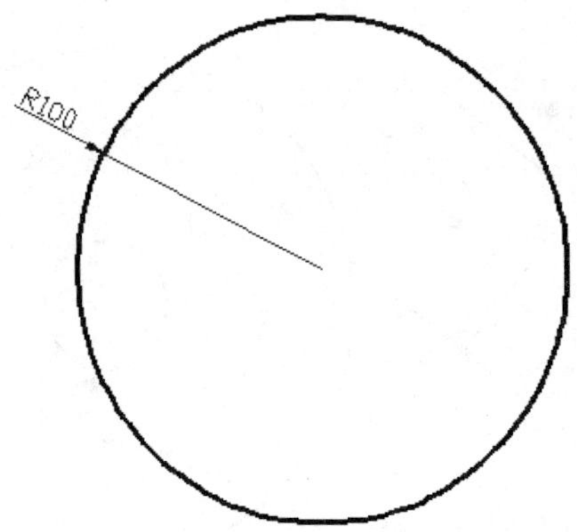

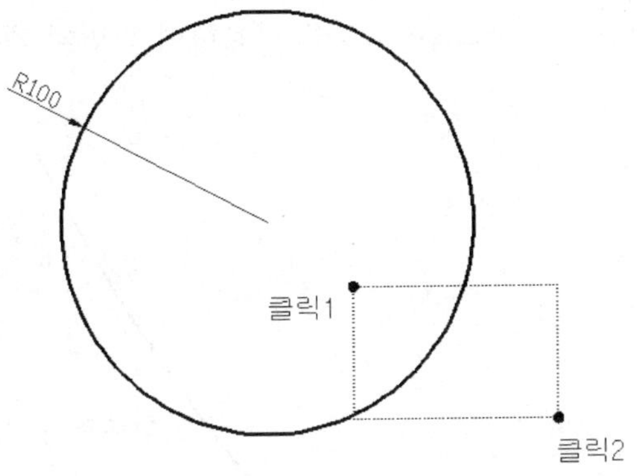

그림과 같이 지정된 영역이 확대되면서 곡선인 경우 거칠게 보이거나 직선처럼 보이는 경우가 생긴다.

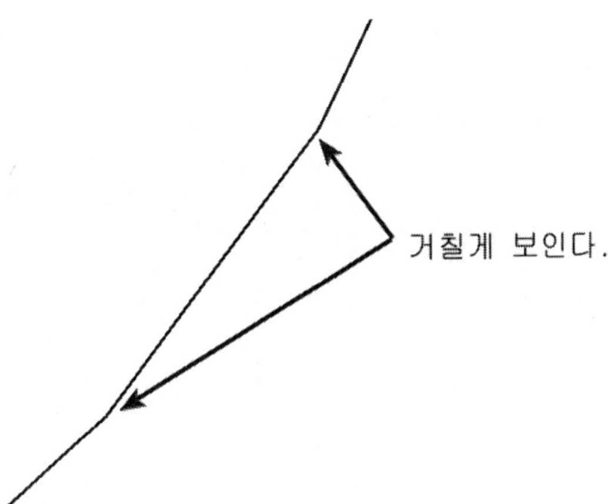

REgen Enter↵

그림과 같이 부드럽게 보인다.

화면을 급격하게 확대할 경우 REgen 명령을 사용하여 도면의 왜곡이 없도록 하는 것이 좋다.

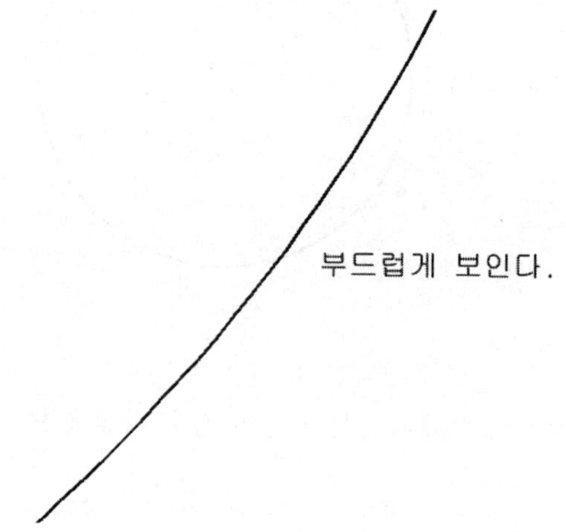

그림과 같이 원이 화면에 꽉 찰 때까지 확대된다.

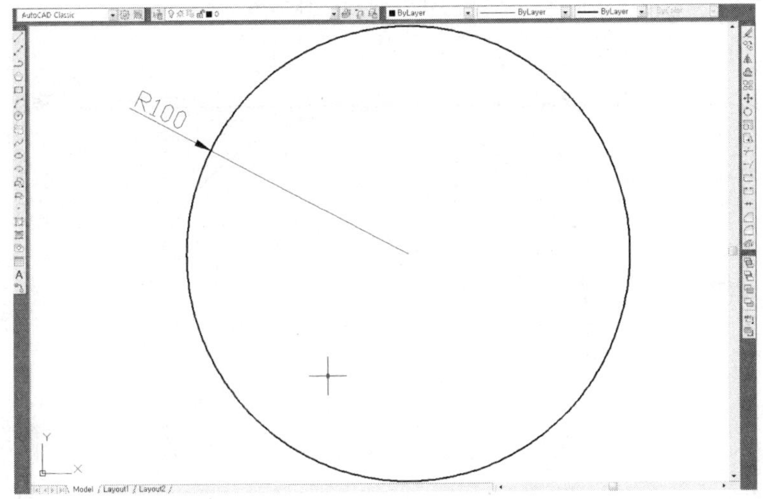

마우스 가운데 휠을 위 또는 아래로 굴려서 화면을 확대 축소할 수 있다.

휠을 사용하여 원이 보이지 않도록 해본 후 다음과 같이 따라한다.

```
Zoom Enter↵
e Enter↵
```

화면 범위를 벗어나서 보이지 않은 원이 화면에 꽉 차도록 축소된다.

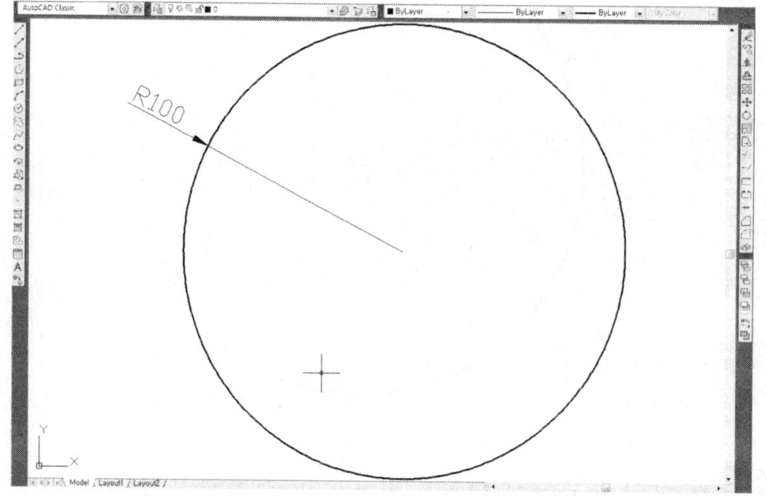

마우스 가운데 버튼 (휠이 있는 버튼)을 드래그하면 마우스 커서가 손바닥 모양으로 바뀌며 화면이 이동하게 된다. 이것을 팬 기능이라 한다.

마우스 휠을 사용하여 화면을 확대 축소하거나 팬 기능을 사용하여 화면을 이동하고자 할 때 화면이 어느 순간에 멈추는 현상이 발생할 수 있다.

이때 REgen Enter↵를 입력한 후 다시 마우스 휠을 사용하면 멈춤 현상이 사라진다.

Offset과 TRim을 이용한 KS 마크 그리기

Circle 명령을 사용하여 지름 100인 원을 그린다.

Offset 명령을 사용하여 지름 100인 원을 안쪽, 바깥쪽으로 6만큼 간격을 띄운다.

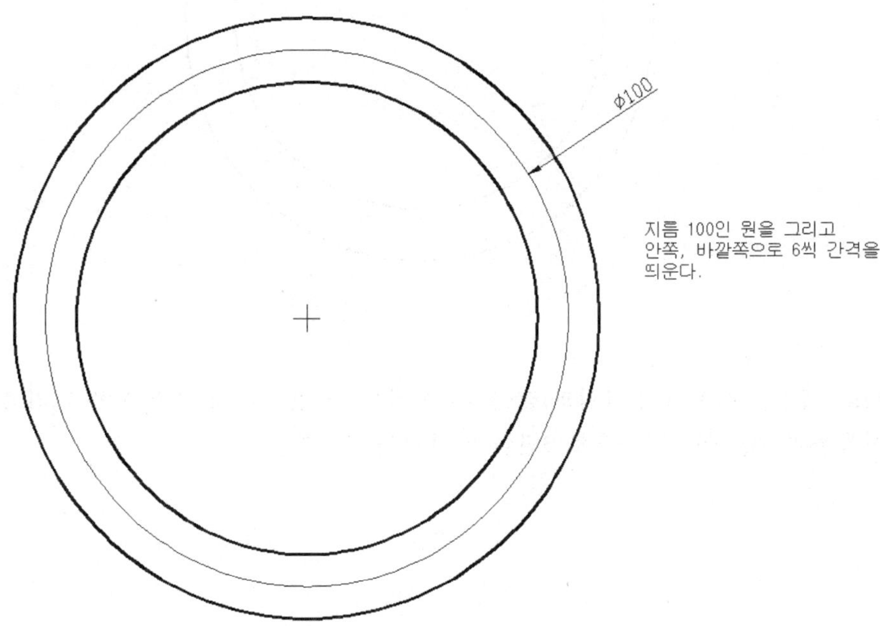

Ø100
지름 100인 원을 그리고
안쪽, 바깥쪽으로 6씩 간격을
띄운다.

Erase 명령을 사용하여 가운데 원을 삭제한다.

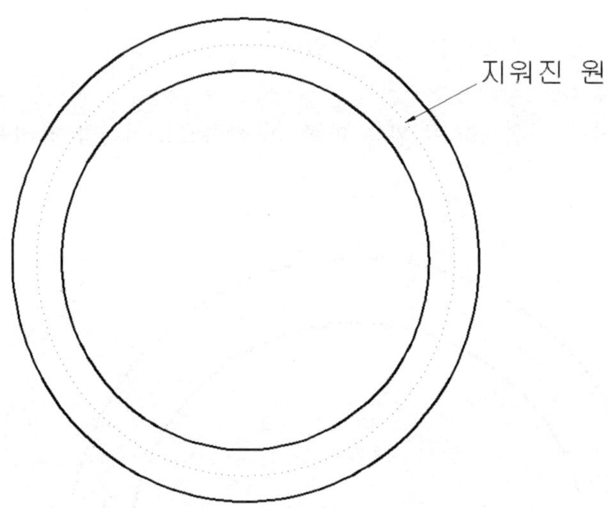

Line 명령을 사용하여 그림과 같이 4분점에서 4분점으로 수평한 선을 그리고 Offset 명령을 사용하여 위, 아래 방향으로 6만큼씩 간격을 띄운다.

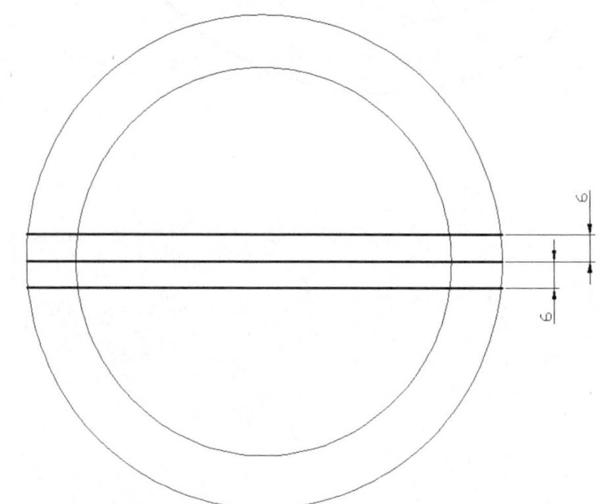

다시 Offset 명령을 사용하여 가운데 선을 위, 아래 방향으로 20만큼씩 띄운다.

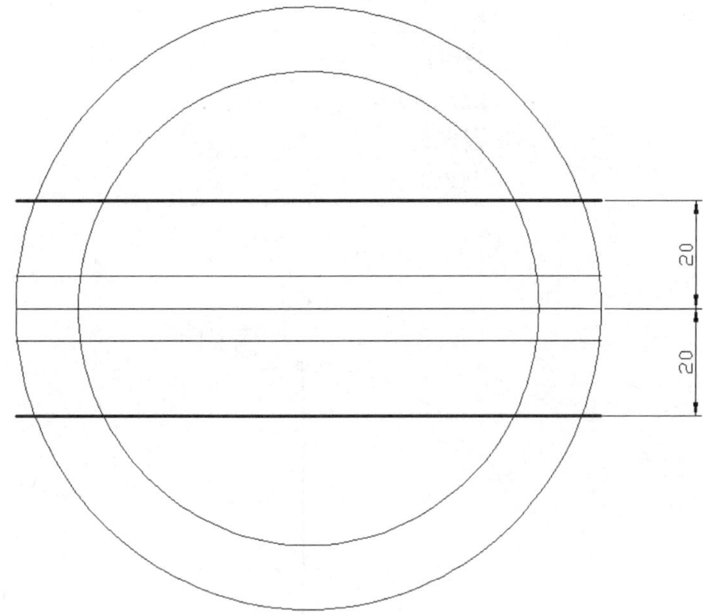

가운데 선은 Erase 명령으로 삭제하고 나머지는 TRim 명령을 사용하여 그림과 같이 만든다.

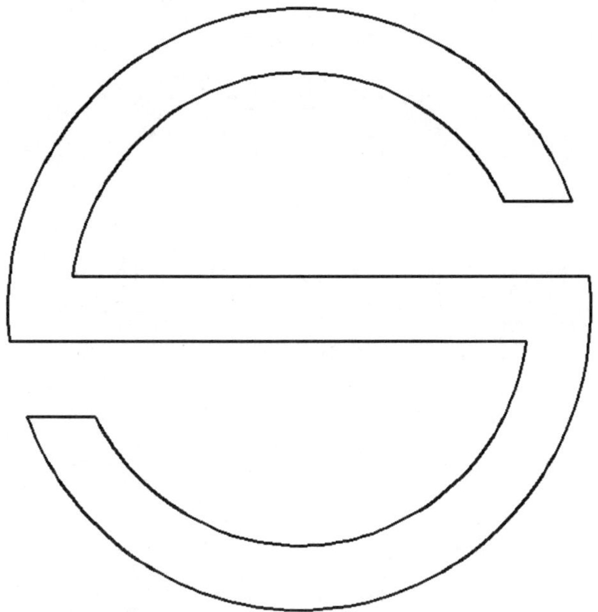

Line [Enter↵]
qua [Enter↵]
클릭1
per [Enter↵]
클릭2
[Enter↵]

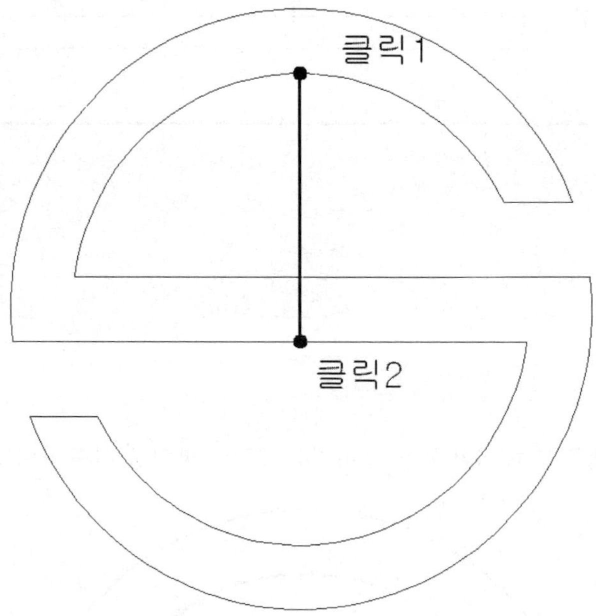

방금 그린 선을 Offset 명령을 사용하여 왼쪽으로 30만큼 오른쪽으로 25만큼 간격을 띄운다.

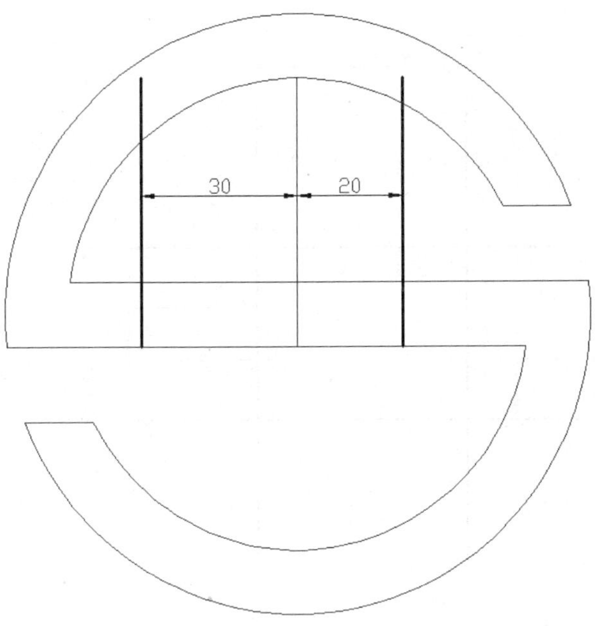

TRim 명령과 Erase 명령을 사용하여 다음 그림과 같이 꾸민다.

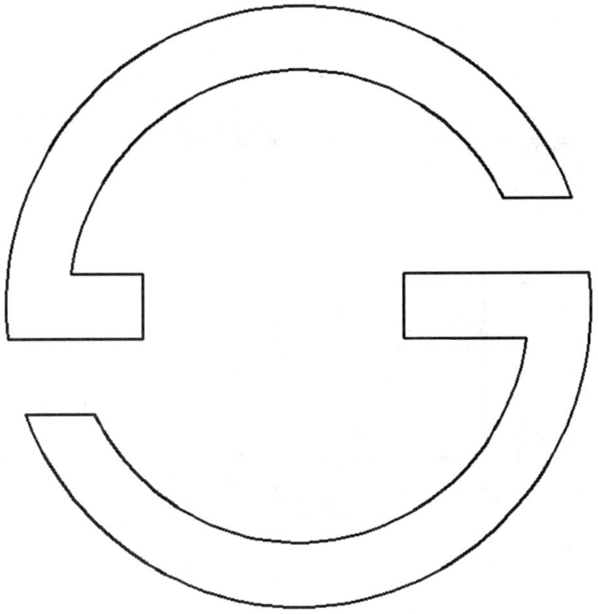

원의 4분점을 지나도록 수평선과 수직선을 그린 후 그림과 같이 Offset 명령을 사용하여 간격을 띄운다.

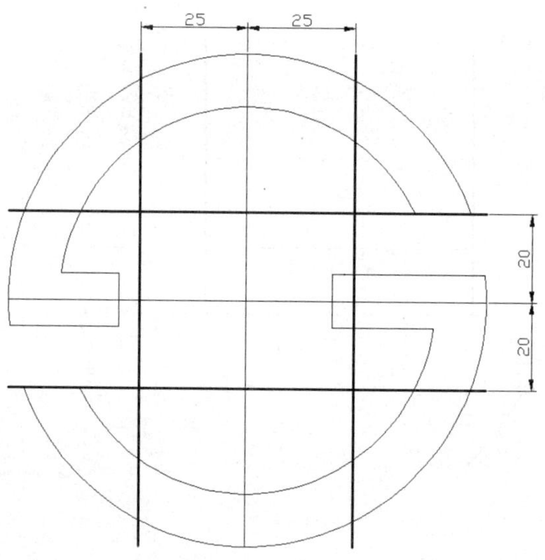

TRim Enter↵
클릭1 클릭2 클릭 3 클릭4 (경계선)
Enter↵
클릭5 클릭6 클릭7 클릭8 클릭9 클릭10 클릭11 클릭 12(잘라질 선)

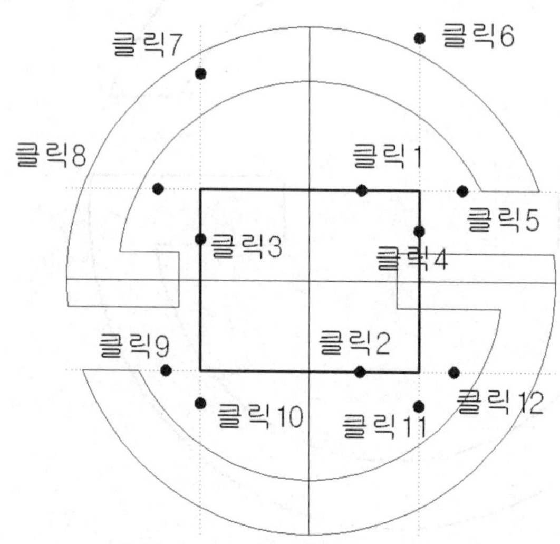

Erase 명령을 사용하여 수평 수직선을 삭제한 후 Offset 명령을 사용하여 그림과 같이 만든다.

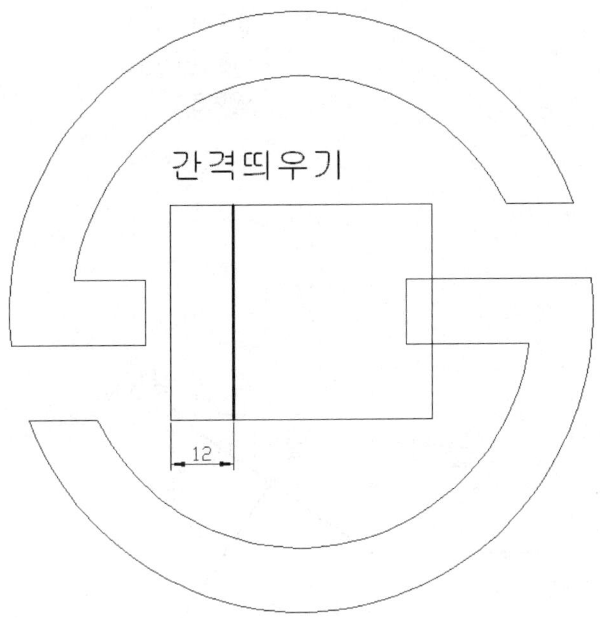

Line [Enter↵]
int [Enter↵]
클릭1 클릭2
end [Enter↵]
클릭3
[Esc]

Line [Enter↵]
end [Enter↵]
클릭4
per [Enter↵]
클릭5

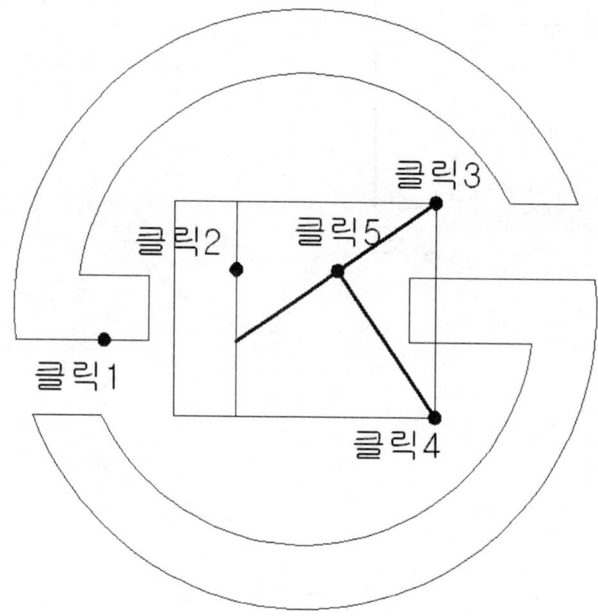

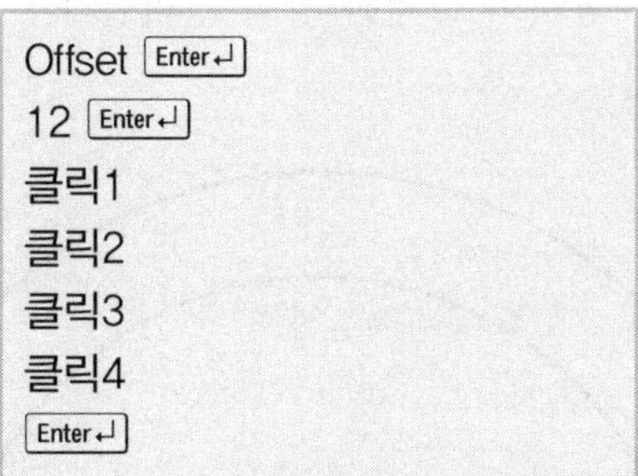
Offset Enter↵
12 Enter↵
클릭1
클릭2
클릭3
클릭4
Enter↵

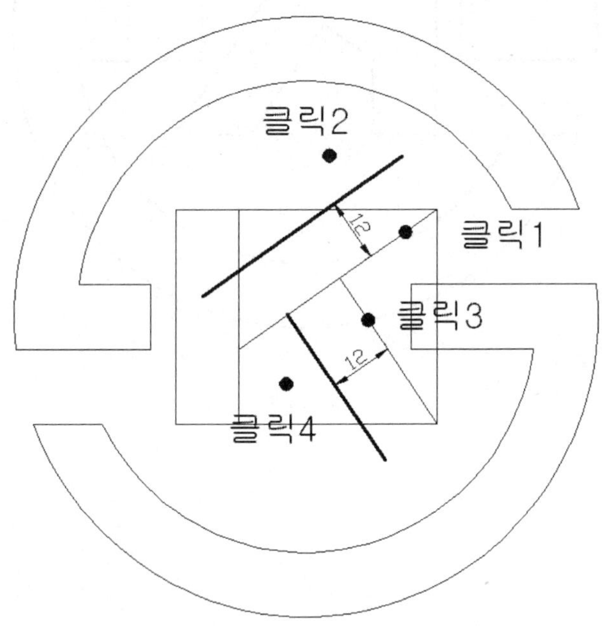

TRim 명령과 Erase 명령을 사용하여 그림과 같이 정리한다.

EXtend

물체에 닿을 때까지 선을 연장시킨다.

[옵션]

e : 연장선까지 고려하여 연장시킬지 여부를 결정한다.

다음과 같은 그림을 그린다.

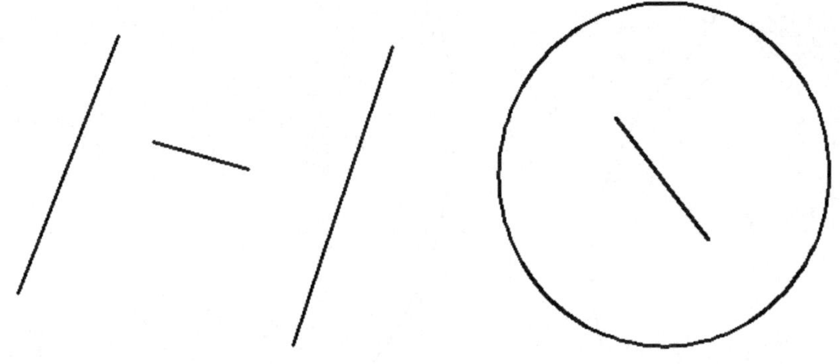

임의의 선들과 임의의 원

EXtend Enter↵
한 번 더 Enter↵
클릭1 클릭2 클릭3 클릭4

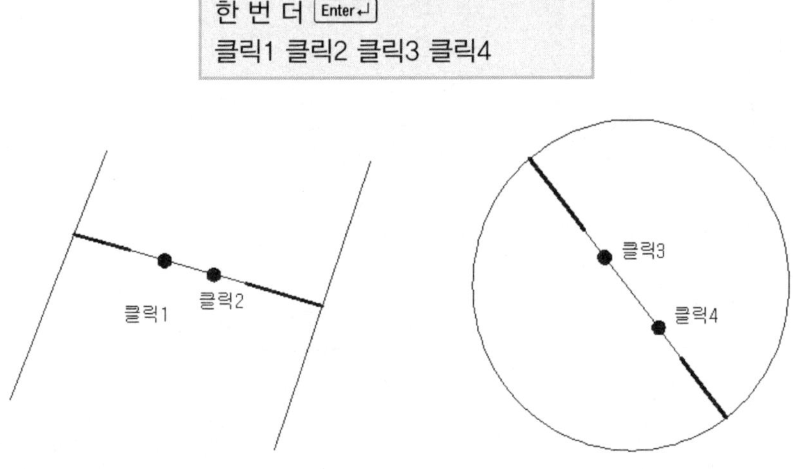

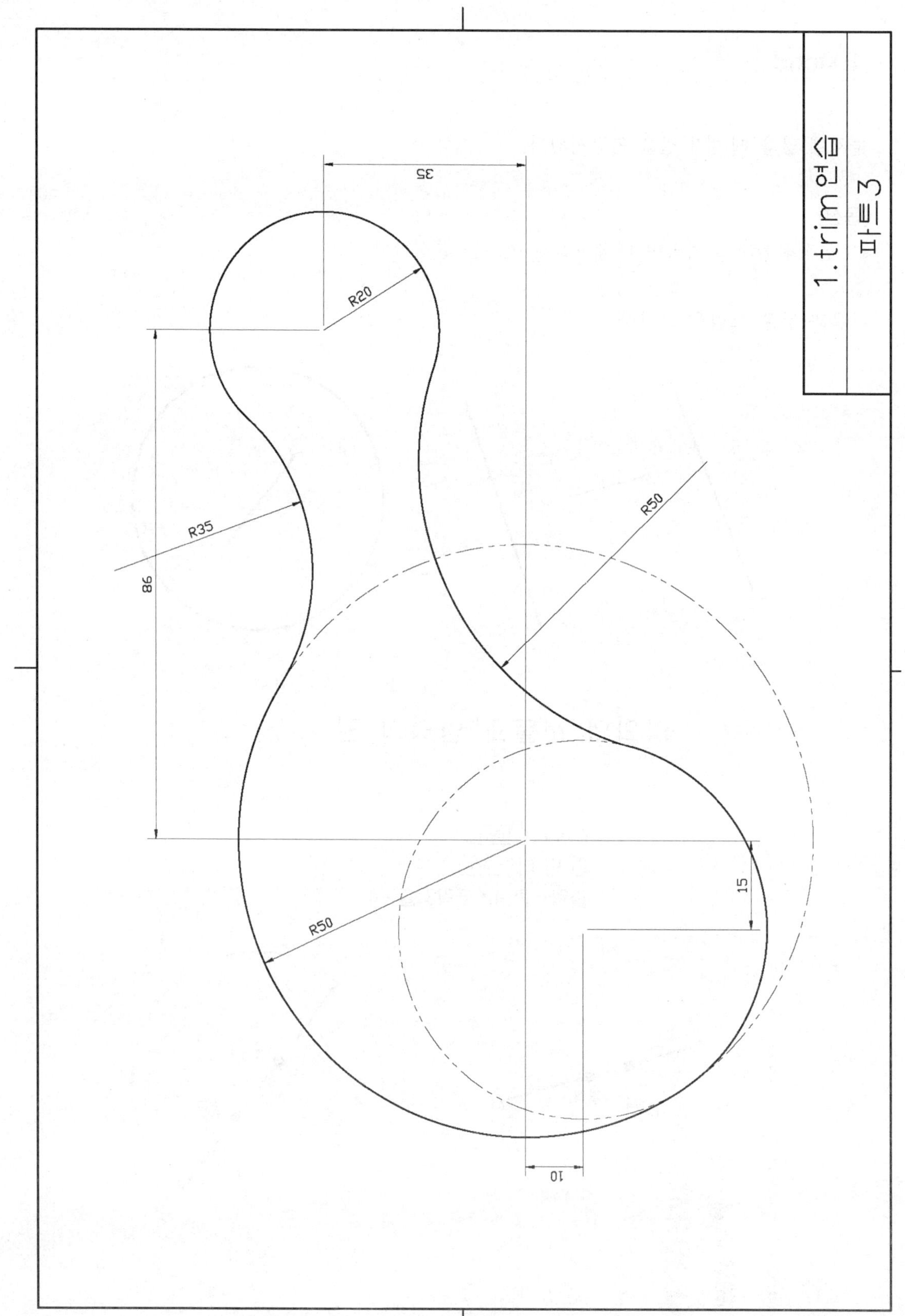
1.trim연습
파트3
35
R20
R35
R50
R50
15
10

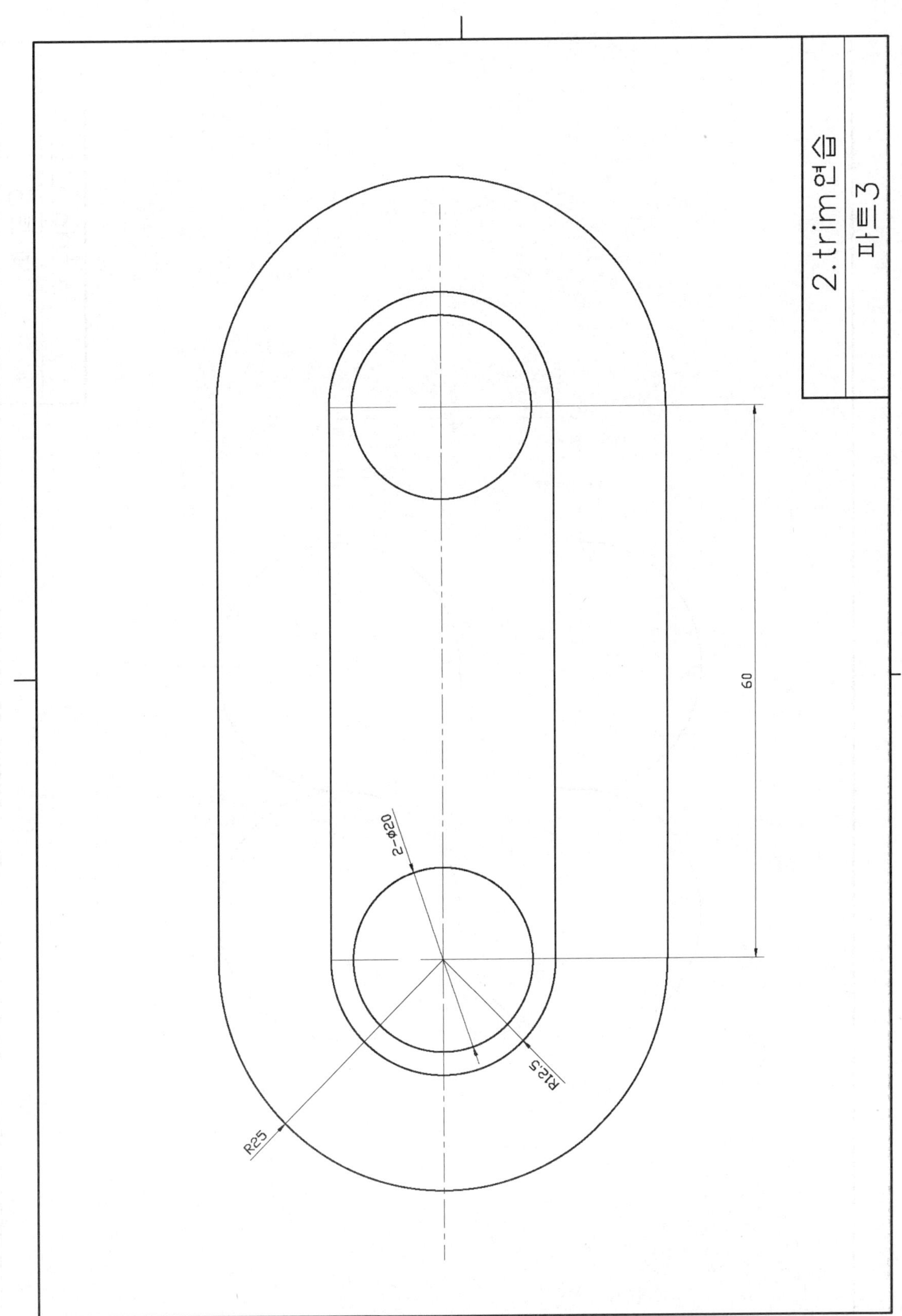
2.trim연습
파트3
60
2-Φ20
R12.5
R25

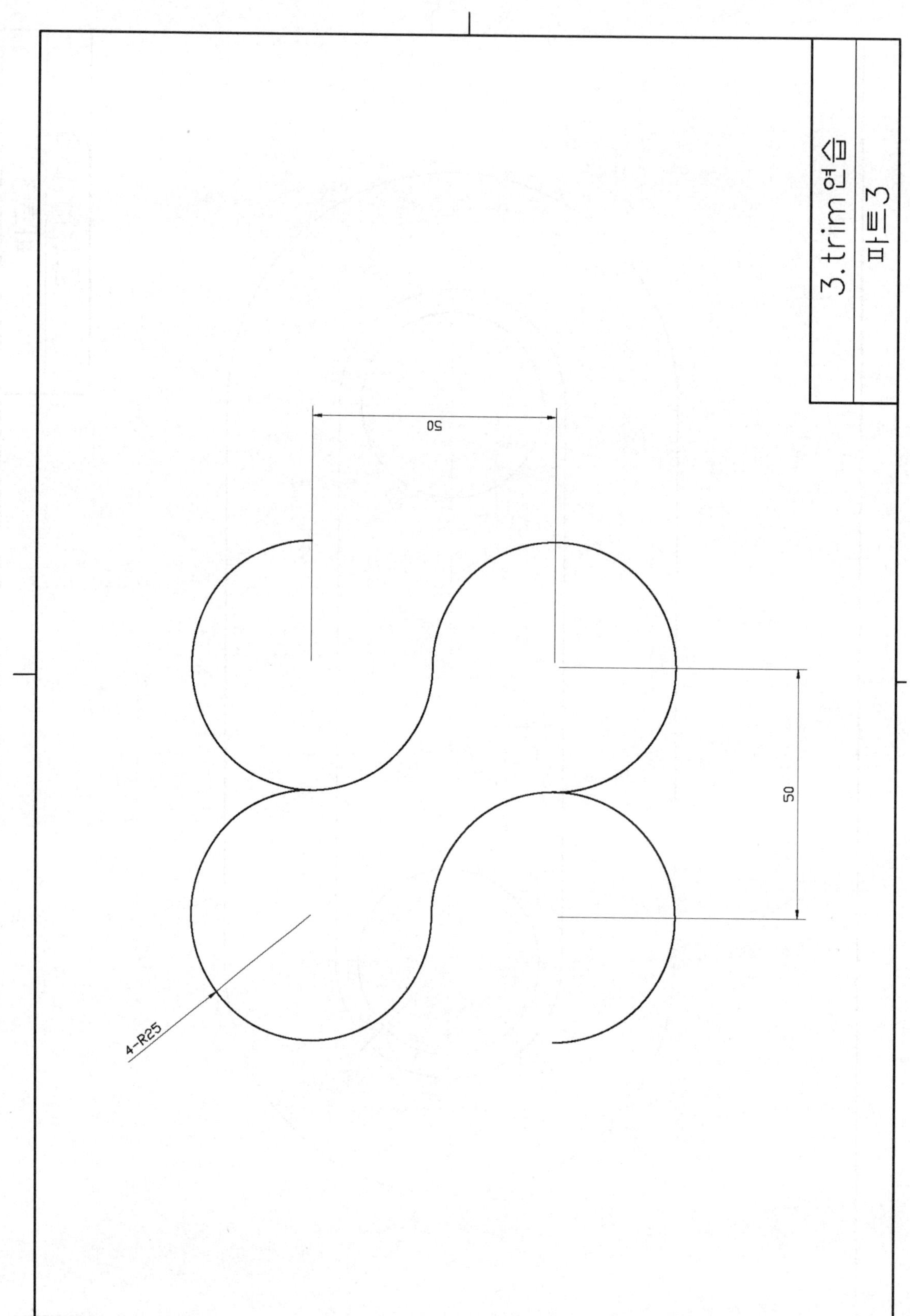
3.trim연습
파트3
50
50
4-R25

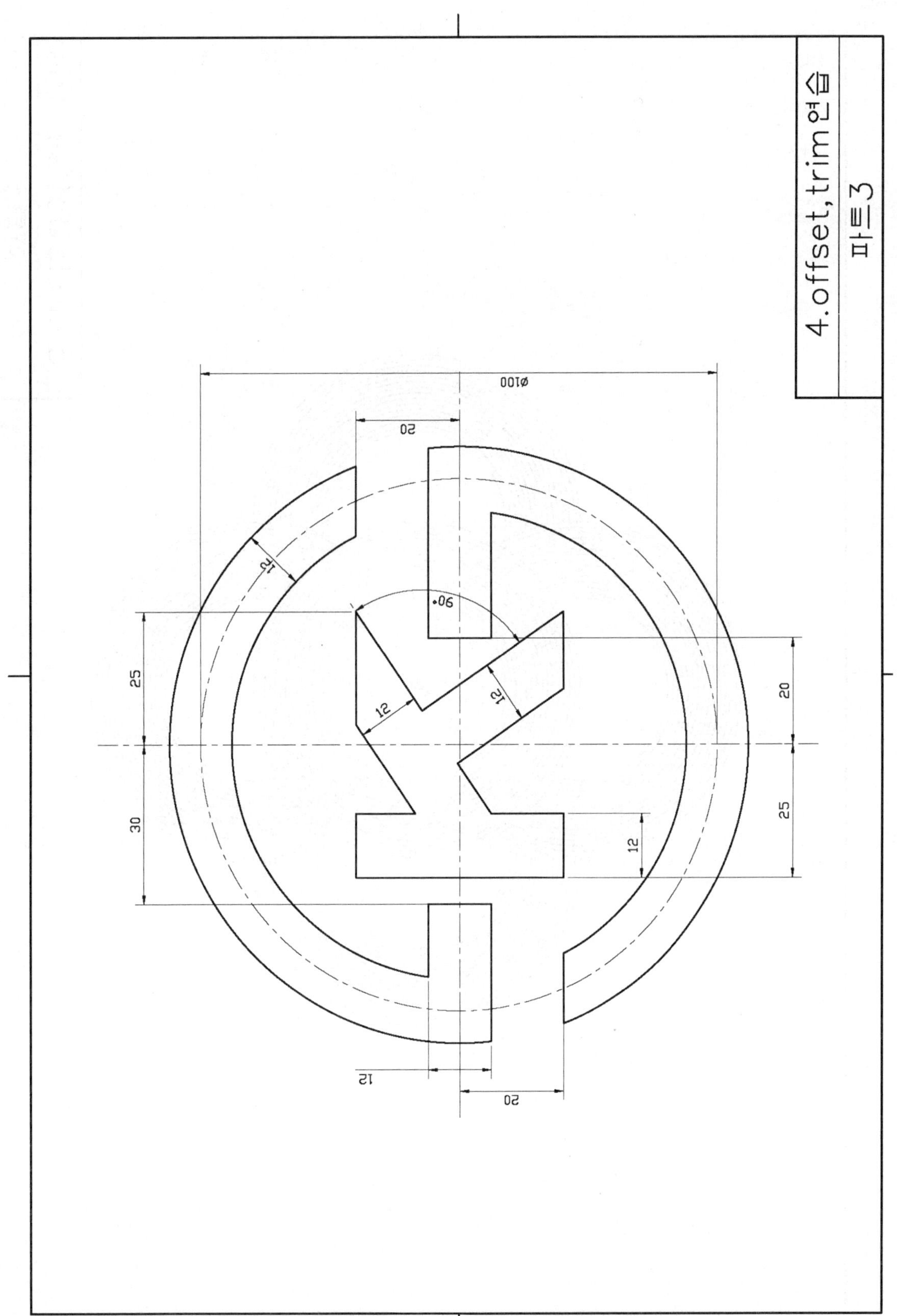
4.offset,trim연습
파트3
ø100
20
12
90°
25
30
25
20
12
12
12
12
12
20

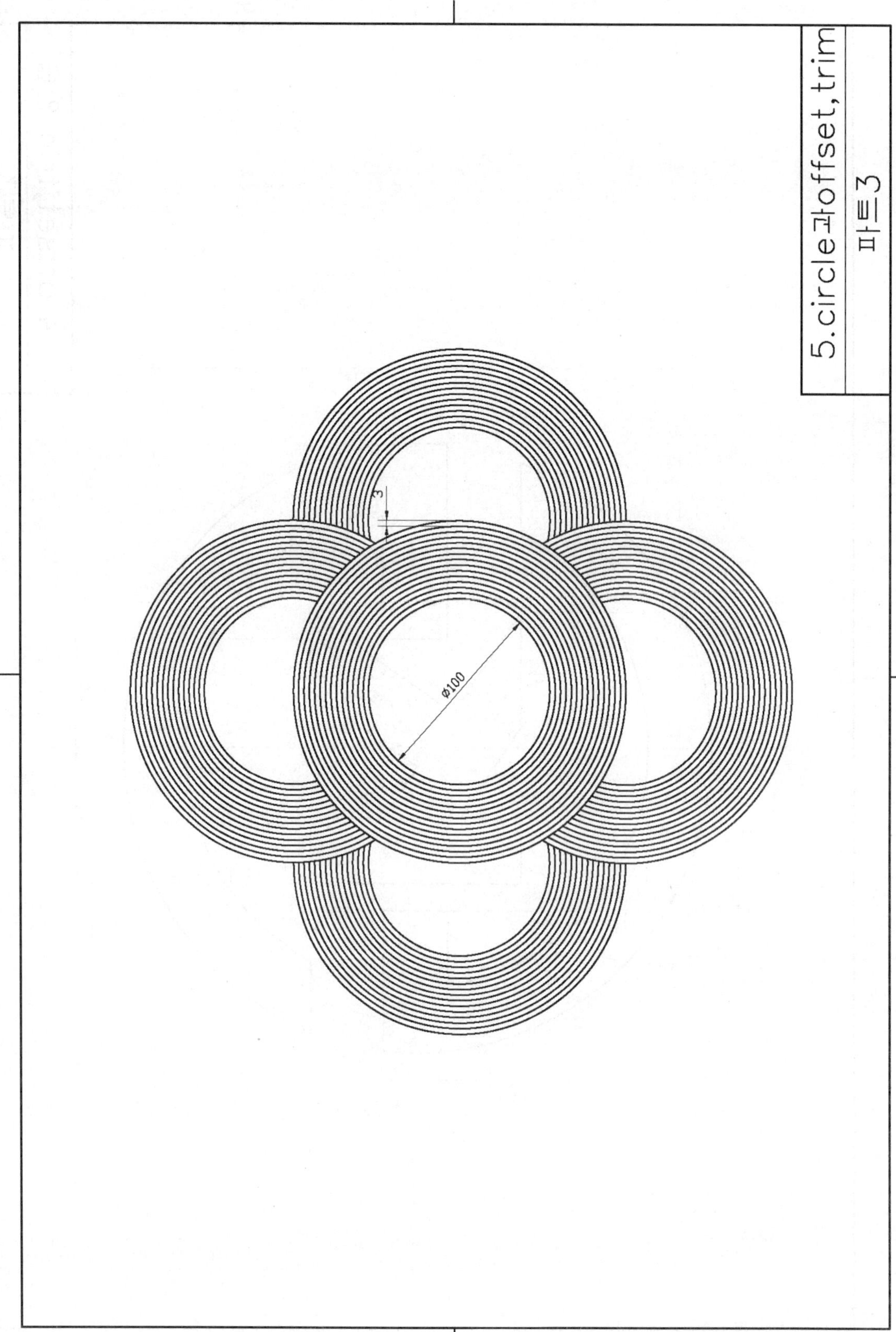
5.circle과offset,trim
파트3
3
ø100

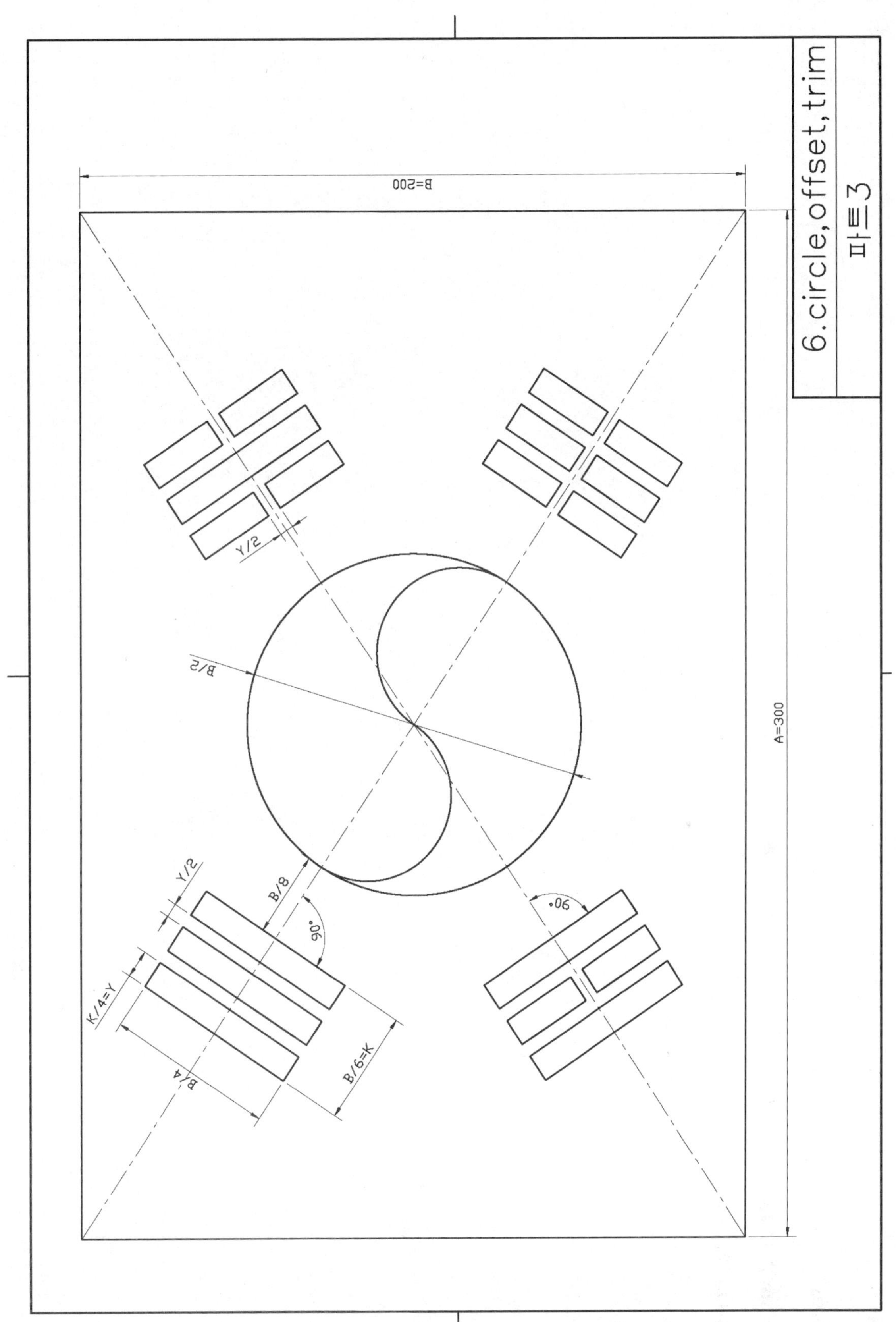
6.circle,offset,trim
파트3
B=500
A=300
B/2
Y/2
B/8
90°
K/4=Y
B/4
B/6=K

PART 04

복사/이동/패턴

COpy

물체를 복사한다.

COpy Enter↵
복사할 물체 선택 후 Enter↵
기준점 입력
이동점 입력

파트2에서 그렸던 도면을 연다.

COpy Enter↵
클릭1
클릭2
Enter↵
클릭3
클릭4
Esc

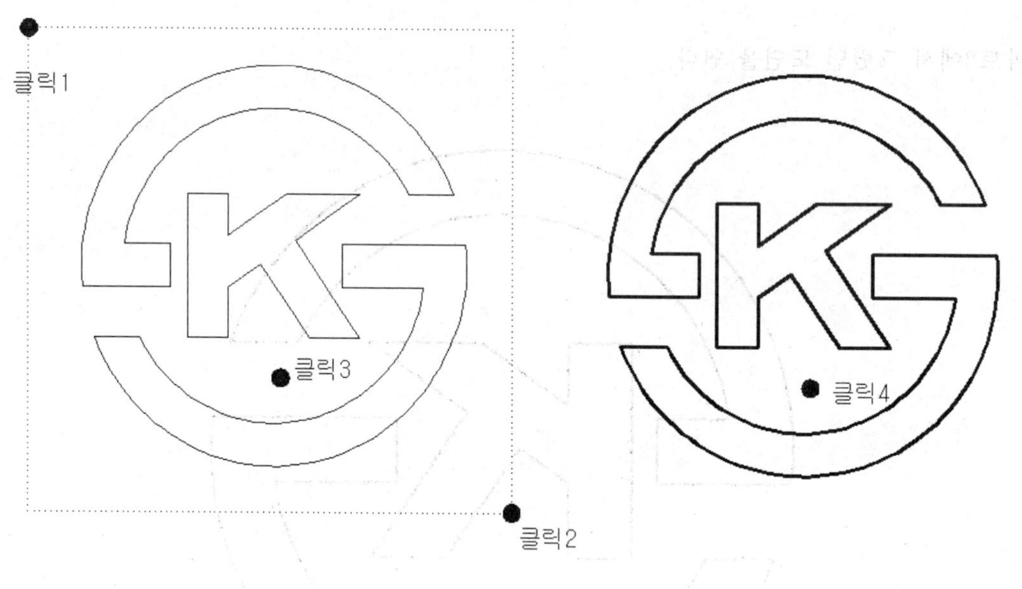

Move

물체를 이동시킨다.

Move Enter↵
이동할 물체 선택 후 Enter↵
기준점 입력
이동점 입력

Erase 명령을 사용하여 우측으로 복사된 KS마크의'K'문자만 삭제하기 위해 다음과 같이 따라 한다.

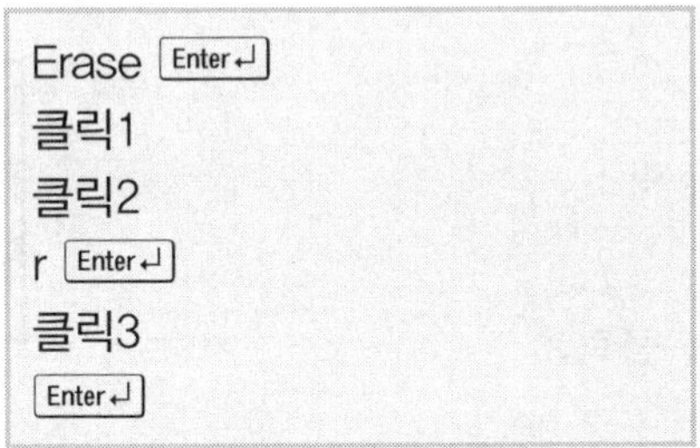
Erase Enter↵
클릭1
클릭2
r Enter↵
클릭3
Enter↵

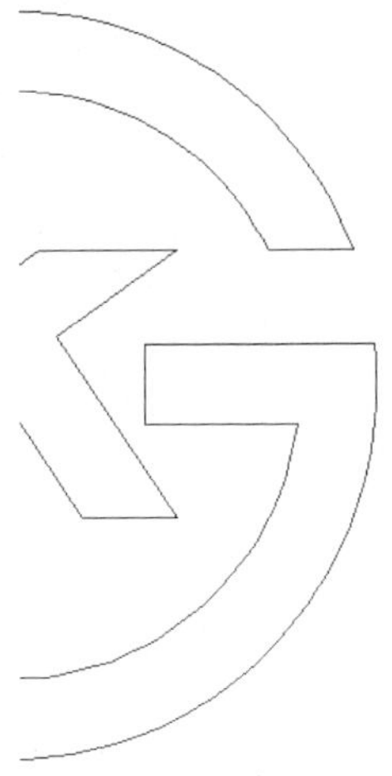

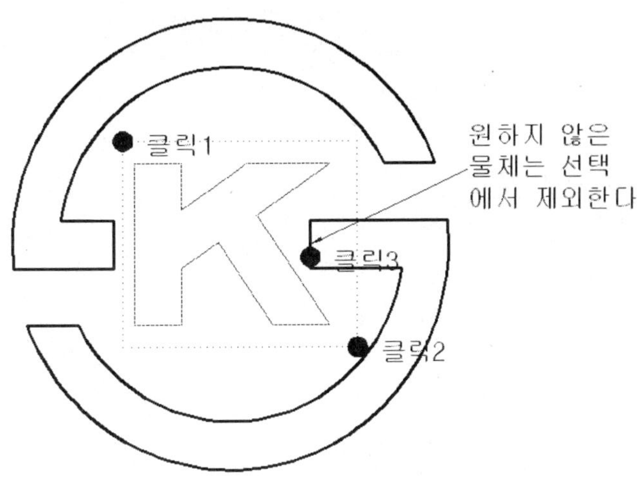

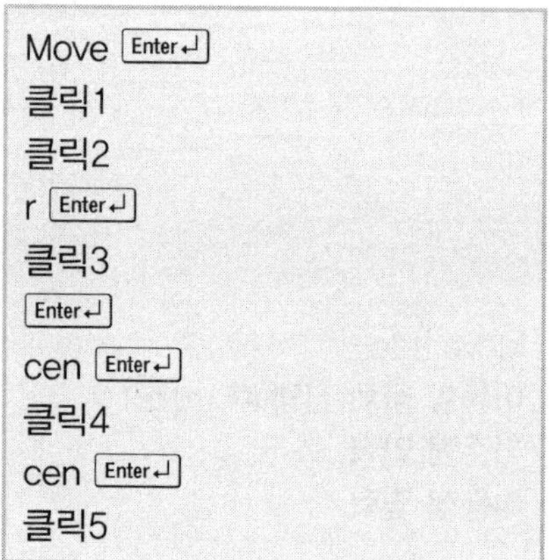
Move Enter↵
클릭1
클릭2
r Enter↵
클릭3
Enter↵
cen Enter↵
클릭4
cen Enter↵
클릭5

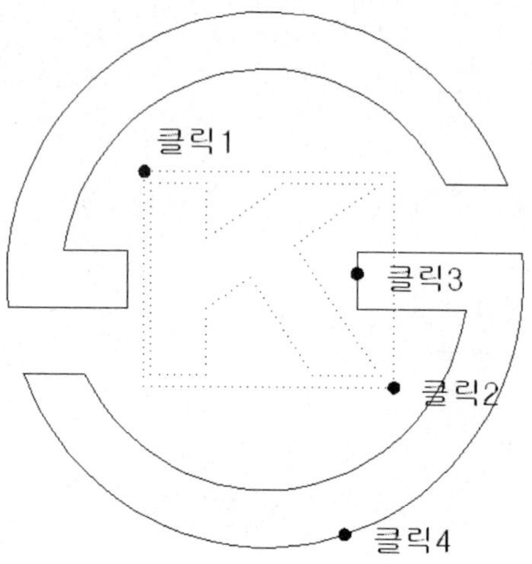
클릭1
클릭3
클릭2
클릭4

클릭5

-ARray(앞에 -기호를 붙인다.)

물체를 선형 또는 원형으로 배열한다.

■선형패턴인 경우

-ARray
물체 선택 후 Enter↵
r Enter↵
자신을 포함한 윗 방향 개수 입력
자신을 포함한 우측 방향 개수 입력
윗 방향 이동거리 입력
우측 방향 이동거리 입력

■원형패턴인 경우

-ARray
물체 선택 후 Enter↵
p Enter↵
배열 중심점 입력
자신을 포함한 개수 입력
채울 각도 입력
배열시 원본의 틀어짐 여부 입력(y또는 n)

[선형패턴 연습]

OPEN 명령을 사용하여 파트2에서 그렸던 도면을 연다.

-ARray Enter↵
클릭1
클릭2
r Enter↵ (제외모드로 전환)
클릭3
클릭4
a Enter↵ (추가모드로 전환)
클릭5
Enter↵
r Enter↵ (선형패턴)
2 Enter↵ (윗 방향 개수)
1 Enter↵ (우측 방향 개수)
150 Enter↵ (위 방향 거리)

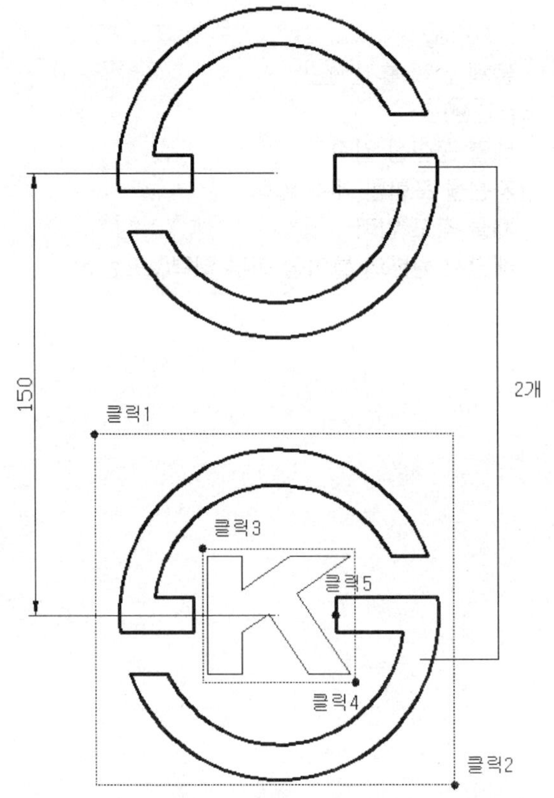

-ARray Enter↵
p Enter↵ (가장 최근에 한 번에 선택했던 물체들)
클릭1
클릭2
Enter↵
r Enter↵
1 Enter↵ (윗 방향 개수)
3 Enter↵ (우측 방향 개수)
200 Enter↵ (우측 방향 이동 거리)

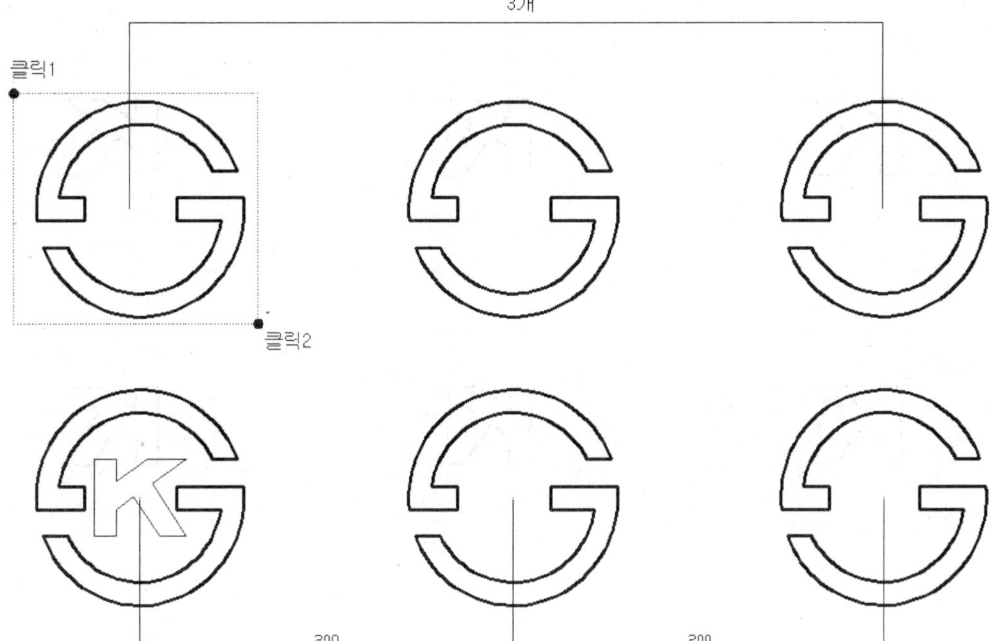

−ARray Enter↵
클릭1
클릭2
r Enter↵ (제외모드로 전환)
클릭3
Enter↵
r Enter↵
2 Enter↵ (윗 방향 개수)
3 Enter↵ (우측 방향 개수)
150 Enter↵ (윗 방향 거리)
200 Enter↵ (우측 방향 거리)

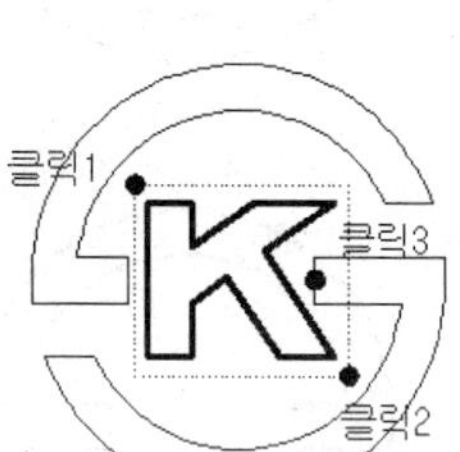

[원형패턴 연습]

다음과 같은 그림을 그린다.

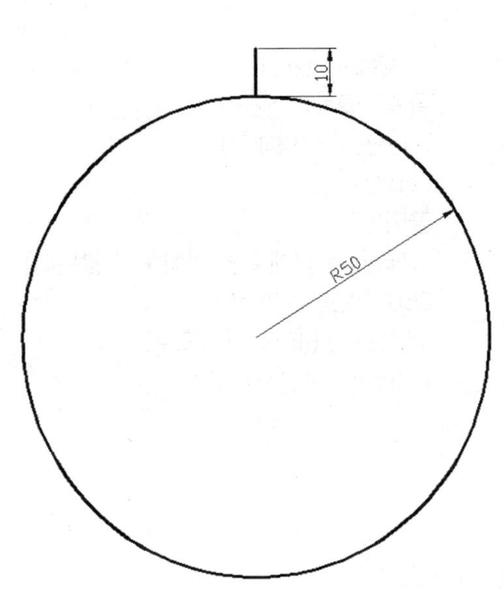

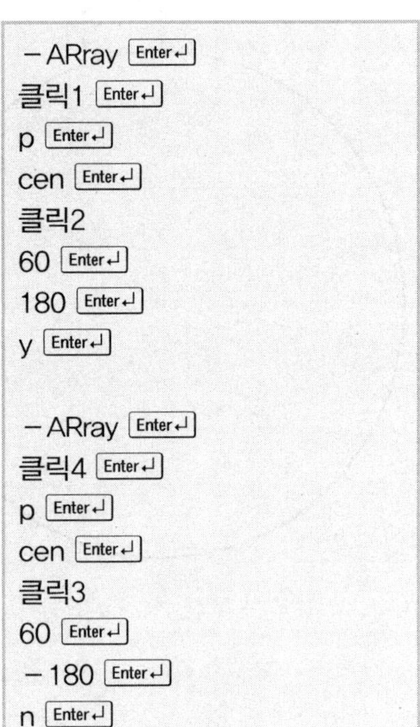

−ARray Enter↵
클릭1 Enter↵
p Enter↵
cen Enter↵
클릭2
60 Enter↵
180 Enter↵
y Enter↵

−ARray Enter↵
클릭4 Enter↵
p Enter↵
cen Enter↵
클릭3
60 Enter↵
−180 Enter↵
n Enter↵

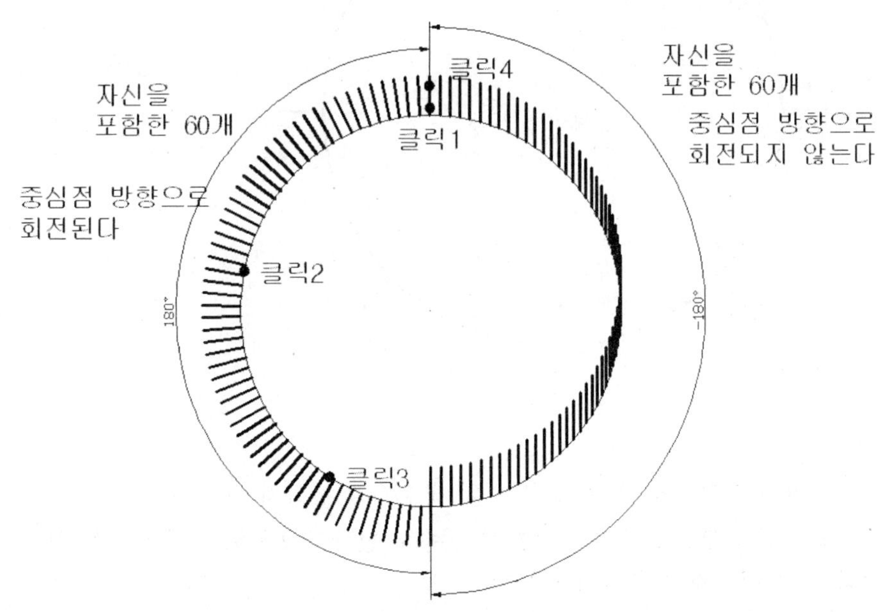

다음과 같은 그림을 그린다.

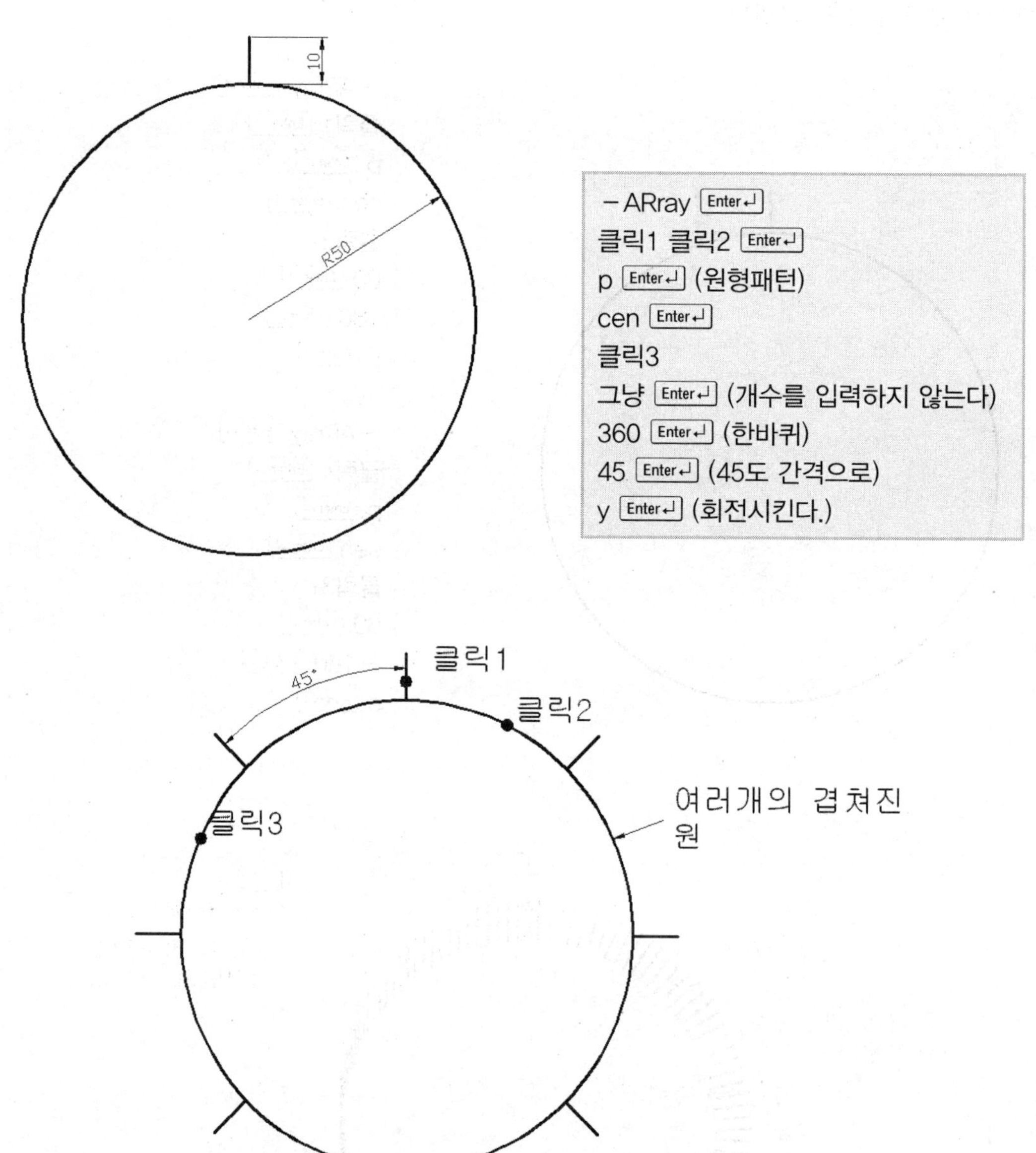

10
R50
-ARray Enter↵
클릭1 클릭2 Enter↵
p Enter↵ (원형패턴)
cen Enter↵
클릭3
그냥 Enter↵ (개수를 입력하지 않는다)
360 Enter↵ (한바퀴)
45 Enter↵ (45도 간격으로)
y Enter↵ (회전시킨다.)
45°
클릭1
클릭2
클릭3
여러개의 겹쳐진 원

배열되는 물체의 배열각도를 주고 싶을 때는 개수를 지정하지 않는다.
그려진 도면에서 배열 대상 물체를 선택할 때 실수로 원까지 포함해서 선택하였다면, 원은 같은 자리에 여러 개가 겹쳐져서 그려지게 된다.

[겹쳐진 물체를 해결하기]

> Erase Enter↵
> 클릭1 클릭2 (영역 내에 걸쳐진 모든 물체가 선택된다.)
> r Enter↵ (제외모드로 전환)
> 클릭3 (한 개의 물체만 선택에서 제외된다.)
> Enter↵

8개의 물체를 선택 후 1물체를 제외하면 7개의 물체가 삭제되어 한 개의 물체만 남게 된다.

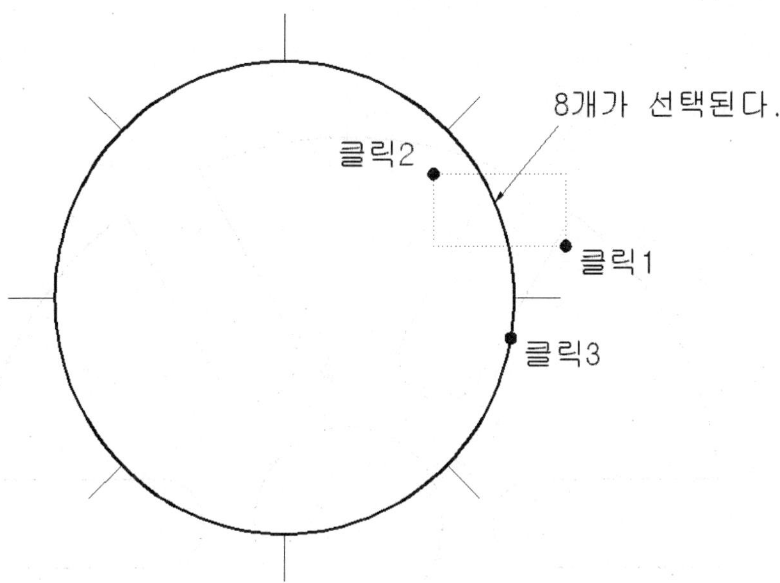

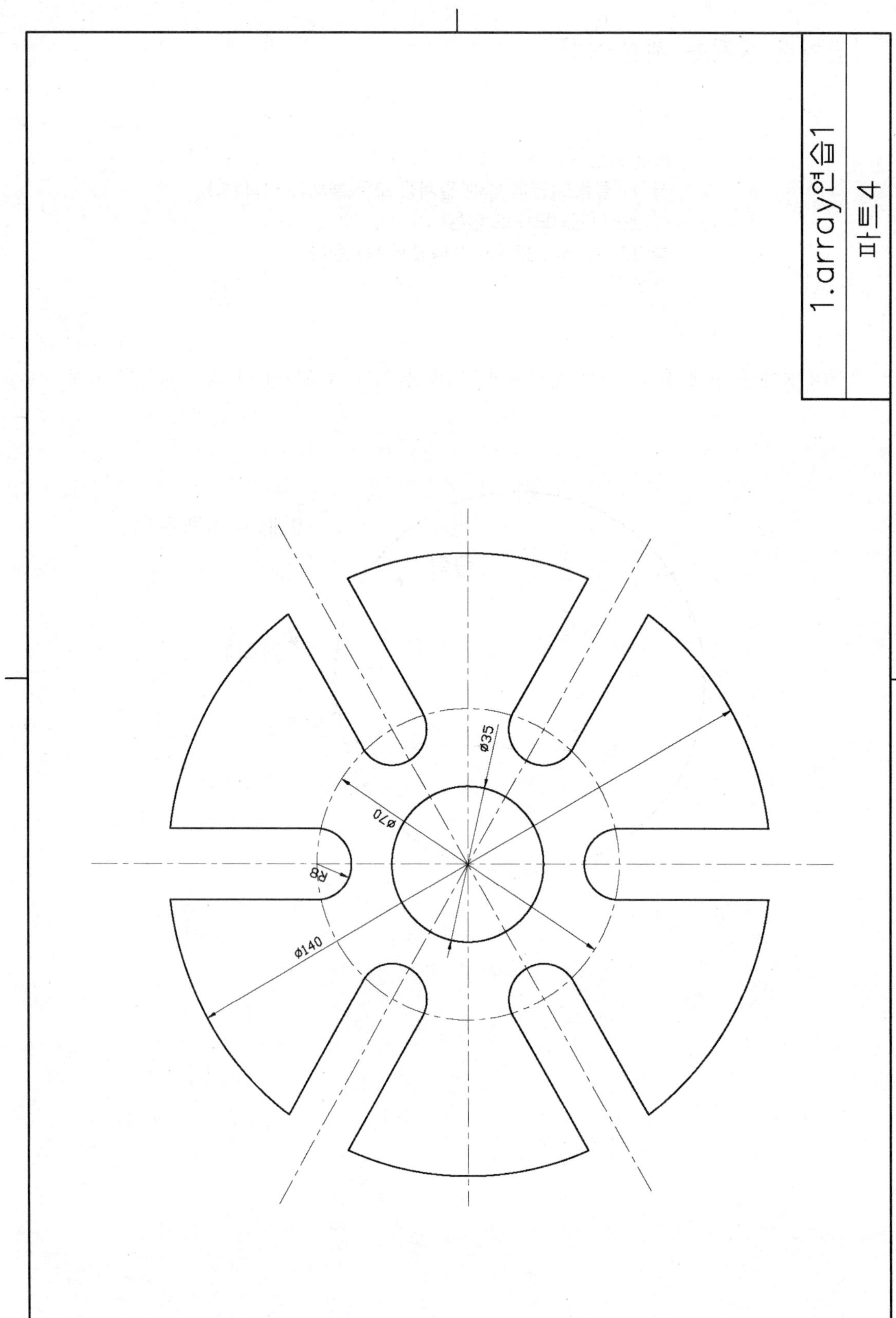
1.array연습1
파트4
ø35
ø70
R8
ø140

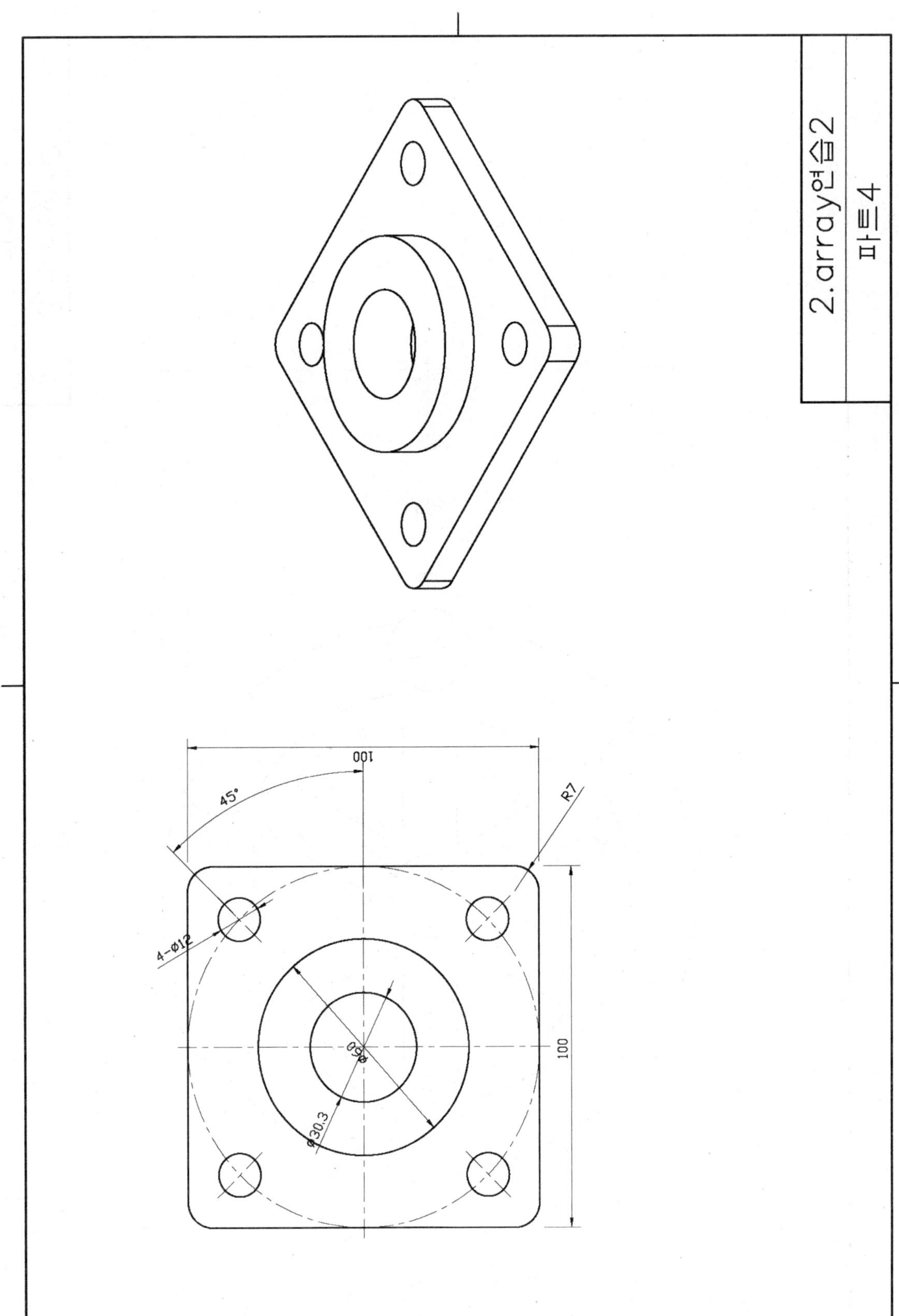
2.array연습2
파트4
100
45°
R7
4-Ø12
Ø30.3
100

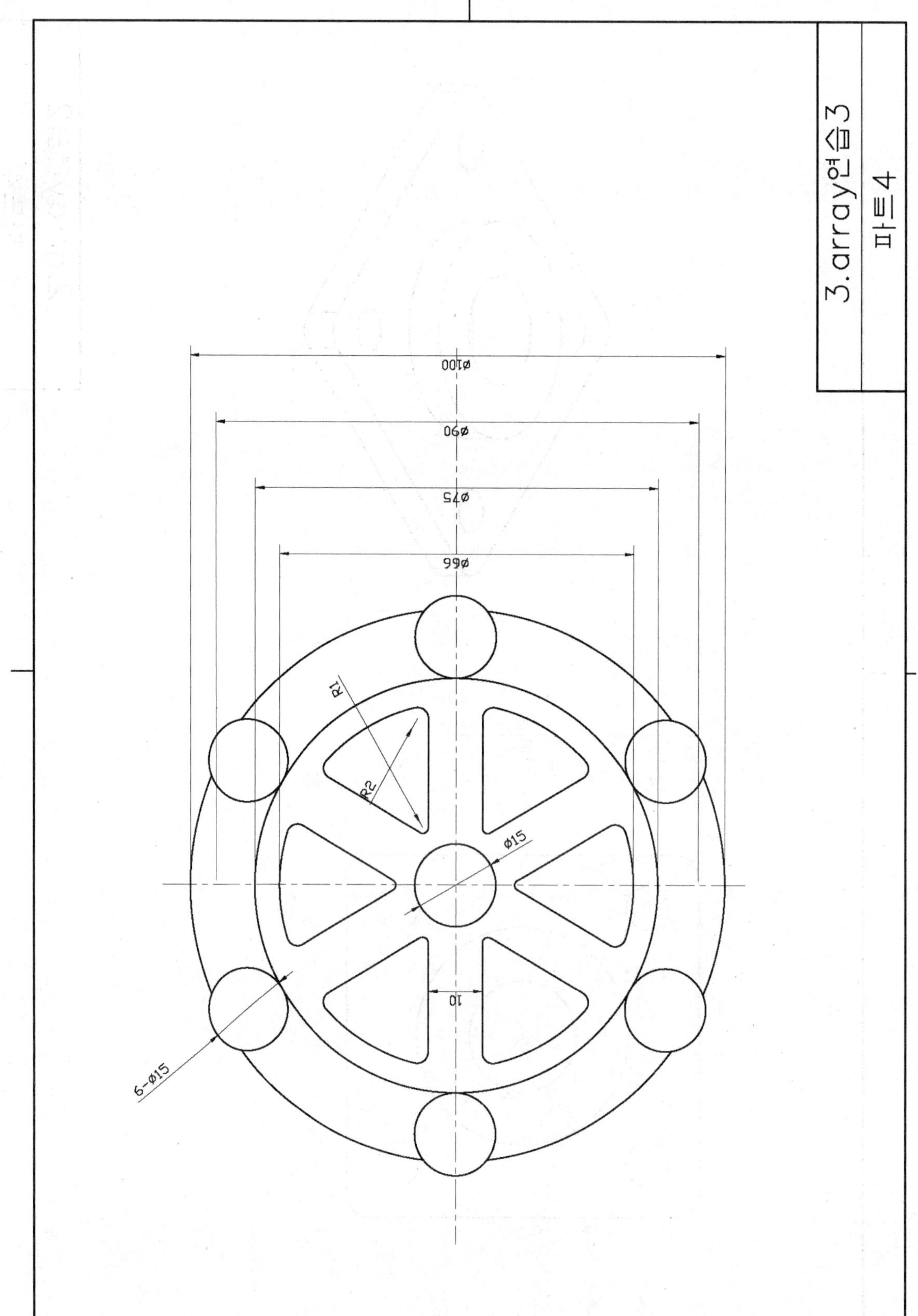

3.array연습3
파트4
Ø100
Ø90
Ø75
Ø66
R1
R2
Ø15
10
6-Ø15

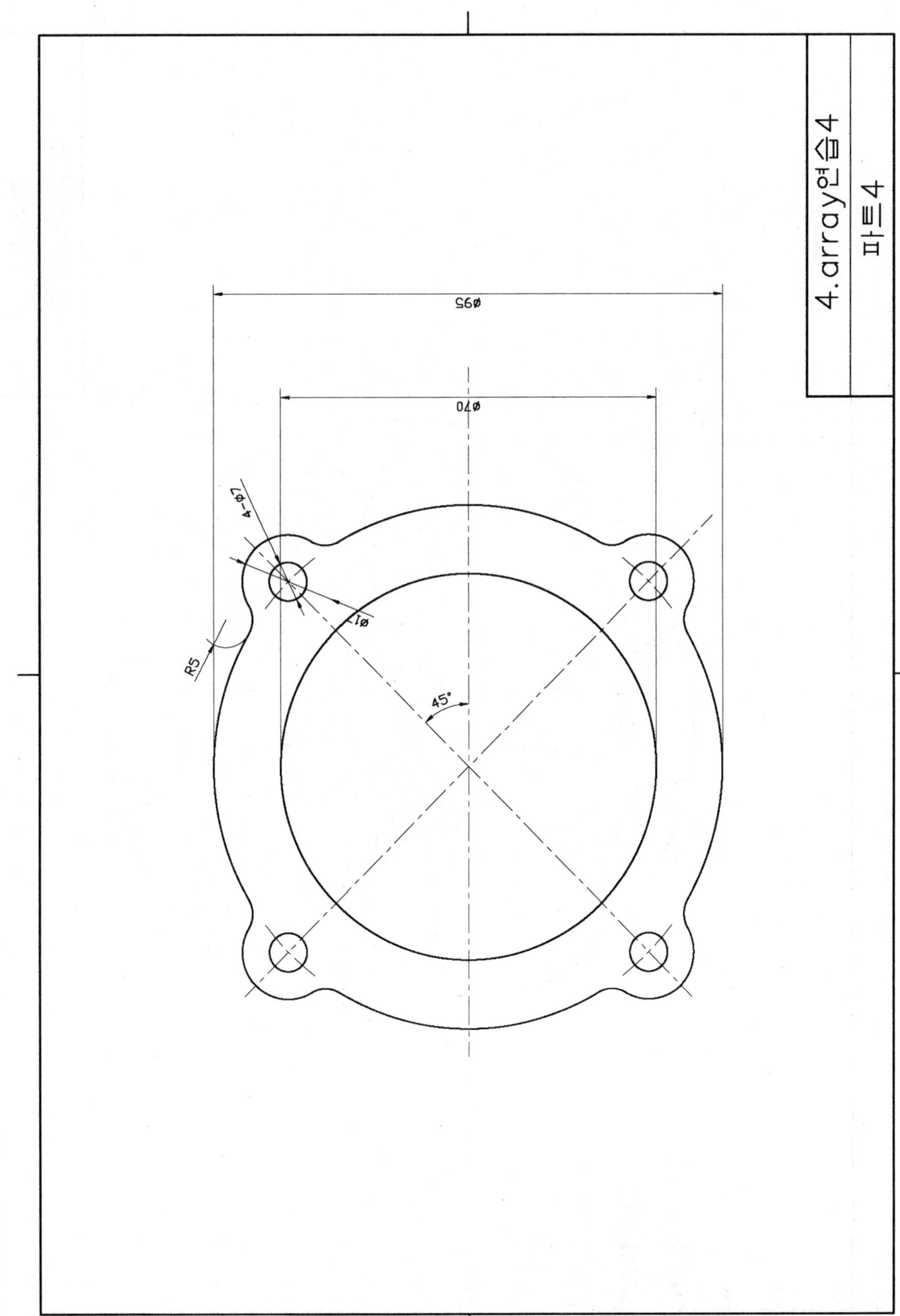
4.array연습4
파트4
Ø95
Ø70
4-Ø7
R5
45°

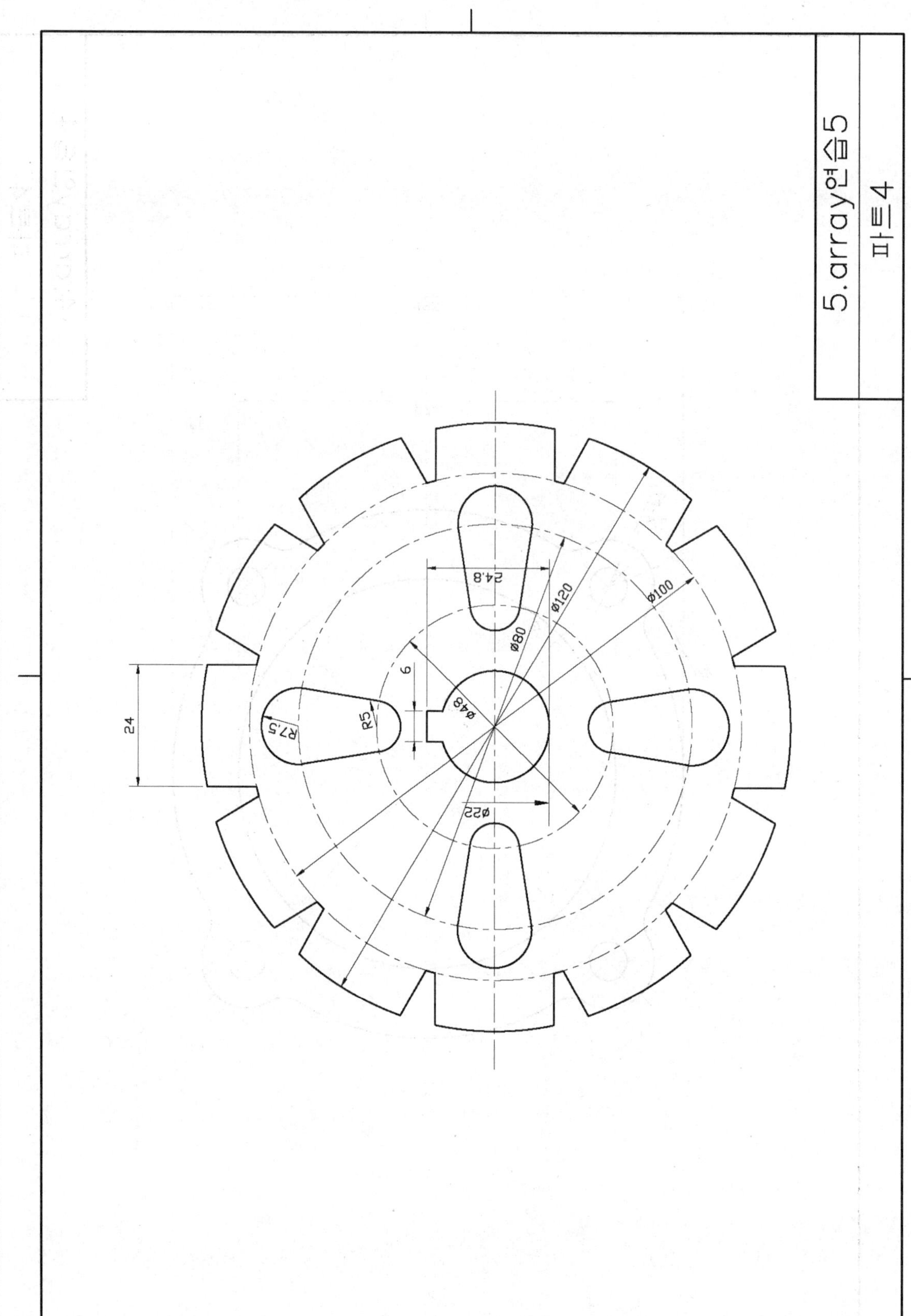
5.array연습5
파트4
24.8
ø120
ø100
ø80
ø48
6
R5
R7.5
24
ø22

PART 05

호와 필터법

기초에서 활용까지

AutoCAD 도면작업

Arc

호를 그린다.

[옵션]

e : 호의 끝점
r : 호의 반지름
a : 호의 중심각
c : 호의 중심점

[시작점, 끝점, 반지름으로 호 작성하기]

다음과 같은 그림을 그린다.

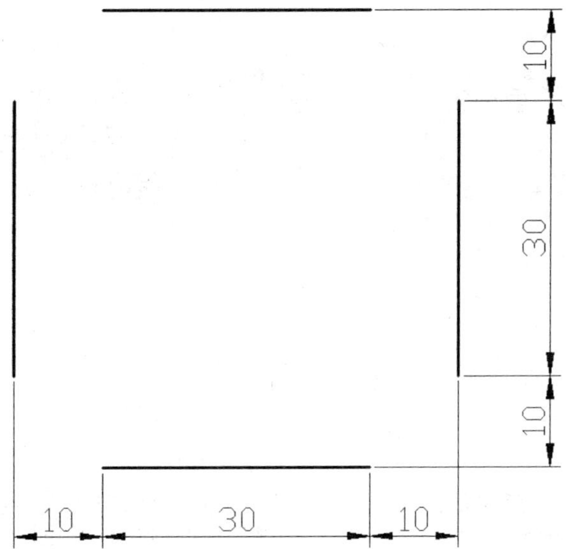

Arc [Enter↵]
end [Enter↵]
클릭1 (호의 시작점)
e [Enter↵] (호의 끝점)
end [Enter↵]
클릭2
r [Enter↵] (호의 반지름)
10 [Enter↵]

Arc [Enter↵]
end [Enter↵]
클릭3
e [Enter↵]
end [Enter↵]
클릭4
r [Enter↵]
50 [Enter↵]

Arc [Enter↵]
end [Enter↵]
클릭5
e [Enter↵]
end [Enter↵]
클릭6
r [Enter↵]
8 [Enter↵]

Arc [Enter↵]
end [Enter↵]
클릭7
e [Enter↵]
end [Enter↵]
클릭8
r [Enter↵]
7 [Enter↵]

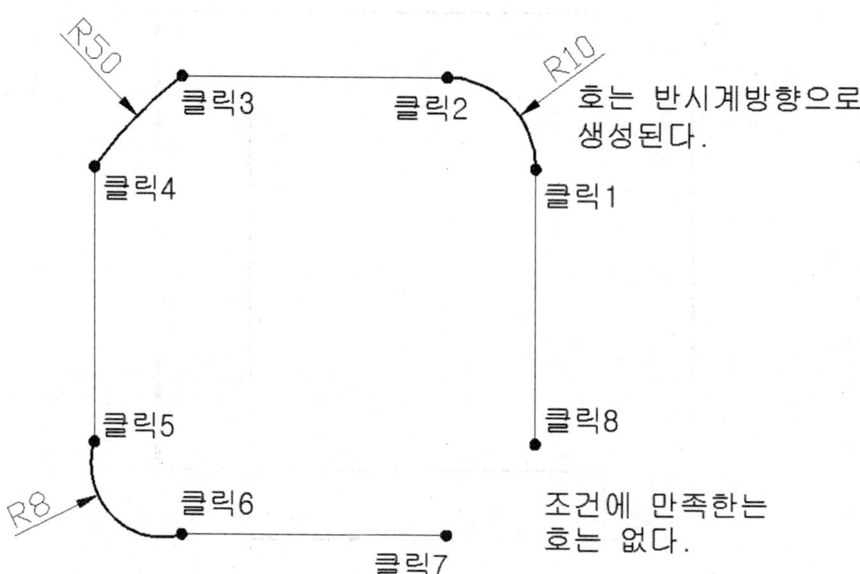

[시작점, 끝점, 중심각으로 호 작성하기]

다음과 같은 그림을 그린다.

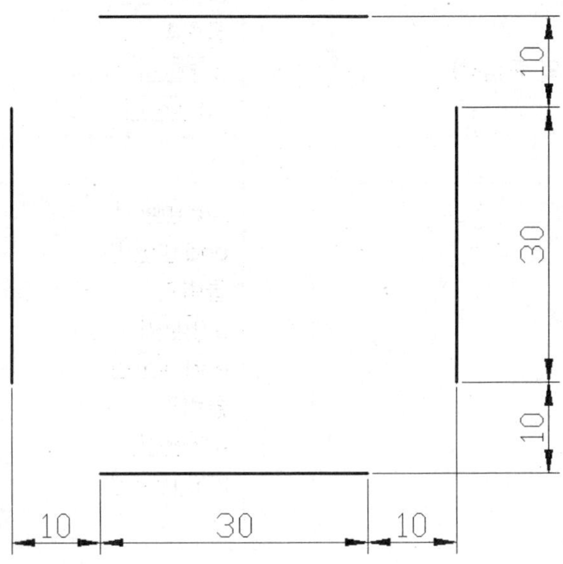

Arc [Enter↵]
end [Enter↵]
클릭1 (호의 시작점)
e [Enter↵] (호의 끝점)
end [Enter↵]
클릭2
a [Enter↵] (호의 중심각)
90 [Enter↵]

Arc [Enter↵]
end [Enter↵]
클릭3
e [Enter↵]
end [Enter↵]
클릭4
a [Enter↵]
10 [Enter↵]

Arc [Enter↵]
end [Enter↵]
클릭5
e [Enter↵]
end [Enter↵]
클릭6
a [Enter↵]
180 [Enter↵]

Arc [Enter↵]
end [Enter↵]
클릭7
e [Enter↵]
end [Enter↵]
클릭8
a [Enter↵]
270 [Enter↵]

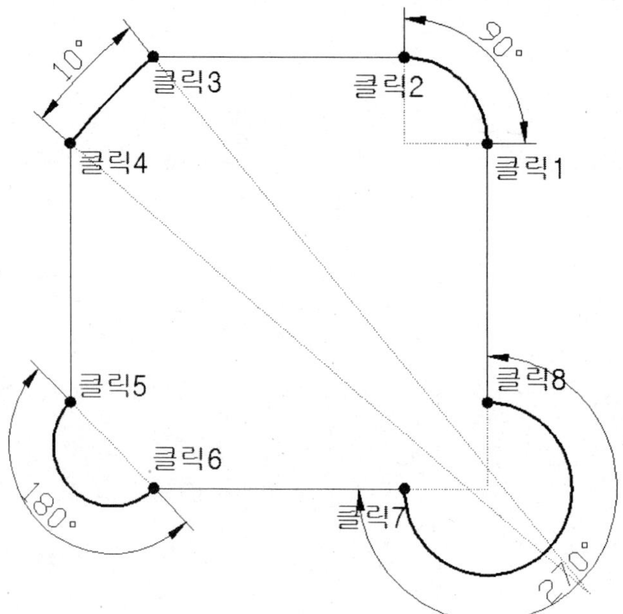

[필터법을 사용하여 중심점, 시작점, 끝점으로 호 작성하기]

필터법이란 좌표를 입력할 때 입력된 점으로부터 원하는 좌표만 얻어내는 방법을 말한다.

.x (x좌표만 얻는다.) .y (y좌표만 얻는다.)

다음과 같은 그림을 그린다.

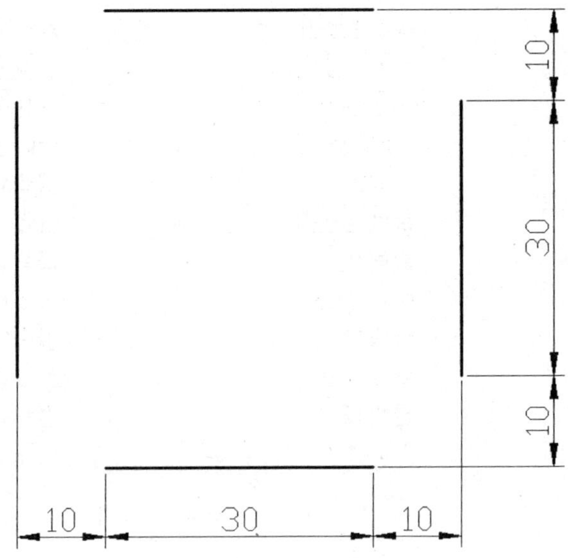

Arc Enter↵
c Enter↵ (호의 중심점)
.x Enter↵ (앞으로 입력할 점에서 x좌표만 얻는다.)
end Enter↵
클릭1 (클릭1에서 x좌표만 얻어진다.)
end Enter↵
클릭2 (클릭2에서 y좌표와 z좌표가 얻어진다.)
end Enter↵
클릭3 (호의 시작점)
end Enter↵
클릭4 (호의 끝점)

Arc Enter↵
c Enter↵
.x Enter↵
end Enter↵
클릭5
end Enter↵
클릭6
end Enter↵
클릭7
end Enter↵
클릭8

Arc Enter↵
c Enter↵
.x Enter↵
end Enter↵
클릭9
end Enter↵
클릭10
end Enter↵
클릭11
end Enter↵
클릭12

Arc Enter↵
c Enter↵
.x Enter↵
end Enter↵
클릭13
end Enter↵
클릭14
end Enter↵
클릭15
end Enter↵
클릭16

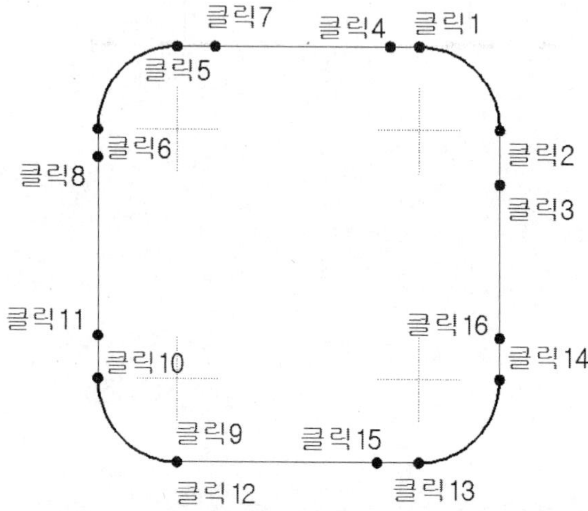

[시작점, 두번째점, 끝점으로 호 작성하기]

다음과 같은 그림을 그린다.

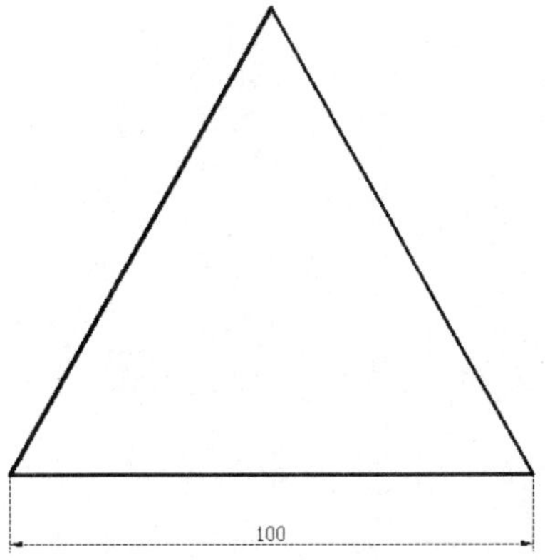

한 변의 길이가 100인 정 3각형

Arc Enter↵
end Enter↵
클릭1 (호의 시작점)
end Enter↵
클릭2 (호의 두 번째점)
end Enter↵
클릭3 (호의 끝점)

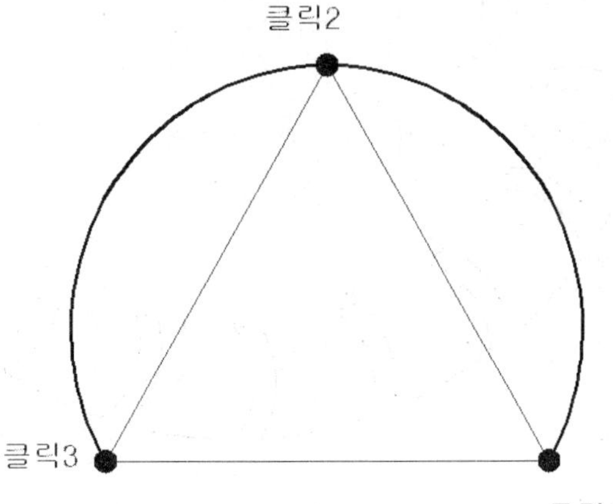

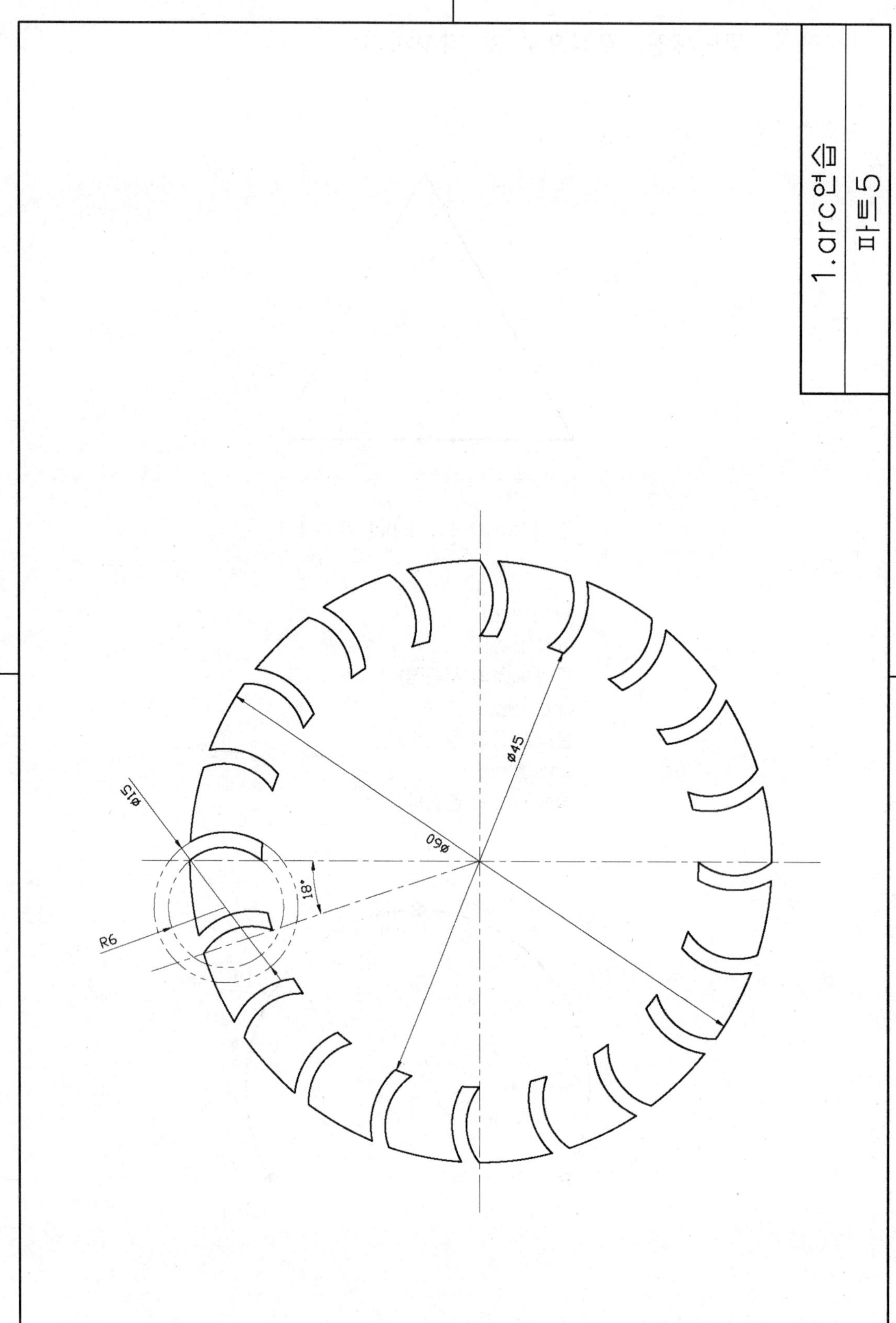
1.arc연습
파트5
ø15
ø60
ø45
R6
18°

PART 06

선 특성

Line 명령을 사용하여 다음과 같은 그림을 그린다.

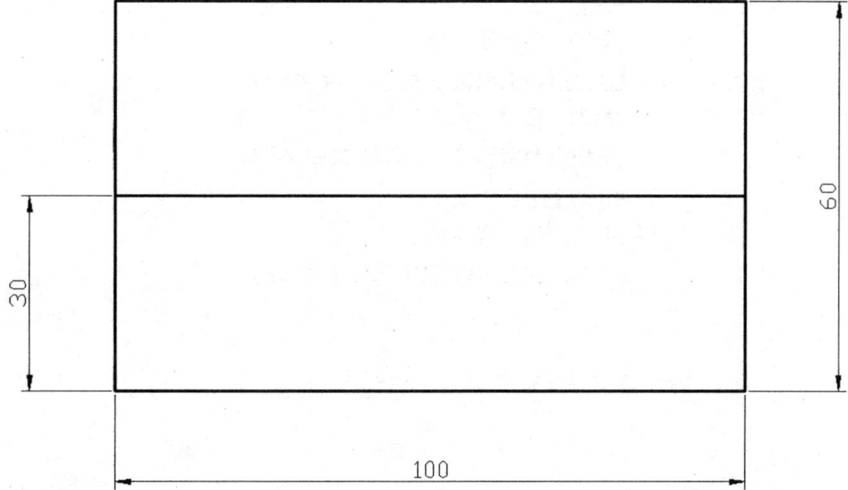

클릭1 (물체 선택)
클릭2 (선택한 선의 우측 그립 선택)
end Enter↵
클릭3 (이동될 지점)
Esc Esc (취소키를 2번 정도 누른다.)
클릭4 (물체 선택)
클릭5 (선택된 선의 우측 그립 선택)
end Enter↵
클릭6 (이동될 지점)
Esc Esc (취소키를 2번 정도 누른다.)

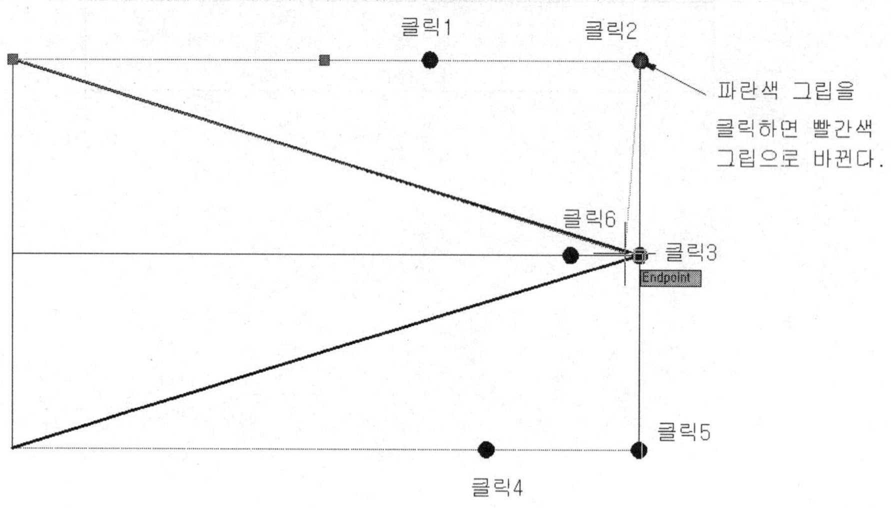

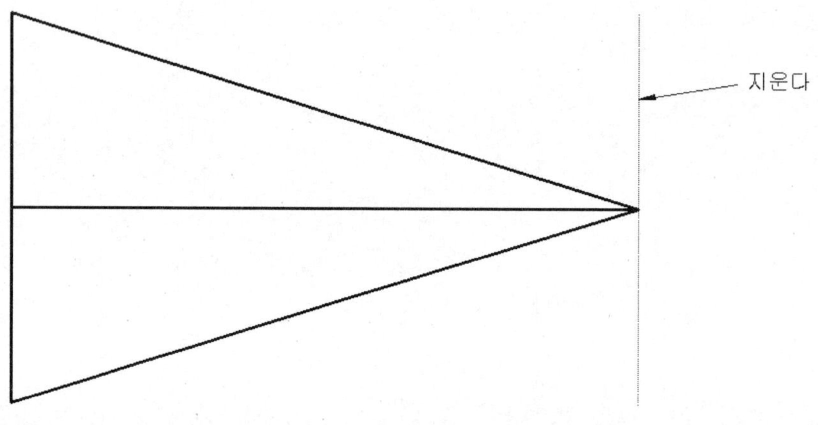

[오토리습 연산 함수 사용법]

5+6=11

5/2=2.5

위의 두 식을 오토리습 함수로 계산하기

(+ 5 6) Enter↵
11 (출력값)
(/ 5 2.0) Enter↵ (피 연산자 중 한 개는 실수형으로 입력한다.)
2.5 (출력값)

Offset Enter↵
(/ 23 2.0) Enter↵ (거리를 괄호를 사용하여 연산 함수로 입력)
클릭1
클릭2
클릭3
클릭4

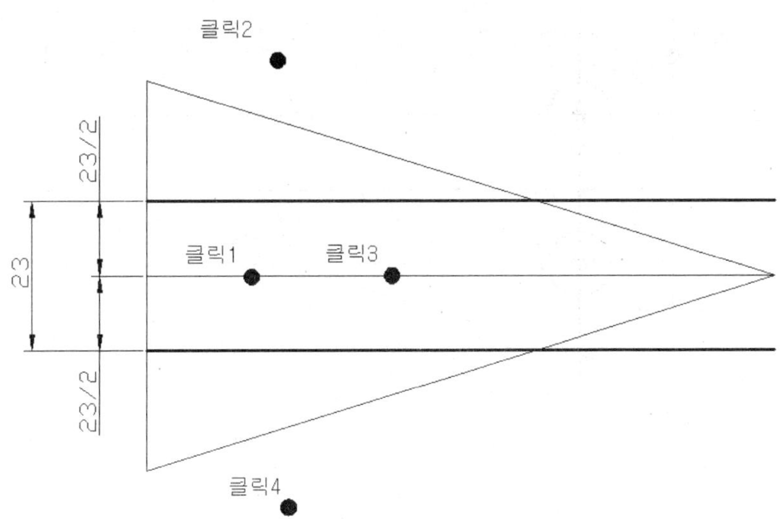

Offset Enter↵
15 Enter↵
클릭1
클릭2
Enter↵

Circle Enter↵
int Enter↵
클릭3
d Enter↵
10 Enter↵

Circle Enter↵
int Enter↵
클릭4
d Enter↵
10 Enter↵

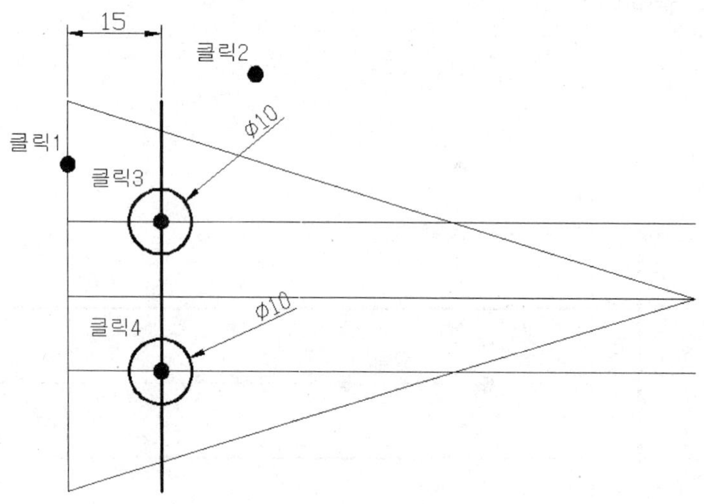

TRim [Enter↵]
클릭1 클릭2 [Enter↵] (경계선)
클릭3
클릭4
클릭5
클릭6
클릭7
클릭8
클릭9 [Enter↵]

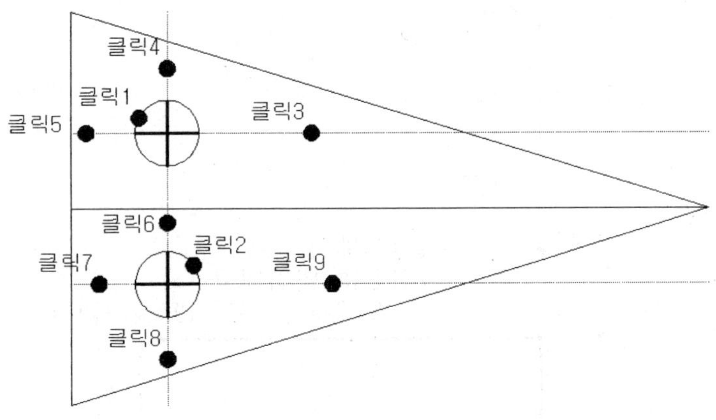

Line Enter↵
.x Enter↵ (x좌표만 얻어낸다.)
end Enter↵
클릭1 (클릭된 점에서 x좌표만 얻어낸다.)
클릭2 (클릭된 점에서 y,z 좌표만 얻어낸다.)
@100<0 Enter↵
@22< −90 Enter↵
@100<180 Enter↵
c Enter↵ (선을 닫아주고 종료한다.)

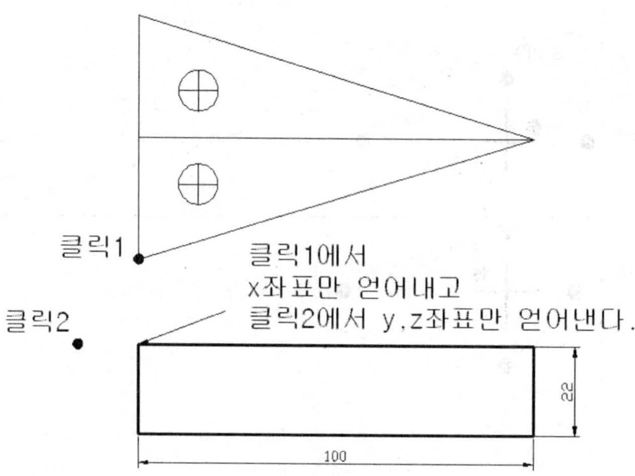
클릭1
클릭1에서
x좌표만 얻어내고
클릭2에서 y,z좌표만 얻어낸다.
클릭2
22
100

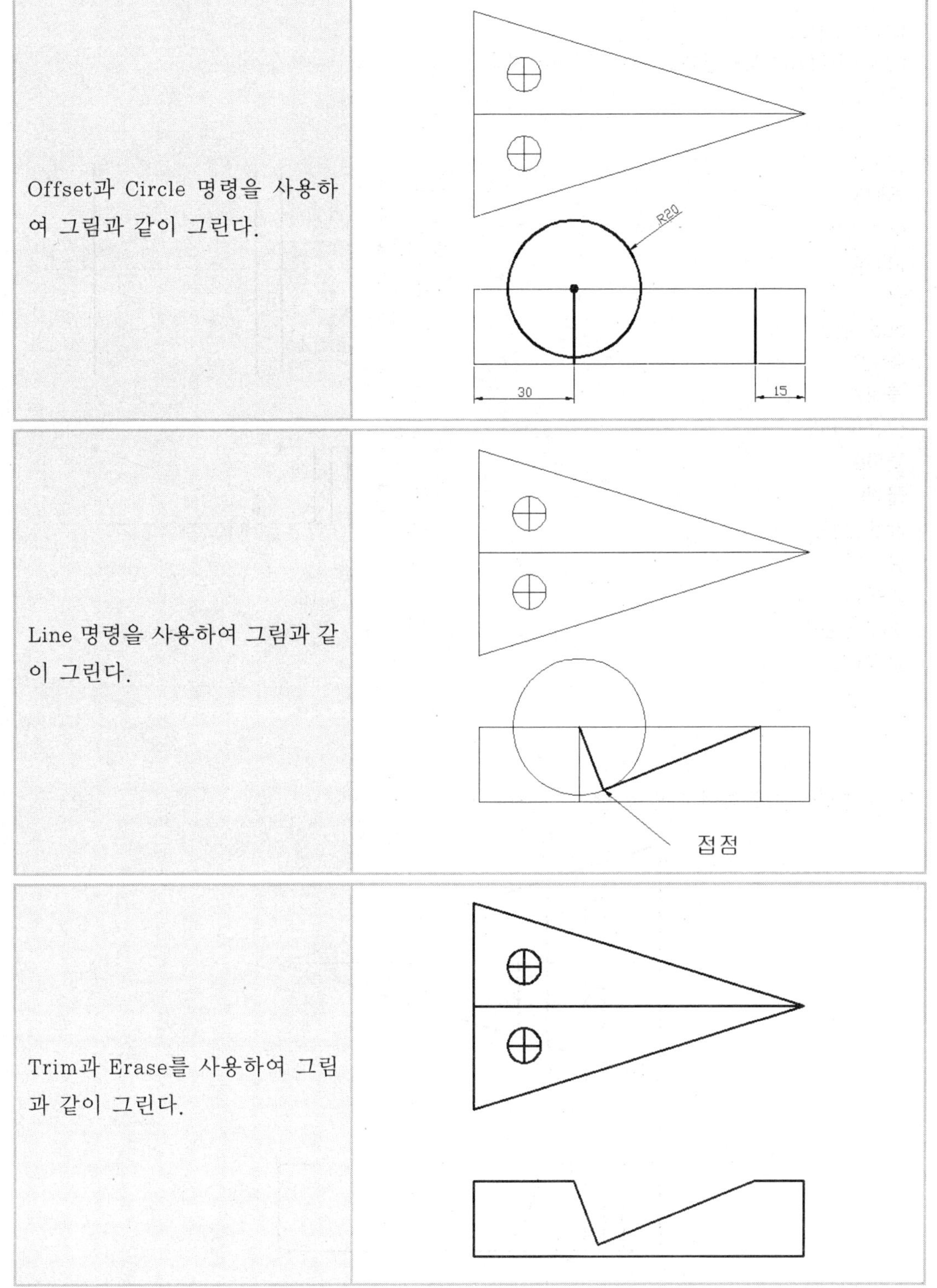

Offset과 Circle 명령을 사용하여 그림과 같이 그린다.

Line 명령을 사용하여 그림과 같이 그린다.

Trim과 Erase를 사용하여 그림과 같이 그린다.

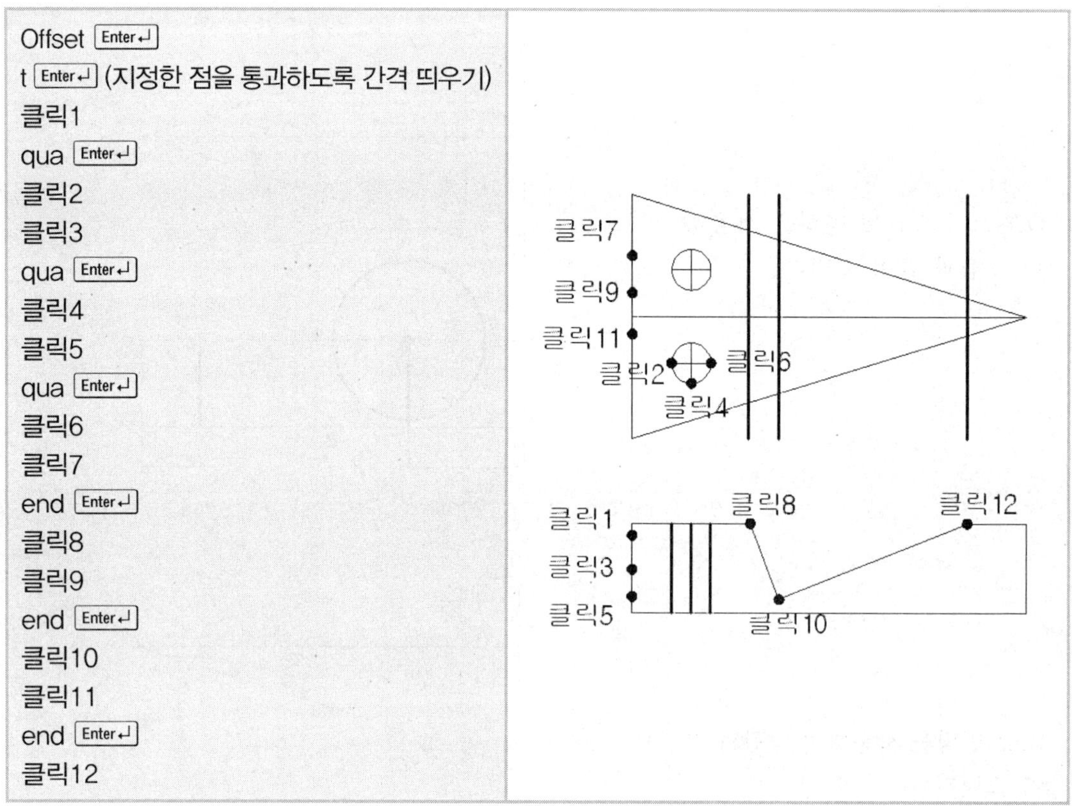

Trim 명령을 사용하여 그림과 같이 그린다.

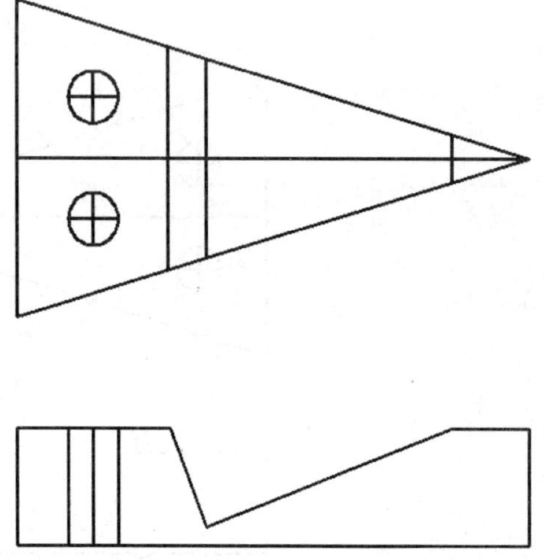

LEN [Enter↵] (길이 늘리기)
de [Enter↵] (늘릴 길이모드)
3 [Enter↵] (늘어날 값)
클릭1 클릭2 클릭3 클릭4 클릭5 클릭6

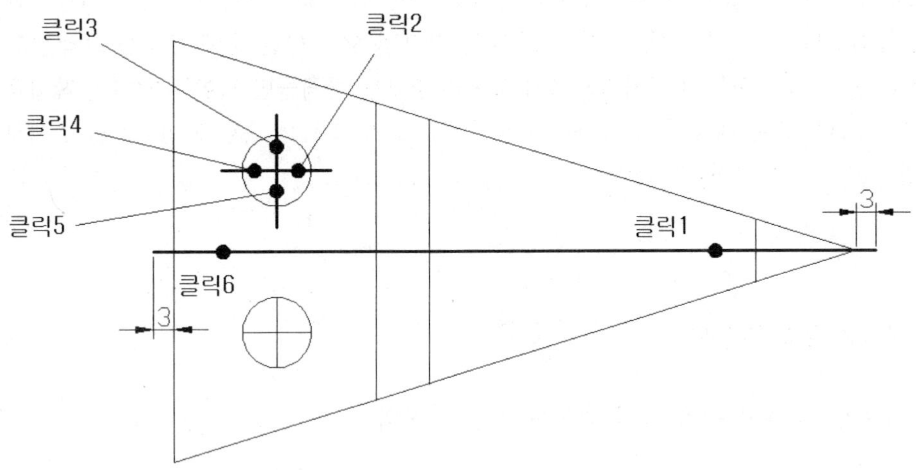

Len 명령을 사용하여 다음 그림과 같이 나머지 선도 3mm만큼 늘린다.

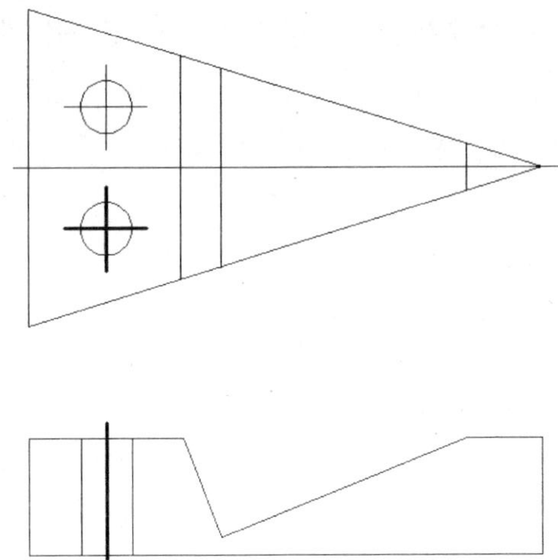

LAyer

층을 생성 및 관리한다.

AutoCAD에서는 도면을 투명 층으로 관리할 수 있다. 예를 들어 외형선 층에는 외형선만 중심선 층에는 중심선만, 그리고 은선 및 치수, 문자는 각각의 서로 다른 층에 물체를 그려놓고 필요할 때는 해당 층을 오프 또는 동결시킴으로써 도면의 필요한 물체들만 보여주게 하여 작업을 효율적으로 할 수 있다. 또한 해당 층의 설정을 바꾸어 줌으로써 그 층에 속한 도면요소들의 색상 선모양 등을 일괄적으로 수정할 수 있다.

[옵션]

 새로운 층을 만든다.

 ON/OFF : 해당 층을 숨기거나 드러낸다.(작업 층도 숨길 수 있다.)

 Thaw/Freeze : 해당 층을 동결 또는 동결해제한다.(ON/OFF 기능보다 강력하지만 작업 층은 동결시킬 수 없다.)

 Unlock/Lock : 해당 층을 잠금 또는 잠금해제한다.(잠겨 있을 때 이미 만들어 진 물체는 수정 및 삭제가 불가능하지만 물체 생성은 가능하다.)

[LAyer 사용을 위한 툴바 꺼내기/숨기기]

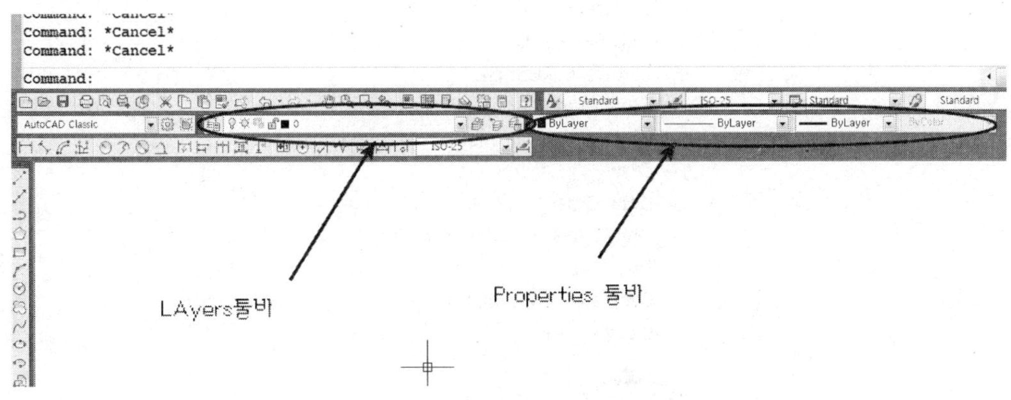

위 그림과 같이 LAyer 툴바와 그 옆에 Properties 툴바가 배치되어 있지 않다면 다음과 같이 따라한다.

아무 아이콘을 우측 버튼으로 클릭한다.

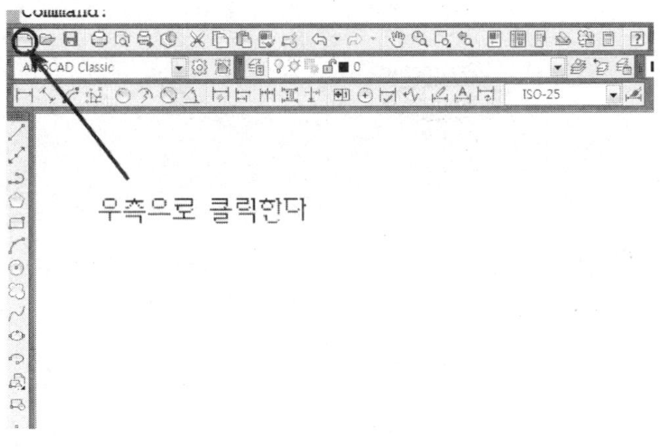

Layers와 Properties 항목이 체크되어 있지 않으면 체크한다.

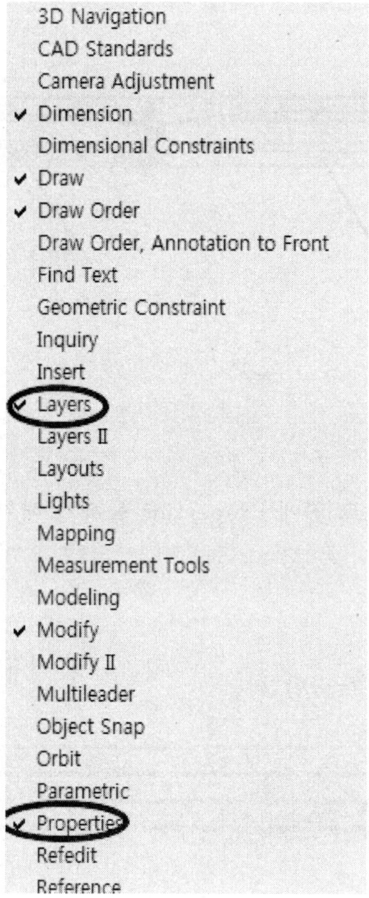

앞의 그림처럼 툴바의 왼쪽 가장자리를 드래그 엔드 드랍을 사용하여 배치한다.

[LAyer 만들기]

대화창 내에서 그림과 같이 설정한다.

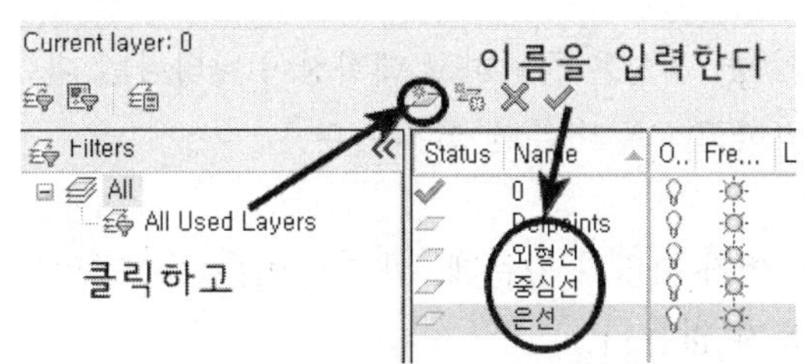

[LAyer에 색상 지정하기]

■외형선 레이어의 Color 항목의 색상을 클릭하고 대화창이 나타나면 대화창 내의 표준 컬러 팔레트에서 green색을 클릭하고 OK 버튼을 클릭한다.

■중심선 레이어의 Color 항목의 색상을 클릭하고 대화창이 나타나면 대화창 내의 표준 컬러 팔레트에서 red 색을 클릭하고 OK 버튼을 클릭한다.

■은선 레이어의 Color 항목의 색상을 클릭하고 대화창이 나타나면 대화창 내의 표준 컬러 팔레트에서 yellow 색을 클릭하고 OK 버튼을 클릭한다.

■그림에서 Defpoint 레이어가 나타나 있는데, 이 레이어는 치수기입을 했을 때 자동으로 만들어지는 층이므로 신경 쓰지 않는다.

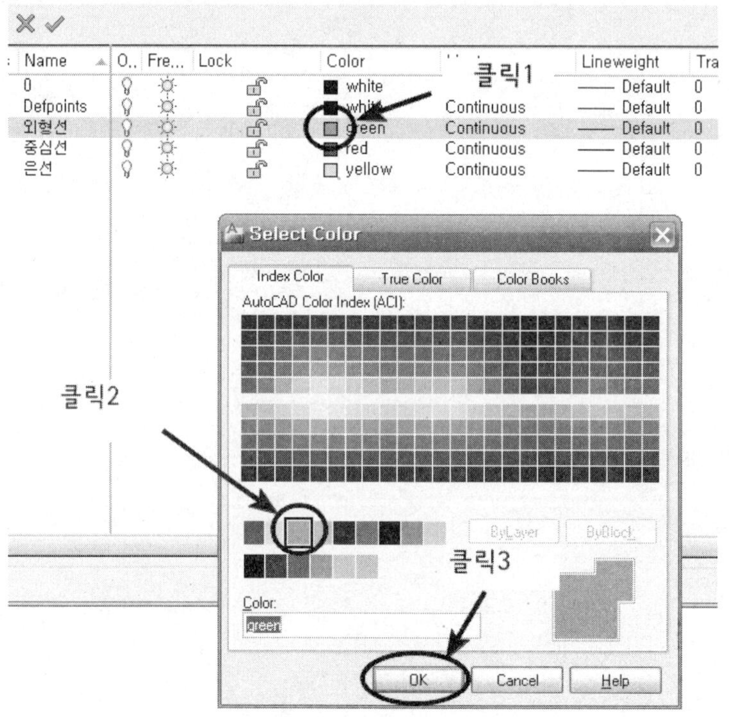

[LAyer에 선모양 지정하기]

중심선 레이어의 Linetype 항목의 Continuous를 클릭한다.
Select Linetype 대화창에서 Load 버튼을 클릭한다.
Load or Reload Linetypes 대화창에서 CENTER2를 클릭한다.
OK 버튼을 클릭한다.

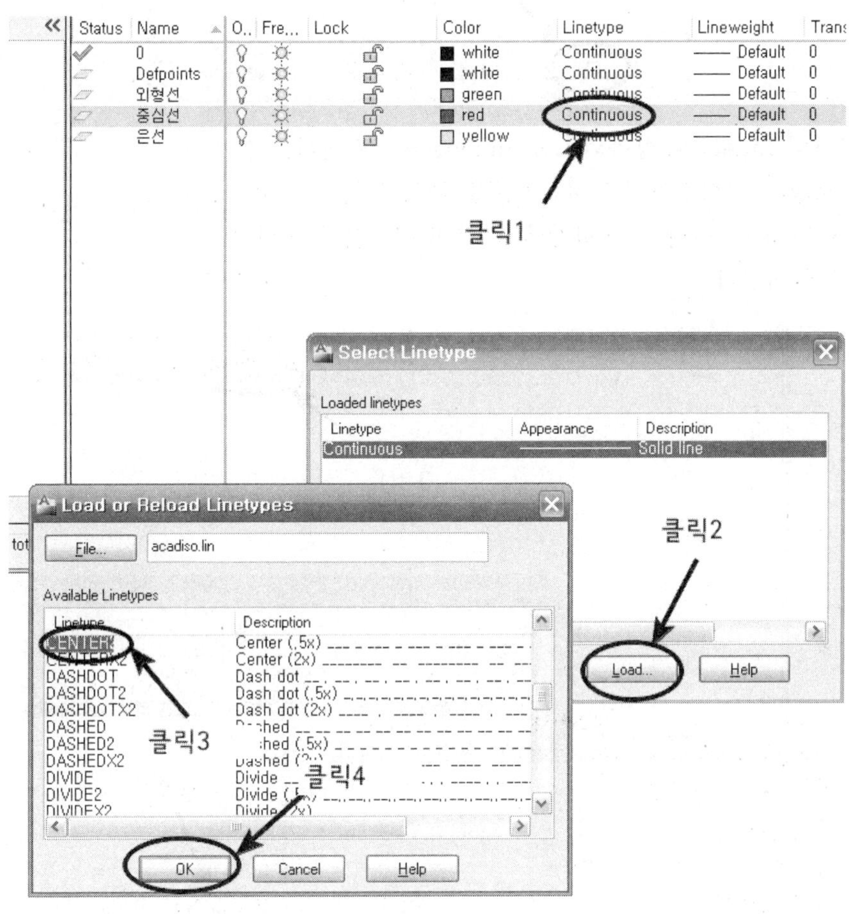

다시 Select Linetype 대화상자가 나타나면 CENTER2를 클릭하고 OK 버튼을 클릭한다.

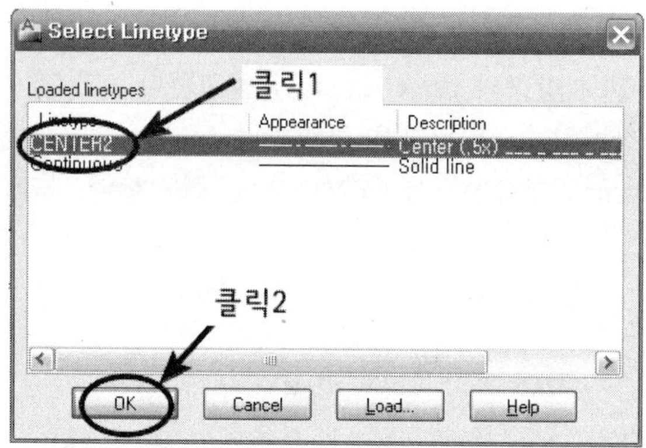

은선 레이어의 Linetype 항목의 Continuous를 클릭한다.
Select Linetype 대화창에서 Load 버튼을 클릭한다.
Load or Reload Linetypes 대화창에서 HIDDEN2를 클릭한다.
OK 버튼을 클릭한다.

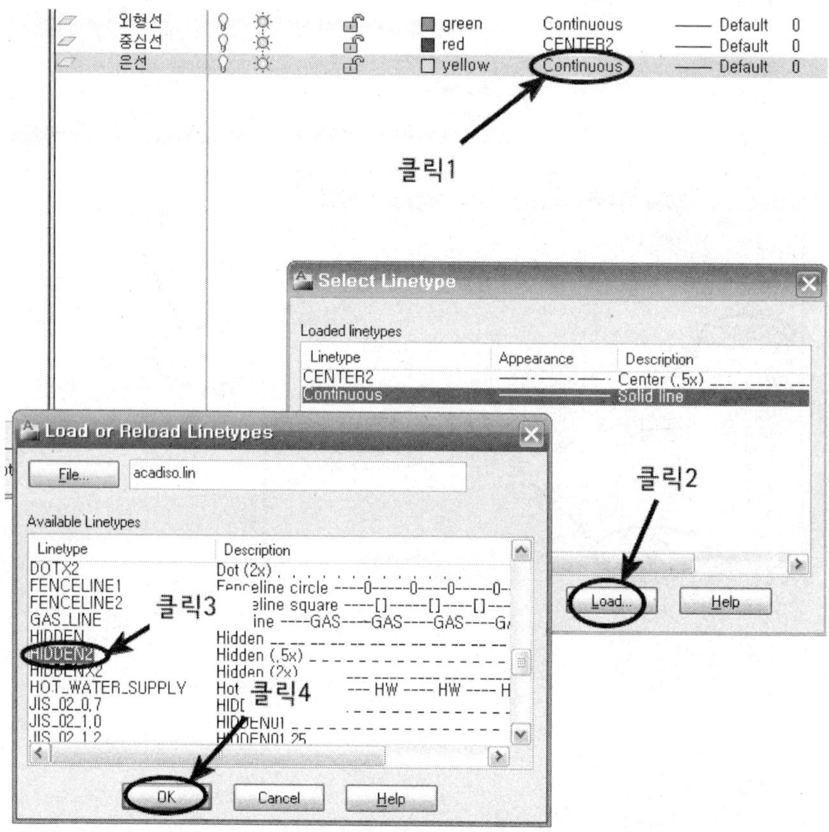

Select Linetype 대화창에서 HIDDEN2를 클릭하고 OK버튼을 클릭한다.

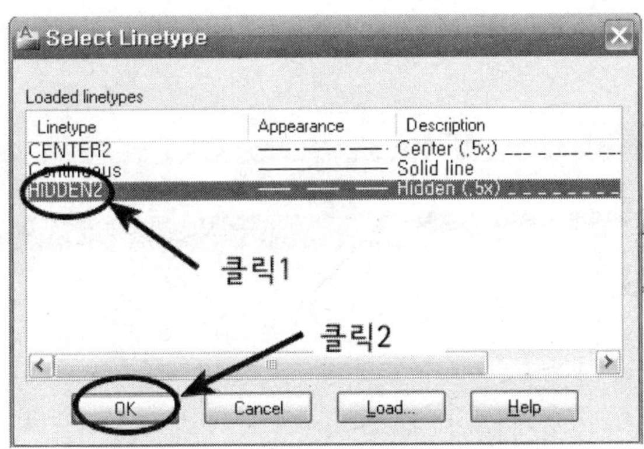

레이어 설정창 좌측 상단의 ×버튼을 클릭한다.

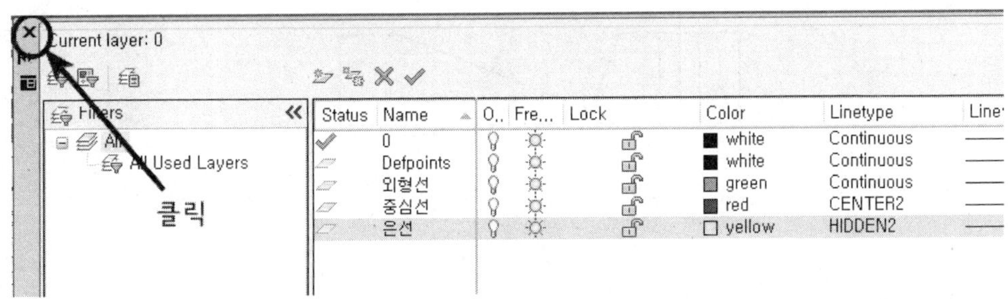

[만들어진 LAyer 확인하기]

그림처럼 레이어 목록 버튼을 클릭한 후 레이어들이 만들어졌는지 확인한 후 빈 공간을 클릭한다.

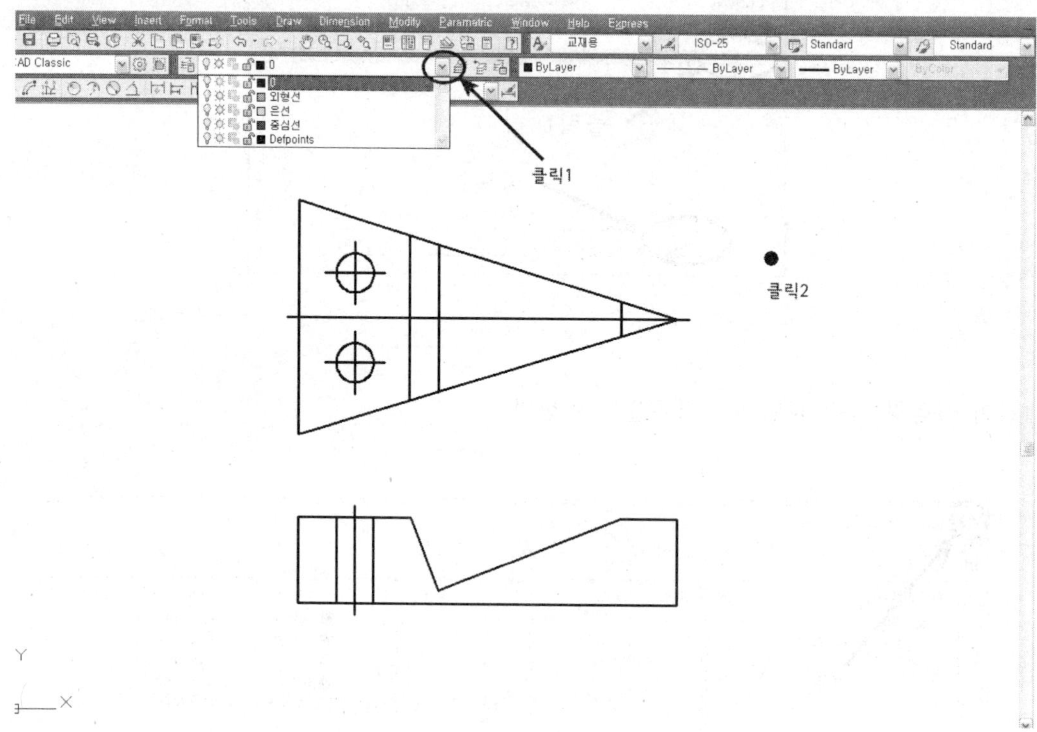

[도면 요소를 해당 층으로 변경하기]

Command 상태에서 클릭1 클릭2를 하여 물체를 모두 선택한 후 클릭3을 하여 레이어 목록버튼을 누른다.

클릭4를 하여 외형선을 클릭하면 선택한 물체들이 외형선 레이어로 설정이 바뀌게 된다. 마지막으로 반드시 Esc키를 눌러 선택 취소한다.

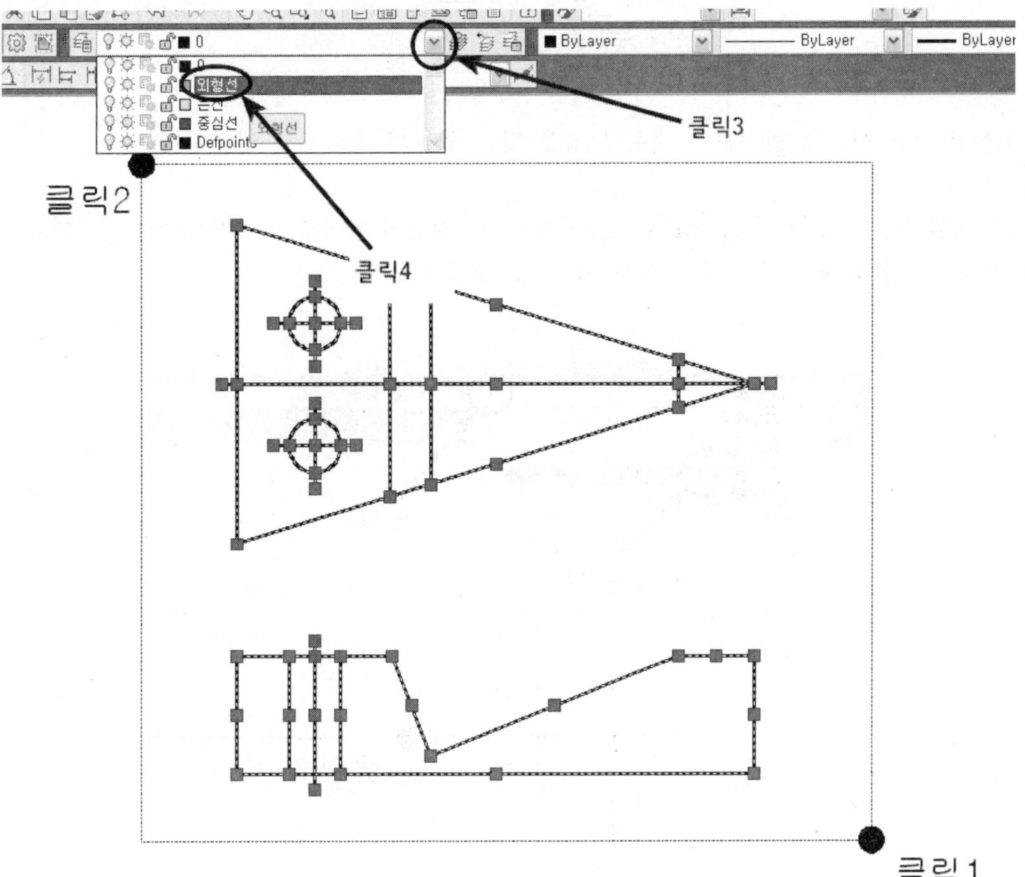

[특정 선만 레이어 변경하기]

중심선 레이어로 바꿀 선을 클릭한 후 레이어 목록을 클릭하고 중심선 레이어를 클릭한다.

Esc 키를 누른다.

선 모양이 중심선으로 변화하지 않으면

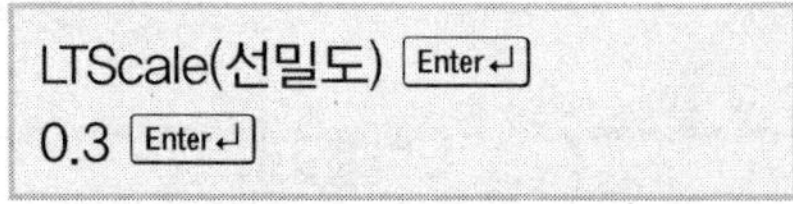
LTScale(선밀도) Enter↵
0.3 Enter↵

LTScale이란 시스템 변수로서 모든 모양을 갖는 선들의 조밀도를 제어한다.

A3용지를 기준으로 할 때 LTScale은 0.2에서 0.3이 적당하며 아주 큰 도면일 경우는 LTScale을 1 이상으로 설정하여 선 모양이 표현되도록 조정한다.

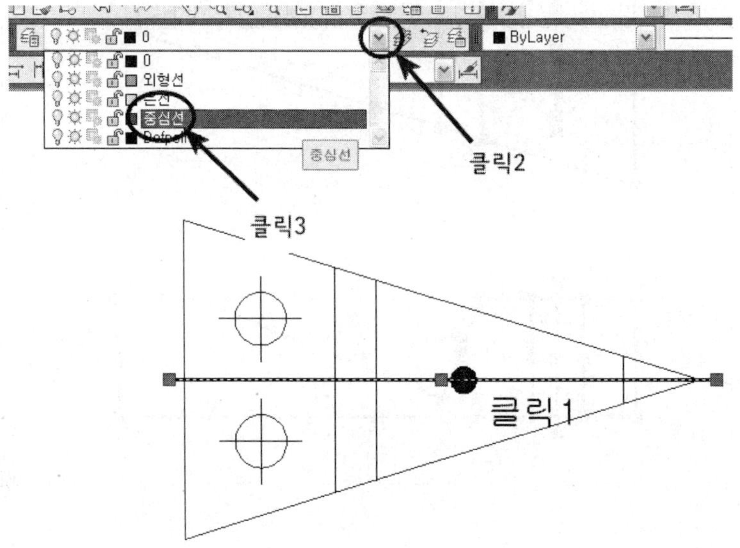

은선 레이어로 바꿀 선을 클릭한 후 레이어 목록을 클릭하고 중심선 레이어를 클릭한다.

Esc 키를 누른다.

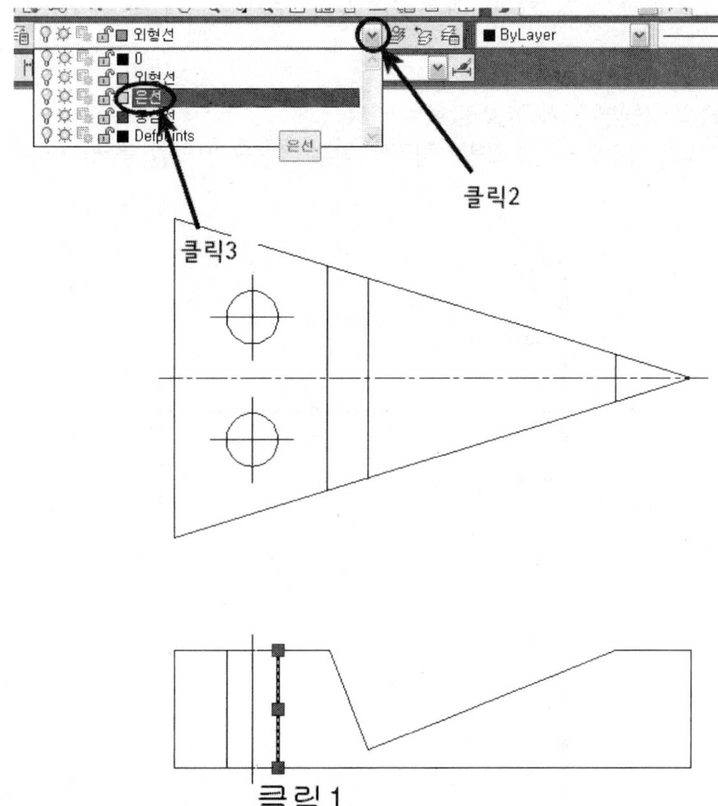

MAtchprop

물체의 특성을 서로 일치시킨다.
특성 : 물체에 지정된 레이어, 색상, 선모양, 선두께 등…

MAtchprop Enter↵
클릭1 (원본 역할을 할 물체)
클릭2 클릭3 클릭4 클릭5 클릭6 (원본 특성을 따라갈 물체) Enter↵

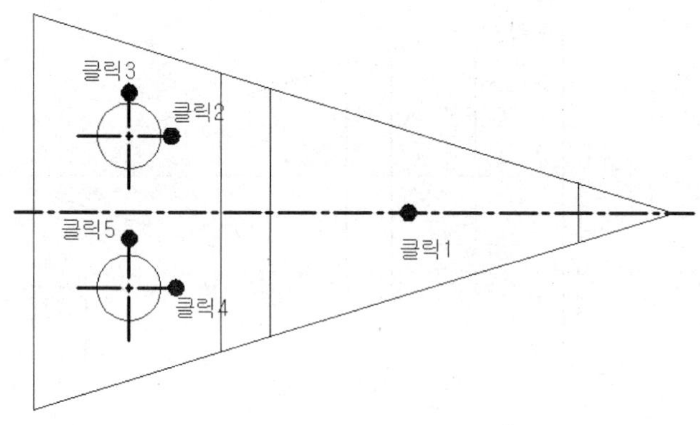

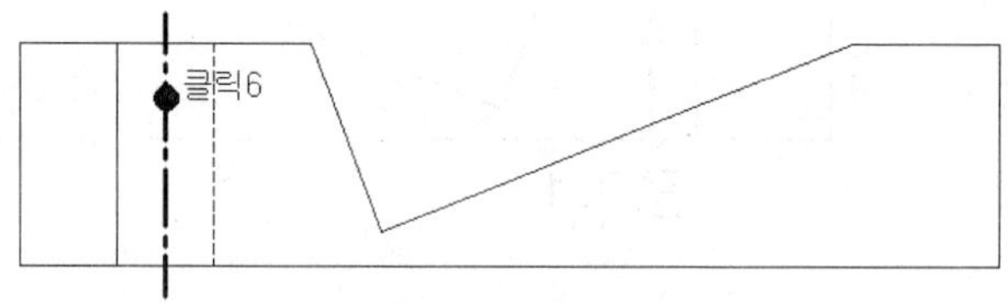

MAtchprop Enter↵
클릭1 (원본 역할을 할 물체)
클릭2 (원본특성을 따라갈 물체)
Enter↵

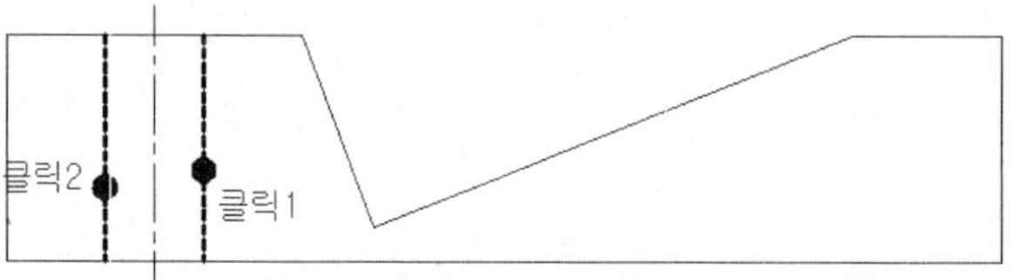

[작업층 설정법]

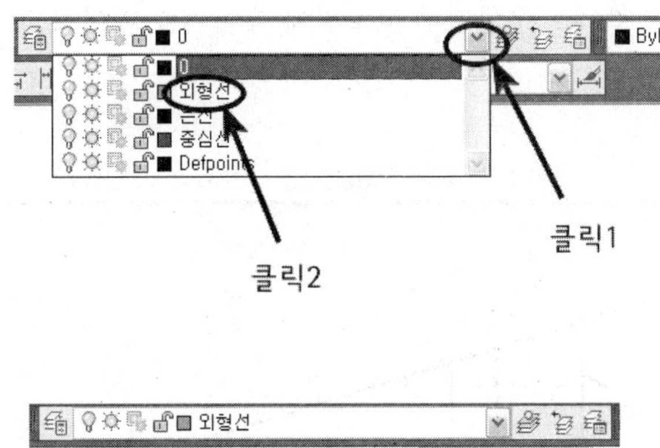

작업층이 외형선 레이어로 바뀐다.

작업층이란 물체를 그릴 때 물체가 그려지는 층(레이어)을 말한다.

여기서 조심해야 될 것은 Properties 툴바에 선 색상, 선 모양, 선 굵기가 모두'Bylayer'로 설정되어 있어야 한다는 점이다.

Bylayer란 용어는 레이어에 설정된 값을 적용한다는 뜻이다.

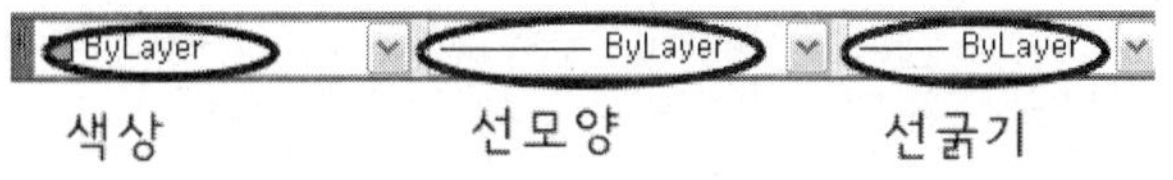

[레이어 제어하기]

그림과 같이 각각 다른 층으로 구별되어진 도면에 레이어를 제어해 보자.

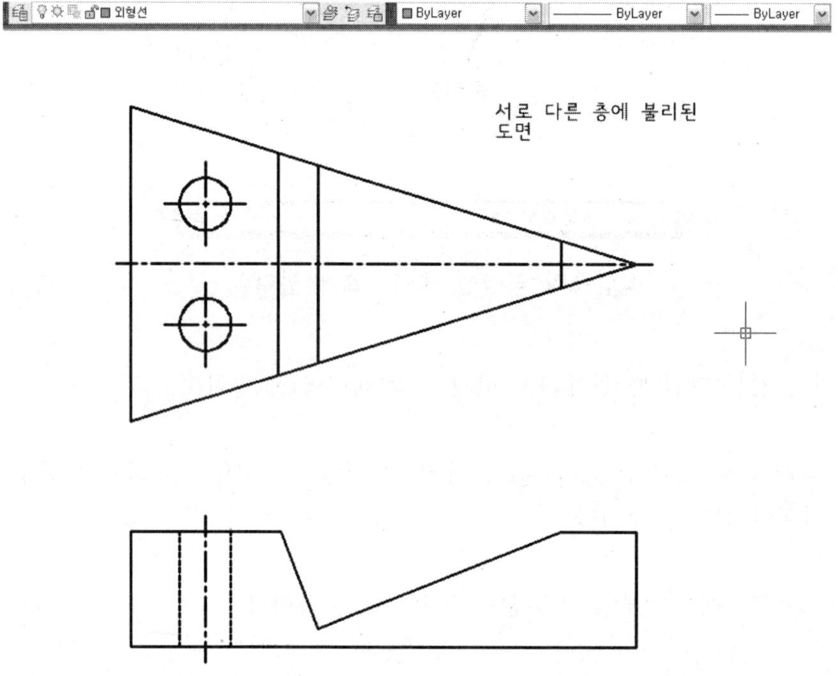

■클릭1을 하여 레이어 컨트롤러를 연다.

■중심선 레이어의 켜 있는 전구모양(On) 아이콘을 클릭한다.

■전구가 꺼지게 되면 도면영역 빈 곳을 클릭한다.

■만일 도면영역 빈 곳을 클릭하지 않고 중심선 레이어를 클릭하게 되면 중심선 레이어가 작업층이 되어"작업층을 끄겠습니까"라는 경고창이 뜨고 확인 버튼을 누르면 작업층이 꺼진다.

■작업층이 Off로 되어 있으면 그려지는 물체들은 보이지 않게 되어 실제 도면 작성할 때 불편하게 되므로 주의한다.

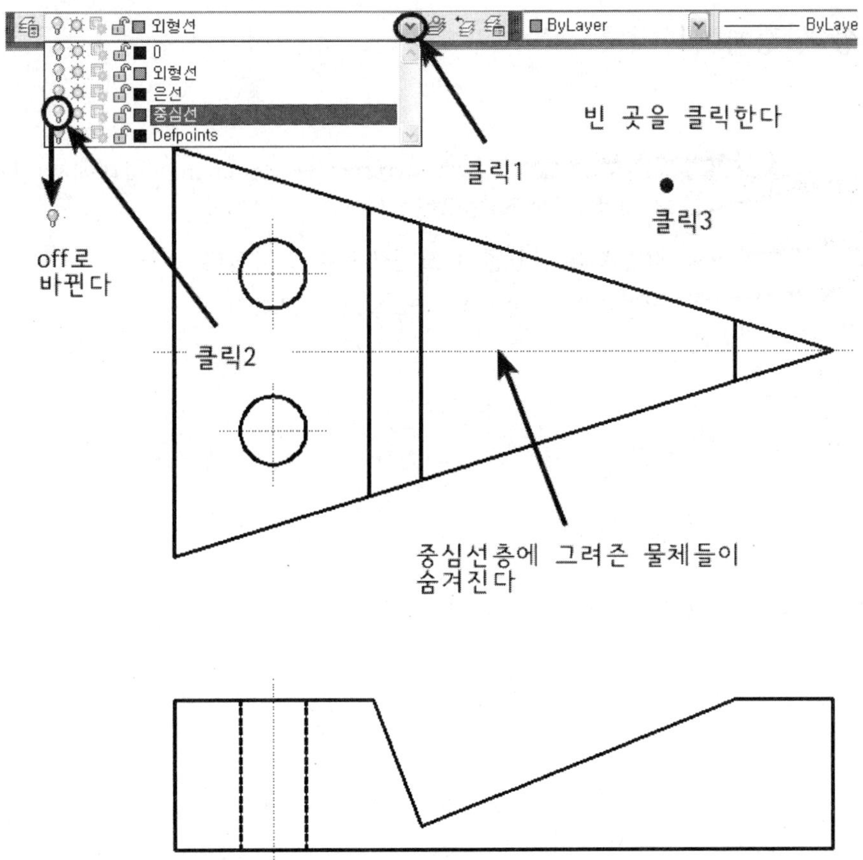

[Properties 툴바]

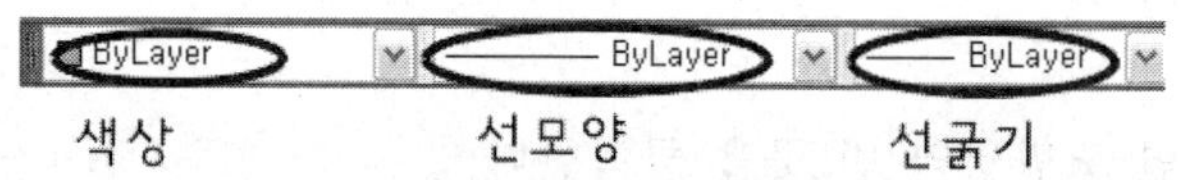

물체의 색상, 선모양, 선 굵기를 설정하거나 바꾼다.

[선 특성 설정하기]

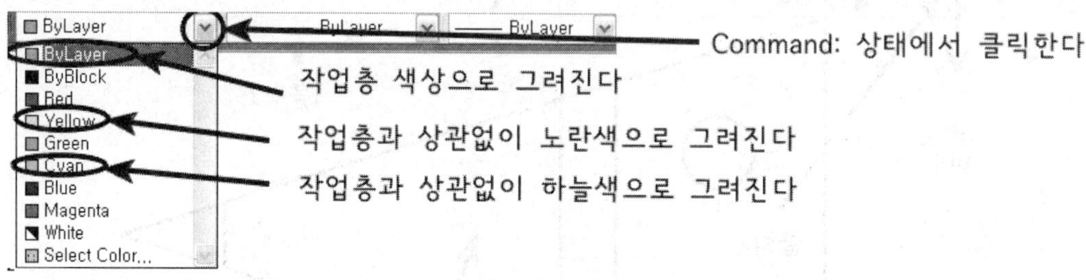

[기존 물체의 선 특성 수정하기]

■Command 상태에서 그냥 물체를 선택한 후 색상제어 상자를 클릭하여 연 후 바꿀 색상을 클릭한다.

■색상이 바뀌게 되는데 색상이 바뀐 선은 레이어 색상을 따라가지 않고 독자적으로 파란색을 가지게 된다.

■바꾼 후에는 반드시 Enter↵를 입력하지 말고 Esc 키를 눌러서 선택을 해제한다.

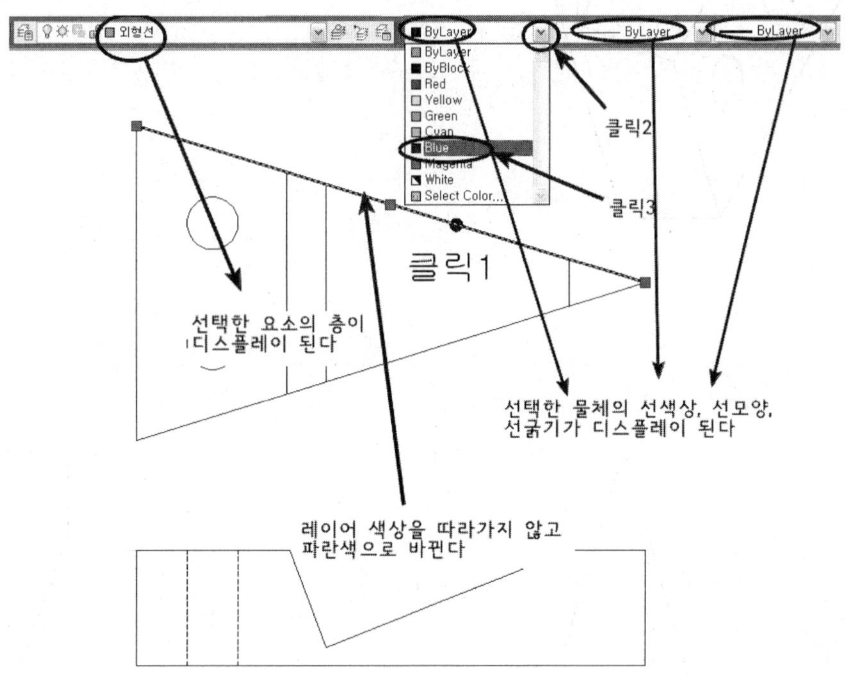

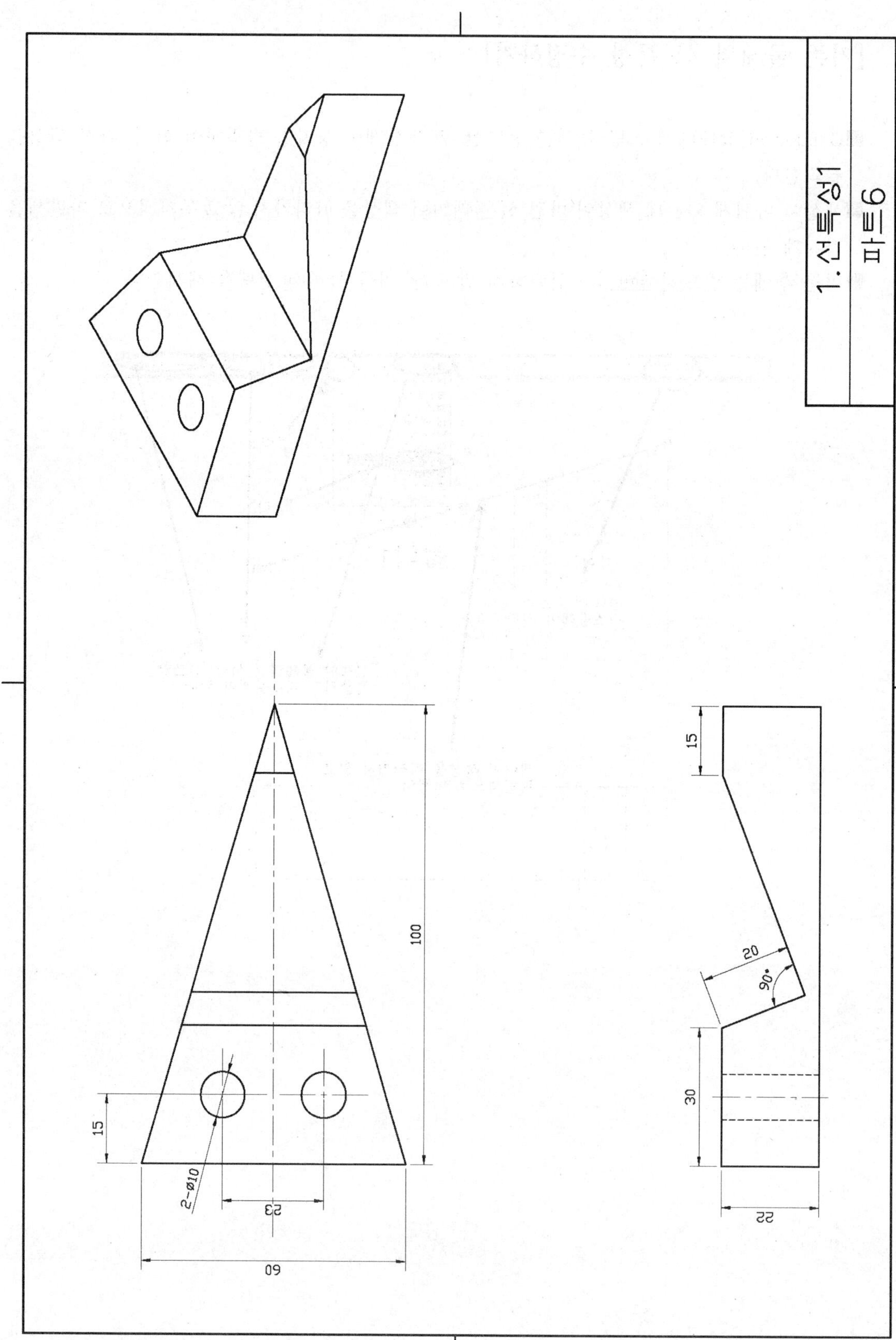
1. 선투성1
파트6
100
15
2-Ø10
23
60
15
20
90°
30
22

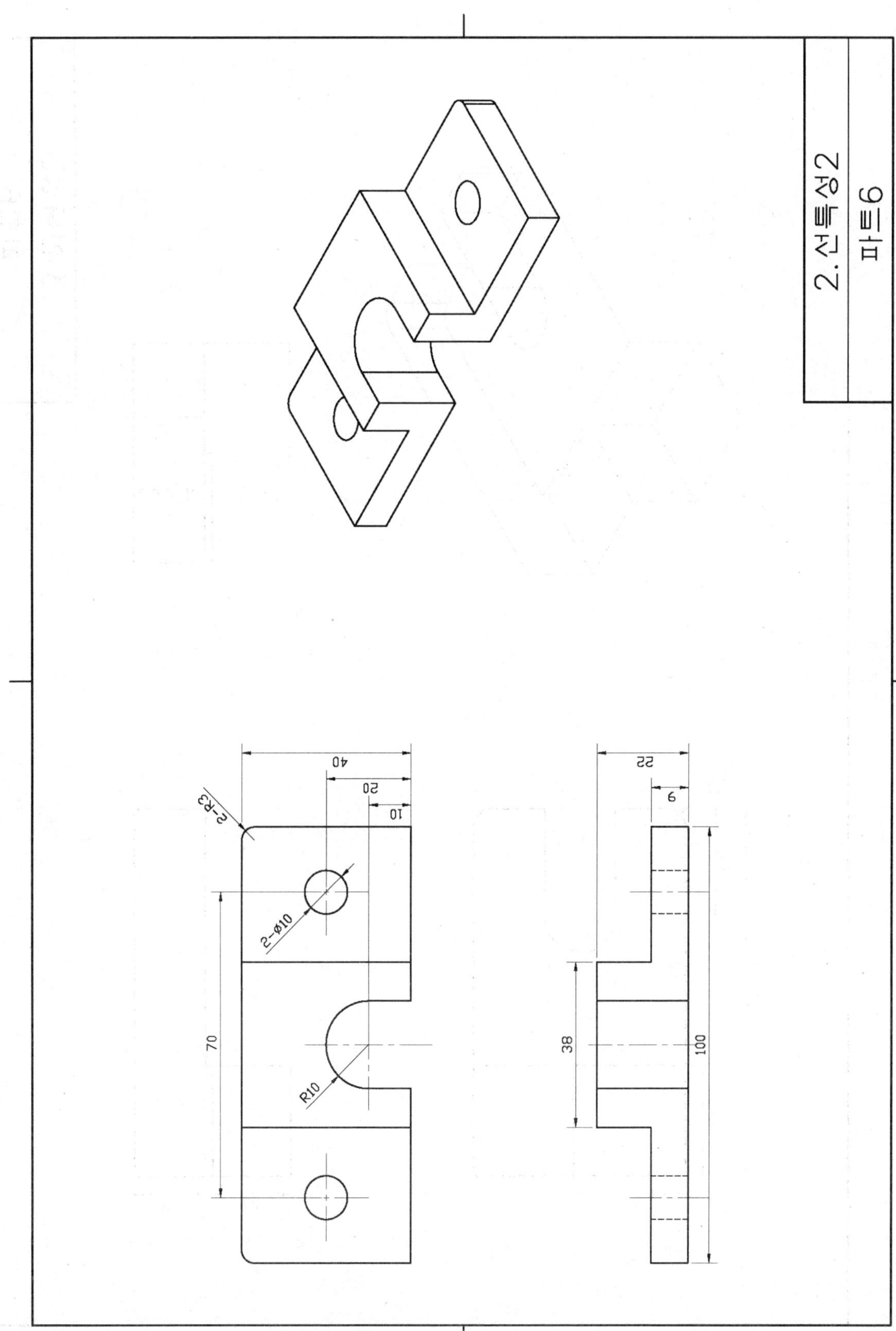

2. 선특성2
파트6
40
20
10
2-R3
2-Ø10
70
R10
22
6
38
100

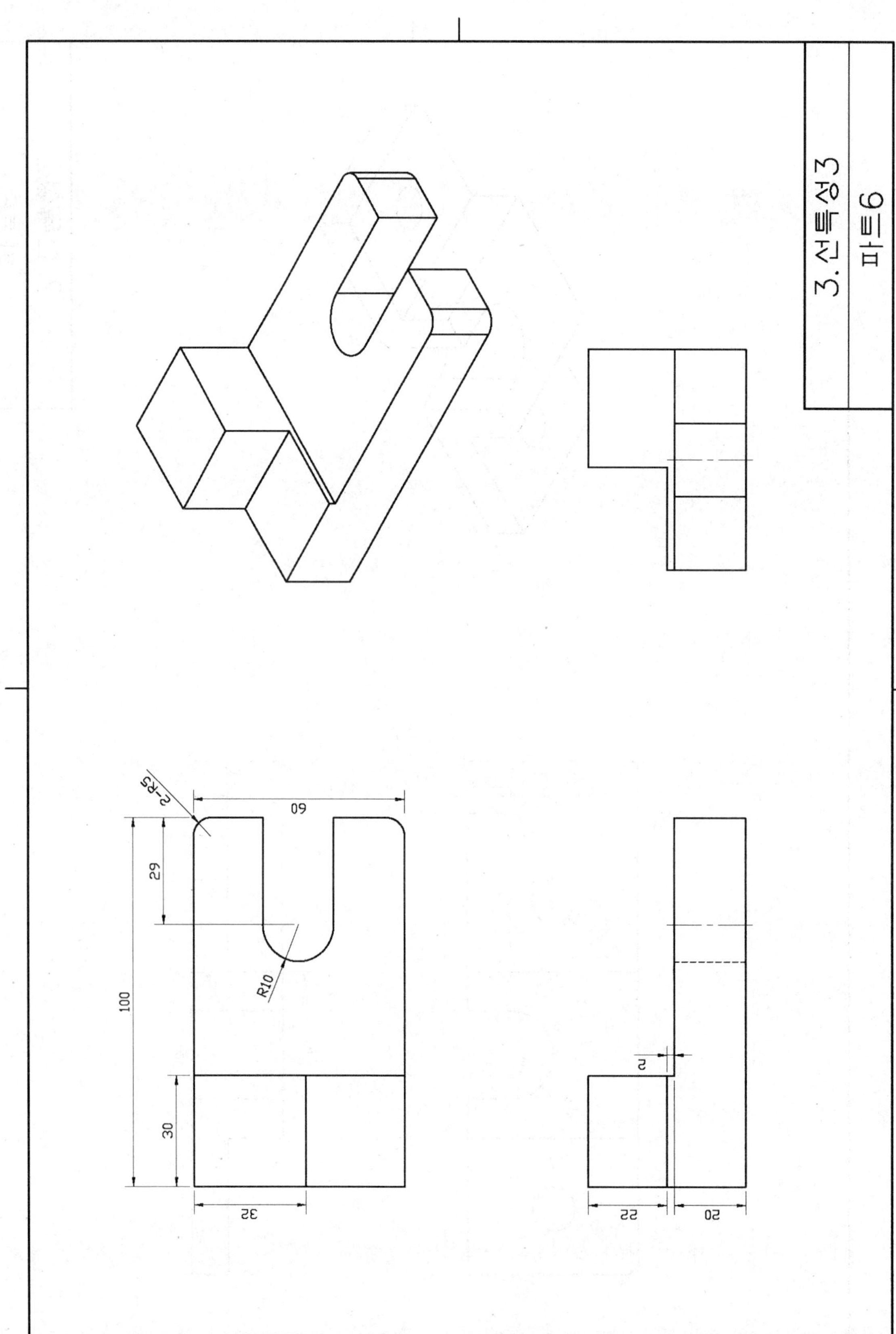
3. 선특성3
파트6
2-R5
60
29
R10
100
30
35
5
25
20

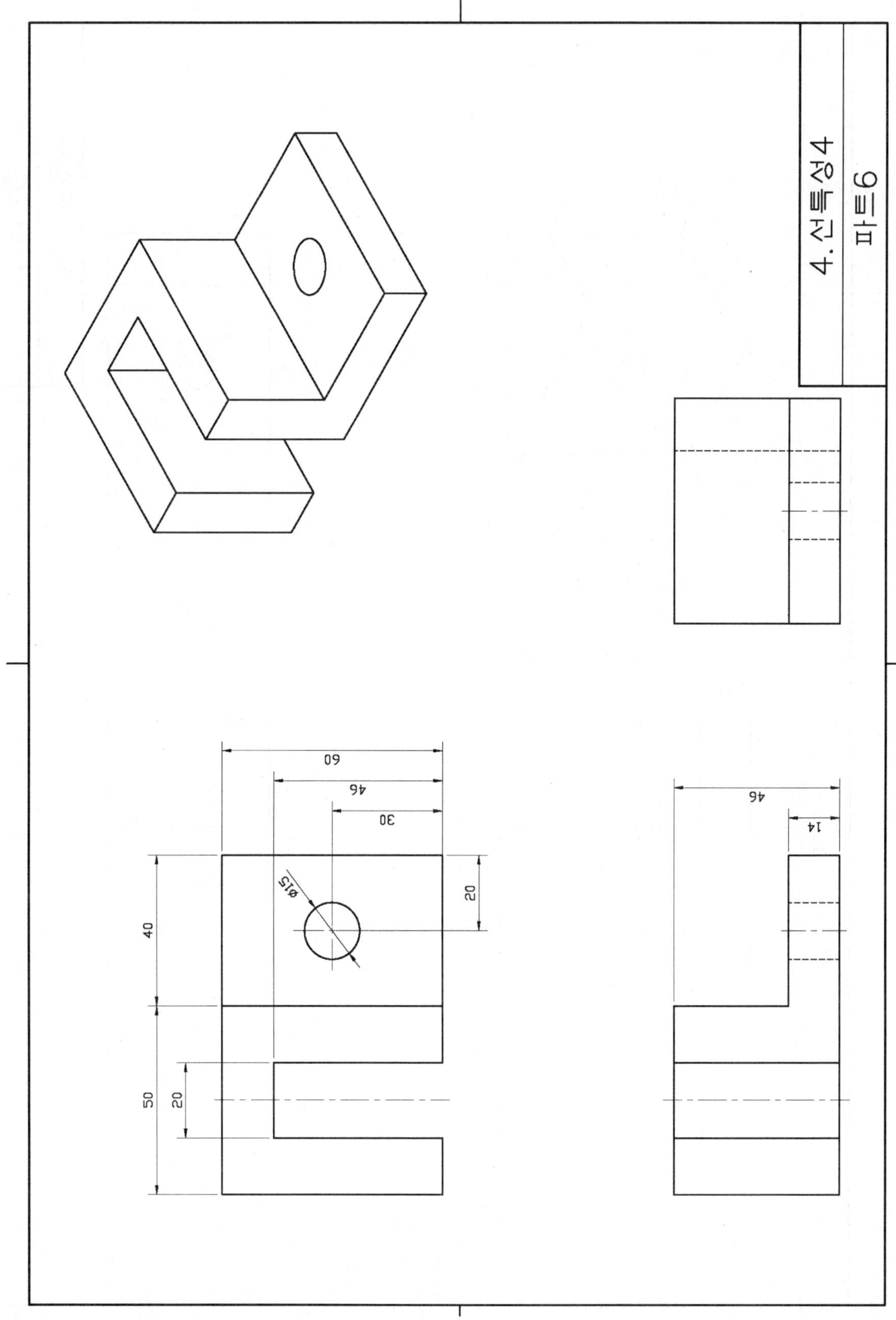
4.선특성4
파트6
60
46
30
φ15
20
40
50
20
46
14

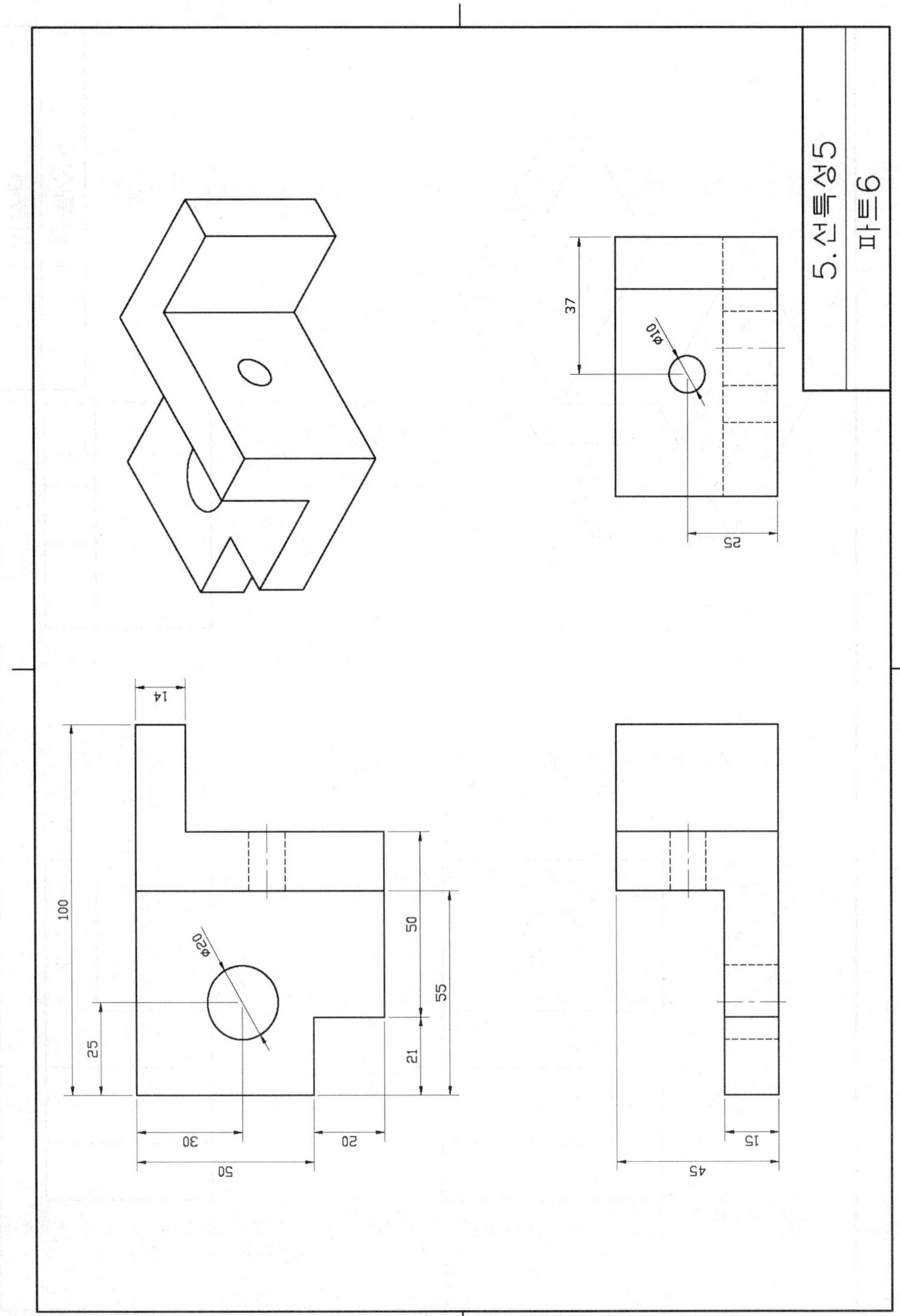
5. 선투상5
파트6

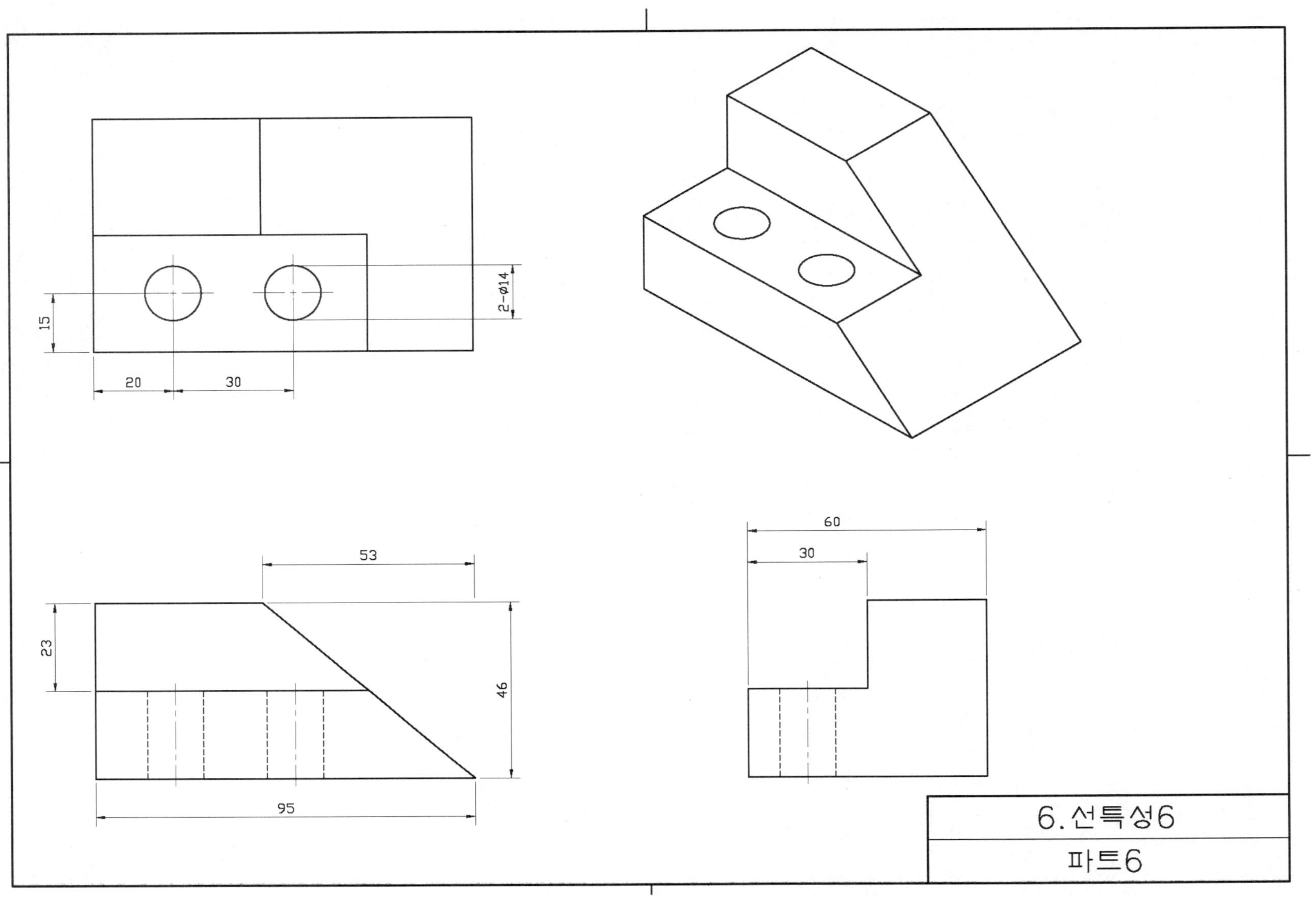
2-∅14
15
20
30
53
23
46
95
60
30
6. 선특성6
파트6

PART 07

라운드 모따기

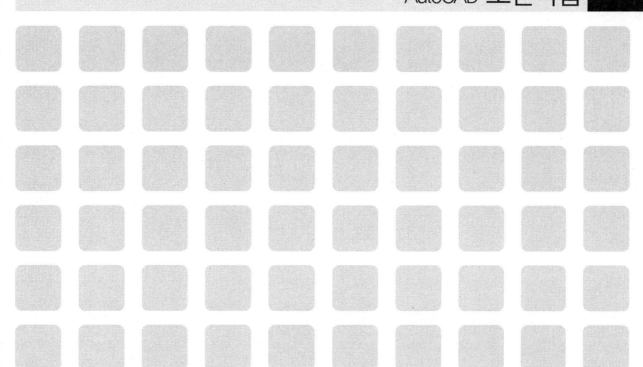

Fillet

각진 모서리에 라운드를 준다.

[옵션]

t : 라운드를 주는 과정에서 각진 모서리를 남겨둘지 여부를 결정한다.
r : 라운드 반지름을 지정한다.

CHAmfer

모서리를 모따기한다.

[옵션]

t : 모따기 처리를 할 때 각 진 모서리를 남겨둘지 여부를 결정한다.
d : 모따기 거리1 거리2를 지정한다.
a : 모따기 길이, 각도를 지정한다.

Line 명령을 사용하여 다음과 같은 그림을 그린다.

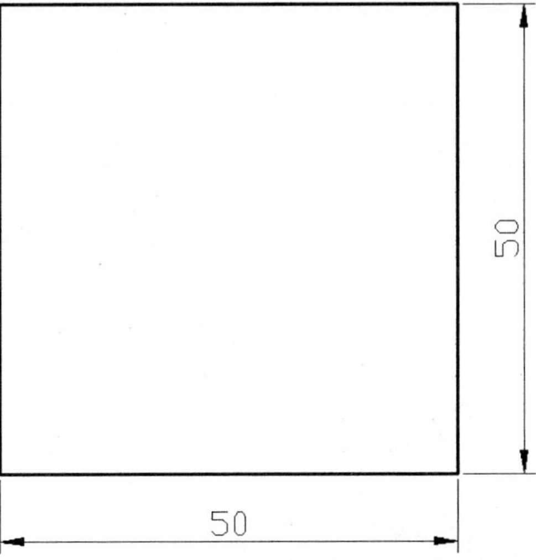

Fillet [Enter↵]
t [Enter↵] (잘라내기 옵션)
t [Enter↵] (잘라내기 모드로 전환)
r [Enter↵] (반지름 옵션)
10 [Enter↵] (라운드 반지름)
클릭1
클릭2

Fillet [Enter↵]
t [Enter↵]
n [Enter↵] (남겨두기 모드로 전환)
클릭3
클릭4

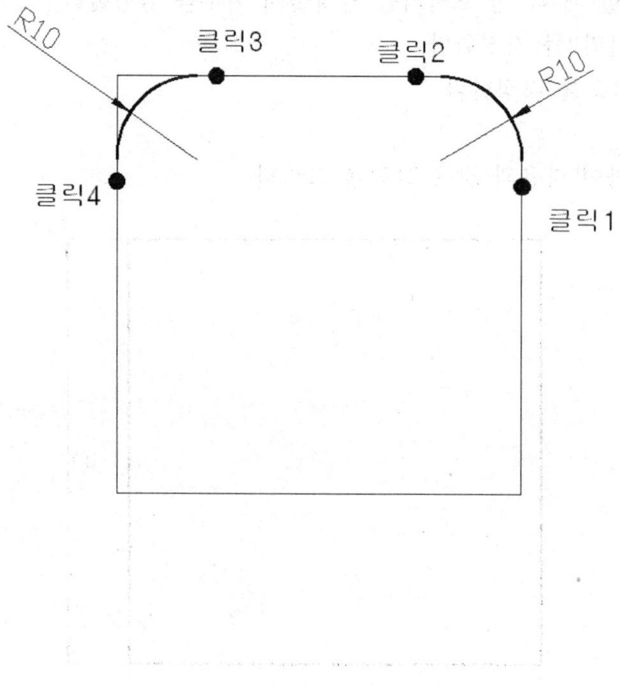

CHAmfer [Enter↵]
t [Enter↵] (trim 옵션)
t [Enter↵] (잘라내기로 설정)
d [Enter↵] (잘라낼 거리 옵션)
10 [Enter↵] (첫 번째 잘라질 거리)
10 [Enter↵] (두 번째 잘라질 거리)
클릭1
클릭2

CHAmfer [Enter↵]
a [Enter↵] (거리와 각도입력 옵션)
20 [Enter↵] (잘라질 거리)
30 [Enter↵] (잘라질 각도)

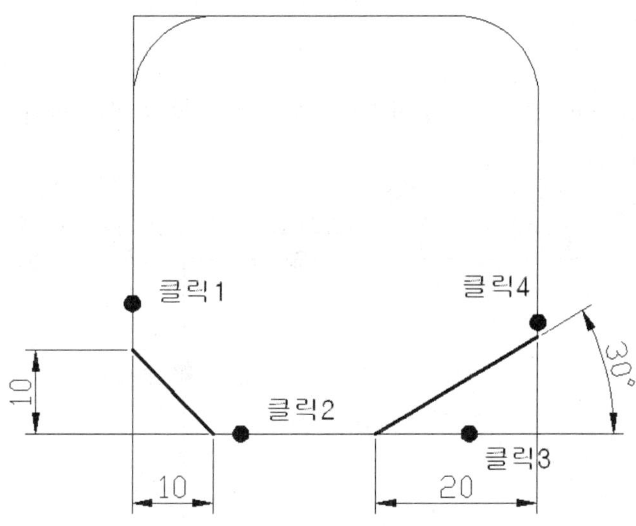

Erase 명령을 사용하여 호와 선을 지운 후 다음 그림과 같이 만든다.

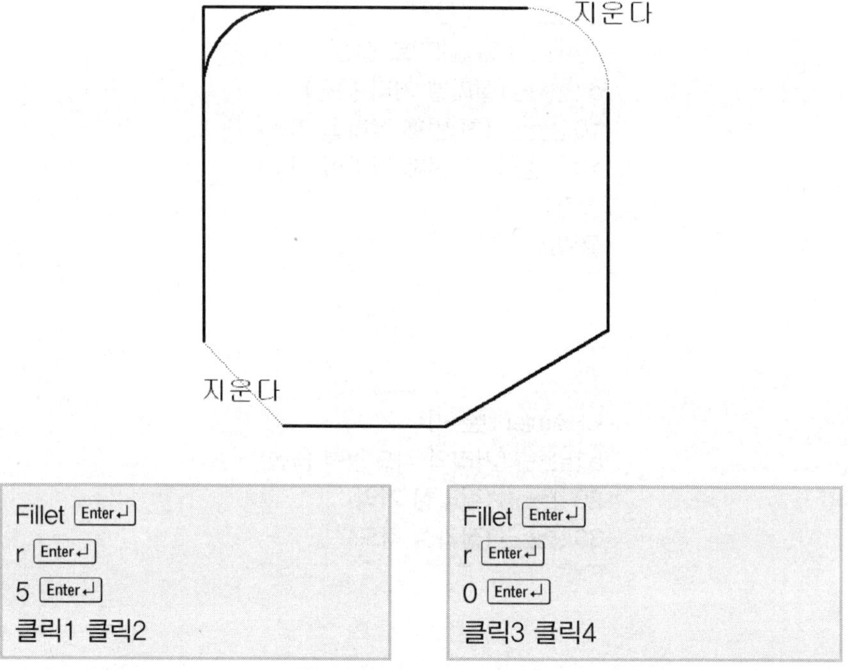

지운다
지운다
Fillet Enter
r Enter
5 Enter
클릭1 클릭2
Fillet Enter
r Enter
0 Enter
클릭3 클릭4

연장되어 붙일 때 Current Setting 값이 Trim 모드로 되어 있어야 한다.

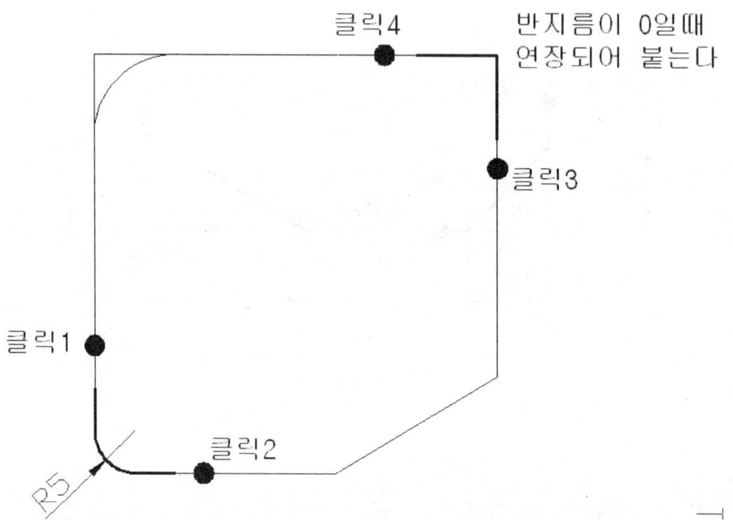

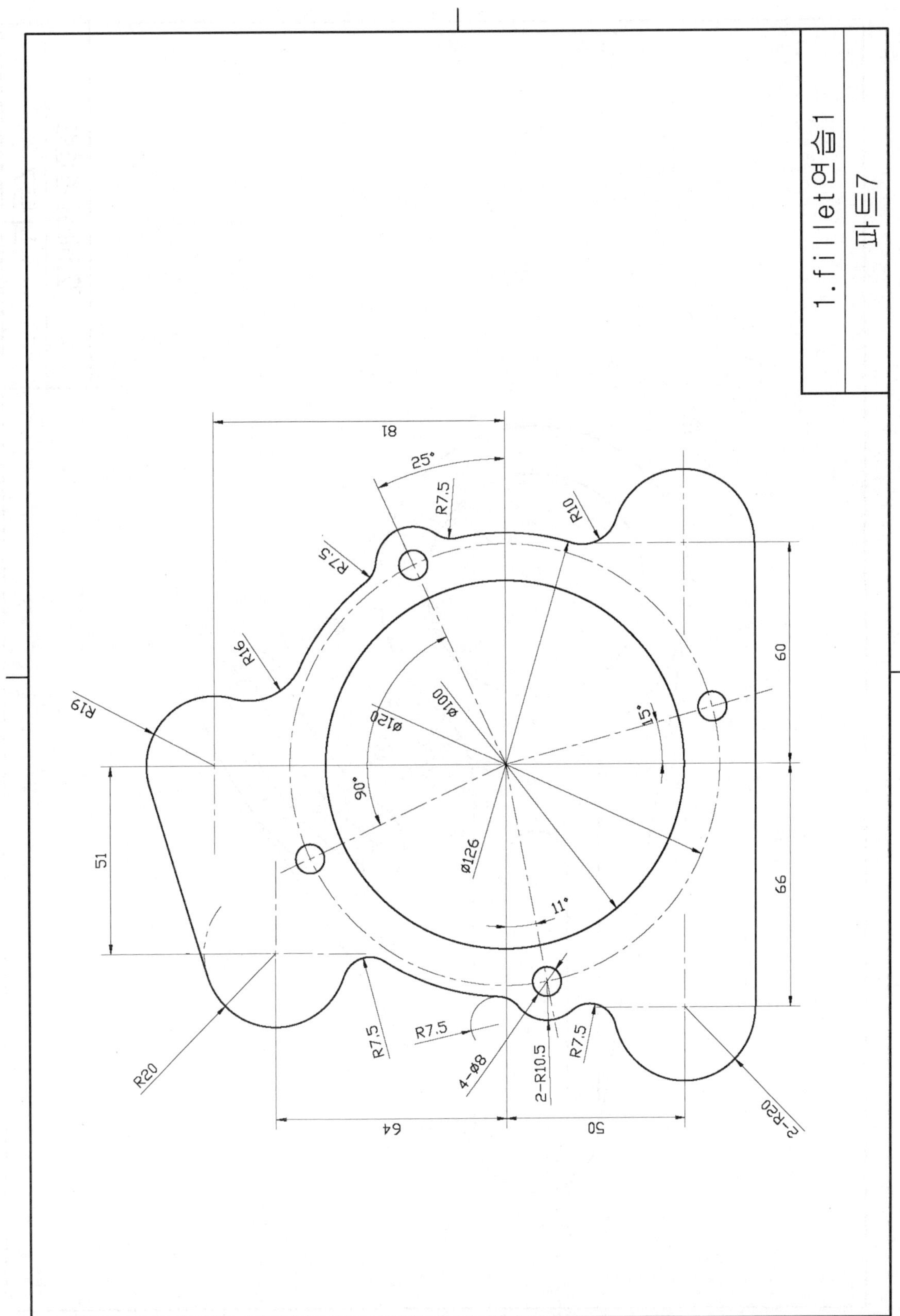
1.fillet연습1
파트7
81
25°
R7.5
R7.5
R10
R16
R19
ø100
ø120
ø126
15°
90°
11°
60
66
51
R20
R7.5
R7.5
4-ø8
2-R10.5
R7.5
2-R20
64
50

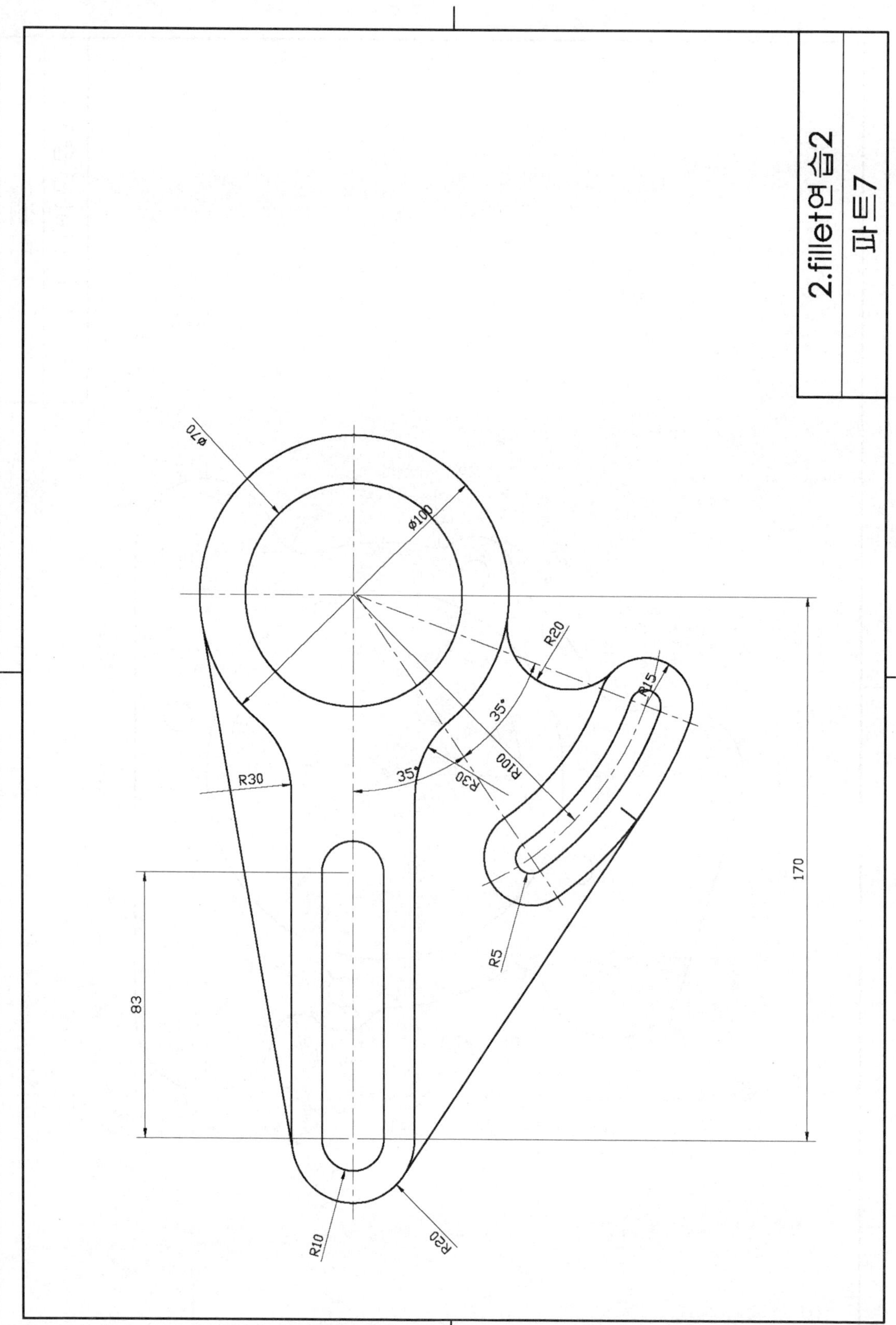
2.fillet연습2
파트7
φ70
φ100
R20
R15
35°
R100
R30
35°
R30
170
83
R5
R10
R20

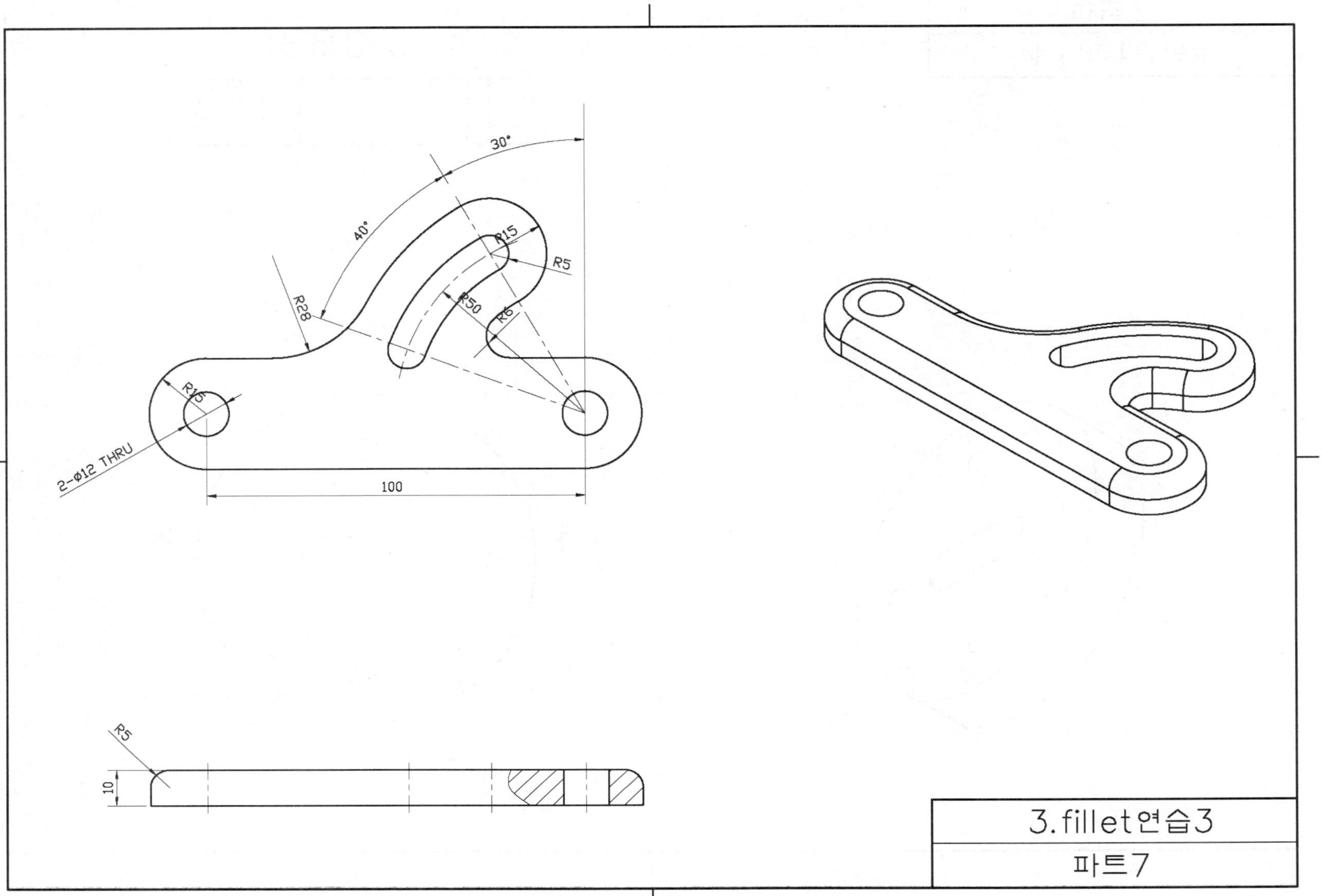
30°
40°
R15
R5
R28
R50
R6
R15
2-ø12 THRU
100
R5
10
3.fillet연습3
파트7

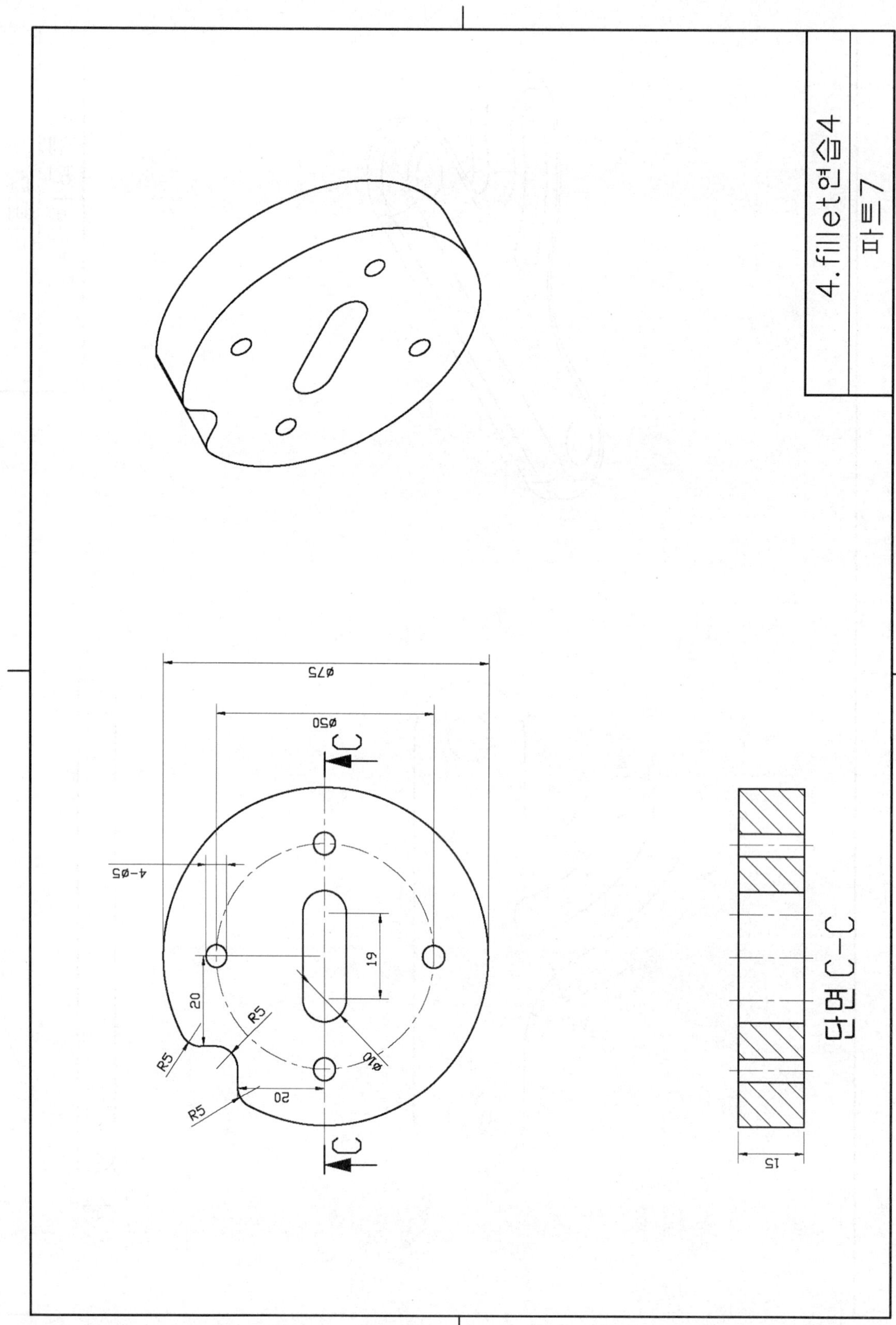
4.fillet연습4
파트7
ø75
ø50
4-ø5
19
20
R5
R5
R5
ø10
20
C
C
단면 C-C
15

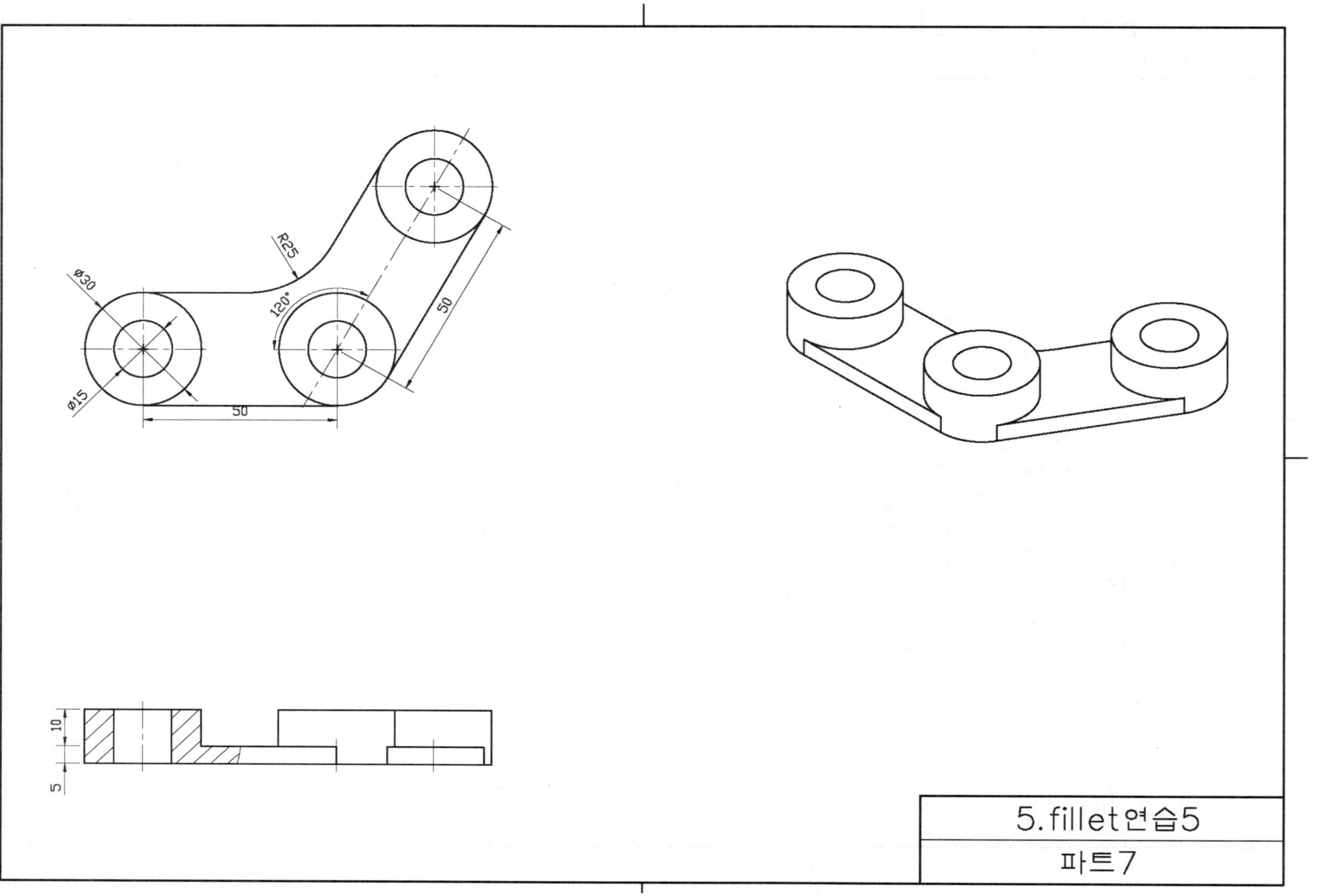
ø30
R25
120°
50
ø15
50
10
5
5.fillet연습5
파트7

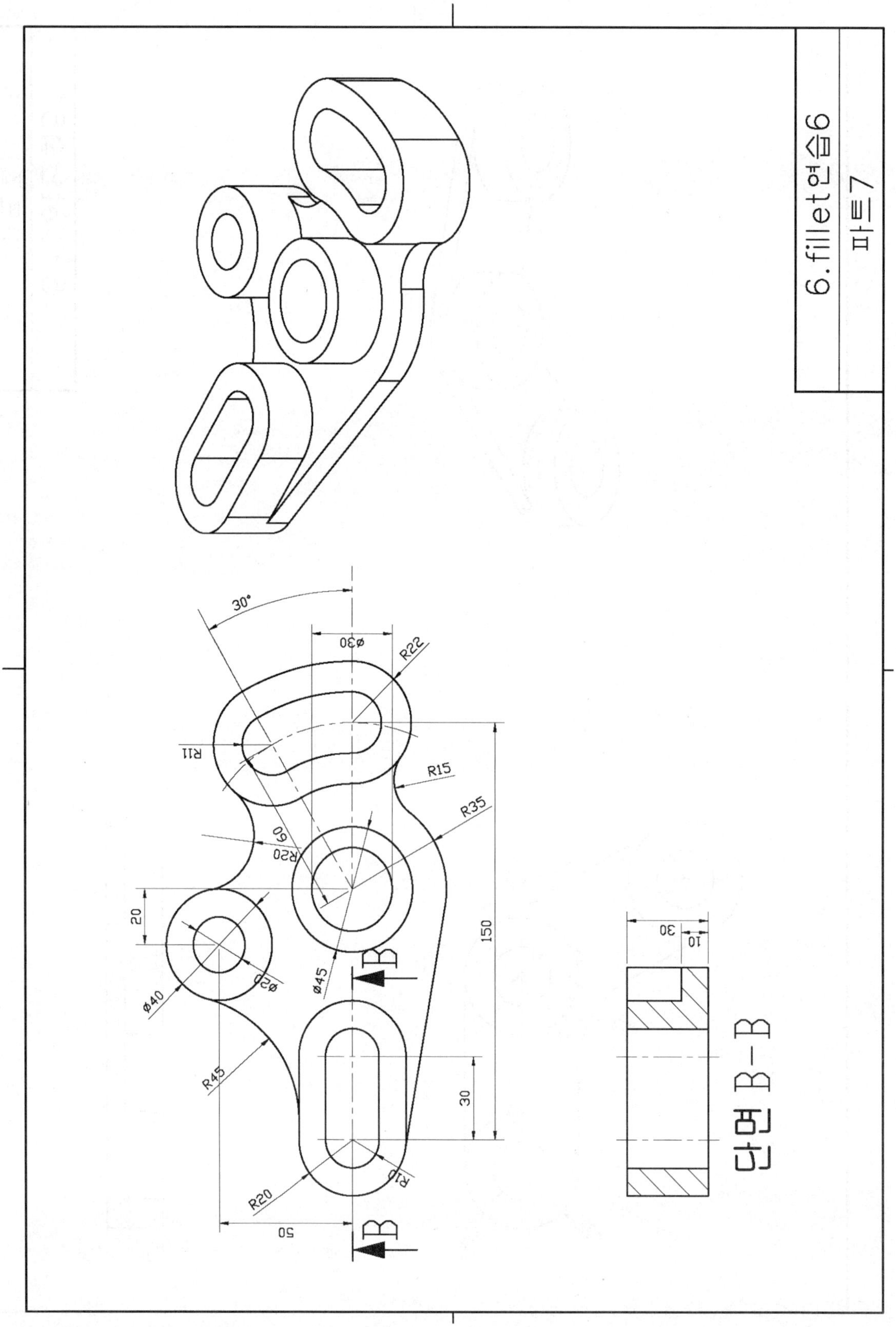

6.fillet연습6

파트7

단면 B-B

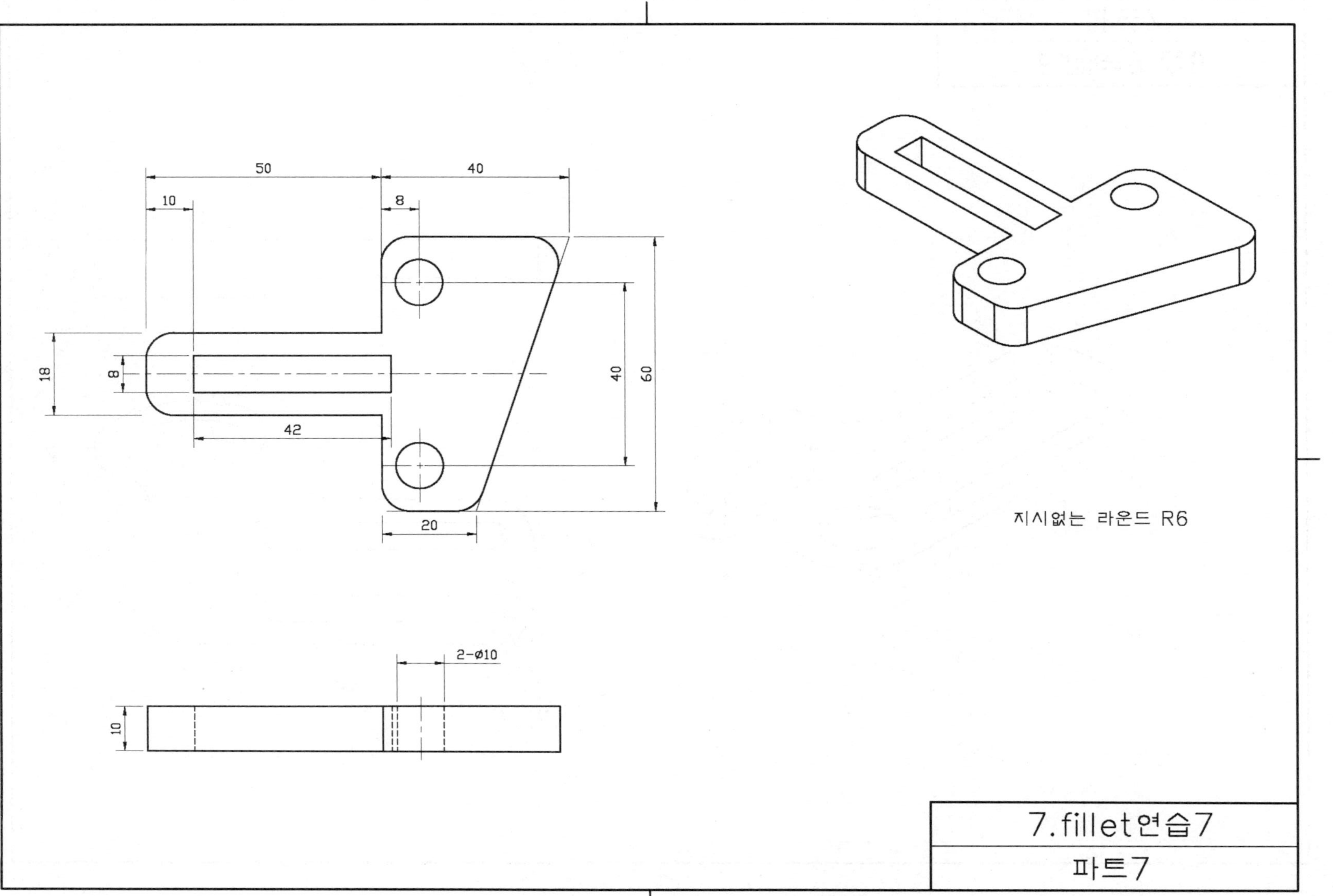
50
40
10
8
18
8
42
40
60
20
지시없는 라운드 R6
2-ø10
10
7.fillet연습7
파트7

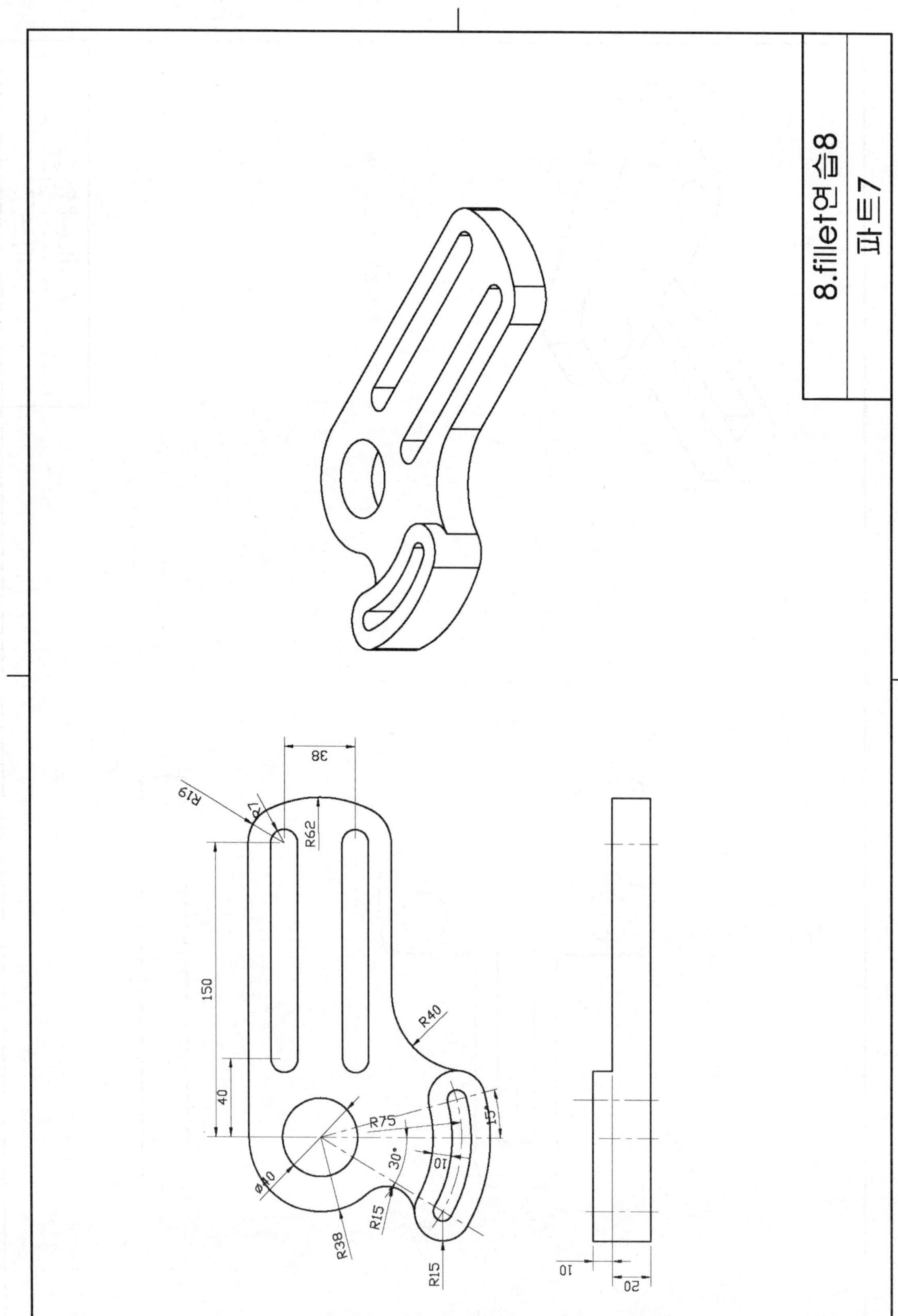
8.fillet연습8
파트7
38
R19
R7
R62
150
40
R40
R75
15°
30°
10
ø40
R15
R38
R15
10
20

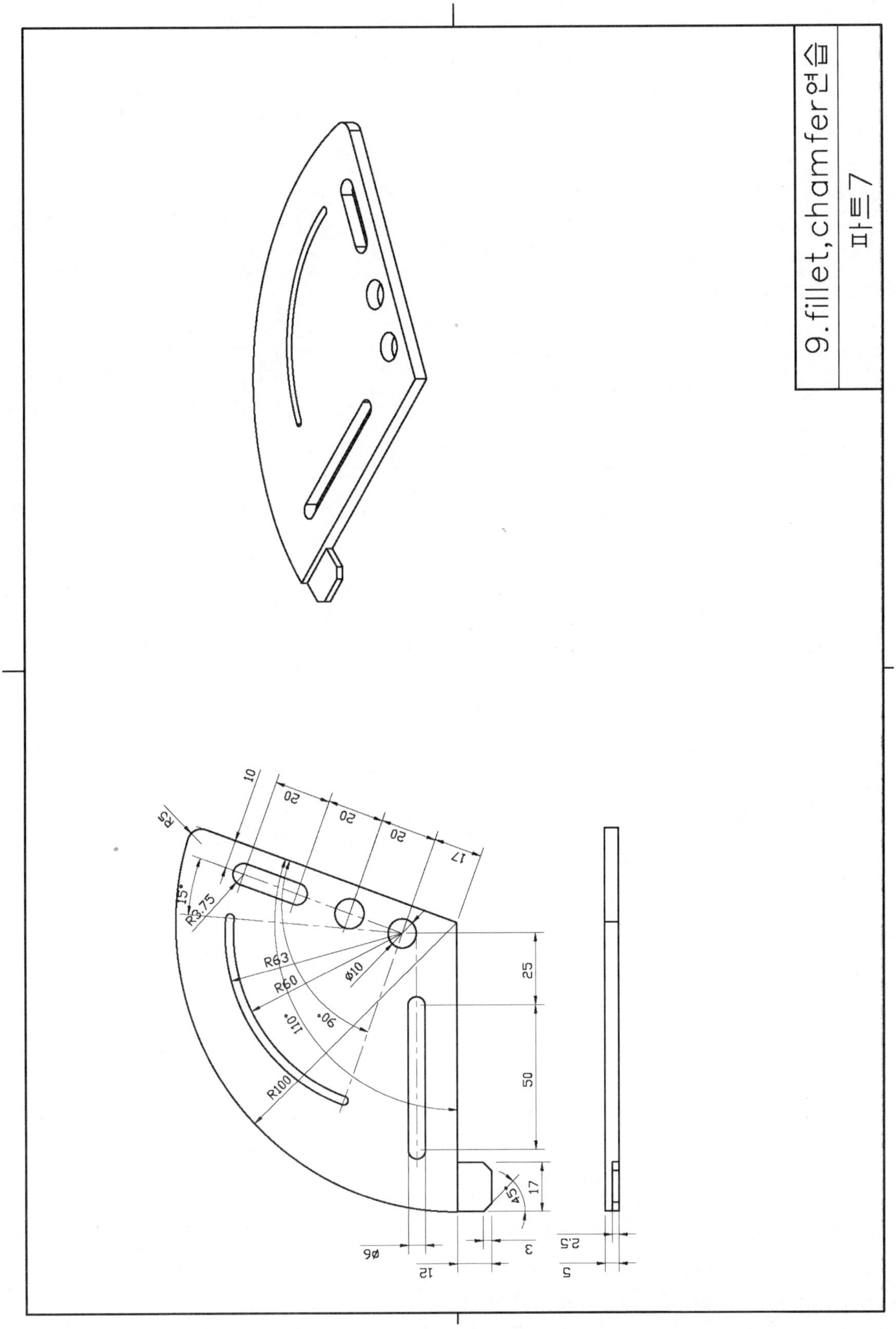

9.fillet,chamfer연습

파트7

PART 08

다각형과 구조선

RECtang

4각형을 그린다.

RECtang [Enter↵]
4각형의 첫 번째 코너 입력
4각형의 반대편 코너 입력

eXplode

폴리라인, 블록으로 구성된 물체를 개별화된 단위 물체로 분해한다.

eXplode [Enter↵]
분해시킬 물체 클릭
[Esc]

RECtang로 그려진 물체는 한 덩어리의 물체로 인식되며, 개별 선으로 바꾸려면 eXplode 명령을 사용하여 분해시킨다.

ELlipse

타원을 그린다.

ELlipse [Enter↵]
타원 축의 첫 번째 점 입력
타원 축의 두 번째 점 입력
타원의 중심으로부터 중심거리 입력

DOnut

색칠된 원모양을 그린다.

DOnut [Enter↵]
0 [Enter↵] (안지름 0 입력)
바깥지름 입력 후 [Enter↵]
도넛의 중심점 입력
도넛의 중심점 입력
.
.
[Enter↵]

SPLine

자유곡선을 그린다.
자유곡선은 물체의 파단선을 표현할 때 쓰이는데, 긴 물체를 잘랐을 때나 부분단면을 표시할 때 경계선으로 쓰인다.

SPLine [Enter↵]
자유곡선의 첫 번째 점 입력
자유곡선의 두 번째 점 입력
자유곡선의 세 번째 점 입력
.
.
.
[Enter↵] [Enter↵] [Enter↵]([Enter↵]를 세 번 입력한다. (2011 이상 버전에서는 <[Enter↵] 1번>)

RECtang Enter↵
클릭1 (4각형의 시작점)
@100,50 Enter↵ (4각형의 반대코너)

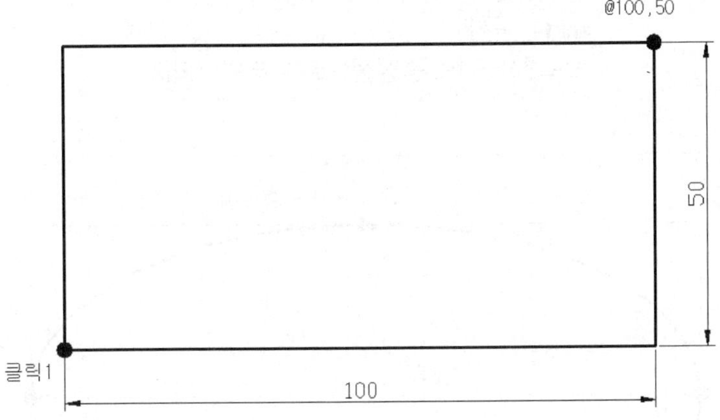

Offset Enter↵
10 Enter↵
클릭1
클릭2

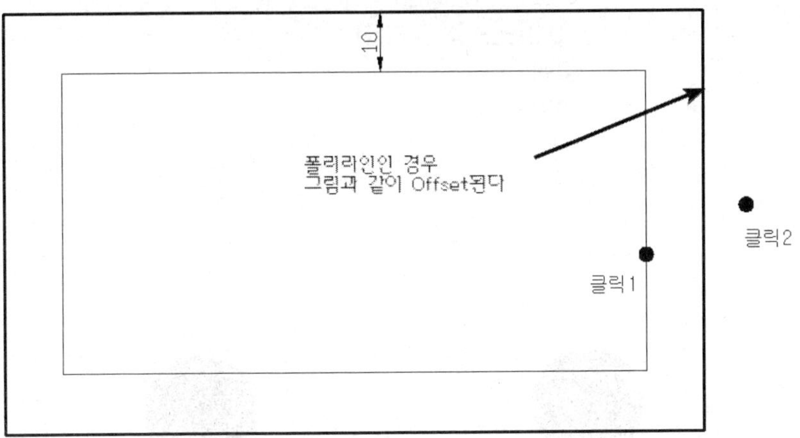

ELlipse [Enter↵]
mid [Enter↵]
클릭1 (타원 축의 첫 번째점)
mid [Enter↵]
클릭2 (타원 축의 두 번째점)
mid [Enter↵]
클릭3 (타원의 중심점으로 부터의 거리)

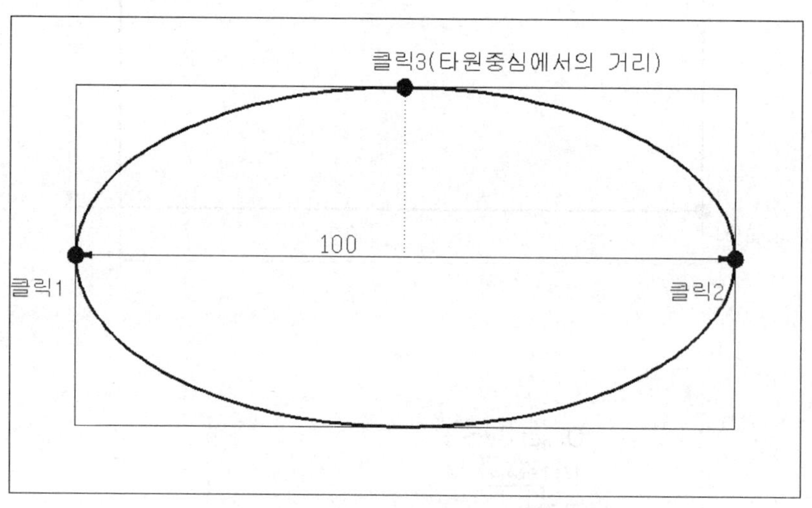

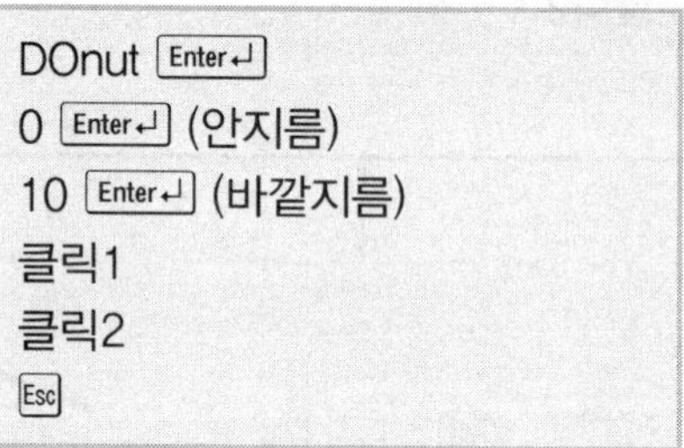
DOnut [Enter↵]
0 [Enter↵] (안지름)
10 [Enter↵] (바깥지름)
클릭1
클릭2
[Esc]

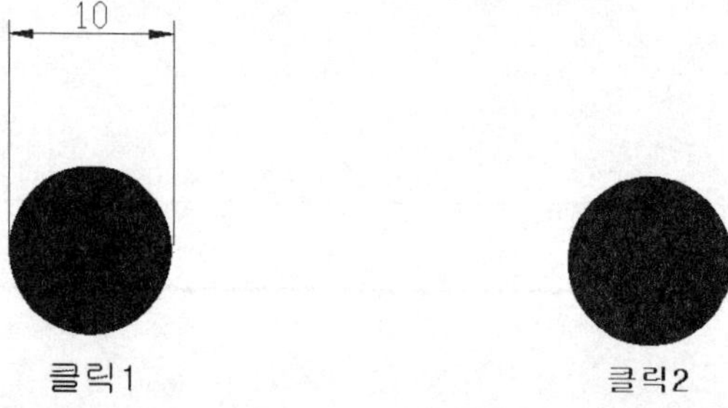

SPLine [Enter↵]
클릭1 클릭2 클릭3 <[Enter↵] 3번> (2011버전이상은 <[Enter↵] 1번>)

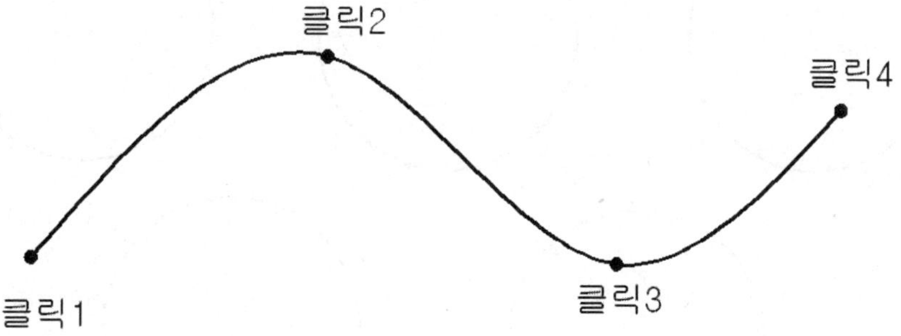

POLygon

정다각형을 그린다.

[옵션]

i : 가상원에 내접한다.
c : 가상원에 외접한다.
e : 모서리의 양 끝점을 입력하여 정다각형을 그린다.

POLygon [Enter↵]
변의 개수 입력
다각형의 내접 또는 외접원의 중심점 입력
i 또는 c 를 입력하여 내접 또는 외접 결정
반지름 입력

다음과 같은 그림을 그린다.

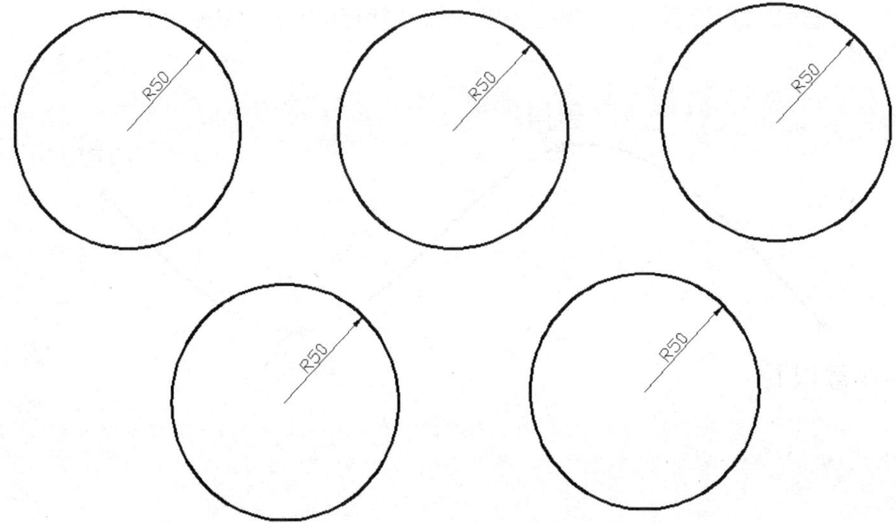

POLygon Enter↵
6 Enter↵ (변의 개수)
cen Enter↵
클릭1 (가상원의 중심점)
c Enter↵ (가상원에 외접)
50 Enter↵ (가상원의 반지름)

POLygon Enter↵
6 Enter↵ (변의 개수)
cen Enter↵
클릭2 (가상원의 중심점)
c Enter↵ (가상원에 외접)
qua Enter↵
클릭3 (가상원의 방향을 포함한 반지름)

POLygon Enter↵
5 Enter↵
cen Enter↵
클릭4
i Enter↵
qua Enter↵
클릭5

POLygon Enter↵
5 Enter↵
cen Enter↵
클릭6
i Enter↵
@50<90 Enter↵ (상대극 좌표로 가상원의 방향을 포함한 반지름 입력)

POLygon Enter↵
5 Enter↵
cen Enter↵
클릭7
i Enter↵
@50<110 Enter↵ (상대극 좌표로 가상원의 방향을 포함한 반지름 입력)

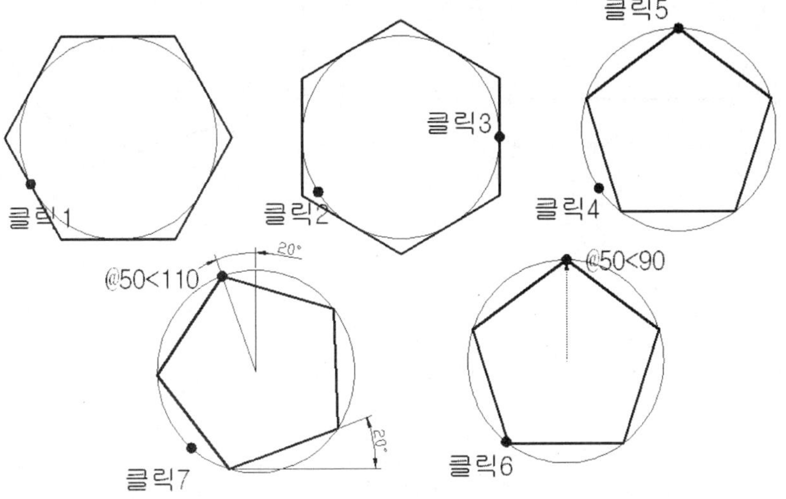

[변의 길이로 정다각형 만들기]

POLygon Enter↵
5 Enter↵
e Enter↵ (모서리 길이를 이용하여 다각형 작성)
클릭1 (모서리의 첫 번째 끝점)
@100<0 Enter↵ (모서리의 두 번째 끝점)

POLygon Enter↵
5 Enter↵
e Enter↵ (모서리 길이를 이용하여 다각형 작성)
클릭2 (모서리의 첫 번째 끝점)
@100< −90 Enter↵ (모서리의 두 번째 끝점)

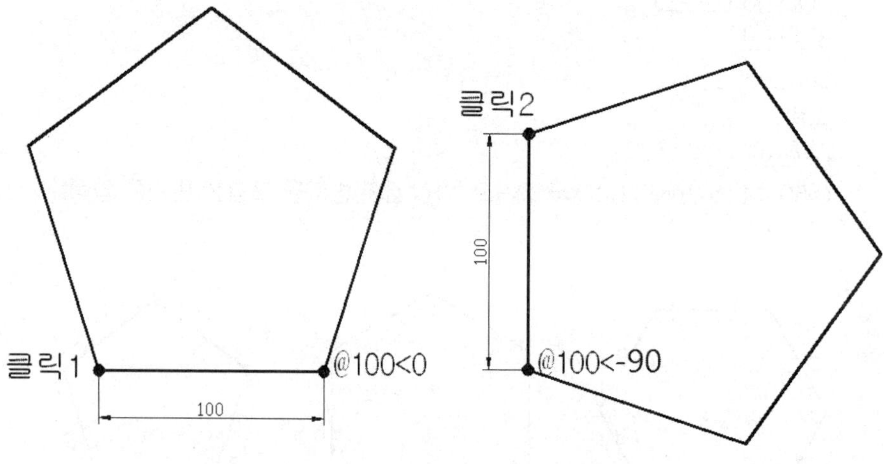

[<F8> 수평/수직 잠금기능키의 활용]

■키보드의 <F8>키를 한 번 누른다.
■화면 하단에 ORTHO 버튼이 눌러질 것이다.
■다시 한번 <F8>키를 한 번 누른다.
■화면 하단에 ORTHO 버튼이 꺼진다.

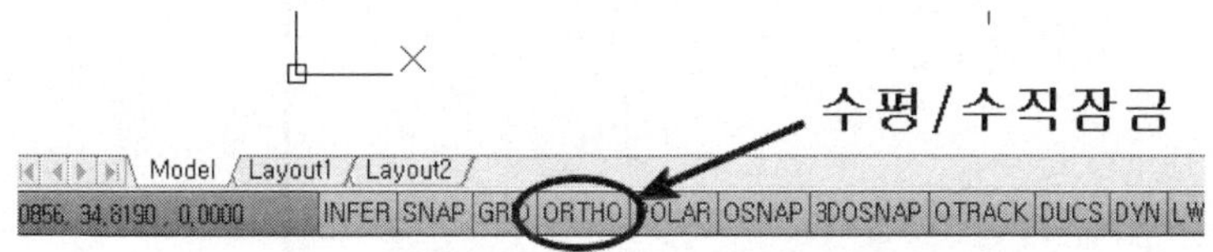

<F8>키를 켜 놓고 다음과 같이 따라한다.

> Line [Enter↵]
> 임의 점 클릭
> 그림과 같이 마우스를 우측으로 위치시킨다.
> 100 [Enter↵] (마우스 방향으로 100 떨어진 지점이 입력된다.)

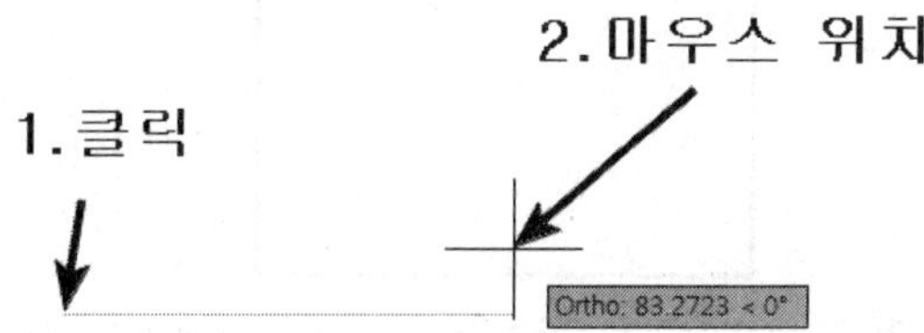

그림과 같이 마우스 커서위치를 위로 향하도록 한다.(클릭은 하지 않는다.)
100 [Enter↵] (마우스 방향으로 100 떨어진 지점이 입력된다.)

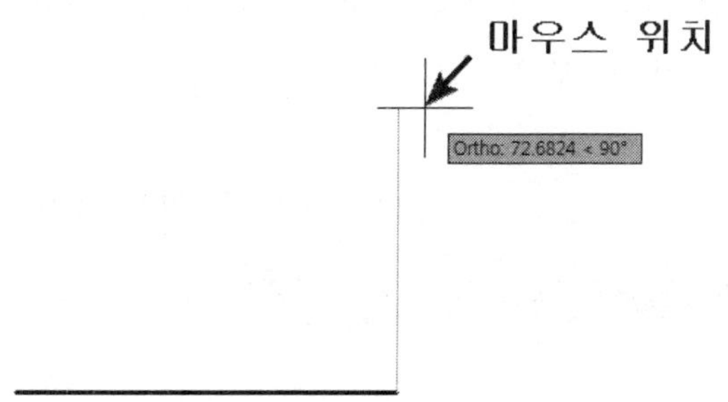

그림과 같이 마우스를 왼쪽을 향하도록 위치시킨다.
100 [Enter↵] (마우스 방향으로 100 떨어진 지점이 입력된다.)

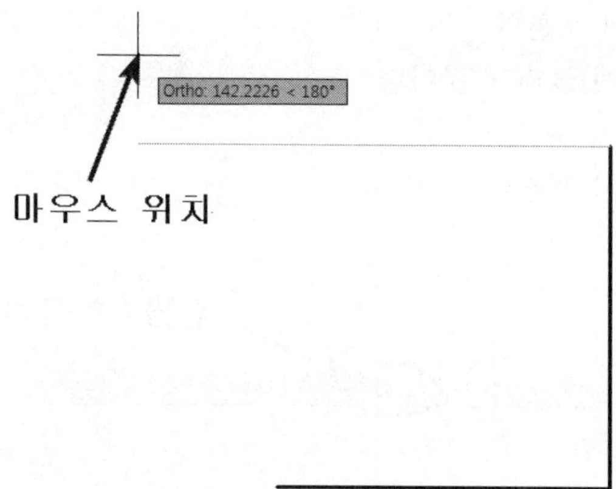

c [Enter↵] (선을 닫아주고 명령을 종료한다.)

<F8>키를 이용한 한변의 길이 100인 정 사각형

<F8>키는 항상 켜두는 것 보다 사용할 필요가 없을 땐 꺼두는 것이 좋다.

또한 <F8>키는 명령어 사용 도중 아무 때고 명령을 중지하지 않고 다 사용할 수 있는 기능키이므로 언제든지 켜고 끌 수 있다.

PLine

묶어져 있는 선을 그린다.
eXplode 명령에 의해 일반 선으로 분해될 수 있다.

PLine [Enter↵]
클릭1 클릭2 클릭3 클릭4
[Enter↵]

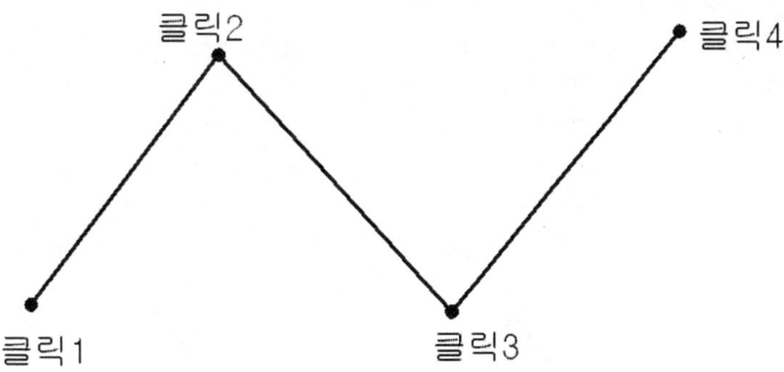

LIst

물체에 대한 세부 정보를 출력한다.

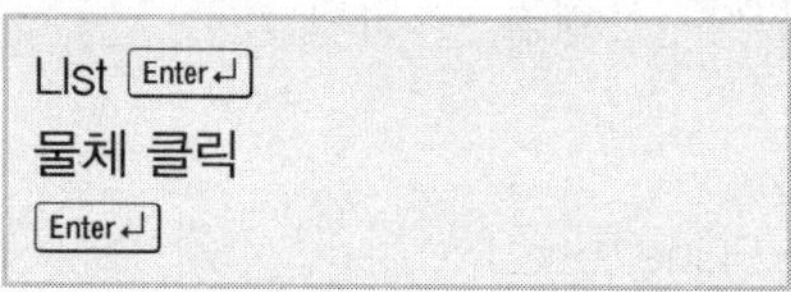

LIst 명령을 사용하여 물체정보를 알아낼 수 있는데, 선택된 물체의 성질(라인, 폴리라인, 원, 호, 문자 등)에 따라 각각 출력되는 정보가 달라진다.
LIst 명령은 주로 선의 총 길이를 조회할 때 사용되며 선의 총 길이를 조회할 때는 일반 Line이 아닌 PLine으로 된 물체에서만 가능하다.

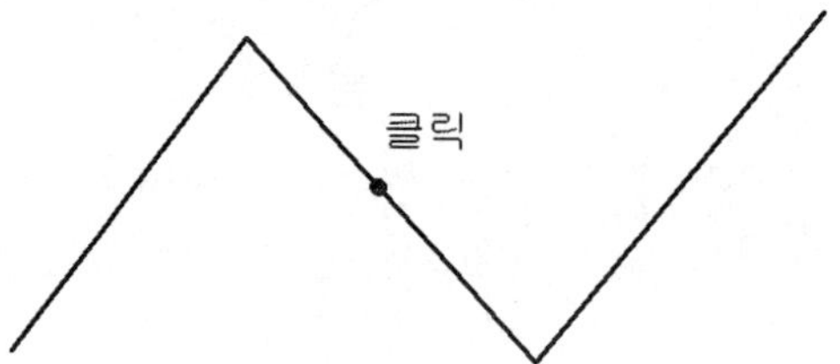

한 덩어리 선으로 인식된다.

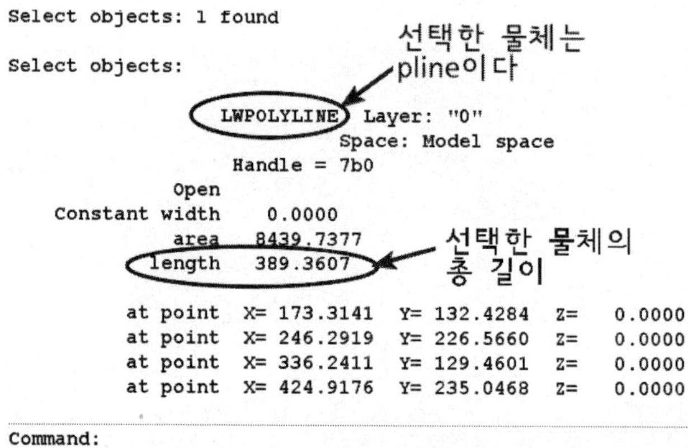


```
Select objects: 1 found

Select objects:

            LWPOLYLINE  Layer: "0"
                      Space: Model space
            Handle = 7b0
        Open
  Constant width    0.0000
            area    8439.7377
          length    389.3607

        at point  X= 173.3141  Y= 132.4284  Z=   0.0000
        at point  X= 246.2919  Y= 226.5660  Z=   0.0000
        at point  X= 336.2411  Y= 129.4601  Z=   0.0000
        at point  X= 424.9176  Y= 235.0468  Z=   0.0000

Command:
```

PEdit

PLine으로 만들어진 물체를 편집(두께, 곡선화 등)하는 명령어이나 잘 쓰이지는 않는다. 일반선, 호를 PLine으로 변화시켜 서로 묶어주어 하나의 전체 PLine으로 변환시켜 줄 때 사용한다.

PEdit [Enter↵]
PLine 혹은 일반 Line 혹은 호를 선택
y [Enter↵] (일반 Line을 선택할 경우 PLine으로 변환할지 여부를 물을 때 'y'를 입력하고 PLine을 선택할 경우는 생략된다.)
j [Enter↵]
물체선택
물체선택
.
.
<[Enter↵] 2번>

Line과 Arc 명령을 사용하여 다음과 같은 그림을 그린다.

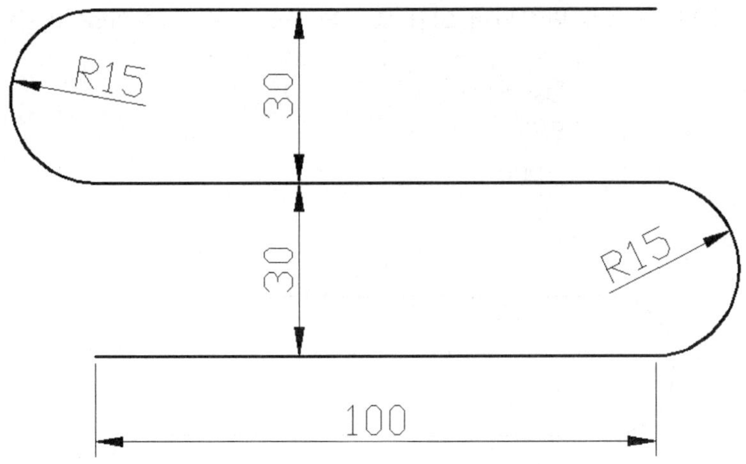

PEdit [Enter↵]
클릭1
y [Enter↵] (방금 선택한 물체는 PLine으로 바뀐다.)
j [Enter↵] (끝점이 서로 맞다은 선들을 묶어서 PLine으로 바꾼다.)
클릭2 클릭3 클릭4 클릭5
<[Enter↵] 2번>

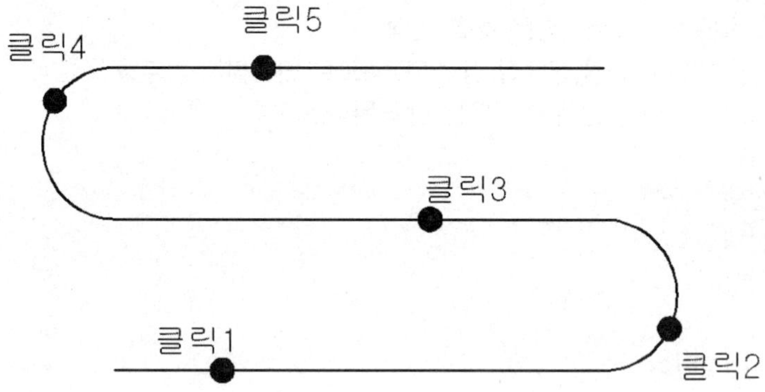

선택한 선들이 모두 묶어지면서 PLine으로 바뀐다.

묶인 선들은 이제 PLine으로 변형되어 LIst 명령을 사용하여 총 길이를 알 수 있다.

LIst [Enter↵]
클릭
[Enter↵]
[Esc]

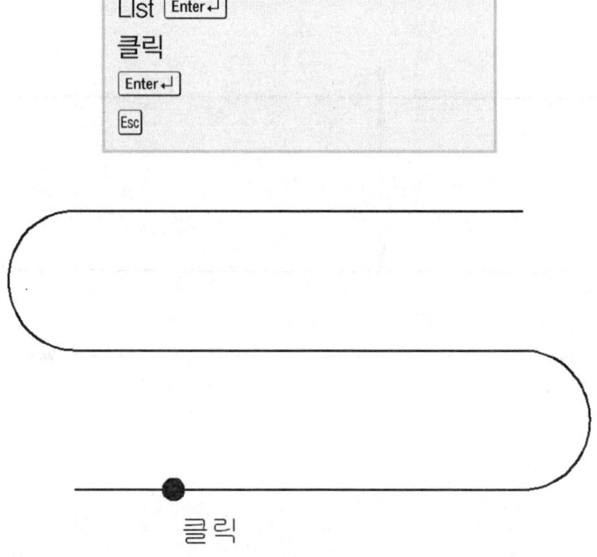

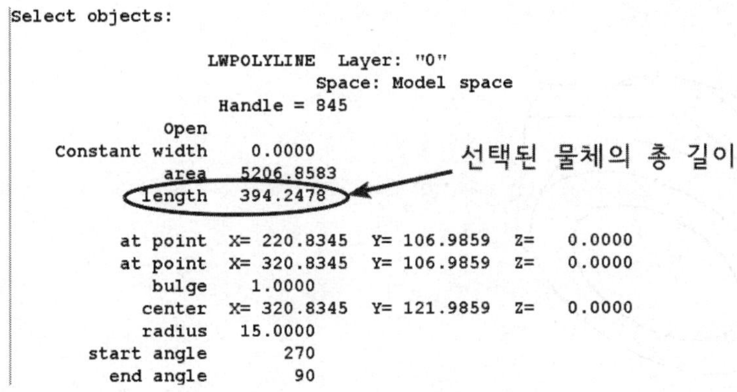

```
Select objects:

                  LWPOLYLINE  Layer: "0"
                            Space: Model space
                   Handle = 845
              Open
    Constant width    0.0000
              area   5206.8583
            length   394.2478

          at point  X= 220.8345  Y= 106.9859  Z=    0.0000
          at point  X= 320.8345  Y= 106.9859  Z=    0.0000
             bulge    1.0000
            center  X= 320.8345  Y= 121.9859  Z=    0.0000
            radius   15.0000
       start angle       270
         end angle        90
```


PEdit 명령으로 Join시켜 줄 물체는 조건을 만족해야 하는데, 선의 끝점과 끝점이 서로 맞닿아 있어야 한다.

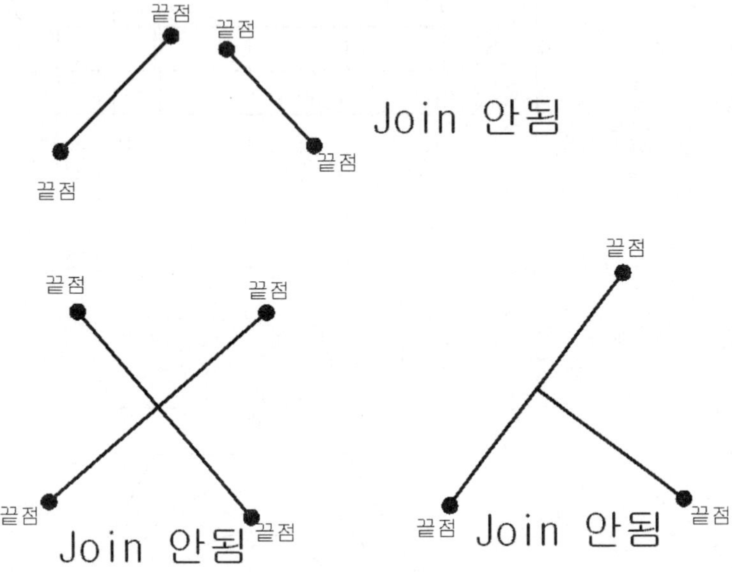

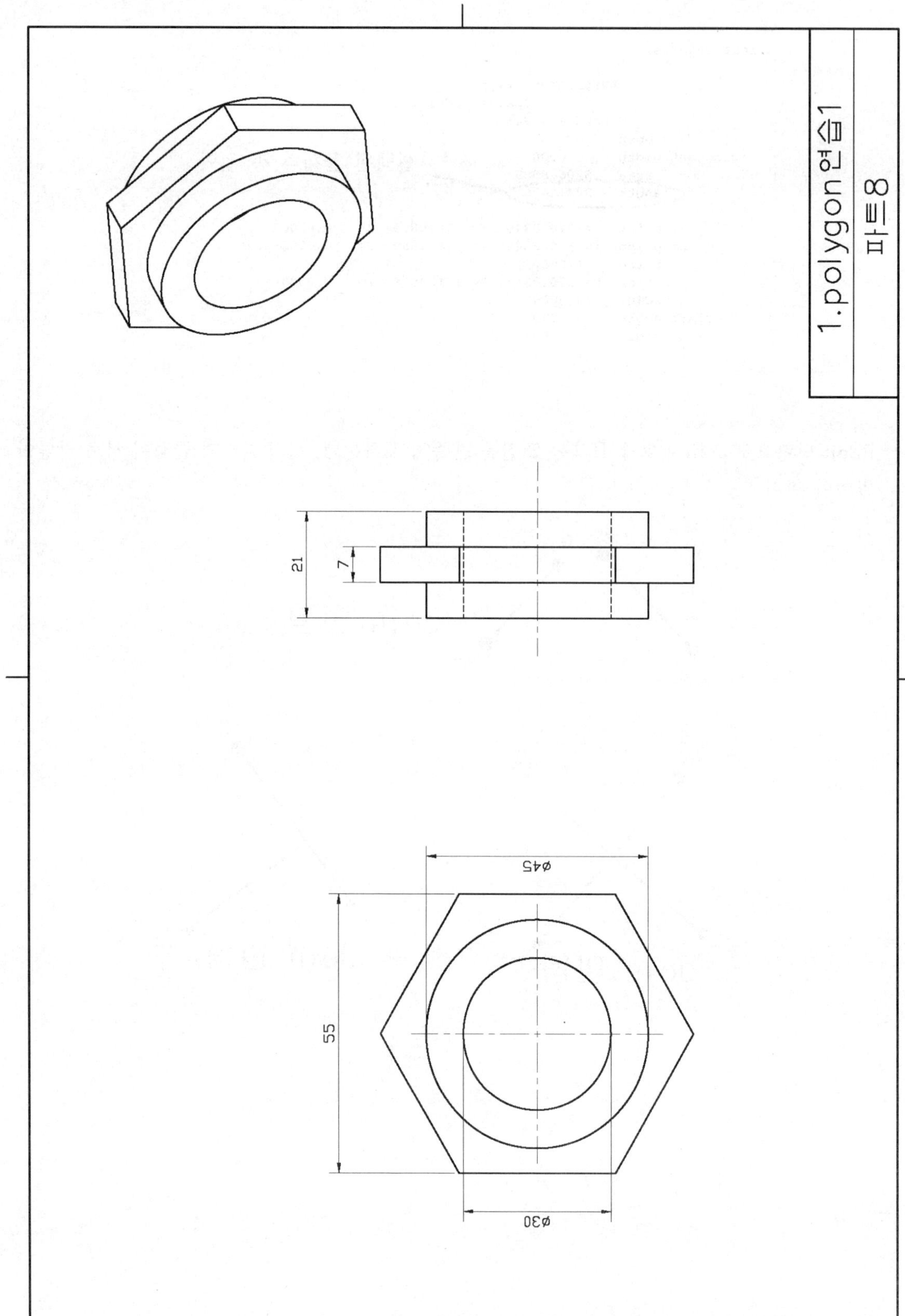
1.polygon연습1
파트8
21
7
55
ø45
ø30

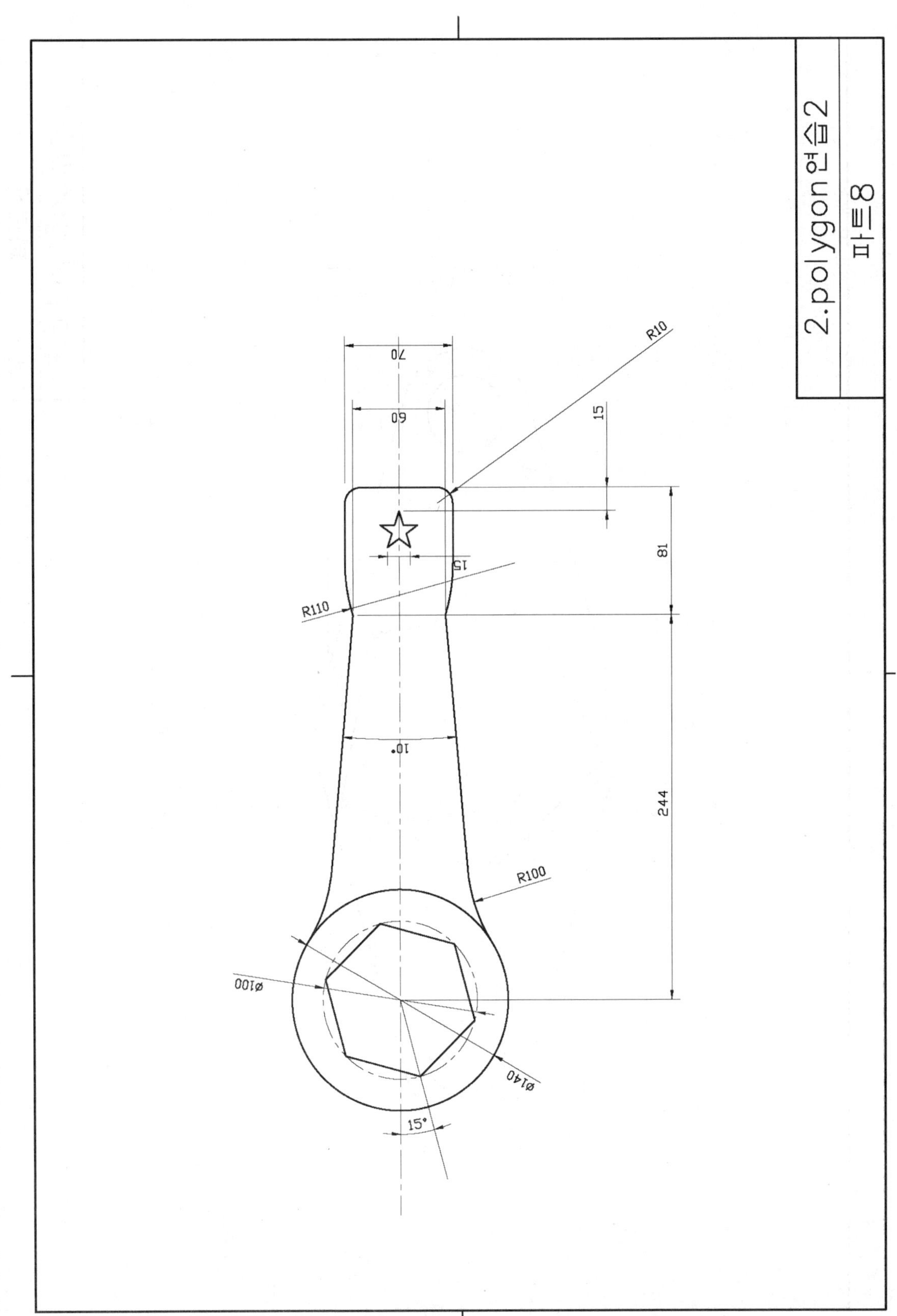
2.polygon 연습2
파트8
R10
70
60
15
81
15
R110
10°
244
R100
ø100
ø140
15°

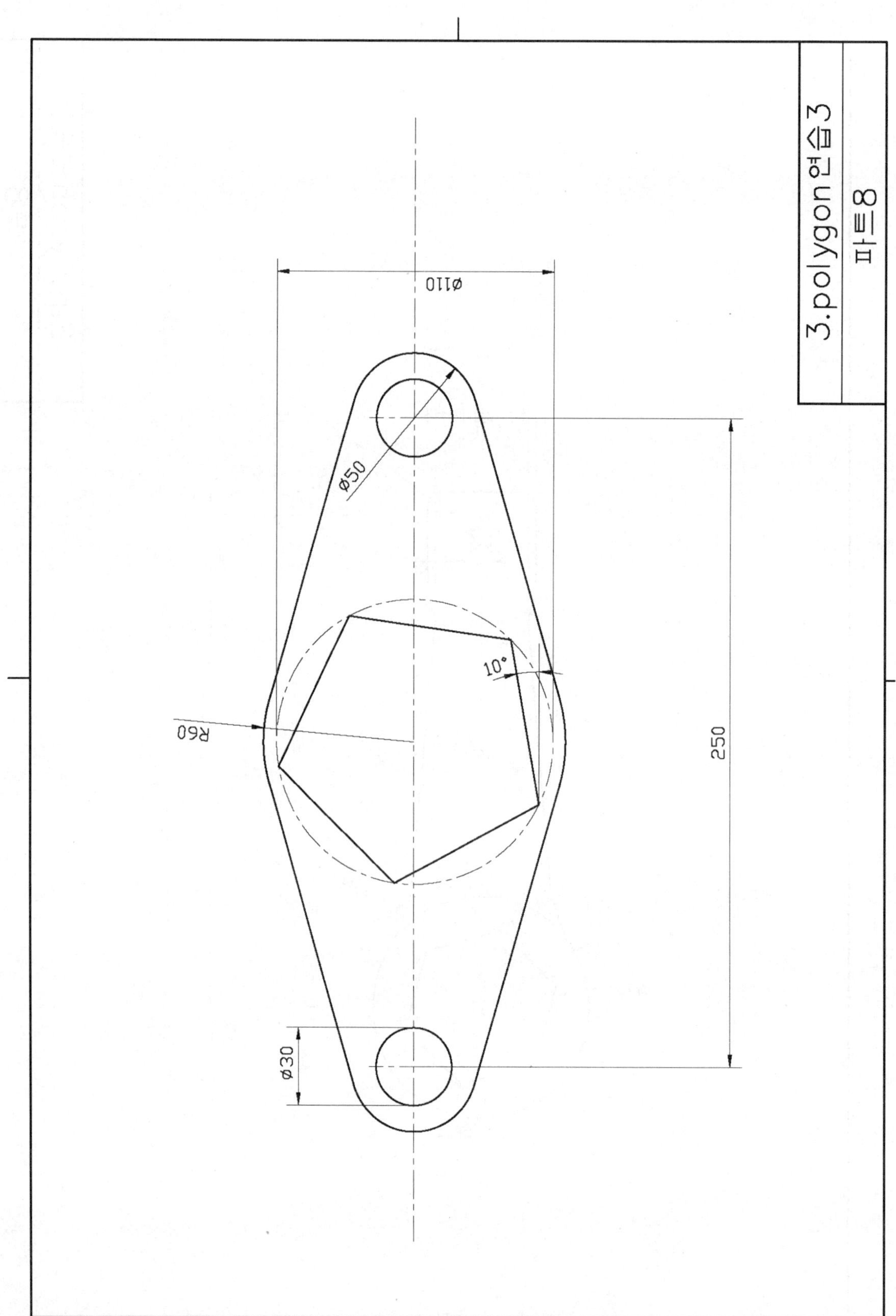
3.polygon연습3
파트8
Ø110
Ø50
10°
R60
250
Ø30

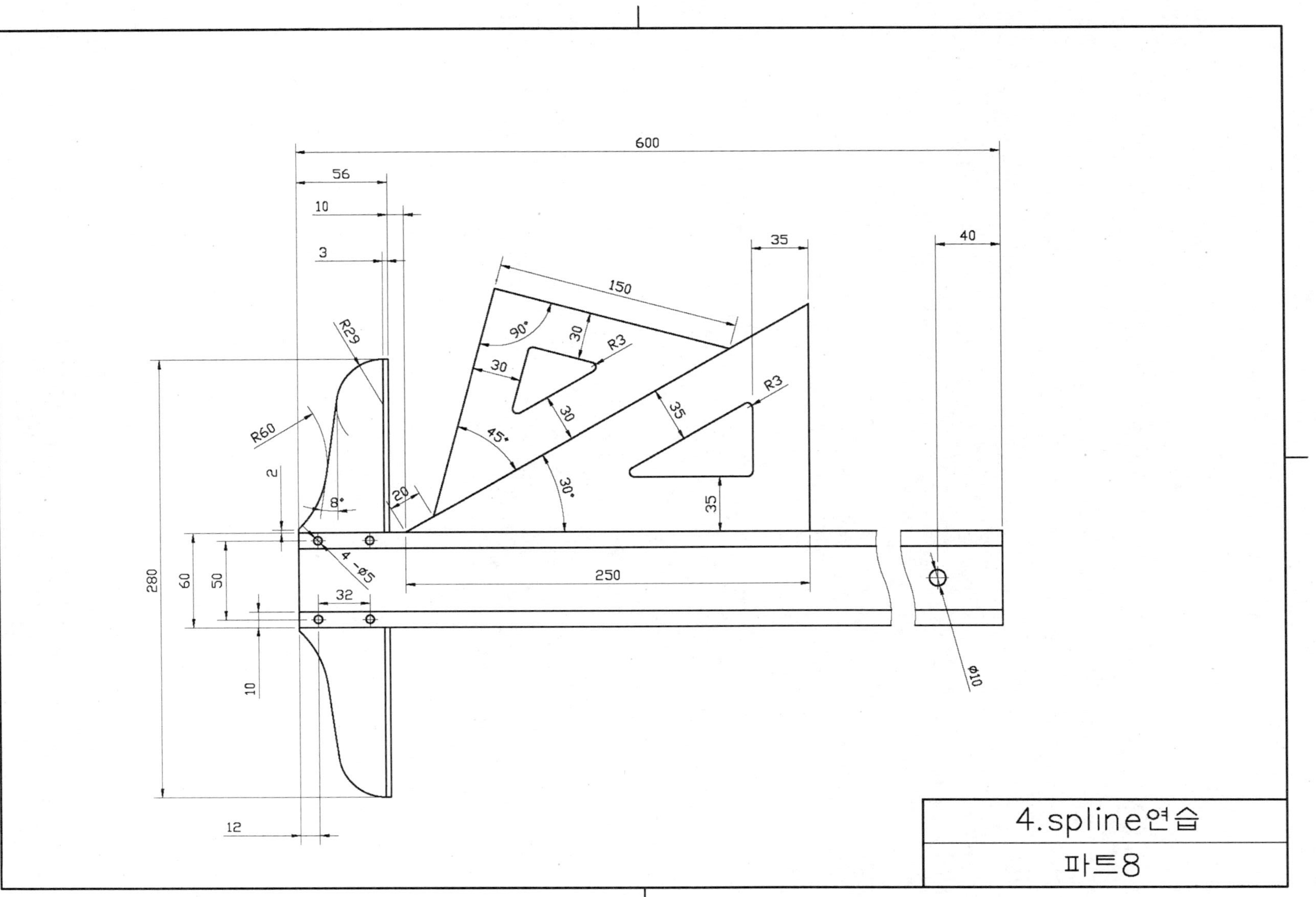
600
56
10
3
35
40
150
R29
90°
30
R3
30
R60
R3
35
30
45°
2
30°
8°
20
35
4 -Ø5
250
280
60
50
32
Ø10
10
12
4.spline연습
파트8

PART 09

해칭

기초에서 활용까지
AutoCAD 도면작업

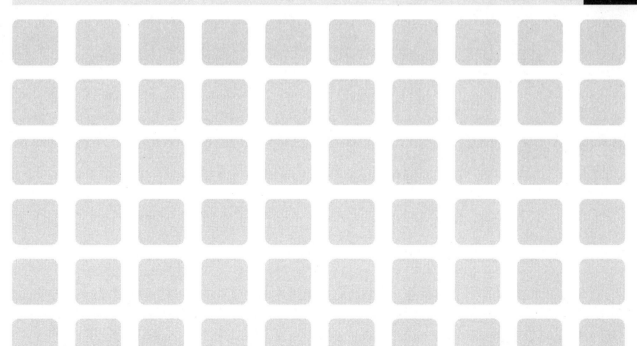

BHatch

경계영역 내부 혹은 선택한 내부에 해칭 물체를 만든다.

다음과 같은 그림을 그린다.

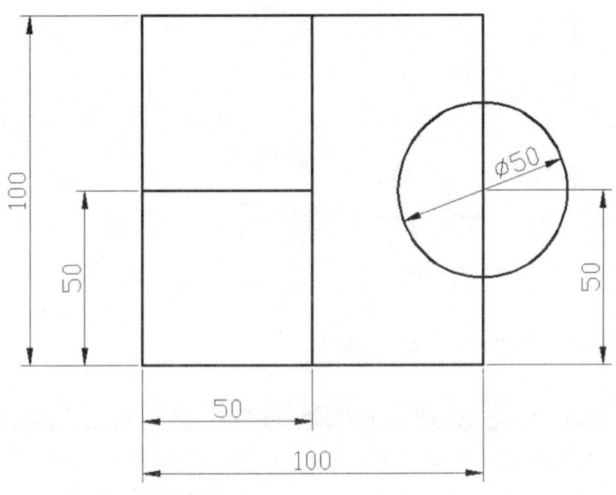

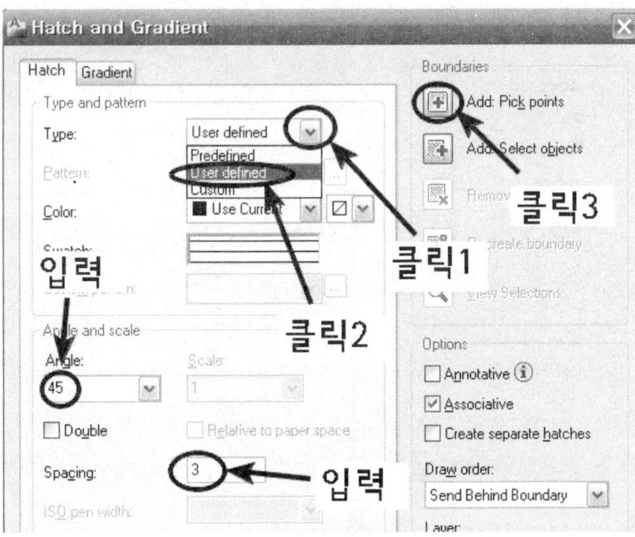

대화창이 사라지면 해칭할 영역 내부를 클릭한 후 Enter↵를 입력한다.

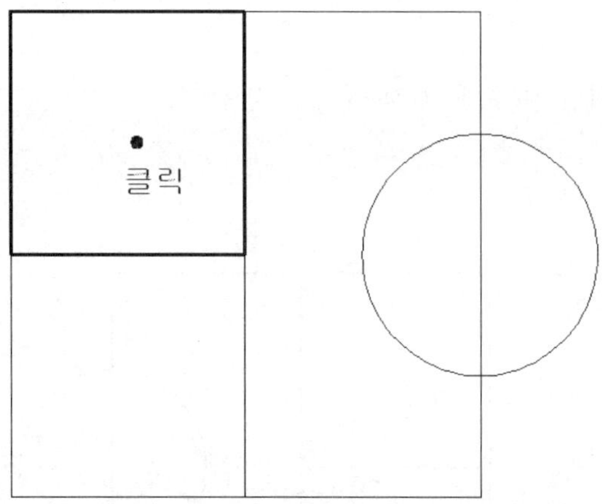

대화창 내에서 OK 버튼을 클릭하여 확정한다.

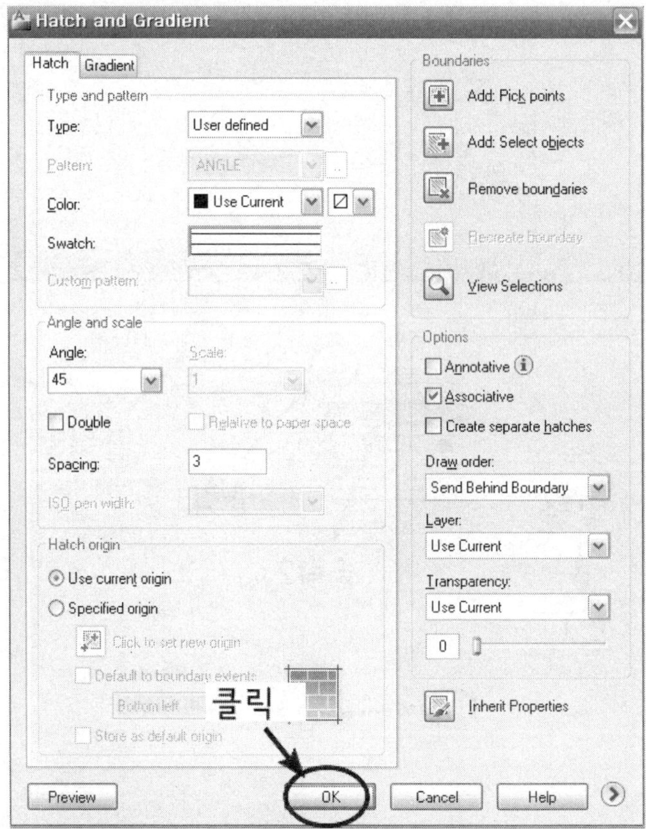

[역 해칭하기]

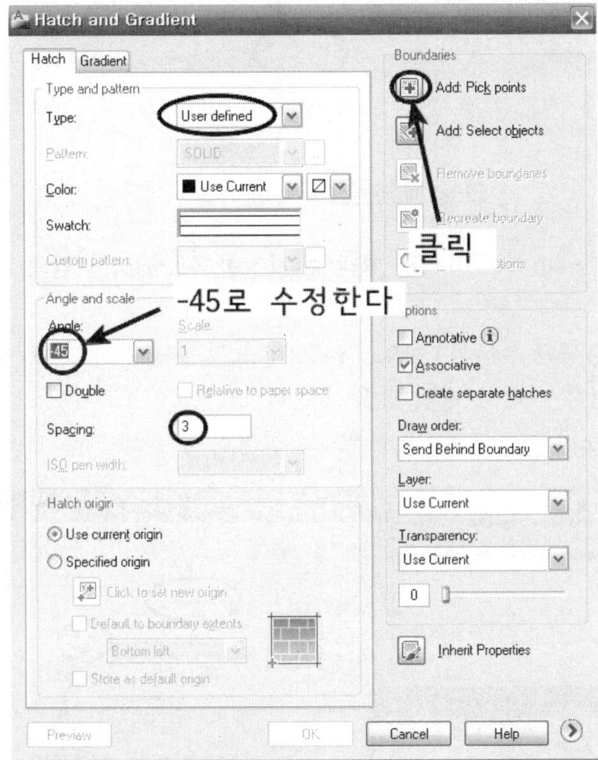

대화창이 사라지면 그림과 같이 해칭될 영역을 클릭한 후 Enter↵를 입력한다.

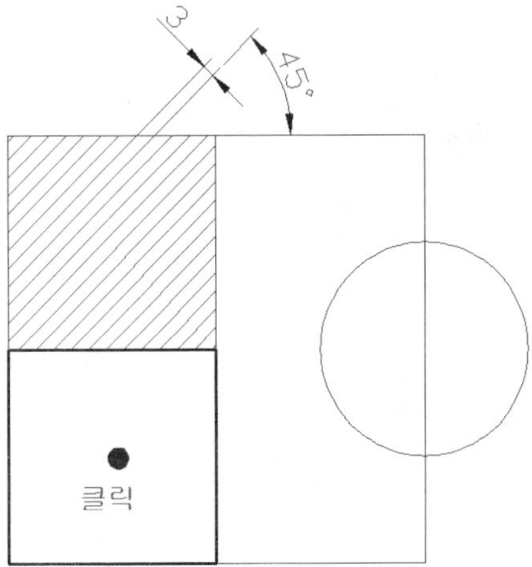

대화창이 다시 나타나면 OK 버튼을 클릭한다.

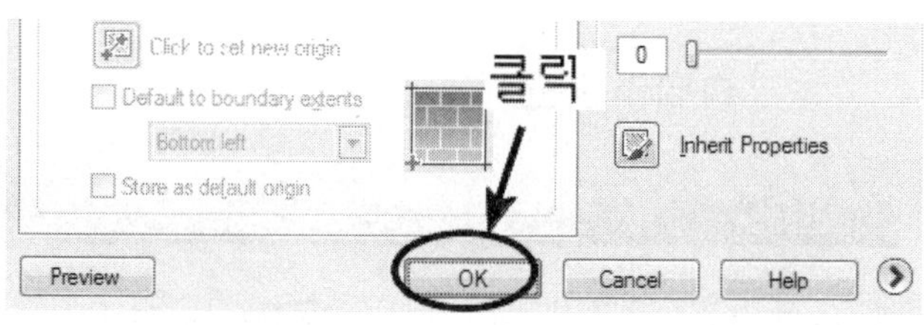

■ 해칭 타입을 Predefined(미리 정의된 형태)로 지정한 후 Pattern 옆의 버튼을 클릭하여 해치 패턴 창을 띄운다.

■ 상해치 패턴 창에서 상단 부분의 Other Predefined 탭을 클릭하고 AR-B816 모양을 클릭한 후 OK 버튼을 클릭하여 해치 패턴 창을 닫는다.

■ 메인 해칭창에서 Angle은 0도로 Scale은 1로 설정한 후 Add Pick Point 버튼을 클릭한다.

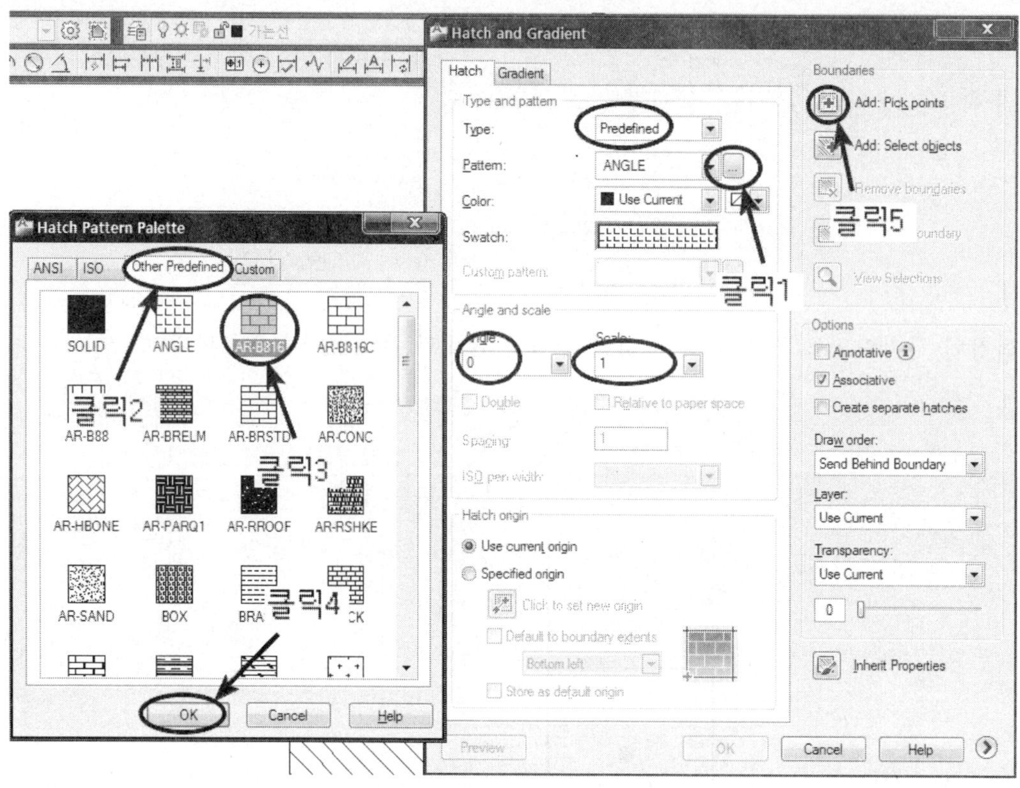

해칭할 내부를 마우스로 클릭한 후 Enter↵를 입력한다.

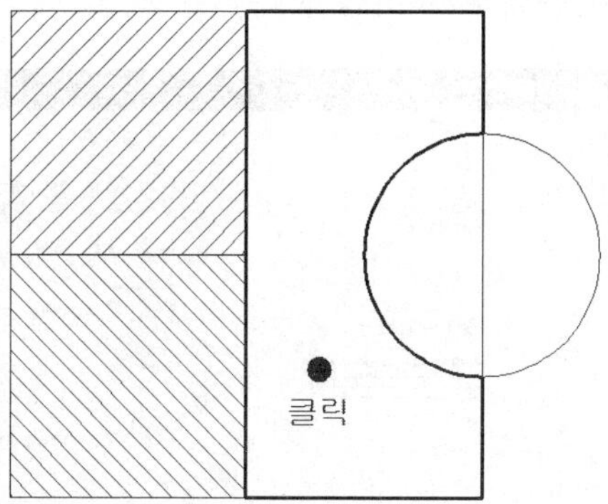

다시 해칭 메인 창이 뜨면 Preview 버튼을 눌러서 해칭을 적용하기 전에 미리 본다.

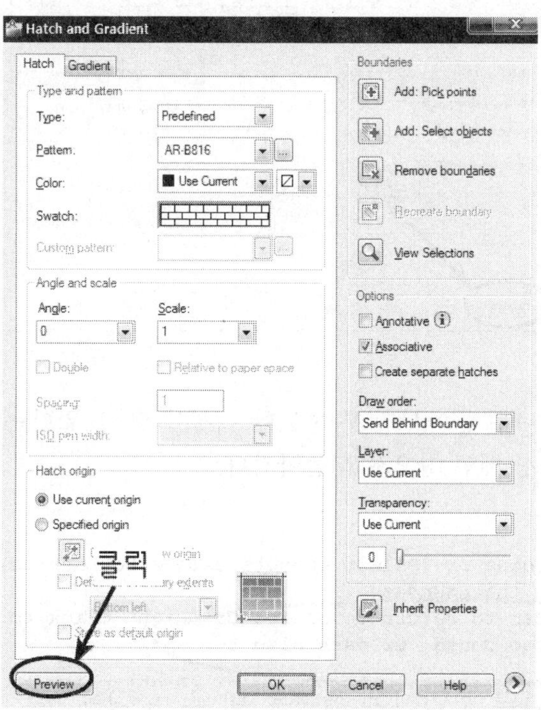

해칭 모양이 너무 커서 모양을 알아볼 수 없거나 Command 창에 다음과 같은 메시지가 나타나는 경우는 정의된 해칭 스케일을 크게 줄여주어야 제대로 된 해칭 모양을 얻을 수 있다.

```
Analyzing the selected data...
Analyzing internal islands...
Pick internal point or [Select
Unable to hatch the boundary.
Pick or press Esc to return to dialog or <Right-click to accept hatch>:
```

해칭크기가 너무 커서 경계선을 못찾음

Esc 키를 눌러서 다시 해칭 메인 창으로 되돌아 간 후 그림과 같이 해칭 크기를 0.0001로 줄여준다. 그리고 Preview 버튼을 다시 클릭해서 미리 본다.

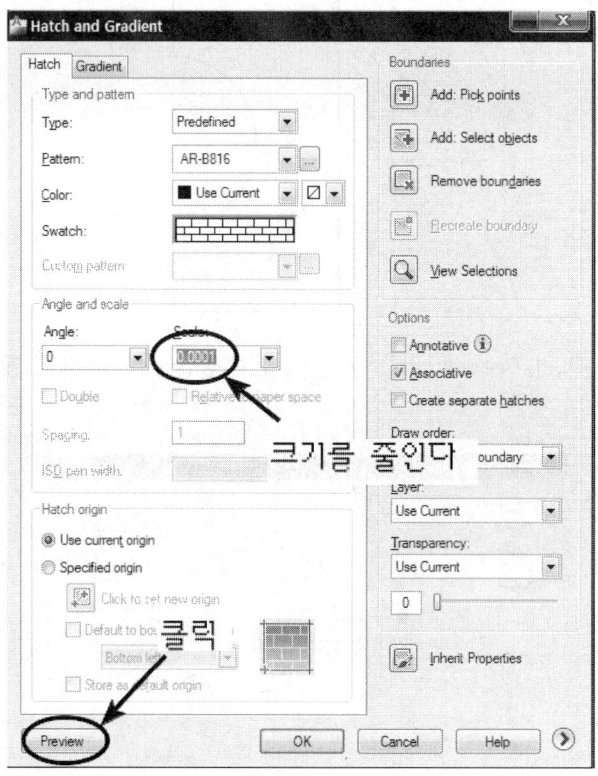

이번에는 해칭 크기를 너무 줄여서 너무 조밀한 해칭을 할 수 없다는 메시지가 나타난다. Esc를 입력하여 다시 해칭 메인 창으로 되돌아간다.

```
Pick internal point or [Select objects/remove Boundaries]:
Unable to hatch the boundary.
Pick or press Esc to return to dialog or <Right-click to accept hatch>:
Hatch spacing too dense, or dash size too small.
Pick or press Esc to return to dialog or <Right-click to accept hatch>:
```

해칭이 너무 조밀하여 해칭을 할 수 없다는 뜻

해칭 메인 창에서 크기를 그림과 같이 0.03으로 수정한 후 Preview 버튼을 눌러 미리 본다.

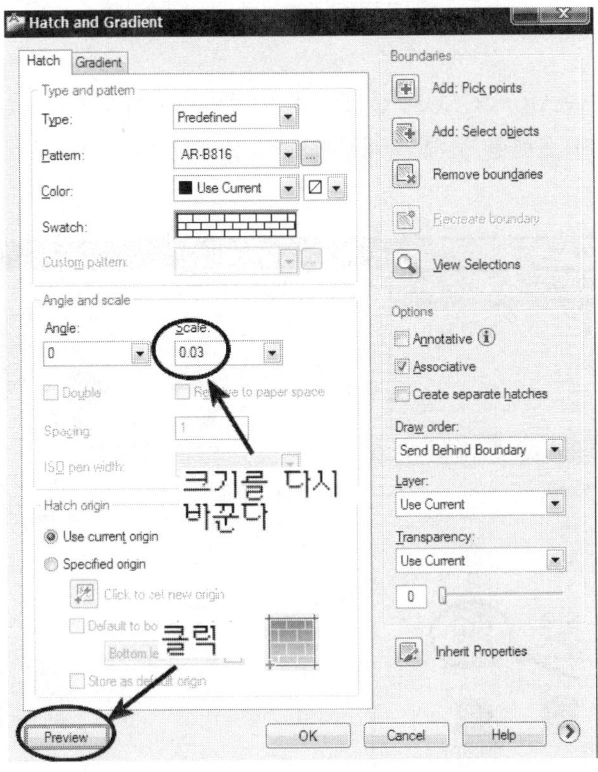

모양이 제대로 나왔으면 Enter↵를 입력하여 해칭을 완료한다.

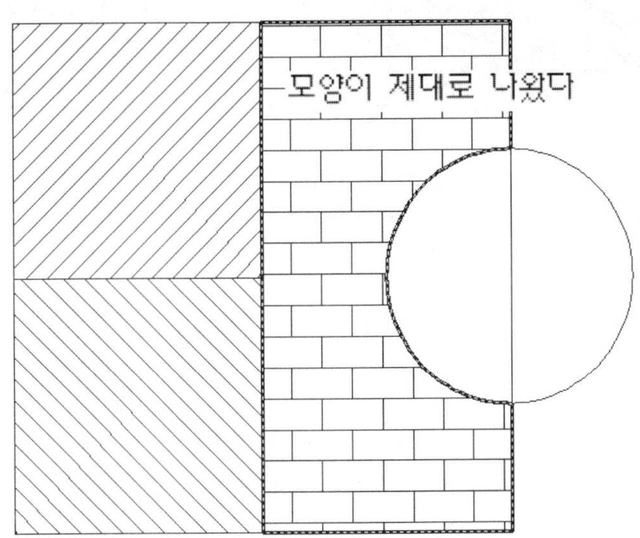

BHatch Enter↵

그림과 같이 패턴모양을 AR-CONC로 선택한 후 해칭영역을 Add Pick points 대신 Add Select objects 버튼을 눌러서 선택한 물체의 내부에 해칭을 해본다.

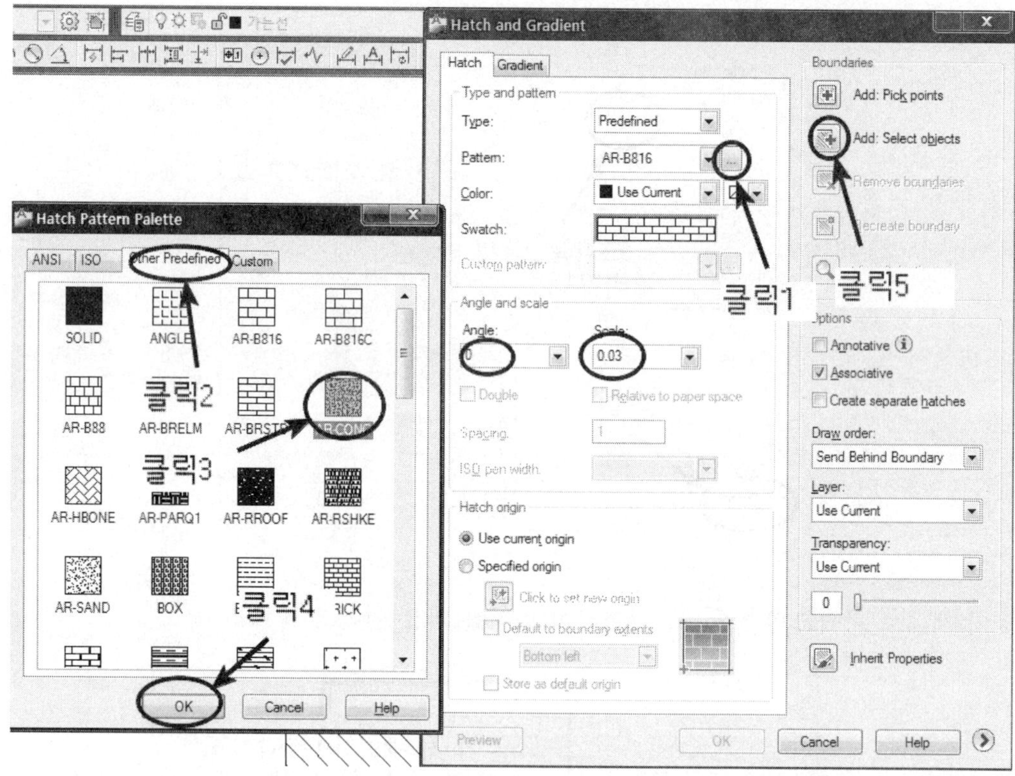

그림과 같이 원 내부가 아닌 원 가장자리를 클릭한 후 [Enter↵]를 입력한다.

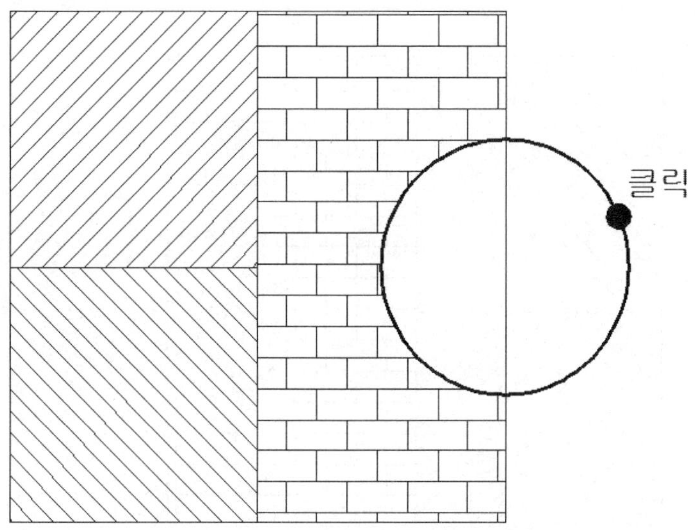

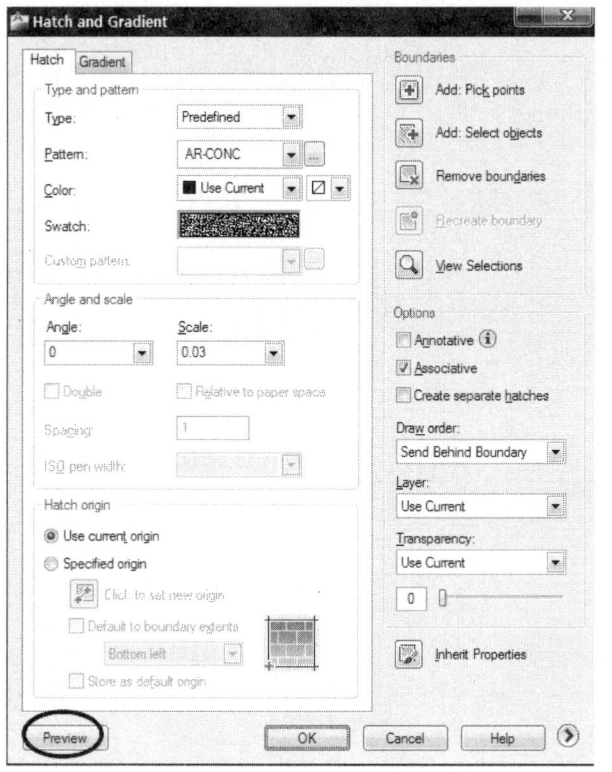

원하는 해칭 모양이 되었으면 Enter↵를 입력하여 해칭을 완료한다.

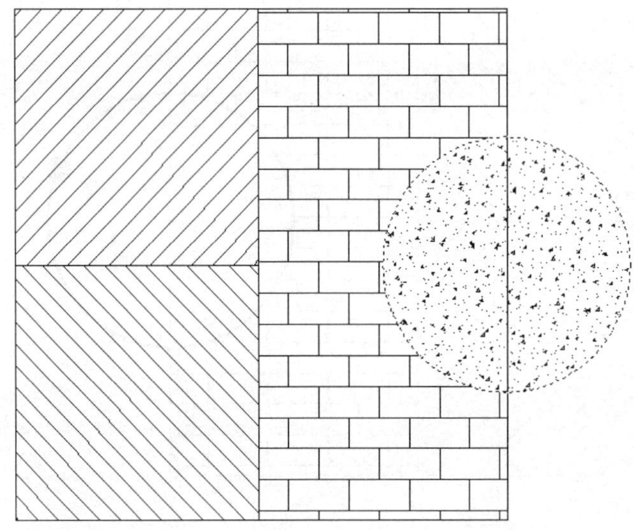

[널링 넣기]

널링이란 손으로 손잡이를 돌릴 때 미끄럼을 방지하기 위해 해당 면을 가공 처리하는 것을 말한다. 널링표시는 규격화되어 있는데, 전체 면에서 약 1/3 정도 되는 부위만 해칭 처리를 하고 해칭 경계선은 삭제하여야 한다.

다음과 같은 그림을 그린다.

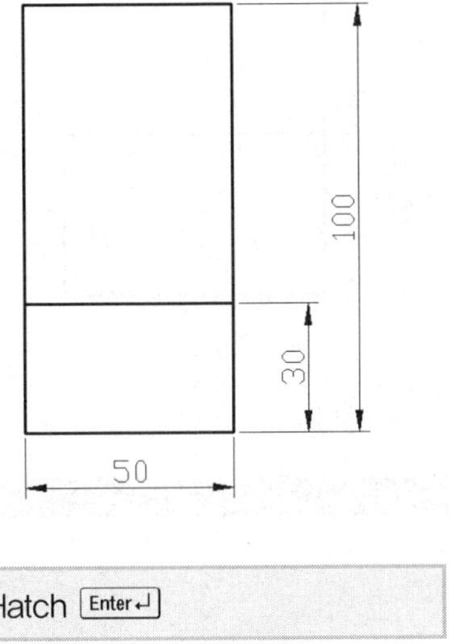

BHatch Enter↵

그림과 같이 설정 한 후 Add Pick point 버튼을 클릭한다.

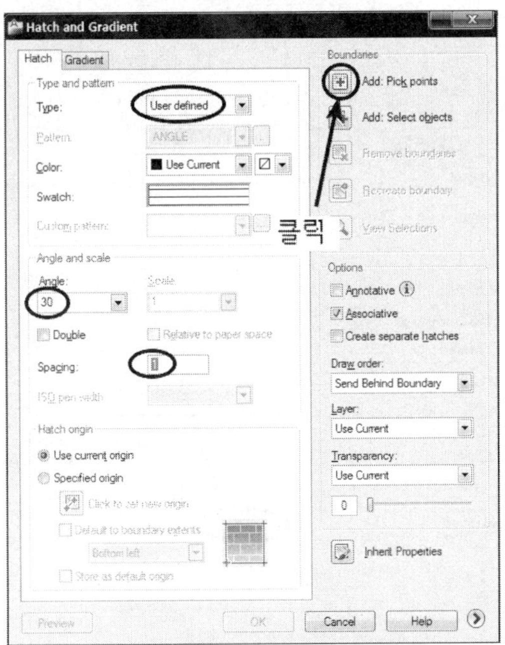

해칭할 내부를 클릭한 후 Enter↵를 입력한다.

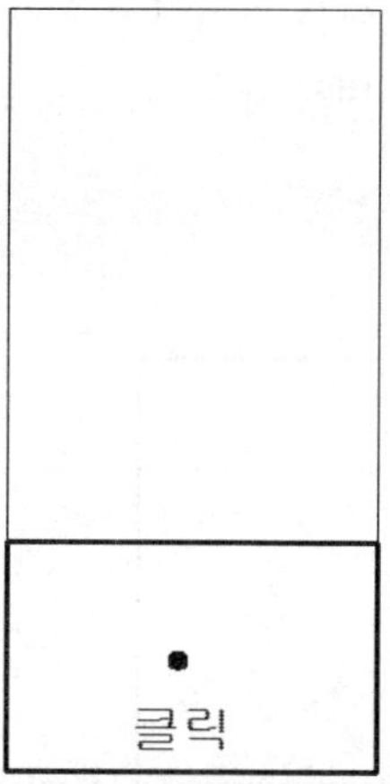

OK 버튼을 클릭하여 해칭을 적용한다.

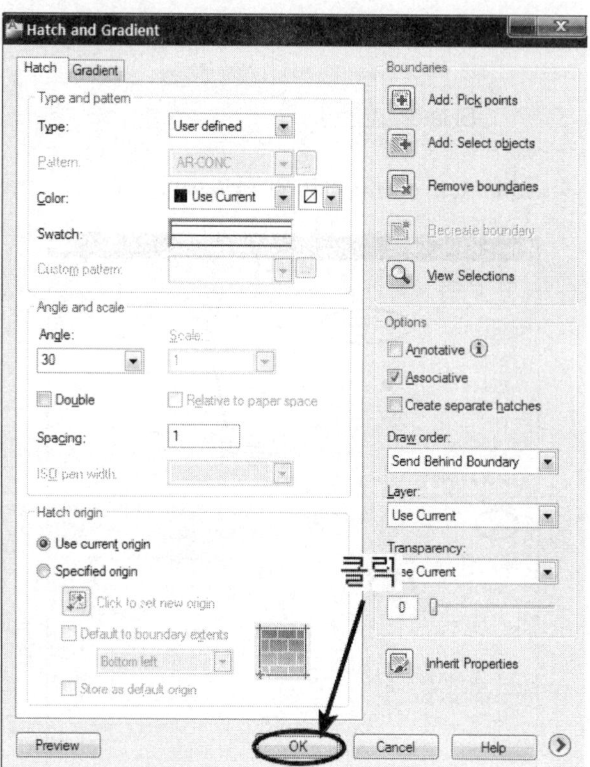

다시 BHatch Enter↵

그림과 같이 설정 후 Add Pick points 버튼을 클릭한다.

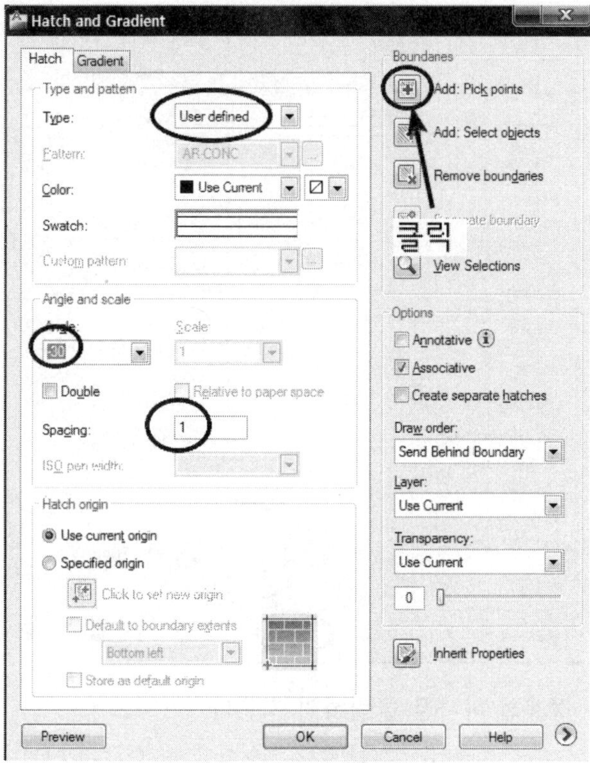

그림과 같이 이미 해칭된 영역을 클릭하고 Enter↵를 입력한다.

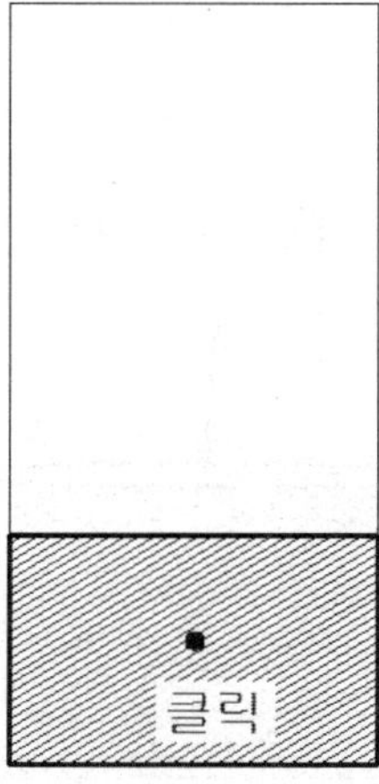

해칭 메인 대화상자에서 OK 버튼을 눌러 해칭을 결정한다.

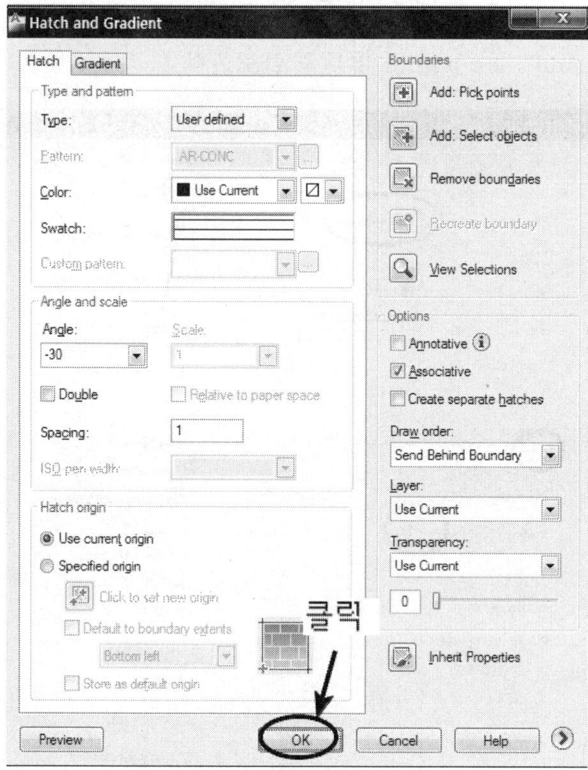

Erase 명령으로 해칭 경계선 하나를 클릭하여 지운다.

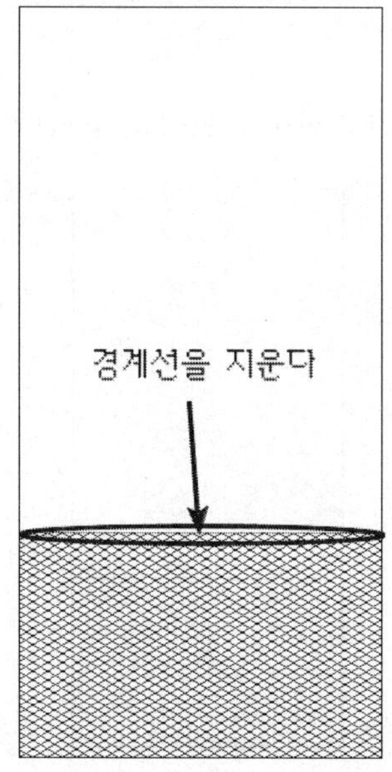

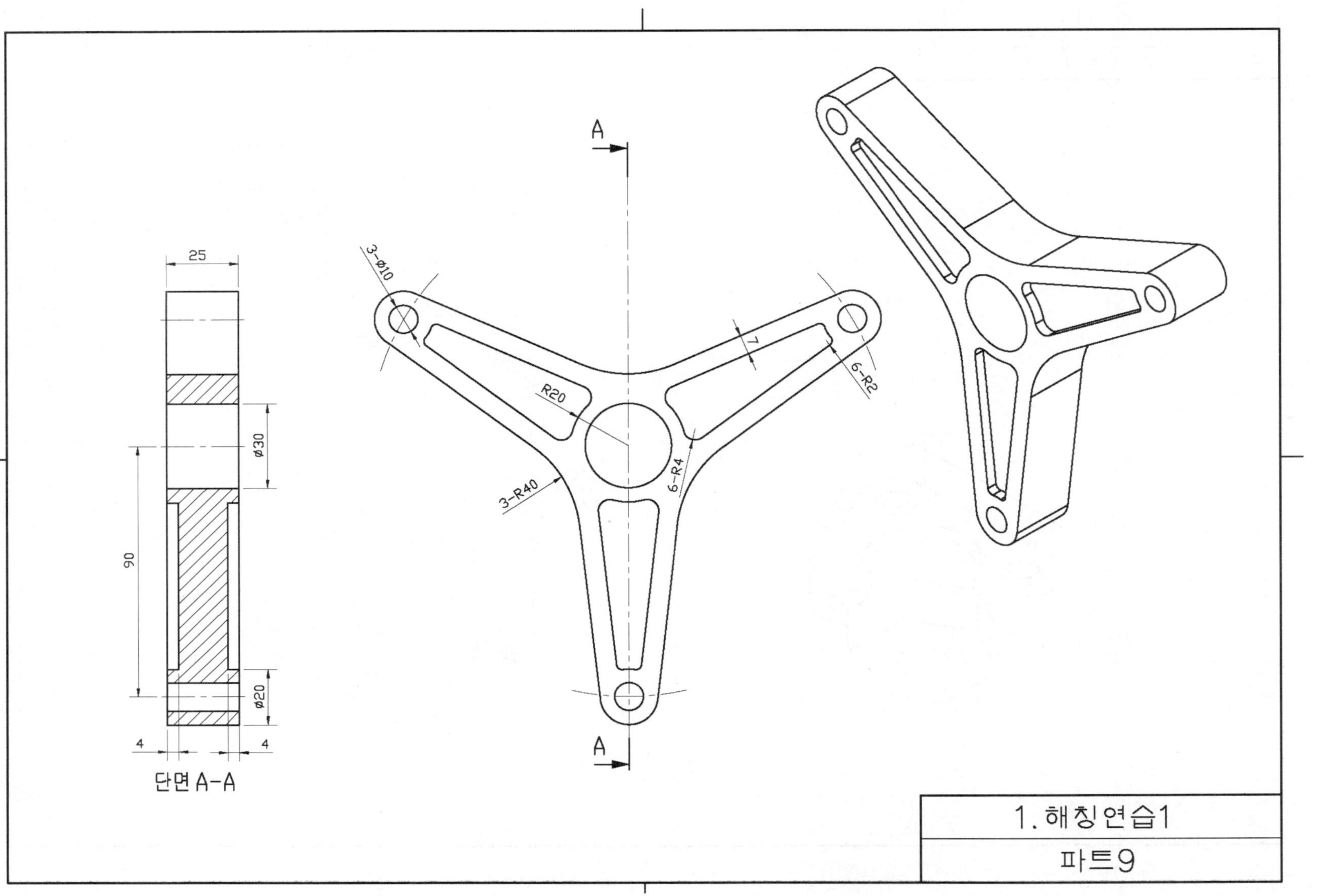
25
Ø30
90
Ø20
4
4
단면 A-A
A
A
3-Ø10
R20
3-R40
6-R4
7
6-R2
1. 해칭연습1
파트9

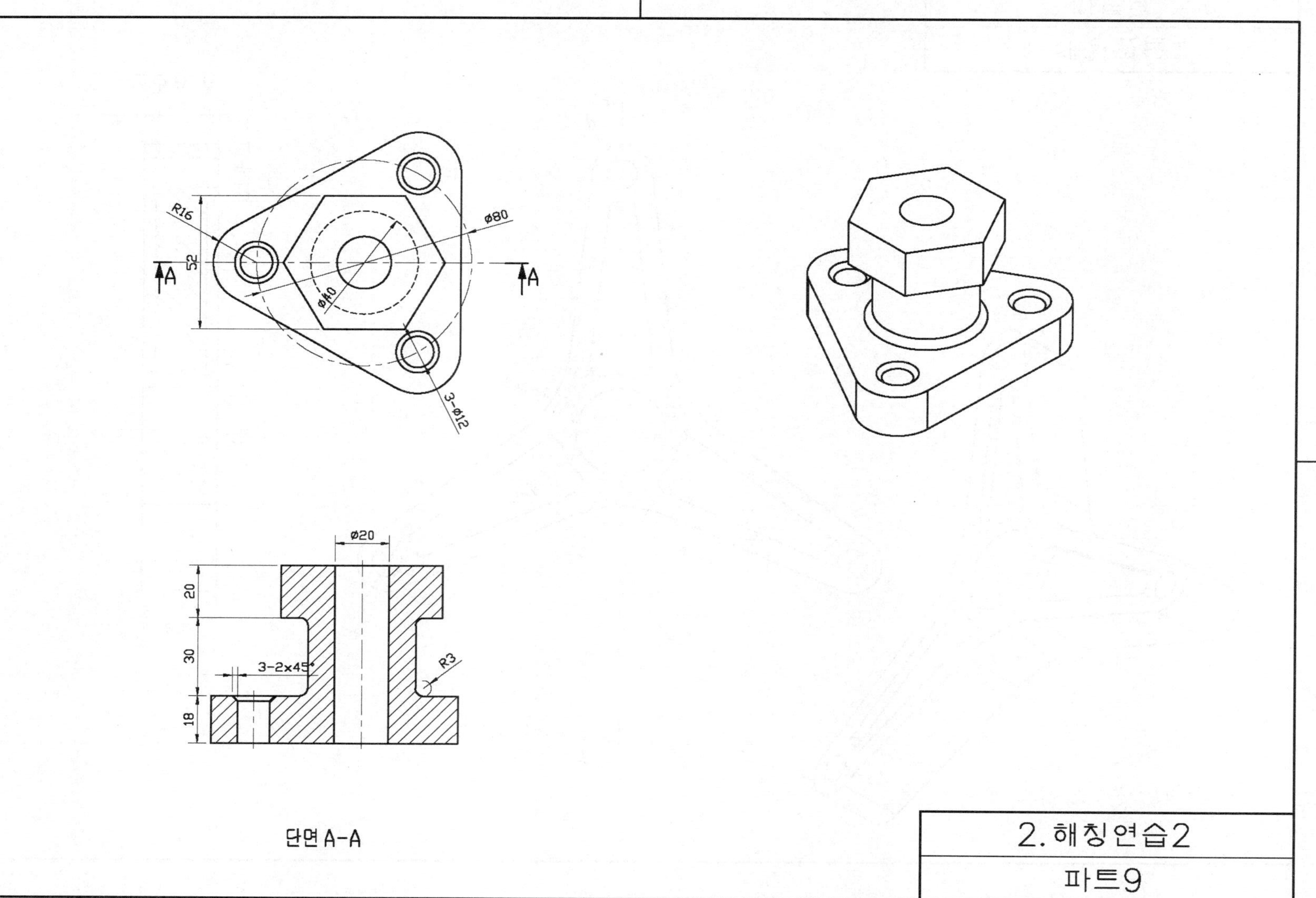
R16
ø80
52
A
A
ø40
3-ø12
ø20
20
30
3-2x45°
R3
18
단면 A-A
2. 해칭연습2
파트9

PART **10**

대칭/크기변환/늘리기

MIrror

물체를 대칭시킨다.

[옵션]

y : 대칭 원본 물체를 삭제한다.

n : 대칭 원본 물체를 삭제하지 않는다.

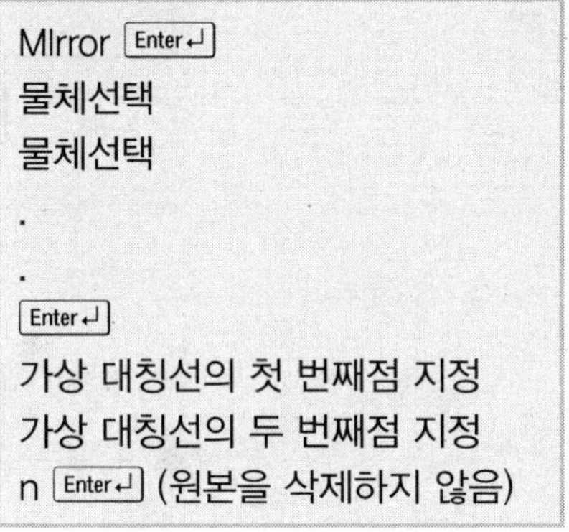

Line과 Offset 명령을 사용하여 다음과 같은 그림을 그린다.

PLine이나 REC 명령을 사용한 경우는 eXplode 명령을 사용하여 분해시킨다.

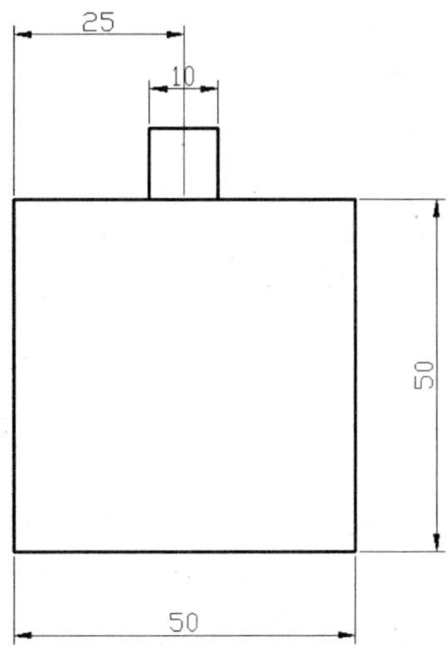

MIrror Enter↵
클릭1 (범위 선택의 첫 번째 코너)
클릭2 (범위 선택의 반대편 코너)
Enter↵ (선택 완료)
mid Enter↵
클릭3 (대칭선의 첫 번째 끝점)
mid Enter↵
클릭4 (대칭선의 두 번째 끝점)
n Enter↵ (원본 물체를 삭제 안함)

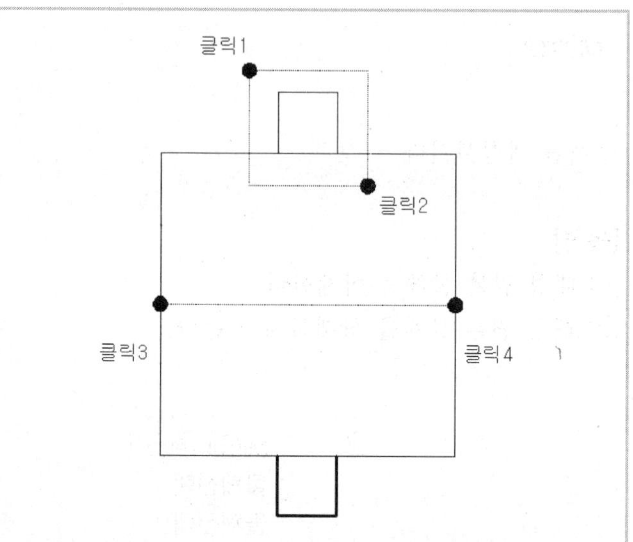

MIrror Enter↵
클릭1 (선택영역의 첫 번째 코너)
클릭2 (선택영역의 반대편 코너)
Enter↵ (선택 완료)
end Enter↵
클릭3 (대칭선의 첫 번째 끝점)
클릭4 (대칭선의 두 번째 끝점)
n Enter↵ (원본 물체 삭제 안함)

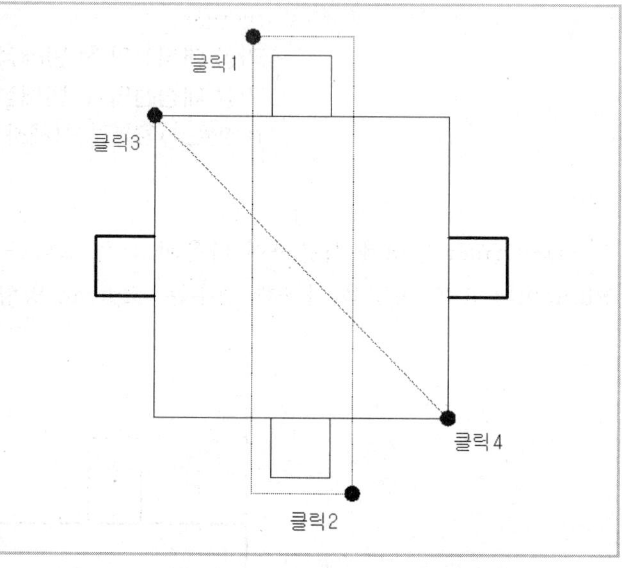

SCale

물체의 크기를 바꾼다.

[옵션]

r : 참조 길이를 입력하여 원하는 크기로 바꾼다.

c : 원본은 그대로 살려둔다.

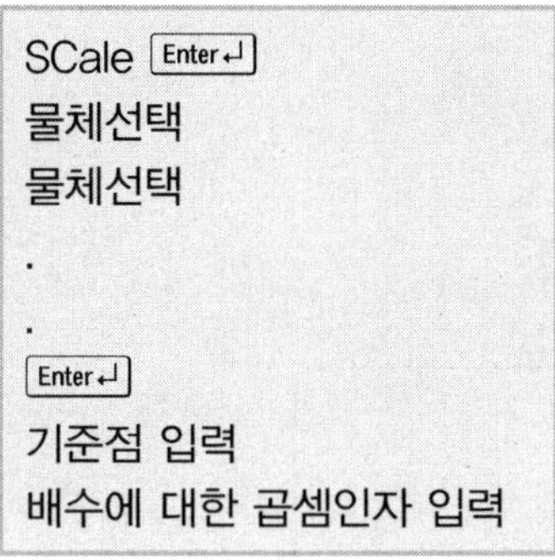
SCale Enter↵
물체선택
물체선택
.
.
Enter↵
기준점 입력
배수에 대한 곱셈인자 입력

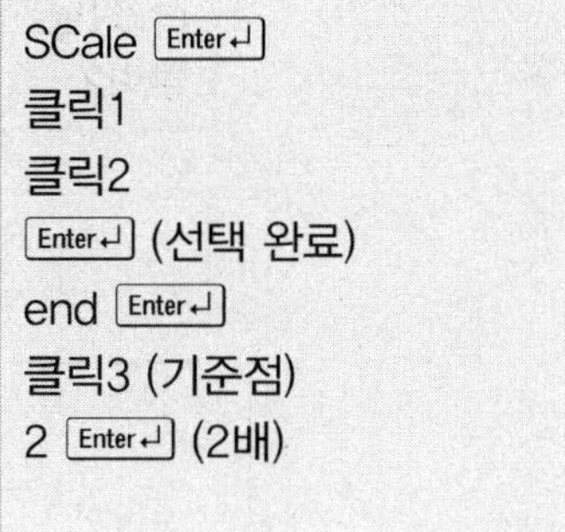
SCale Enter↵
클릭1
클릭2
Enter↵ (선택 완료)
end Enter↵
클릭3 (기준점)
2 Enter↵ (2배)

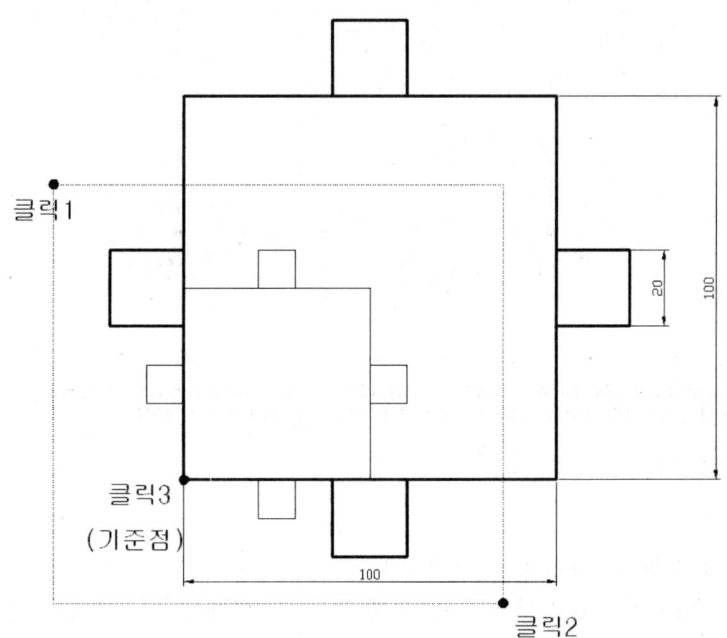

DIst

입력한 두 점에 대해 거리, 각도 등을 출력한다.

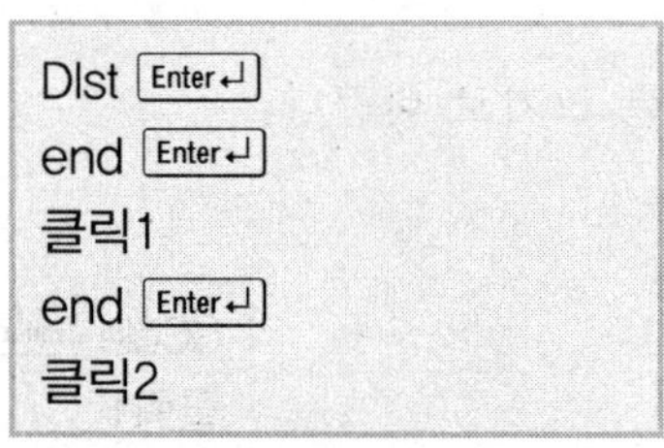

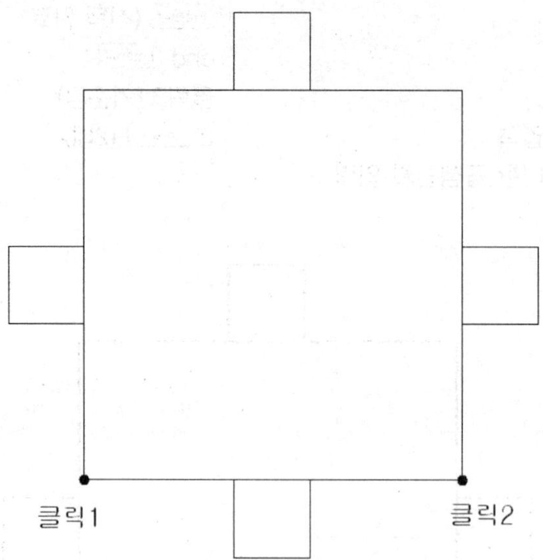


```
Distance = 100.0000,  Angle in XY Plane = 0,  Angle from XY Plane = 0
Delta X = 100.0000,  Delta Y = 0.0000,   Delta Z = 0.0000

Command:
```

■Distance(입력된 두 점 사이의 순수 거리)
■Angle in XY Plane(xy 평면상에서 첫 번째 점과 두 번째 점이 이루는 각도)
■Angle from XY Plane(xy 평면으로부터 첫 번째 점과 두 번째 점이 이루는 3차원 각도)
■Delta x(첫 번째 점으로부터 두 번째 점까지의 x축 방향으로의 증분거리)
■Delta y(첫 번째 점으로부터 두 번째 점까지의 y축 방향으로의 증분거리)

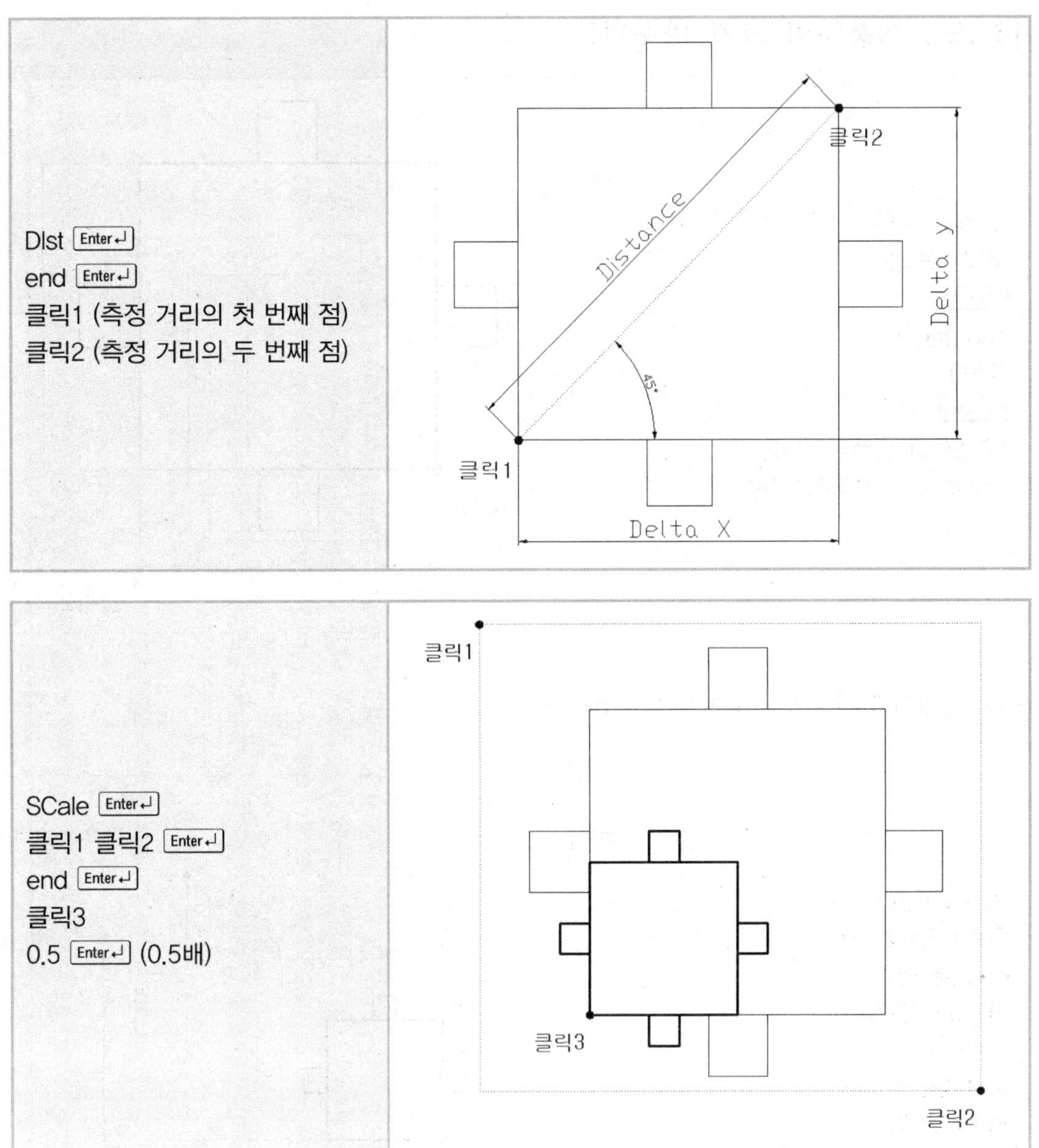

DIst 명령을 사용하여 원하는 크기로 바뀌었는지 확인한다.

[참조를 이용하여 크기 바꾸기]

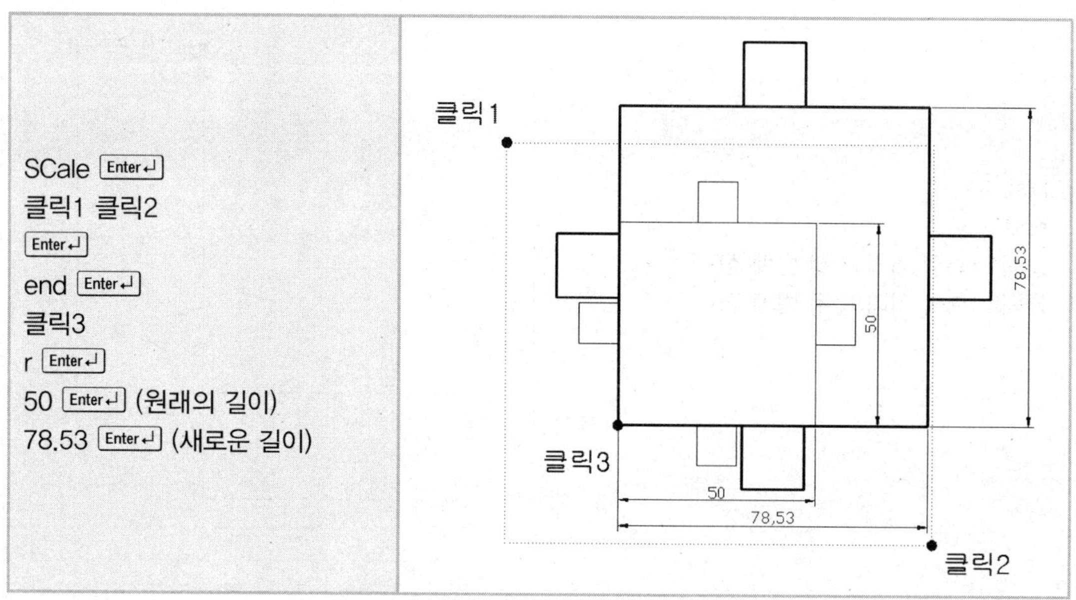

SCale Enter↵
클릭1 클릭2
Enter↵
end Enter↵
클릭3
r Enter↵
50 Enter↵ (원래의 길이)
78.53 Enter↵ (새로운 길이)
클릭1
클릭2
클릭3
50
78,53

DIst 명령어를 사용하여 길이를 확인한다.

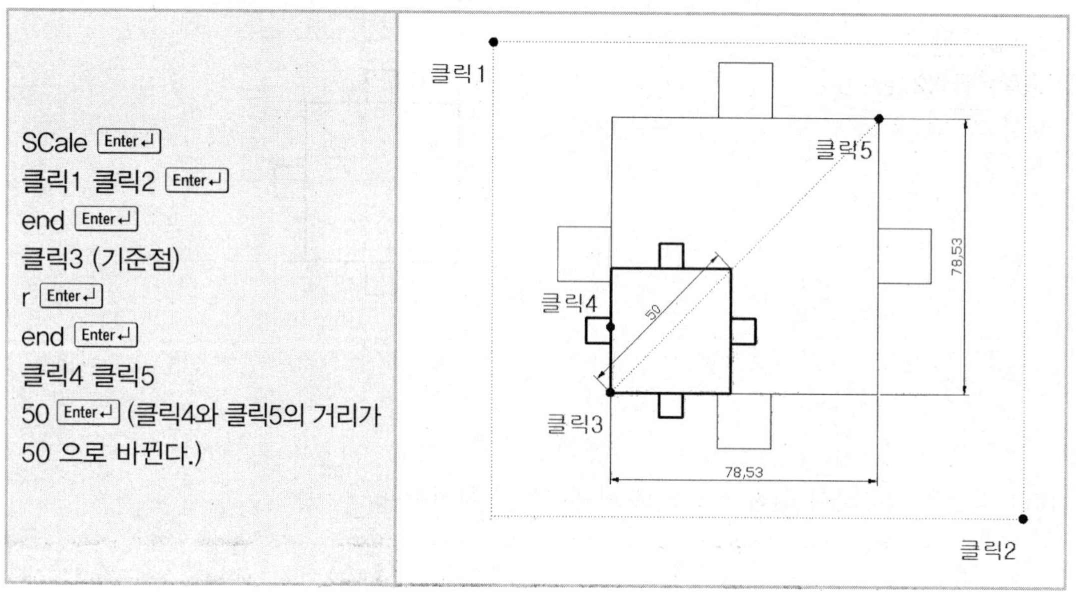

SCale Enter↵
클릭1 클릭2 Enter↵
end Enter↵
클릭3 (기준점)
r Enter↵ (참조 길이로 크기 조정)
end Enter↵
클릭4
end Enter↵
클릭5
50 Enter↵ (새로운 길이)

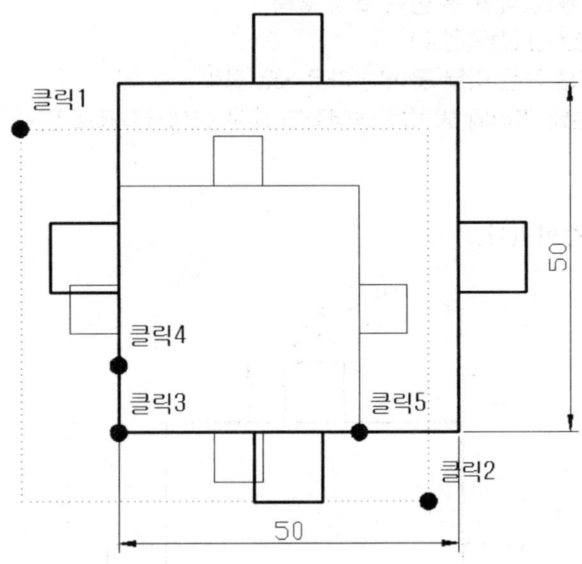

Stretch

SCale 명령은 선택된 물체를 x,y 방향으로 동일하게 키우거나 줄일 때 사용되지만, Stretch 명령은 물체를 특정 축 방향으로 늘리고자 할 때 사용한다.
물체를 선택할 때는 하나씩 혹은 윈도우 영역(완전히 포함된 물체만 선택)으로 선택을 하면 안 되고 크로싱 영역(완전히 포함된 물체와 걸쳐진 물체까지 선택)으로 선택하여야 한다.

> Stretch [Enter↵]
> 선택영역의 첫 번째 코너 클릭
> 선택영역의 두 번째 코너 클릭
> [Enter↵] (선택완료)
> 기준점은 아무 곳이나 마우스로 클릭
> 늘릴 거리와 방향은 상대좌표 혹은 상대극좌표로 입력

다음과 같은 그림을 준비한다.

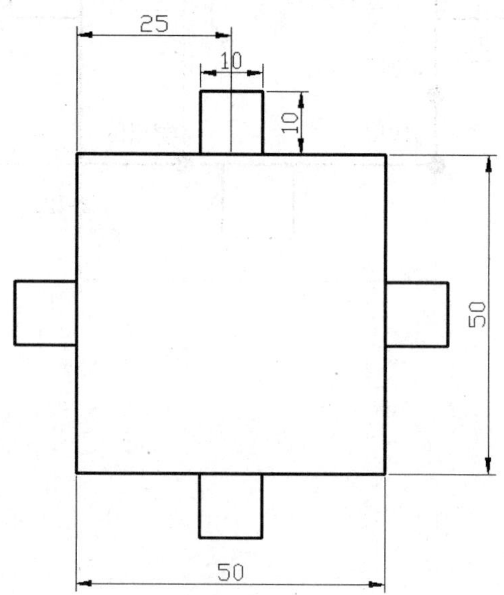

Stretch [Enter↵]
클릭1 클릭2 (클로싱 영역으로 물체 선택)
[Enter↵] (선택완료)
클릭3 (기준점)
@50,0 [Enter↵] (x축 방향으로 50만큼 늘린다.)

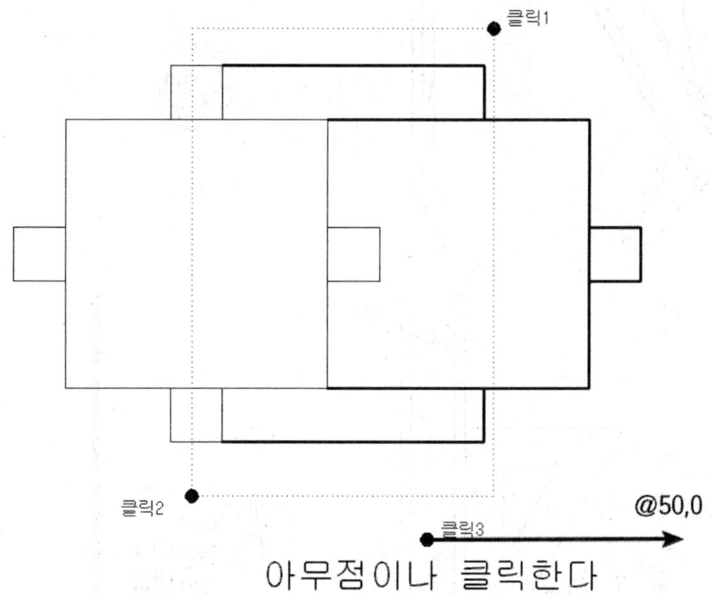

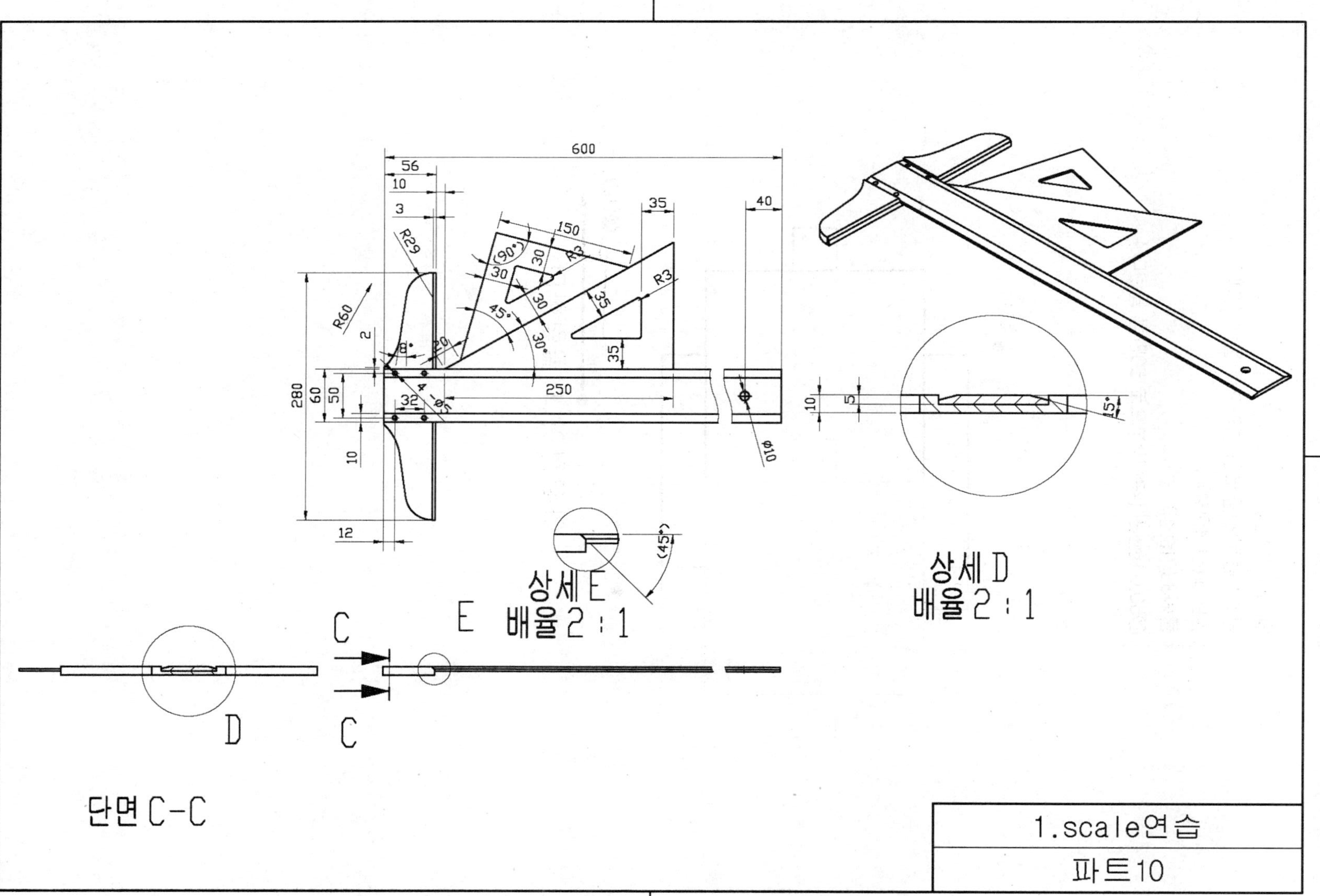
600
56
10
3
35
40
150
R29
R3
R3
(90°)
30
30
30
35
35
45°
30°
R60
2
8°
20
280
60
50
32
4-φ5
250
10
12
φ10
10
5
15°
(45°)
상세 E
E 배율2 : 1
상세 D
배율2 : 1
C
C
D
단면 C-C
1.scale연습
파트10

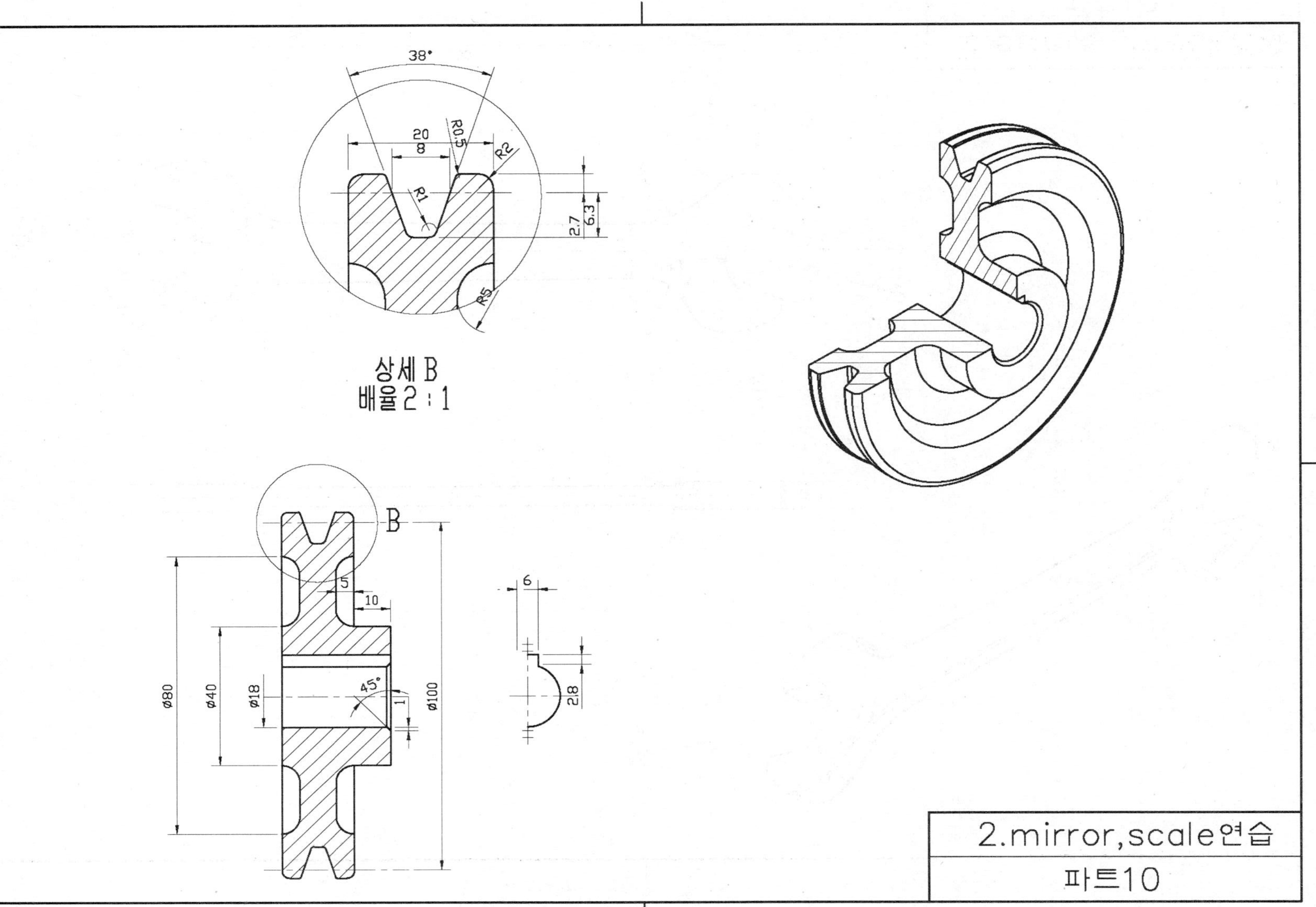
38°
20
8
R0.5
R2
R1
2.7
6.3
R5
상세 B
배율 2 : 1
B
5
10
6
ø80
ø40
ø18
45°
1
ø100
2.8
2.mirror,scale연습
파트10

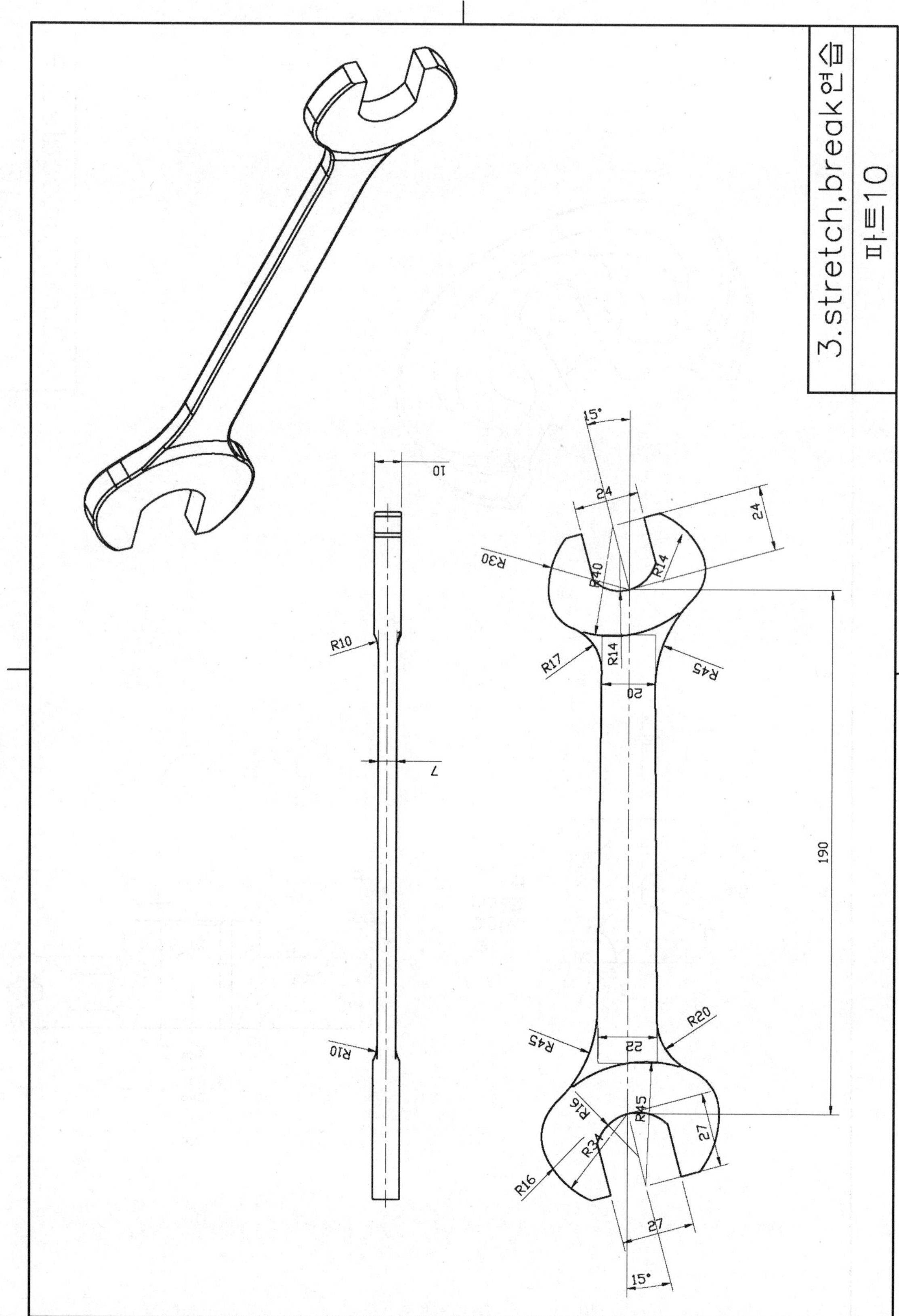
3.stretch,break연습
파트10
15°
10
24
24
R30
R40
R14
R10
R17
R14
R45
20
7
190
R20
R45
22
R10
R45
R16
27
R34
R16
27
15°

PART **11**

회전

ROtate

물체를 회전시킨다.

[옵션]

r : 원래 각도를 참조하여 새로운 각도까지 회전시킨다.

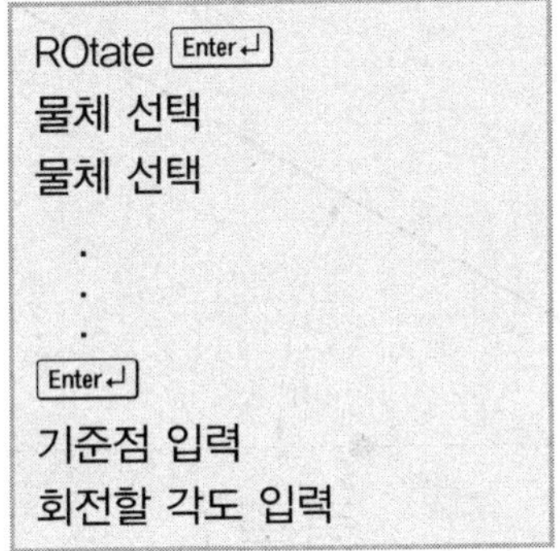
ROtate Enter↵
물체 선택
물체 선택
.
.
.
Enter↵
기준점 입력
회전할 각도 입력

길이 100인 수평선을 그린다.

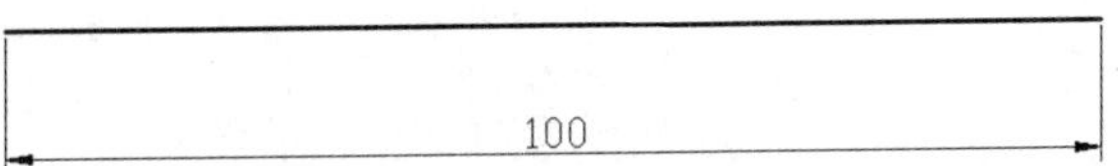

길이 100인 수평선

ROtate Enter↵
클릭1 (물체 선택)
Enter↵ (선택 완료)
end Enter↵
클릭2
30 Enter↵ (회전할 각도)

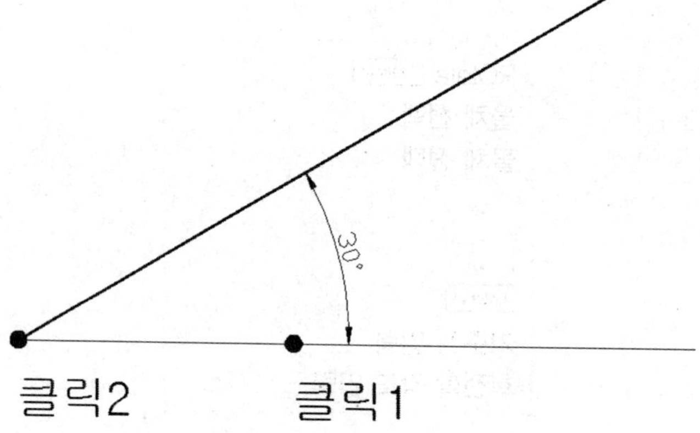

[참조를 이용한 회전]

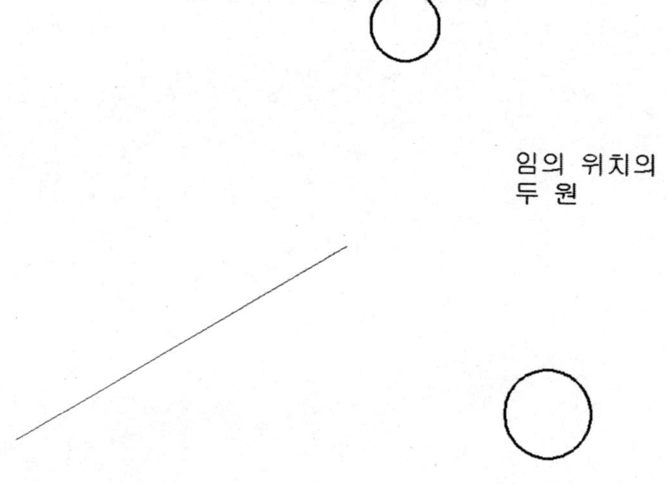

ROtate Enter↵ 클릭1 (물체선택) Enter↵ (물체선택 완료) end Enter↵ 클릭2 (기준점) r Enter↵ (참조옵션) end Enter↵ 클릭3 (참조각도를 위한 첫 번째 점) end Enter↵ 클릭4 (참조각도를 위한 두 번째 점) cen Enter↵ 클릭5 (회전방향)	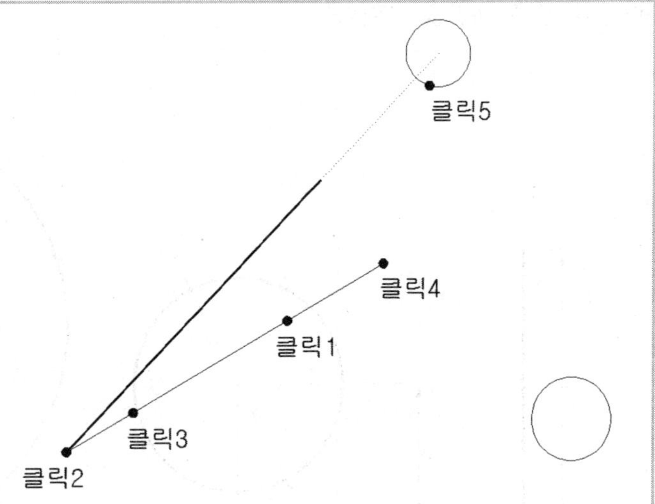

ROtate Enter↵ 클릭1 Enter↵ (물체선택 완료) end Enter↵ 클릭2 (기준점) c Enter↵ (복사기능) r Enter↵ (참조이용) end Enter↵ 클릭3 (참조각도의 첫 번째 점) end Enter↵ 클릭4 (참조각도의 두 번째 점) cen Enter↵ 클릭5 (회전방향)	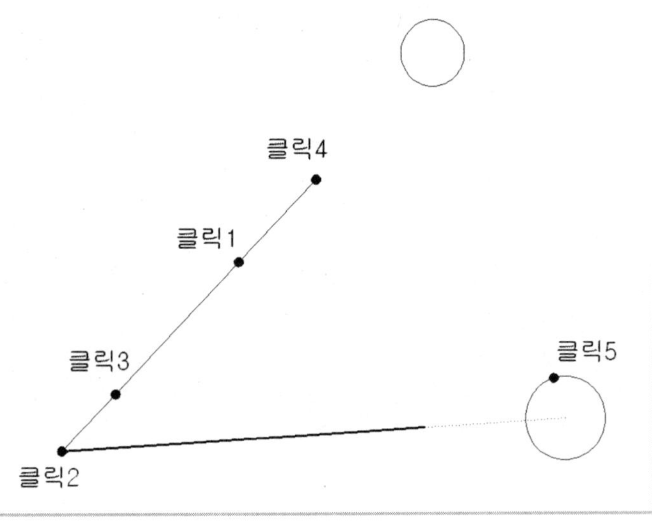

다음과 같은 그림을 그린다.

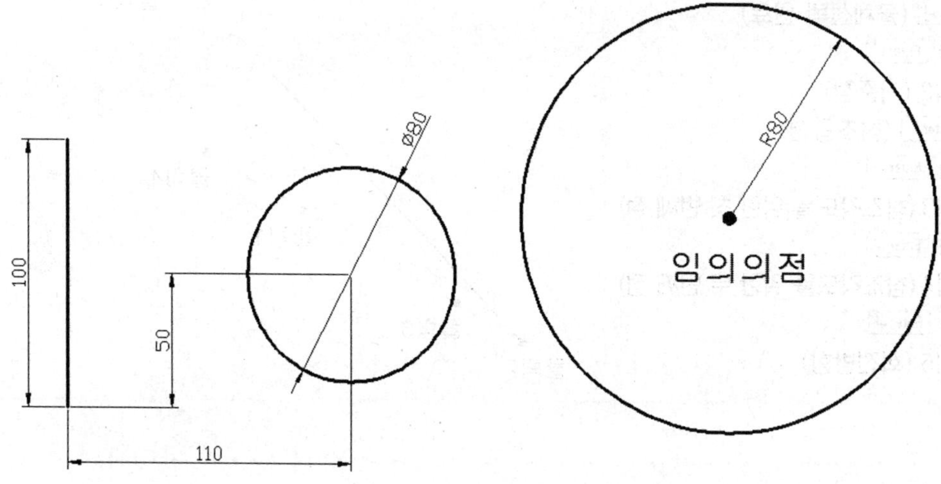

Move [Enter↵]
클릭1 (물체선택)
[Enter↵] (선택완료)
qua [Enter↵]
클릭2 (이동 기준점)
qua [Enter↵]
클릭3 (이동점)

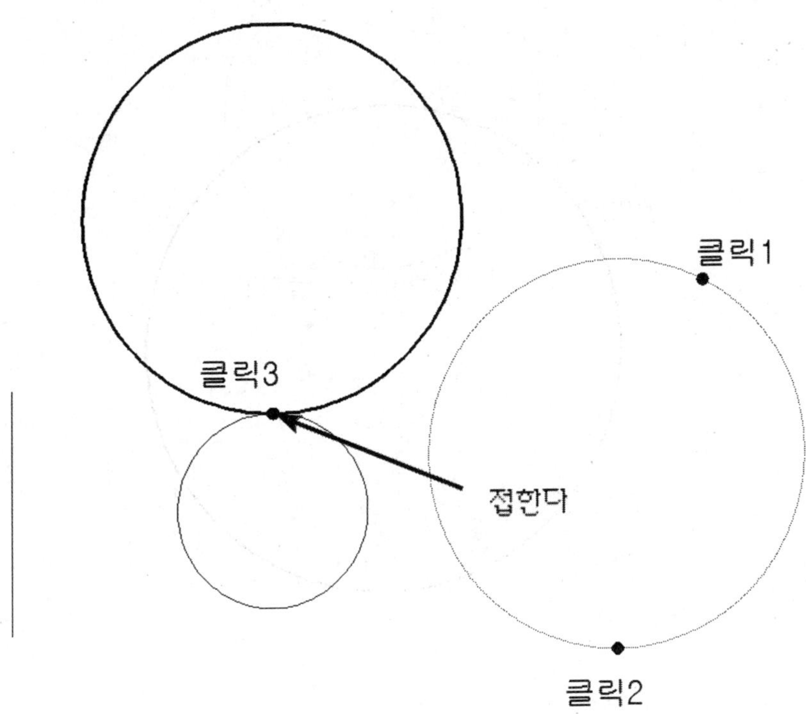

Circle Enter↵ (보조원을 그린다.)
cen Enter↵
클릭1 (원의 중심점)
end Enter↵
클릭2 (중심점으로부터의 반경)

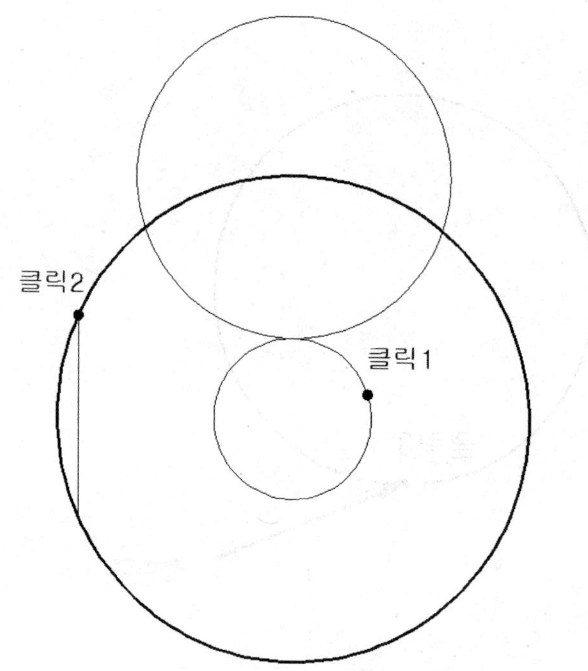

ROtate [Enter↵]
클릭1 (물체선택)
[Enter↵] (물체선택 완료)
cen [Enter↵]
클릭2 (회전 중심점)
r [Enter↵] (참조 옵션)
cen [Enter↵]
클릭3 (참조각도를 위한 첫 번째 끝점)
int [Enter↵]
클릭4 (참조각도를 위한 두 번째 끝점)
end [Enter↵]
클릭5 (회전방향)

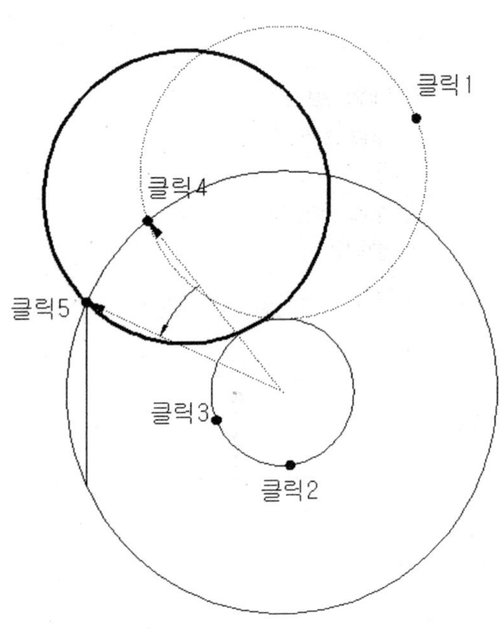

Circle 명령을 사용하여 다음과 같은 그림을 그린다.

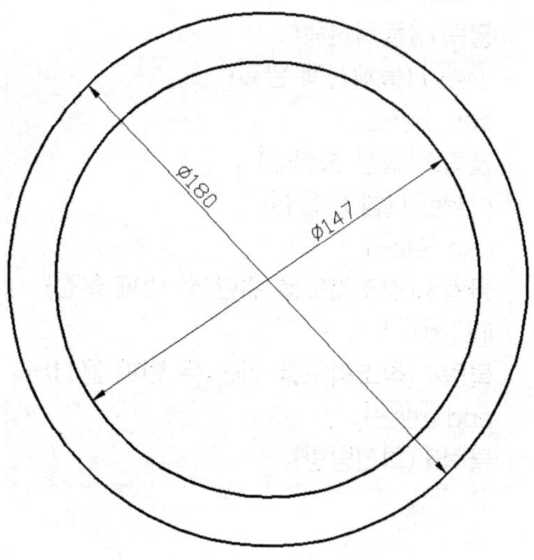

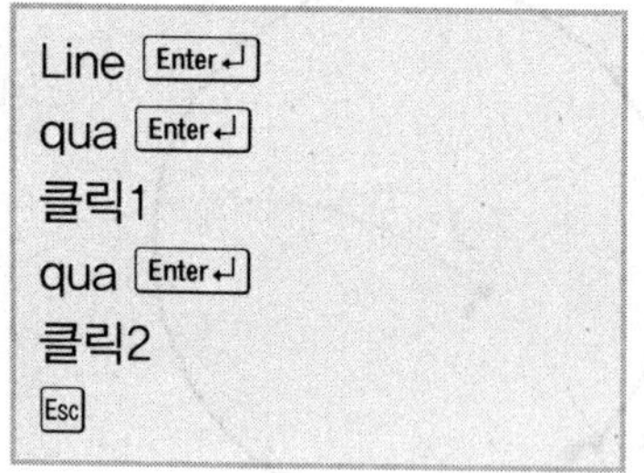

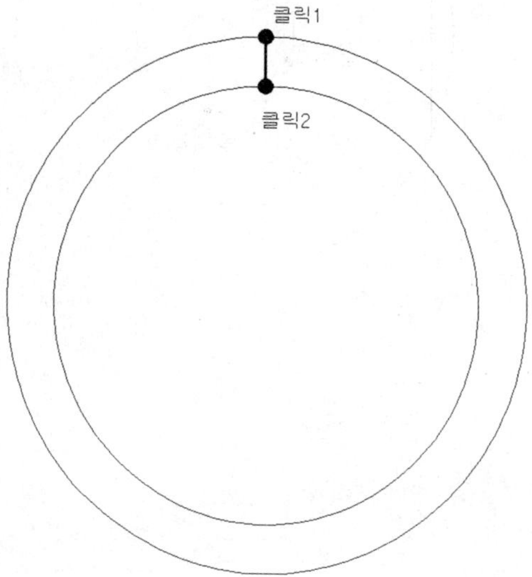

ROtate [Enter↵]
클릭1 (물체선택)
[Enter↵] (선택완료)
end [Enter↵]
클릭2 (회전중심축)
-15 [Enter↵] (시계방향으로 15도)

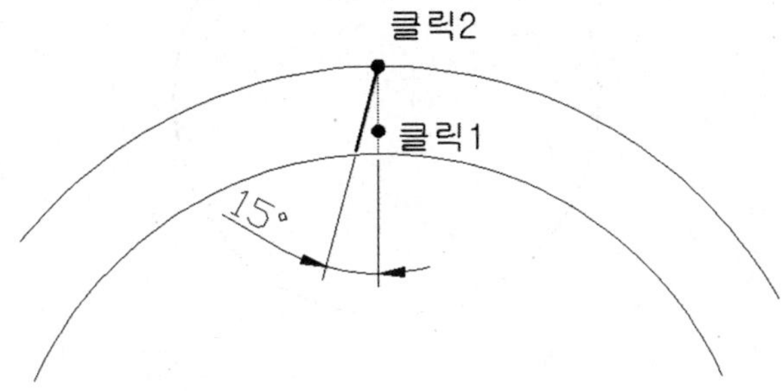

EXtend [Enter↵]
[Enter↵] (모든 선을 경계선으로 잡는다.)
클릭 (경계선까지 늘어날 선)
[Esc]

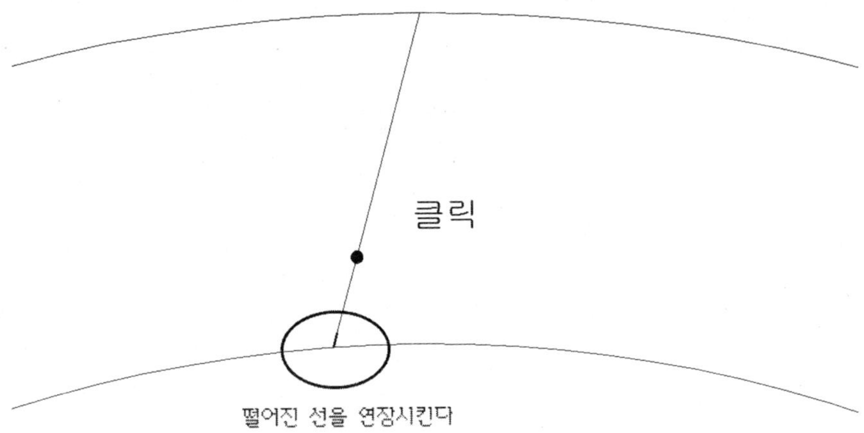

Erase Enter↵
클릭
Enter↵

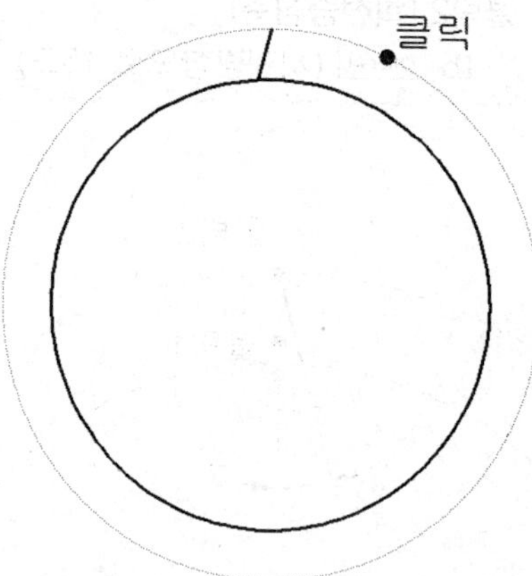

바깥 원은 지운다.

Line Enter↵
end Enter↵
클릭
@−12,0
Esc

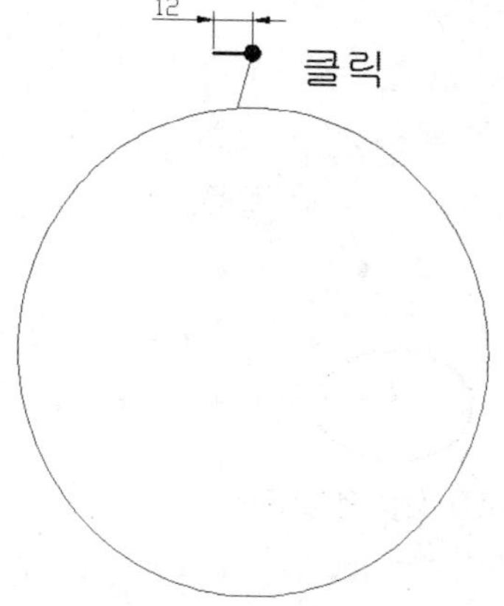

ROtate Enter↵
클릭1 클릭2
Enter↵ (선택완료)
cen Enter↵
클릭3 (회전중심축)
c Enter↵ (복사)
r Enter↵ (참조각도 옵션)
end Enter↵
클릭4 (참조각도의 첫 번째 끝점)
end Enter↵
클릭5 (참조각도의 두 번째 끝점)
45 Enter↵ (결과각도)

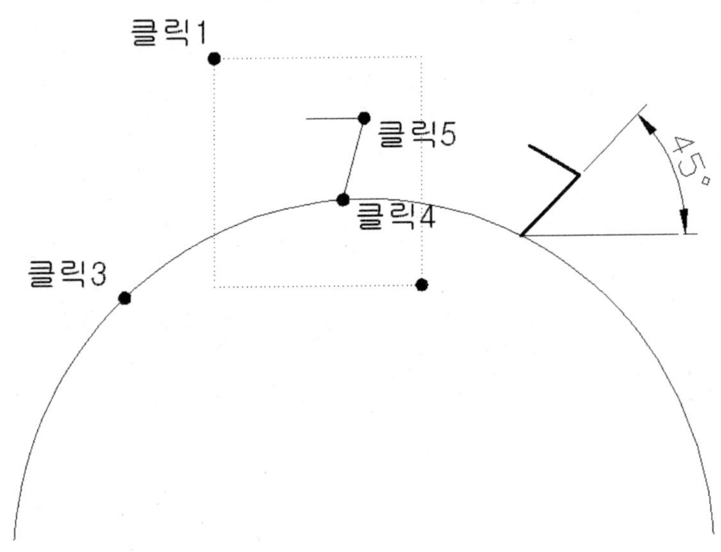

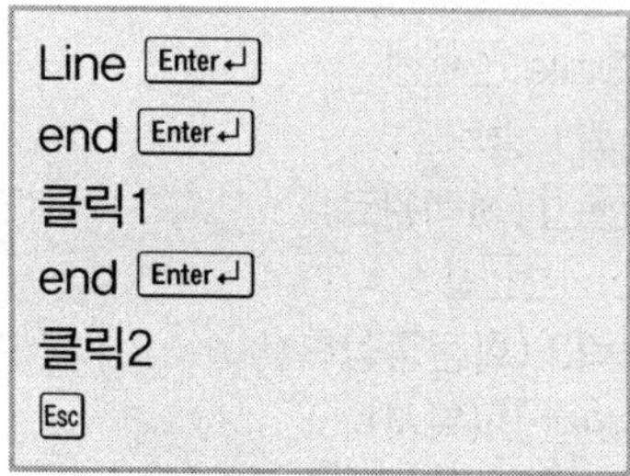
Line Enter↵
end Enter↵
클릭1
end Enter↵
클릭2
Esc

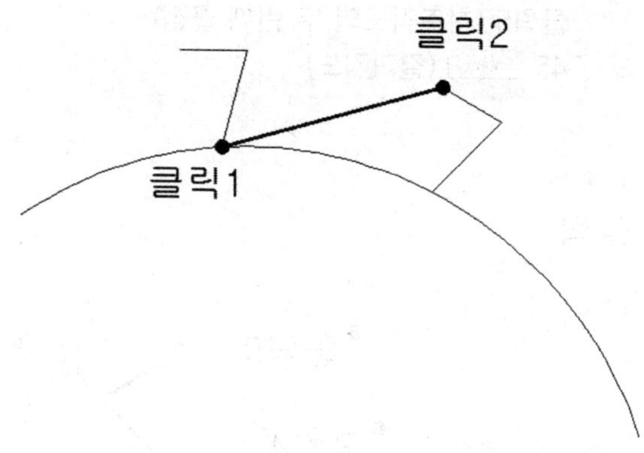
클릭2
클릭1

ROtate Enter↵
클릭1
Enter↵ (선택완료)
cen Enter↵
클릭2 (회전 중심축)
c Enter↵ (복사기능)
r Enter↵ (참조옵션)
cen Enter↵
클릭3 (참조각도의 첫 번째 끝점)
end Enter↵
클릭4 (참조각도의 두 번째 끝점)
end Enter↵
클릭5 (결과각도)

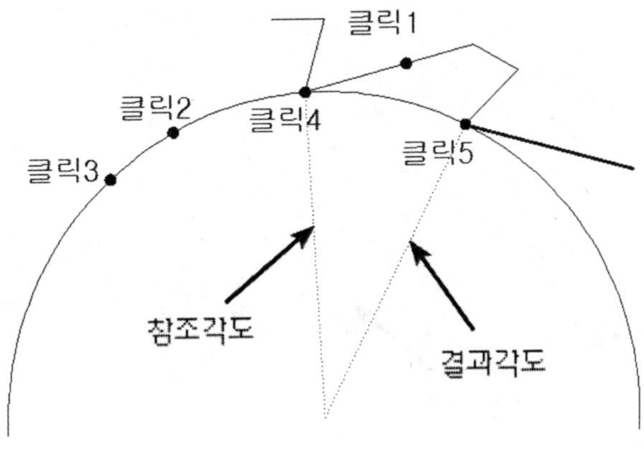

ROtate Enter↵
클릭1 클릭2
Enter↵ (선택완료)
cen Enter↵
클릭3 (회전 중심축)
c Enter↵ (복사기능)
r Enter↵ (참조옵션)
cen Enter↵
클릭4 (참조각도의 첫 번째 끝점)
end Enter↵
클릭5 (참조각도의 두 번째 끝점)
end Enter↵
클릭6 (결과 각도)

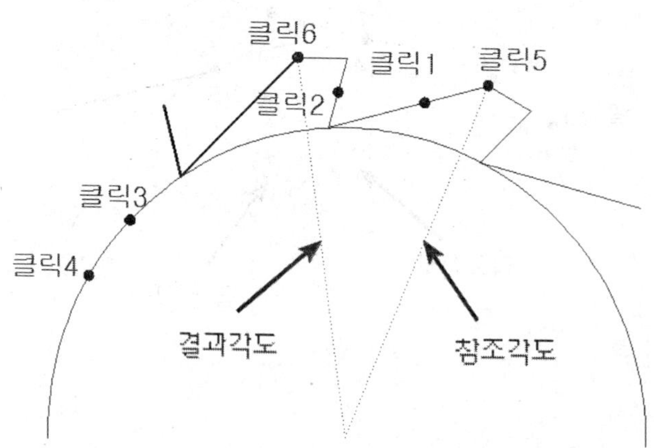

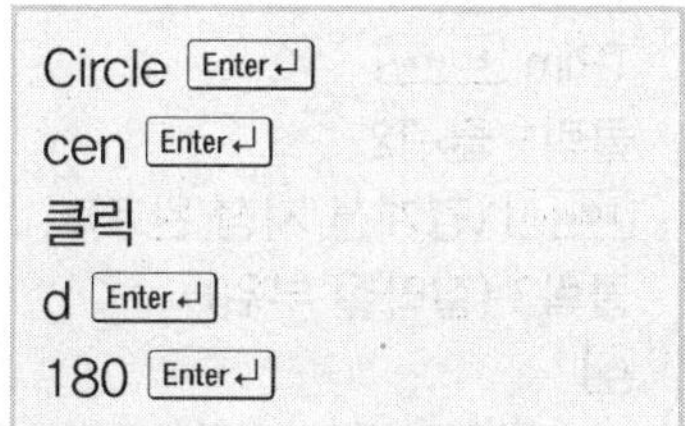
Circle Enter↵
cen Enter↵
클릭
d Enter↵
180 Enter↵

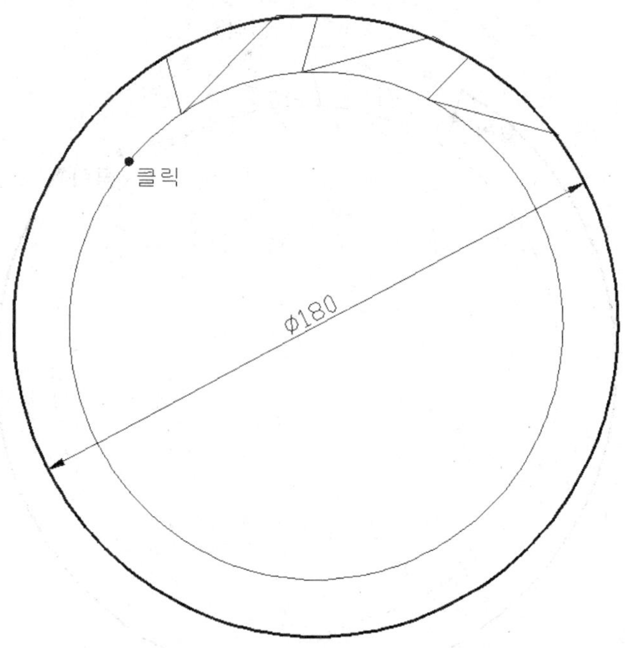

TRim [Enter↵]
클릭1 클릭2
[Enter↵] (경계선 지정 완료)
클릭3 (잘라질 부위)
[Esc]

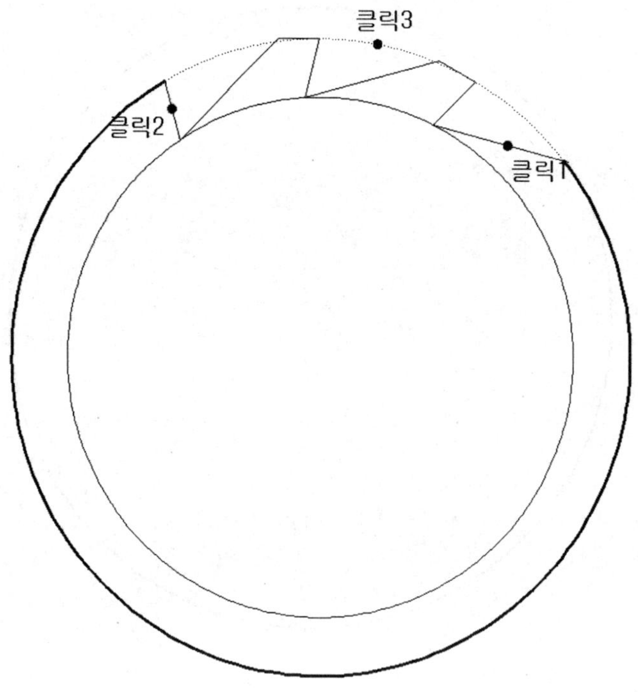

TRim [Enter↵]
한 번 더 [Enter↵] (모든 선을 경계선으로 잡는다.)
클릭 (잘라질 부위)
[Esc]

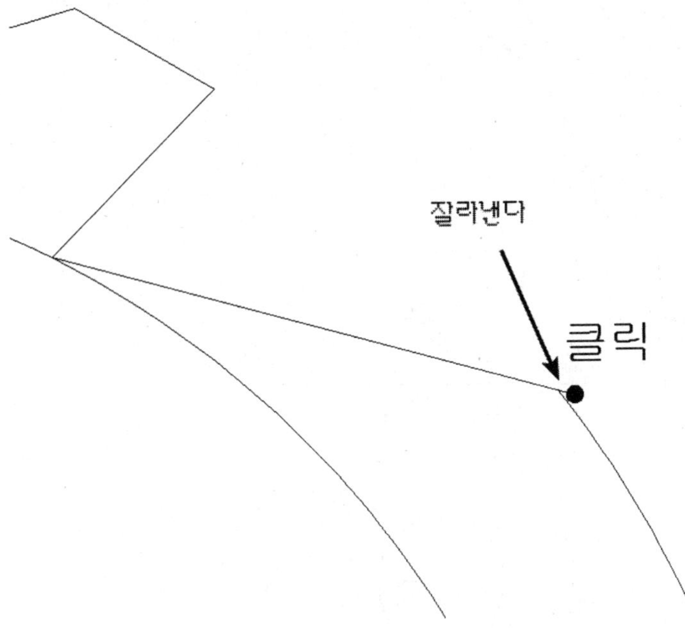

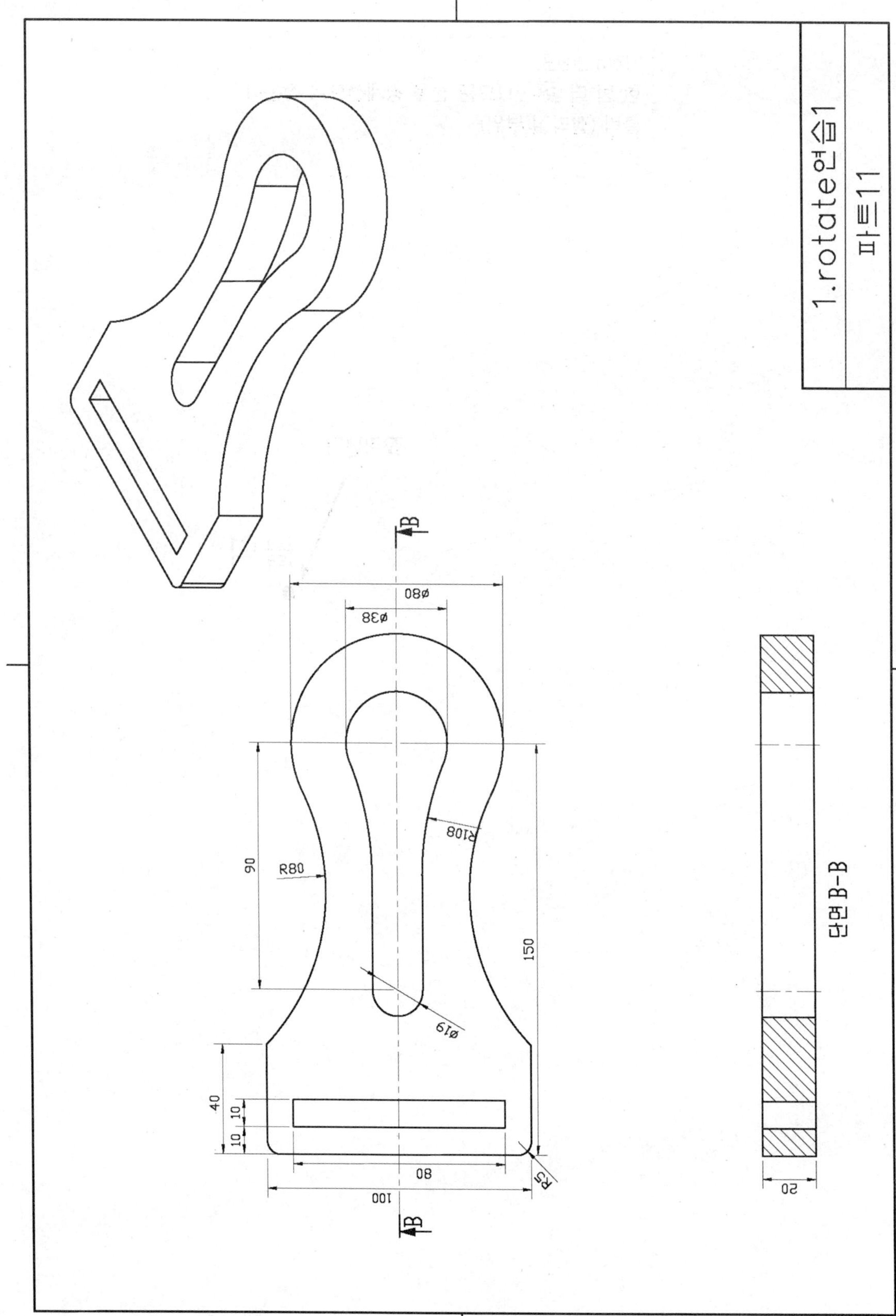
1.rotate연습1
파트11
단면 B-B
ø80
ø38
R108
R80
90
150
ø19
40
10
10
80
100
R5
20
B
B

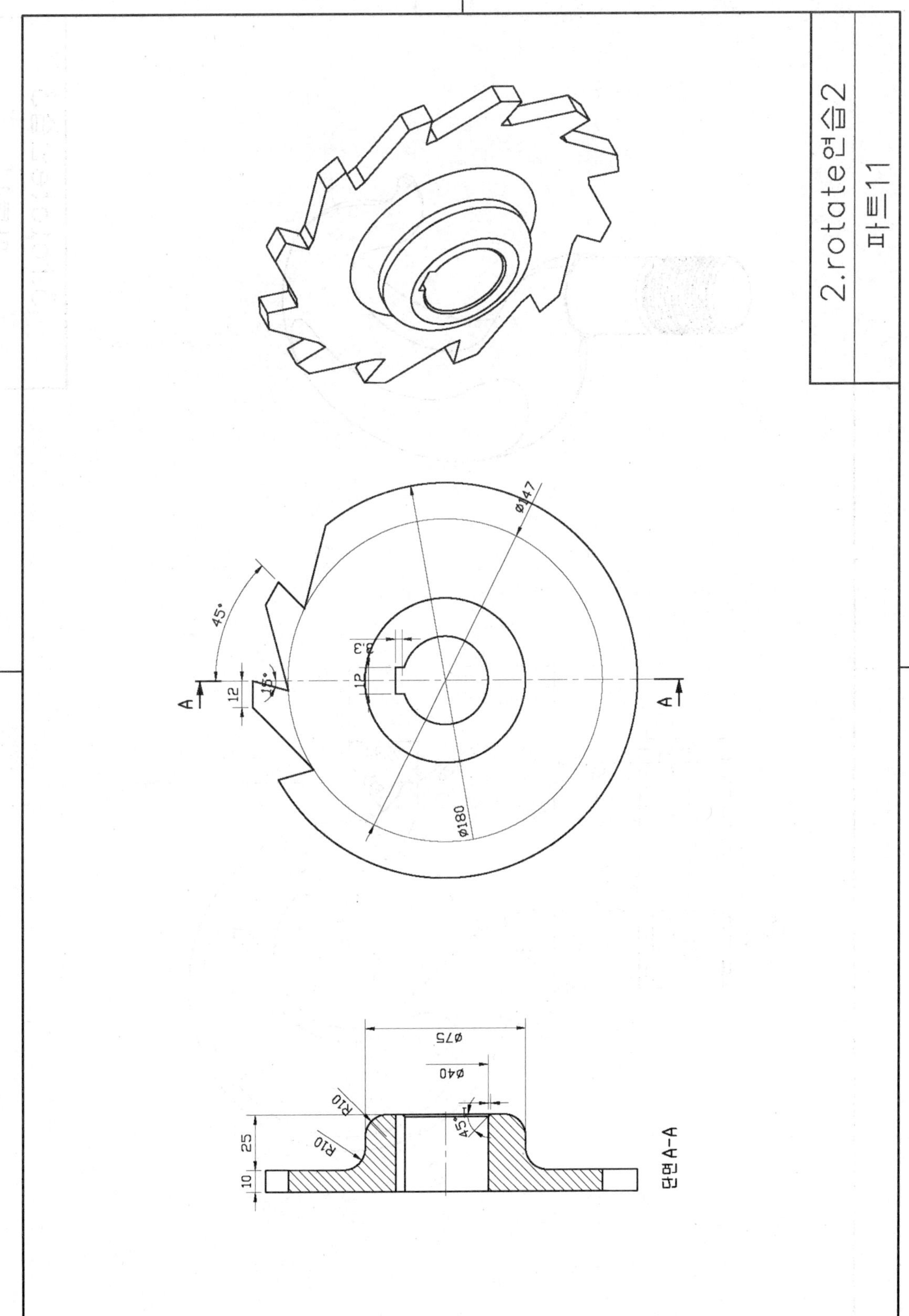
2.rotate연습2
파트11
A
A
45°
15°
12
12
8.3
ø147
ø180
25
10
R10
R10
45°
ø40
ø75
단면A-A

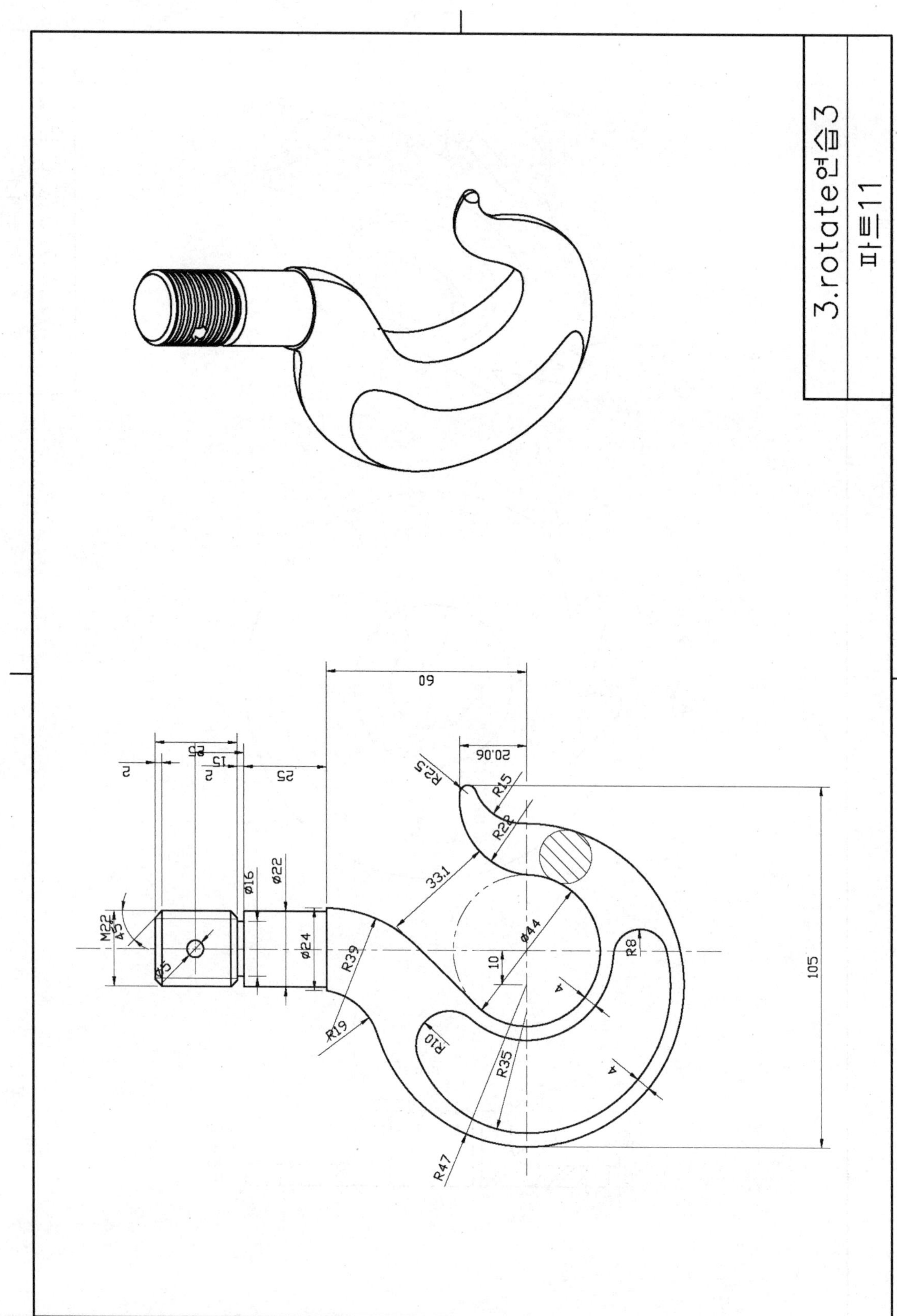
3.rotate연습3
파트11
60
20.06
R2.5
R15
R22
33.1
ϕ44
10
R8
4
4
R35
R47
R10
R19
R39
ϕ24
ϕ16
ϕ22
M22
45°
ϕ5
25
15
5
5
25
105

PART 12

포인트/브레이크/등분

POint

도면상에 점을 삽입한다.
삽입된 점은 DDPTYPE 명령어에 의해 설정된 점 모양을 그대로 따라가게 되는데, 화면 확대 축소에 영향을 받지 않게 된다.

DDPTYPE Enter↵

그림과 같이 점 모양을 선택한 후 OK 버튼을 누른다.

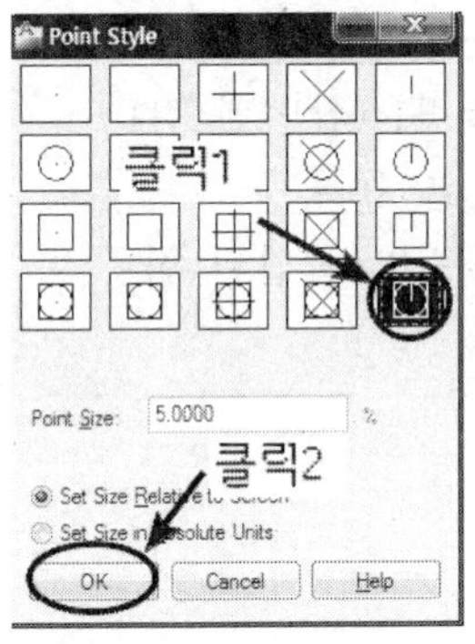

POint Enter↵

클릭1

클릭2

Line Enter↵
node Enter↵
클릭1 (삽입된 점)
node Enter↵
클릭2 (삽입된 점)
Esc

점과 점을 선으로 연결한다

Zoom Enter↵
클릭1 클릭2 (특정 영역을 확대)

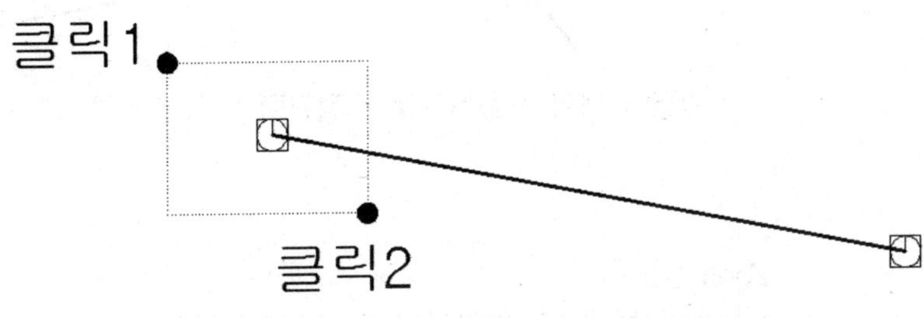

점을 확대 해 본다

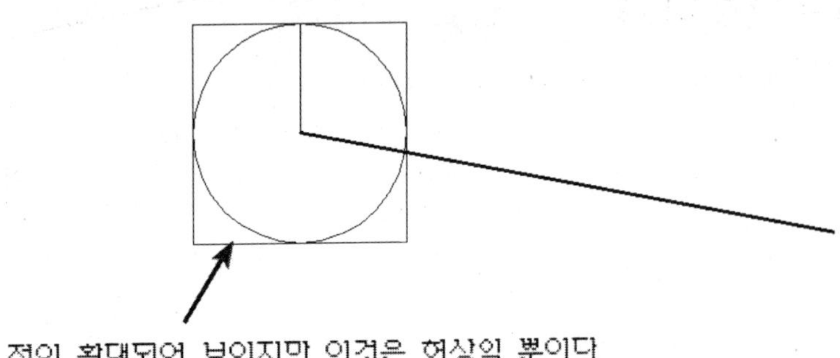

점이 확대되어 보이지만 이것은 허상일 뿐이다

REgen [Enter↵] (그림을 다시 보정해 준다.)

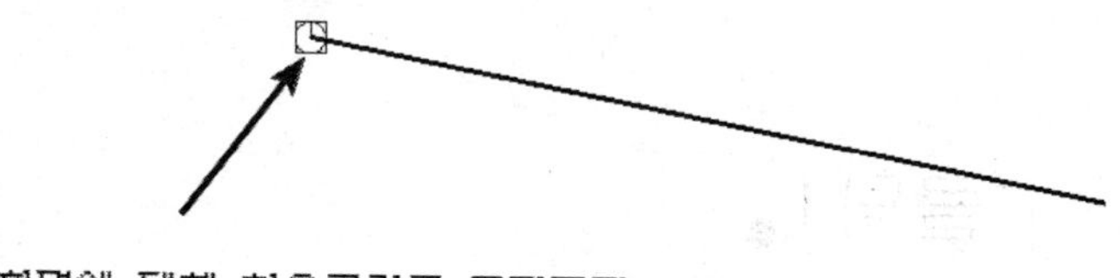
화면에 대해 처음크기로 조정된다

Zoom [Enter↵]
e [Enter↵] (물체들이 화면에 꽉 차게 보여준다.)

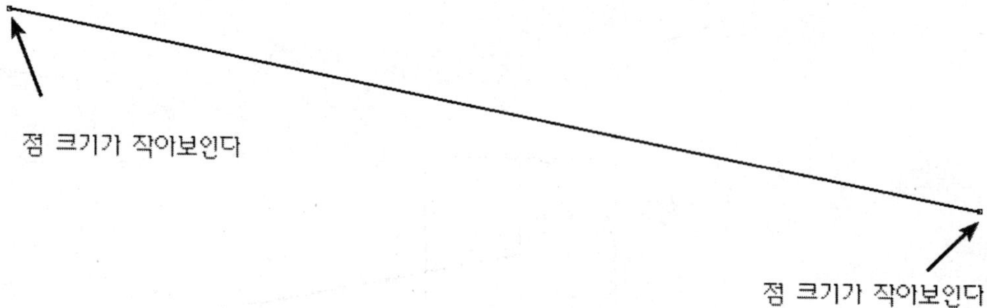
점 크기가 작아보인다
점 크기가 작아보인다

REgen Enter↵ (그림을 다시 보정해 준다.)

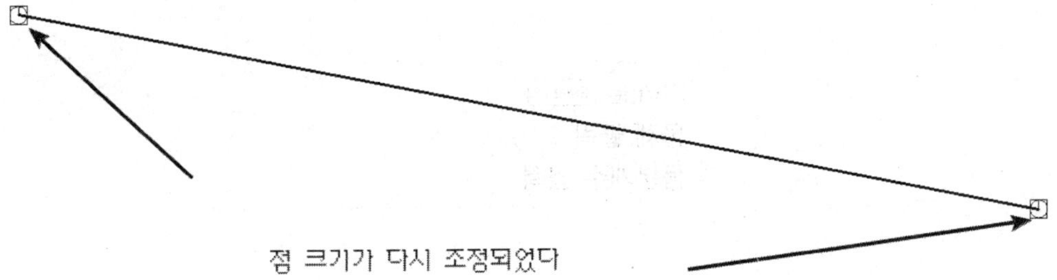

DIVide

직선 또는 곡선을 등분한다.
등분되는 선은 특성상 아무 변화가 없고 해당 위치에 포인트(점)만 놓이게 된다.

DIVide Enter↵
물체 클릭
등분개수 입력

MEasure

직선 또는 곡선을 지정된 길이의 간격으로 포인트(점)를 위치시킨다.
■물체 클릭
■길이 입력

다음과 같은 그림을 그린다.

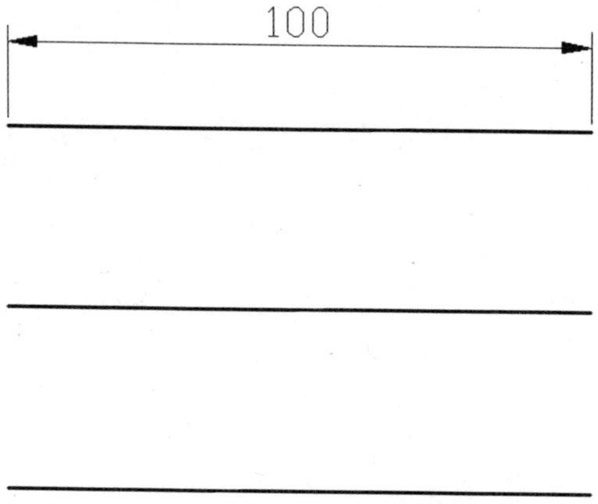

100

DDPTYPE Enter↵

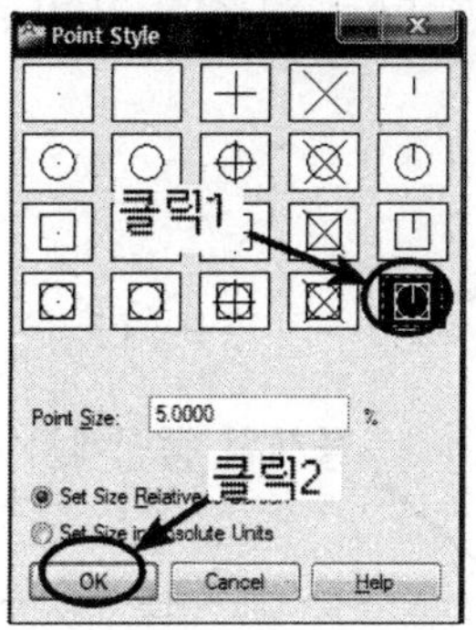

DIVide Enter↵
클릭 (등분할 물체)
3 Enter↵ (등분할 개수)

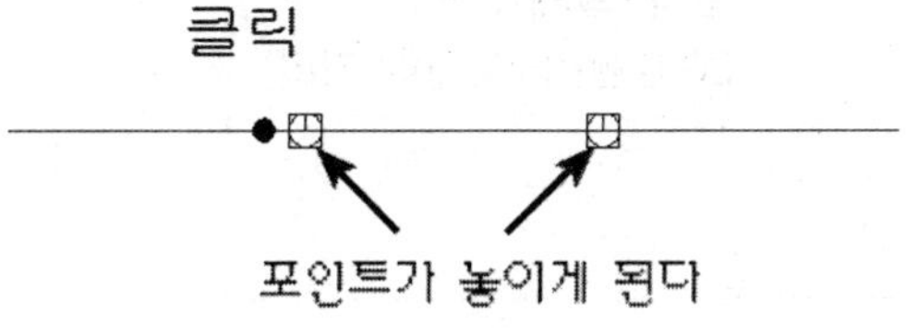

MEasure Enter↵
클릭 (물체 선택)
30 Enter↵ (지정할 거리)

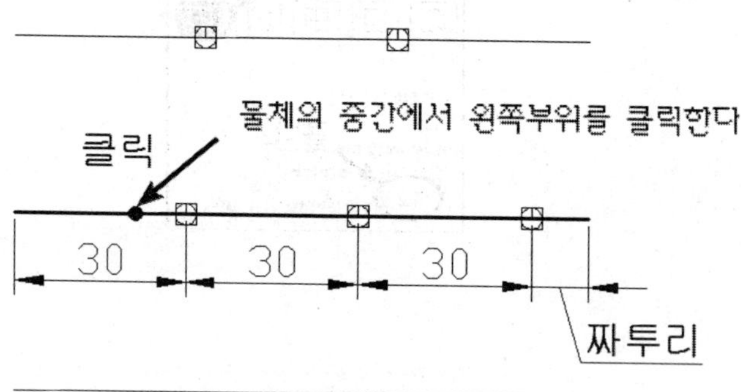

MEasure Enter↵
클릭 (물체 선택)
30 Enter↵ (지정할 거리)

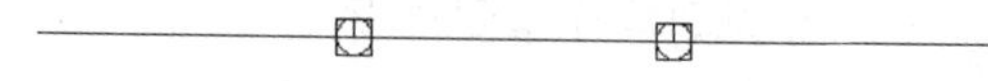

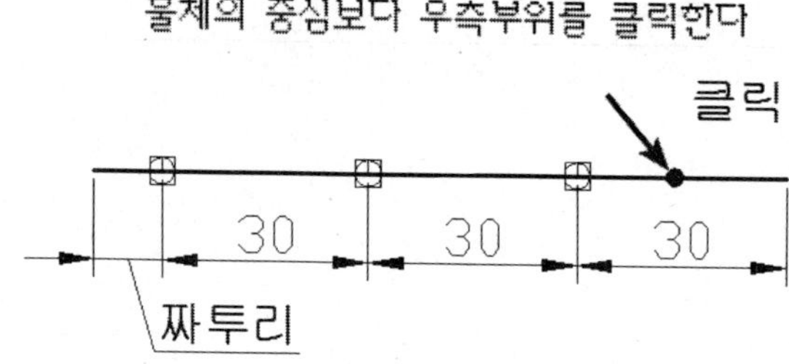

다음과 같은 그림을 그린다.

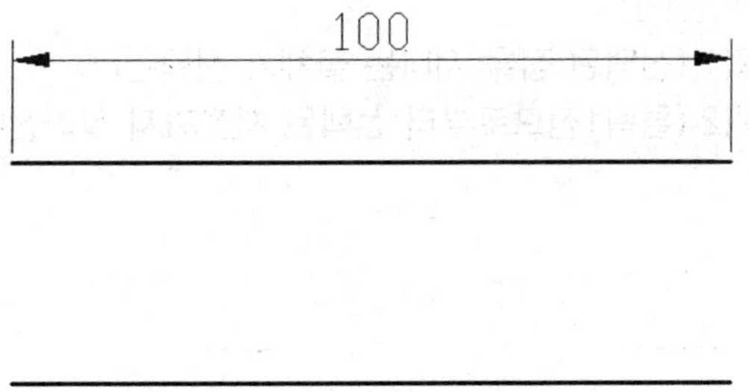

BReak [Enter↵]
클릭1 (자를 물체 선택)
클릭2 (클릭1로부터 잘라질 위치)

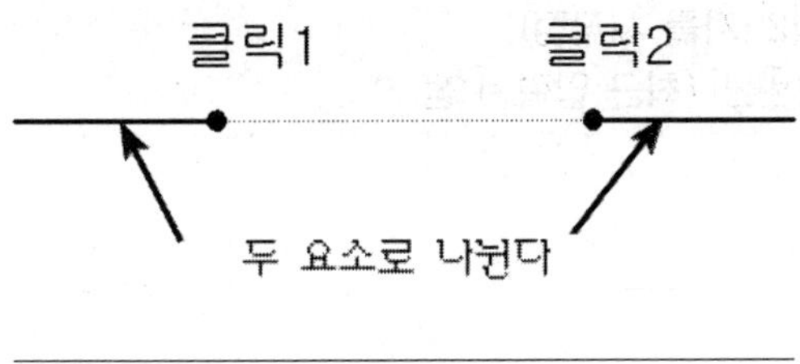

BReak [Enter↵]
mid [Enter↵]
클릭1 (선택된 점을 지나는 물체가 선택된다)
클릭2 (클릭1점으로부터 선택된 지점까지 잘라진다)

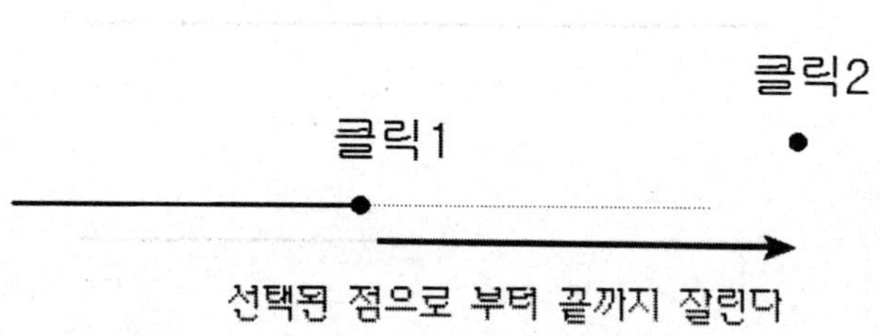

BReak [Enter↵]
클릭1 (자를 물체)
f [Enter↵] (자를 시작점 재지정옵션)
mid [Enter↵]
클릭2 (자를 시작점)
@ [Enter↵] (최근 입력된 점)

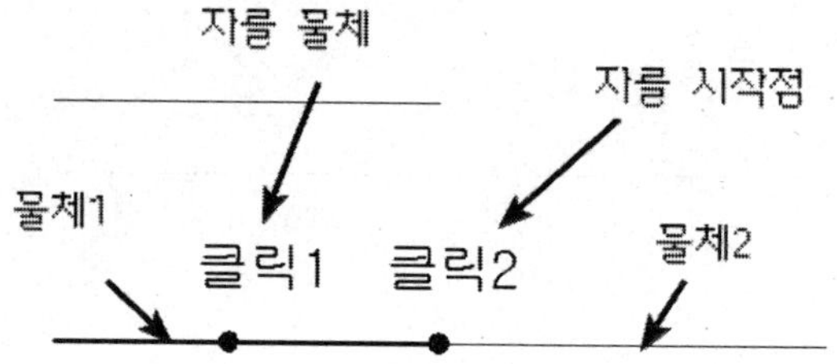

다음과 같은 그림을 완성하려면…

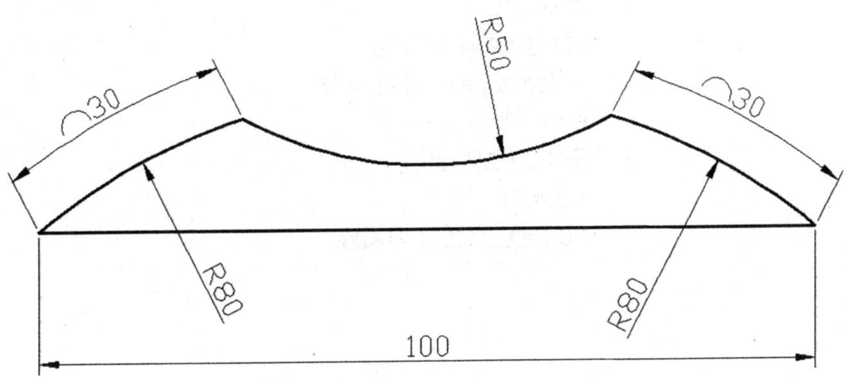

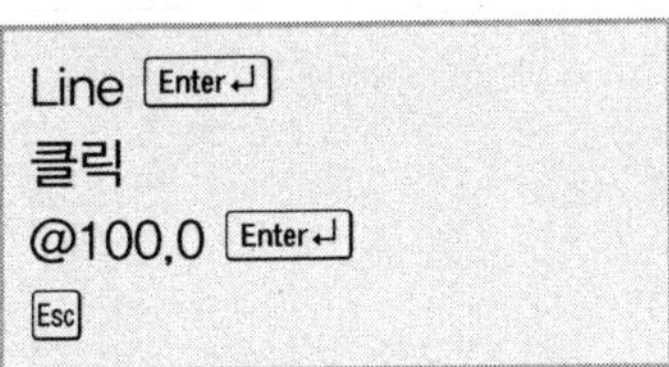
Line Enter↵
클릭
@100,0 Enter↵
Esc

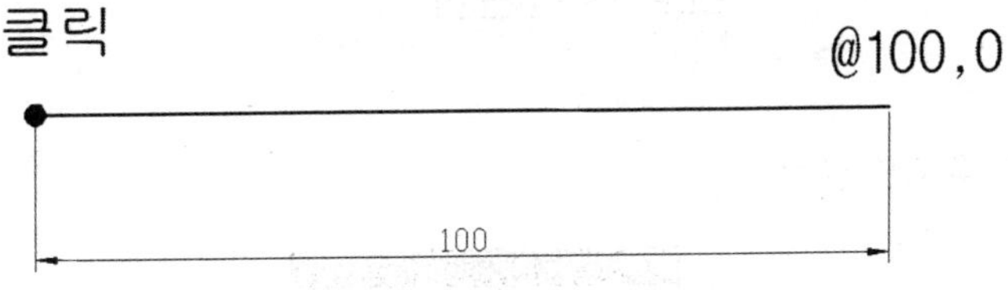

Arc Enter↵
end Enter↵
클릭1 (호의 시작점)
e Enter↵ (호의 끝점 옵션)
end Enter↵
클릭2 (호의 끝점)
r Enter↵
80 Enter↵ (호의 반지름)

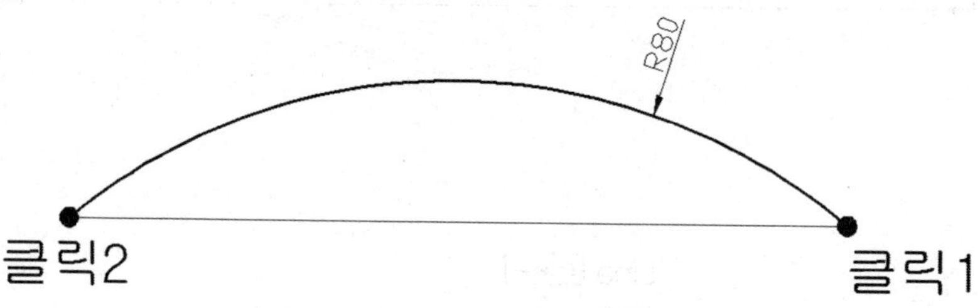

DDPTYPE Enter↵

그림과 같이 설정 후 OK 클릭

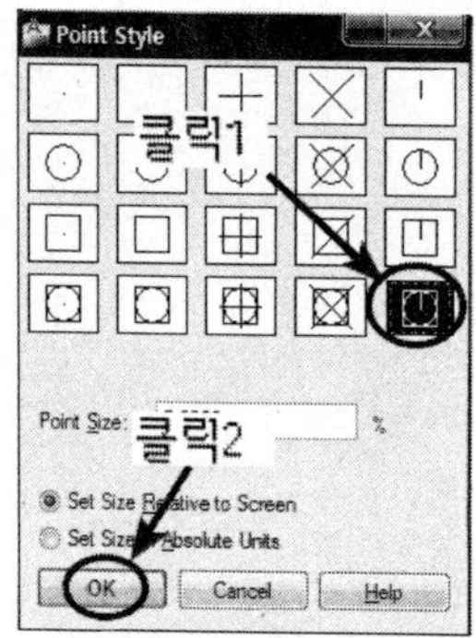

MEasure Enter↵
클릭 (포인트를 얹혀놓을 물체 선택)
30 Enter↵ (포인트 간격)

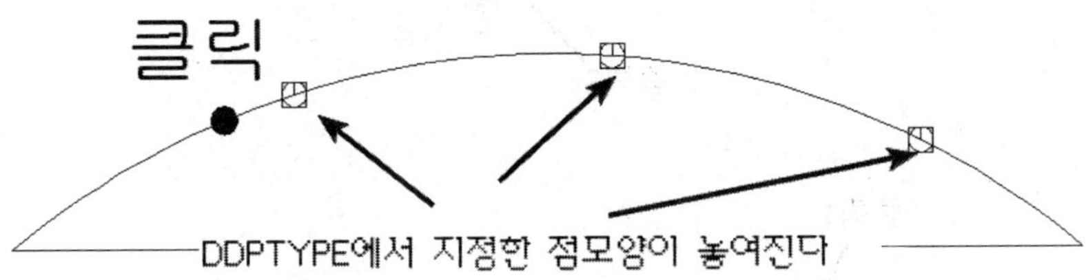

필요없는 점(포인트)는 Erase명령으로 지운다.

Erase Enter↵
클릭1 클릭2
Enter↵

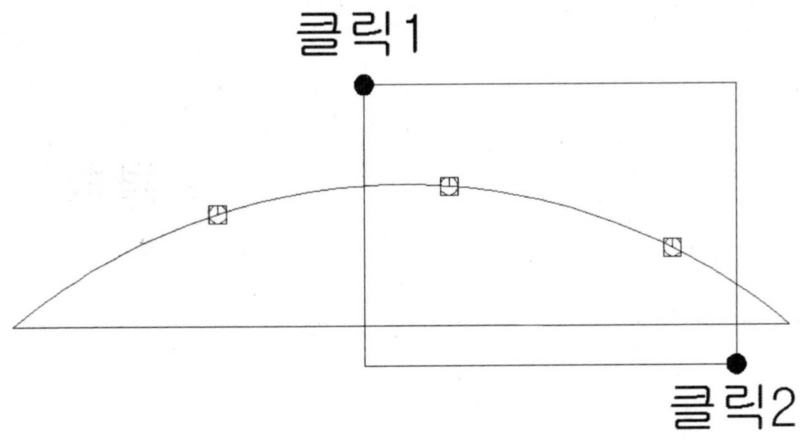

포인트 색상을 파랑색으로 바꾼다.

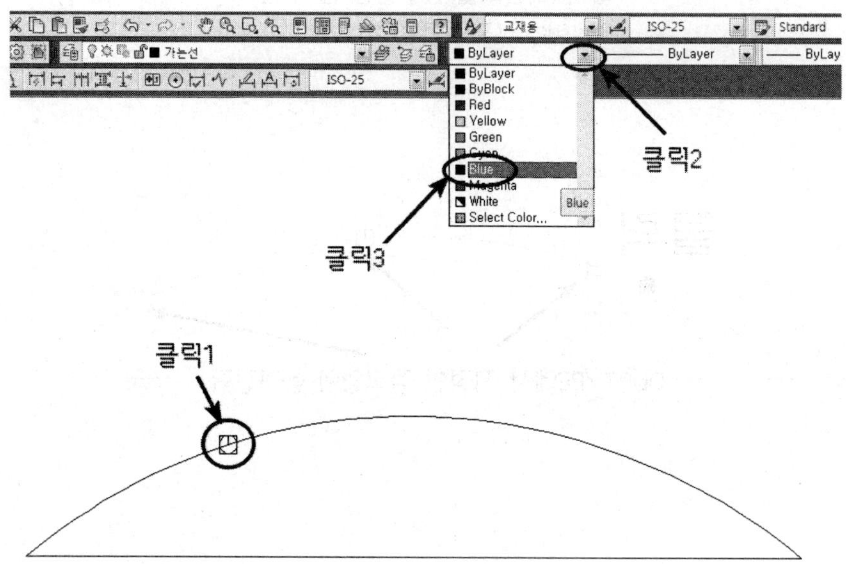

MEasure [Enter↵]
클릭 (MEasure를 적용할 물체)
30 [Enter↵] (포인트 간격)

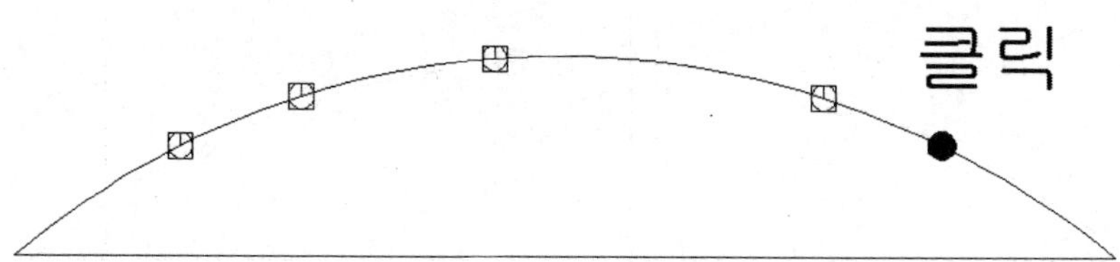

Erase [Enter↵]
클릭1 클릭2 [Enter↵] (필요없는 포인트를 지운다.)

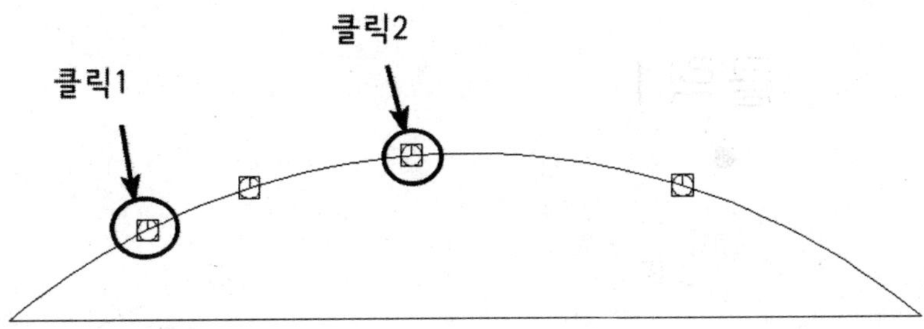

BReak [Enter↵]
클릭1
f [Enter↵]
node [Enter↵]
클릭2 (잘라지는 시작점)
node [Enter↵]
클릭3 (잘라지는 끝점)

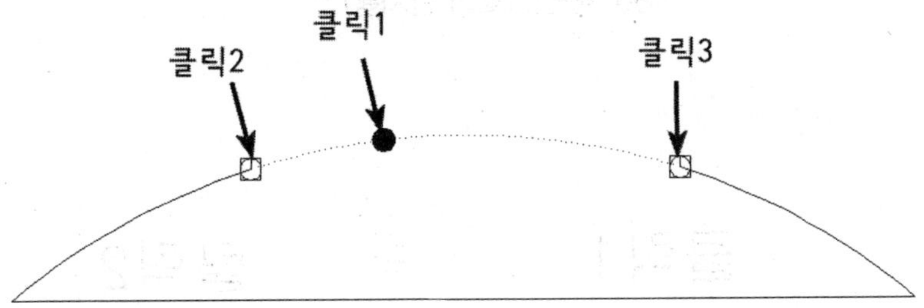

Erase [Enter↵]
클릭1 클릭2 [Enter↵] (포인트를 지운다.)

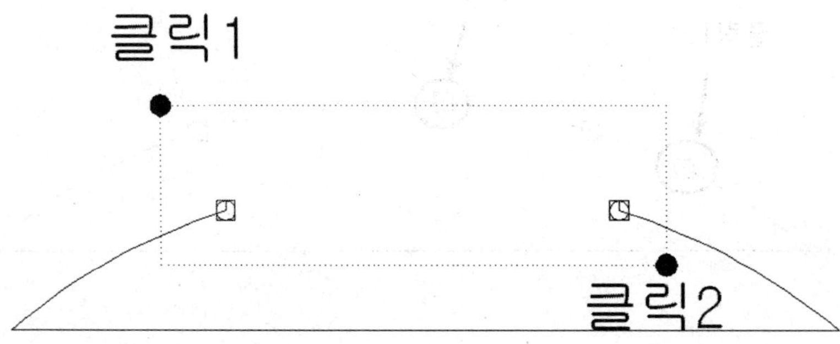

Arc [Enter↵]
end [Enter↵]
클릭1 (호의 시작점)
e [Enter↵] (호의 끝점 옵션)
end [Enter↵]
클릭2 (호의 끝점)
r [Enter↵] (호의 반지름 옵션)
50 [Enter↵] (호의 반지름)

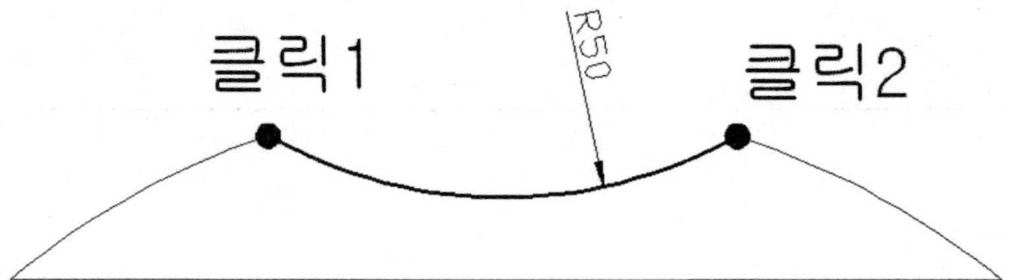

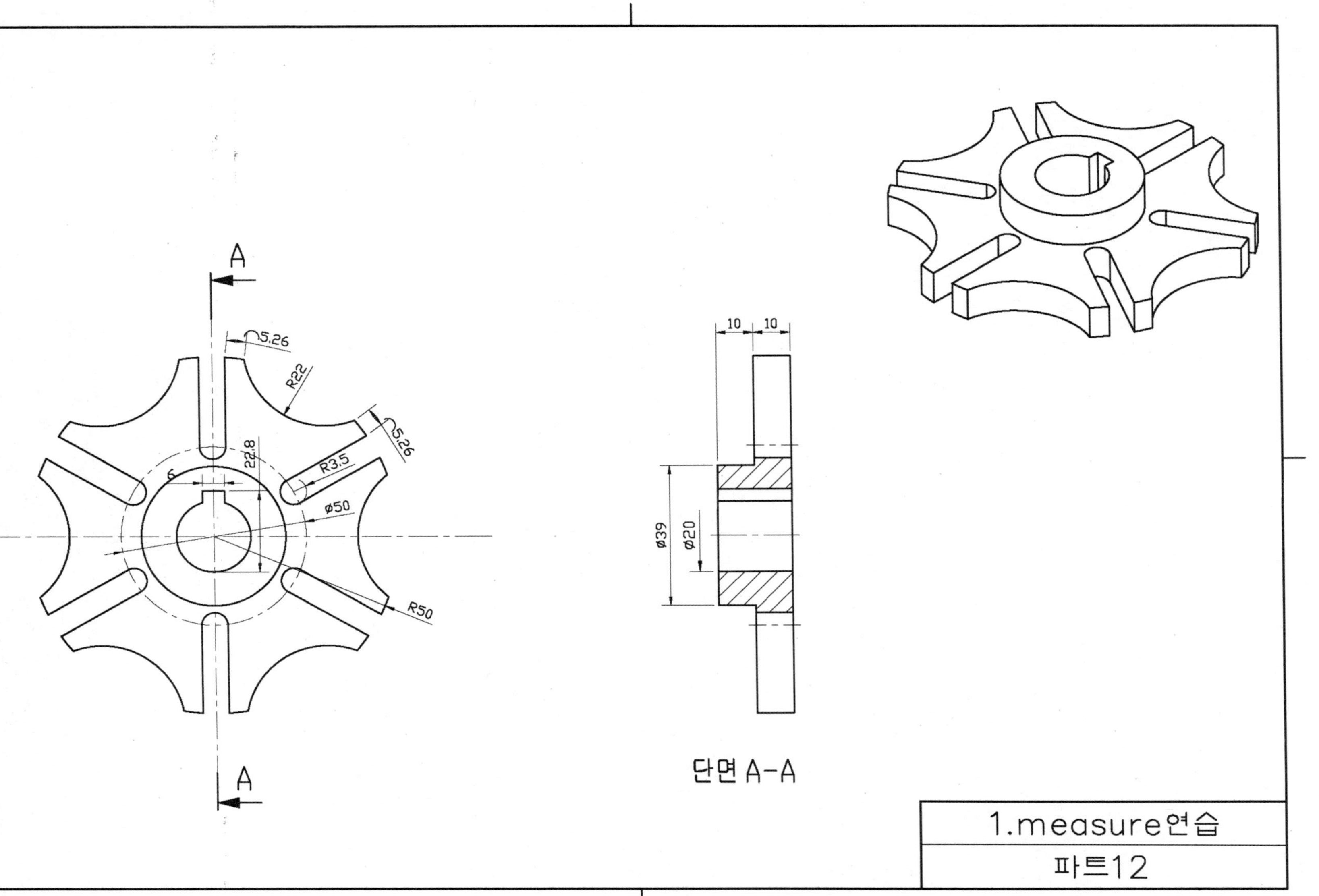
A
5.26
R22
5.26
22.8
R3.5
6
ø50
R50
A
10
10
ø39
ø20
단면 A-A
1.measure연습
파트12

PART 13

문자연습

다음과 같은 그림을 그린다.

DDPTYPE Enter↵

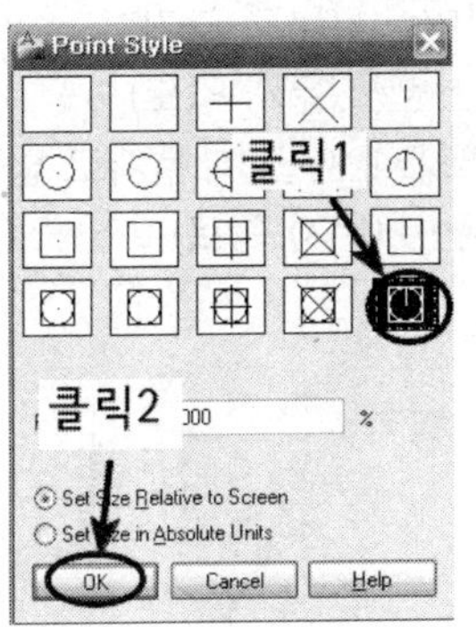

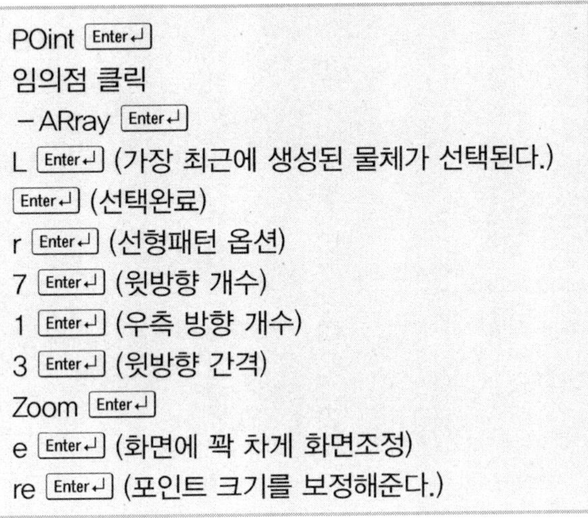

POint Enter↵
임의점 클릭
–ARray Enter↵
L Enter↵ (가장 최근에 생성된 물체가 선택된다.)
Enter↵ (선택완료)
r Enter↵ (선형패턴 옵션)
7 Enter↵ (윗방향 개수)
1 Enter↵ (우측 방향 개수)
3 Enter↵ (윗방향 간격)
Zoom Enter↵
e Enter↵ (화면에 꽉 차게 화면조정)
re Enter↵ (포인트 크기를 보정해준다.)

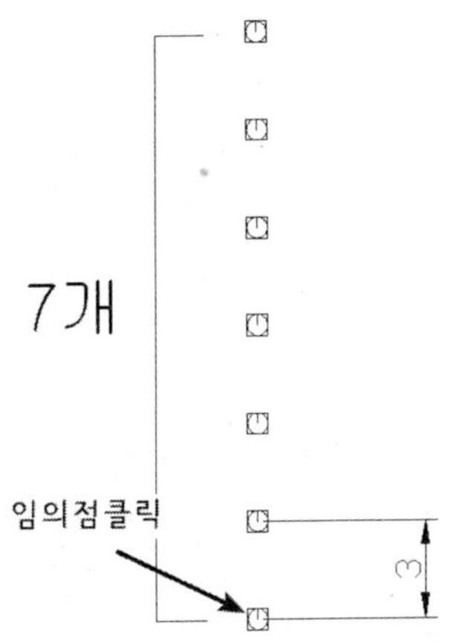

DText Enter↵ (문자 생성)
node Enter↵
클릭
1 Enter↵ (문자 크기)
0 Enter↵ (문자 각도)
ABCD Enter↵ (대문자로 입력)
Enter↵ (문자 종료)

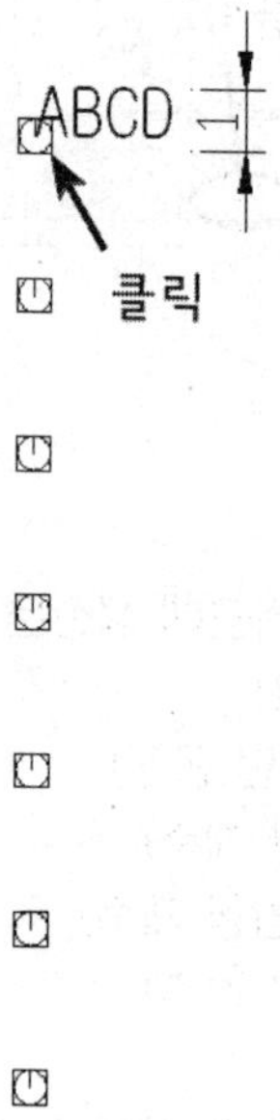

ABCD 1

클릭

DText [Enter↵]
j [Enter↵] (정렬 옵션)
r [Enter↵] (우측정렬 옵션)
node [Enter↵]
클릭 (문자열의 끝점)
1 [Enter↵] (문자 크기)
0 [Enter↵] (문자 각도)
ABCD [Enter↵]
[Enter↵] (문자 종료)

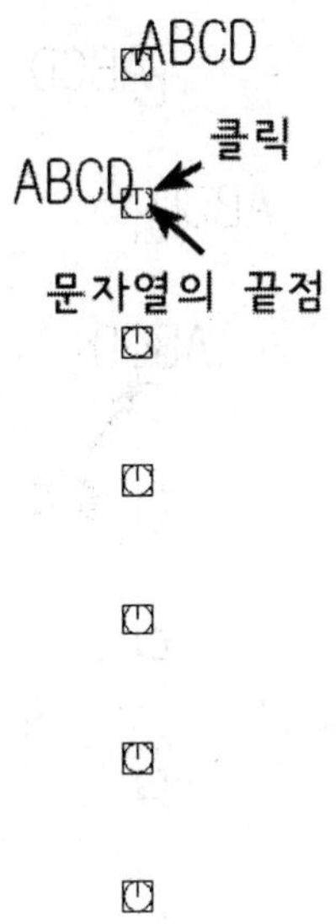

ABCD
클릭
ABCD
문자열의 끝점

DText Enter↵
j Enter↵ (정렬옵션)
c Enter↵ (문자열의 중심 하단 점 옵션)
node Enter↵
클릭 (문자열의 중심 하단 점)
1 Enter↵ (문자 크기)
0 Enter↵ (문자 각도)
ABCD Enter↵
Enter↵ (문자 종료)

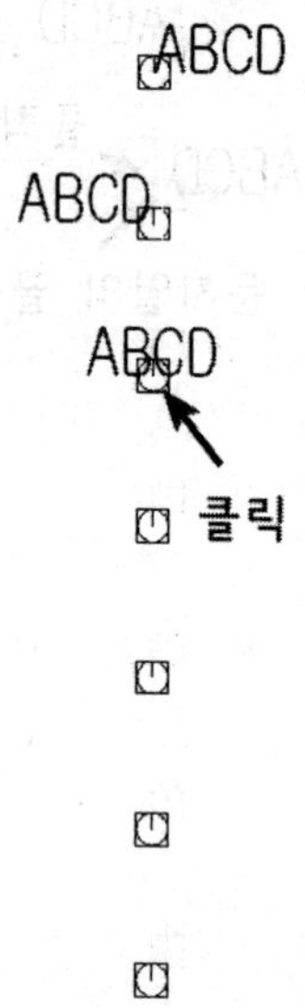

ABCD

ABCD

ABCD

클릭

DText Enter↵
j Enter↵ (정렬옵션)
m Enter↵ (문자열의 중심 옵션)
node Enter↵
클릭 (문자열의 중심)
1 Enter↵ (문자 크기)
0 Enter↵ (문자 각도)
ABCD Enter↵
Enter↵ (문자 종료)

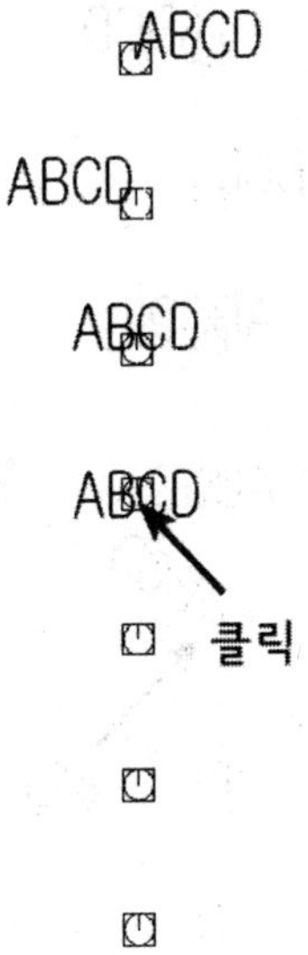

ABCD

ABCD

ABCD

ABCD

클릭

DText [Enter↵]
j [Enter↵] 최근 옵션이 기본값으로 설정되어 있는 버전에 해당함
L [Enter↵] 최근 옵션이 기본값으로 설정되어 있는 버전에 해당함
node [Enter↵]
클릭 (문자열의 시작점)
1 [Enter↵] (문자 크기)
30 [Enter↵] (문자열 각도)
ABCD [Enter↵]
[Enter↵]

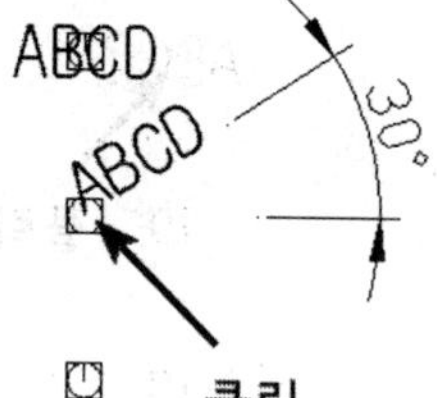

COpy Enter↵
클릭1 클릭2
Enter↵ (선택완료)
클릭3
@5,0 (x축으로 5만큼 복사)
Esc (COpy 명령을 빠져나간다.)

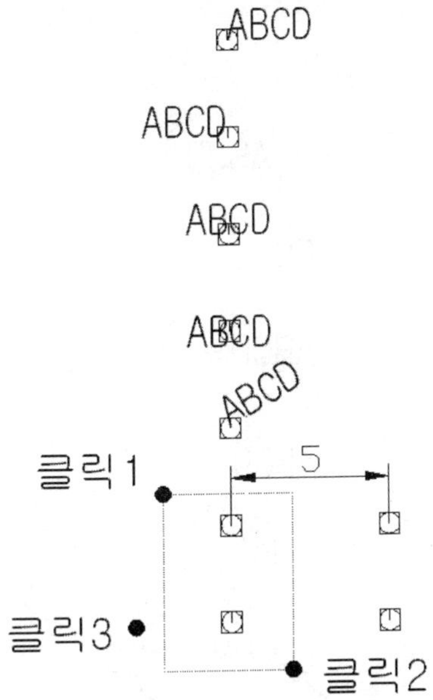

ABCD

ABCD

ABCD

ABCD

ABCD

클릭 1

5

클릭3

클릭2

DText Enter↵
j Enter↵ (정렬 옵션)
a Enter↵ (align 옵션)
node Enter↵
클릭1 (문자열을 정렬시킬 범위의 첫 번째 점)
node Enter↵
클릭2 (문자열을 정렬시킬 범위의 두 번째 점)
AAAAAAAAAAAAAAA Enter↵ (입력될 문자열)
Enter↵ (문자명령 종료)

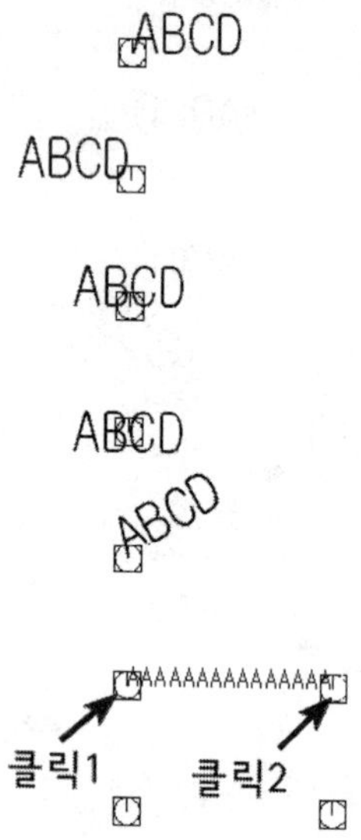

ABCD

ABCD

ABCD

ABCD

ABCD

AAAAAAAAAAAAAAA

클릭1 클릭2

DText [Enter↵]
j [Enter↵] (정렬 옵션)
f [Enter↵] (Fit 정렬)
node [Enter↵]
클릭1 (문자열을 정렬시킬 범위의 첫 번째 점)
node [Enter↵]
클릭2 (문자열을 정렬시킬 범위의 첫 번째 점)
1 [Enter↵] (문자열의 높이)
AAAAAAAAAAAAAAA [Enter↵] (입력될 문자열)
[Enter↵] (문자열 종료)

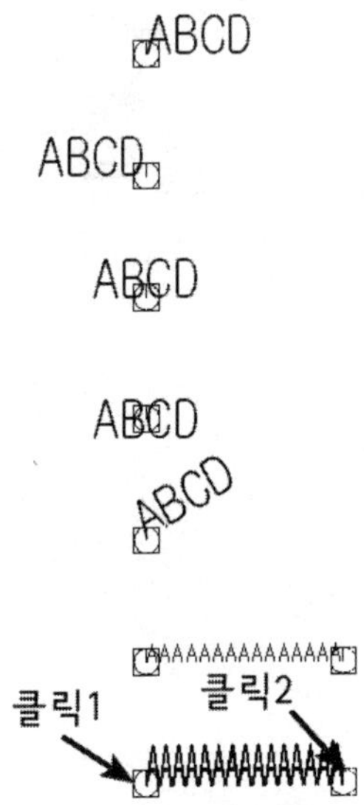

ABCD

ABCD

ABCD

ABCD

ABCD

AAAAAAAAAAAAAAA

클릭1 클릭2

AAAAAAAAAAAAAAA

[특수문자 삽입하기]

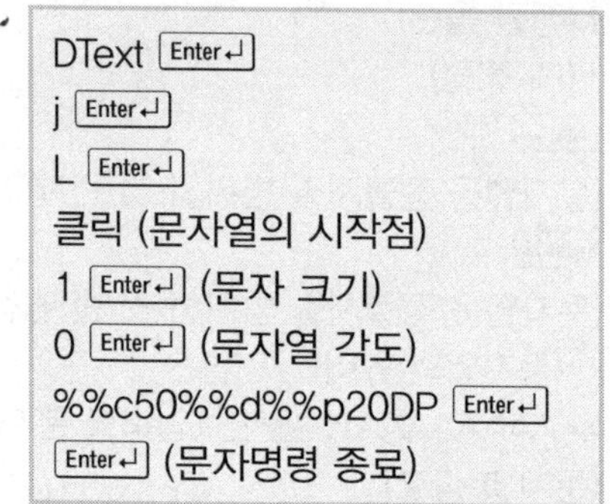

DText Enter↵
j Enter↵
L Enter↵
클릭 (문자열의 시작점)
1 Enter↵ (문자 크기)
0 Enter↵ (문자열 각도)
%%c50%%d%%p20DP Enter↵
Enter↵ (문자명령 종료)

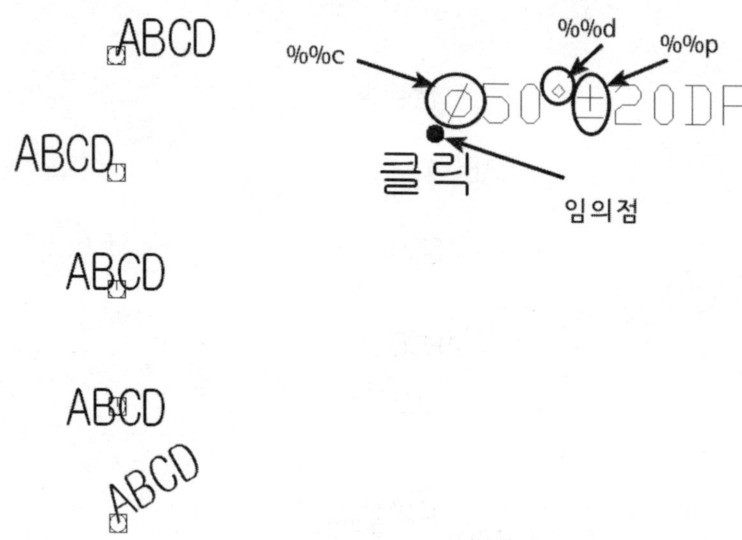

ddEDit

기존의 문자열이나 치수 문자를 수정한다.

ddEDit
문자열 혹은 치수문자 클릭
문자열 수정 후 Enter↵
Enter↵ (문자 수정 종료)

ddEDit Enter↵
클릭1 (수정할 문자열)
BYBY Enter↵ (문자 수정)
클릭2 (수정할 문자열)
BOBO Enter↵ (문자 수정)
Enter↵ (문자 수정 명령 종료)

BYBY 클릭1 Ø50°±20DP

ABCD

BOBO 클릭2

ABCD

ABCD

DText 명령어는 버전에 따라 사용법이 다소 차이가 난다.

만일 DText 명령어를 사용할 때 가장 최근에 사용되었던 정렬옵션이 이후의 DText 명령어 정렬옵션에 기본옵션으로 설정되어 왼쪽정렬을 사용할 수 없게 되었다면

DText Enter↵
L Enter↵ (왼쪽정렬)

을 사용하여 정렬옵션을 바꾸어 주어야 한다.

[문자열을 자세히 수정하기]

그림과 같이 수정할 문자를 클릭한 후 Ctrl 키를 누른 상태에서 1을 누르면 수정창이 뜨는데 Text 항목에서 Justify는 Left로, Height은 2로, Width factor는 0.8로, Obliquing은 10으로 설정한 후 ×버튼을 누르거나 Ctrl 키를 누른 상태에서 1을 눌러 수정 창을 빠져나간 후 Esc 키를 눌러 선택을 취소한다.

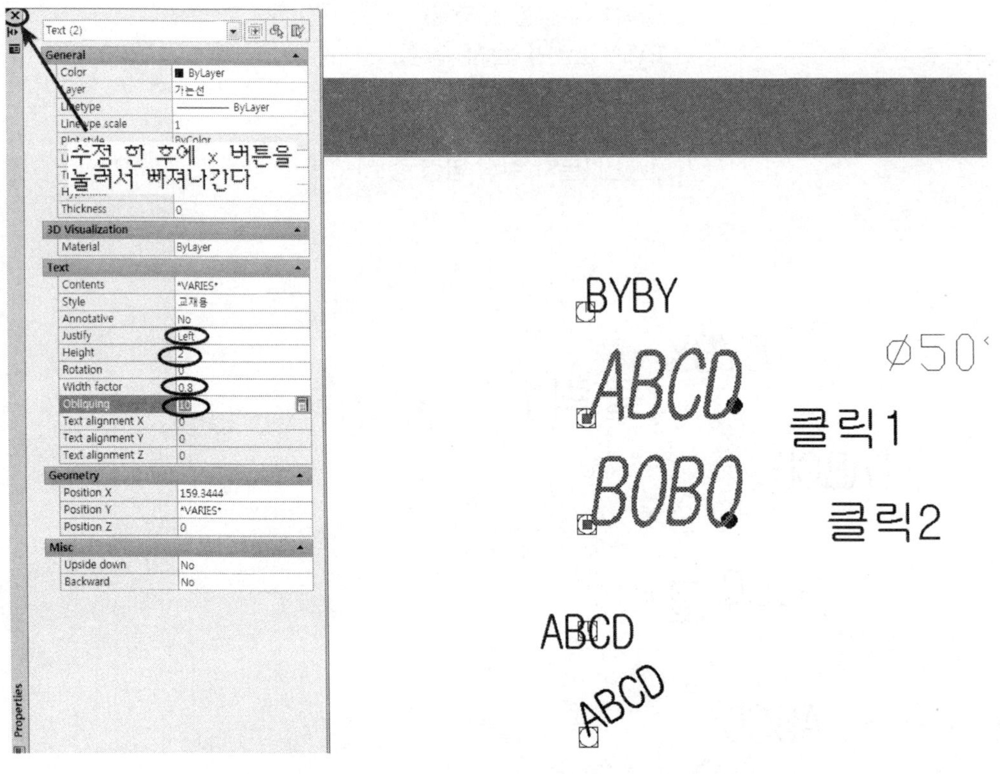

MText

문자를 입력할 범위를 설정한 후 설정된 영역 내에 문장을 삽입한다.

MText Enter↵
범위의 첫 번째 코너 입력
범위의 반대편 코너 입력
문장 입력 후 Enter↵
문장 입력 후 Enter↵
.
.
.
OK 버튼 클릭
MText Enter↵
클릭1 클릭2 (문장을 입력할 영역)

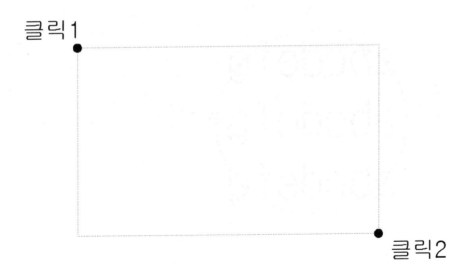

abcdefg Enter↵
abcdefg Enter↵
abcdefg Enter↵
OK 버튼 클릭

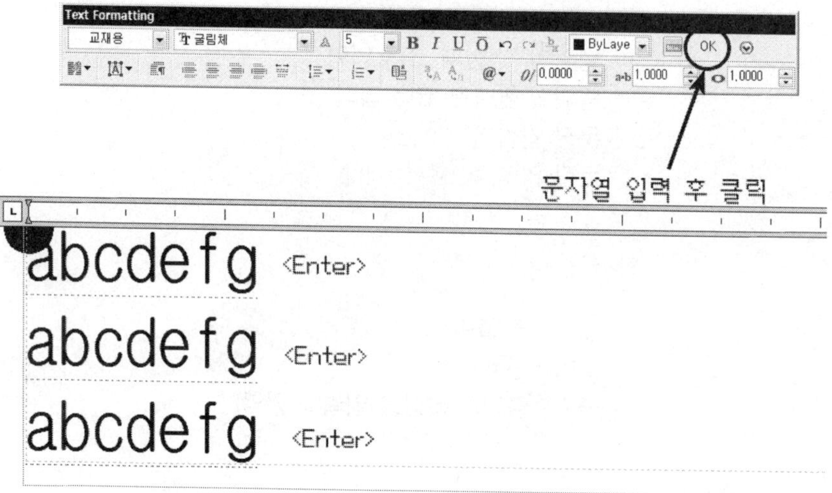

abcdefg
abcdefg
abcdefg

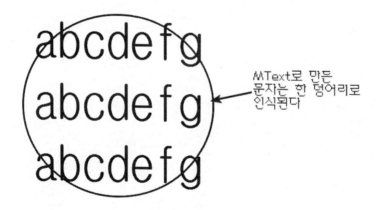

MText로 만든
문자는 한 덩어리로
인식된다

[문자 스타일 수정 및 추가하기]

DText Enter↵
클릭 (문자열의 시작점)
5 Enter↵ (문자크기)
0 Enter↵ (문자 각도)
한글 Enter↵ (입력문자열)
Enter↵ (문자명령 종료)

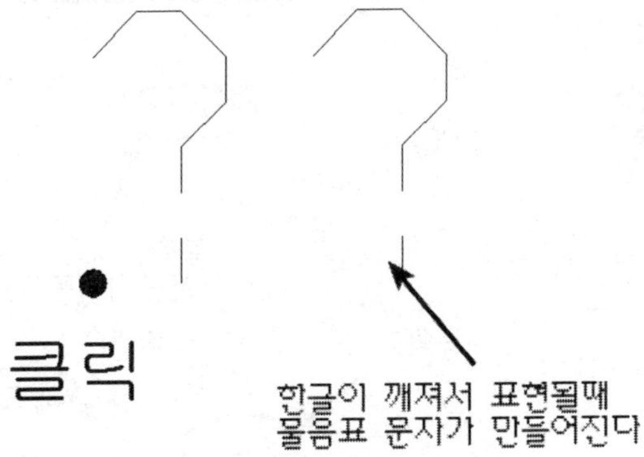
클릭
한글이 깨져서 표현될때
물음표 문자가 만들어진다

STyle Enter↵

현재 스타일이 Standard로 되어 있는지 확인한 후 클릭1을 하여 Use Big Font를 활성화하고, Big Font에서 whgtxt.shx 폰트 파일을 지정한다.

Apply 버튼을 클릭하면 Close 버튼이 나타나는데 Close 버튼을 클릭하여 스타일 대화창을 빠져나간다.

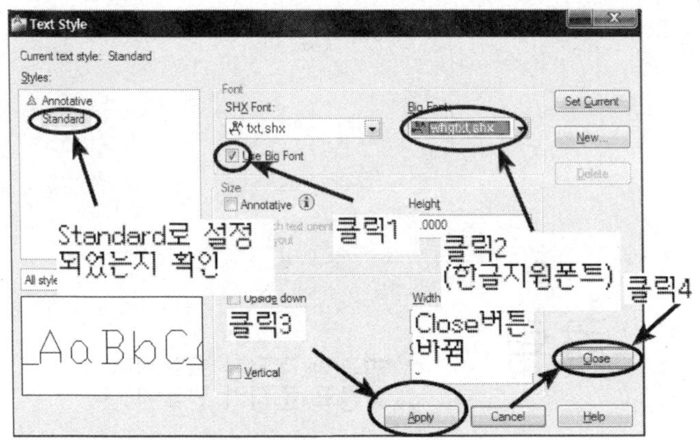

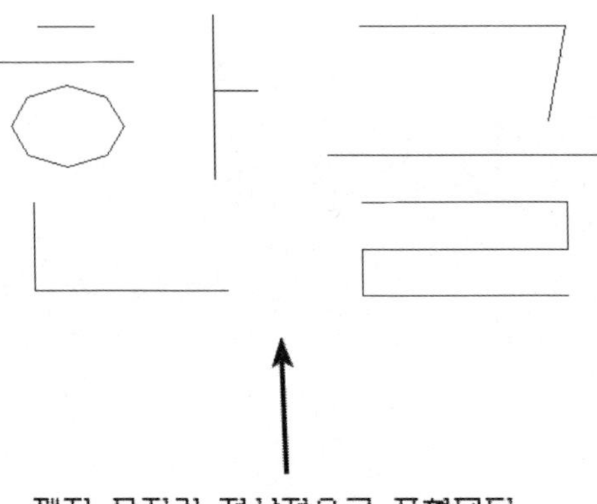

깨진 문자가 정상적으로 표현된다

[새로운 스타일 추가하기]

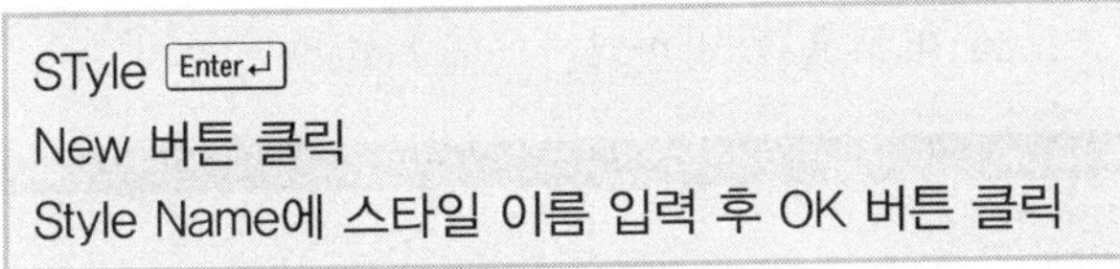

STyle Enter↵
New 버튼 클릭
Style Name에 스타일 이름 입력 후 OK 버튼 클릭

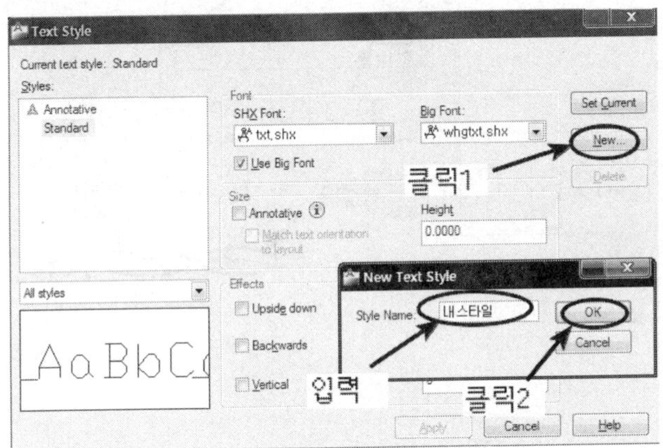

Use Big Font를 클릭하여 체크를 해제한다.
Use Big Font가 체크되어 있으면 트루타입 글자체를 선택할 수 없다.

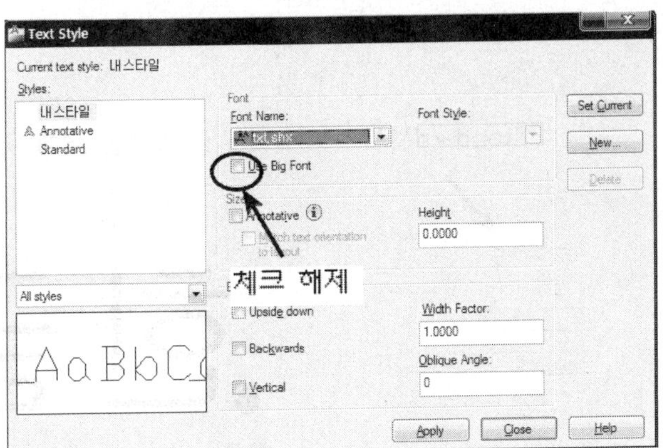

Font Name에서 굴림체를 선택한다.(@굴림체는 세로쓰기 전용이므로 @가 없는 굴림체를 선택한다.)

Apply 버튼을 누르고 Close 버튼을 클릭한다.

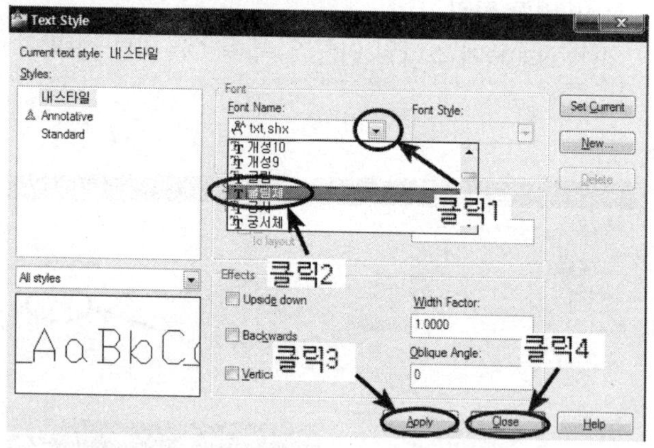

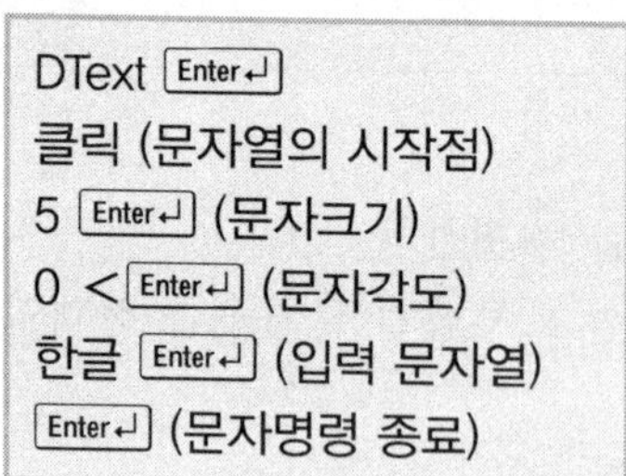

DText Enter↵
클릭 (문자열의 시작점)
5 Enter↵ (문자크기)
0 < Enter↵ (문자각도)
한글 Enter↵ (입력 문자열)
Enter↵ (문자명령 종료)

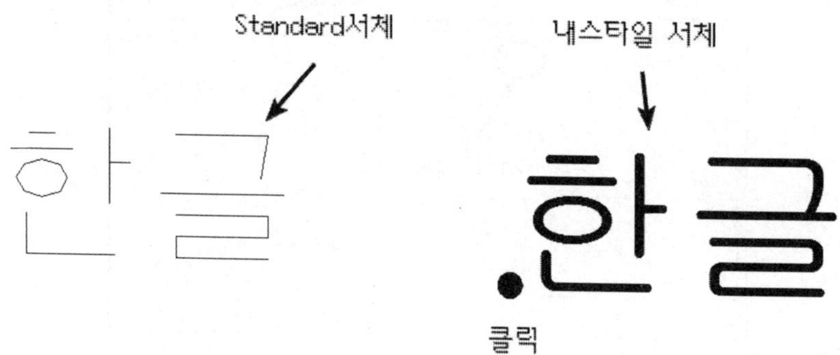

트루타입은 서체는 보기 좋지만 ∅ (%%c) 기호가 깨지는 경우가 생기므로 조심한다.

[만들어 놓은 서체 이용하기]

Style 툴바를 띄운다.

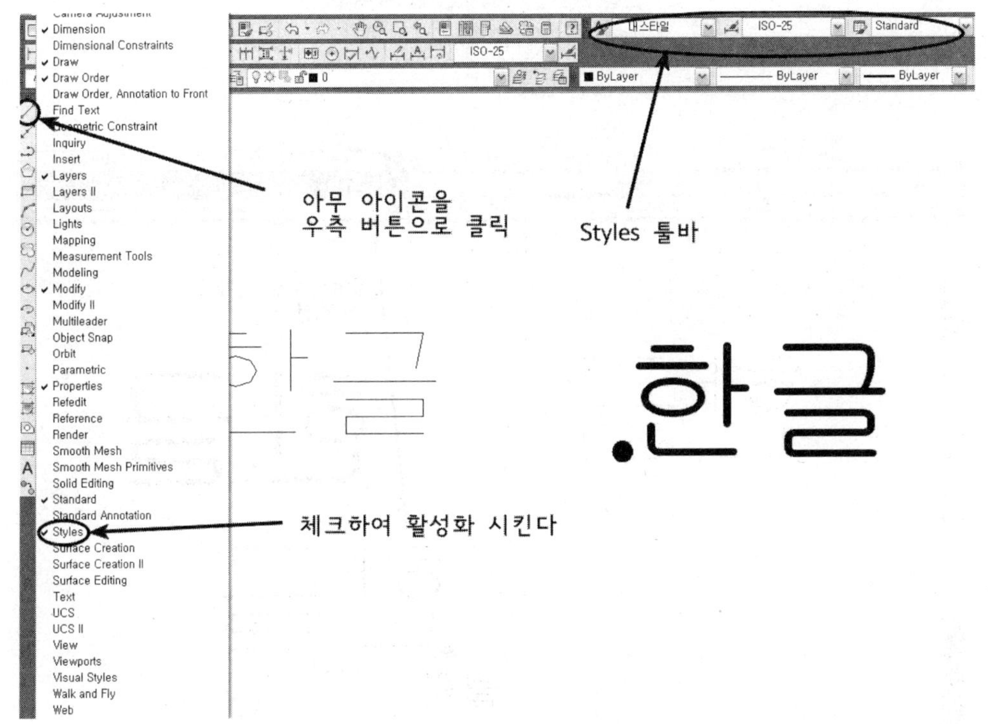
아무 아이콘을
우측 버튼으로 클릭
Styles 툴바
체크하여 활성화 시킨다
한글

Styles 툴바에서 Standard를 선택한다.

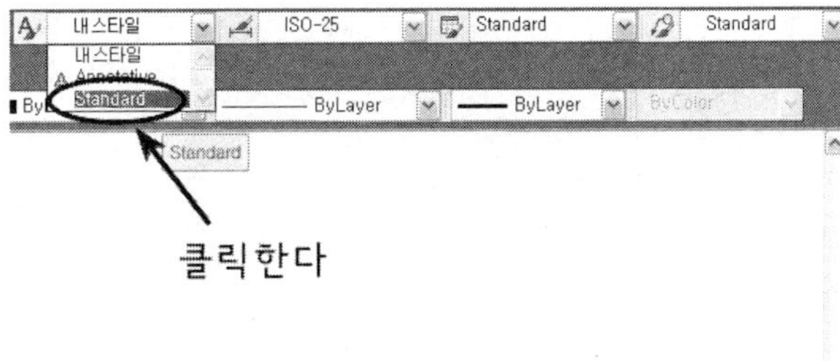
클릭한다

DText Enter↵
클릭 (문자열의 시작점)
5 Enter↵ (문자 크기)
0 Enter↵ (문자 각도)
한글 Enter↵ (입력할 문자열)
Enter↵ (문자열 종료)

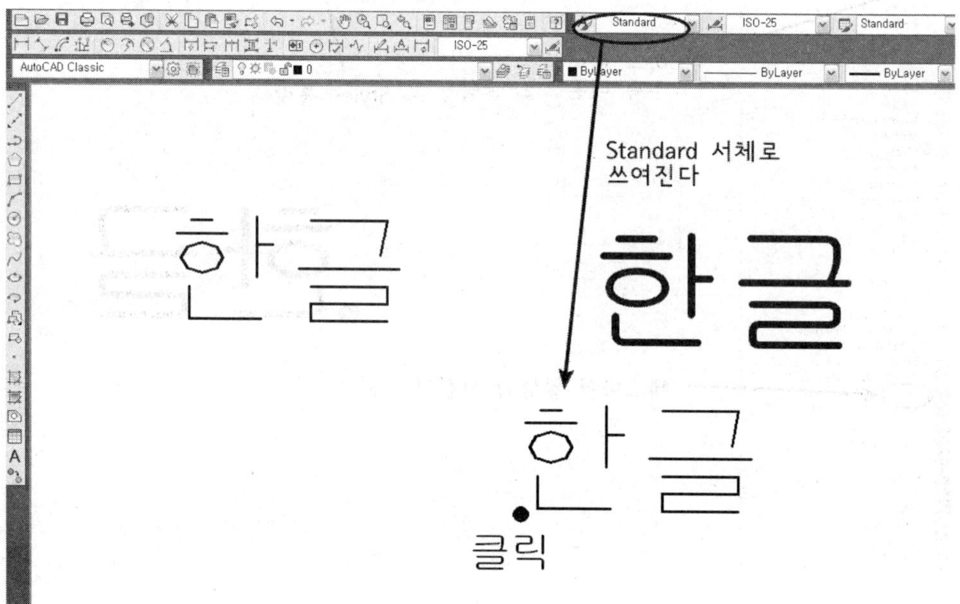

PART 14

블록연습

Block

여러 요소를 하나의 블록(덩어리)으로 정의한다.

Block 명령어는 Insert 명령과 함께 사용되며, 사용하지 않는 블록을 제거하기 위해서는 PUrge 명령어를 사용하여야 한다.

다음과 같은 그림을 Line 명령을 사용하여 그리되 선이 중복되지 않도록 조심한다.

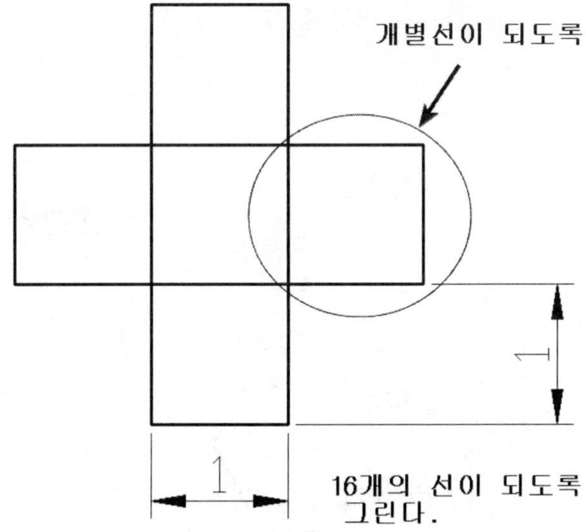

XLine [Enter↵] (무한선)
a [Enter↵] (각도 옵션)
60 [Enter↵] (각도)
end [Enter↵]
클릭1 (무한선의 위치)
[Esc] (무한선 강제 종료)

Xline [Enter↵] (무한선)
a [Enter↵] (각도 옵션)
−60 [Enter↵] (각도)
end [Enter↵]
클릭2 (무한선의 위치)
[Esc] (무한선 강제종료)

TRim [Enter↵]
클릭3 클릭4 클릭5 클릭6 (자를 경계선)
[Enter↵] (경계선 선택 완료)
클릭7 클릭8 클릭9 클릭10 (잘라낼 선)
[Enter↵] (TRim 명령 종료)

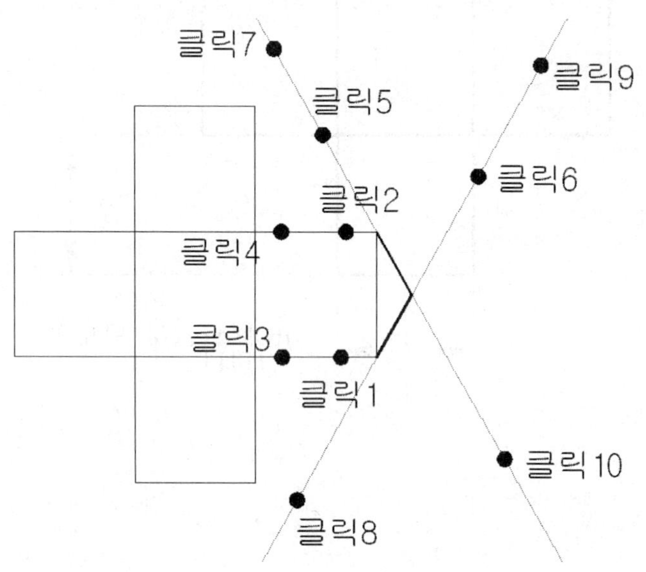

Block Enter↵ (블록설정)

대화창이 나타나면 그림과 같이 Pick point를 클릭한다.

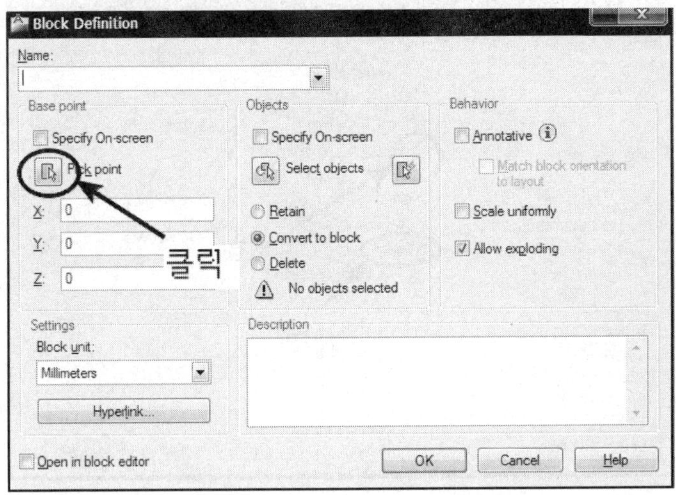

대화창이 사라지게 되는데 이때 다음과 같이 입력한다.

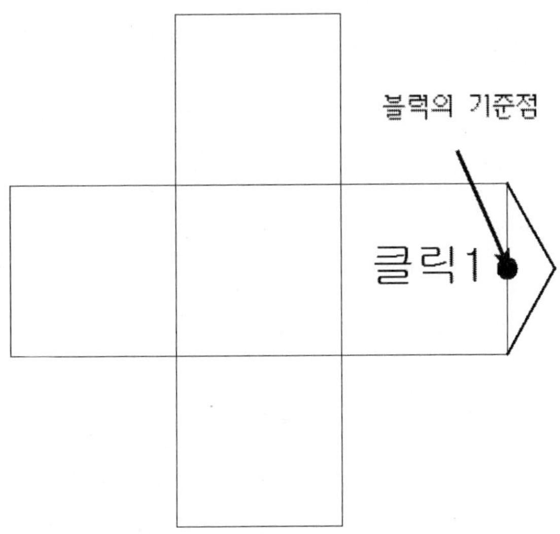

다시 대화창이 나타나게 되고 그림과 같이 Delete 옵션을 체크한 후 Select Objects 버튼을 클릭한다.

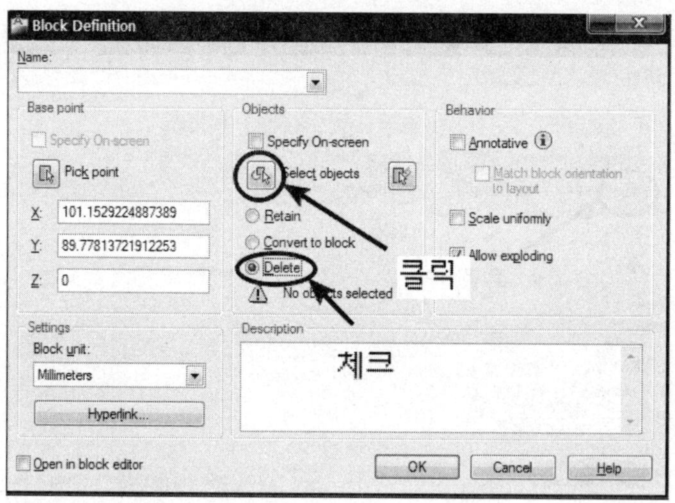

도면영역상에서 그림과 같이 블록으로 지정할 물체를 선택한다.

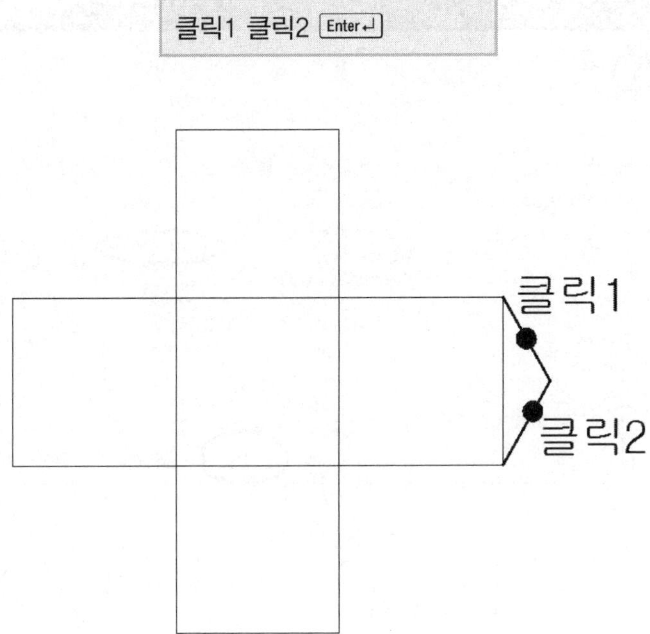

다시 대화창이 나타나면 그림과 같이 설정한 후 블록이름을 d라고 입력하고 OK를 클릭한다.

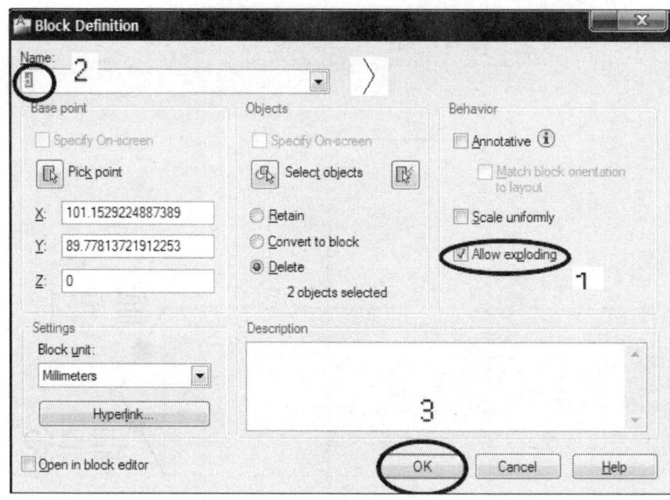

Block [Enter↵]
그림과 같이 Pick point를 클릭한다.

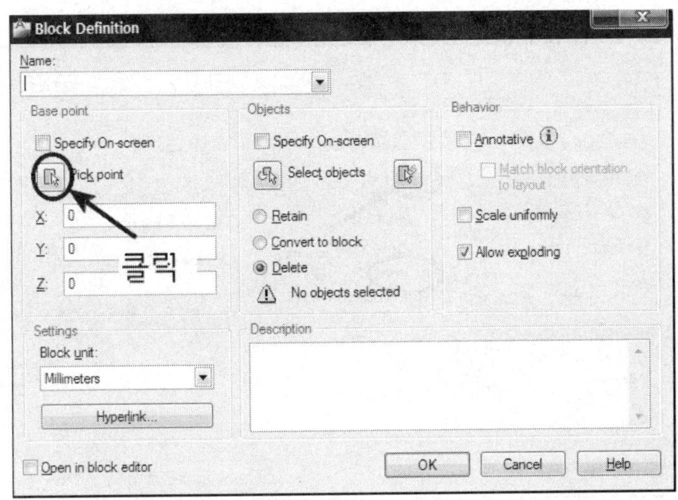

mid [Enter↵]
클릭1 (block의 기준점)

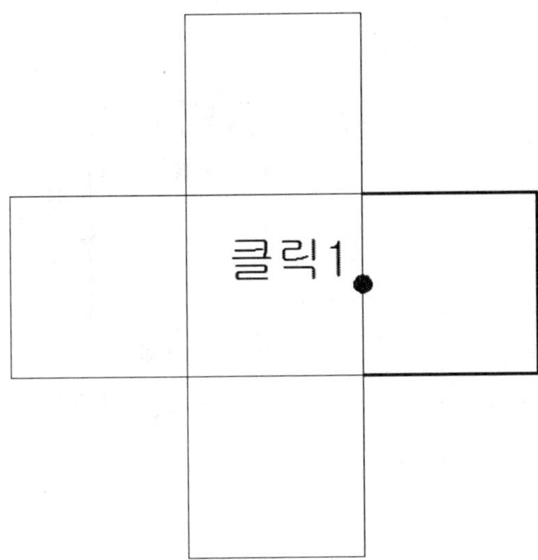

대화창에서 다음과 같이 설정한 후 Select Objects 버튼을 클릭한다.

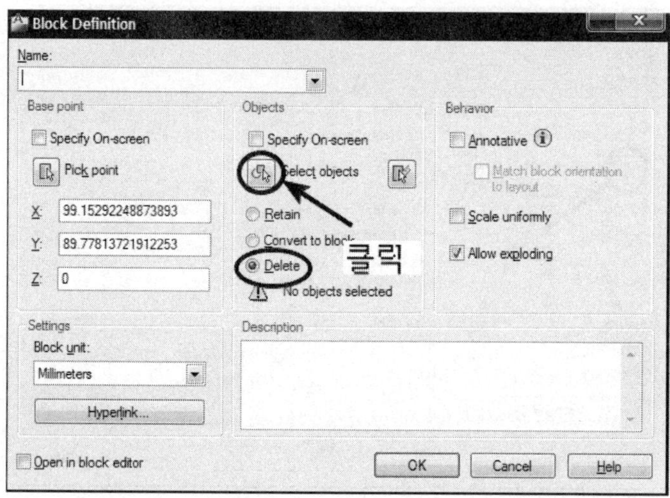

도면상에서 블록구성요소를 지정한다.

클릭1 클릭2 클릭3 Enter↵

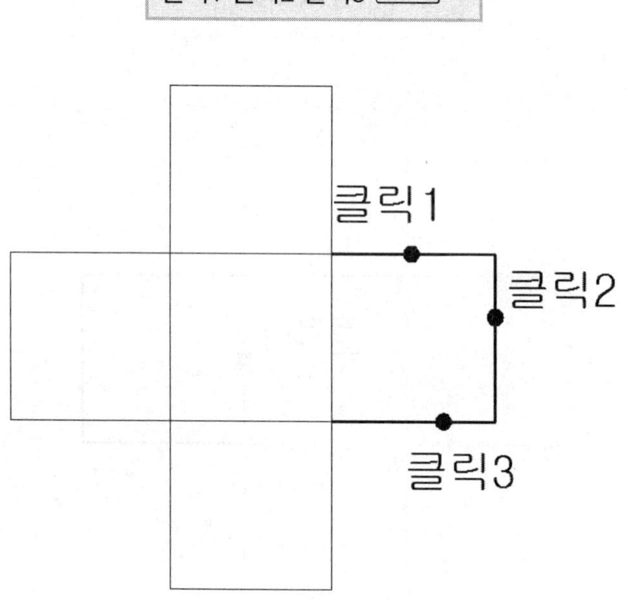

대화창에서 다음과 같이 설정한 후 Name 난에 1이라고 입력하고 OK 버튼을 클릭한다.

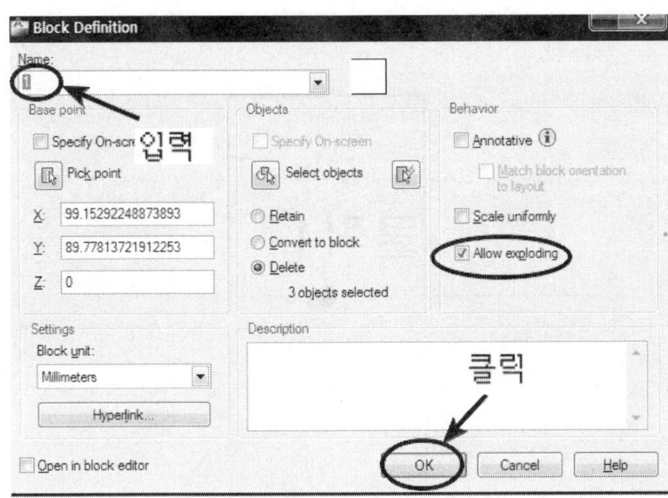

아래와 같이 반복한다.

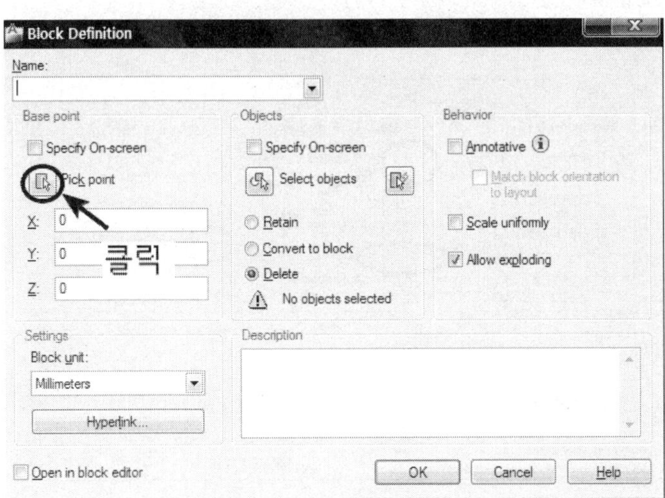

mid Enter↵

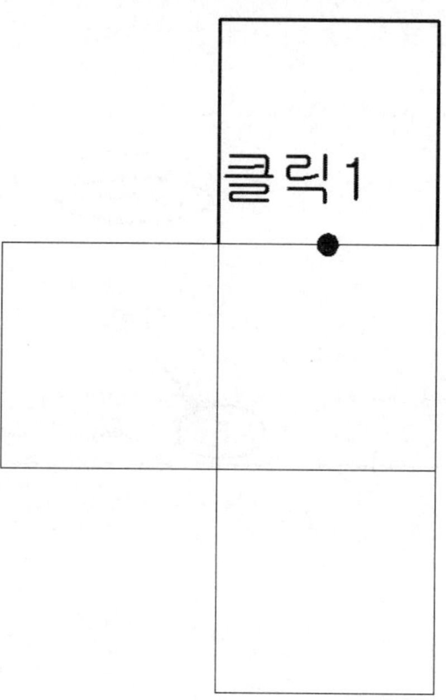
클릭1

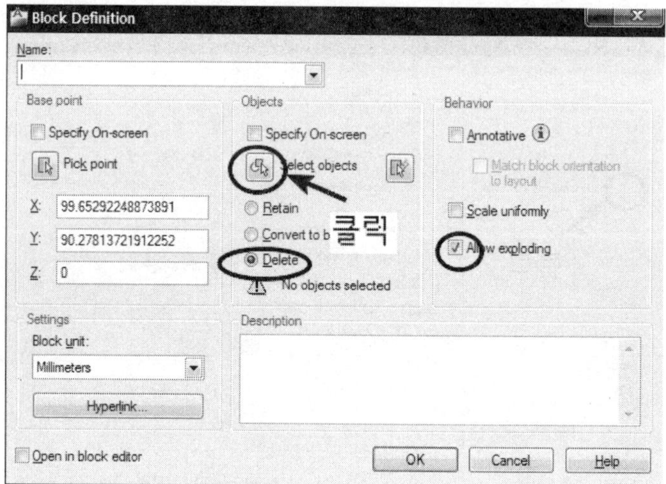
Block Definition
Name:
Base point
Specify On-screen
Pick point
X: 99.65292248873891
Y: 90.27813721912252
Z: 0
Objects
Specify On-screen
Select objects
Retain
Convert to b
Delete
No objects selected
클릭
Behavior
Annotative
Match block orientation to layout
Scale uniformly
Allow exploding
Settings
Block unit:
Millimeters
Hyperlink...
Description
Open in block editor
OK
Cancel
Help

클릭1 클릭2 클릭3 Enter↵

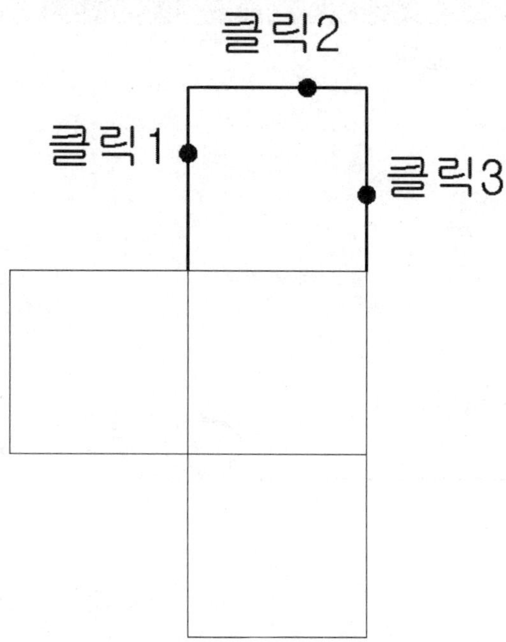

2라고 입력한 후 OK 버튼을 클릭한다.

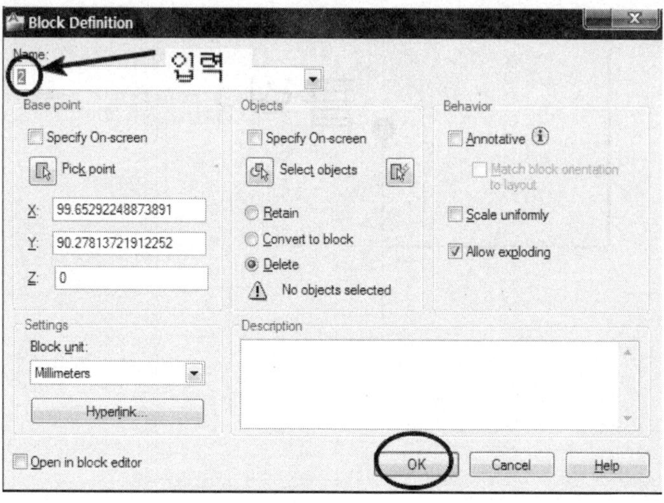

Block Enter↵

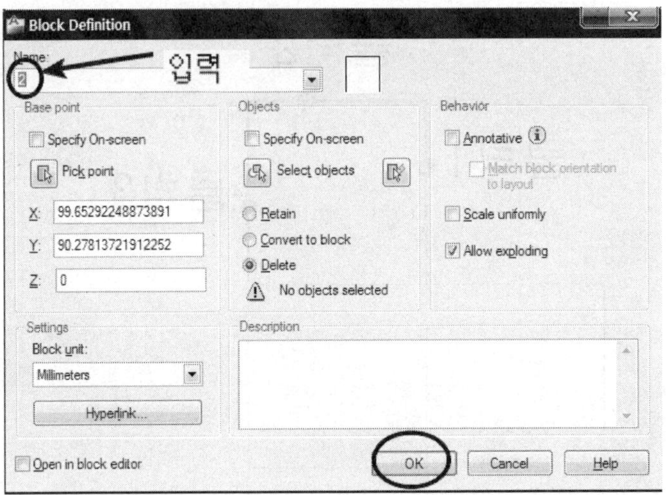

mid Enter↵
클릭1

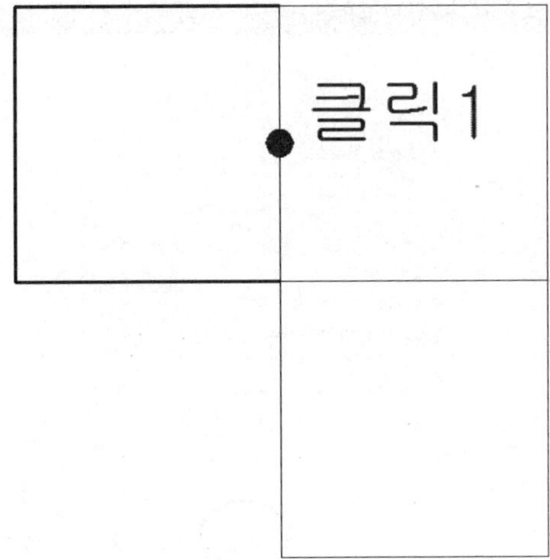

Select objects를 클릭한다.

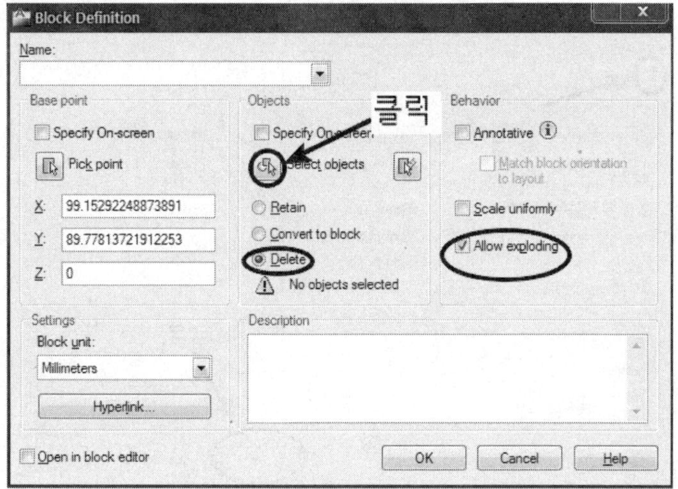

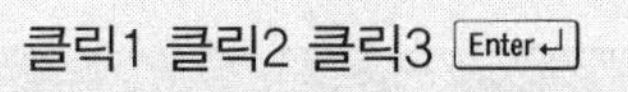

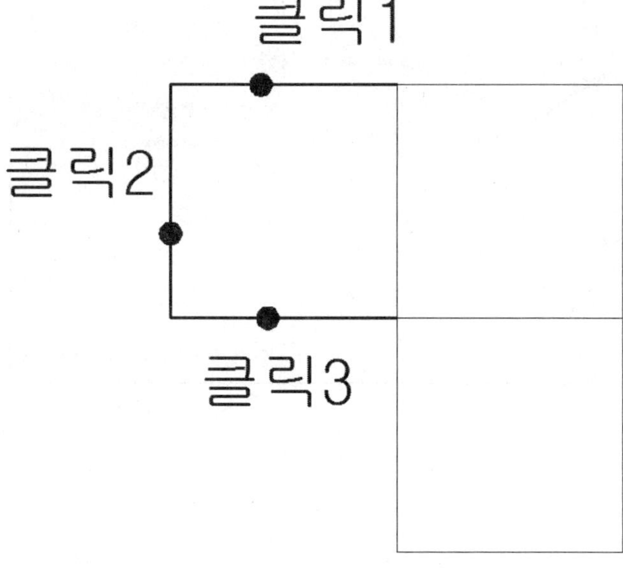

Name 난에 3이라고 입력한 후 OK를 클릭한다.

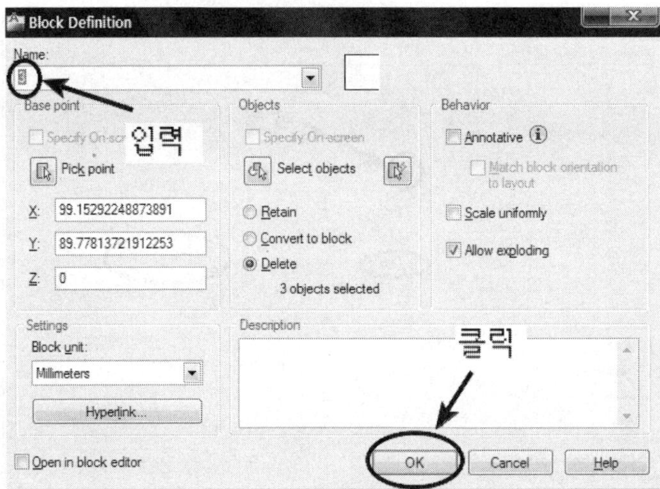

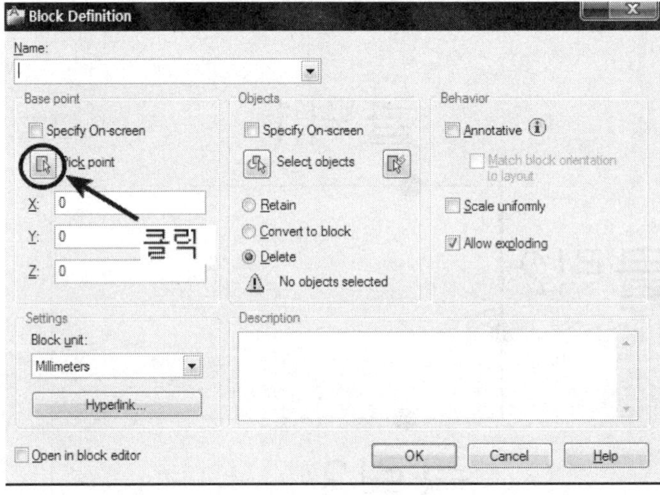

mid Enter↵

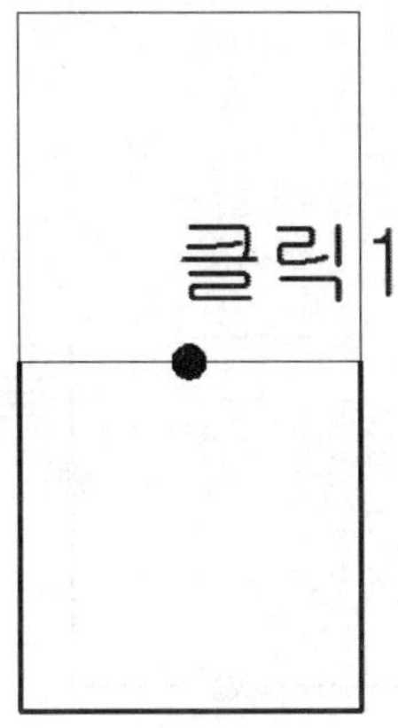
클릭1

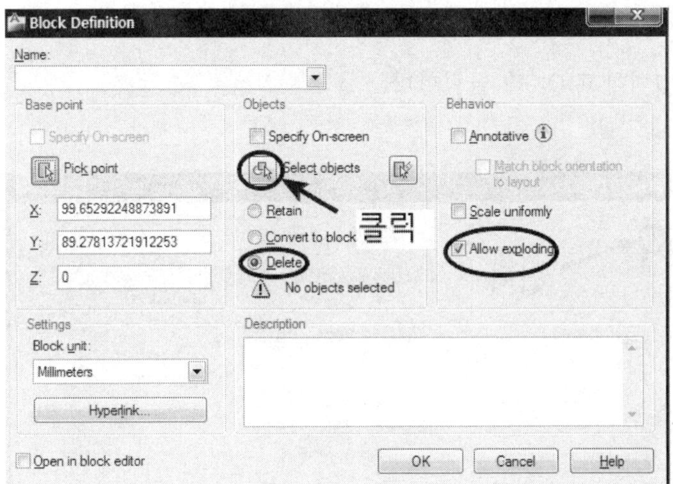
Block Definition
Name:
Base point
Specify On-screen
Pick point
X: 99.65292248873891
Y: 89.27813721912253
Z: 0
Objects
Specify On-screen
Select objects
Retain
Convert to block
Delete
No objects selected
클릭
Behavior
Annotative
Match block orientation to layout
Scale uniformly
Allow exploding
Settings
Block unit:
Millimeters
Hyperlink...
Description
Open in block editor
OK
Cancel
Help

클릭1 클릭2 클릭3 Enter↵

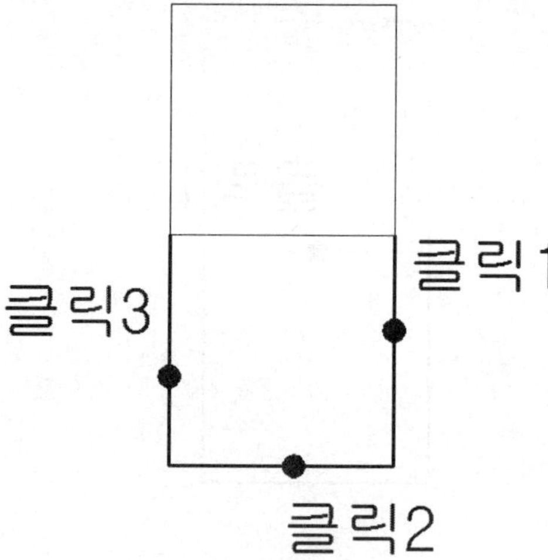

Name 난에 4를 입력하고 OK를 클릭한다.

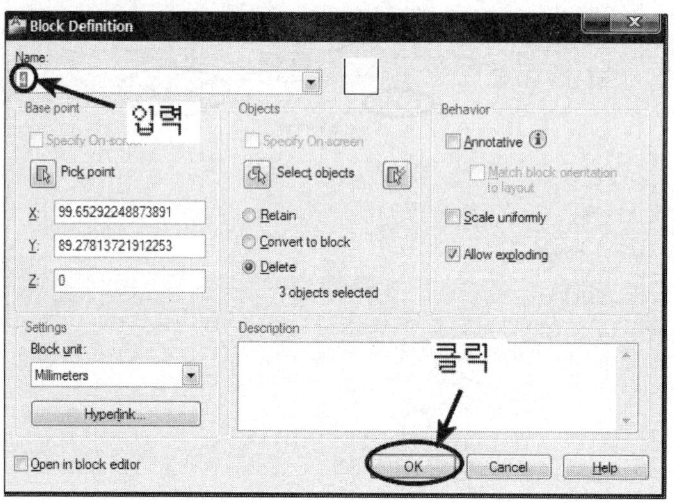

Block Enter↵

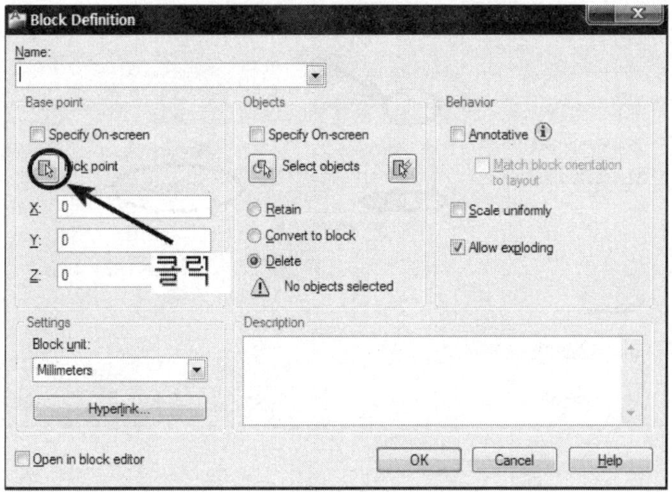
Block Definition
Name:
Base point
Specify On-screen
Pick point
X: 0
Y: 0
Z: 0
클릭
Objects
Specify On-screen
Select objects
Retain
Convert to block
Delete
No objects selected
Behavior
Annotative
Match block orientation to layout
Scale uniformly
Allow exploding
Settings
Block unit:
Millimeters
Hyperlink...
Description
Open in block editor
OK
Cancel
Help

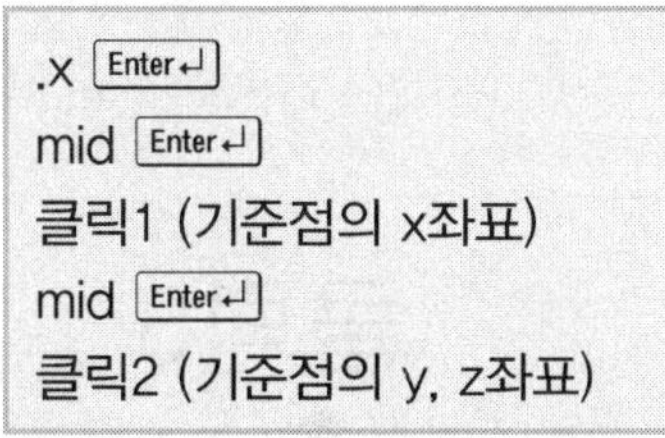
.x Enter↵
mid Enter↵
클릭1 (기준점의 x좌표)
mid Enter↵
클릭2 (기준점의 y, z좌표)

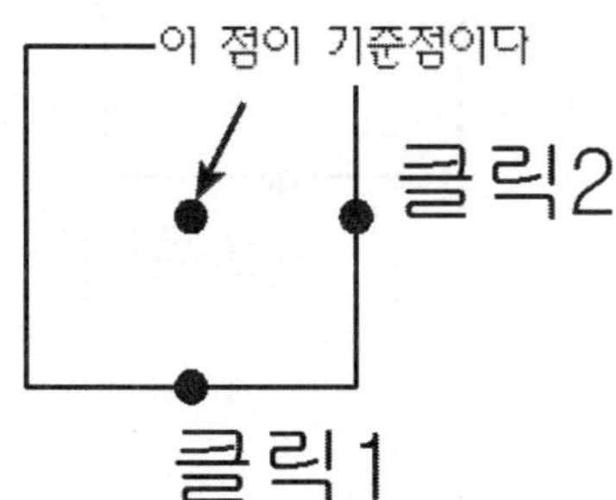
이 점이 기준점이다
클릭2
클릭1

Select objects 버튼을 누른다.

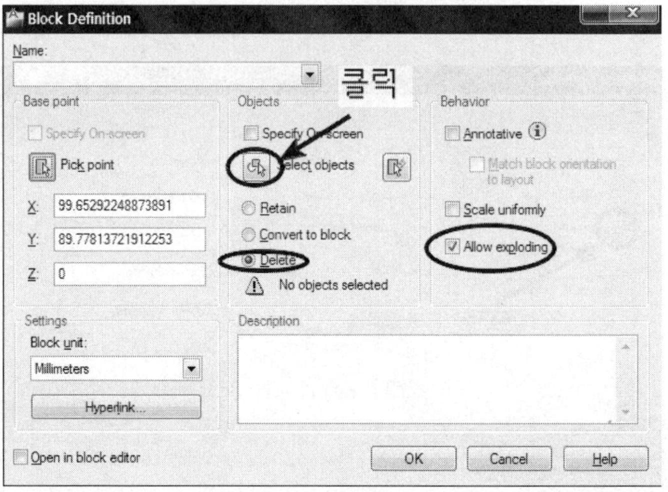

클릭1 클릭2 클릭3 클릭4 Enter↵

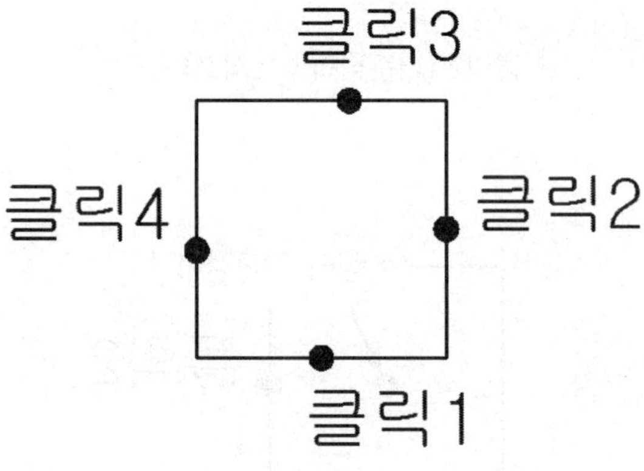

Name 난에 r을 입력한 후 OK를 클릭한다.

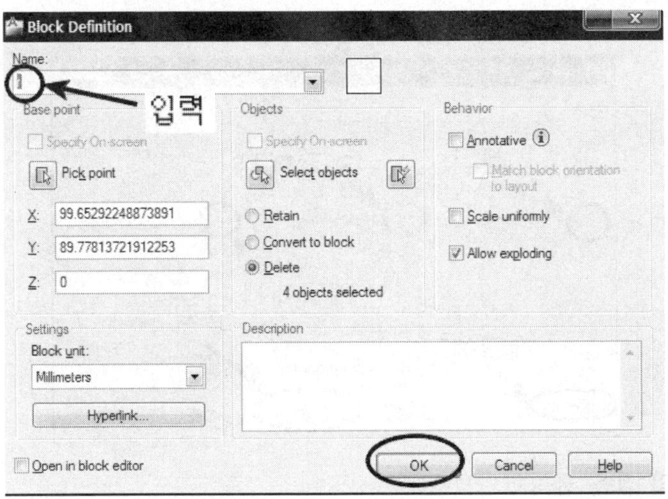

[만들어 놓은 블록 확인하기]

Insert Enter↵ (블록 삽입 또는 파일 삽입)

Name 항목을 클릭한 후 r을 클릭한다.

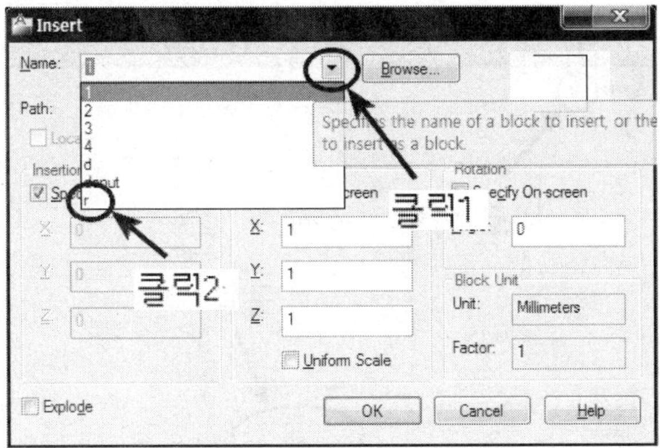

Specify On－screen 항목을 체크하면 블록의 위치를 화면에서 제어할 수 있다. 나머지 기능은 모두 해제한 후 OK를 클릭한다.

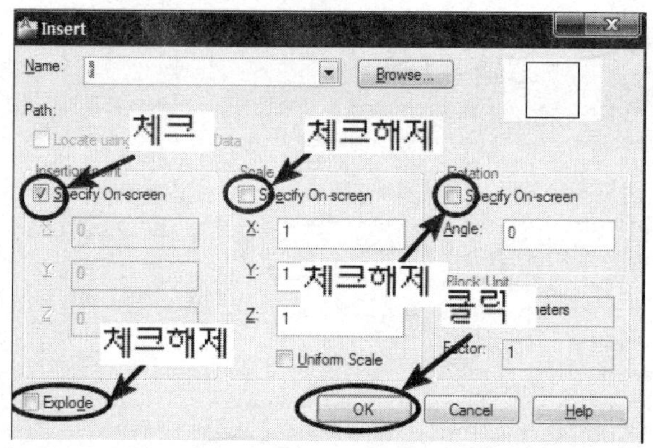

도면영역에서 임의 점을 클릭한다.

Insert Enter↵

이번에는 Name 항목에서 이름을 클릭하지 말고 바로 키보드로 입력한 후 OK를 클릭한다.

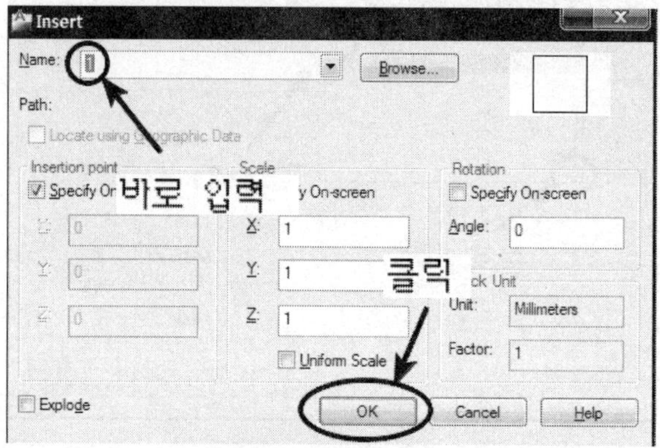

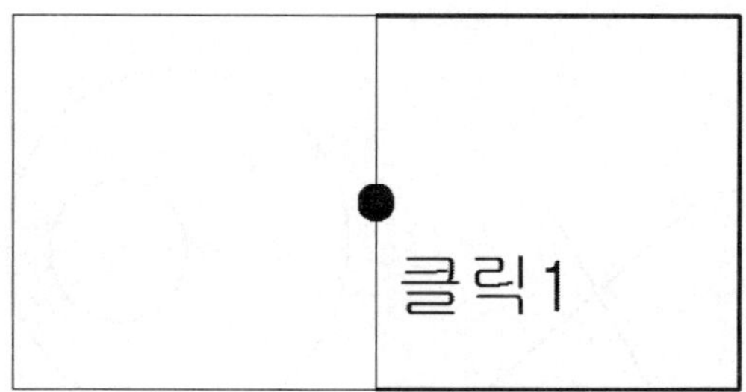

위와 같은 방법으로 Insert 명령을 사용하여 다음과 같이 재구성한다.

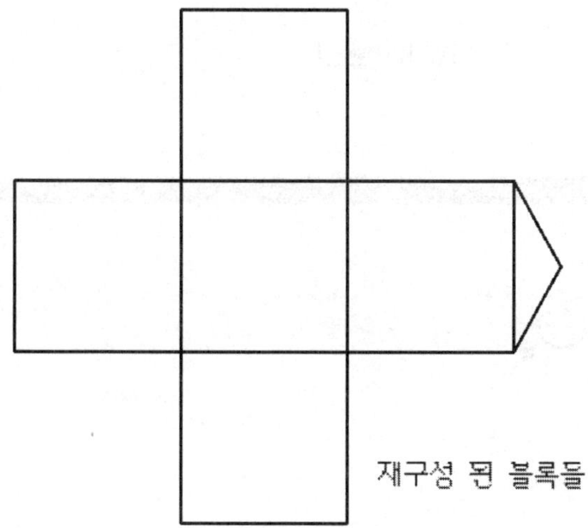

삽입된 블록들은 개개가 모두 하나의 덩어리 물체로 인식되므로 필요에 따라서 eXplode 명령으로 분해할 수 있다.

블록정의를 잘못된 경우에는 다시 블록을 재정의하는 것보다 정의된 블록을 삭제한 후 다시 정의하는 것이 안정적이다.

[잘못된 블록 설정 및 삭제방법]

다음과 같은 그림을 그린다.

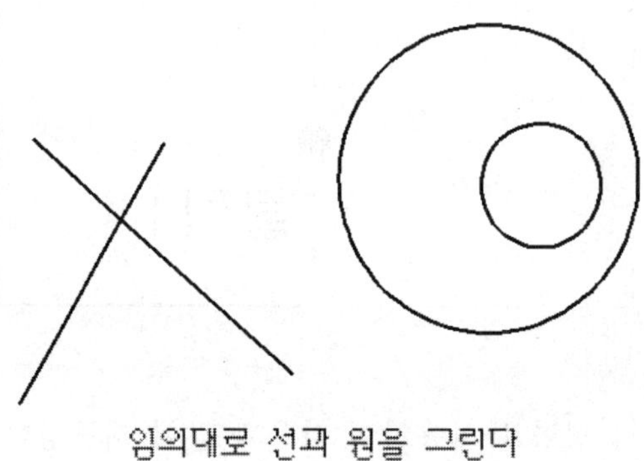

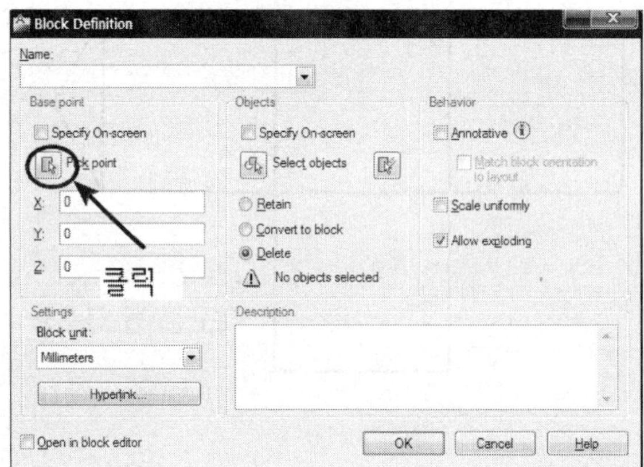

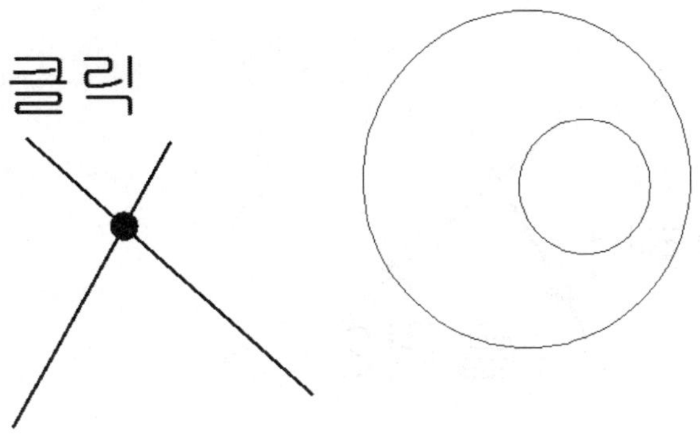

Select object 버튼을 누른다.

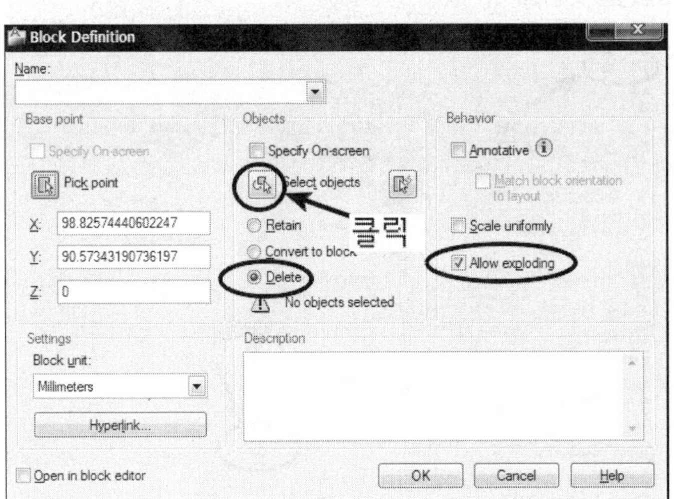

클릭1 클릭2 Enter↵

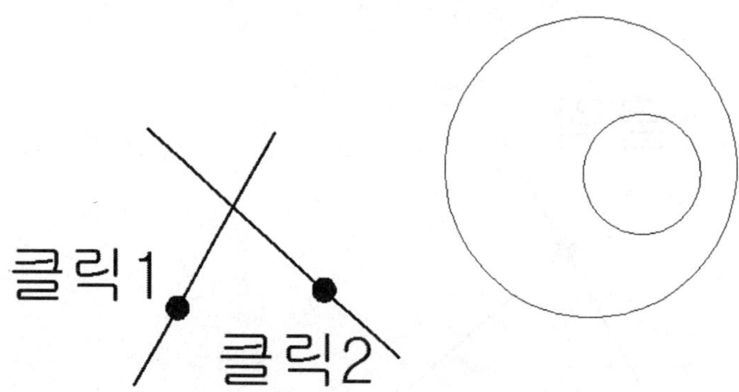

Name 난에 삭제연습1을 입력하고 OK 버튼을 클릭한다.

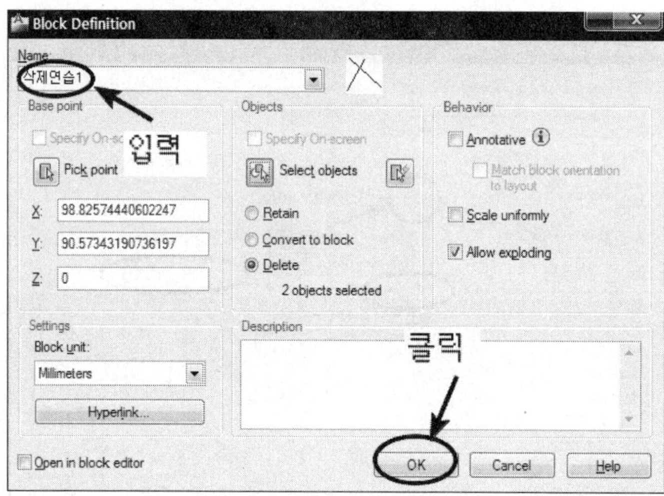

Block Enter↵

Pick point 버튼을 클릭한다.

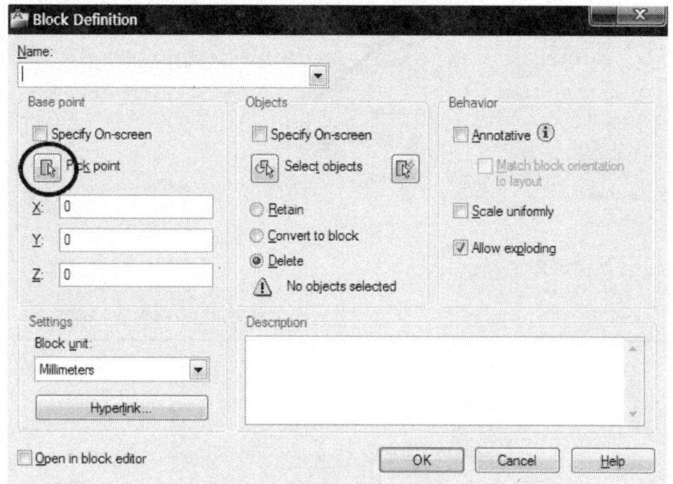

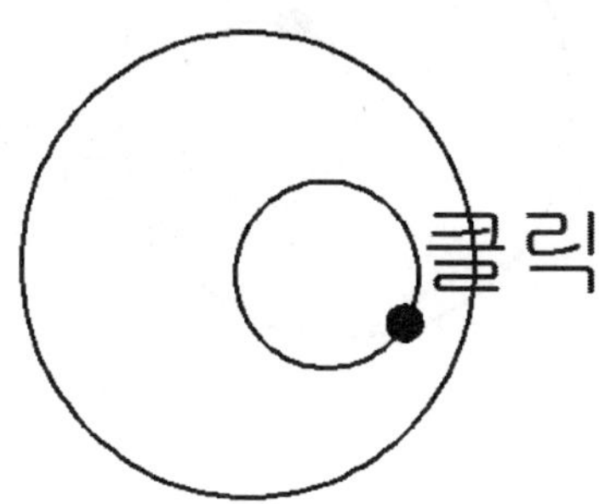

Select object 버튼을 클릭한다.

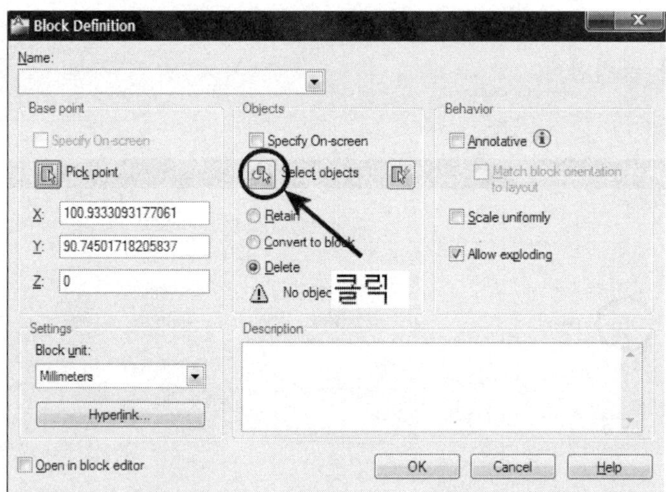

클릭1 클릭2 Enter↵

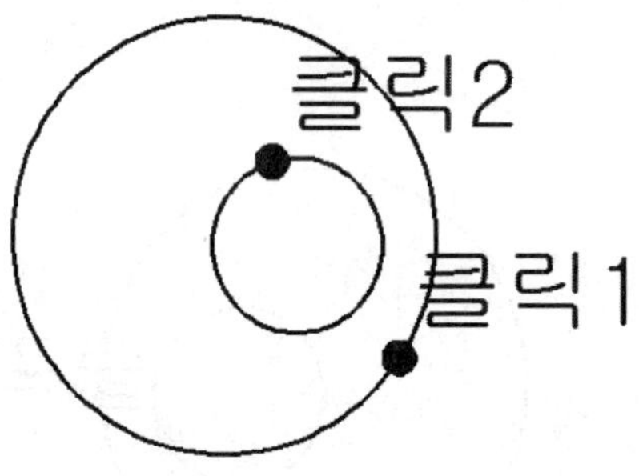

Name 난에 삭제연습2를 입력한 후 OK를 클릭한다.

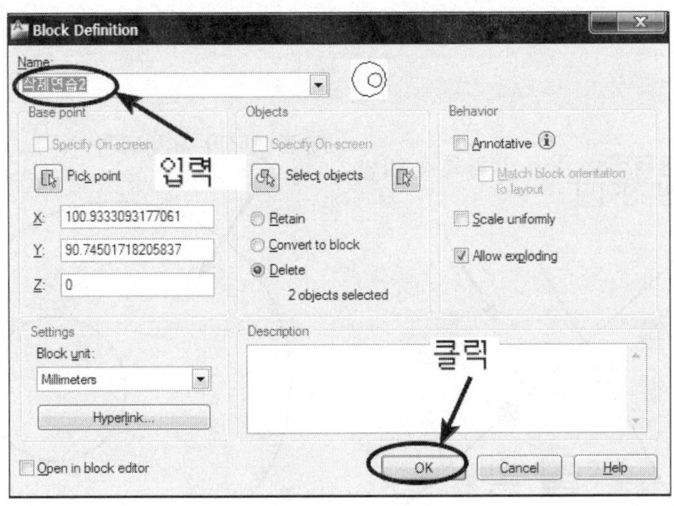

만들어 놓은 삭제연습1 블록과 삭제연습2를 Insert 명령을 사용하여 도면상에 삽입한다.

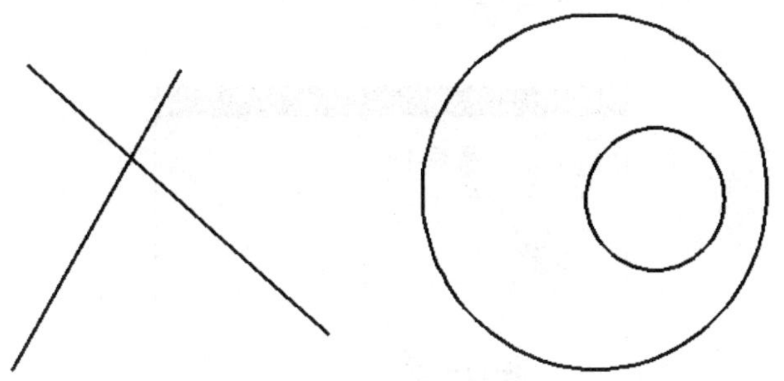

삽입된 삭제연습1 블록과 삭제연습2 블록

삽입된 두 블록은 개개가 하나의 묶음으로 되어있는데, 삭제연습1 블록만 eXplode 명령을 사용하여 분해한다.

eXplode Enter
클릭
Enter

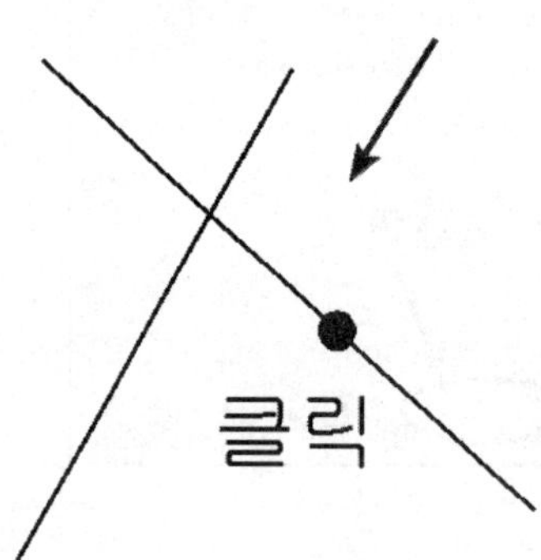
분해되므로 더이상 블록이 아닌 일반 선이다
클릭

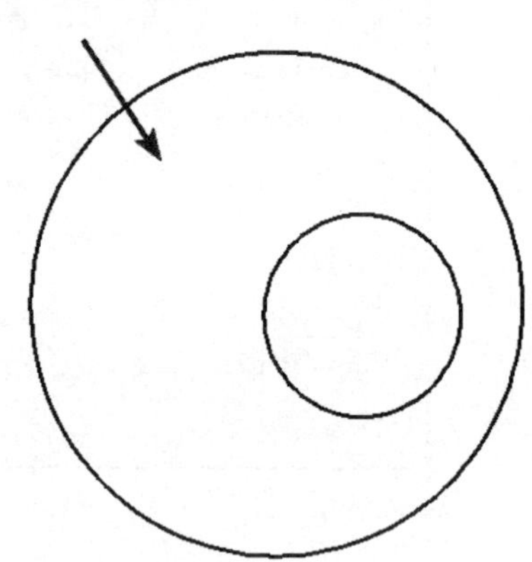
블록상태가 유지되어 있다

PUrge Enter

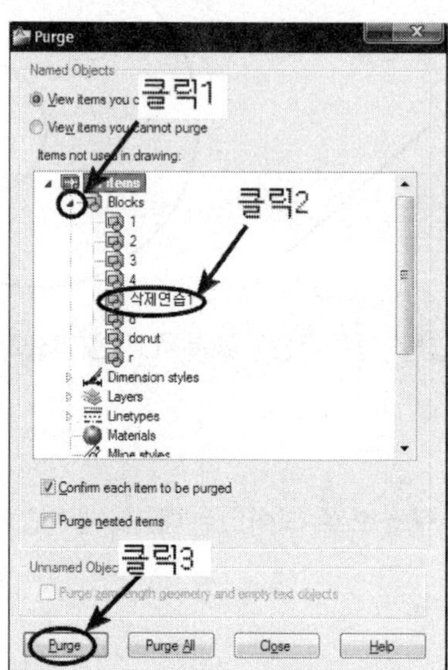
Purge
Named Objects
클릭1
View items you cannot purge
Items not used in drawing:
Blocks
클릭2
삭제연습1
donut
Dimension styles
Layers
Linetypes
Materials
Confirm each item to be purged
Purge nested items
클릭3
Purge
Purge All
Close
Help

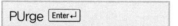

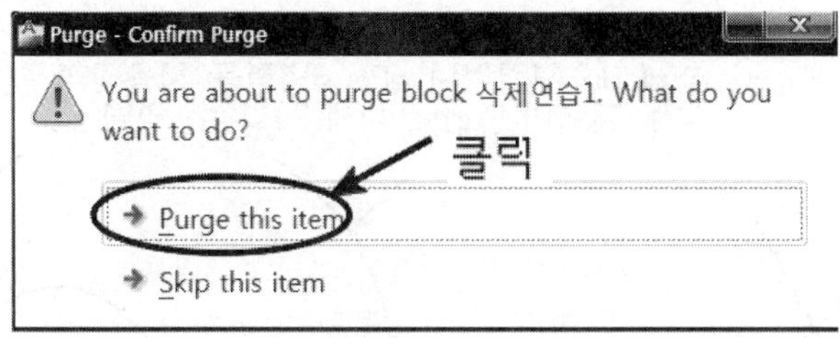

다시 Purge 창이 나타나면 Close 버튼을 눌러 닫는다.

Purge 창을 살펴보면 Blocks 항목에 여러 개의 블록이름들이 나타나는데, 여기에 나타나 있는 이름들은 모두 도면영역 내에서 사용되지 않는 블록들이며 삭제연습2 블록이 Blocks 목록에 나타나지 않는 이유는 도면영역 내에 사용되고 있기 때문이다.

삭제연습2 블록을 Purge(삭제)하려면 먼저 eXplode 명령이나 Erase 명령을 사용하여 해당 블록을 없애 주어야 한다.

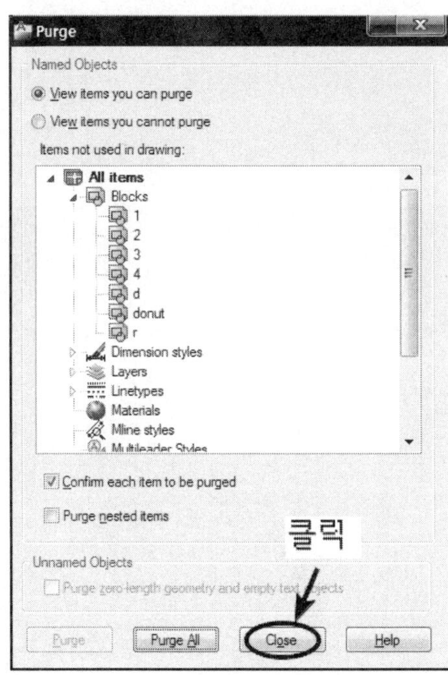

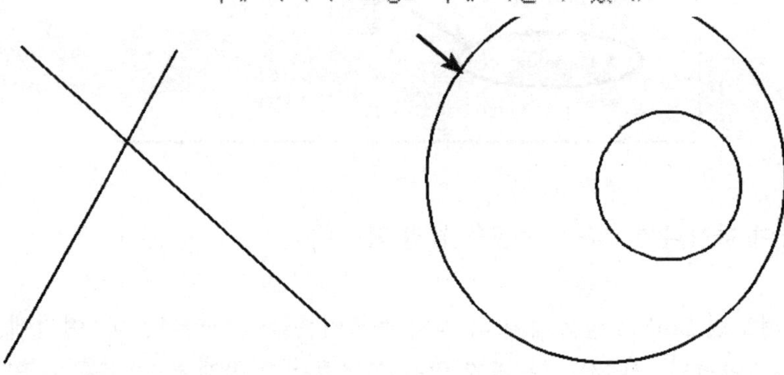
eXplode 시키거나 eRase명령을 사용하여
삭제 하여야 Purge 삭제 시킬 수 있다.

[블록을 활용한 축 그리기]

이미 만들어 놓은 블록을 사용하여 다음 그림과 같은 축을 그려보자.

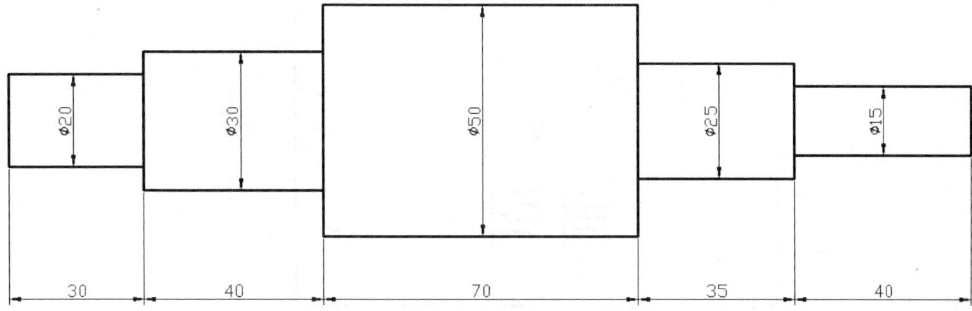

Zoom Enter↵
a Enter↵ (Limits 영역만큼 화면크기를 조정한다.)

이 작업을 하는 이유는 현재 화면이 너무 확대되어 있을 경우 삽입된 블록이 화면을 벗어나서 보이지 않을 수 있기 때문이다.

Name 난에 r을 입력하고 Specify On－screen 난에 x값은 70, y값은 50을 입력한 후 OK를 클릭한다.

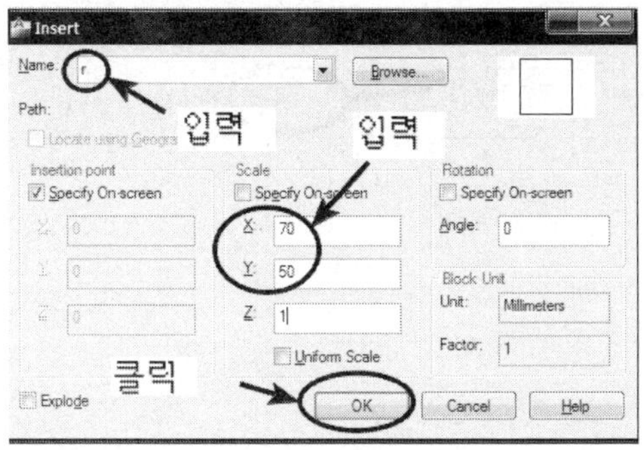

도면 중앙부위의 임의 점을 클릭한다.

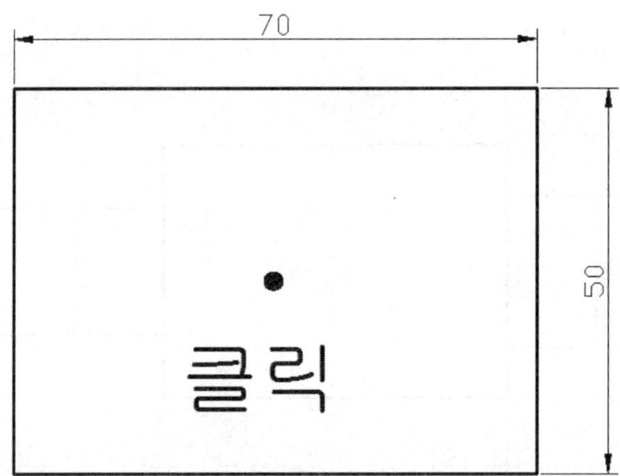

Name 난에는 1, x값은 35, y값은 25를 입력한 후 OK를 클릭한다.

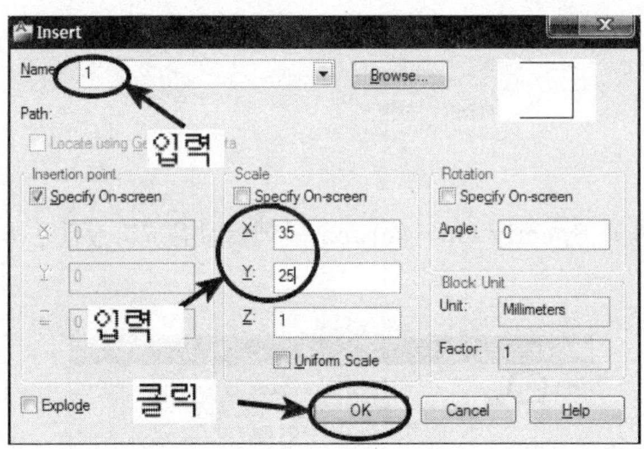

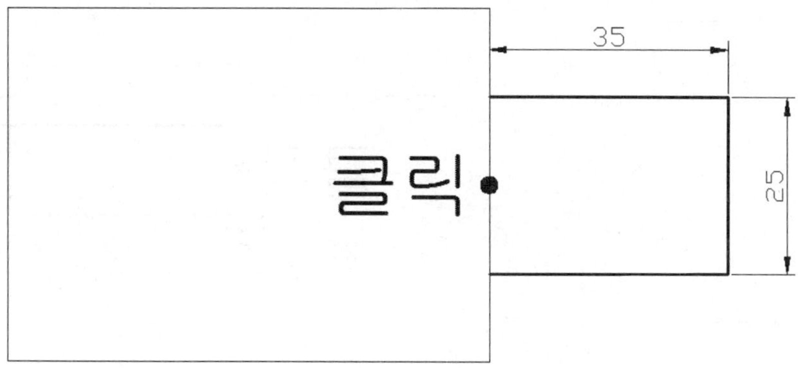

Insert Enter↵

Name 난에는 가장 최근에 사용한 블록이름으로 되어 있으므로 따로 입력할 필요가 없고 x값에 40을, y값에 15를 입력한 후 OK를 클릭한다.

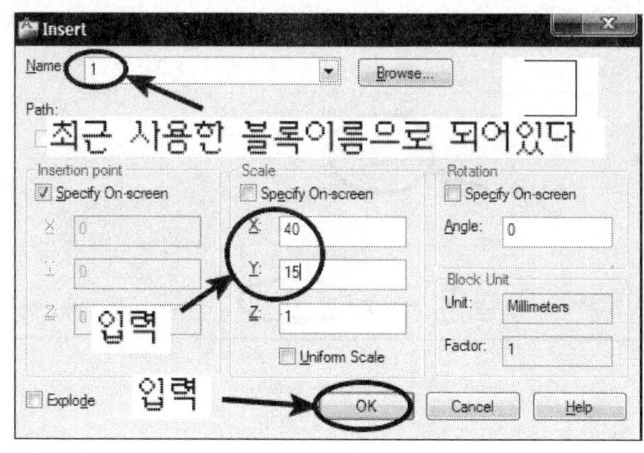

mid Enter↵
클릭

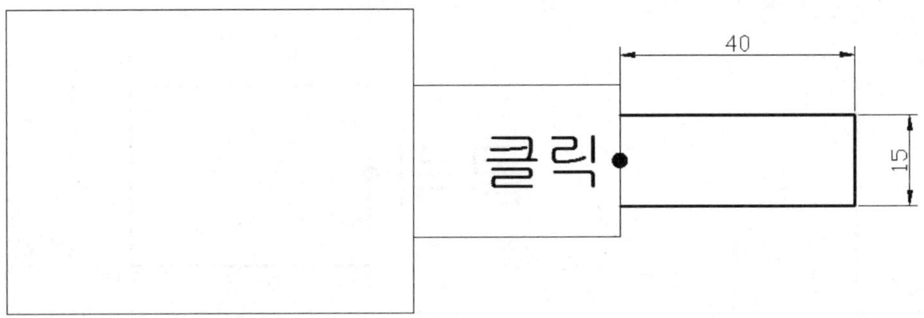

Insert Enter↵

Name 난에는 3을, x값은 40을, y값은 30을 입력한 후 OK를 클릭한다.

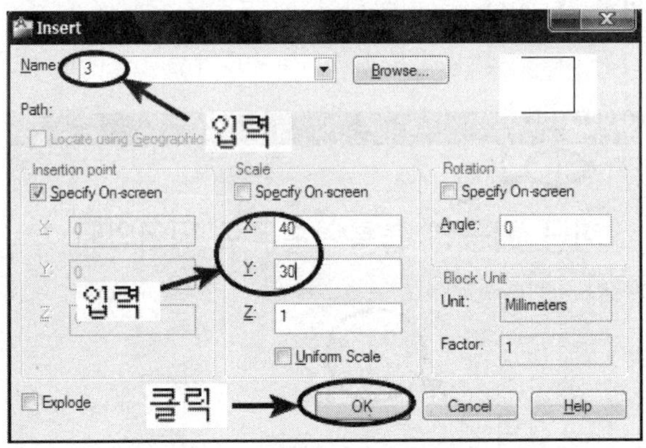

mid Enter↵
클릭

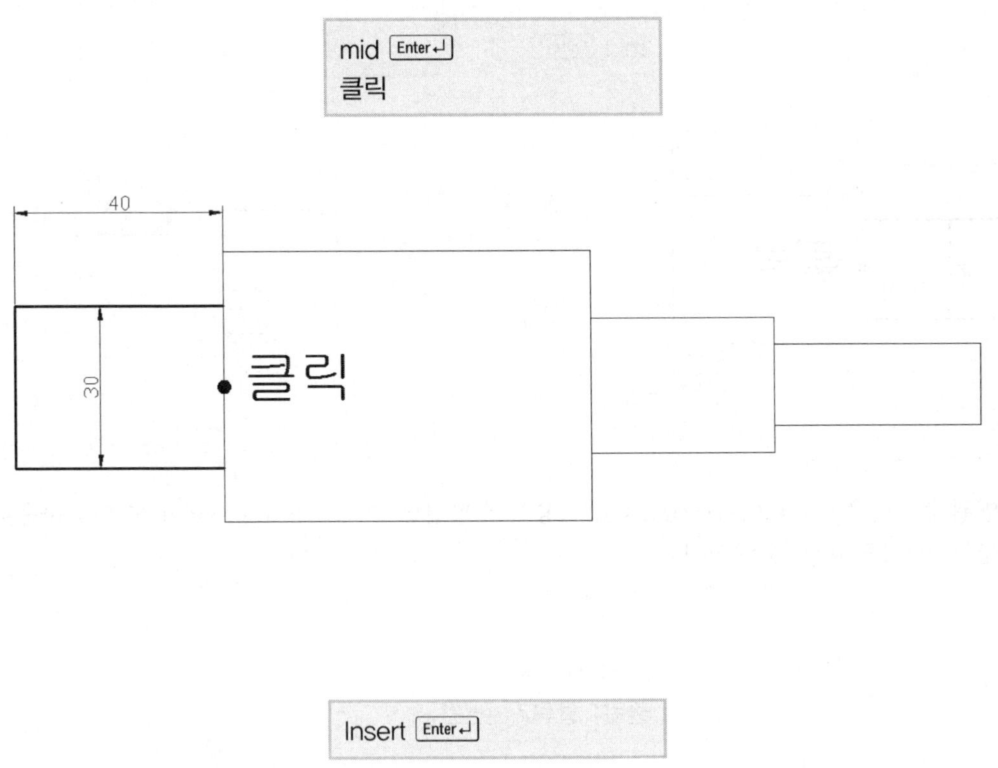

Insert Enter↵

Name 난은 이전 블록 이름인 3을 그대로 받아들이고 x값은 30, y값은 20을 입력한 후 OK를 클릭한다.

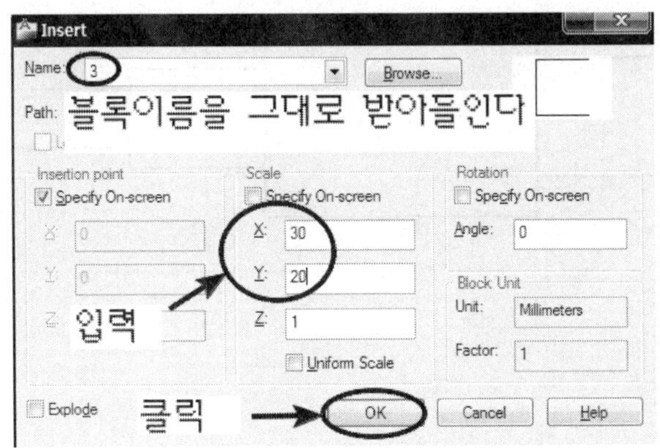

mid Enter↵

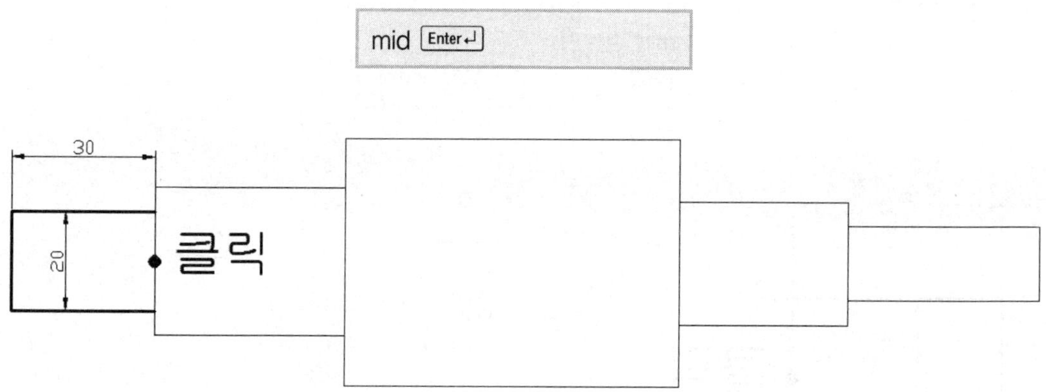

삽입된 블록들은 Offset이나 Trim 등을 이용하여 편집할 수 없으므로 eXplode 명령을 사용하여 모두 분해(블록속성 제거)한다.

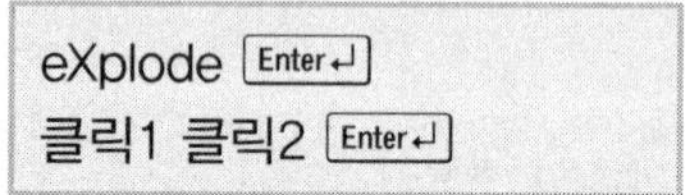

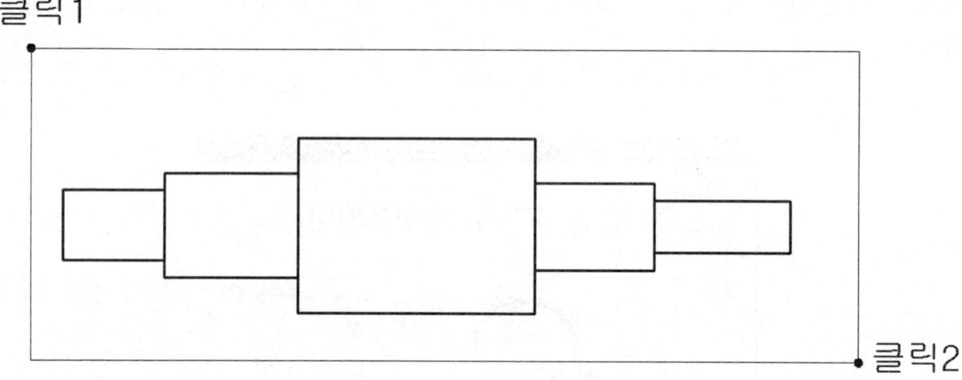

[블록을 이용하여 드릴구멍 그리기]

블록을 사용하여 다음과 같은 그림을 완성해 보자.

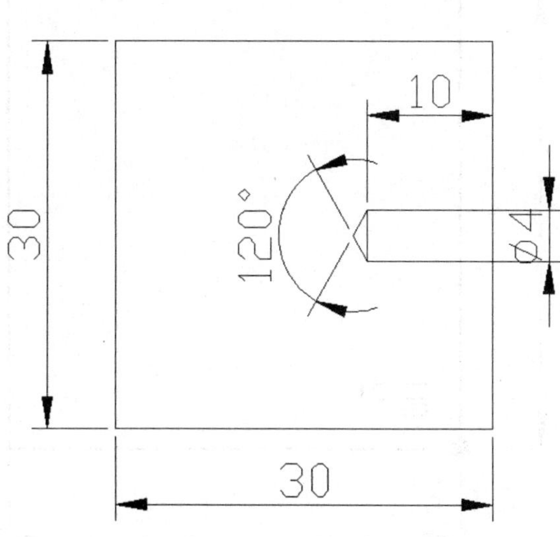

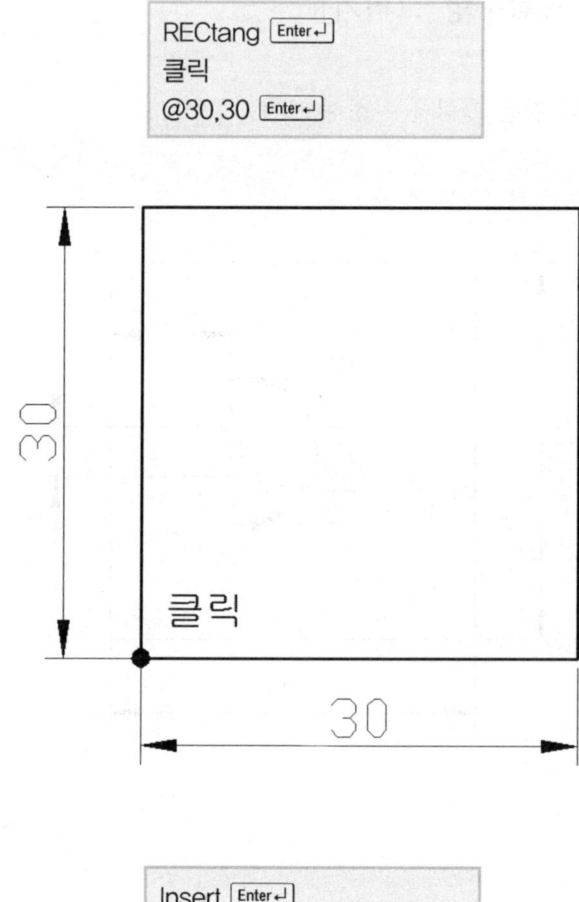

Insert Enter↵

Name 난에 3을 입력한 후 x값은 10, y값은 4를 입력하고 OK를 클릭한다.

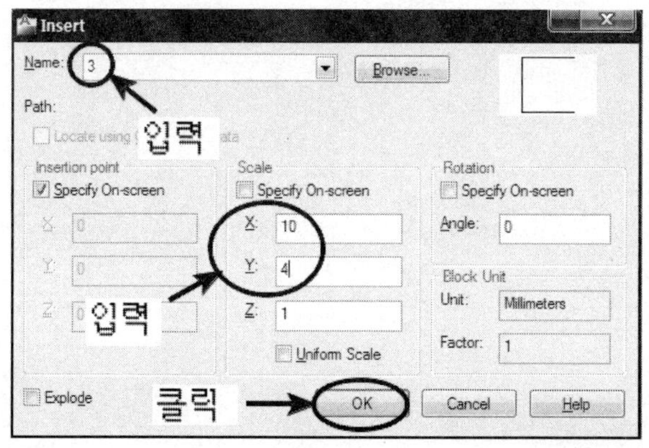

mid Enter↵

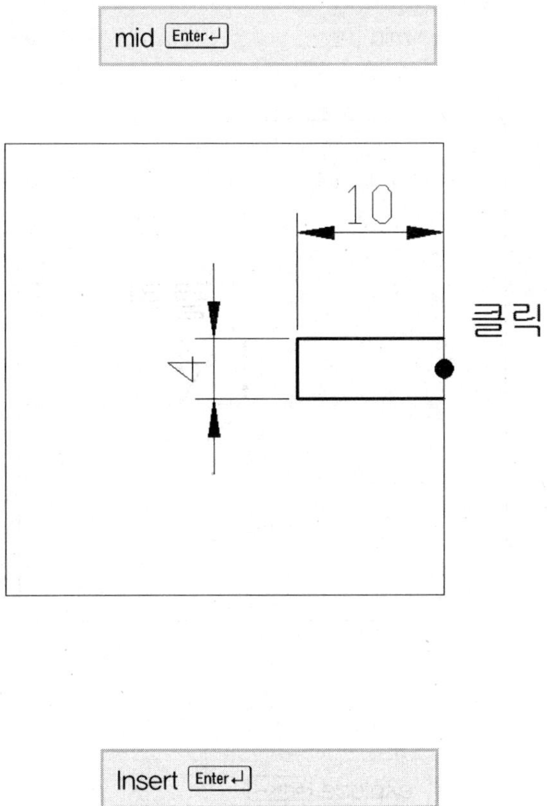

Insert Enter↵

Name 난에는 d를 입력한 후 Uniform Scale을 체크하여 활성화시킨다. 그리고 x값에 4를 입력한 후 Rotation 항목의 Angle 값을 180으로 입력하고 OK 버튼을 클릭한다.

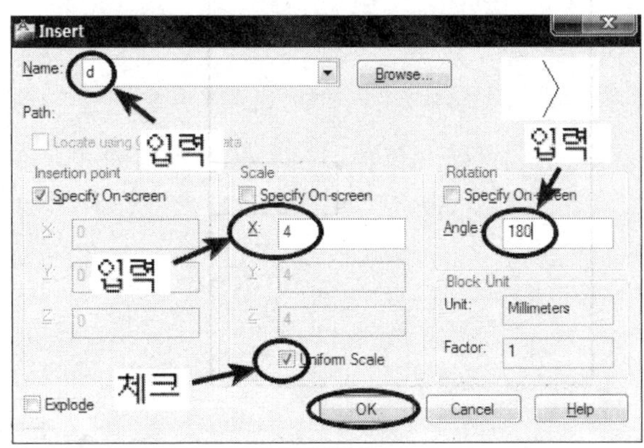

mid Enter↵

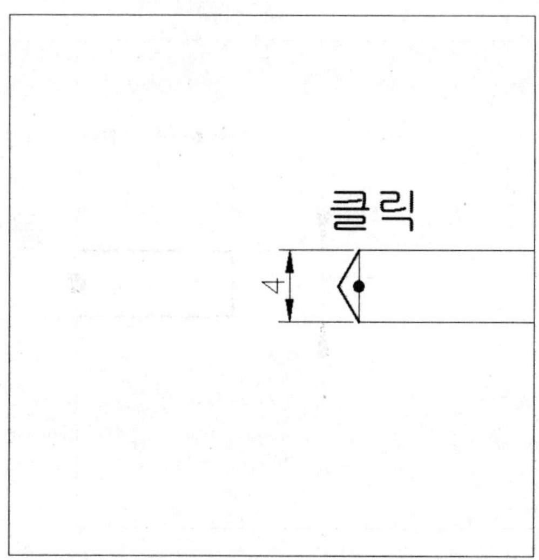

eXplode Enter↵
클릭1 클릭2 Enter↵

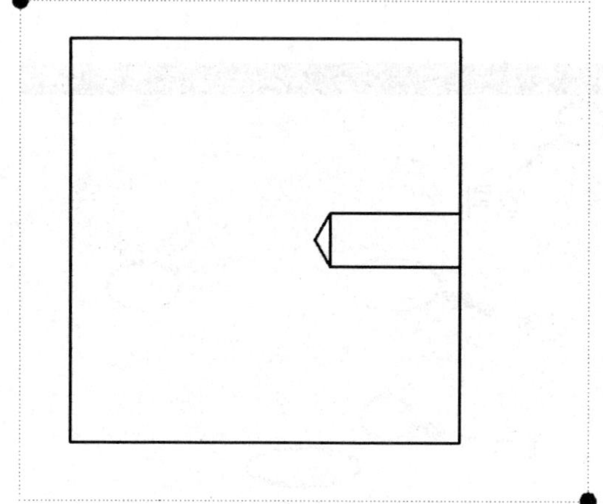

SPLine과 BHatch 명령을 사용하여 그림과 같이 도면을 마무리한다.

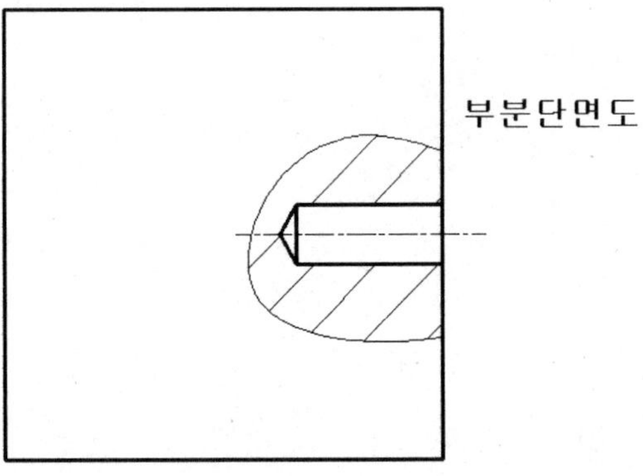

PART **15**

치수기입법

다음과 같은 그림을 그린다.(치수기입은 하지 말 것)

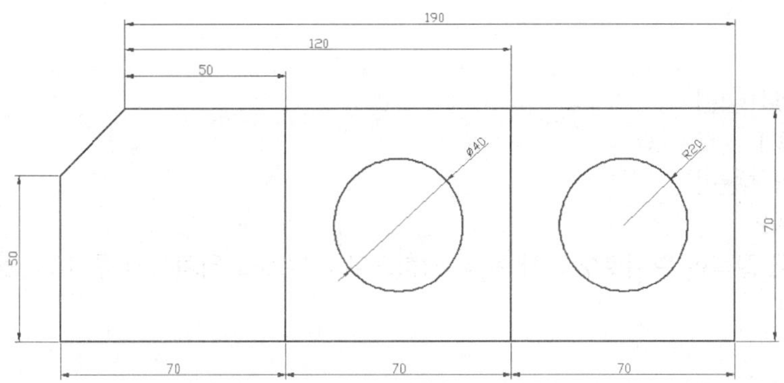

[치수툴바 띄우기]

아무 아이콘이나 마우스 우측 버튼으로 클릭한다.
버튼메뉴에서 Dimension 항목을 찾는다.

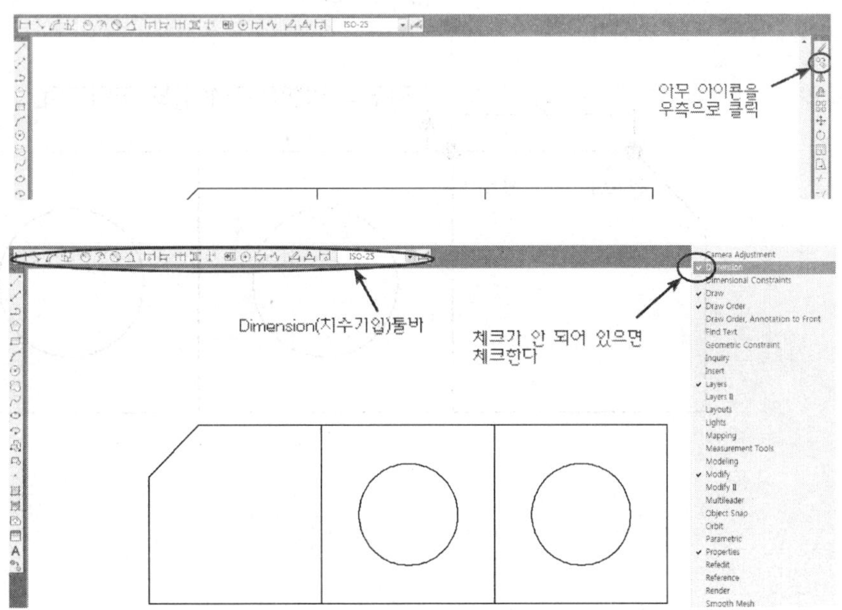

만일 치수기입 툴바의 위치가 그림과 같은 위치에 놓여 있지 않았다면 드래그하여 원하는 위치에 떨어뜨린다.

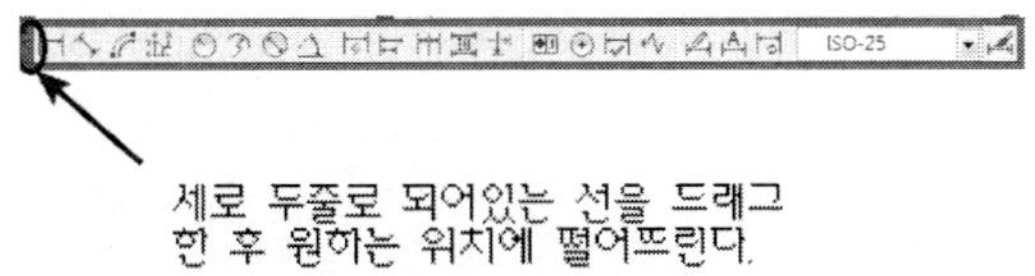

치수 툴바에서 Linear 아이콘 [⊢⊣] 을 클릭한다.

end [Enter↵]
클릭1
end [Enter↵]
클릭2
방금 클릭한 위치로부터 대충 위 방향으로 마우스를 위치시킨 후 10 [Enter↵]

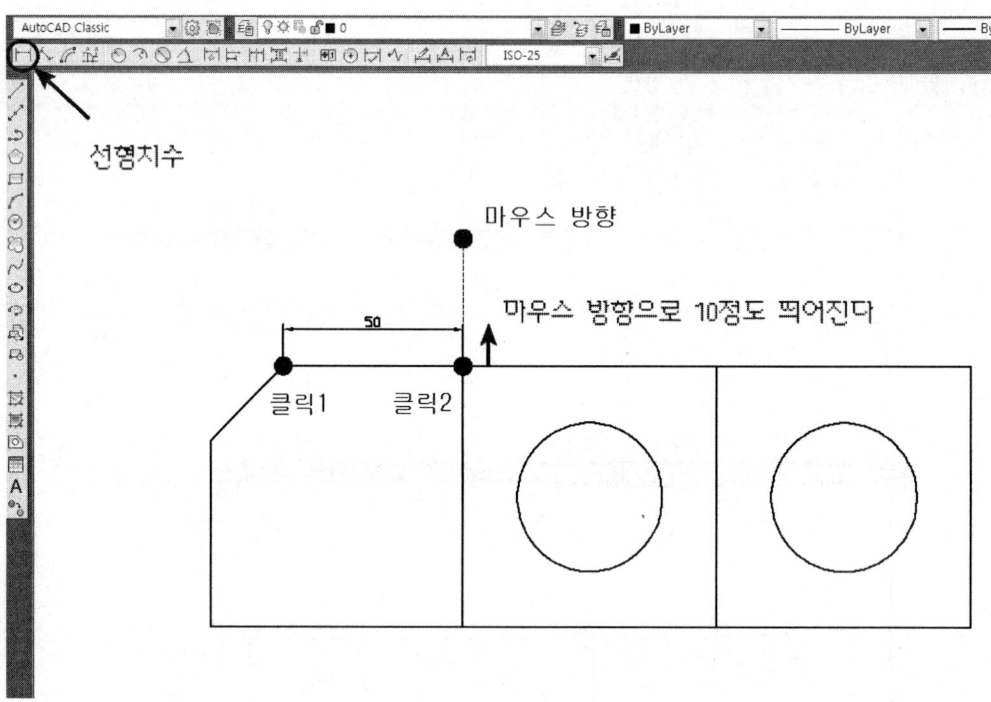

치수기입을 올바르게 하기 위해서는 기본으로 설정된 값을 약간은 수정해야 한다.
방금 기입한 치수를 살펴보면 다음과 같이 되어있는데 새로운 값으로 수정(설정)하여야 한다.

■치수선 색상 : 빨강
■치수선과 치수선 간격 : 8(그림에는 생략하였음)

■치수보조선 색상 : 빨강
■물체로부터 떨어진 치수보조선 거리 : 1
■치수선을 삐져나오는 치수보조선 길이 : 2

■화살표 크기 : 3.15

■치수문자 색상 : 노랑
■치수문자 크기 : 3.15
■치수선으로부터 떨어진 치수문자 거리 : 1

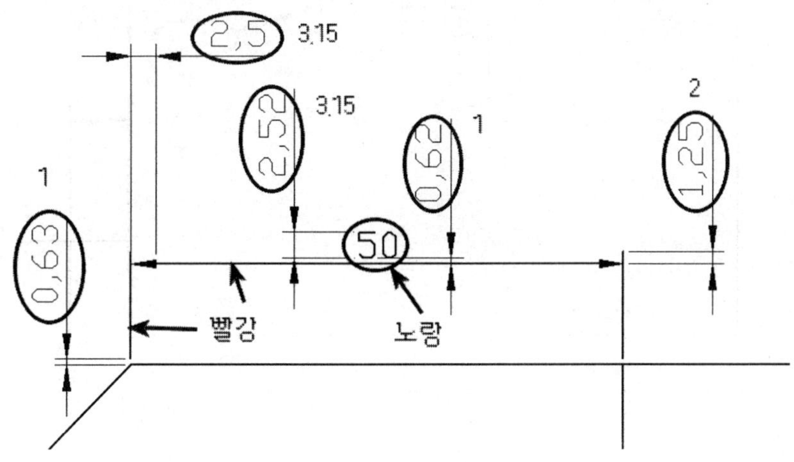

[설정하는 방법]

Ddim Enter↵ (치수설정 대화창을 불러온다.)

우측 New 버튼을 클릭한다.
Start with 항목에 ISO－25라고 되어있는지 확인한다. ISO－25스타일에 설정되어 있는 설정값을 그대로 받아들인 후 몇 가지만 수정하면 된다.
New Style Name 난에 ks라고 입력한 후 Continue 버튼을 누른다.

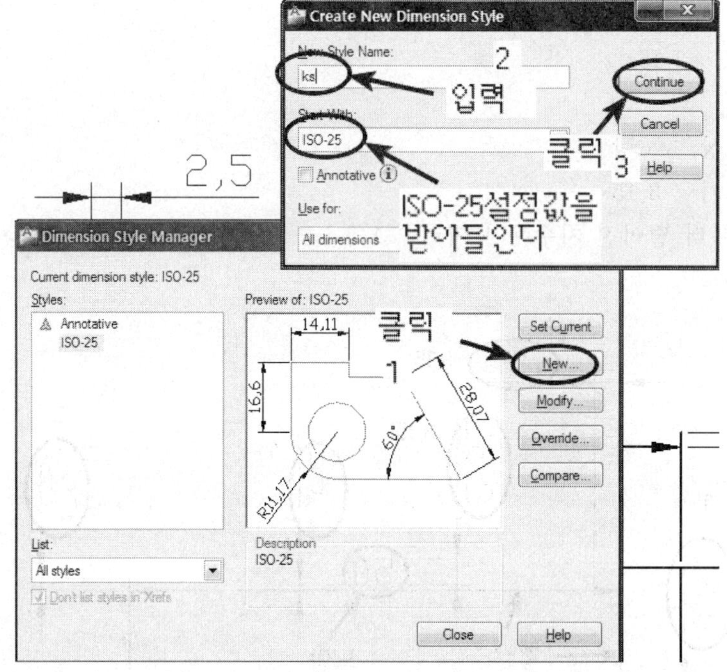

Lines 탭을 클릭한다.
Lines 탭에는 치수선, 치수보조선을 설정할 수 있도록 되어 있다.
Dimension lines(치수선) 색상을 Red(빨강)으로 바꾸고 Baseline spacing(이것은 병렬치수기입시 치수선과 치수선의 수직거리이다.)은 8로 설정한다.

Extension lines(치수보조선) 색상도 Red(빨강)로 바꾸고 Extend beyond dim lines(치수선을 삐져나오는 치수보조선 길이)를 2로, Offset from origin(원점으로부터 떨어진 치수보조선 거리)를 1로 설정한다.

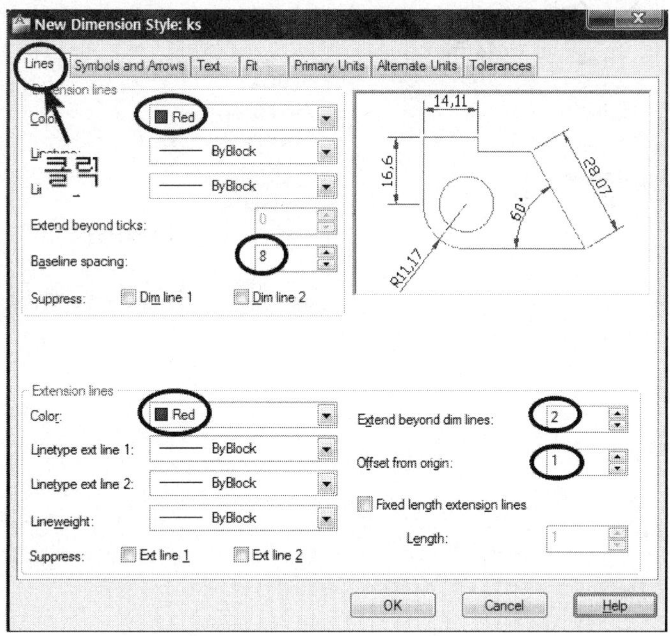

Symbols and Arrows 탭을 클릭한 후 Arrow size에 3.15를 입력한다.

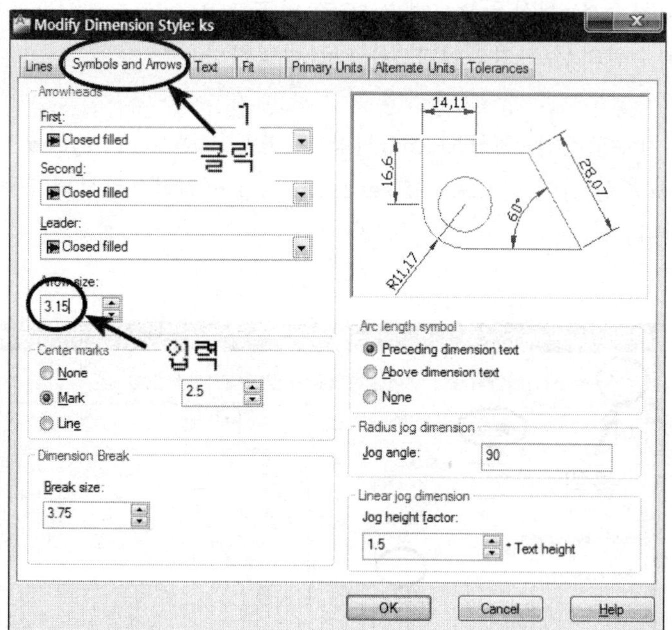

Text 탭을 클릭한다.
Text color(문자색상) 난에는 노란색을 지정한다.
Text height(문자크기) 난에는 3.15를 입력한다.
Offset from dim line(치수선으로부터 떨어뜨릴 문자거리) 난에는 1을 입력한다.

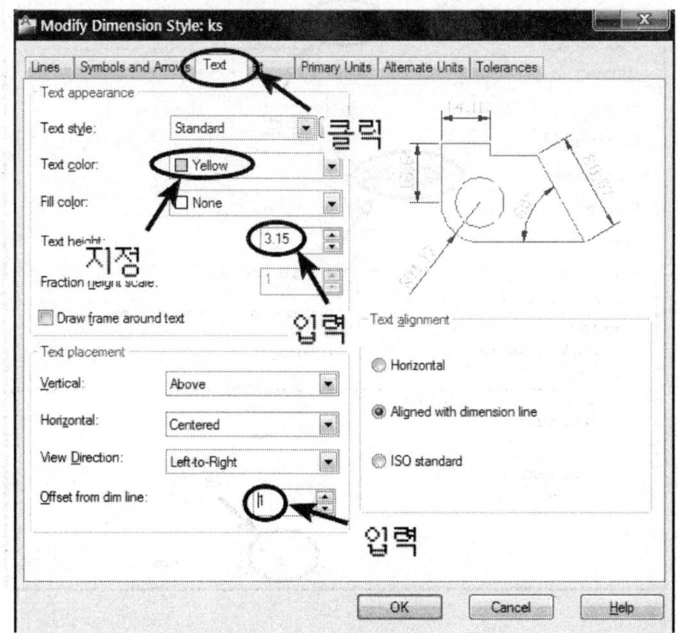

Primary Units 탭을 클릭한다.
Decimal separator 난에는 ','(Comma)를 '.'(Period)로 바꾼다.
이것은 소수점 구별 자로서 소수점 이하를 표시해 준다.
마지막으로 OK 버튼을 클릭한다.

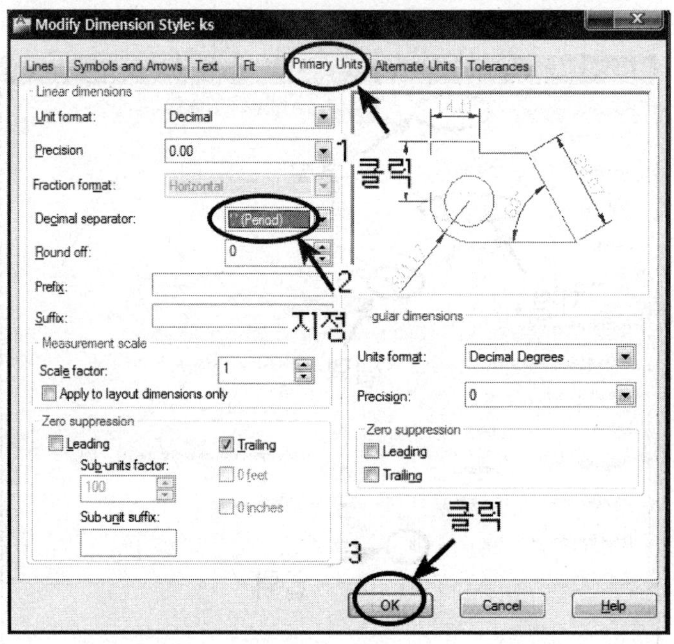

새로 만든 ks라는 이름의 치수 스타일이 만들어졌고 이제 Close 버튼을 클릭한다.

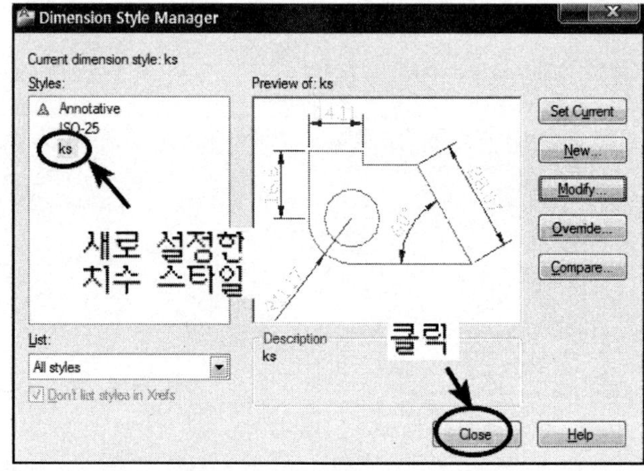

대화창을 빠져나가면 치수 툴바에는 방금 새로 만든 치수스타일인 ks가 등록되어 있다. 이후로 치수기입을 한다면 ks 스타일에서 지정한 형태로 치수기입이 이루어지지만 ks 스타일을 만들기 전에 기입한 치수는 바뀌지 않는다.

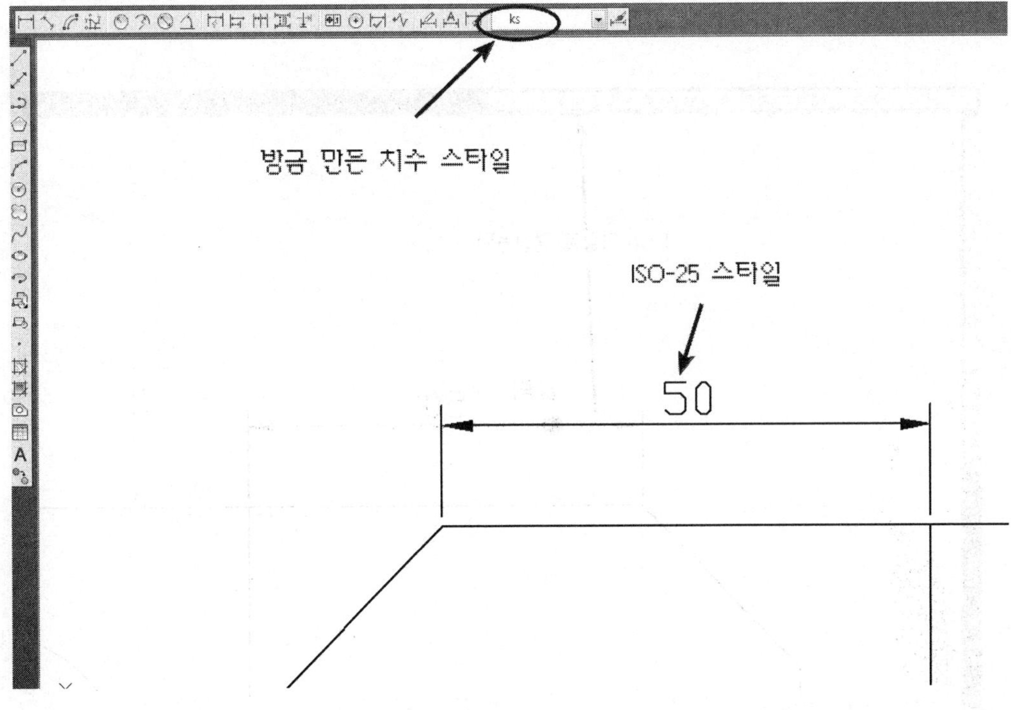

-DIMSTYLE Enter↵ (치수 스타일)
a Enter↵ (현재 치수 스타일을 적용)
클릭
Enter↵ (갱신 완료)

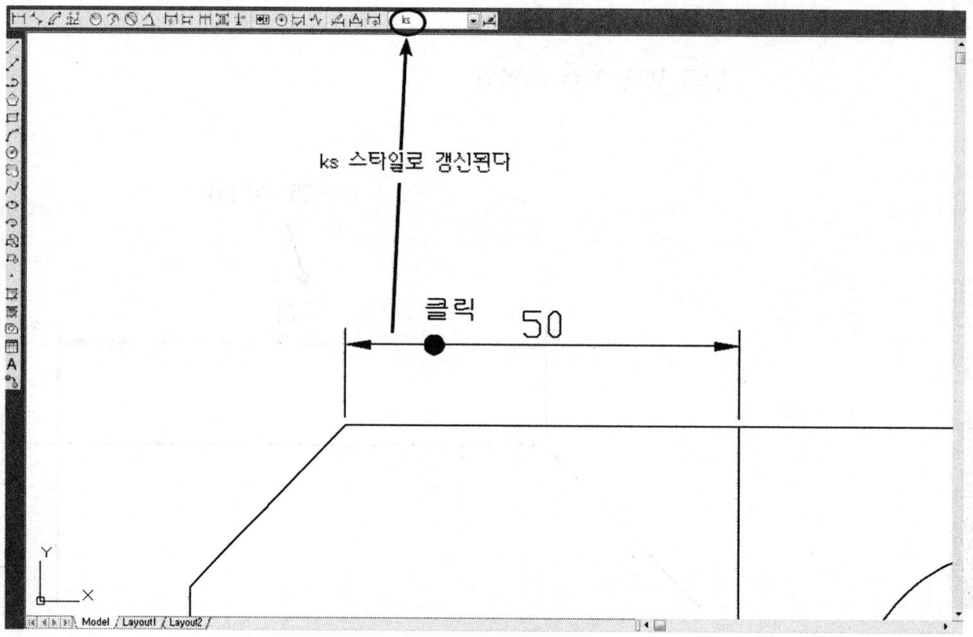

엄밀히 말하자면 Dim 모드에서 up 명령어를 사용하여 기존의 치수를 갱신시킨다는 의미는 현재 스타일을 선택한 치수 물체에 적용한다는 의미보다는 현재 설정된 치수변수를 선택한 치수물체에 적용하게 되는 것이다.

Linear 아이콘을 클릭한다.

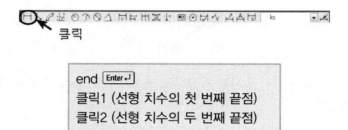

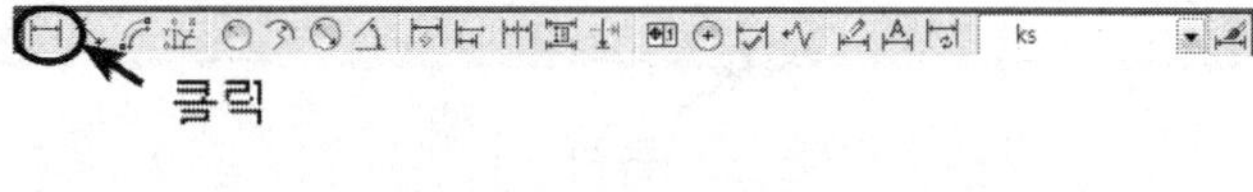

end Enter↵
클릭1 (선형 치수의 첫 번째 끝점)
클릭2 (선형 치수의 두 번째 끝점)

마우스를 그림과 같이 위치시키고 10 Enter↵ (마우스 방향으로 10 정도 떨어진 곳에 치수선이 놓이게 된다.)

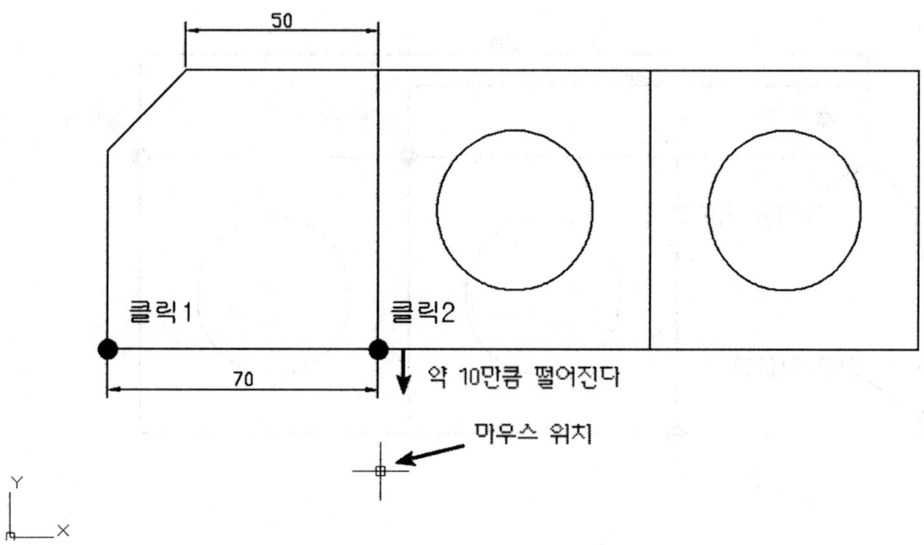

BaseLine 아이콘(병렬치수기입)을 클릭한다.

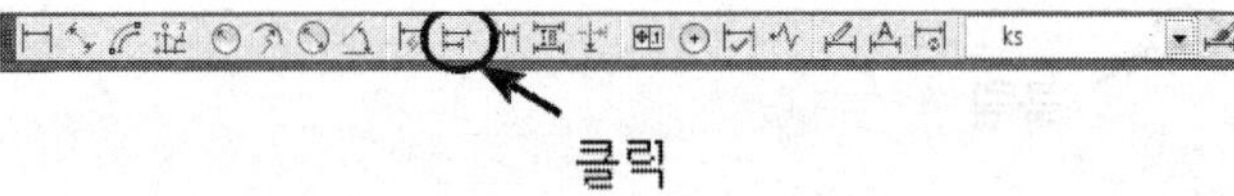

병렬 치수기입 아이콘을 클릭하게 되면 가장 최근에 기입한 치수의 첫 번째 치수보조선 자리가 기준점으로 인식된다.

Enter↵ (최근 기준점 해제)
클릭1 (기준점 다시 지정)
end Enter↵
클릭2
end Enter↵
클릭3

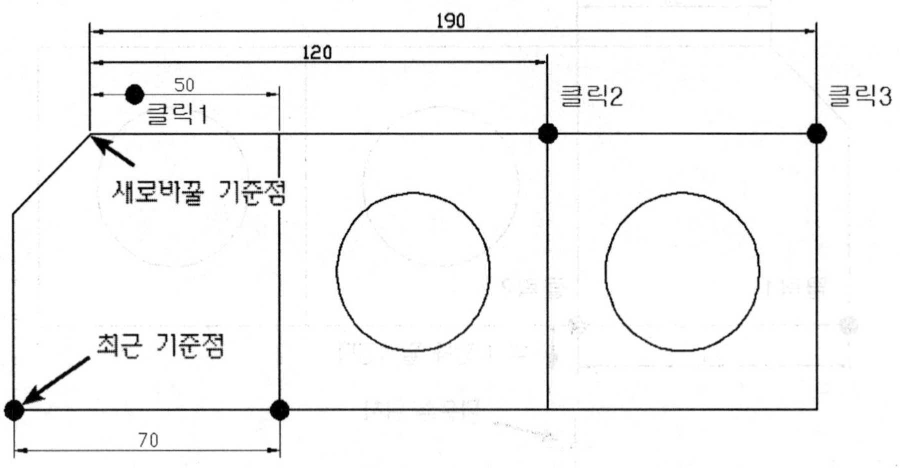

병렬치수기입 아이콘을 사용하여 치수기입을 했을 때 ks 스타일에서 설정한 Baseline spacing 간격이 적용된다.

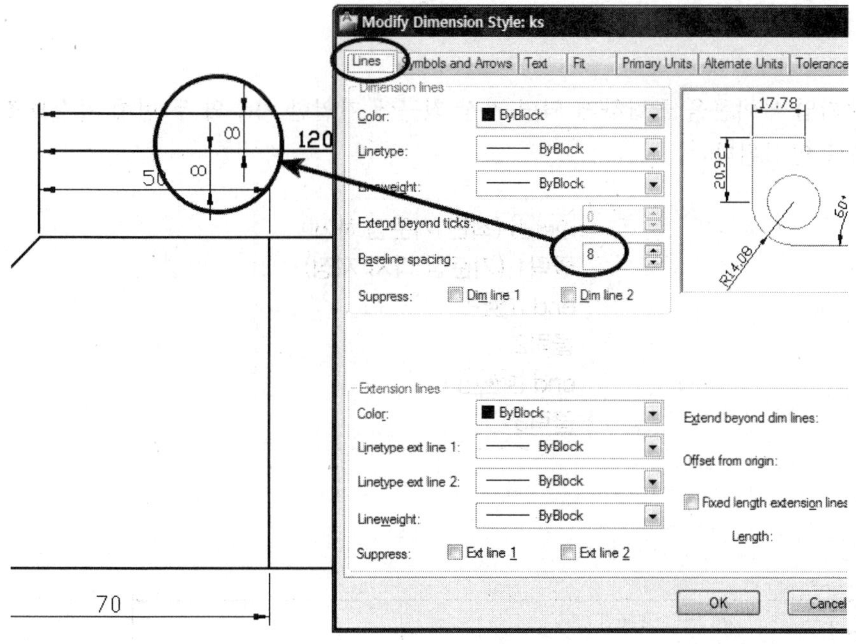

Continue 아이콘(직렬치수)을 클릭한다.

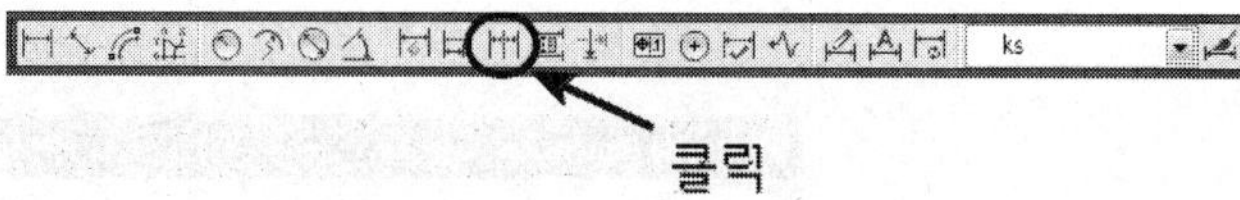

직렬 치수기입 아이콘을 클릭하게 되면 가장 최근에 기입한 치수의 두 번째 치수보조선 자리가 기준점으로 인식된다.

Enter↵ (최근 기준점 해제)
클릭1 (기준점 다시 지정)
end Enter↵
클릭2
end Enter↵
클릭3

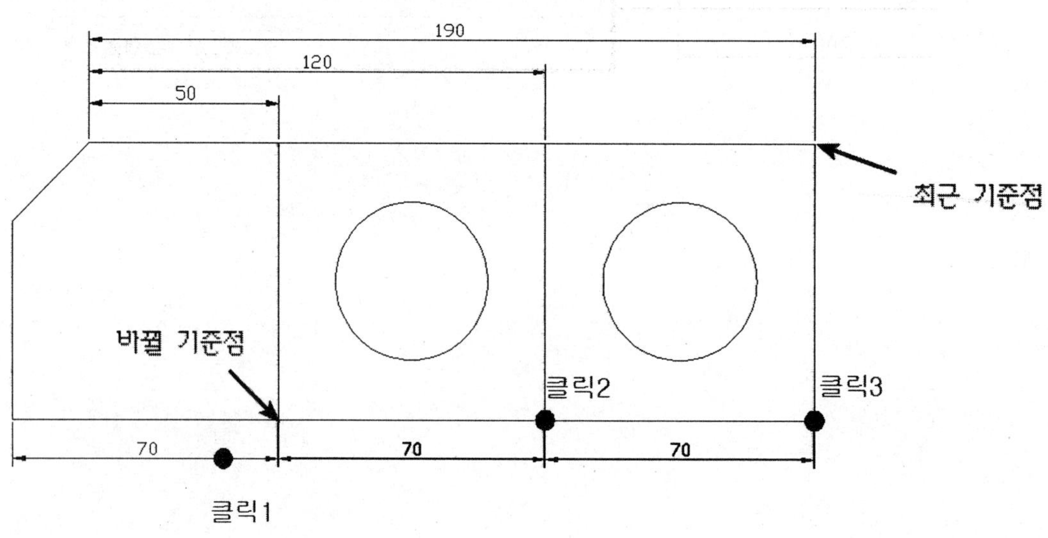

Linear 아이콘(선형치수)을 클릭한다.

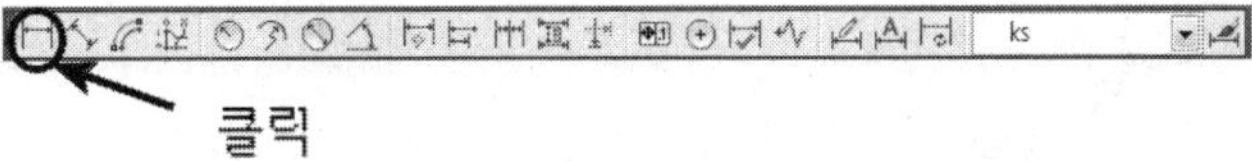

단일 물체에 대한 치수기입은 물체를 그냥 선택함으로써 할 수 있다.

> Enter↵ (물체선택 모드)
> 클릭1
> 마우스를 그림과 같이 위치시킨 후
> 10 Enter↵ (마우스 방향으로 약 10 정도 떨어진 점에 치수선이 놓인다.)

다시 Linear 아이콘을 클릭한다.

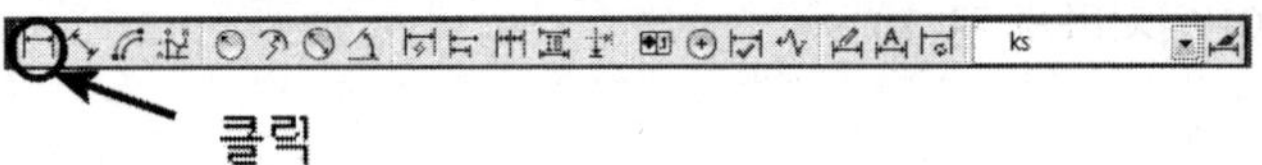

> Enter↵ (물체선택 모드)
> 클릭2
> 마우스를 그림과 같이 위치시킨 후
> 10 Enter↵

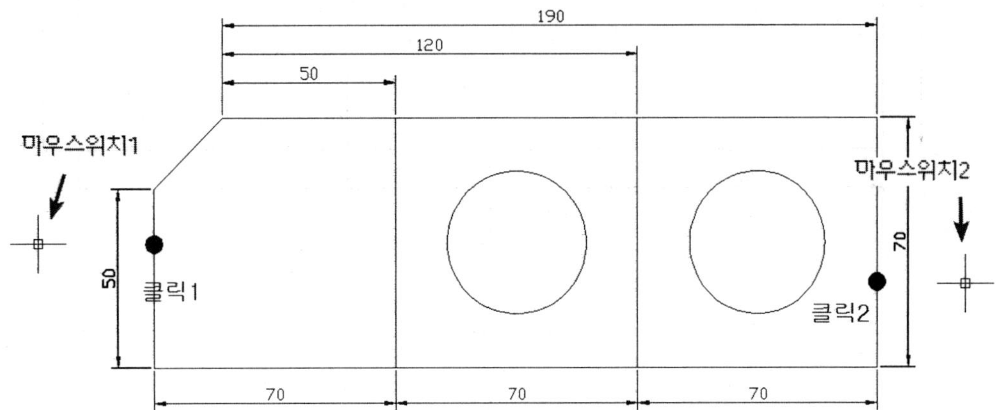

Aligned 아이콘(경사치수)을 클릭한다.

Linear 아이콘이 수평 수직에 관한 치수기입만 허용하는 반면 Aligned 아이콘은 수평 수직을 고려하지 않은 두 개의 입력점의 거리를 치수기입하거나 단일 물체인 경우 선택된 물체의 순수한 거리를 치수기입한다.

> Enter↵ (물체선택 모드)
> 클릭1 (치수기입할 물체)
> 마우스를 그림과 같이 위치시킨 후
> 10 Enter↵ (물체로부터 마우스 방향으로 약 10만큼 떨어진 점에 치수선이 위치하게 된다.)

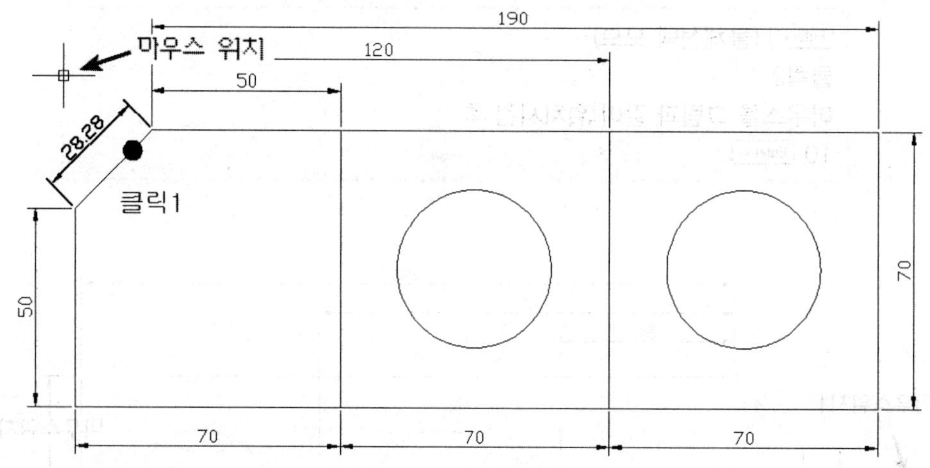

Angular 아이콘(각도 치수기입)을 클릭한다.

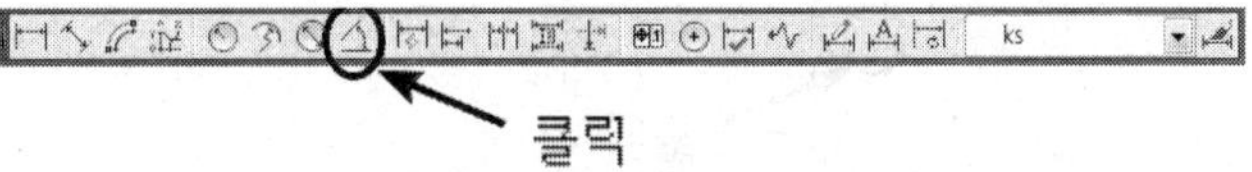

클릭1 (각도치수의 첫 번째 물체)
클릭2 (각도치수의 두 번째 물체)
클릭3 (각도치수 위치)

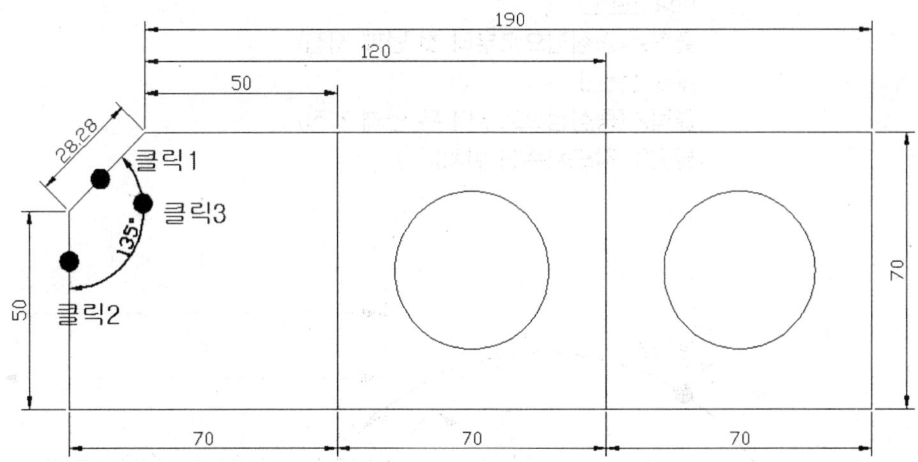

180도보다 큰 각도치수 기입하기

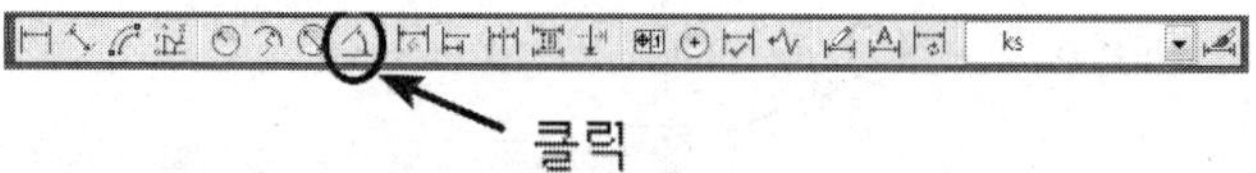

Angular 아이콘(각도 치수기입)을 클릭한다.

Enter↵ (정점 지정을 이용한 각도기입 모드) end Enter↵ 클릭1 (각을 이룰 중심점) nea Enter↵ 클릭2 (중심점으로부터 첫 번째 지점) nea Enter↵ 클릭2 (중심점으로부터 두 번째 지점) 클릭3 (각도치수선 위치)

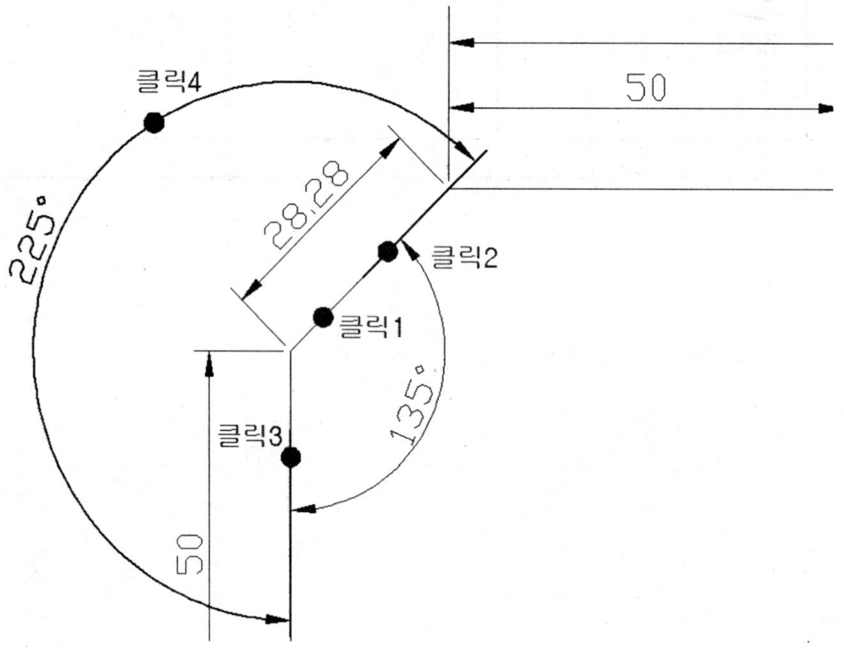

Radius 아이콘(반지름 치수기입)을 클릭한다.

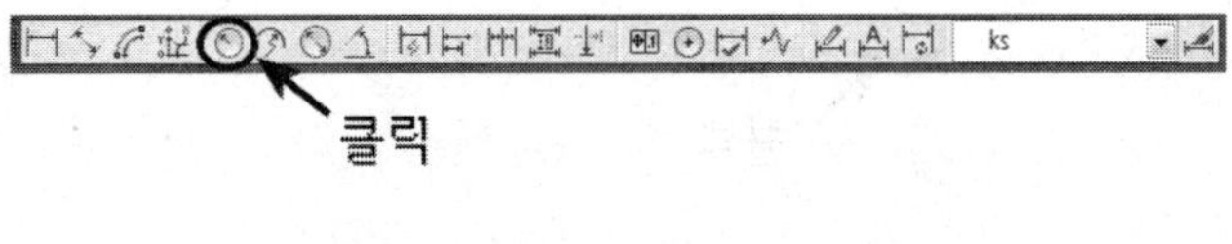

클릭1 (원 또는 호 선택)
클릭2 (반지름 치수문자 위치)

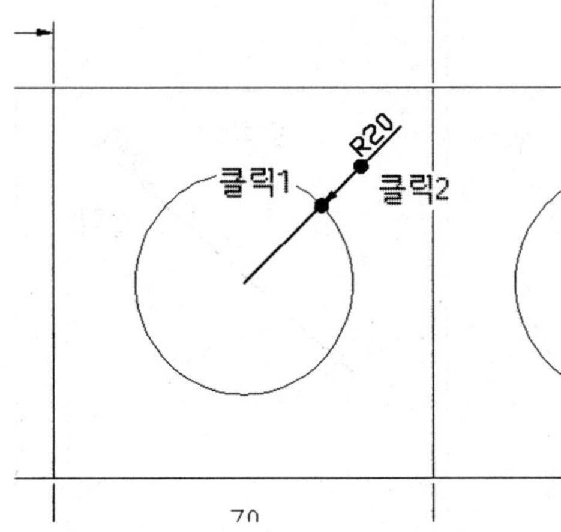

Diameter 아이콘(지름 치수기입)을 클릭한다.

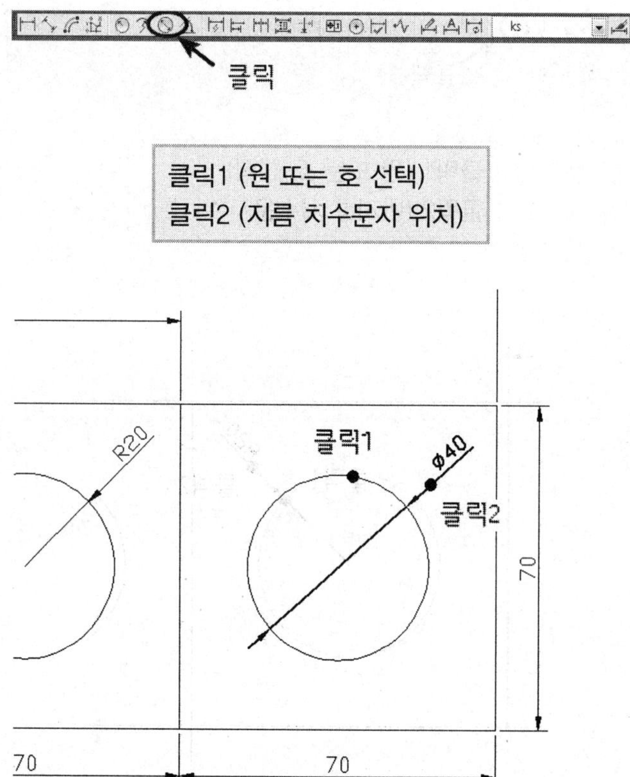

[지시선 만들기]

LEADer Enter↵ (지시선)
클릭1 (지시선의 화살표 위치점)
클릭2 (지시선의 문자가 놓일 점)
Enter↵ (주석 옵션)
Enter↵ (기타 옵션)
Enter↵ (멀티문자 옵션)

대화창이 나타나면'치수연습'을 타이핑하고 OK 버튼을 클릭한다.

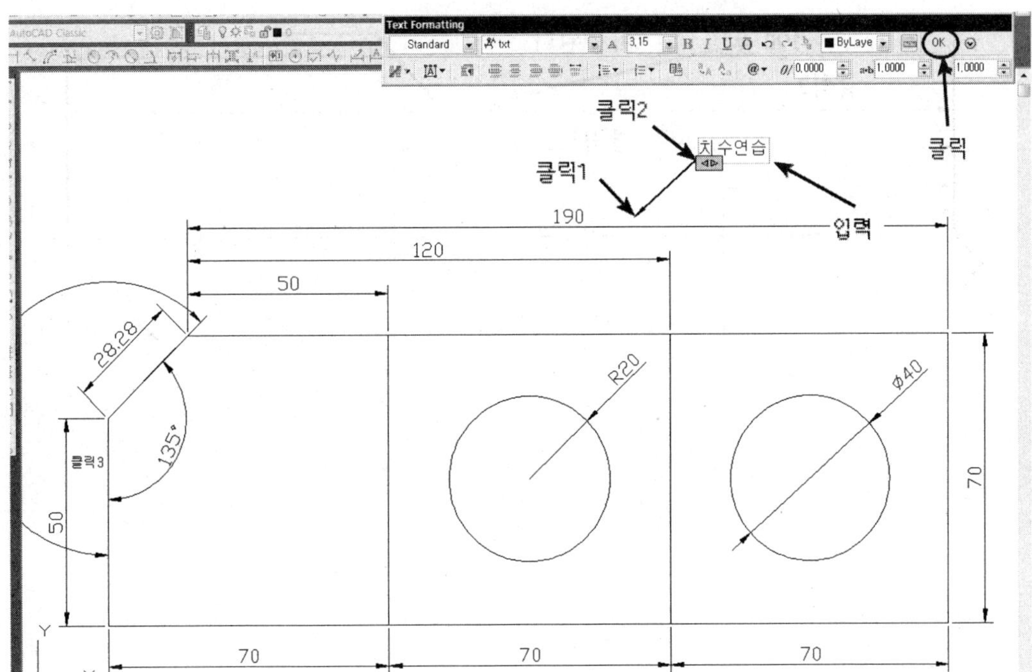

[치수문자 이동시키기]

Dimension Text Edit 아이콘(치수 문자이동)을 클릭한다.

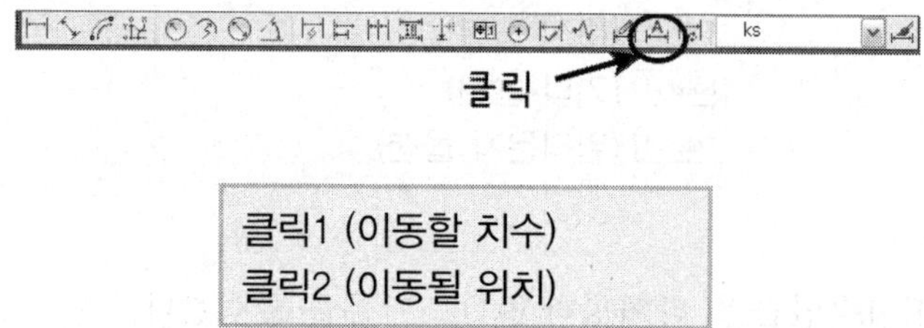

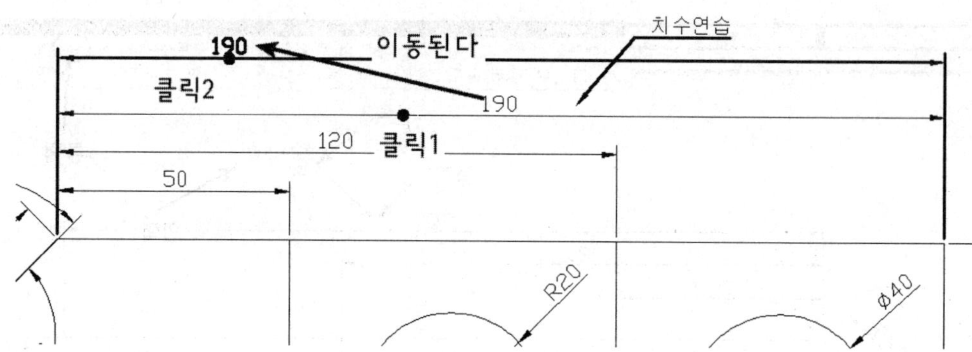

[치수문자를 다시 가운데로 정렬하기]

Dimension Text Edit 아이콘(치수 문자이동)을 클릭한다.

이동된 치수문자는 치수선에 대해서는 원래 자리로 이동하지만 바뀌어진 치수선 위치는 원래 자리로 되돌릴 수 없다.

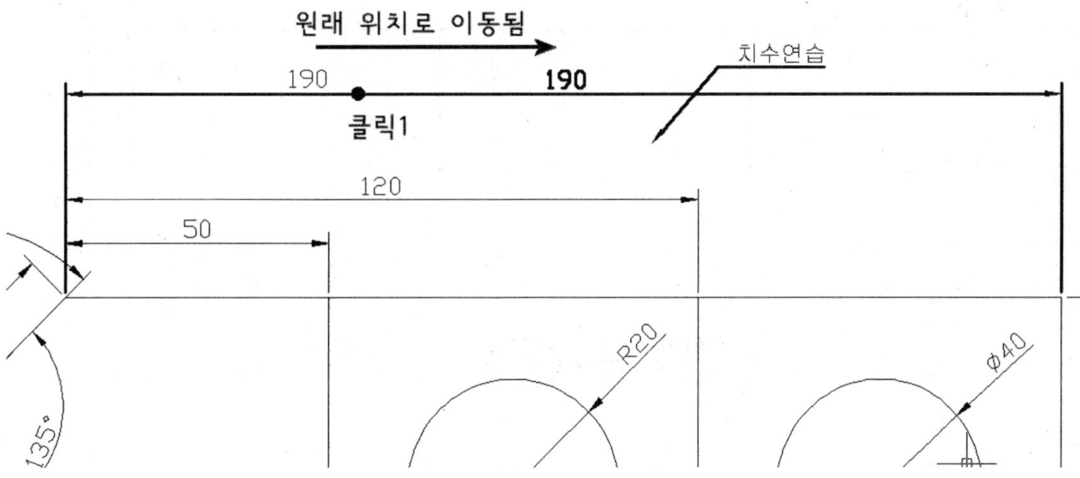

[치수문자 수정하기]

ddEDit Enter↵ (문자 또는 치수문자 수정)
클릭1 (치수문자 또는 치수선 클릭)
대화창이 뜨면 <Delete> 버튼을 클릭하여 원래 치수를 지운 후 200을 입력한다.
OK 버튼을 클릭한다.
Esc 버튼을 눌러 ddEDit 명령을 빠져나간다.

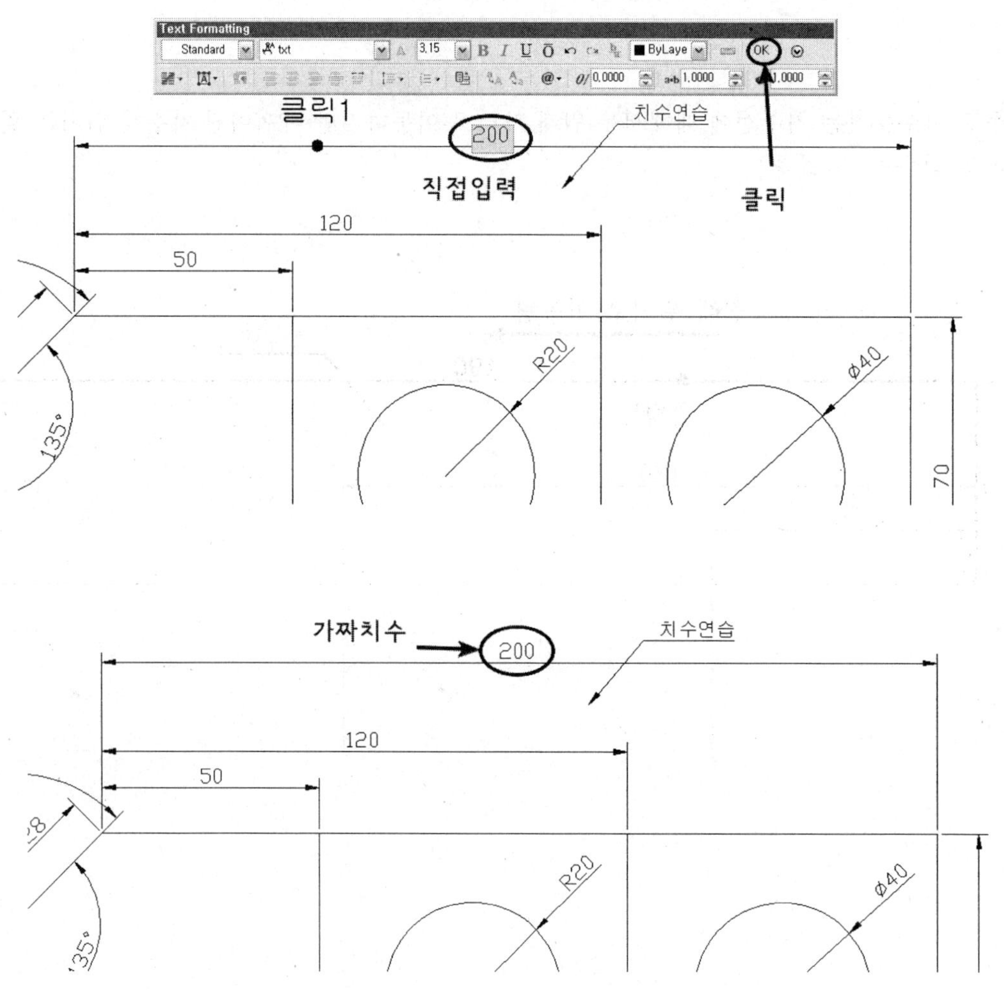

원래 치수를 임의대로 바꾸게 되면 치수가 아닌 일반 문자로 인식되며 SCale 명령을 사용하여 크기를 바꾸었을 때 치수 값이 입력된 문자 그대로 변함이 없게 된다.

SCale [Enter↵] (크기 변경)
클릭1 클릭2 (물체 선택)
[Enter↵] (물체 선택 완료)
end [Enter↵]
클릭3 (크기 변경의 기준점)
0.5 [Enter↵] (0.5배)

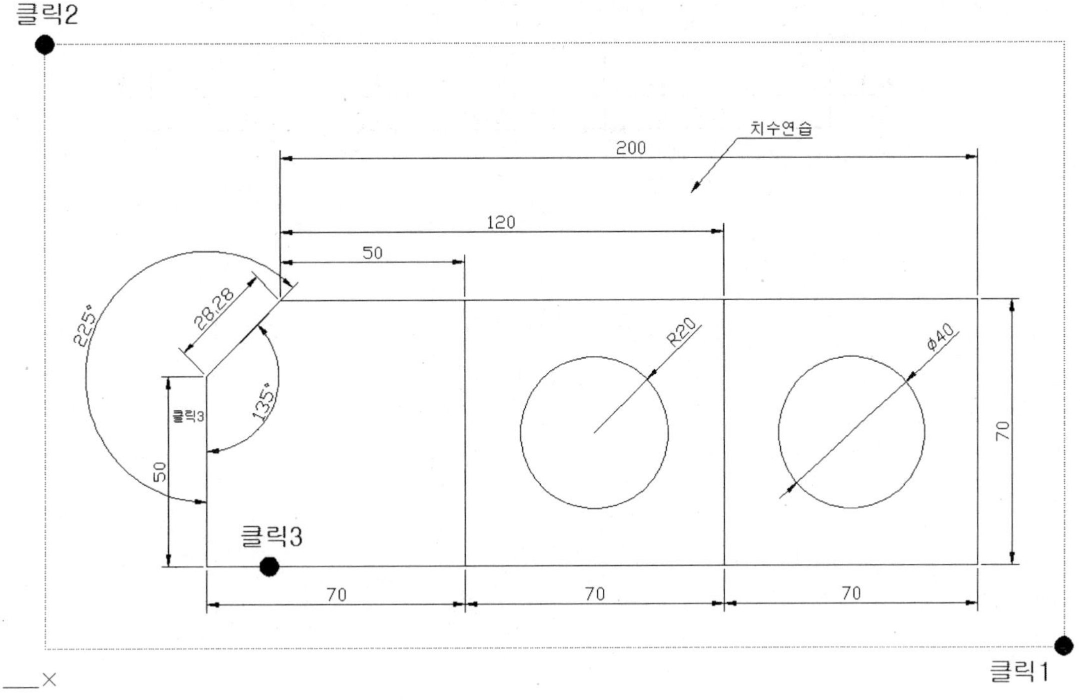

SCale 명령에 의해 모든 물체의 크기가 반으로 줄었고 치수값 또한 실제 치수로 바뀌었지만 수정했던 치수문자는 그대로이다.

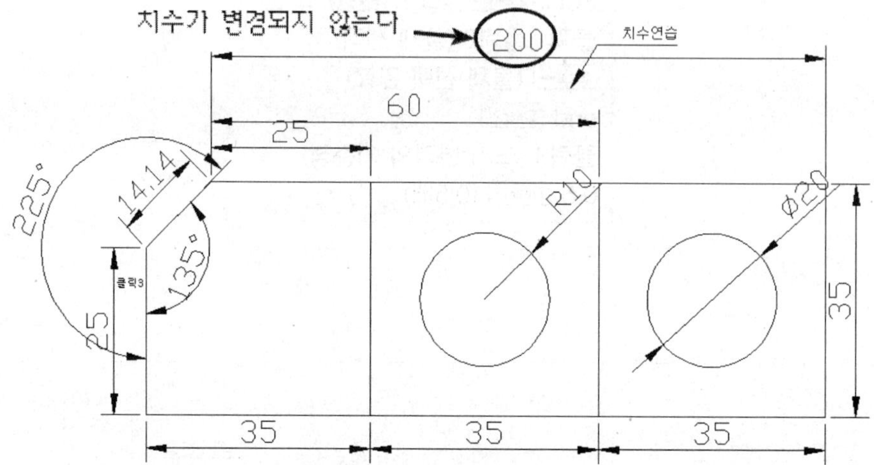
치수가 변경되지 않는다
200
치수연습
60
25
225°
14.14
135°
R10
Ø20
클릭3
25
35
35
35
35

[가짜 치수문자를 실제 치수로 바꾸기]

ddEDit Enter↵ (문자 또는 치수문자 수정)
클릭1 (치수선 또는 치수문자 클릭)
대화창이 나타나면 가짜치수 200을 지우고 < >를 타이핑한다.
OK 버튼을 클릭한다.

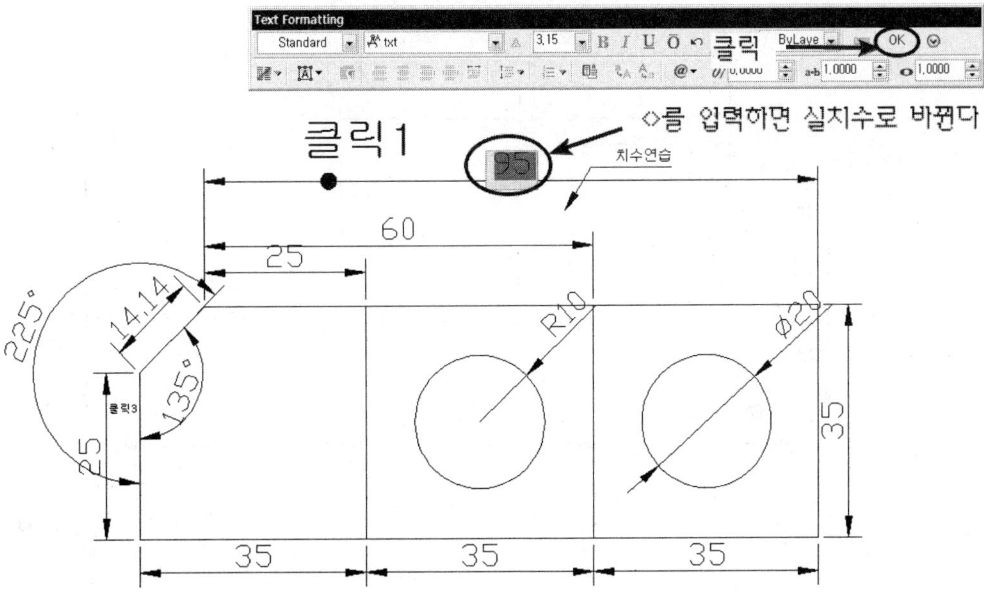

SCale [Enter↵] (물체의 크기 수정)
클릭1 클릭2 (크기를 바꿀 물체 선택)
[Enter↵] (선택 완료)
end [Enter↵]
클릭3 (크기 변경의 기준점)
2 [Enter↵] (2배)

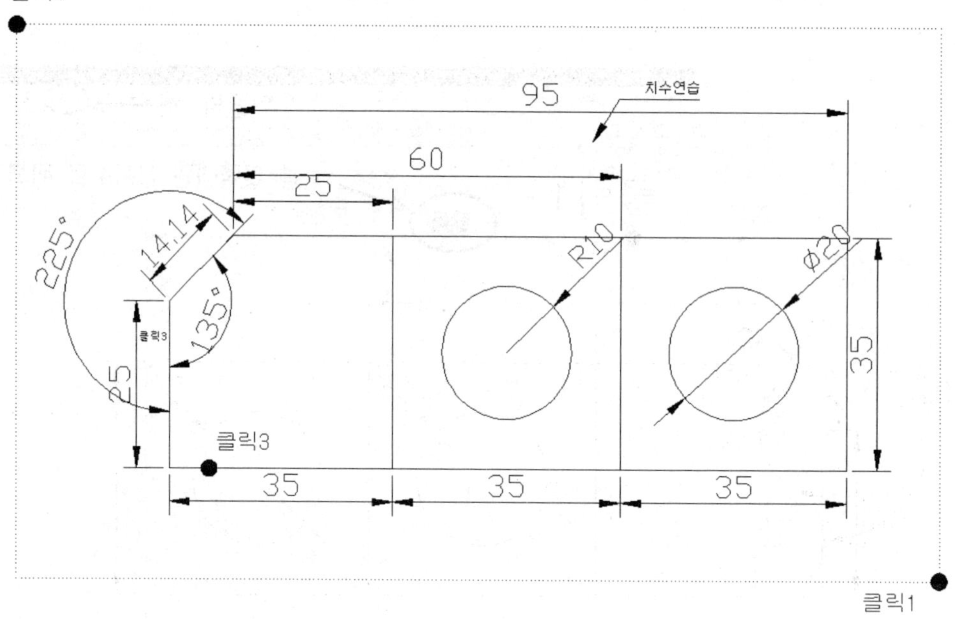

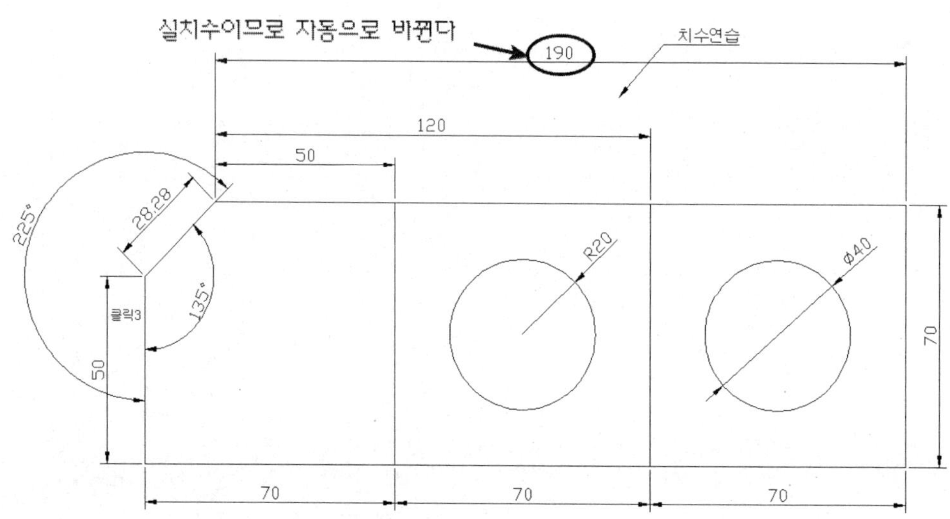

치수문자 앞에 ∅ 기호 넣기
DIMEdit Enter↵ 치수편집모드
n Enter↵ 치수문자 수정 또는 편집
대화창이 나타나면 가장 왼쪽에 커서를 위치시키고 %%c를 입력한다.

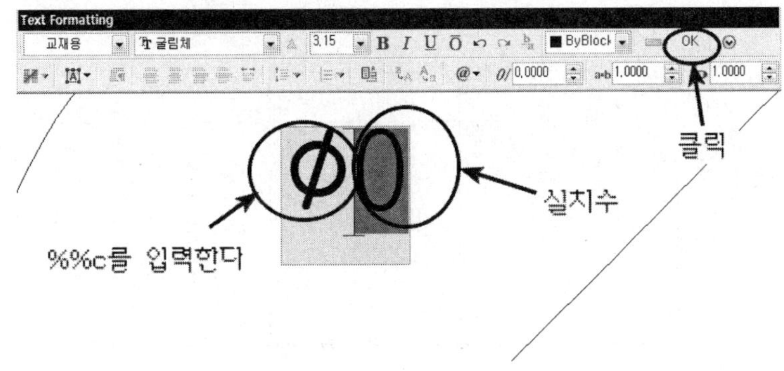

클릭1 클릭2 클릭3 (적용할 치수문자 또는 치수선 클릭)
Enter↵ (적용)
Esc (치수기입 모드를 빠져나간다.)

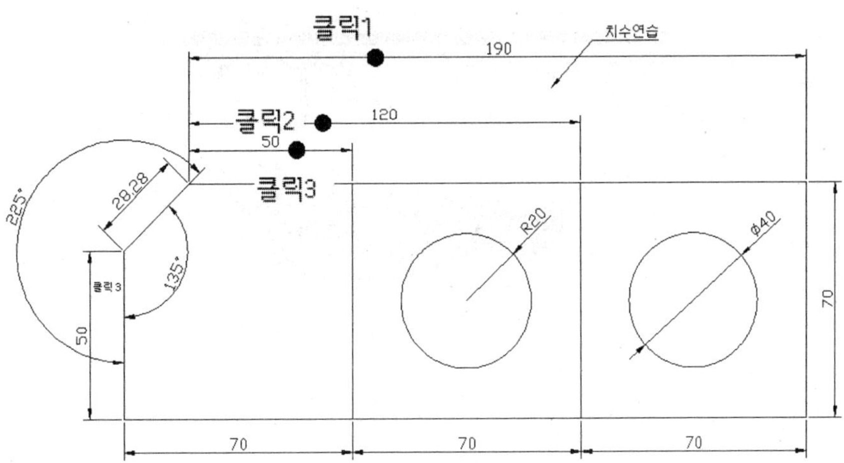

[공차 기입법]

ddEDit [Enter↵] (문자 또는 치수문자 수정)
클릭1 (치수선 또는 치수문자 클릭)

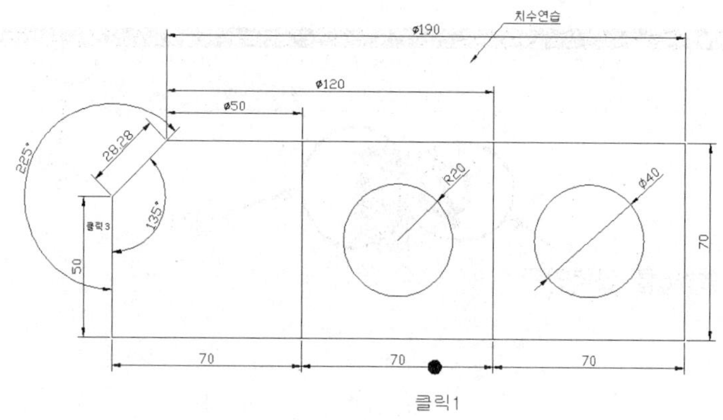

■대화창이 나나타면 실 치수 옆에 0^-0.02를 입력한다.
■입력한 0^-0.02를 마우스로 드래그하여 선택한다.
■색상은 빨강 문자크기는 2.5를 지정한다.
■$\frac{b}{a}$ 아이콘을 클릭한다.
■OK 버튼을 클릭하여 적용한다.

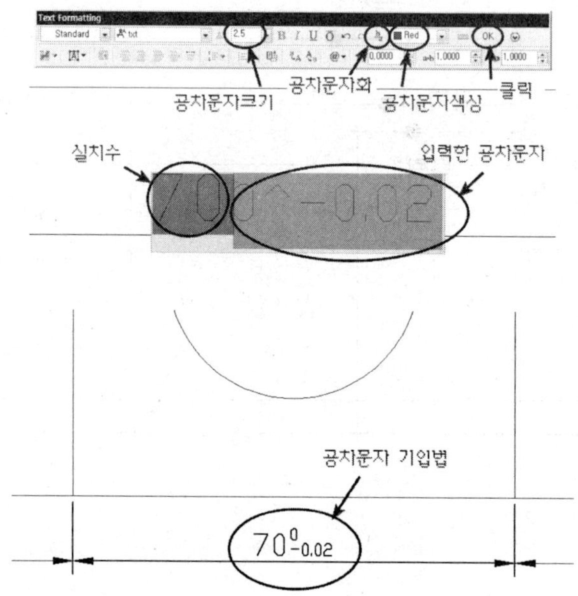

ddEDit Enter↵ (문자 또는 치수문자 수정)
클릭1 (치수선 또는 치수문자 클릭)

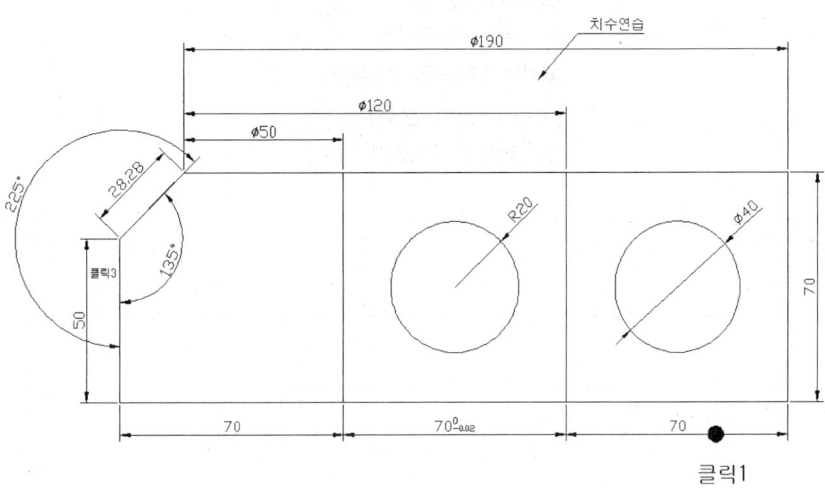

■대화창이 나나타면 실 치수 옆에 %%p 0.5를 입력한다.
■입력한 ±0.5를 마우스로 드래그하여 선택한다.
■색상은 빨강, 문자크기는 2.5를 지정한다.
■OK 버튼을 클릭하여 적용한다.

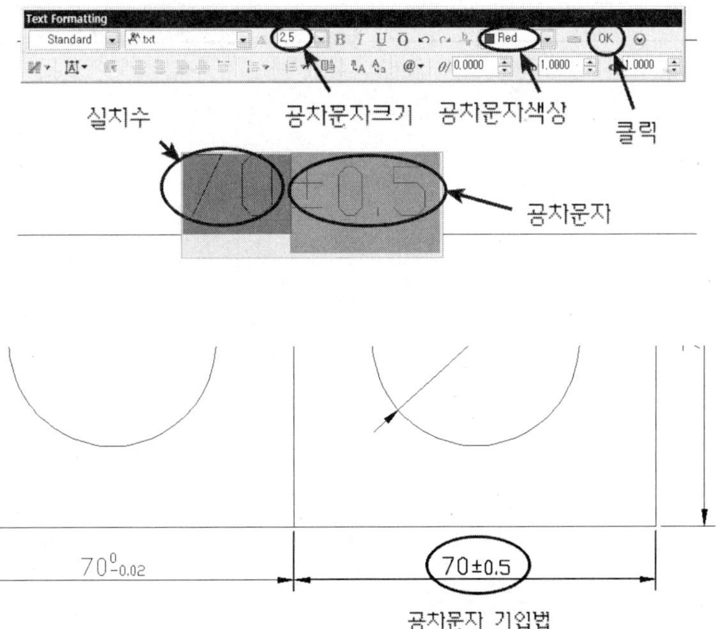

[치수 기울이기]

DIMEdit Enter↵
o Enter↵ (영문자)
클릭1 (기울일 치수선)
Enter↵ (선택 완료)
30 Enter↵ (기울일 각도)

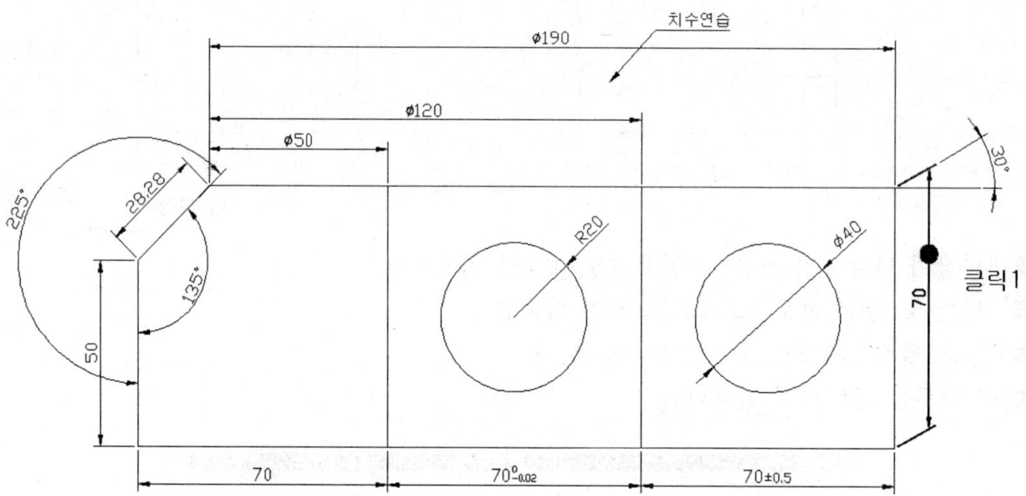

[치수선 간격 조정하기]

다음과 같은 그림을 그린다.

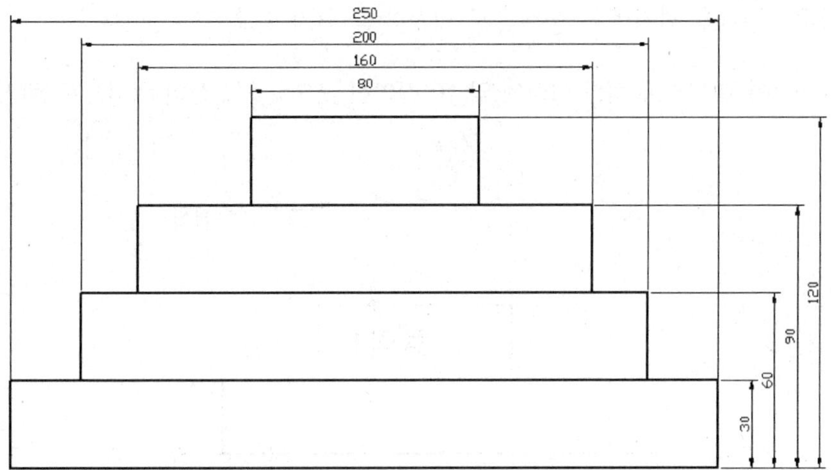

치수 툴바에서 Linear 아이콘(선형치수기입)을 클릭한다.

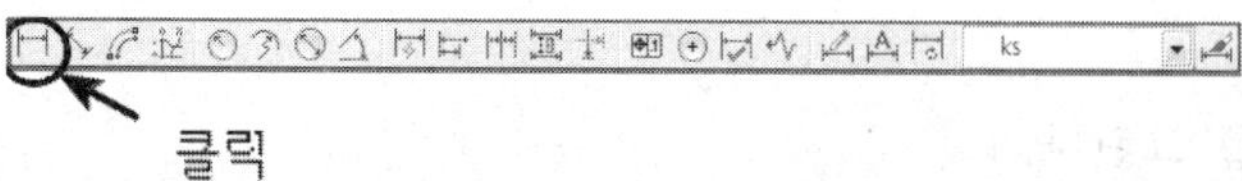

클릭1을 하고 클릭1한 위치에서 수직으로 마우스를 위치한 후

10 Enter↵ (마우스 위치를 향하여 약 10 떨어진 곳으로 치수선이 위치하게 된다.)

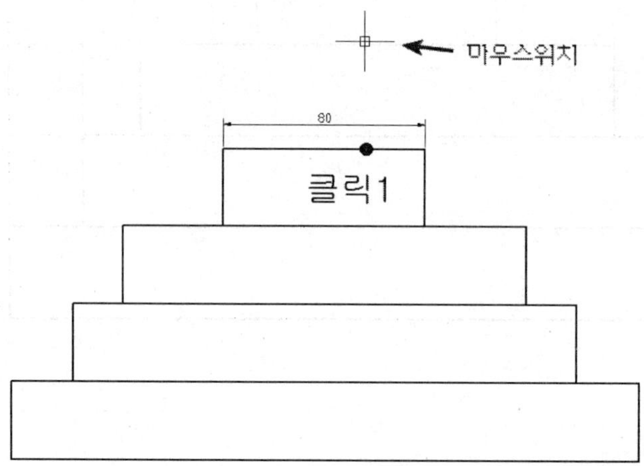

Linear 아이콘을 사용하여 그림과 같이 치수기입한다.

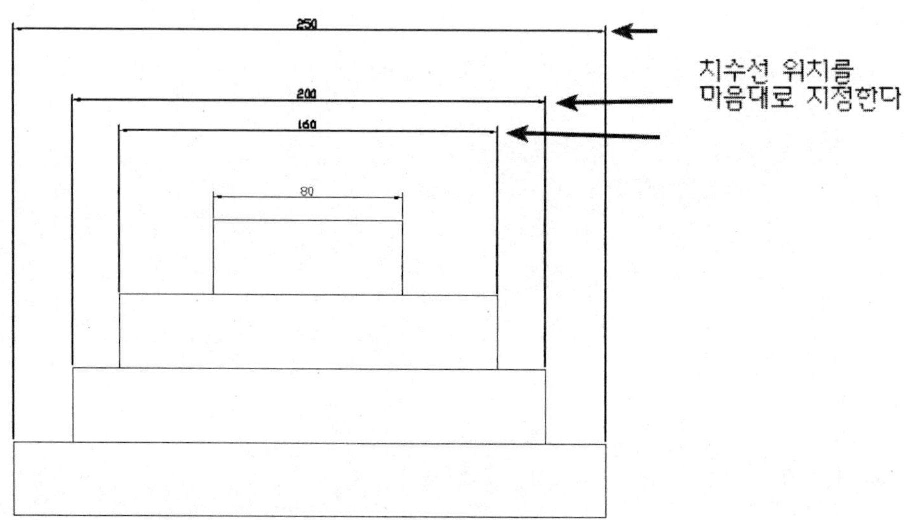

Dimension Space 아이콘(치수선 간격)을 클릭한다.

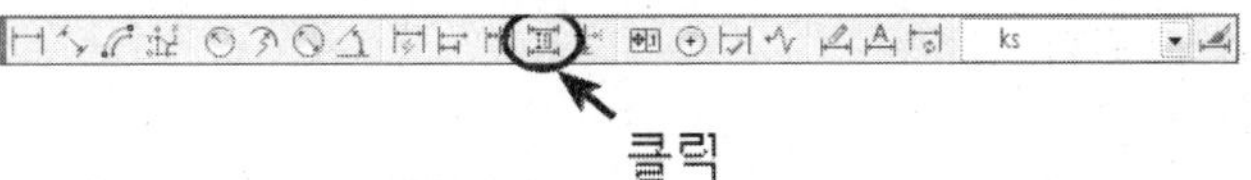

클릭1 (기준 치수선)
클릭2 클릭3 클릭4 (간격 띄울 치수선)
Enter↵ (선택 종료)
8 Enter↵ (띄울 간격)

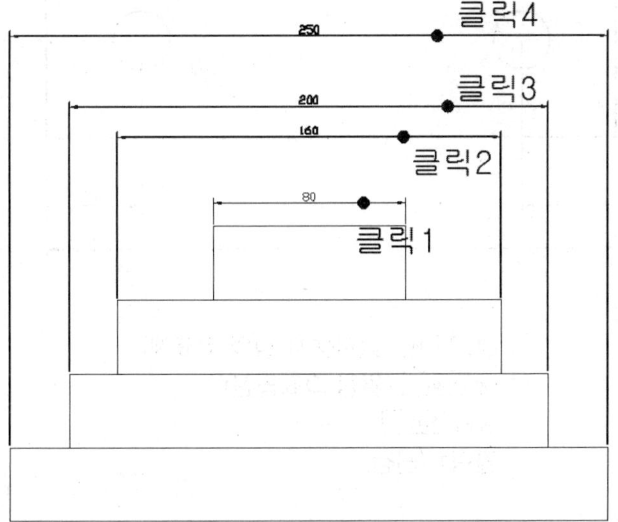

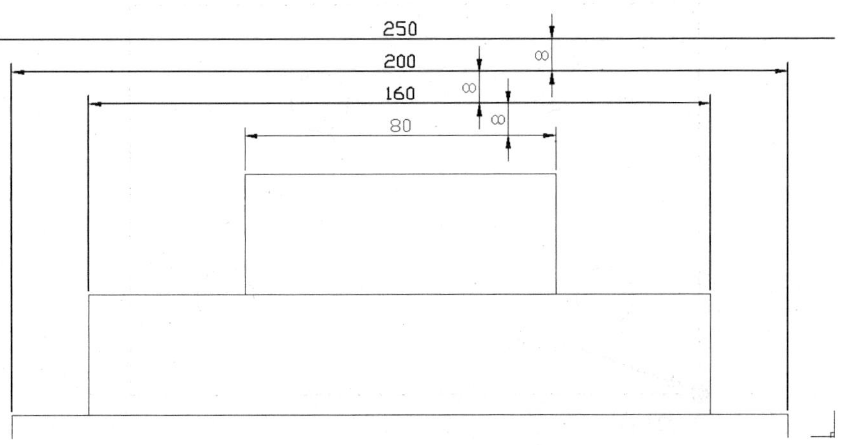

[좌표치수 기입하기]

다음과 같은 그림을 그린다.

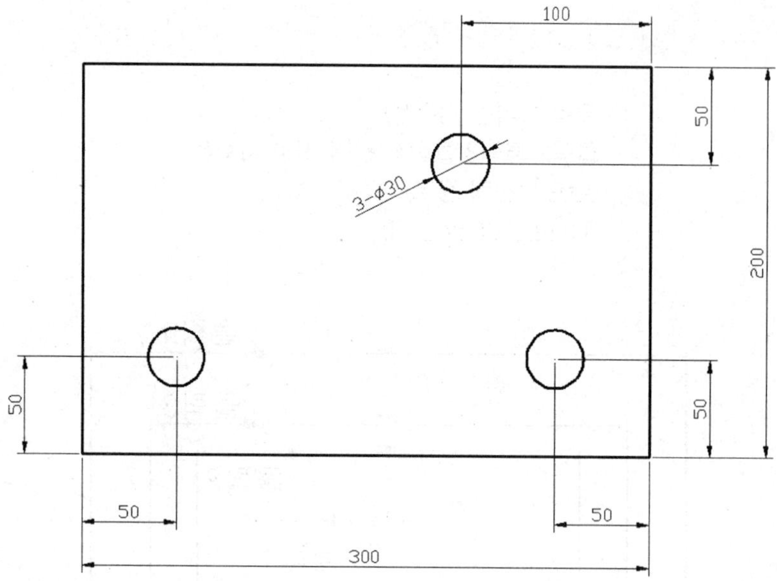

UCS [Enter↵] (사용자 정의 좌표계)
or [Enter↵] (원점 좌표옵션)
end [Enter↵]
클릭1 (원점)

이제부터 방금 지정한 점이 절대좌표로 0,0,0이다.

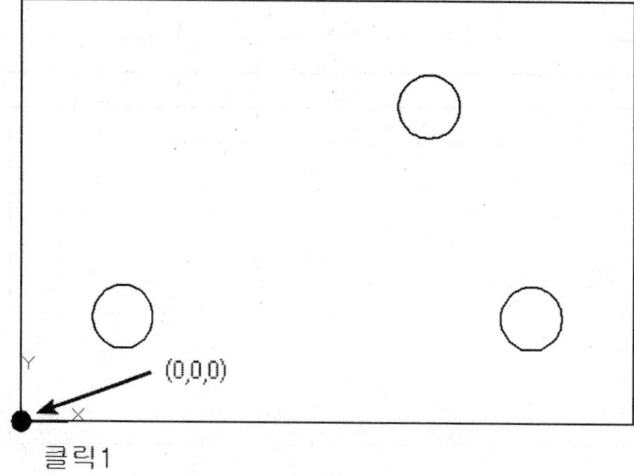

키보드의 <F8>을 한 번 누른다. <F8>키는 마우스가 선택점으로부터 수평, 수직으로만 움직이도록 제어하는데 <F8>키를 한 번 누르면 수평/수직 기능이 작동하고 <F8>키를 또 한 번 누르면 수평/수직 기능이 해제된다.

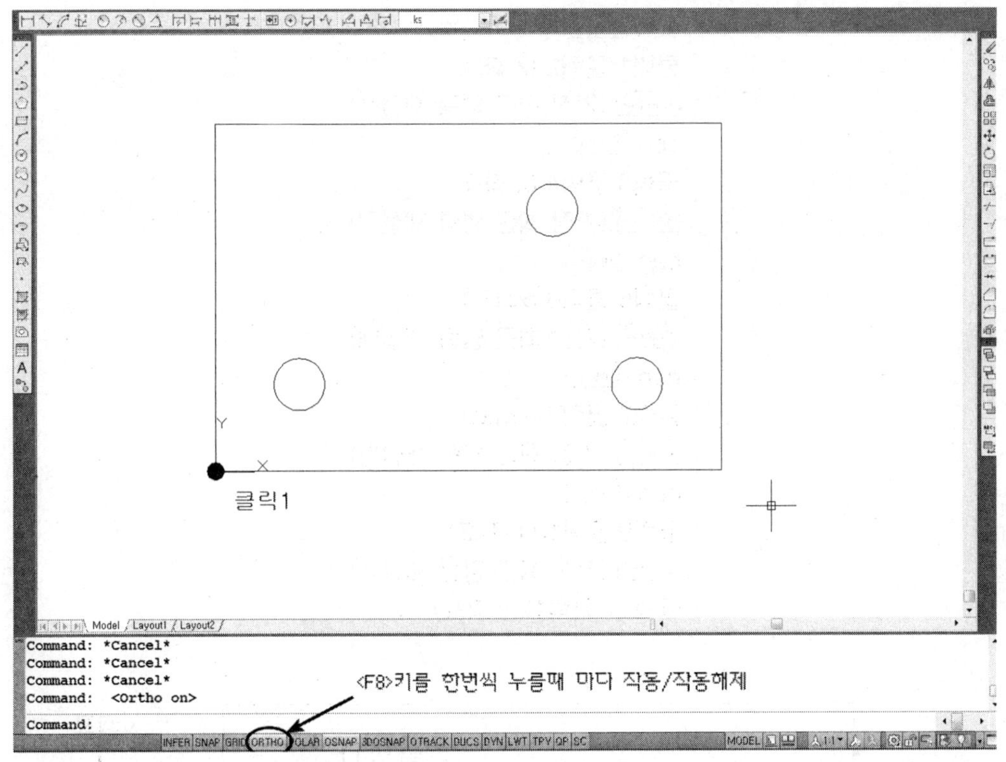

아래 상태라인을 확대해서 보면

혹은

이렇게 되어 있는데 기능이 문자로 표현되나 그림(아이콘)으로 표현되는 것은 부록의 환경설정을 참조한다.

<F8>을 눌러서 수평/수직 기능을 활성화한다.

Ordinate 아이콘(좌표 치수기입)을 클릭한다.

클릭

cen Enter↵
클릭1 클릭2 (x 좌표)
Enter↵ (가장 최근 명령 재실행)
cen Enter↵
클릭3 클릭4 (x 좌표)
Enter↵ (가장 최근 명령 재실행)
cen Enter↵
클릭5 클릭6 (x좌표)
Enter↵ (가장 최근 명령 재실행)
cen Enter↵
클릭7 클릭8 (y좌표)
Enter↵ (가장 최근 명령 재실행)
cen Enter↵
클릭9 클릭10 (y좌표)
Enter↵ (가장 최근 명령 재실행)
클릭11 클릭12 (y좌표)

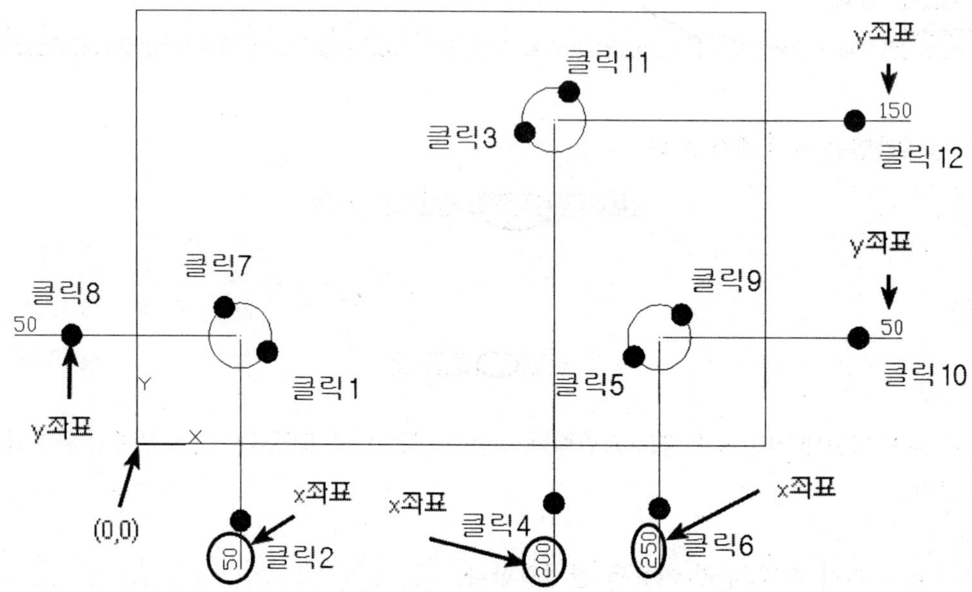

사용자 정의 좌표를 다시 실세계 좌표계로 바꾸려면

> UCS Enter↵ (사용자 정의 좌표계)
> Enter↵ (실세계 좌표계로 바뀐다.)

[조그 치수기입]

반지름이 너무 커서 호의 중심점이 도면에 위치할 수 없을 때 사용한다.

다음과 같은 그림을 그린다.

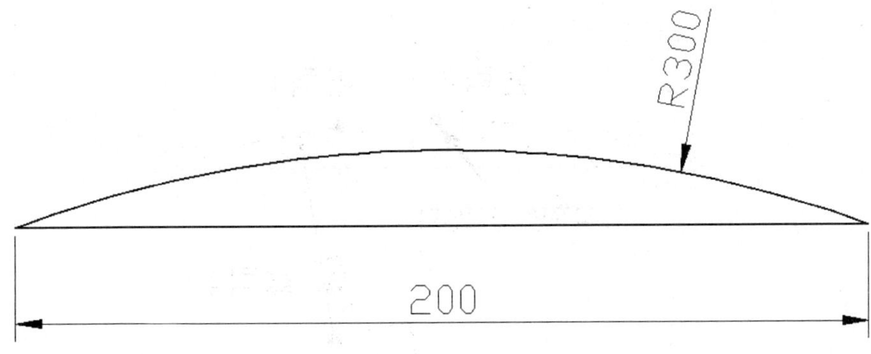

Jogged 아이콘을 클릭한다.

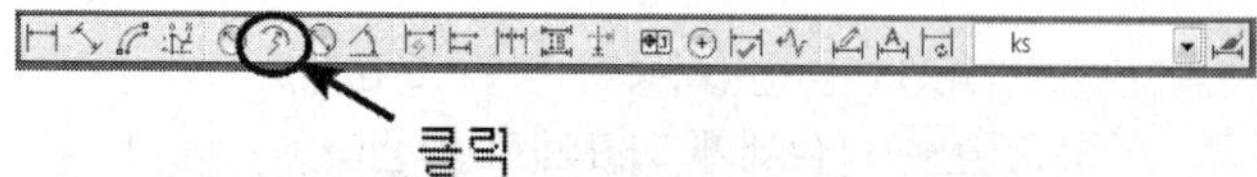

클릭1 (호 또는 원 선택)
.x [Enter↵] (x 좌표모드)
mid [Enter↵]
클릭2 (호의 중간점에서 x좌표만 얻어낸다.)
클릭3 (임의 점에서 y좌표만 얻어진다.)
클릭4 (치수선 위치)
클릭5 (조그선 위치)

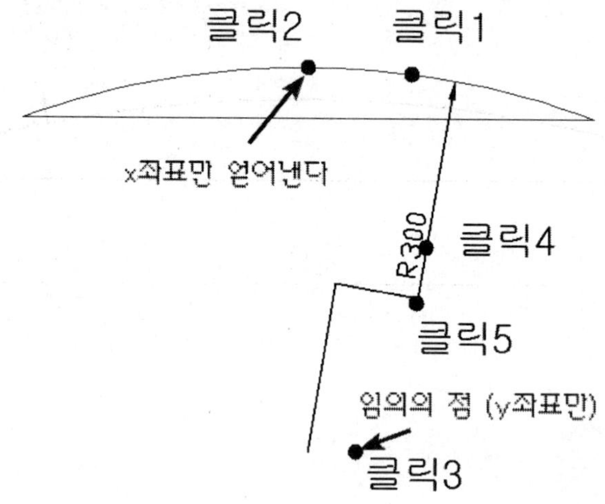

[Quick Dimension (빠른 치수기입)]

주로 회전체에 대한 치수기입에 사용되며 잘 활용한다면 빠르고 효과적으로 치수기입을 할 수 있다.

다음과 같은 그림을 그린다.

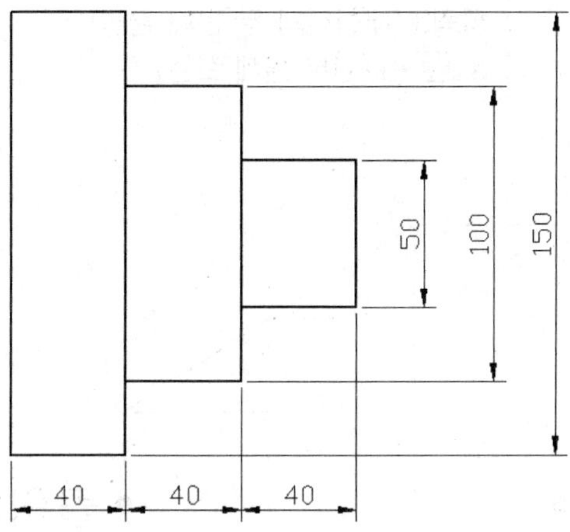

Quick Dimension을 사용하기 전에 PLine(다중선)을 미리 그려야 하는데, 다음과 같이 따라한다.

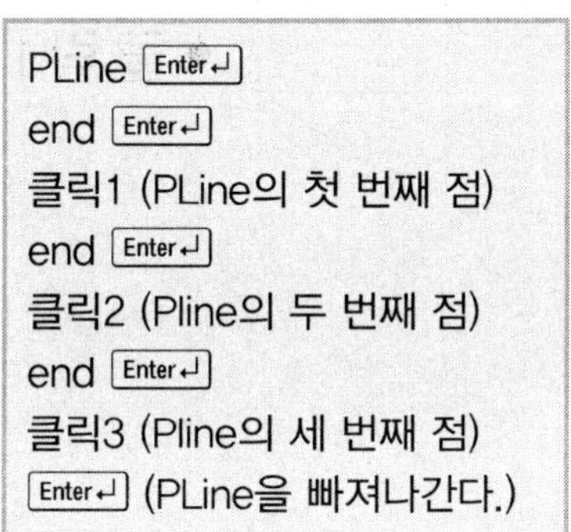

PLine [Enter↵]
end [Enter↵]
클릭1 (PLine의 첫 번째 점)
end [Enter↵]
클릭2 (Pline의 두 번째 점)
end [Enter↵]
클릭3 (Pline의 세 번째 점)
[Enter↵] (PLine을 빠져나간다.)

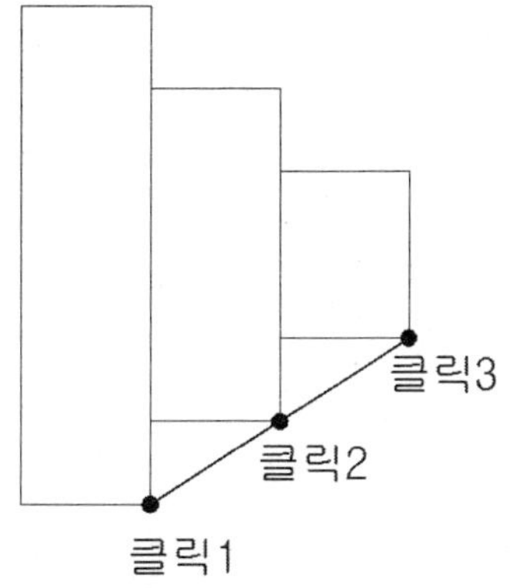

MIrror [Enter↵] (대칭)
클릭1 (대칭시킬 물체)
mid [Enter↵]
클릭2 (대칭선의 첫 번째 끝점)
mid [Enter↵]
클릭3 (대칭선의 두 번째 끝점)
n [Enter↵] (원본 물체 보존)

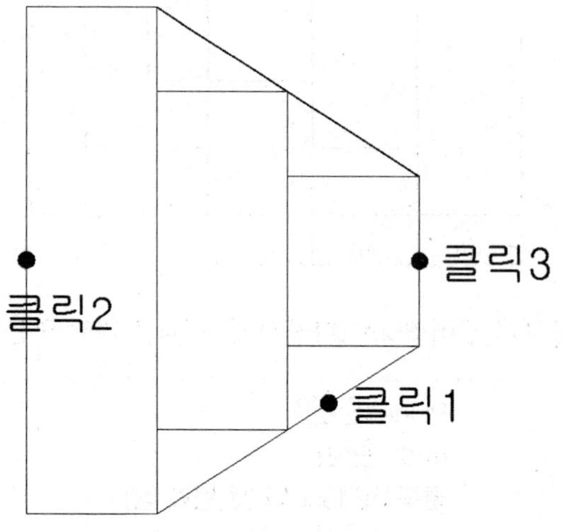

Quick Dimension 아이콘을 클릭한다.

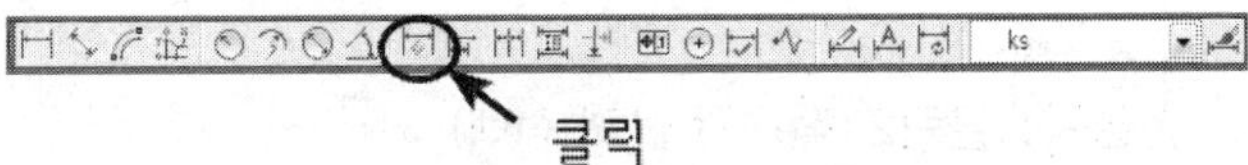

클릭1 (PLine 선택)
클릭2 (PLine 선택)
[Enter↵] (선택 완료)
s [Enter↵] (스테거 옵션)
from [Enter↵] (떨어진 점)
end [Enter↵]
클릭3 (기준점)
@10,0 (기준점으로부터 떨어진 점)

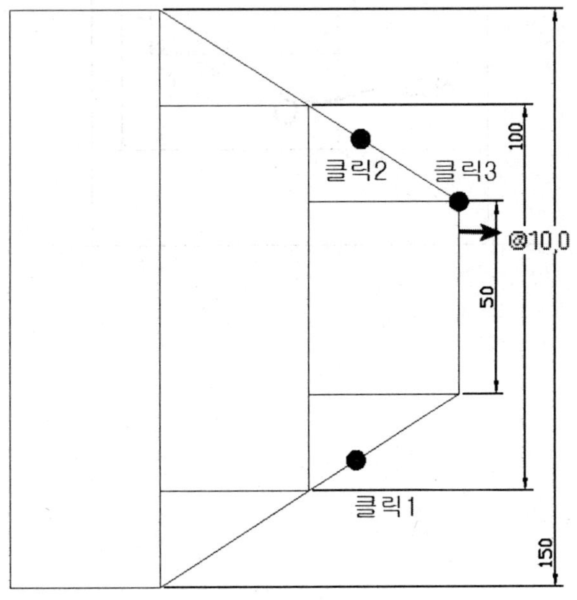

두 개의 PLine을 삭제 후 다음과 같이 따라한다.
-DIMSTYLE Enter↵
a Enter↵
클릭1 클릭2 (적용할 물체 선택)
Enter↵ 선택 완료

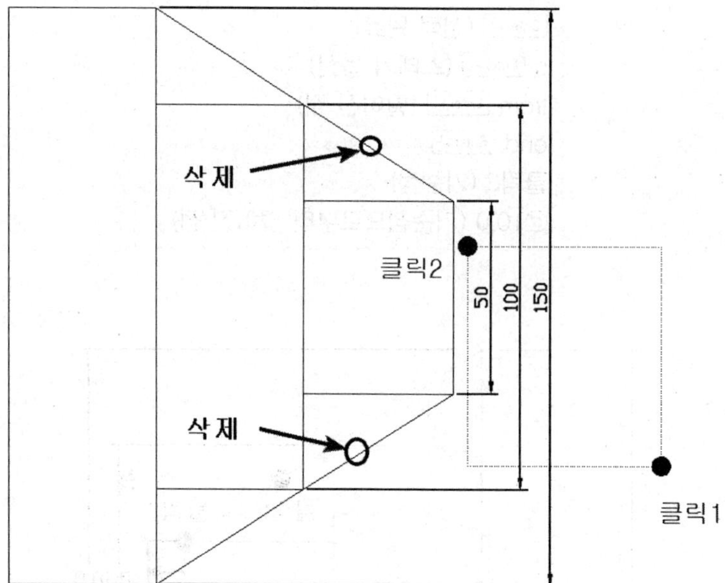

[Dimension Break 사용하기]

치수선을 잘라줌으로써 시각적인 효과를 줄 수 있다.
길이 150 수평선을 그린 후 그림과 같이 치수기입한다.

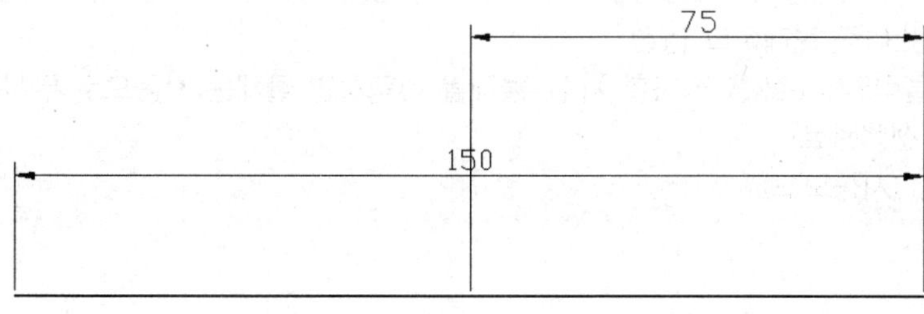

Dimension Break 아이콘을 클릭한다.

m Enter↵ 다중 브레이크 옵션
클릭1 클릭2 (break를 적용할 치수. 물체를 선택하면 물체는 자동으로 무시된다.)
Enter↵ (선택완료)
a Enter↵ (자동모드)

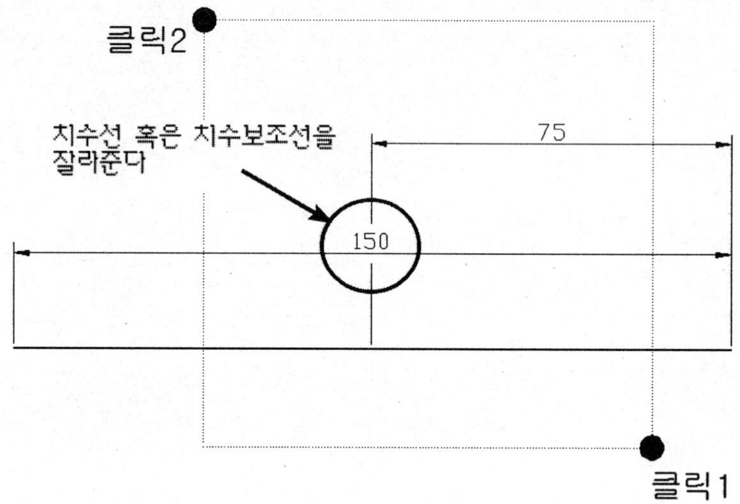

[자주 사용되는 치수변수]

주로 Ddim 명령을 사용하여 치수 스타일을 대화창으로 미리 설정해 놓고 치수기입을 하지만 경우에 따라서는 미리 설정해 놓은 모양과 다르게 치수모양을 바꿔야 한다. 그럴 때마다 Ddim 명령을 사용하여 새로운 스타일을 만들어 주게 되면 사용할 스타일이 너무 많아져 사용하기 번거롭게 된다. 잠깐잠깐 치수 모양을 따로 바꿔야 할 경우는 Ddim대화창을 사용하지 않고 키보드로 그때그때 바로 입력하여 치수모양을 지정하여야 작업 효율을 올릴 수 있다.

치수변수를 키보드로 입력한 후 치수기입을 하게 되면 그려지는 치수는 방금 입력한 치수변수 설정 값을 따라가지만 이미 치수기입을 한 후 모양을 바꿔야 할 경우는 치수변수를 입력한 후 갱신해주어야 한다.

다음과 같은 그림을 그리고 이 그림에 치수변수를 적용하는 2가지 방법을 소개하고자 한다.

반지름50인 원을 그리고 반지름 치수기입을 한다.

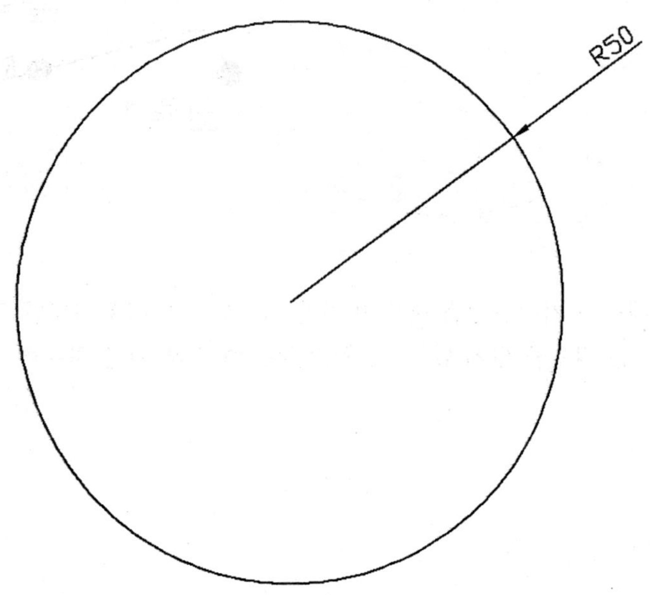

DIMTOFL Enter↵
off Enter↵

Radius 아이콘(반지름 치수기입)을 클릭한다.

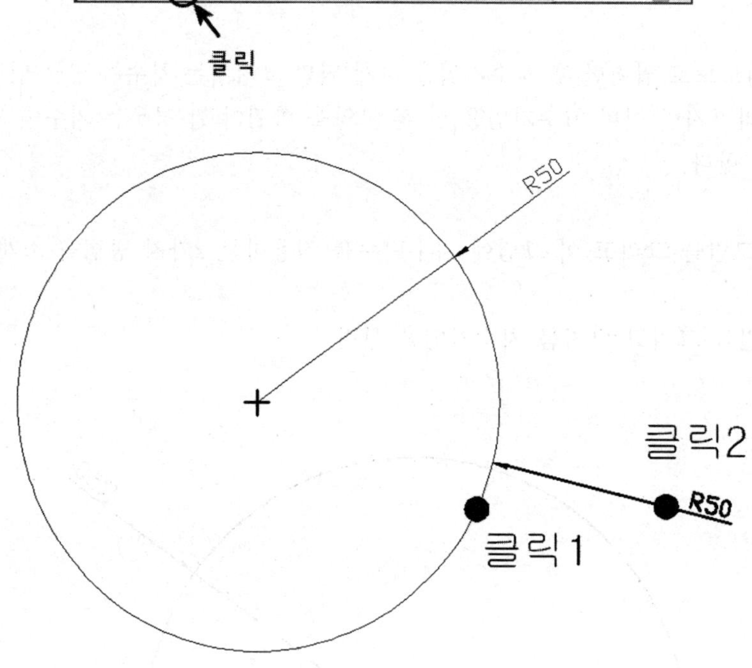

치수변수 변경 후 새롭게 치수기입을 하면 변경한 치수변수가 적용되지만 치수변수 변경 전에 치수기입을 한 치수는 적용을 받지 않는다. 치수변수 변경 후 기존 치수에 적용하려면 다음과 같이 한다.

Dimension Update 아이콘(갱신)을 클릭한다.

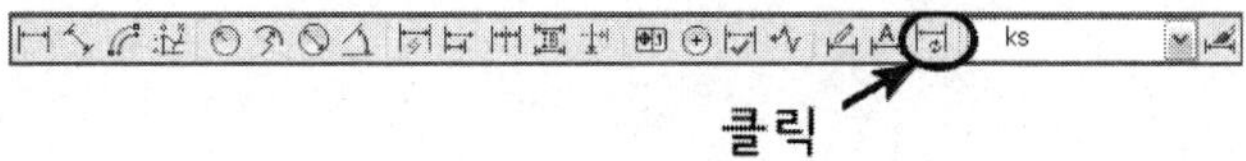

Enter↵ (선택 완료)

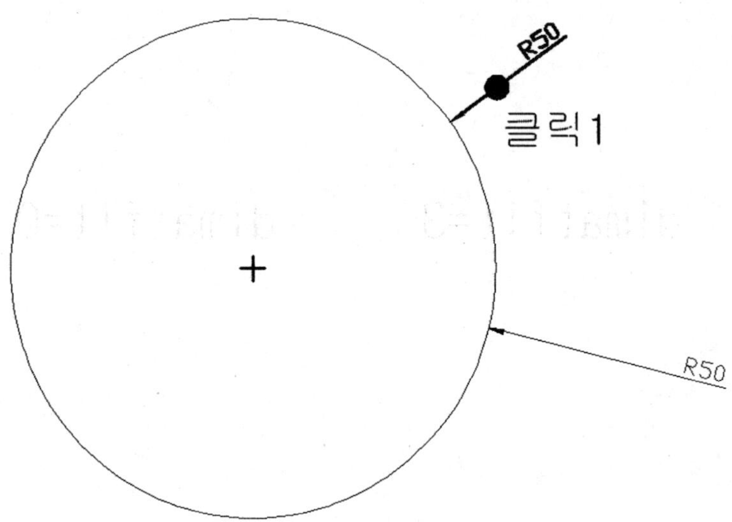

[DIMATFIT]

지름 혹은 반지름 치수기입을 할 때 원 내부 혹은 원 바깥쪽으로 치수선을 위치시킬 것인지를 결정한다.

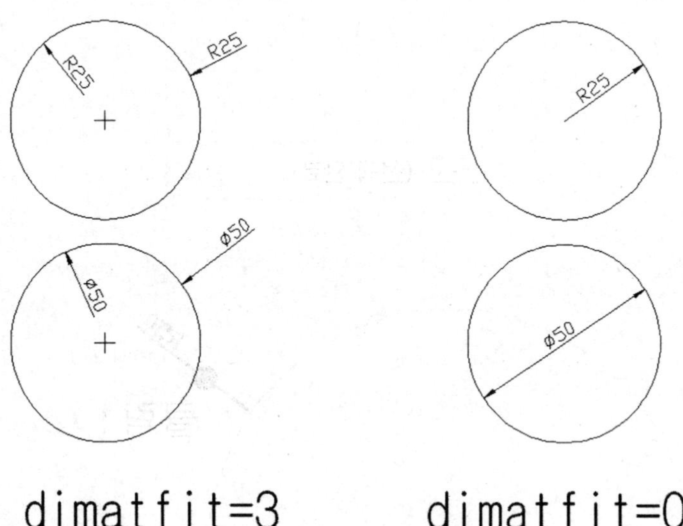

dimatfit=3　　dimatfit=0

[DIMDEC]

길이에 있어서 소수점 이하 자릿수를 결정한다.

길이 61.5454인 선일때

dimdec=2 dimdec=4

[DIMADEC]

각도의 소수점 이하 자릿수를 결정한다.

각도 40.56° 일때

선의길이는 50

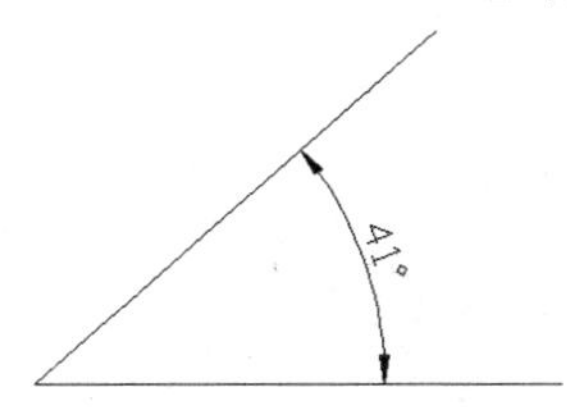

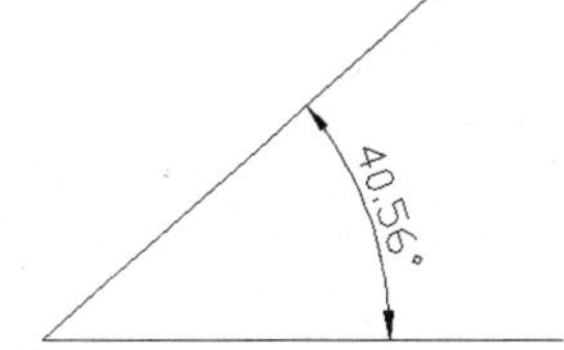

dimadec=0 dimadec=2

[DIMZIN]

길이치수에서 소수점 이하 필요없는 0을 제어한다.
8값을 입력하면 소수점 이하의 필요없는 0을 제거한다.

길이 60일때

dimdec가 2로 설정되어 있을때

dimzin=8 dimzin=0

[DIMAZIN]

각도치수에서 소수점 이하 필요없는 0을 제어한다.
2값을 입력하면 소수점 이하의 필요없는 0을 제거한다.

길이 60일때

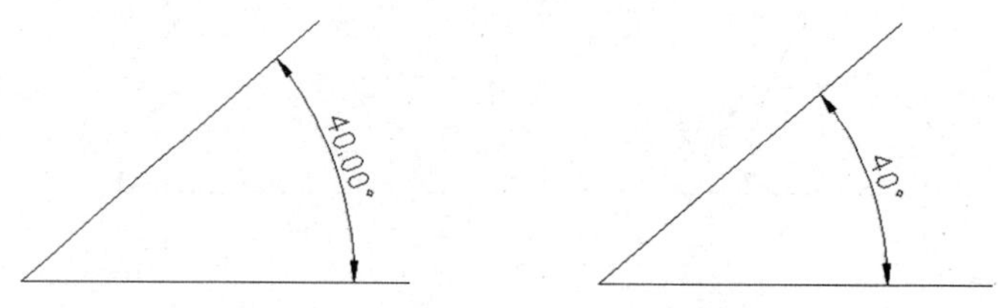

dimadec가 2로 설정되어 있을때

dimazin=0 dimazin=2

[DIMUPT]

치수기입시 치수문자의 수평에 대한 위치를 사용자가 임의로 조정할 수 있다.

길이 60일때

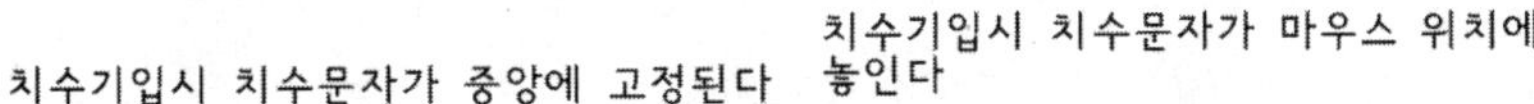
치수기입시 치수문자가 중앙에 고정된다
치수기입시 치수문자가 마우스 위치에 놓인다

60.00
60.00

dimupt=off　　　dimupt=on

[DIMGAP]

치수선으로부터 치수문자를 띄우는 거리를 지정하는 변수이지만 wnfh 치수문자에 4각형을 채울 때 사용한다.

길이 60일때

60
60

dimgap=1　　　dimgap=-1

[DIMLFAC]

실치수보다 크거나 작게 기입할 때 사용한다. 주로 확대도 작성 시 실치수를 반으로 줄여서 기입할 때 사용한다.

길이 60일때

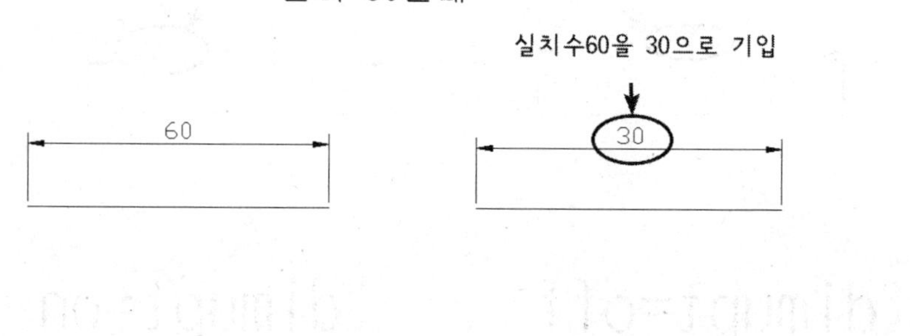

dimlfac=1 dimlfac=0.5

[DIMSCALE]

치수화살표, 치수문자 등 치수모양 전반에 걸쳐서 크기를 조정한다.

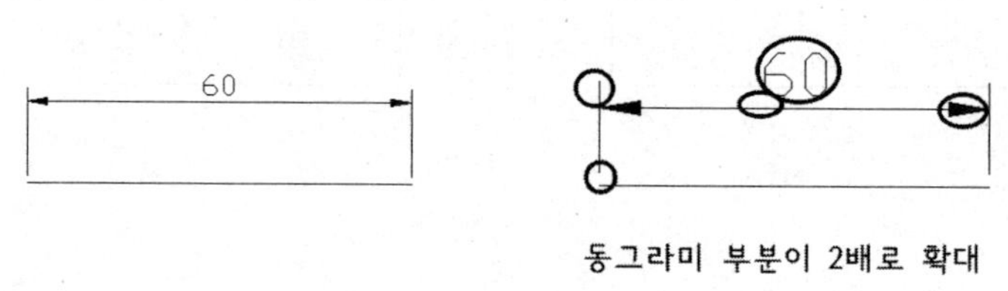

dimscale=1 dimscale=2

[Ddim 대화상자에서 설정한 상태로 되돌리기]

치수기입 툴바에서 목록 키를 클릭한 후 ISO－25를 클릭한다.

이렇게 되면 ks 스타일 이후에 사용자가 임의대로 치수변수를 변경한 값들이 저장되지 않게 된다.

다시 치수기입 툴바에서 목록 키를 클릭한 후 ks를 클릭한다.

PART 16

도면틀 연습

이번 장에서는 시험대비용 도면틀과 실무용 도면틀을 나누어 2가지 틀을 만들기로 한다.

1. 시험대비용 도면틀

[1 – 1]

- 시작 대화창에서 Start from Scratch를 클릭한다.
- Default Setting(기본 설정에서) Metric(미터계)을 클릭한다.
- OK 버튼을 클릭하여 빠져나간다.

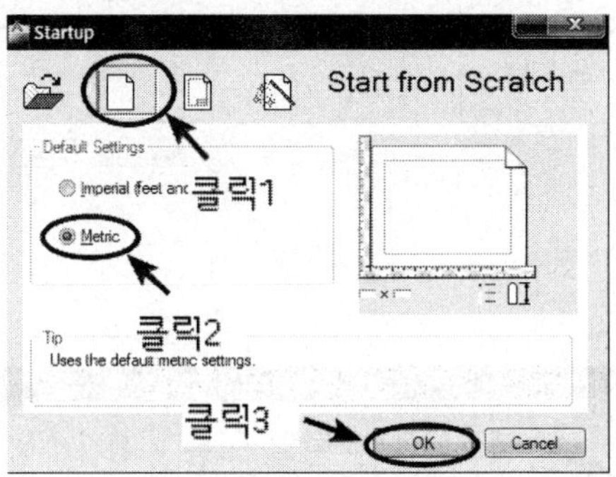

[1 – 2]

LAyer를 만든다.

Name	O...	Fre...	Lock	Color	Linetype	Lineweight	Transparency	Plot Style
0				white	Continuous	Default	0	Color_7
가는선				red	Continuous	Default	0	Color_1
외형선				green	Continuous	Default	0	Color_3
은선				yellow	HIDDEN2	Default	0	Color_2
중심선				red	CENTER2	Default	0	Color_1
치수선				red	Continuous	Default	0	Color_1
테두리				cyan	Continuous	Default	0	Color_4
해칭선				red	Continuous	Default	0	Color_1

[1 – 3]

LTScale을 0.2로 설정한다.

[1－4]

• 문자 스타일(Standard)을 수정한다.

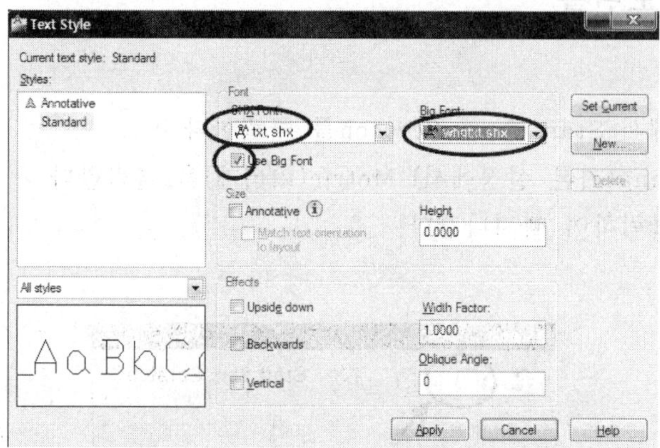

• 문자스타일을 새로 추가한다.

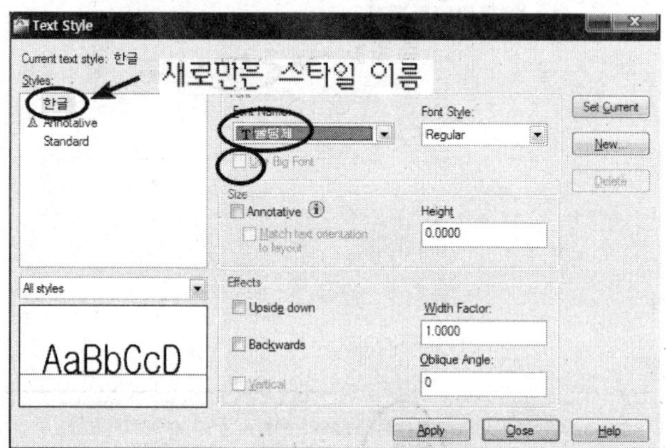

[1-5]

- ks라는 이름의 치수 스타일을 만든다.
- 치수선, 치수보조선 설정

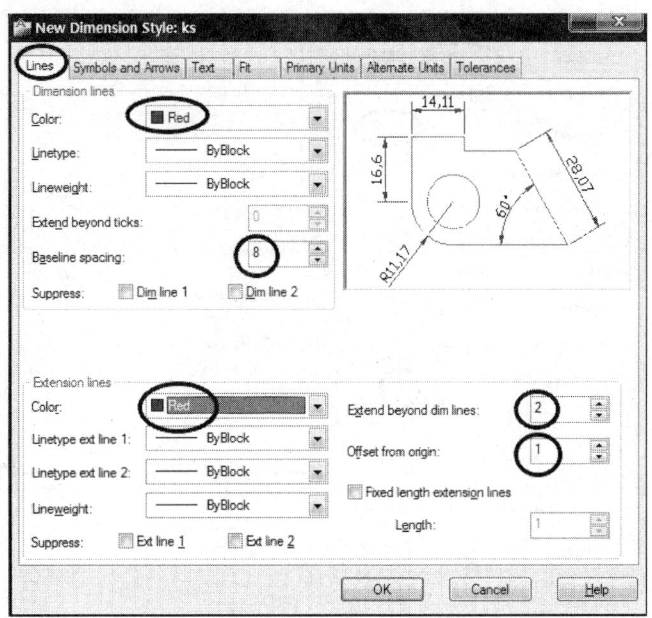

- 화살표 크기 설정

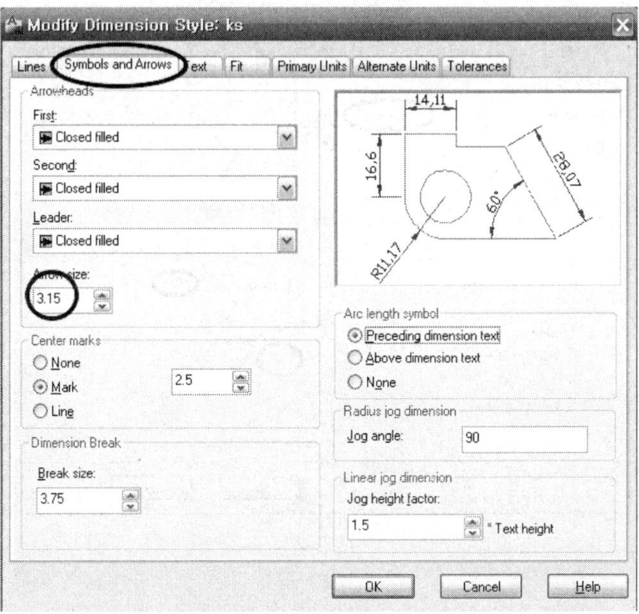

• 치수문자 설정

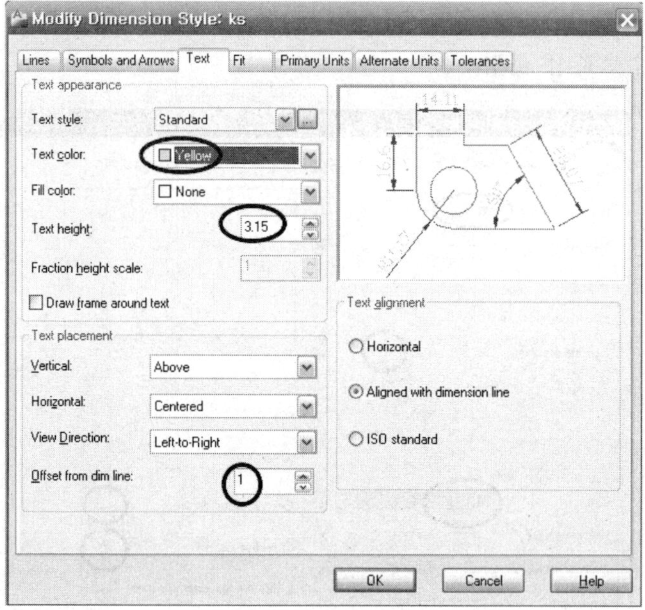

• 단위 설정

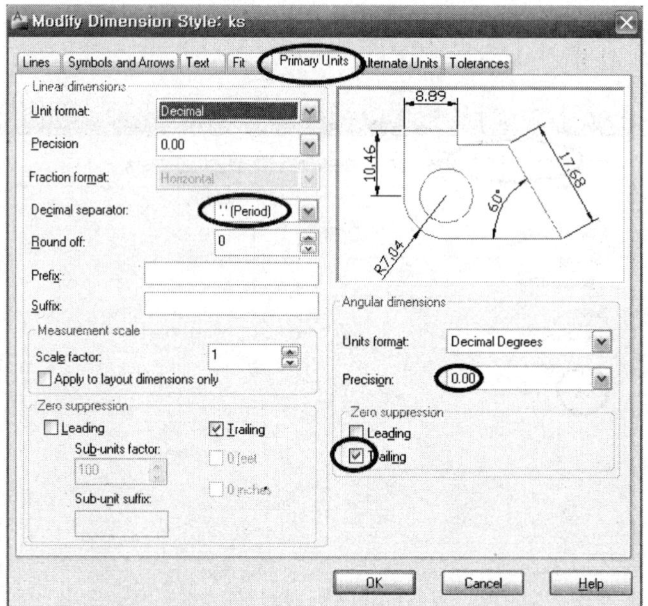

[1-6] 블록 만들기1 (축과 태핑에 사용할 블록)

- 작업층(Current layer)을 외형선 층으로 설정한 후 그림과 같이 Line 명령과 xline명령을 사용하여 그림을 그린 후 블록을 지정한다.

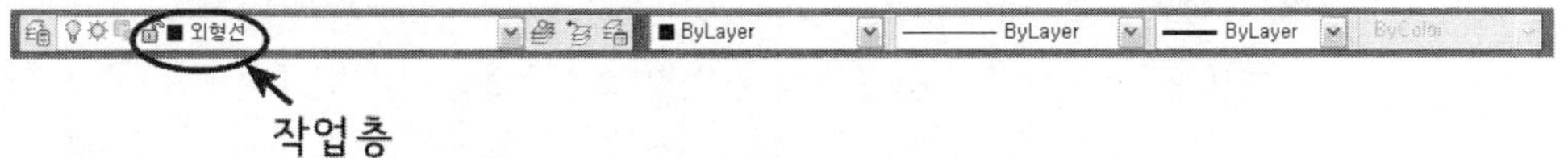

- 블록 만드는 방법은 파트13의 블록연습을 참고한다.

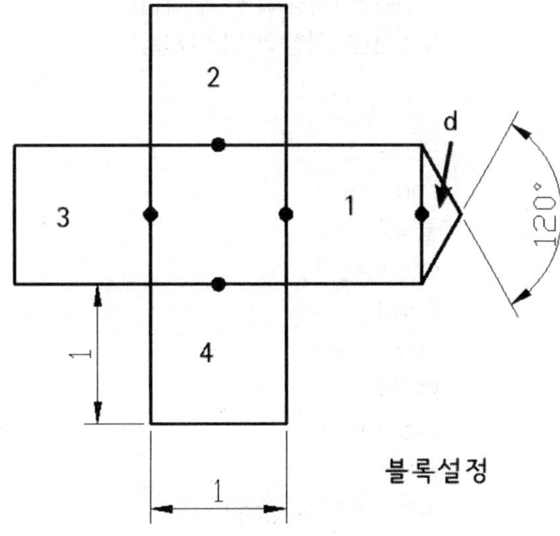

[1-7] 블록 만들기2 (품번과 대표 표면 거칠기에 사용할 블록)

• 작업층(Current layer)을 외형선 층으로 설정한 후 다음과 같은 그림을 그린다.

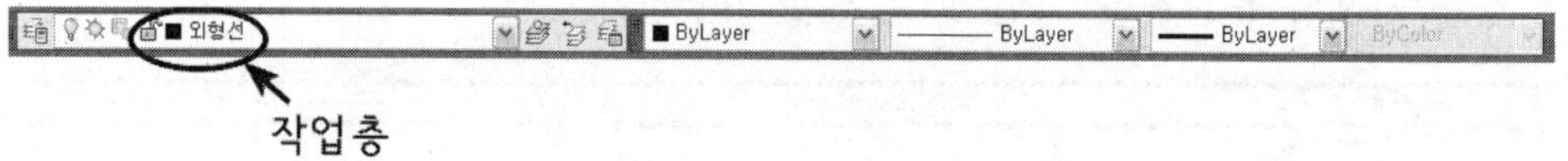

POLygon Enter↵
6 Enter↵ (6각형)
클릭1 (임의점)
c Enter↵ (가상의 원에 외접)
6 Enter↵ (가상의 원 반지름)

PLine Enter↵
end Enter↵
클릭2
end Enter↵
클릭3
end Enter↵
클릭4
mid Enter↵
클릭5
Enter↵ (PLine 종료)

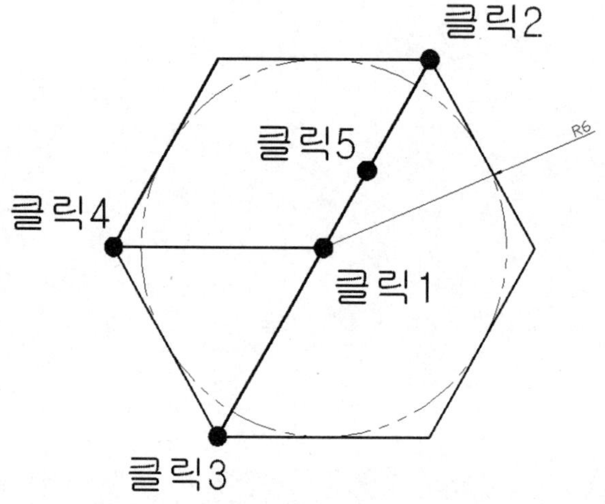

• Line과 Arc 명령을 사용하여 다음과 같이 그린다.

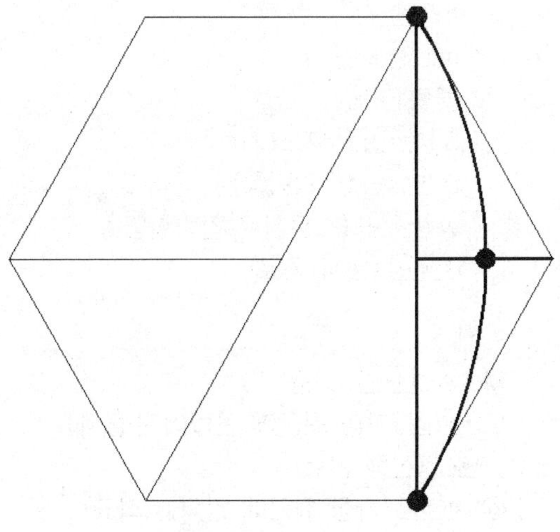

직선을 그린 후 3점 호를 그린다

• Erase 명령을 사용하여 그림과 같이 나머지 선들은 모두 지운다.

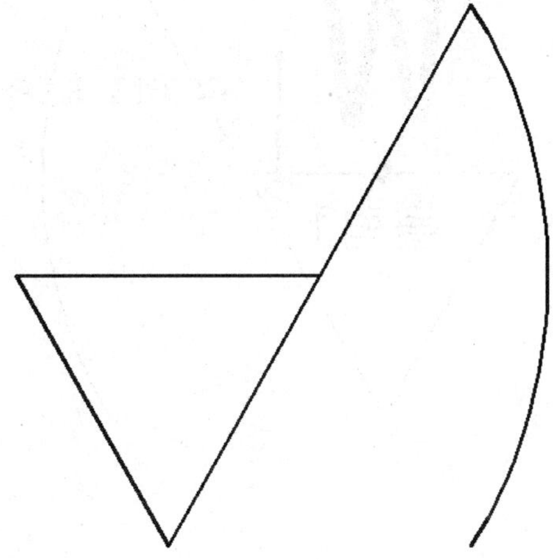

DText Enter↵
m Enter↵
mid Enter↵
클릭1
5 Enter↵ (문자크기)
0 Enter↵ (수평방향)
w Enter↵ (소문자로 입력한다.)
Enter↵ (문자 종료)

Move Enter↵ (이동)
L Enter↵ (가장 최근에 만들어진 물체)
Enter↵ (선택 완료)
@ Enter↵ (가장 최근에 입력한 좌표)
@0,3 Enter↵ (위로 3만큼 이동)

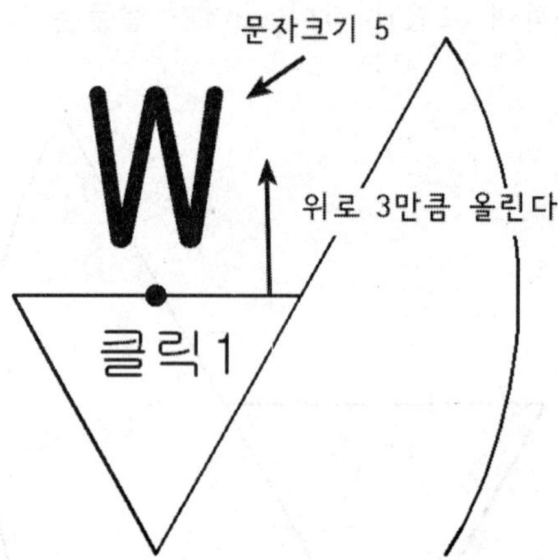

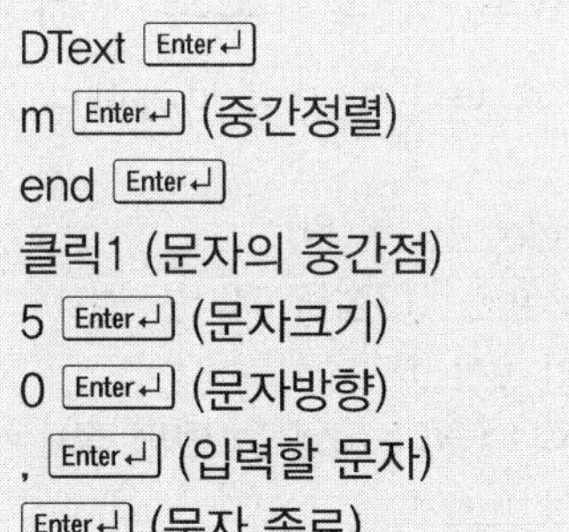
DText Enter↵
m Enter↵ (중간정렬)
end Enter↵
클릭1 (문자의 중간점)
5 Enter↵ (문자크기)
0 Enter↵ (문자방향)
, Enter↵ (입력할 문자)
Enter↵ (문자 종료)

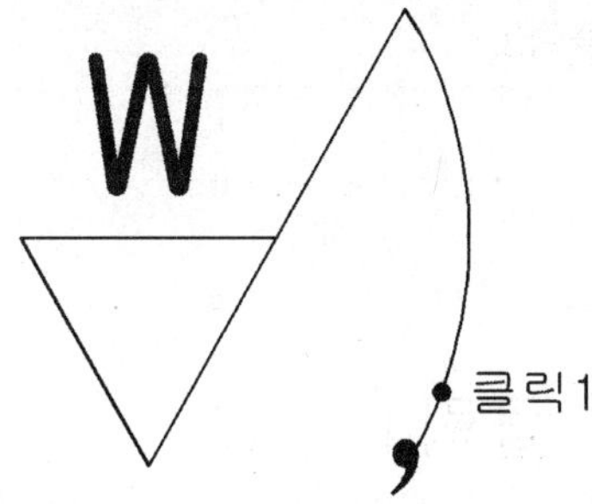

• MIrror, Move, COpy, <F8>(수평, 수직 잠금키)를 활용하여 다음 그림과 같이 꾸민다.

• ddEDit 명령을 사용하여 다음 그림과 같이 수정한다.

[좌측 표면 거칠기 기호 w를 주물기호로 바꾸기]

w 문자를 Erase 명령으로 지운 후 다음과 같이 따라한다.

Circle [Enter↵] (원)
3p [Enter↵] (3점을 지나는 원)
mid [Enter↵]
클릭1 (원이 지날 첫 번째 점)
mid [Enter↵]
클릭2 (원이 지날 두 번째 점)
tan [Enter↵] (원이 지날 세 번째 점)
클릭3

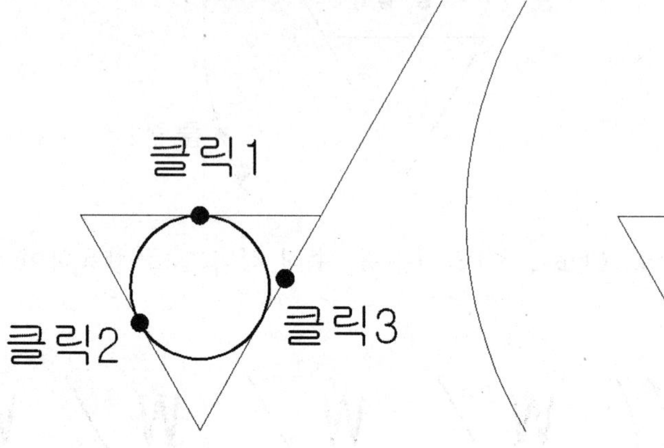

eXplode Enter↵ (분해)
클릭1 (분해시킬 물체)
Enter↵ (선택완료)

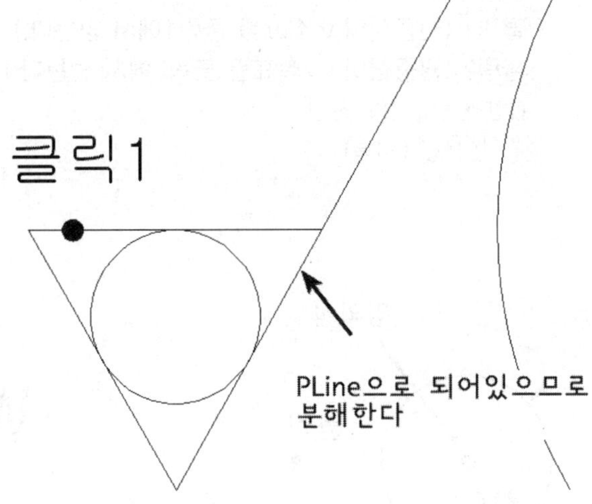
클릭1
PLine으로 되어있으므로
분해한다

• Erase 명령을 사용하여 선 하나를 지운다.

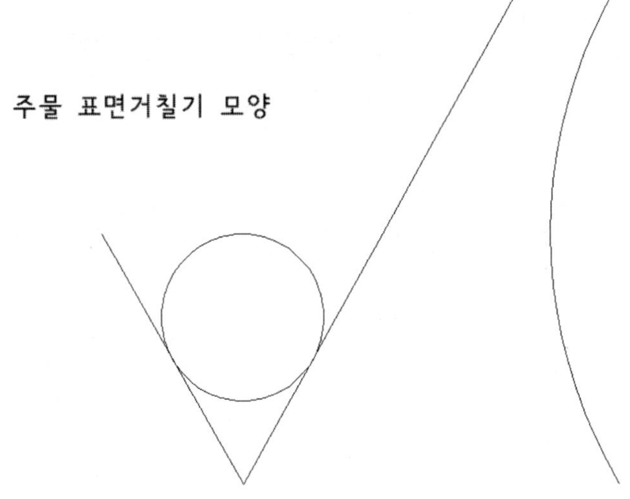
주물 표면거칠기 모양

[품번 작성]

Circle Enter↵ (원)
.y Enter↵ (y좌표만 걸러내기)
end Enter↵
클릭1 (원중심의 y 좌표를 클릭1에서 얻는다.)
클릭2 (원중심의 x,z좌표를 클릭2에서 얻는다.)
d Enter↵ (지름 옵션)
11 Enter↵ (지름)

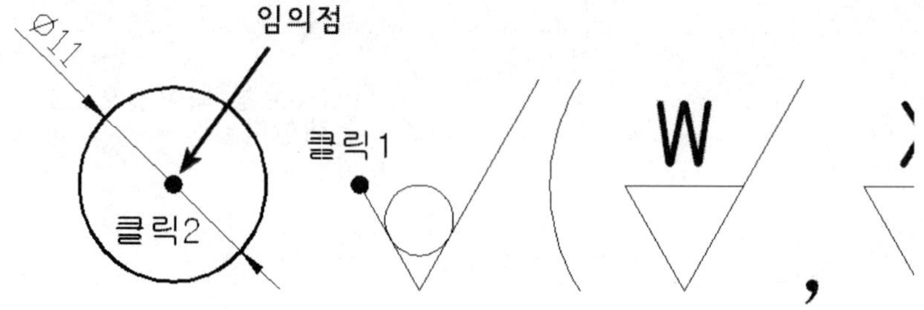

[원에 품번 넣기]

DText Enter↵
m Enter↵ (중간정렬)
cen Enter↵
클릭1 (문자열 입력점)
5 Enter↵ (문자 크기)
0 Enter↵ (수평방향)
1 Enter↵ (문자)
Enter↵ (문자종료)

품번의 원은 노란색의 실선으로 바꾼다.

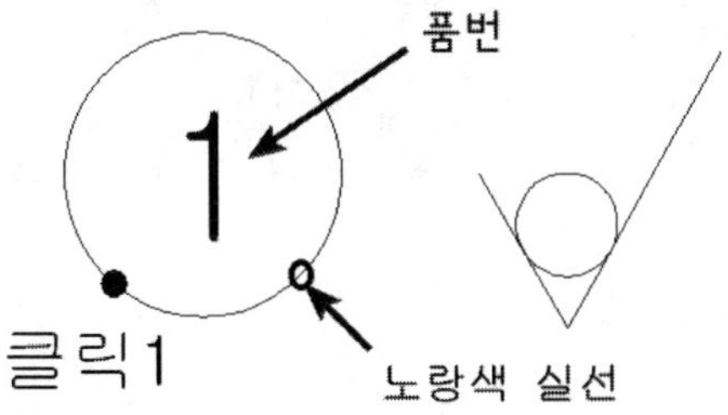

[작은 표면 거칠기 만들기]

그림과 같이 따라한다.

COpy Enter↵ (복사)
클릭1 (물체선택)
Enter↵ (물체선택 끝)
클릭2 (기준점)
클릭3 (이동점)
Esc (COpy 명령을 빠져나간다.)

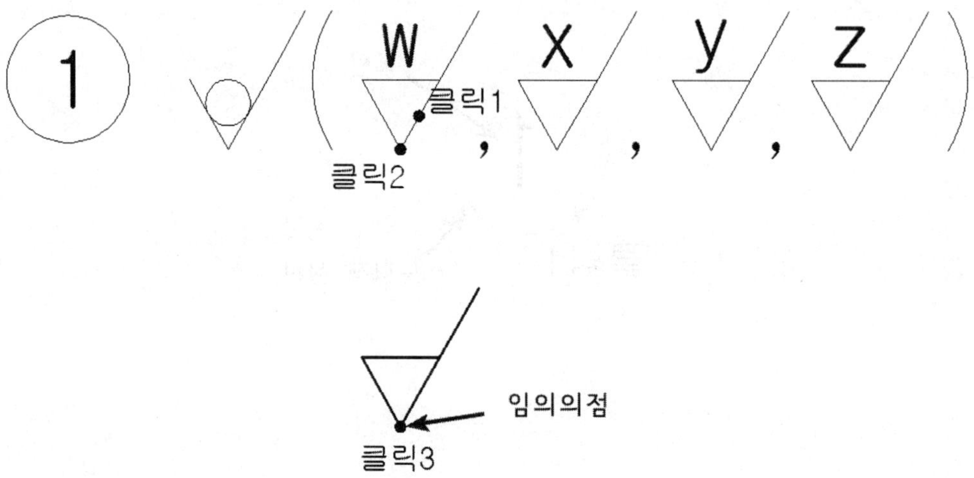

작은 표면 거칠기 기호를 만들 때 문자가 포함되는데 이때 포함되는 문자는 일반 텍스트 명령(DText)을 사용하기보다는 치수기입 시 만들어지는 치수문자를 사용하여 만드는 것이 나중에 편리하다. 치수문자를 사용하여 기호를 만들려면 별도의 치수 스타일 지정이 필요하다.
다음과 같이 치수 스타일을 만든다.

Ddim Enter↵ (치수 설정)

- New 버튼을 클릭한다.
- Start With에 ks로 되어 있는지 확인한다.
- New Style Name : 에 표면 거칠기 문자를 입력한다.
- Continue 버튼을 클릭한다.

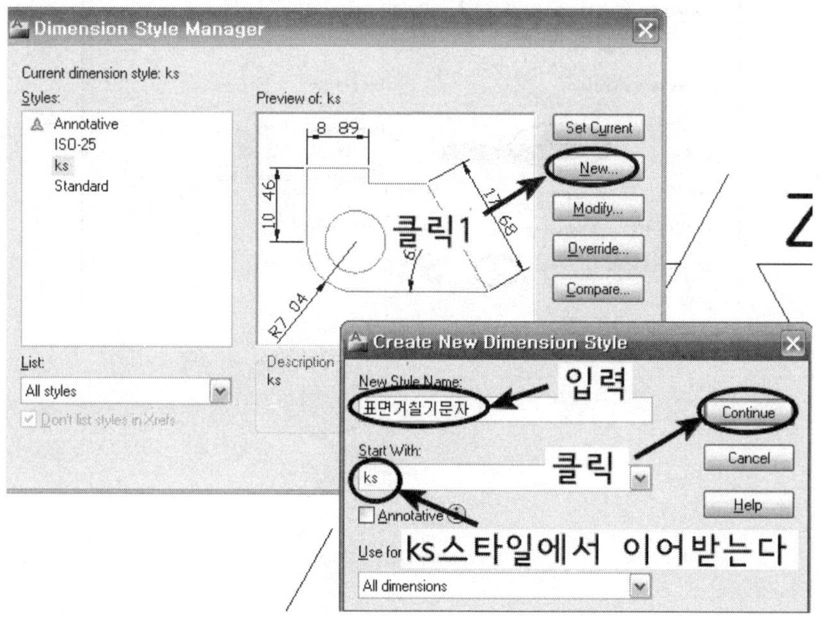

- Text 탭을 클릭한다.
- Text color : 를 빨강(Red)으로 지정한다.
- Text height : 에는 2.5를 입력한다.
- Vertical(치수문자 정렬방식)을 Centered(중간정렬)로 설정한다.
- Offset from dim line : 을 0으로 설정하여 치수선이 치수 문자로부터 잘리는 거리를 0이 되게 한다.

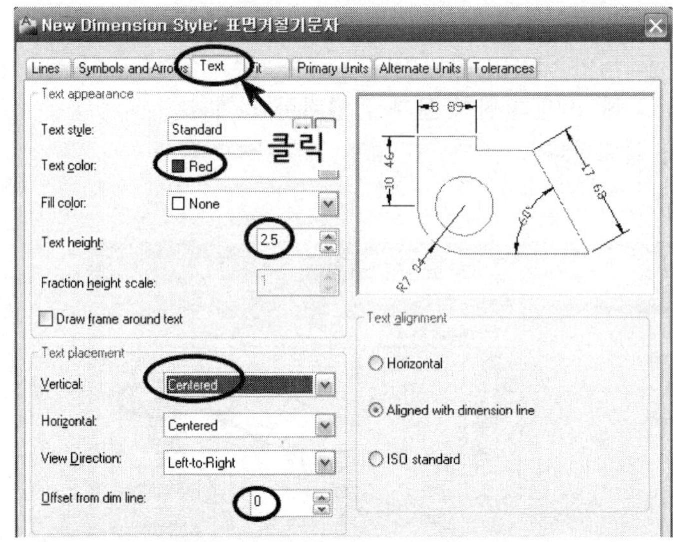

- Fit 탭을 클릭한다.
- Fit options 항목에서 Always keep text between ext lines를 체크한다.

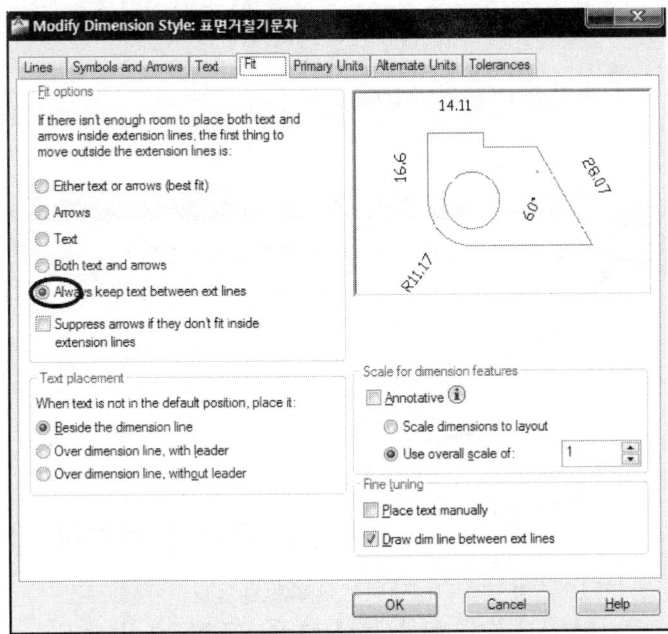

- Lines 탭을 클릭한다.
- Dimension lines(치수선) 항목의 Suppress(억제) 부분에서 Dim line 1과 Dim line 2를 모두 체크한다.
- Extension lines(치수보조선) 항목의 Suppress(억제) 부분에서 Ext line 1과 Ext line 2를 모두 체크한다.
- OK 버튼을 클릭하여 저장하고 빠져나간다.

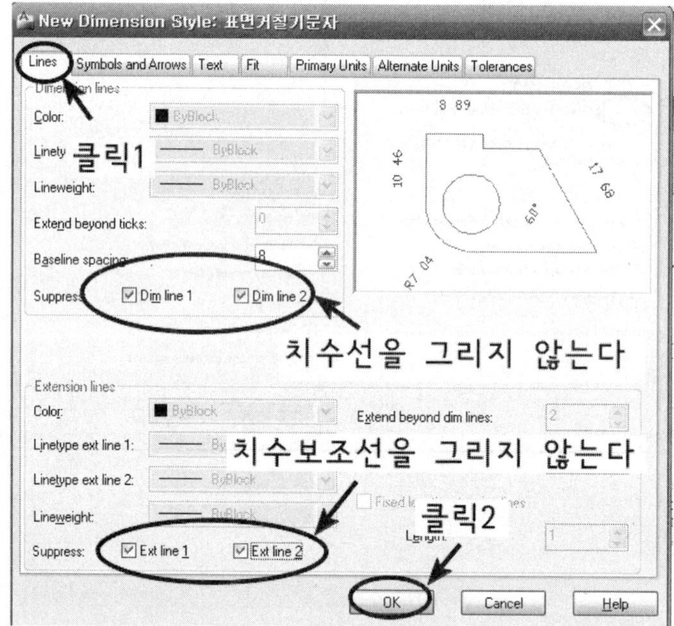

- 표면 거칠기 문자 스타일을 클릭한 후 Set Current 버튼을 클릭하여 앞으로 치수기입을 할 때 선택한 스타일이 적용되도록 한다.
- Close 버튼을 눌러 대화창을 닫는다.

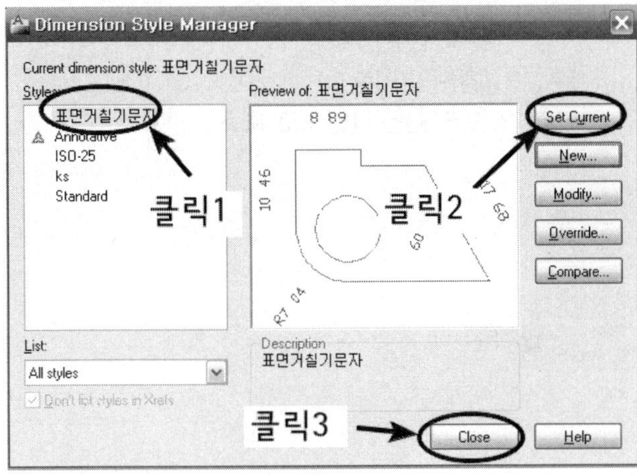

[작은 표면 거칠기 문자 만들기]

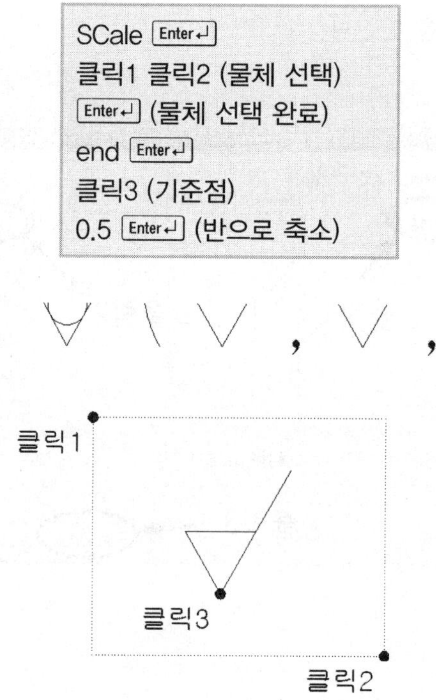

SCale Enter↵
클릭1 클릭2 (물체 선택)
Enter↵ (물체 선택 완료)
end Enter↵
클릭3 (기준점)
0.5 Enter↵ (반으로 축소)
클릭1
클릭3
클릭2

축소된 물체를 치수선 층으로 바꾼다.

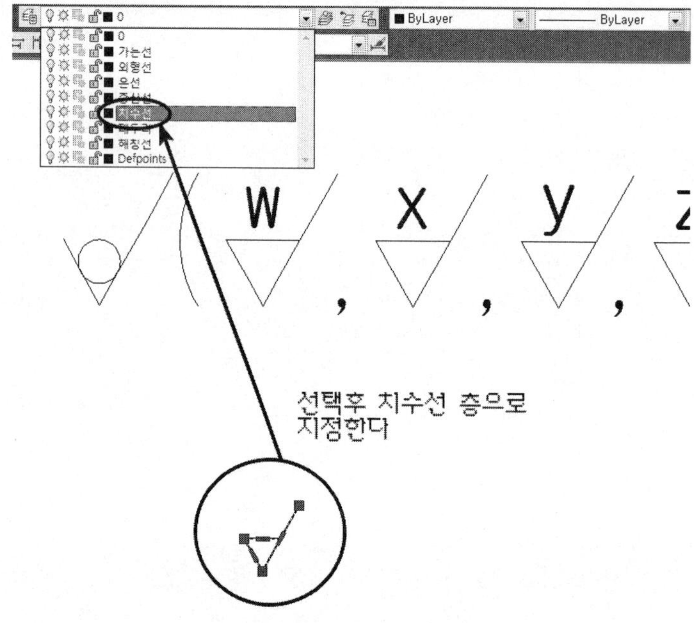

작업층을 치수선 층으로 바꾼다.

> Esc
> Esc (Esc 키를 2번 정도 눌러서 선택해제)

치수선 층을 현재 작업층으로 지정한다.

Linear 아이콘(선형치수기입)을 클릭한다.

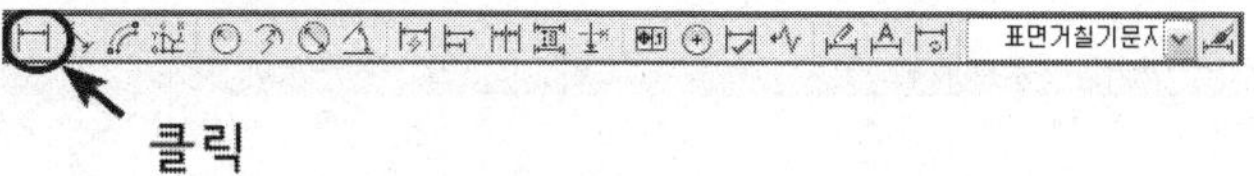

> Enter↵ (물체 선택모드)
> 클릭1 (치수기입 할 선)
> 클릭2 (치수문자 위치)

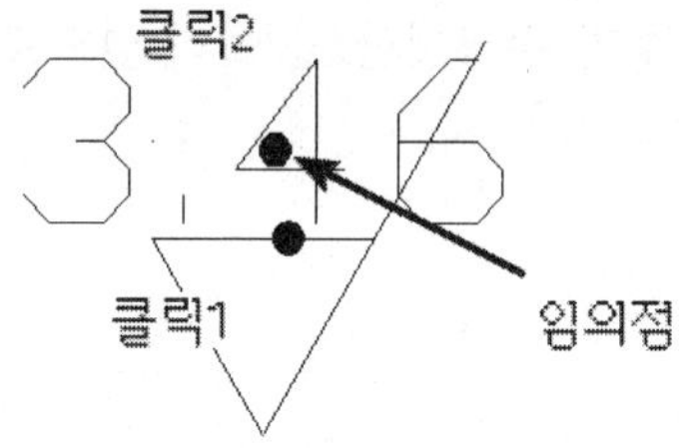

ddEDit Enter↵ (문자 수정)
클릭1 (수정할 문자 선택)

대화창에서 기존 치수문자를 지우고 w를 입력한 후 OK버튼을 클릭한다.

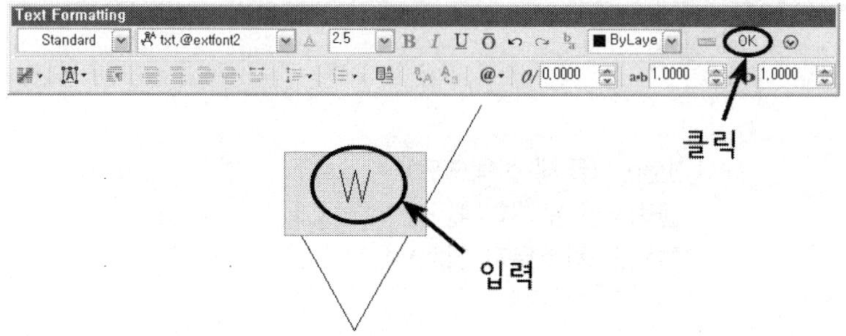

방금 만든 물체를 <F8>키 (수평 수직제한)를 눌러 옆으로 나란히 복사하여 다음 그림과 같이 만든다.

임의의 간격으로 복사한다

ddEDit 명령을 사용하여 그림과 같이 문자를 바꾼다.

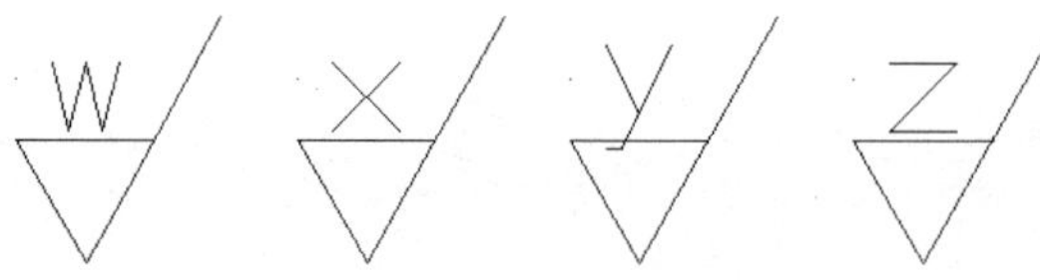

Block Enter↵ (블록 지정)

Pick point 버튼을 클릭한다.

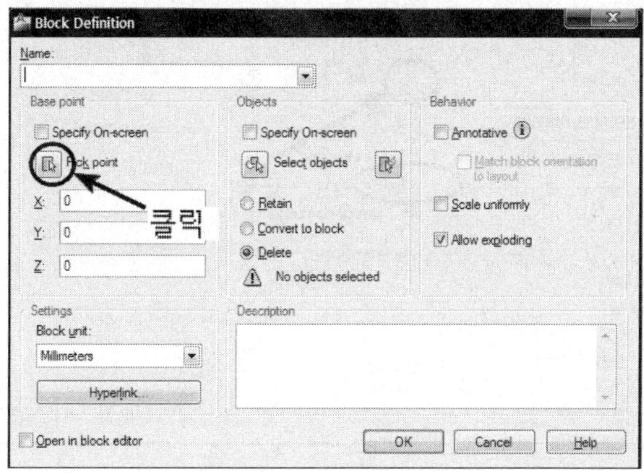

대화창이 사라지면 Base point를 표면 거칠기의 끝점에 두지 말고 끝점에서 약 0.1 정도 떨어지게 잡는다. 이유는 나중에 Dimension Break 명령을 사용하여 치수선 또는 치수보조선을 끊어야 될 때 표면 거칠기가 기재된 치수보조선이 원치 않게 잘리지 되지 않게 하기 위해서이다.

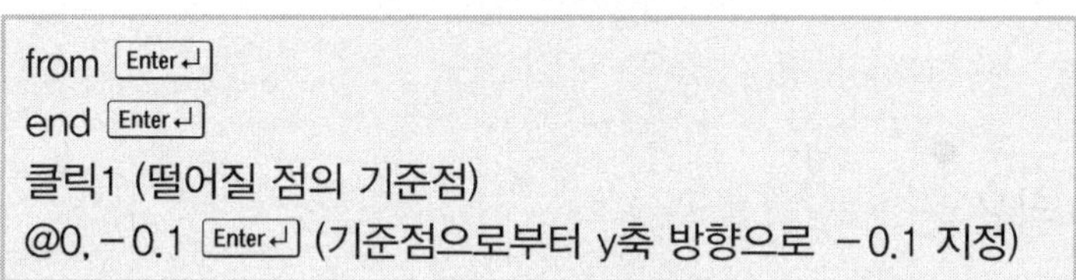

from Enter↵
end Enter↵
클릭1 (떨어질 점의 기준점)
@0,−0.1 Enter↵ (기준점으로부터 y축 방향으로 −0.1 지정)

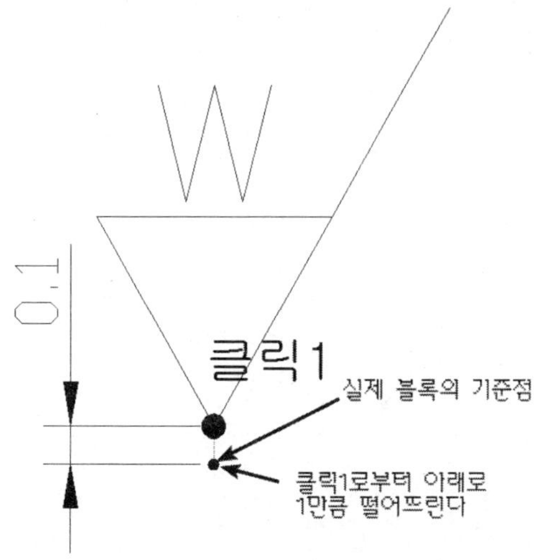

다시 Block 대화창이 나타나면 Delete 옵션을 체크하고 Select objects 아이콘을 클릭한다.

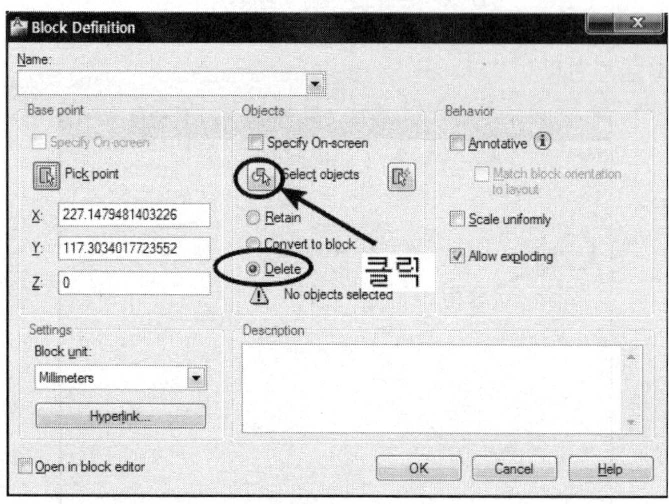

대화창이 사라지면

클릭1 클릭2
Enter (선택 완료)

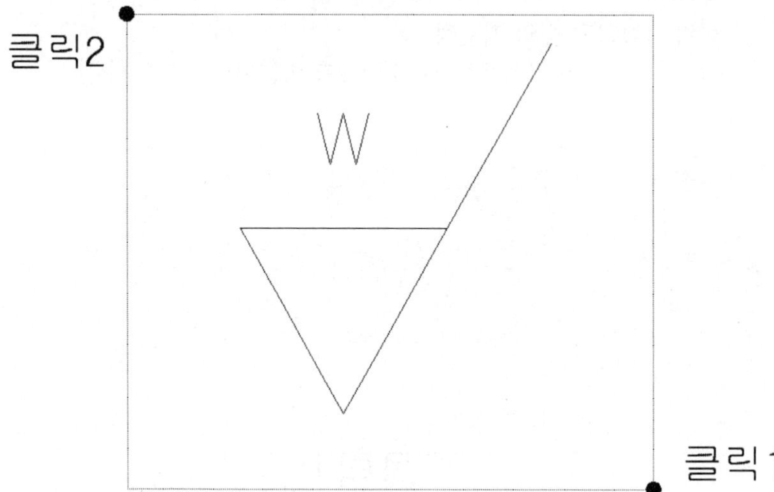

물체선택이 완료된 후 대화창 내에서 Name 난에 w를 입력한 후 OK 버튼을 클릭한다.

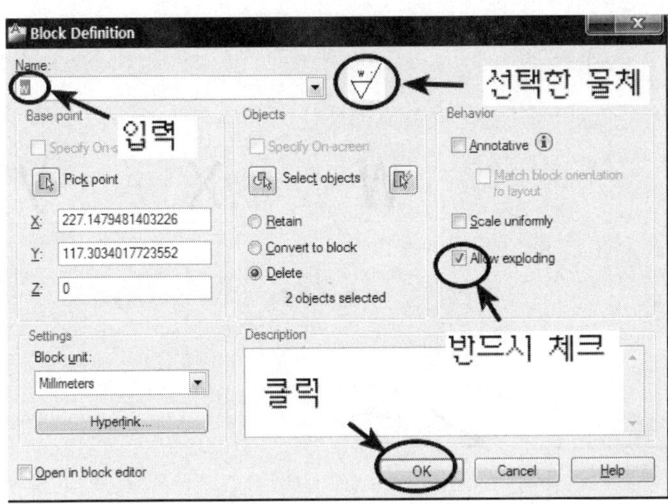

같은 방법으로 x, y, z 이름으로 블록을 만든다. Base point는 w 블록을 만든 것처럼 아래 끝점으로부터 0.1 아래로 떨어뜨려 지정한다.

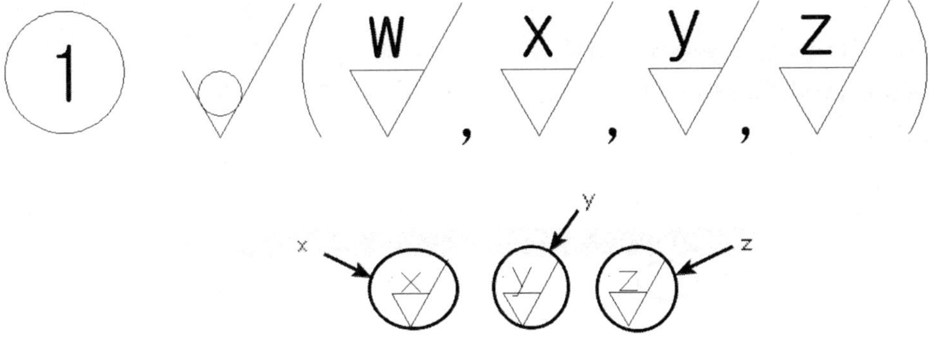

[만들어 놓은 블록 검사하기]

다음과 같은 그림을 그린다.

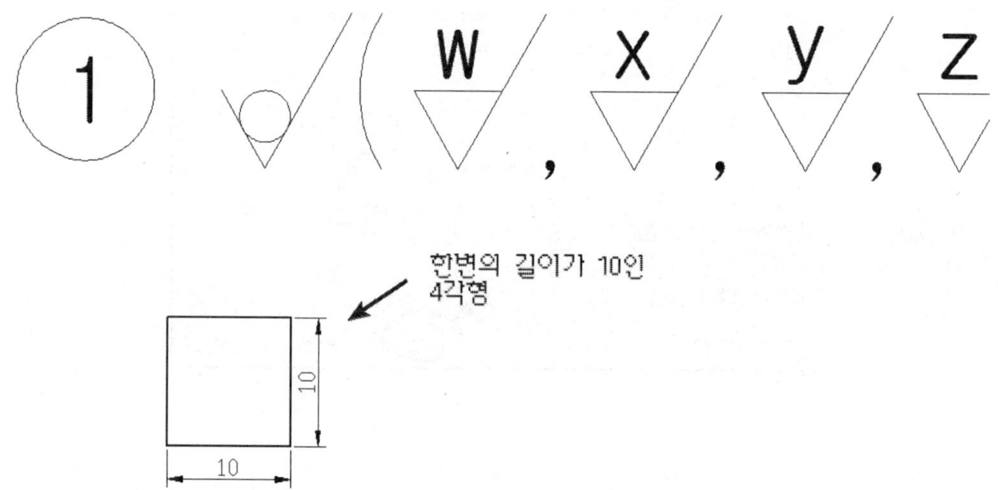

Insert Enter↵ (블록 삽입)

대화창에서 Name 난에 w를 입력한다.

Insertion point와 Rotation 항목의 Specify On-screen을 모두 체크한다. 단 Scale 항목은 해제한다.

OK를 클릭한다.

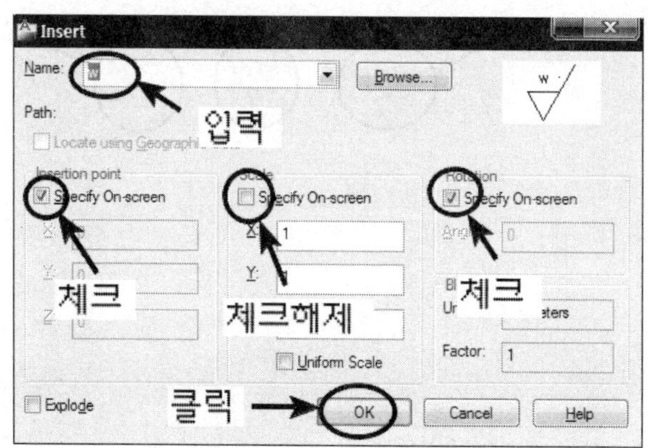

nea Enter↵
클릭1 (블록의 삽입점)
nea Enter↵
클릭2 (블록의 회전방향)

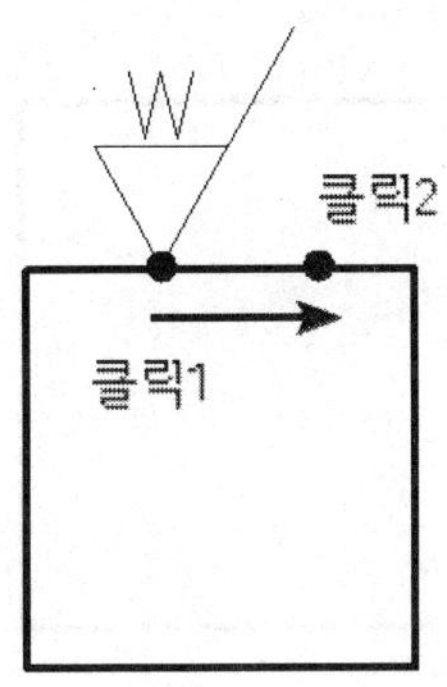

같은 방법으로 x, y, z 블록을 그림과 같이 삽입시켜 본다.
객체스냅은 nea(물체선 상의 임의점)을 사용한다.

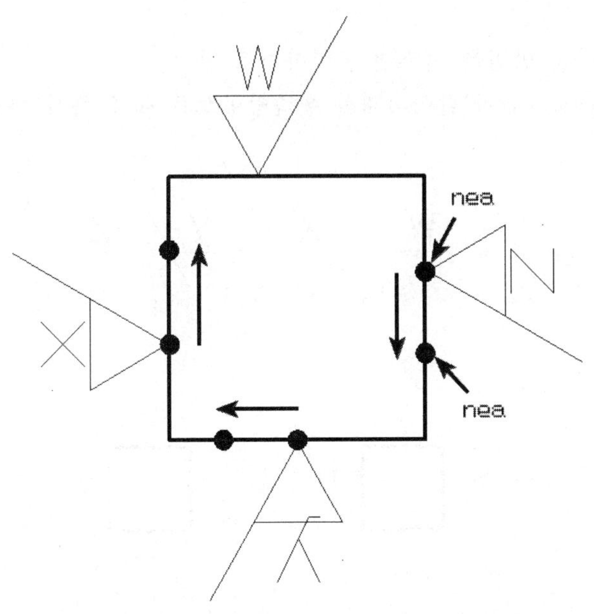

삽입된 표면거칠기 블록을 관찰해 보면 문자가 약간은 잘못되어 있다.
표면 거칠기 문자는 문자의 윗부분이 위쪽 또는 왼쪽을 향해야 한다.

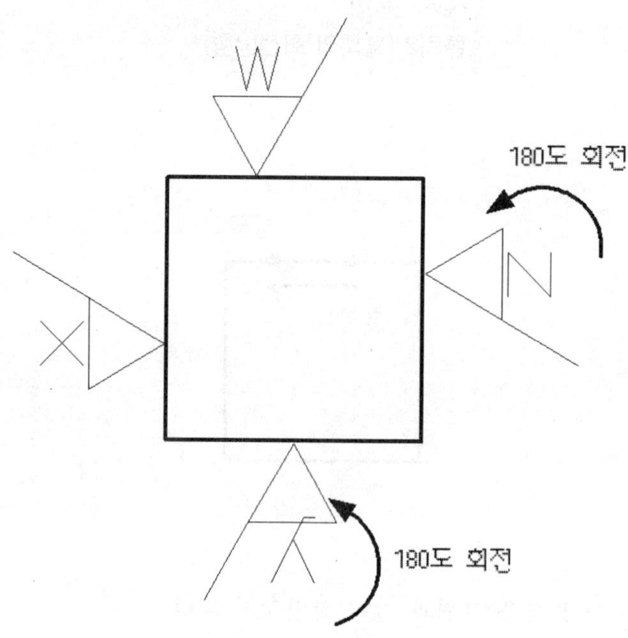

문자가 회전되도록 하는 방법은 이후에 설명하기로 한다.
COpy 명령을 사용하여 그림과 같이 4개를 우측방향으로 대충 복사한다.

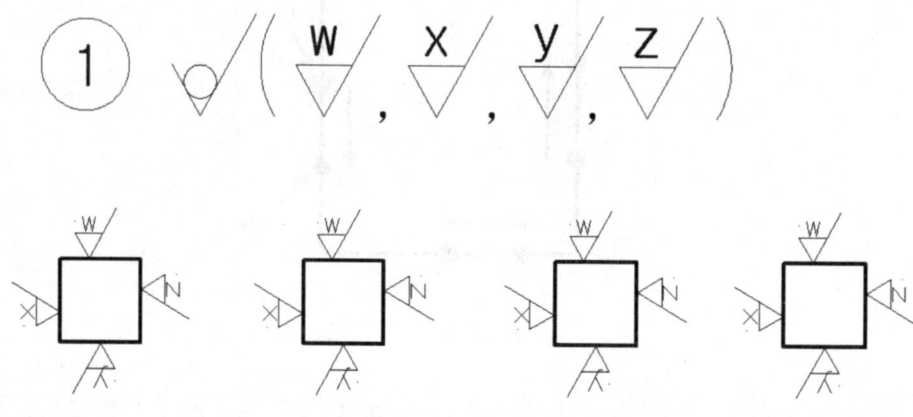

블록화된 표면거칠기 물체면 상에 기재되어 있을 때 이들을 eXplode(분해) 명령을 사용하여 분해시키면 블록화된 치수문자가가 치수속성으로 복귀하게 되어 자동으로 올바른 방향으로 회전하게 된다.

이때 분해시킬 물체를 일일이 선택해주지 말고 filter 명령을 사용하여 해당 블록만을 분해시켜 줄 필요가 있다.

다음과 같이 따라한다.

> eXplode Enter↵ (분해)
> 'filter(eXplode 명령 사용 중에' 를 주어 filter 명령을 임시로 사용한다.)
> Select Filter 항목에서 Block을 지정한다.
> Add to List 버튼을 클릭하여 목록에 올린다.
> Apply 버튼을 클릭하여 적용한다.

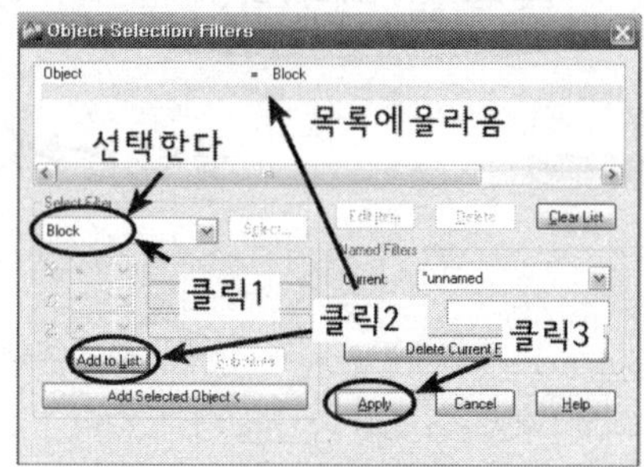

대화창이 사라지면 클릭1 클릭2를 하여 분해시킬 물체를 영역으로 지정한 후 Enter↵를 2번 입력하여 선택 완료한다.

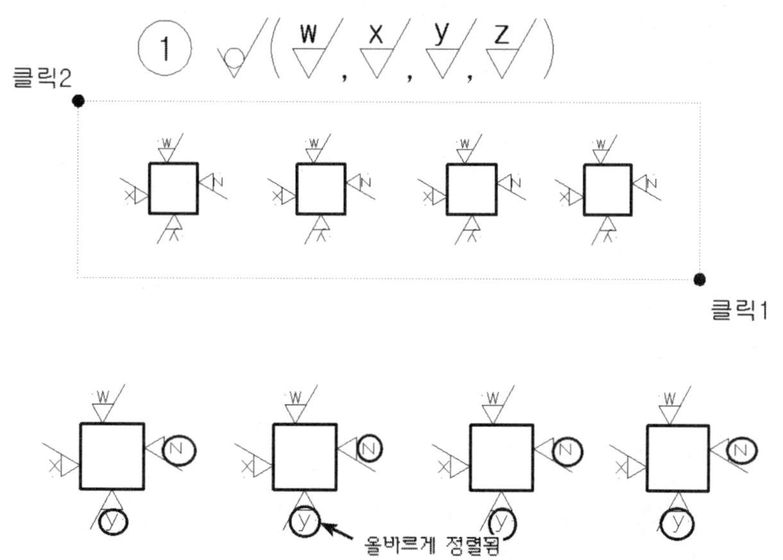

블록상태에서 치수문자로 복귀하게 되어 문자가 자동으로 회전되어 있음을 확인할 수 있지만 치수문자 특성상 지저분한 점이 남아있게 된다.
이를 없애려면 다시 한 번 eXplode 명령을 사용하여 표면 거칠기라는 이름의 치수스타일만 선택하여 분해시키면 된다.
다음과 같이 따라한다.

eXplode Enter↵
'filter Enter↵ (필터명령 적용)
Clear List 버튼을 클릭하여 목록을 비운다.

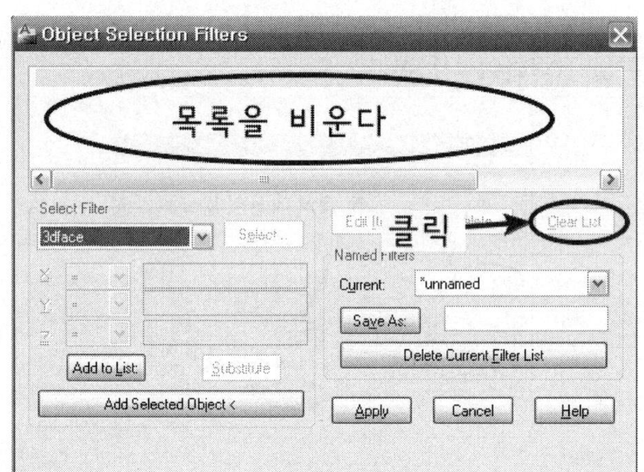

Select Filter 항목에서 Dimension Style를 선택한 후 Select 버튼을 클릭하여 표면거칠기 선택한 후 OK 버튼을 클릭한다.
Add to List 버튼을 클릭하여 선택목록에 등록한 후 Apply 버튼을 클릭한다.

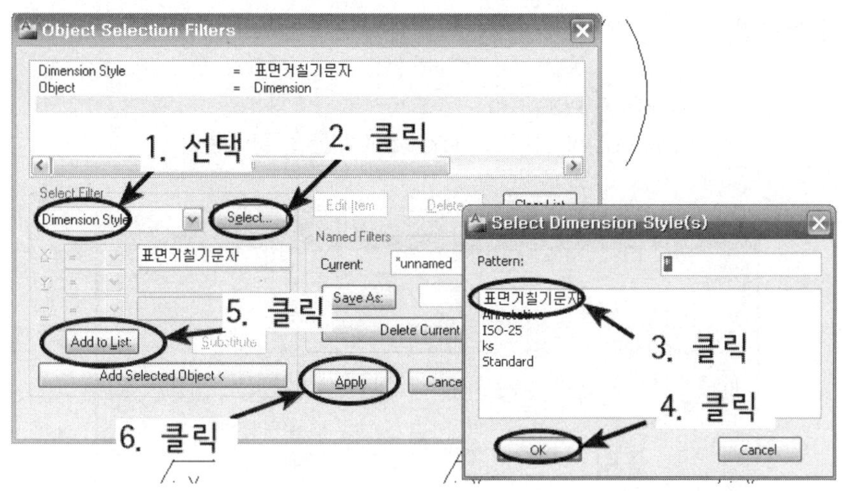

클릭1 클릭2를 하여 분해시킬 물체들을 영역으로 지정한 후 Enter↵를 한다.
다시 Enter↵를 하여 선택 완료시킨다.

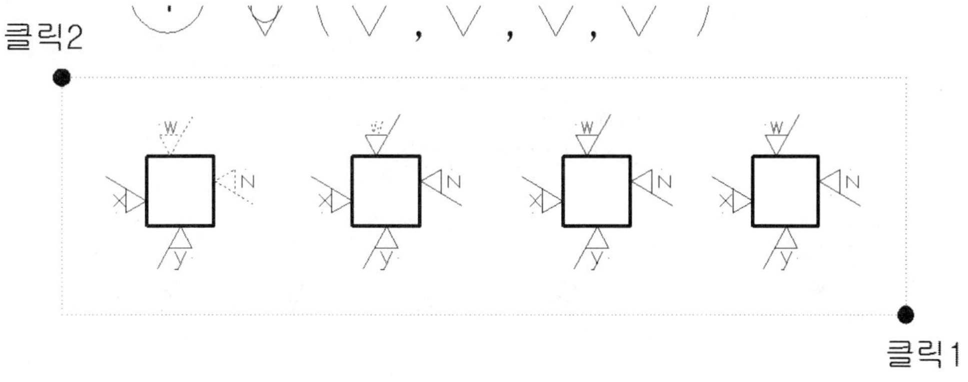

표면거칠기라는 이름의 치수 스타일이 분해되어 각 문자들은 일반 문자(DText)로 바뀌게 되고 치수속성상 지저분한 점들이 삭제되게 된다.

[대표표면거칠기 블록지정하기]

대표표면거칠기를 블록화 시켜서 필요할 때마다 Insert명령으로 삽입한 후 분해시켜 원하는 형태로 편집할 수 있도록 한다.

다음과 같이 따라한다.

Block Enter↵
Base point 항목의 Pick point 버튼을 클릭한다.

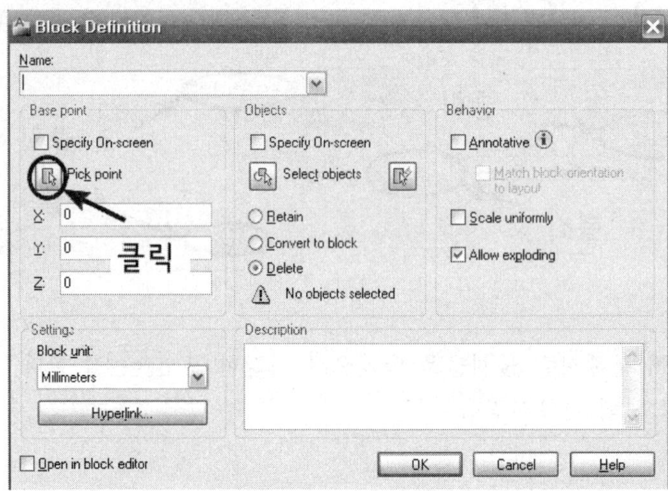

cen Enter↵
클릭1 (블록의 삽입점)

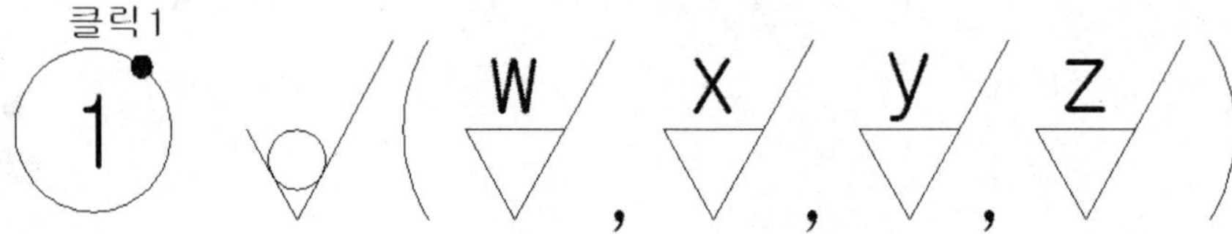

대화창이 다시 나타나면 Select objects 항목에서 Delete를 체크하여 활성화시킨 후 Select objects 버튼을 클릭한다.

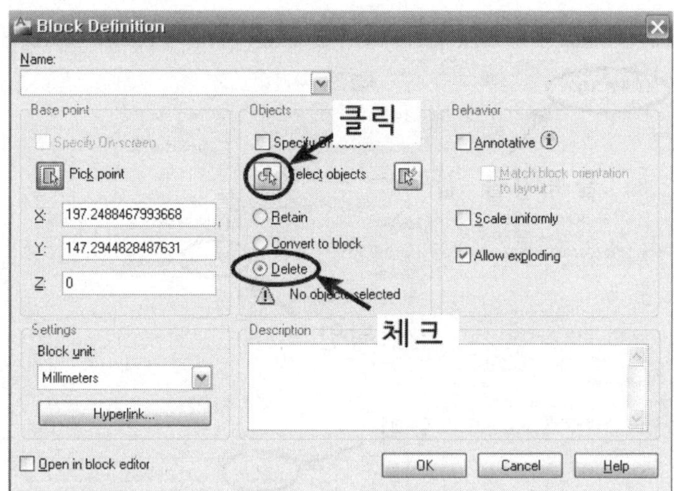

클릭1 클릭2를 하여 블록으로 지정할 요소들을 영역으로 선택한다.

Enter↵ (선택 마무리)

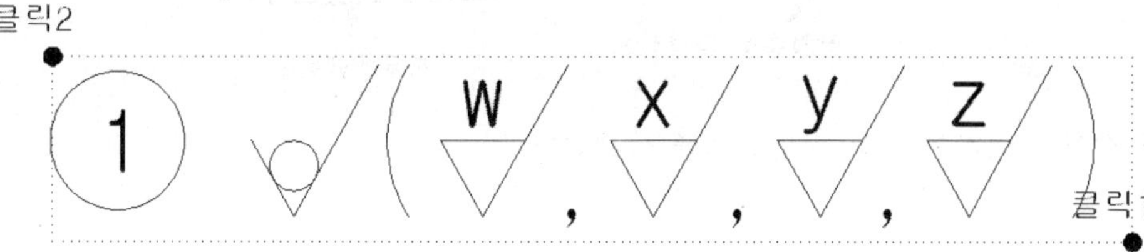

Behavior 항목에서 Allow exploding을 활성화시킨 후 Name 항목에는 대표표면거칠기를 입력한 후 OK 버튼을 클릭한다.

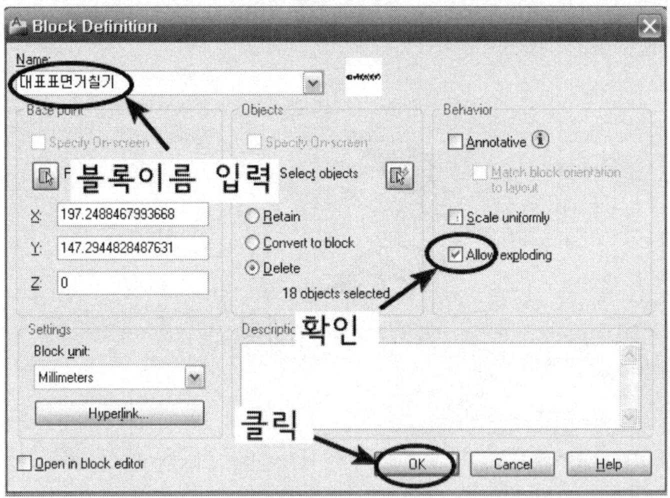

작업층과 문자스타일 치수스타일을 다음과 같이 지정해 놓는다.

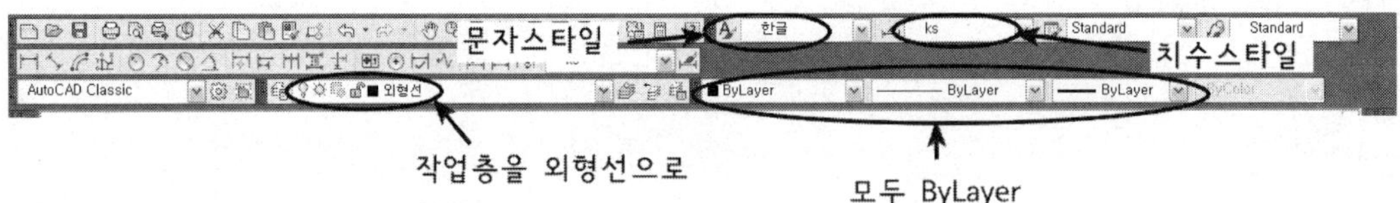

다음과 같이 입력하여 모든 도면요소를 삭제한다.

Erase Enter↵ (지우기)
all Enter↵ (모두 선택)
Enter↵ (선택 완료)

[1-9] 표제란 만들기

작업층을 가는선 층으로 설정한다.

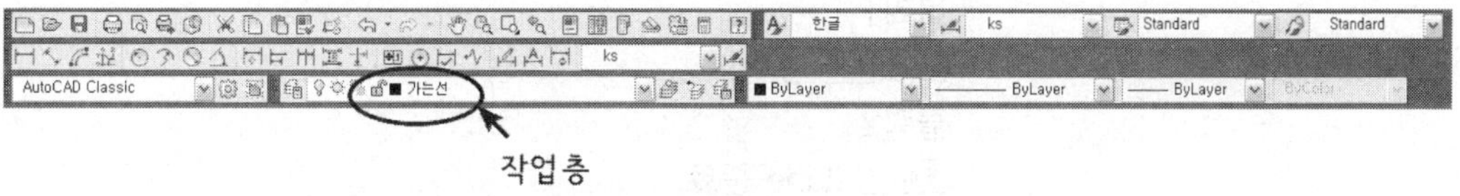

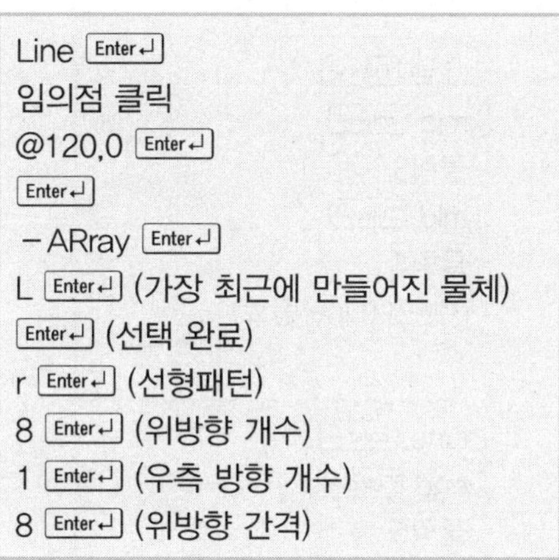
Line Enter↵
임의점 클릭
@120,0 Enter↵
Enter↵
-ARray Enter↵
L Enter↵ (가장 최근에 만들어진 물체)
Enter↵ (선택 완료)
r Enter↵ (선형패턴)
8 Enter↵ (위방향 개수)
1 Enter↵ (우측 방향 개수)
8 Enter↵ (위방향 간격)

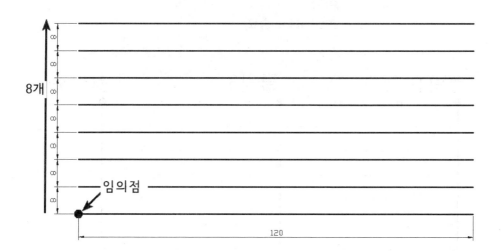

Line Enter↵
end Enter↵
클릭1
end Enter↵
클릭2
Enter↵ (Line 종료)

Line Enter↵
mid Enter↵
클릭3
mid Enter↵
클릭4
Enter↵ (Line 종료)

Line Enter↵
end Enter↵
클릭5
end Enter↵
클릭6
Enter↵ (Line 종료)

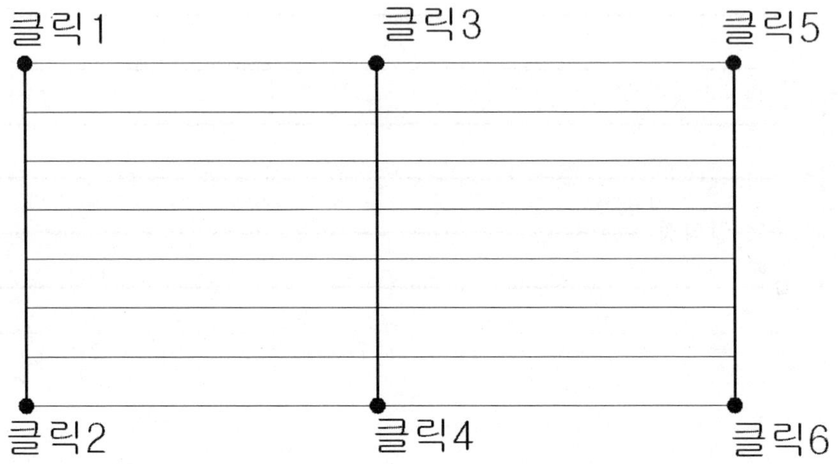

Offset Enter↵
15 Enter↵
클릭1
클릭2
Enter↵

Offset Enter↵
5 Enter↵
클릭3
클릭4
Enter↵

Offset Enter↵
25 Enter↵
클릭5
클릭6
Enter↵

Offset Enter↵
15 Enter↵
클릭7
클릭8
Enter↵

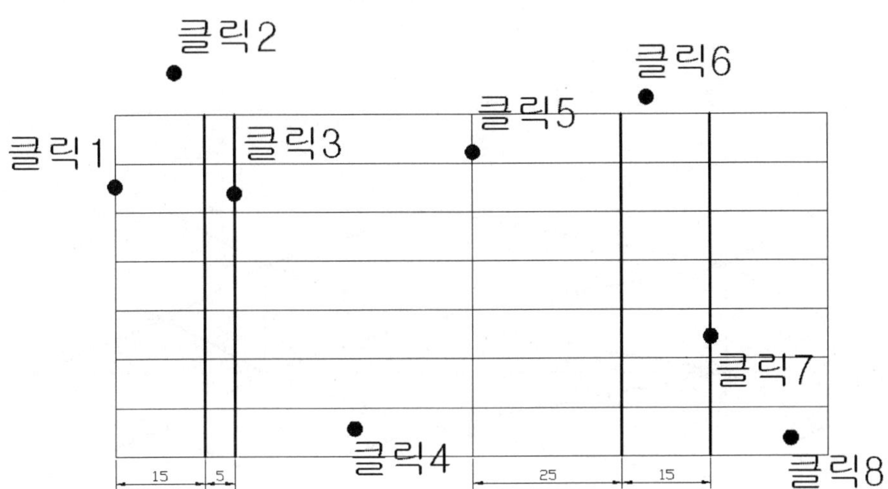

Trim 명령을 이용하여 다음 그림과 같이 만든다.

PLine 명령을 사용하여 그림과 같이 만든다.
객체스냅은 end와 int를 주로 사용한다.

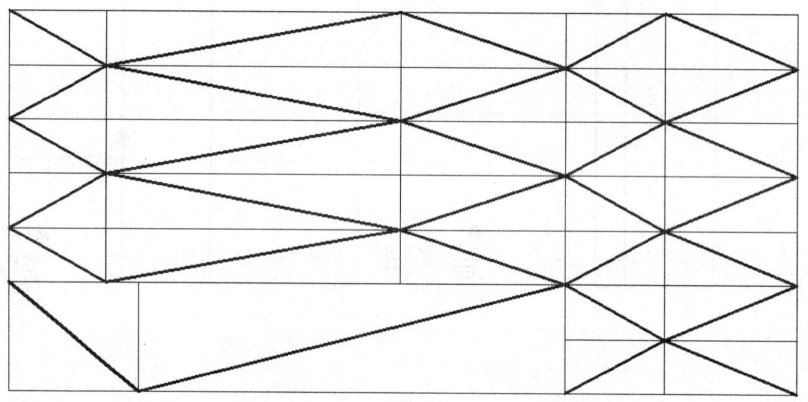

가급적 PLine이 끊어지지 않도록 한다.

DText [Enter↵] (문자)
m [Enter↵] (중간정렬)
mid [Enter↵]
클릭1 (문자의 기준점)
3.15 [Enter↵] (문자크기)
0 [Enter↵] (문자방향)
AAA [Enter↵] (문자)
[Enter↵] (문자종료)

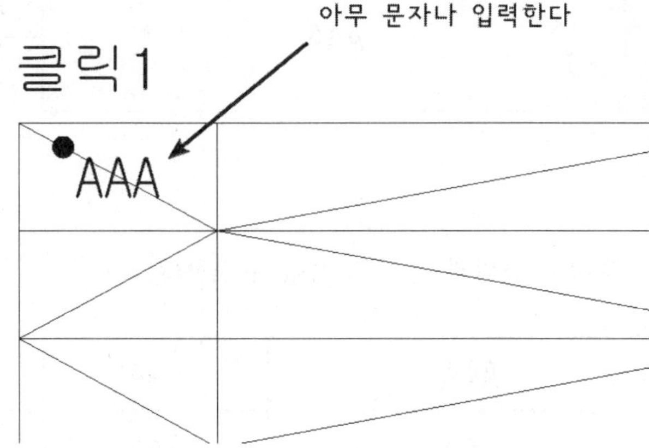

COpy 명령을 사용하여 방금 만든 문자를 그림과 같이 mid 객체스냅을 사용하여 복사한다.

Erase명령을 사용하여 PLine들을 그림과 같이 삭제한다.

AAA	AAA	AAA	AAA	AAA
AAA	AAA	AAA	AAA	AAA
AAA	AAA	AAA	AAA	AAA
AAA	AAA	AAA	AAA	AAA
AAA	AAA	AAA	AAA	AAA
AAA	AAA		AAA	AAA
			AAA	AAA

ddEDit 명령을 사용하여 그림과 같이 문자를 수정한다.

4	AAA	AAA	1	AAA
3	AAA	AAA	1	AAA
2	AAA	AAA	1	AAA
1	AAA	AAA	1	AAA
품번	품명	재질	수량	비고
작품명	기본표제란		척도	1:1
			각법	3각법

글자는 일반적으로 노란색이어야 하므로 복사하기 전에 미리 원본 문자를 노랑으로 바꾸어 준 후 복사하는 것이 편하기는 하나 미처 노란색으로 바꾸지 않았을 경우 다음과 같이 filter 명령을 사용하여 쉽게 바꾸어 줄 수 있다.

[Esc] 키를 두 번 정도 눌러서 선택된 물체에 없도록 한 후 글자 하나를 클릭한 후 Properties(물체특성)툴바의 색상항목에서 노란색을 클릭한다.

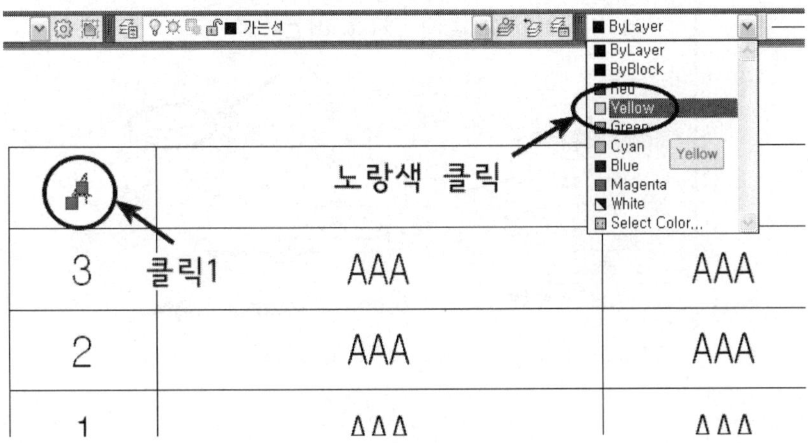

[Esc] 키를 두 번 눌러 선택을 취소한다.
ma [Enter↵]
클릭1 (노란색으로 바뀐 물체 클릭)

4	← 클릭	AA
3		AA
2		AA

'filter Enter↵ (필터명령 사용)
Clear List 버튼을 클릭하여 이전에 사용했던 필터 목록을 삭제한다.

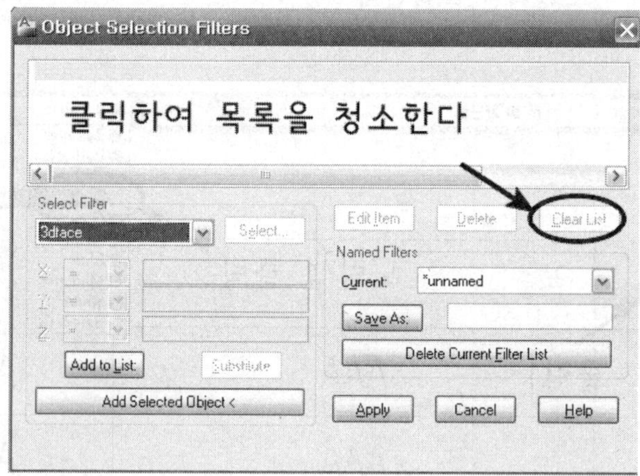

Select Filter 항목에서 Text를 선택한 후 Add to List 버튼을 클릭하여 목록에 올린 후 Apply 버튼을 클릭한다.

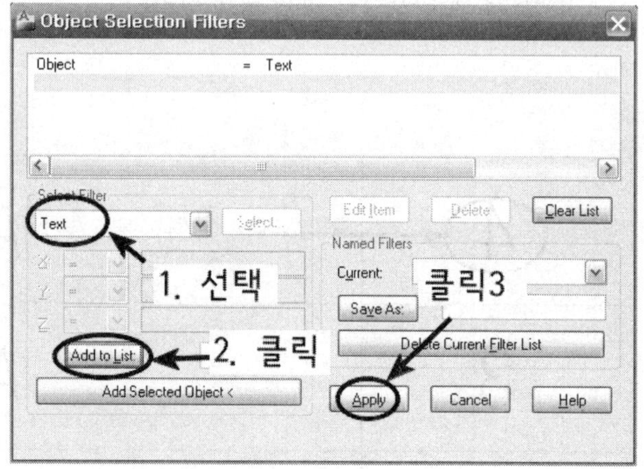

클릭1 클릭2를 하여 물체를 범위로 선택한 후 Enter↵를 한다.

다시 Enter↵를 하여 명령을 완료한다.

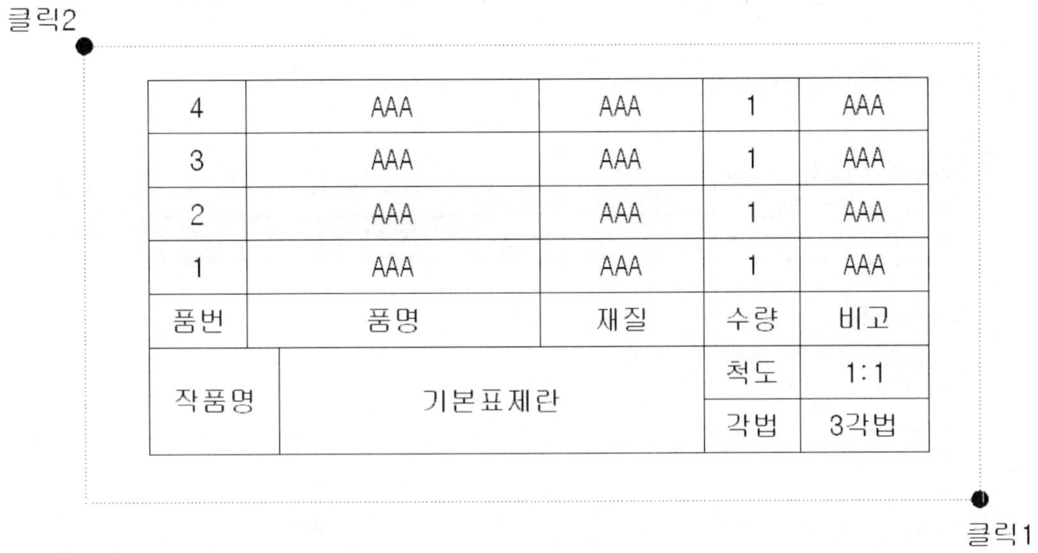

클릭2

4	AAA	AAA	1	AAA
3	AAA	AAA	1	AAA
2	AAA	AAA	1	AAA
1	AAA	AAA	1	AAA
품번	품명	재질	수량	비고
작품명	기본표제란		척도	1:1
			각법	3각법

클릭1

작품명과 기본표제란의 문자크기와 선 색상은 다른 문자와 다르게 표현되어야 하는데 다음과 같이 따라한다.

클릭1과 클릭2를 하여 작품명과 기본표제란을 선택한 후 Ctrl 키를 누른 상태에서 1을 누르면 수정창(ddmodify 창)이 나타난다.

Color(색상)을 연두색으로 지정하고 Text 항목에서 Height(높이)를 5로 바꾸어 준 후 Enter↵를 한다.

×버튼을 클릭하여 빠져나간다.

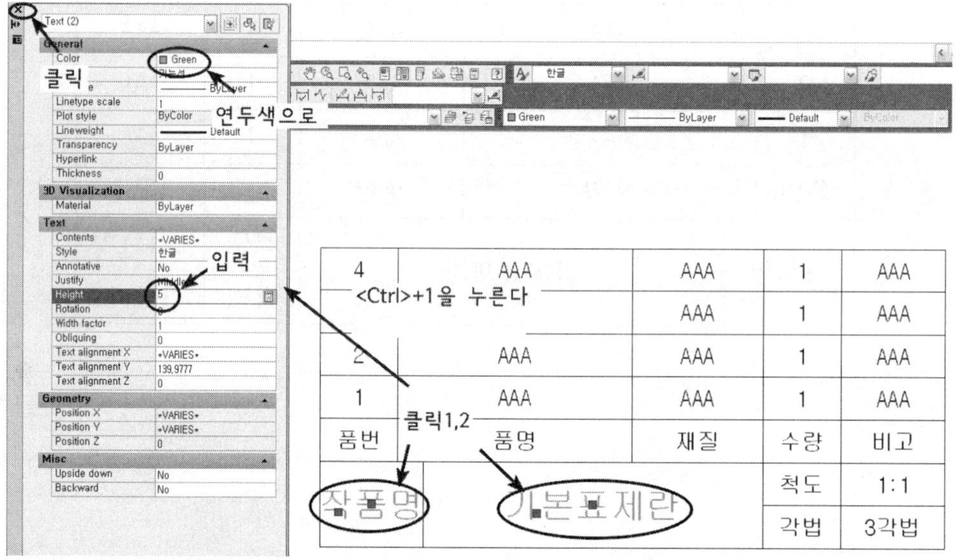

Esc 키를 눌러 기존에 선택된 물체들을 취소한다.

가장 왼쪽 수직선을 클릭한 후 연두색으로 바꾼다.

클릭2

클릭1

4	AAA	AAA	1	AAA
3	AAA	AAA	1	AAA
2	AAA	AAA	1	AAA
1	AAA	AAA	1	AAA
품번	품명	재질	수량	비고
작품명	기본표제란		척도	1:1
			각법	3각법

Esc 키를 눌러 기존에 선택된 물체들을 취소한다.
제목과 구별하기 위한 구별선을 클릭한 후 노란색으로 지정한다.

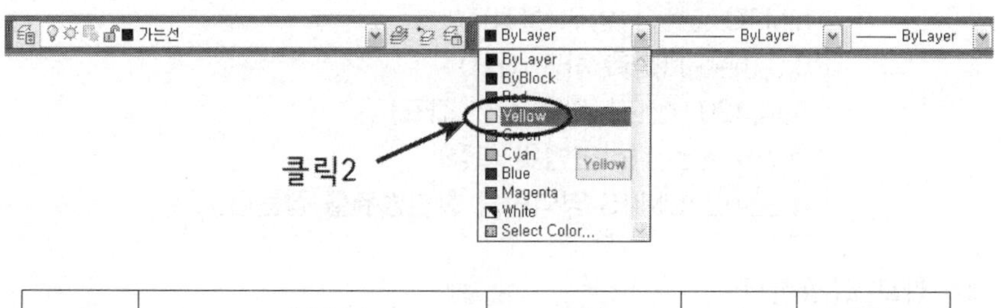

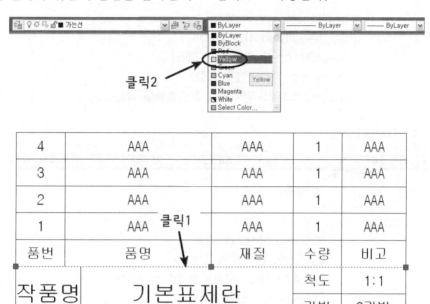

4	AAA	AAA	1	AAA
3	AAA	AAA	1	AAA
2	AAA	AAA	1	AAA
1	AAA	AAA	1	AAA
품번	품명	재질	수량	비고
작품명	기본표제란		척도	1:1
			각법	3각법

클릭1

[1 – 10] Limit 설정(도면범위 설정)과 테두리선 만들기

LIMITS Enter↵ (범위 설정)
0,0 Enter↵ (좌측 하단 좌표)
594,420 Enter↵ (우측 상단 좌표)
Zoom Enter↵ (화면범위 설정)
a Enter↵ (LIMITS 영역만큼 화면범위를 잡는다.)

작업층을 테두리로 설정한다.

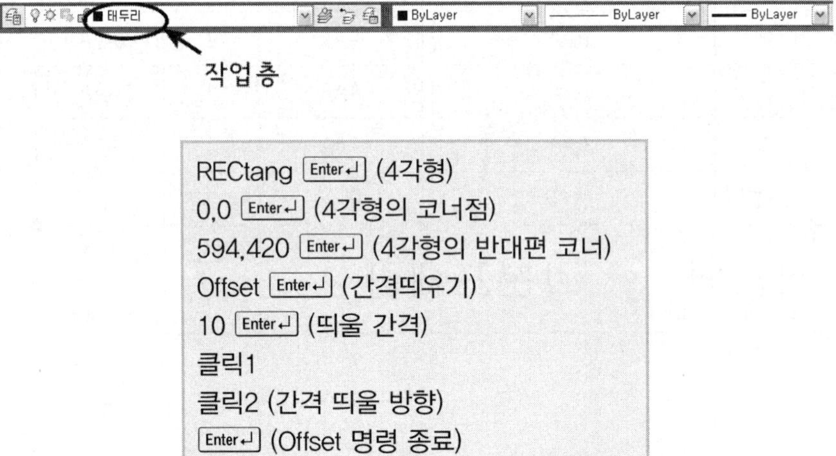

RECtang Enter↵ (4각형)
0,0 Enter↵ (4각형의 코너점)
594,420 Enter↵ (4각형의 반대편 코너)
Offset Enter↵ (간격띄우기)
10 Enter↵ (띄울 간격)
클릭1
클릭2 (간격 띄울 방향)
Enter↵ (Offset 명령 종료)

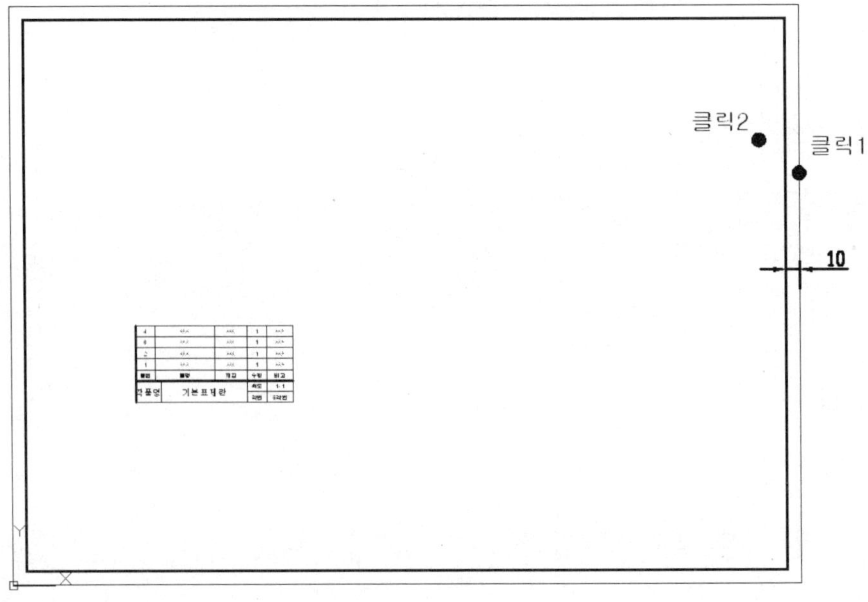

작업층을 외형선 층으로 설정한다.

다음 그림과 같이 객체스냅을 중간점으로 하여 Line을 그린다.

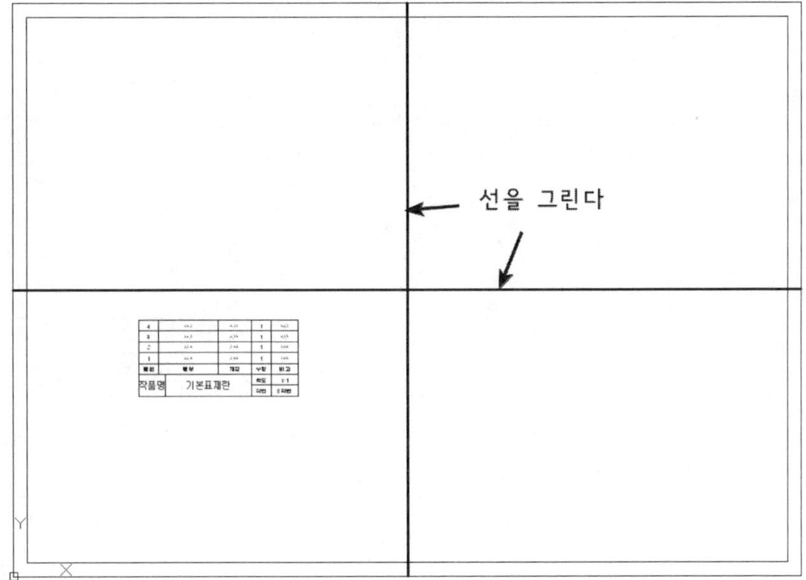

Trim 명령을 사용하여 안쪽 선을 잘라낸다.

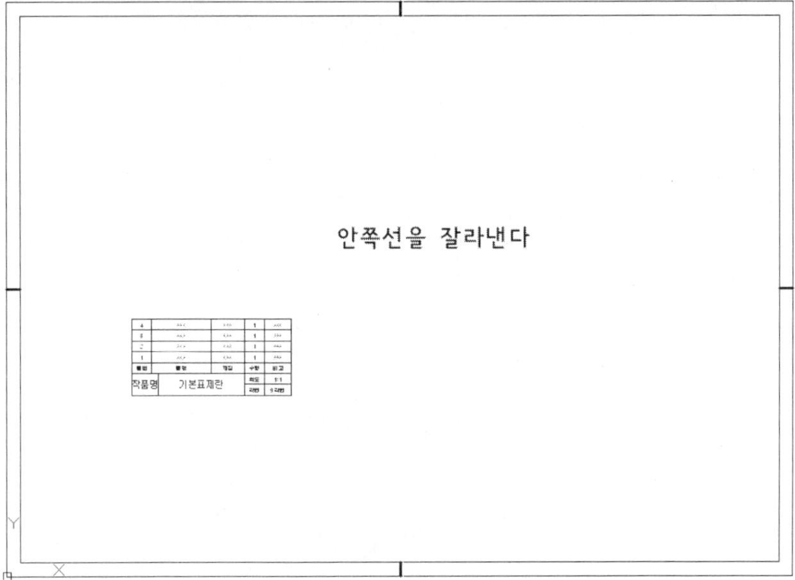

Erase 명령을 사용하여 바깥 테두리선을 삭제한 후 표제란을 안쪽 테두리선 우측 하단에 이동시킨다.

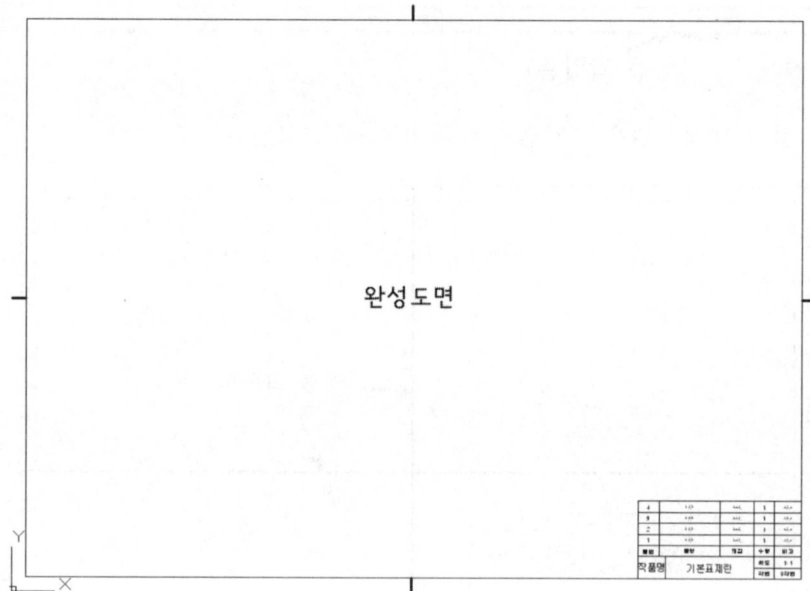

[도면 출력하기]

PLOT Enter↵ (출력)
그림과 같이 출력설정창이 나타나면 확장키를 눌러 좀 더 세부수정을 할 수 있도록 한다.

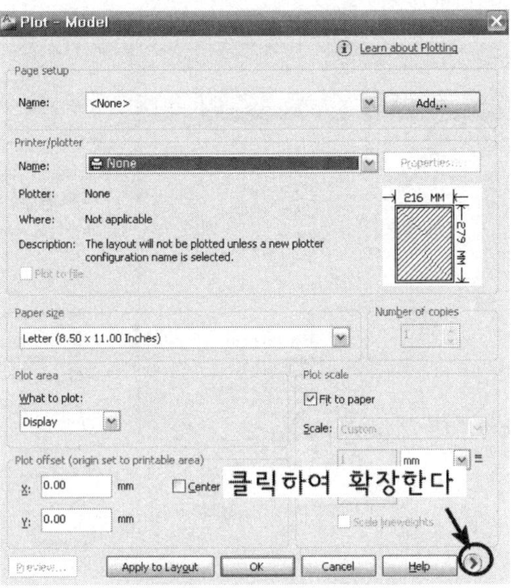

Plot style table(pen assignment) 항목에서 acad.ctb 파일을 선택한다.
Question 창이 뜨고 다음과 같은 안내문구가 나오면 예(Y)버튼을 클릭한다.

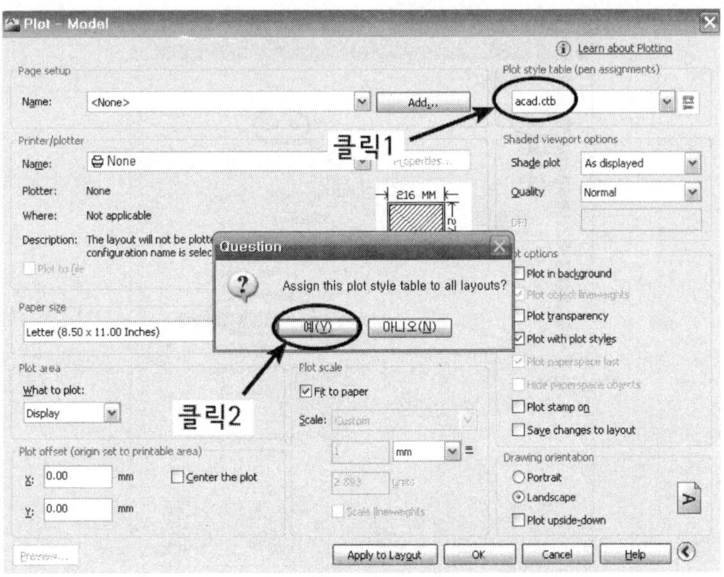

클릭1을 하여 acad.ctb 파일 편집창을 연다.

Form View 탭을 클릭하면 그림과 같이 설정창이 뜨는데, 왼쪽 색상들은 도면에서 작성한 레이어 색상 혹은 물체 색상을 뜻하고 오른쪽 부분의 Properties 항목은 출력할 때 잉크색상과 선 굵기를 나타낸다.

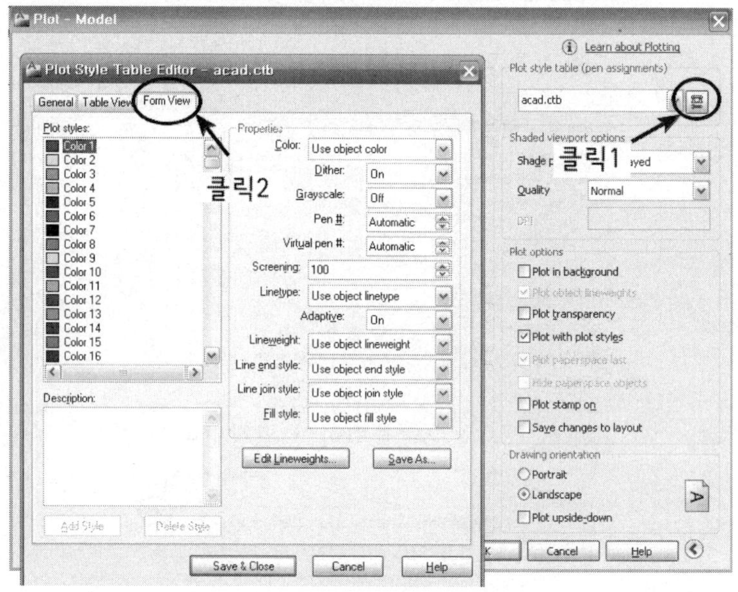

Color 1(빨강) 색을 클릭1하고 우측 Properties 항목에서 Color(잉크색)를 Black(검정)으로 지정한다.

Lineweight(선 굵기)를 0.18mm로 지정한다.

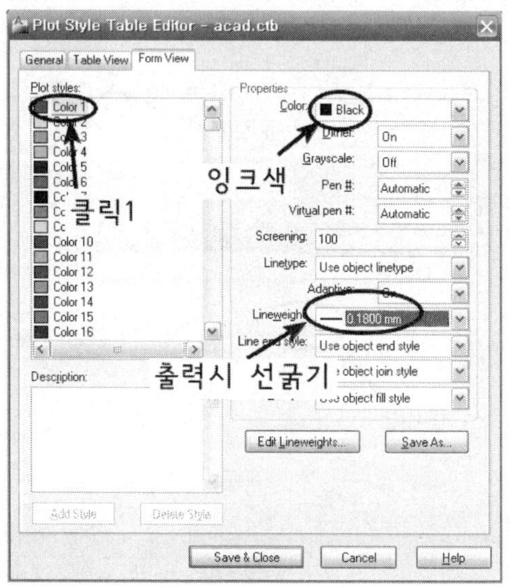

이와 같은 방법을 사용하여
도면상의 색상과 출력시 선 색상과 굵기를 지정한다.

도면에 나타나는 색상	종이에 출력될 잉크색과 선 굵기
빨강(Color 1)	Black/0.18mm
노랑(Color 2)	Black/0.25mm
연두(Color 3)	Black/0.35mm
하늘(Color 4)	Black/0.5mm

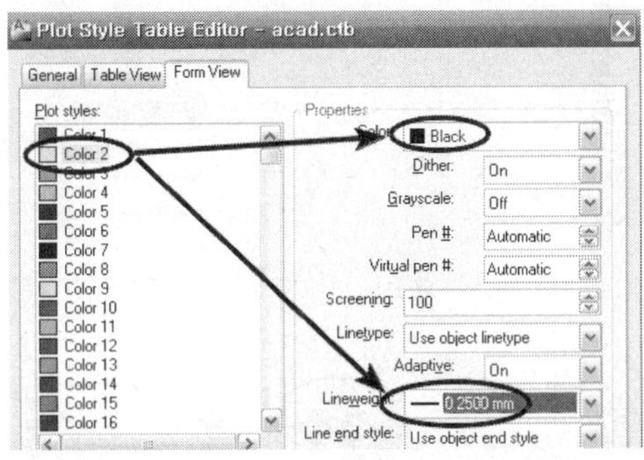

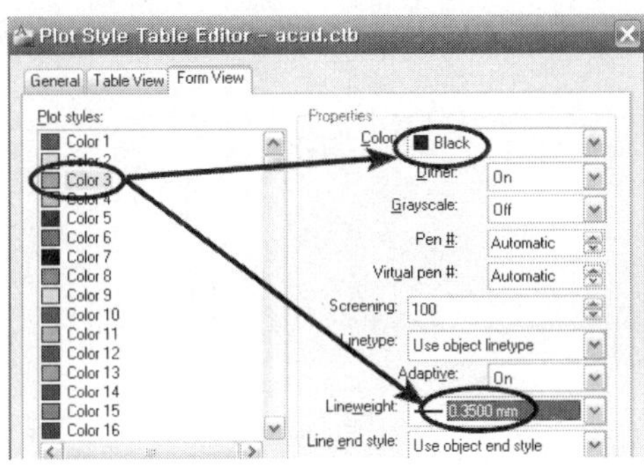

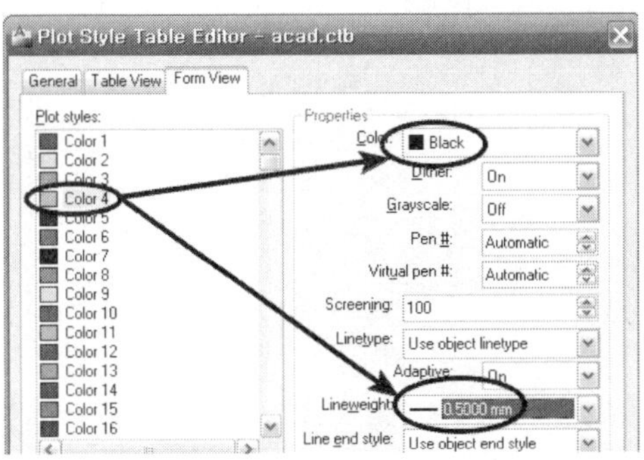

설정을 마쳤으면 Save and Close 버튼을 클릭한다.
이 버튼을 누르면 지금까지 설정했던 정보가 ACAD.CTB 파일로 저장되며 추후 ACAD.CTB 파일을 따로 편집할 필요가 없다.

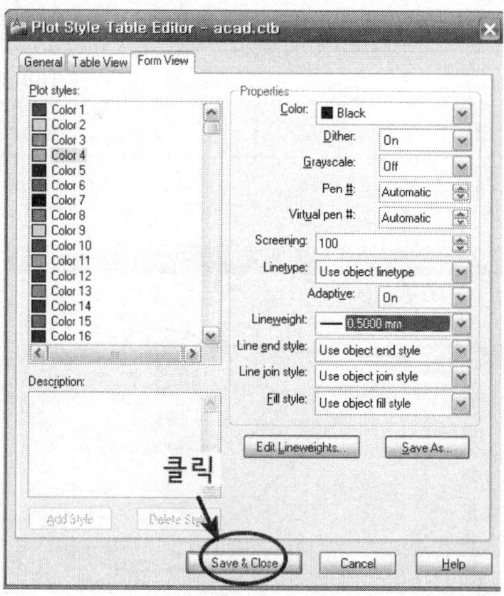

그림과 같은 출력 대화창이 나타나게 되는데
Printer/plotter 항목에서 연결되어 있는 프린터 장치를 선택한다.
일반 가정용 PC일 경우 Default Windows System Printer.PC3를 선택해도 무방하다.

Paper size 항목에서는 출력에 사용될 종이 크기를 지정하게 되는데, 시험장 혹은 일반 사무실에서는 주로 A3를 지정하고 일반 가정에서는 보통 A4용지밖에 지원이 되지 않으므로 지원되는 종이 범위 내에서 선택하면 된다.

Plot area 항목에서는 Limits를 선택하여야 하는데 이미 Limits 설정이 되어 있어야 한다.

Plot offset(origin set to printable area) 항목에서는 Center the plot을 체크한다.

Drawing orientation 항목에서는 Landscape를 체크한다.

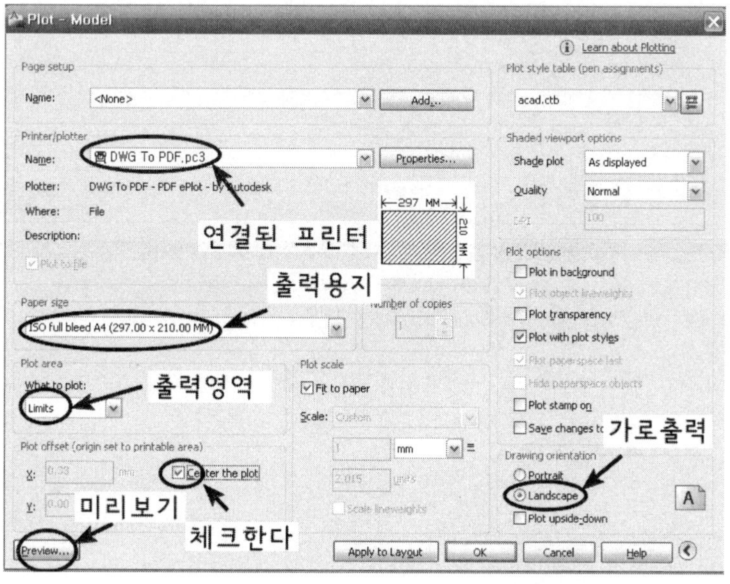

설정을 마쳤으면 반드시 Preview(미리보기) 버튼을 눌러서 출력영역과 선 색상, 선 굵기가 올바로 되어 있는지 확인할 필요가 있는데 미리보기창에서 마우스를 드래그하여 확대시켜 봄으로써 출력시 선 굵기를 대략적으로 확인할 수 있다.

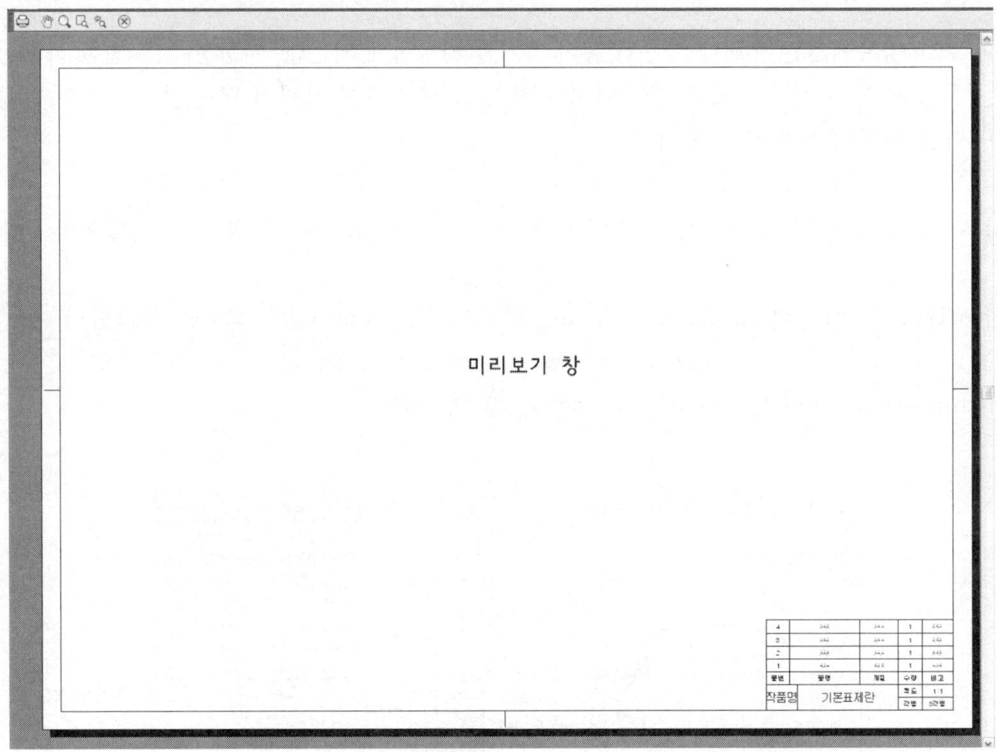

Esc를 누르면 미리보기창을 빠져나가고 플롯 메인창이 뜬다.
OK 버튼을 누르면 미리보기에서 보았던 결과와 같이 종이에 출력된다.

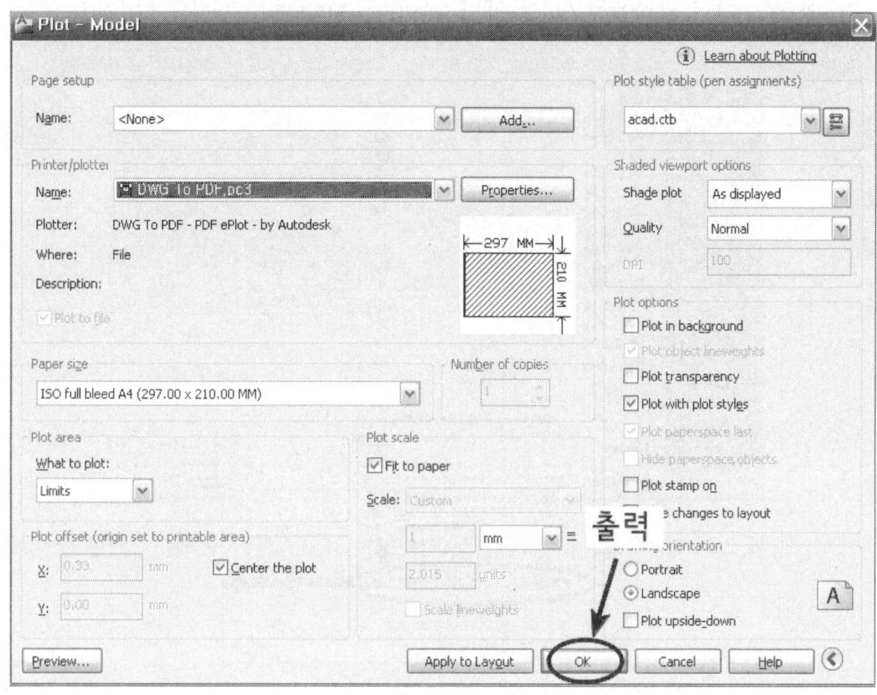

PLOT 명령은 뒤에서 설명할 레이아웃을 사용하지 않으면 매번 설정을 해주어야 하는 번거로움이 있다. 하지만 시험장에서와 같은 일회성 출력만을 필요로 할 경우 레이아웃을 사용하지 않고 바로 작성한 답안을 PLOT 명령으로 출력하면 된다.

지금까지 도면을 작성하기 위한 도면틀을 만들어 보았다. 현재 이 도면에는 레이어, 블록, 문자스타일, 치수스타일 등 도면에 보이지 않는 설정 값이 기억되어 있다. 이런 설정값들을 일반 *.dwg 파일로 저장하기보다는 *.dwt(탬플릿 파일) 파일로 저장할 필요가 있다.
*.dwt파일로 저장을 했을 경우 도면을 처음 시작할 때 이 파일을 사용하게 됨으로써 여러 필요한 설정 값이 이미 완료되어 있는 상태에서 작업을 하게 된다. 때문에 반복되는 작업(레이어만들기, 치수설정 등)이 필요없게 된다.

[초기도면 만들기]

save Enter↵ (저장)
Files of type : 항목에서 AutoCAD Drawing Template[*.dwt]를 클릭한다.

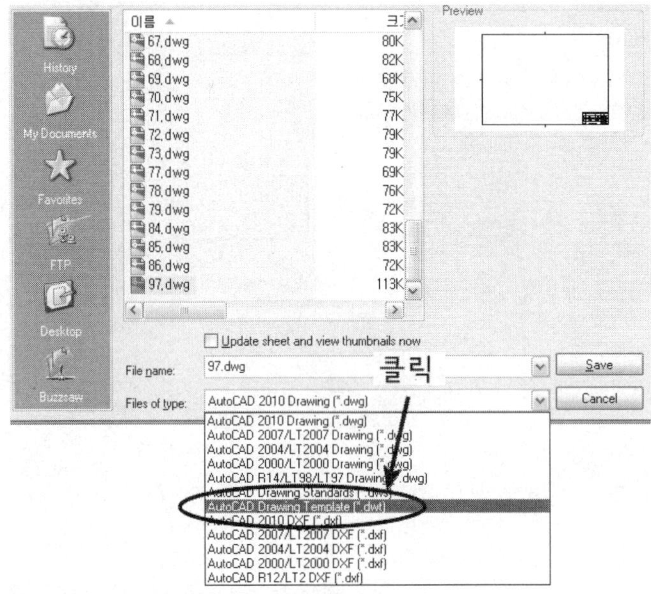

Save in 항목에 저장할 드라이브를 지정한다.
Create New Folder 버튼을 클릭한 후 폴더명을 입력한다.
폴더명은 초기도면연습이라고 입력한다.

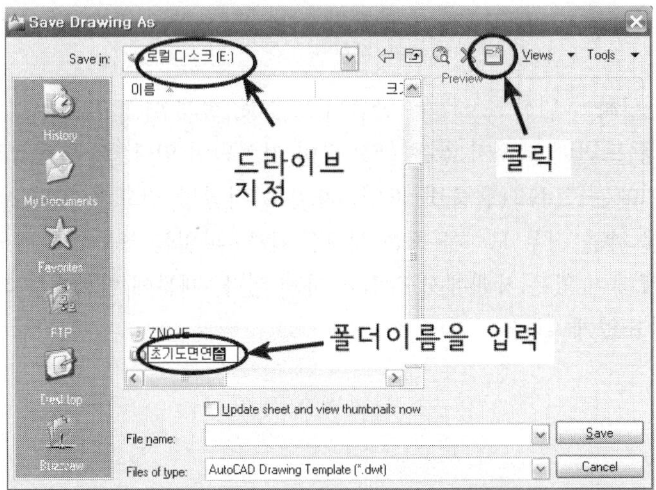

초기도면연습 폴더를 더블클릭한다.

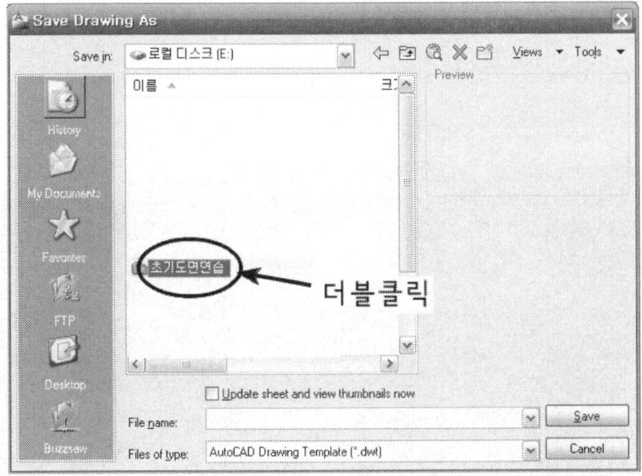

File name에 시험용 틀을 입력한 후 Save 버튼을 클릭한다.

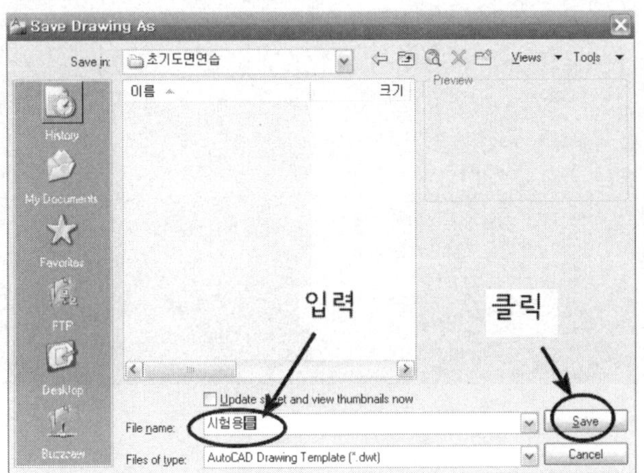

다음과 같은 대화창이 나타나면 OK 버튼을 클릭한다.

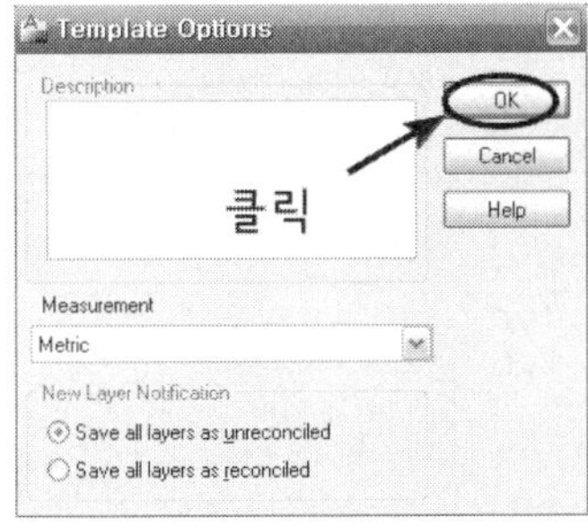

[초기도면(탬플릿 도면에서 시작하기)]

다음 그림과 같이 모든 창을 닫는다.

New 아이콘을 클릭한다.

- 그림과 같이 Use a Template 버튼을 클릭한다. 이 버튼은 시작도면을 특정 서식과 특정 설정값을 갖고 있는 도면으로 사용한다는 뜻이다.
- Select a Template 항목에는 AutoCAD를 처음 인스톨시켰을 때 기본적으로 특정 폴더에 여러 서식도면들(*.dwt)이 저장되는데 그때 저장되었던 파일들이 목록에 나타나게 된다. 앞에서 저장해 놓은 *.dwt 파일은 이곳에 없다.
- Brower 버튼을 클릭한다.
- Select a template file 대화창이 나타나면 Look in 영역에서 이미 저장했던 폴더로 이동한다.
- 시험용틀.dwt 파일을 클릭한 후 Open 버튼을 클릭한다.

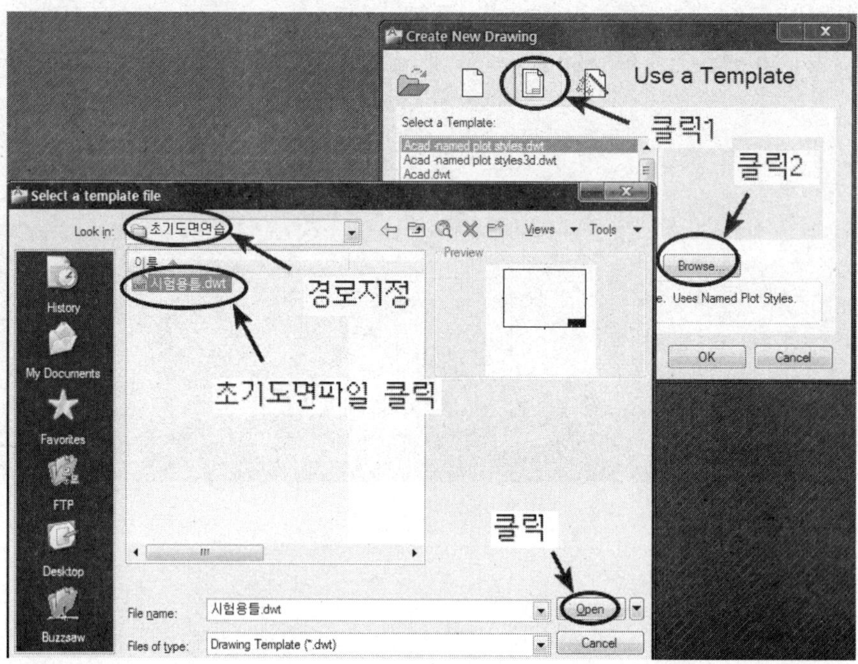

- 도면 이름이 시험용틀.dwt가 아닌 Drawing1.dwg 혹은 Drawing2.dwg 파일인 것에 유의한다.
- AutoCAD는 처음 도면을 시작할 때 Drawing숫자.dwg 파일에서 시작하게 되는데 이것은 현재 비어있는 도면을 말한다.
- 비어있는 도면이지만 이 도면에는 각종 레이어, 문자스타일, 치수스타일 등이 모두 설정되어 있어서 사용자는 설계도면만 드로잉하면 된다.
- 도면이 완성되면 save명령을 사용하여 *.dwg(일반 도면파일)로 저장하면 된다.
- 주의해야 할 것은 탬플릿도면 일명 초기도면(*.dwt) 파일을 불러들여 도면을 시작할 때 New 명령어 혹은 New 아이콘을 사용하여 Use a Template 모드에서 찾아와야 한다는 것이며, 만일 Open 명령을 사용하여 *.dwt 파일을 열게 된다면 초기 빈도면으로 인식되는 것이 아니라 탬플릿 도면을 수정한다는 의미로 받아들이게 되므로 각별히 조심해야 한다.

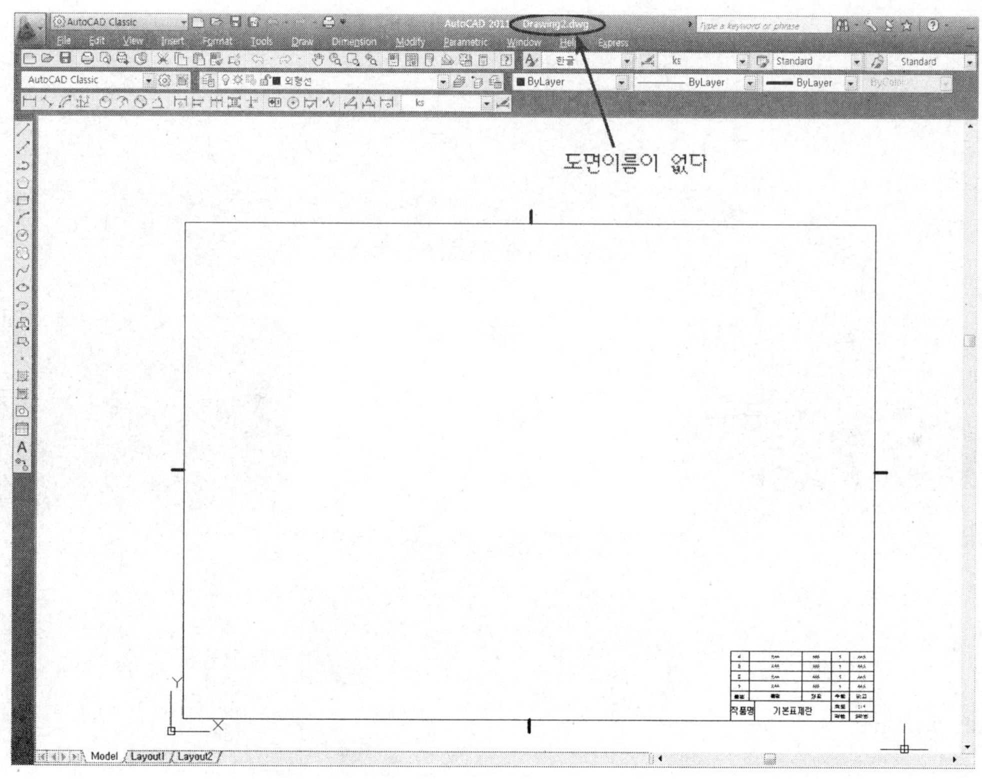

2. 실무용 도면틀

실무에서 쓰이는 도면은 크기 제한이 없다. 모델영역에 테두리선과 표제란을 만들게 되면 출력할 때 여러 가지 불편한 문제가 생기게 된다. 한마디로 제대로 된 출력물을 인쇄할 수 없게 된다. 크고 작은 도면이 고정된 서식(틀) 내에서 자유롭게 배율이 바뀔 수 있도록 하기 위해서는 레이아웃을 사용하여 종이영역과 모델영역을 분리해 서식과 실제 모델을 각각의 분리된 영역에 작성하여야 한다.

[레이아웃과 종이영역, 모델영역 이해하기]

모든 창을 닫고 그림과 같이 시작한다.

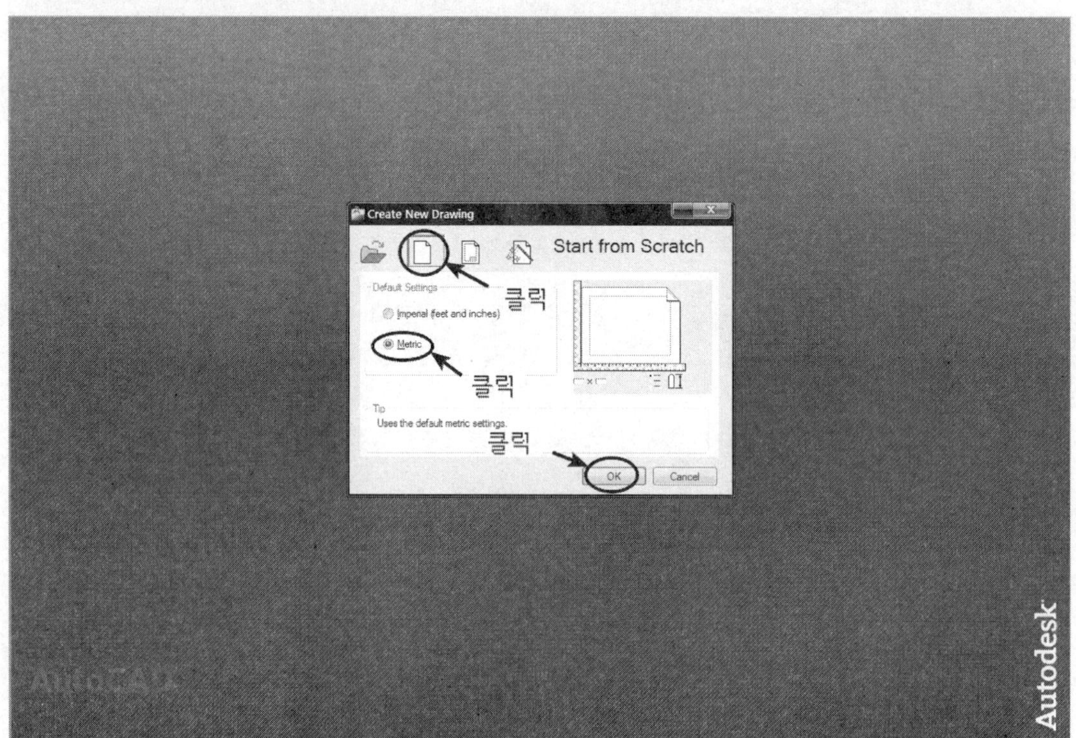

그림과 같이 지름 100인 원을 그린 후 치수 기입한다.

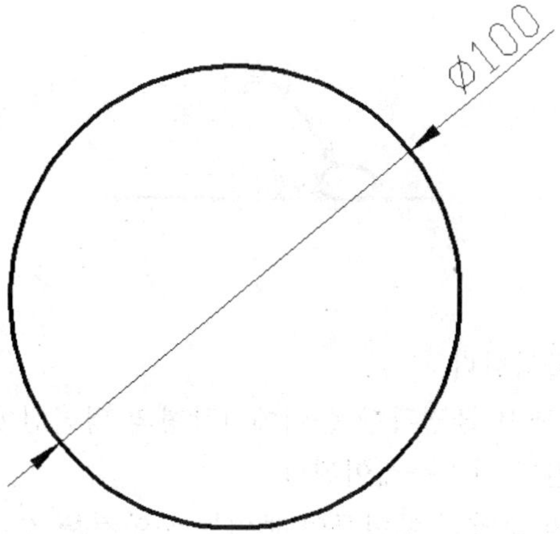

화면 좌측 하단부의 Layout1을 우측버튼으로 클릭한 후 Rename을 클릭한다.

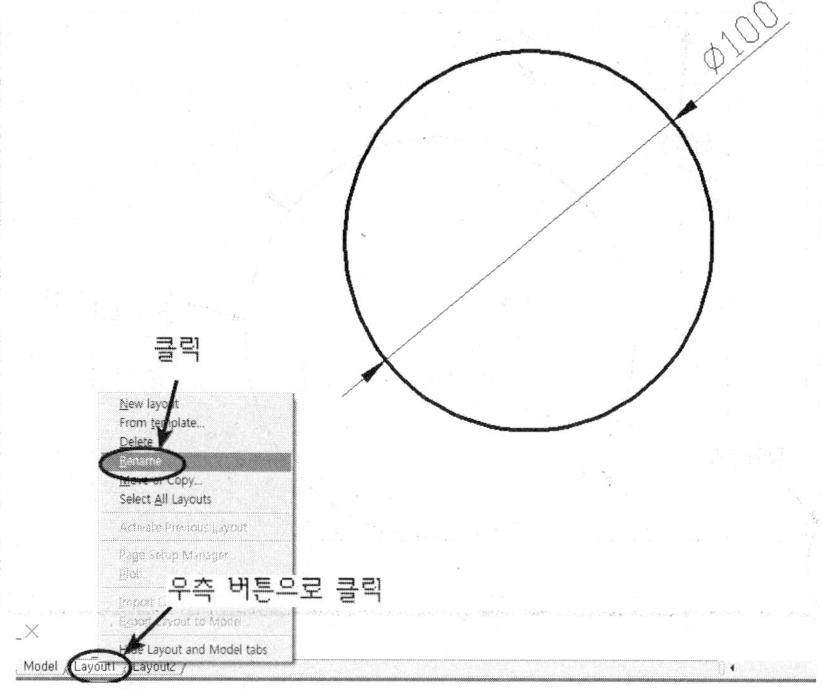

A4라고 입력한다.

이제 바뀐 이름의 A4를 클릭한다.
A4 레이아웃 창이 나타나면서 불명확한 종이에 4각형의 영역선이 나타나고 4각형 내부에는 모델영역에서 만들었던 원이 디스플레이된다.
좌측 하단부를 보면 삼각자 모양의 아이콘이 보이는데 이것은 지금상태가 종이영역으로 되어 있다는 표현이다.
만일 Line이나 Circle 명령을 사용하여 선이나 원을 그리게 되면 물체가 생성되는 영역은 종이영역에 그려지게 된다.

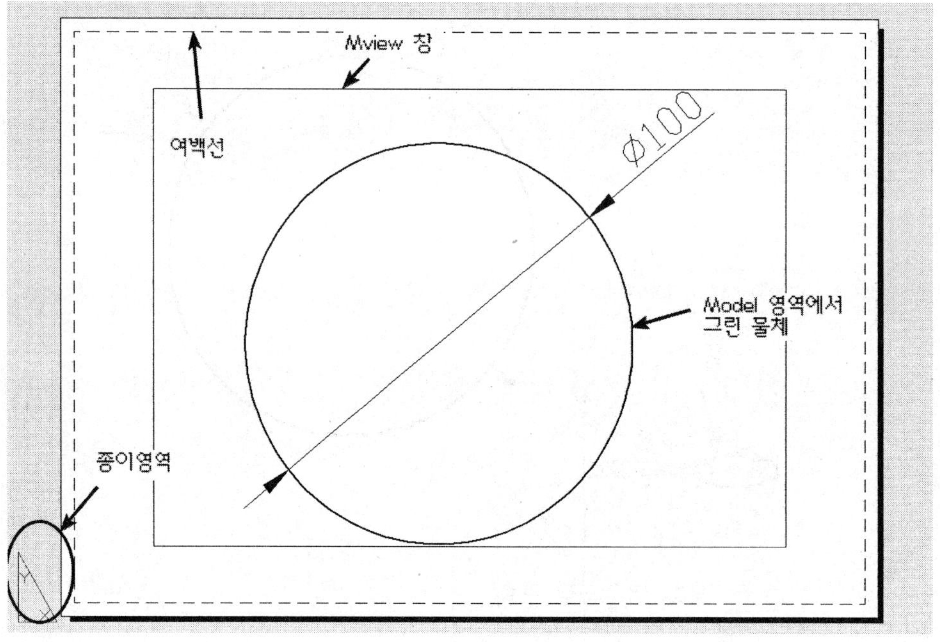

Mview 창 내부를 더블클릭하면 Mview 창이 진해지면서 모델영역이 활성화된다. 이때는 생성되는 모든 물체는 모델 영역에 위치하게 되며 종이영역에 생성된 물체는 선택 및 편집이 불가능하게 된다.

마우스 휠을 굴려서 화면을 확대·축소하거나 Zoom 명령을 사용하게 되면 Mview창 내부만이 영향을 받아서 확대·축소가 이루어진다.

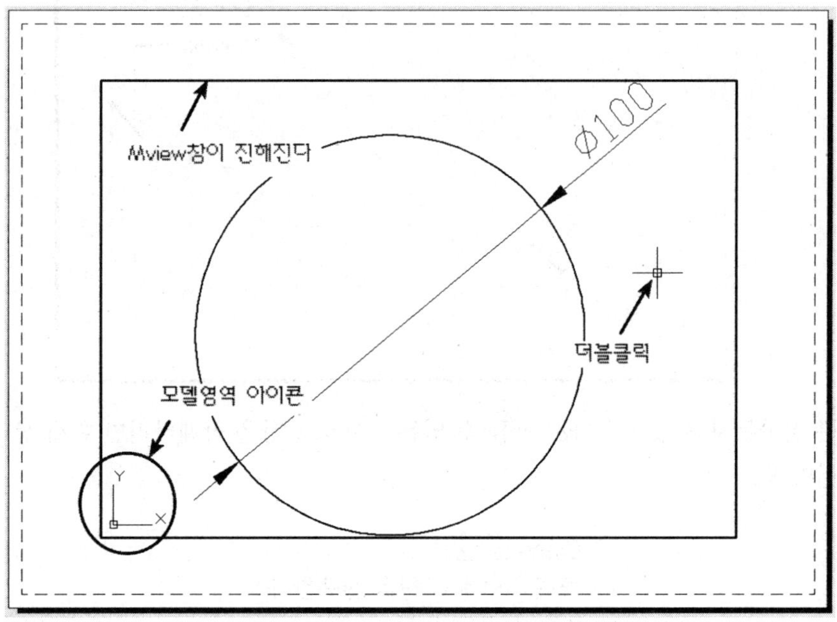

Mview 창 바깥쪽을 더블클릭하면 종이영역이 활성화되며 이때는 모델영역에 만들어진 물체를 선택할 수 없게 된다. 그리고 화면을 확대·축소하더라도 모델창 내부는 아무런 변화가 없으며, 종이영역만 화면의 확대·축소에 영향을 받는다.

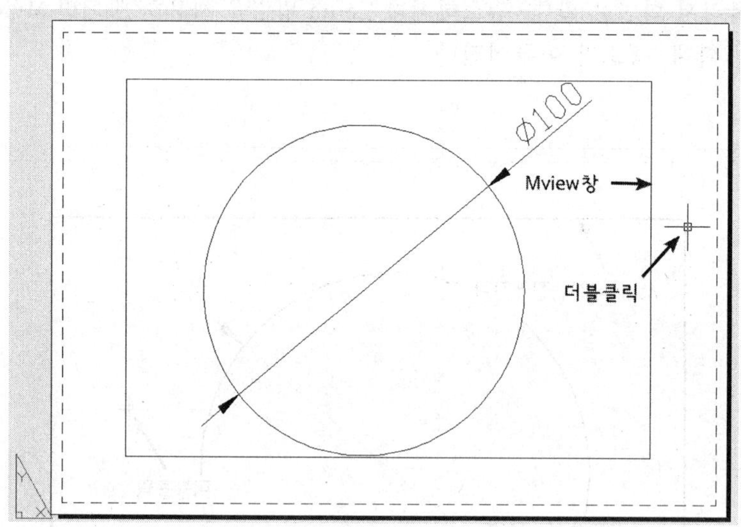

Mview 창은 얼마든지 지웠다가 다시 만들 수 있는데 Mview 창을 삭제하려면 현재 상태가 종이영역상태이어야 한다.

Erase Enter↵
클릭1 (Mview 창을 선택한다.)
Enter↵ (선택 완료)

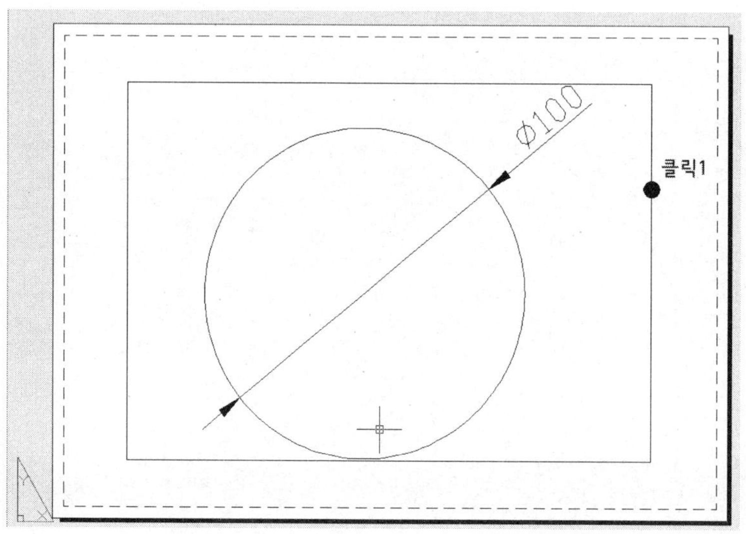

Mview 창을 삭제하면 종이에서 4각형 형태의 오려진 공간(Mview 영역)이 사라지므로 모델영역에서 작성한 도형들은 종이에 가려 보이지 않게 된다.
주의할 것은 Mview 창을 삭제했다고 해서 모델영역에 그려진 도형까지 삭제되지는 않는다는 것이다. 단지 종이에 가려 보이지 않을 뿐이다.

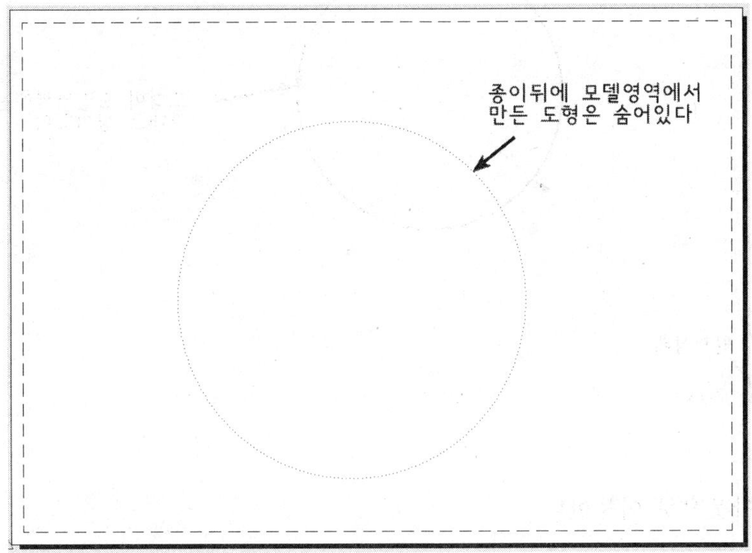

레이아웃을 빠져나가 전체 모델영역으로 들어가 본다.

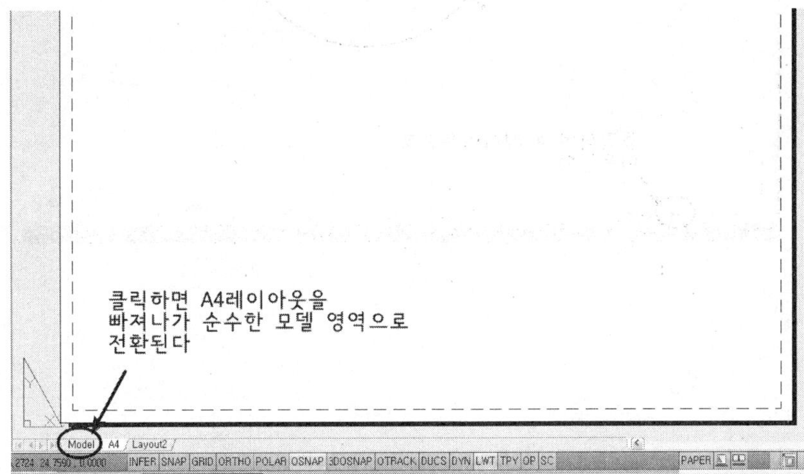

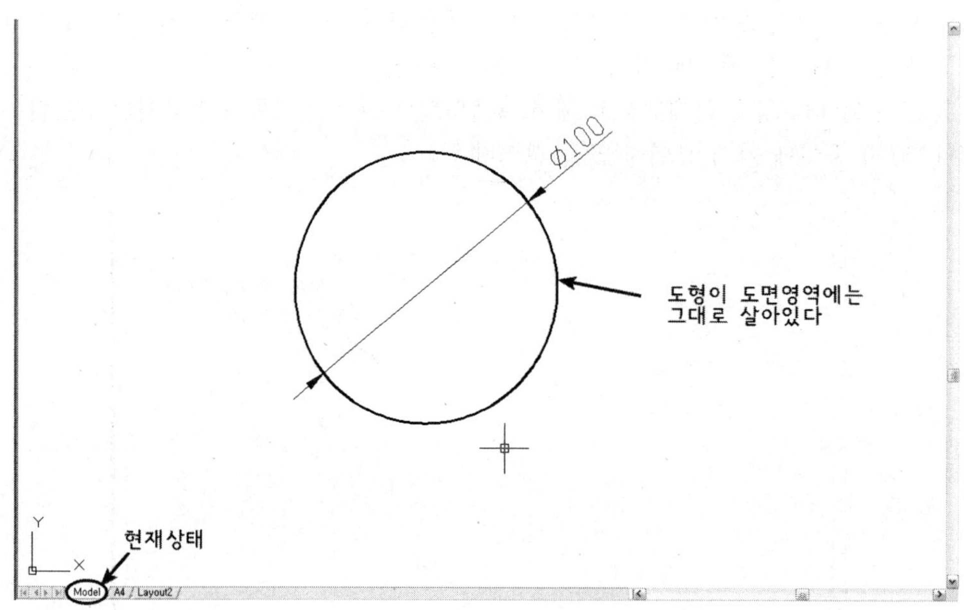

다시 A4레이아웃으로 이동한다.

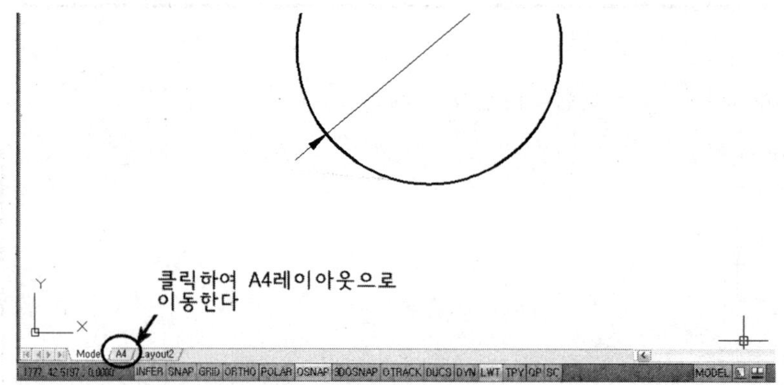

MView [Enter↵] (종이에 4각형의 구멍 뚫기)
클릭1 (MView의 첫 번째 코너)
클릭2 (MView의 반대편 코너)

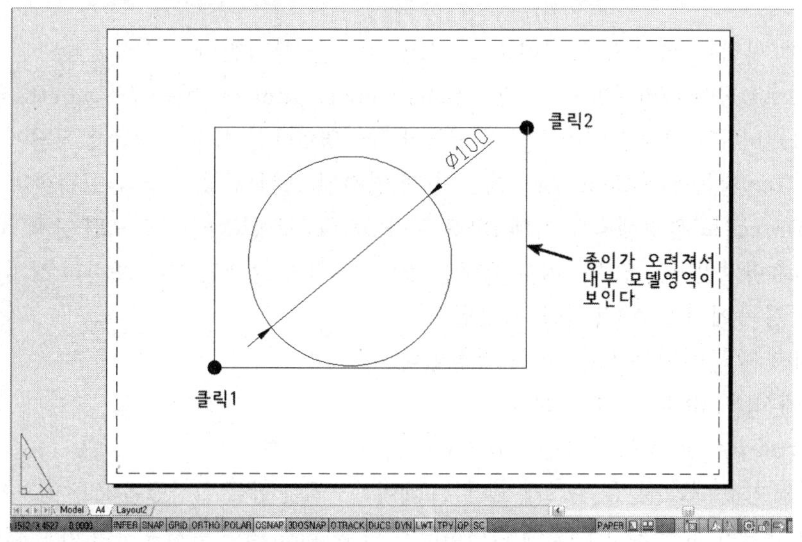

이제 다시 MView 창을 삭제한다.

Erase [Enter↵]
클릭1 (MView 창 선택)
[Enter↵] (선택 완료)

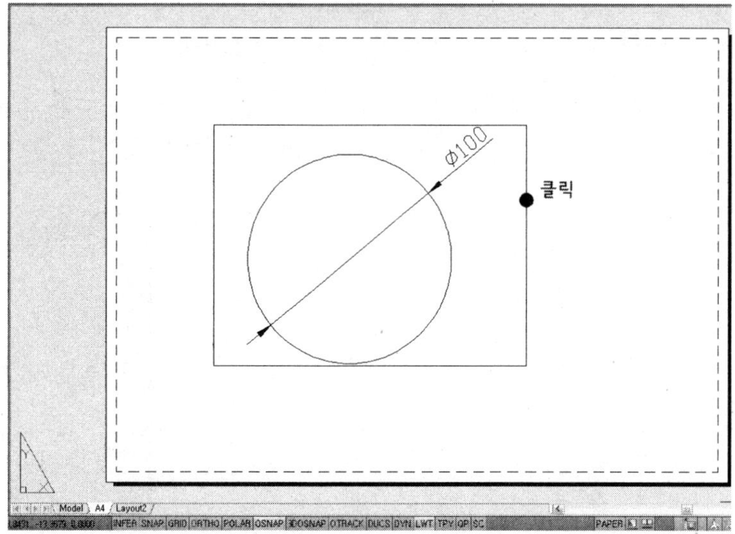

[레이아웃 꾸미기]

이제 A4 레이아웃에 출력에 필요한 모든 설정을 제어해 보겠다.

PAGESETUP Enter↵ (출력양식 설정)

A4가 목록에 나타나 있는지 확인하고 Modify 버튼을 클릭한다.
Page Setup -A4 창이 나타나면 Plot style table(pen assignment) 항목에 acad.ctb 파일을 선택한다. 단, acad.ctb 파일 설정은 이미 앞에서 언급한 plot 명령에서 설명한 대로 설정되어 있어야 한다.
Printer/plotter 항목에서 Name 항목에는 현재 연결된 프린터 장치 명을 선택한다. 그림에서는 DWG TO PDF.pc3로 설정해 놓았는데 DWG TO PDF.pc3로 설정되어 있으면 출력 시 pdf 파일로 출력되므로 출력파일명을 입력하라고 요구할 것이다. 원치 않으면 다른 프린터 장치를 지정한다.
Paper size 항목에서는 A4용지를 지정한다.
What to plot 항목에서는 Layout을 지정한다.
Plot scale에서 Scale을 1 : 1로 설정한다.
Drawing orientation 항목에서는 Landscape를 체크한다.
이렇게 설정을 하고 OK 버튼을 누르게 되면 A4 레이아웃에는 방금 설정했던 모든 정보가 저장되므로 매번 지정할 필요가 없게 되고 나중에 출력하고자 할 때 plot 명령을 사용하여 바로 출력하면 된다.

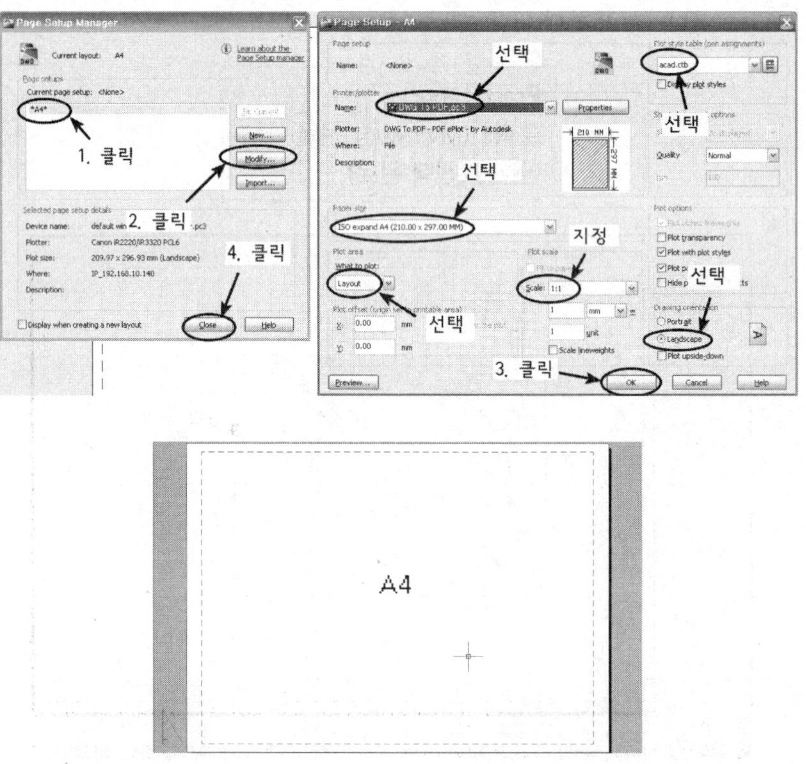

이제 매번 반복해서 해야 하는 설정값을 지정한다.
레이어, 문자스타일, 치수스타일, 각종 블록들 등등.
앞에서 시험용틀.dwt 도면을 만들었던 과정을 반복하면 된다.

[테두리 그리기]

작업층을 테두리로 설정한다.

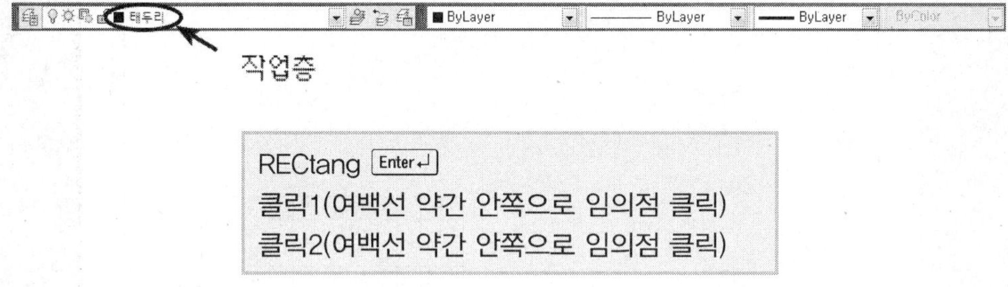

■ 테두리
■ ByLayer
ByLayer
ByLayer
ByColor
작업층
RECtang Enter↵
클릭1(여백선 약간 안쪽으로 임의점 클릭)
클릭2(여백선 약간 안쪽으로 임의점 클릭)

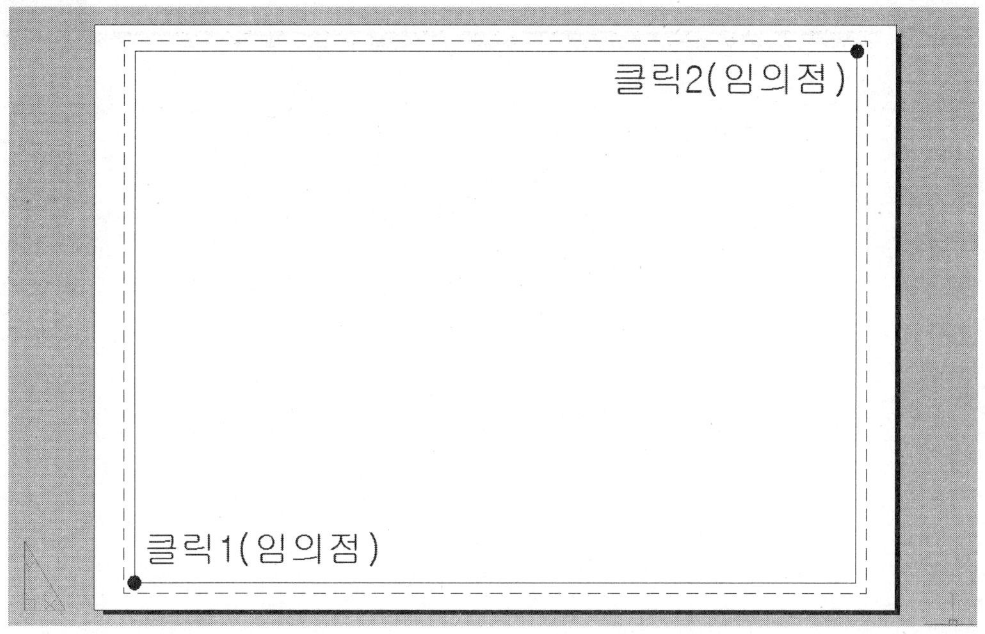

이제 표제란을 그려서 그림과 같이 배치한다.
표제란 그리는 법은 앞에서 설명한 방법을 사용한다.

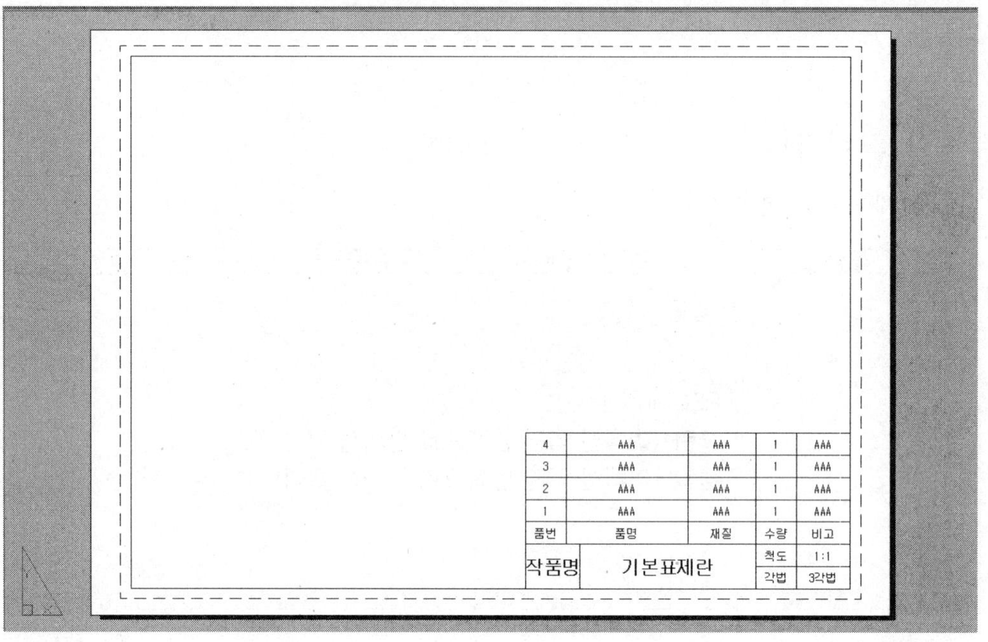

4
AAA
AAA
1
AAA
3
AAA
AAA
1
AAA
2
AAA
AAA
1
AAA
1
AAA
AAA
1
AAA
품번
품명
재질
수량
비고
작품명
기본표제란
척도
1:1
각법
3각법

작업층을 다시 테두리로 설정한다.

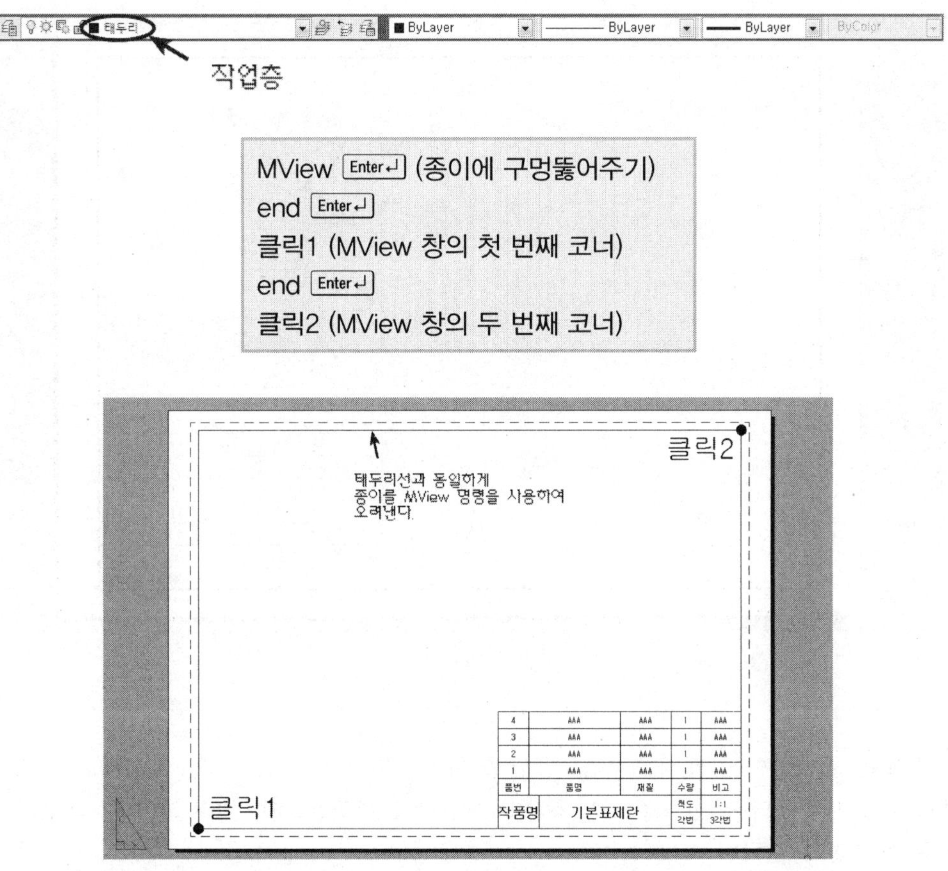

그림과 같이 MView 명령에 의해 A4용지의 테두리 내부가 잘려나가면서 모델 영역에서 그렸던 도면이 나타난다.

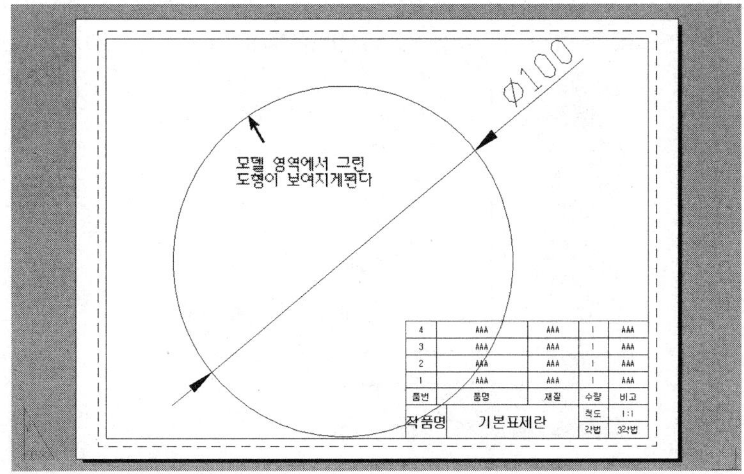

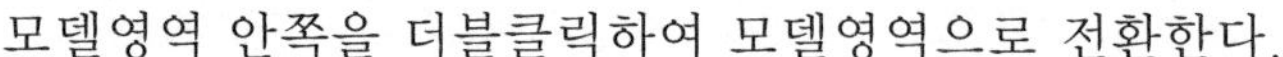

모델영역 안쪽을 더블클릭하여 모델영역으로 전환한다.

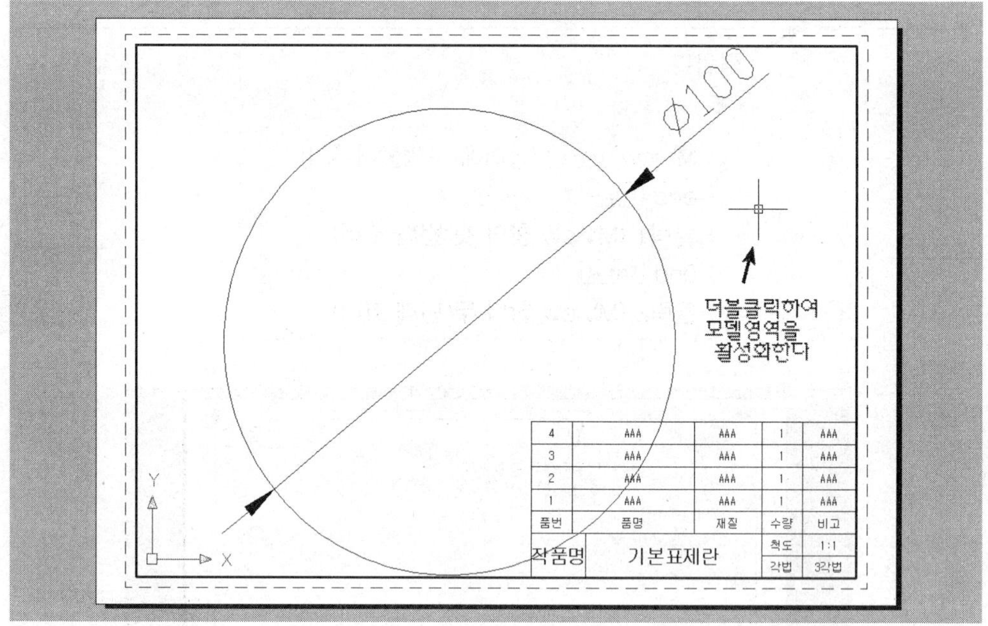

A4용지에는 표제란이 상대적으로 큰 공간을 차지한다.
따라서 A4용지에서의 출력은 주로 단품 설계도면을 표현하는 것이 주목적이다. 따라서 표제란 크기를 임의대로 줄이면 안 된다.
일반적으로 A3 이상의 도면용지에 설계도면을 출력할 때 주로 여러 개의 설계도면들이 표현되는데, 가정에서 쓰는 프린터에는 A3 이상을 지원하지 않는 경우가 대부분이므로 가정용 프린터에서 여러 개의 설계도면을 한 도면에 출력하기 위해서는 임의대로 표제란 크기를 줄일 필요가 있다.
Layout2를 우측버튼으로 클릭한 후 이름을 A4(비규격)로 바꾼다.

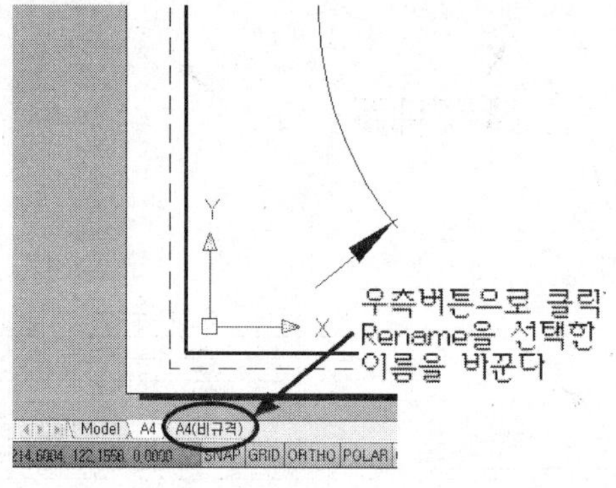

A4(비규격) 레이아웃을 클릭한다.

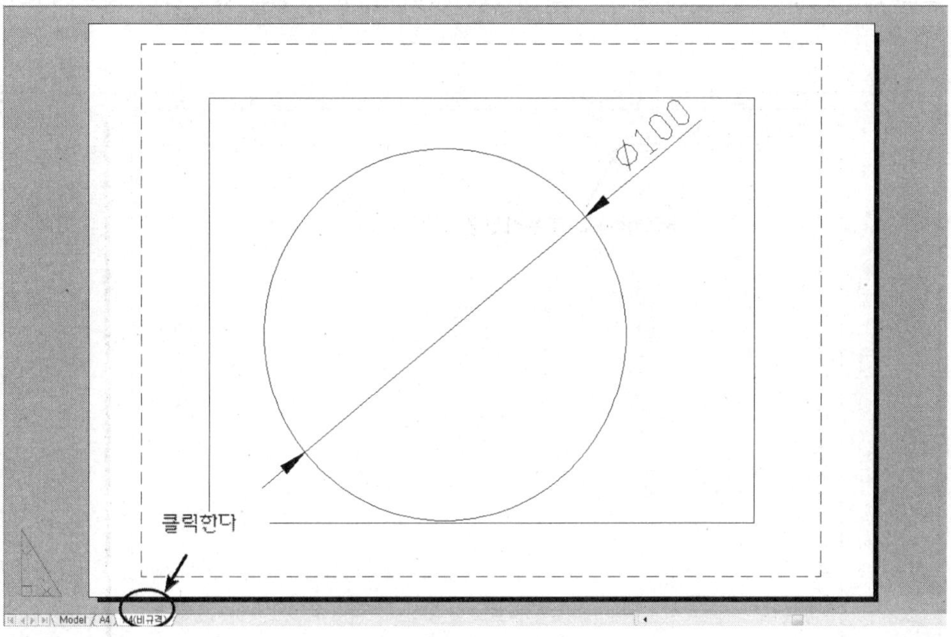

Erase [Enter↵]
클릭1 (Mview 창 선택)
[Enter↵] (선택 완료)

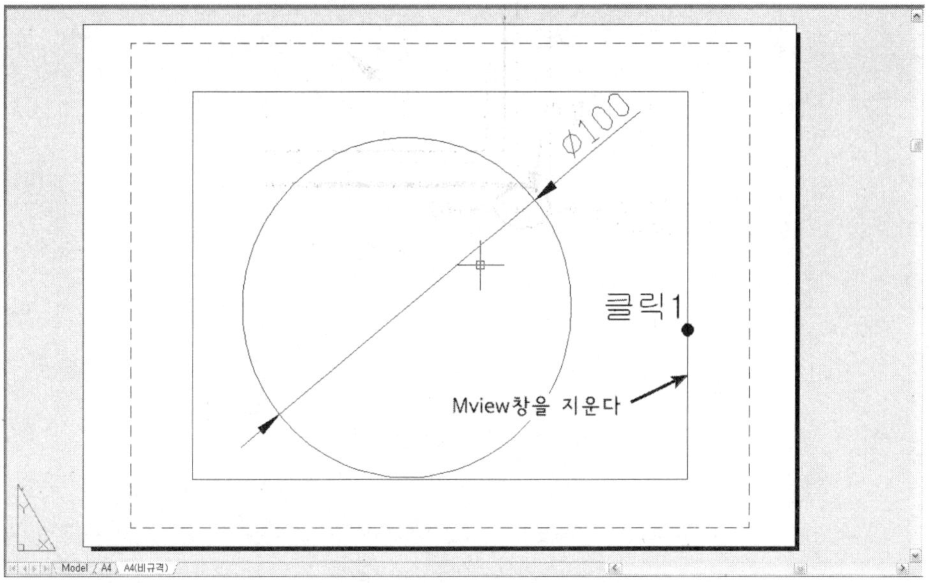

PAGESETUP 명령을 사용하여 A4레이아웃 설정과 동일하게 설정한다.
작업층을 테두리 층으로 설정한 후 그림과 같이 RECtang 명령을 사용하여 테두리를 적당히 그린다.

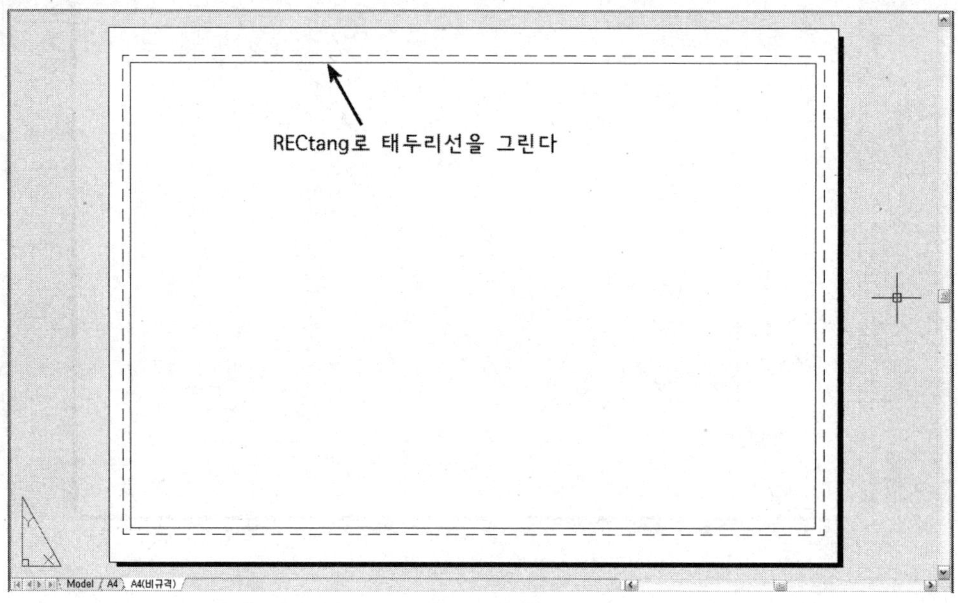

A4레이아웃을 클릭하여 A4레이아웃 창으로 이동한다.

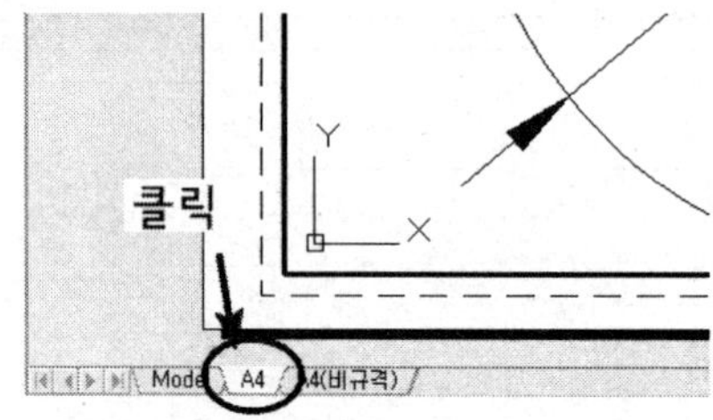

표제란을 복사하기 위해 종이영역으로 이동한다.

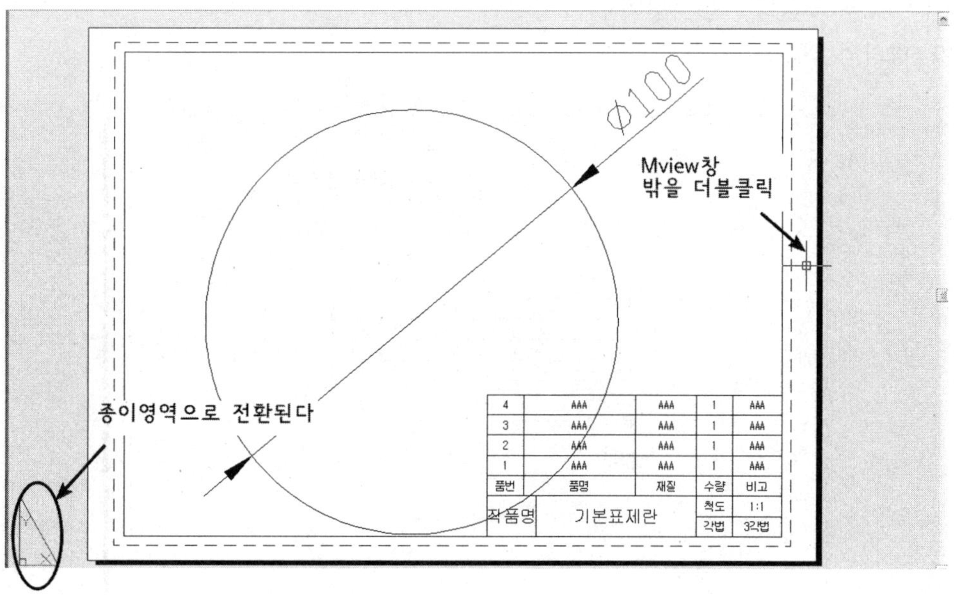

마우스로 표제란을 포함하도록 선택한다.
클릭1 클릭2 (표제란을 포함하도록 선택한다.)
<Ctrl>+c를 누른다. (메모리에 복사)

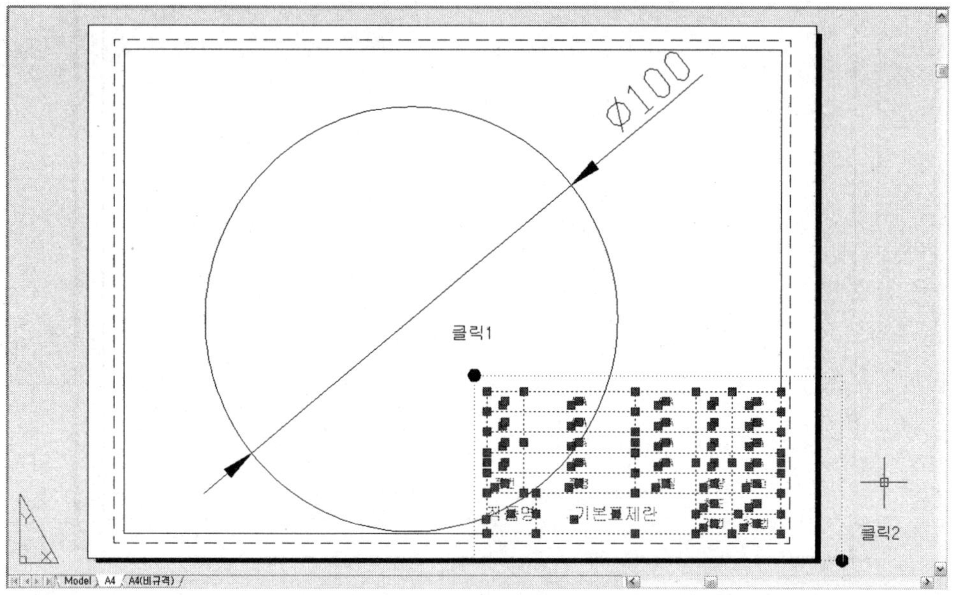

A4(비규격) 레이아웃을 클릭1 한다.
<Ctrl>+V를 누른다. (붙여넣기)
클릭2 (임의의 위치)

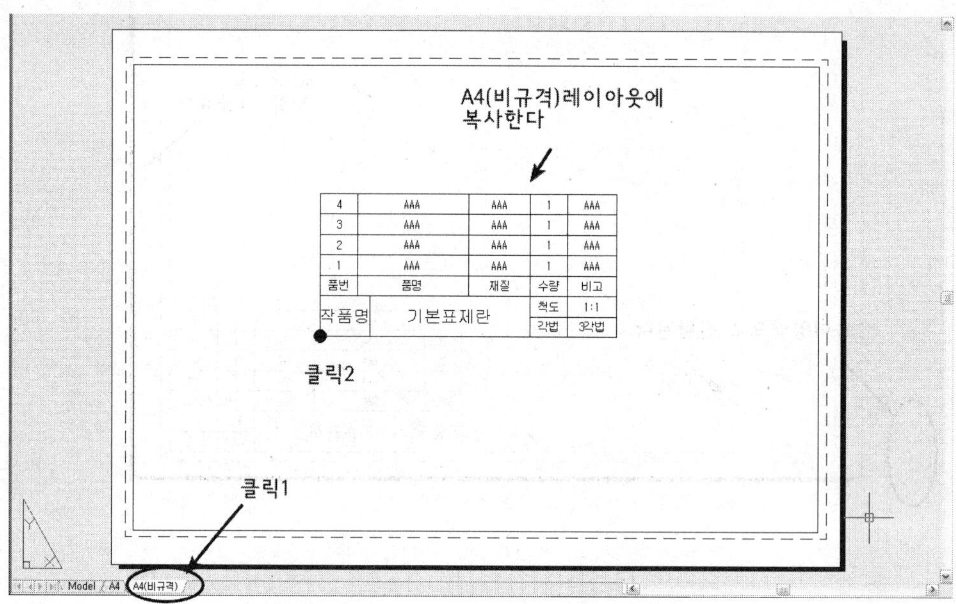

Move 명령을 사용하여 그림과 같이 배치한다.

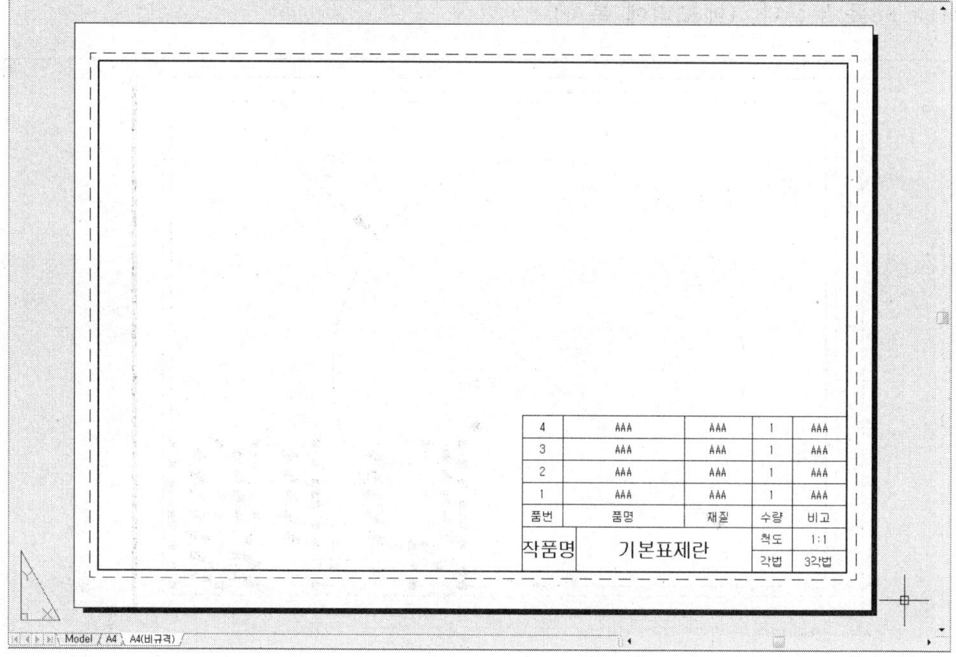

Scale Enter↵ (크기 변경)
클릭1
클릭2
Enter↵ (선택 완료)
end Enter↵
클릭3 (기준점)
0.5 Enter↵ (0.5배)

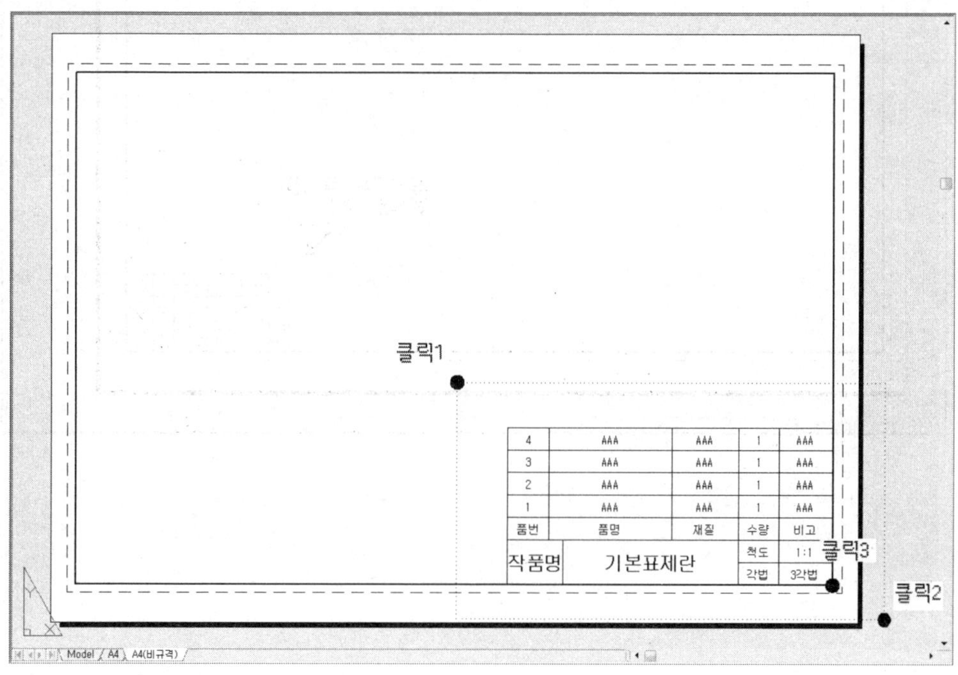

표제란의 크기는 규격화되어 KS 규격을 따라야 하지만 A4 도면용지에 복합도면(여러 부품들)을 표현할 때는 표제란이 차지하는 공간이 커서 비효율적이다. 이때 편법으로 지금과 같은 방법을 사용하여 표제란의 크기를 조절한다.

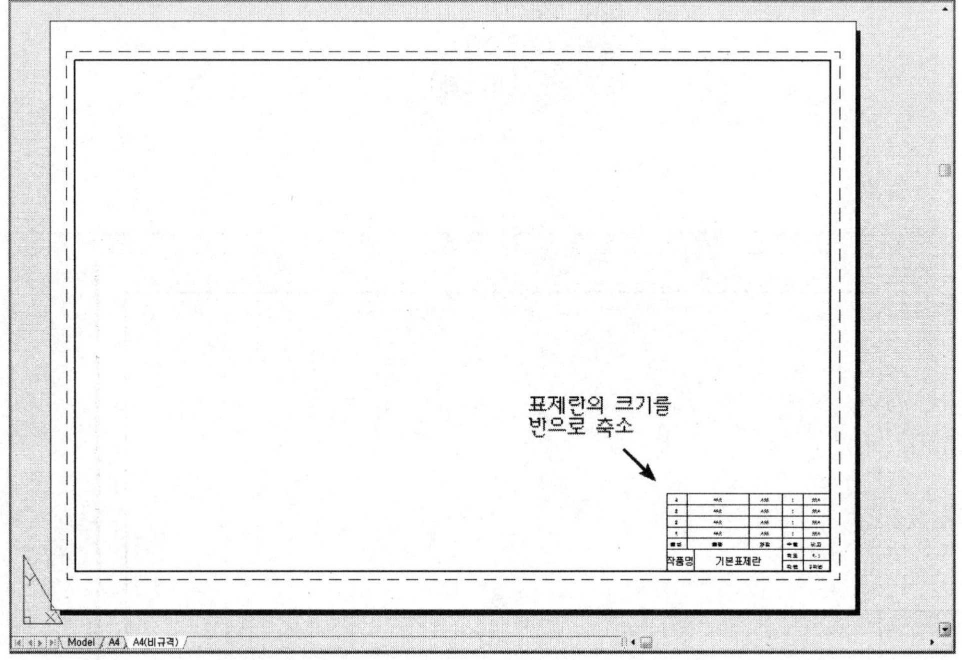

[주서작성]

주서작성은 DText 명령보다는 MText 명령을 사용하여 작성하는 것이 좋다.
원칙적으로 주서목차는 문자크기가 5, 주서내용은 문자크기가 3.15가 되어야 하나 지금과 같이 표제란 크기를 반으로 줄인 상태에서는 모든 문자크기는 반으로 축소되어야 한다. 문자크기를 처음부터 반으로 줄이는 것보다는 MText를 이용하여 원래 문자크기로 작성을 한 후 SCale 명령을 사용하여 반으로 줄여주는 방법이 용이하다.

다음 그림과 같이 주석을 작성한다.
단 작업층은 치수선 층으로 설정해 놓고 한다.
아래 표면 거칠기 기호들은 미리 만들어 놓은 블록을 삽입하여 eXplode 명령으로 분해한 후 COpy, Move, ddEDit 명령을 사용하여 적당히 꾸민다.

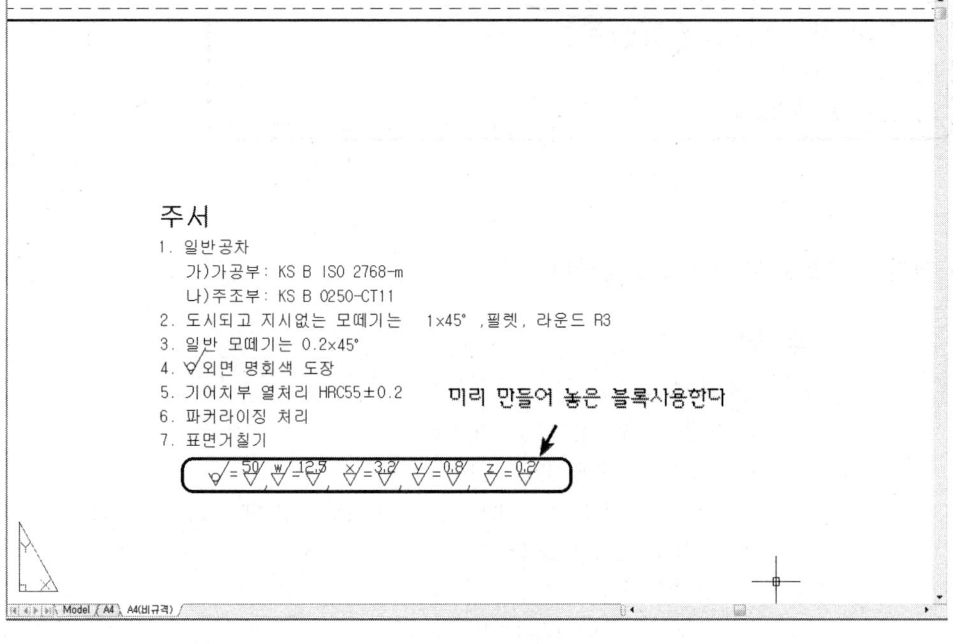

MText 명령어로 주서작성이 완료되었으면 ddEDit 명령으로 다음과 같이 수정하고 OK 버튼을 눌러 대화창을 빠져나간다.

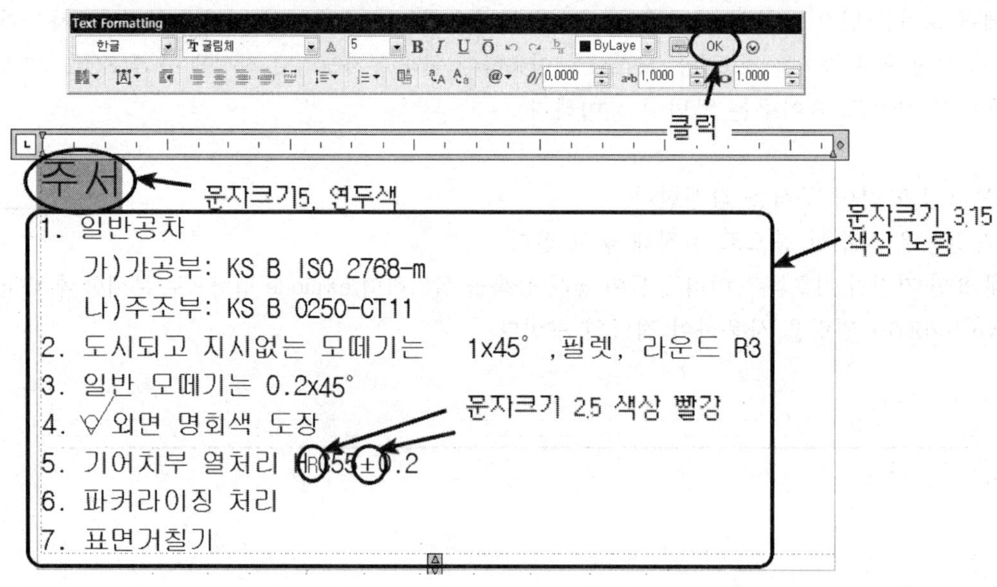

표면 거칠기 기호를 빨강으로 조정한다.

주서

1. 일반공차
   가)가공부: KS B ISO 2768-m
   나)주조부: KS B 0250-CT1
2. 도시되고 지시없는 모떼기는 1x45°, 필렛, 라운드 R3
3. 일반 모떼기는 0.2x45°
4. 외면 명회색 도장
5. 기어치부 열처리 HRC55±0.2
6. 파커라이징 처리
7. 표면거칠기

빨강

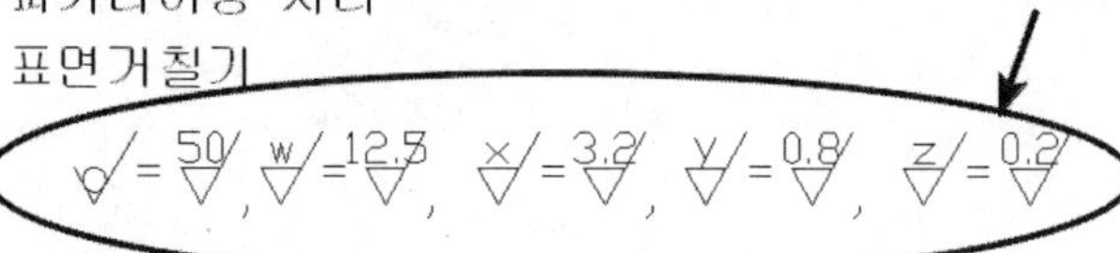

SCale 명령을 사용하여 그림과 같이 MText 문자와 표면거칠기 모두 0.5배로 줄인다.

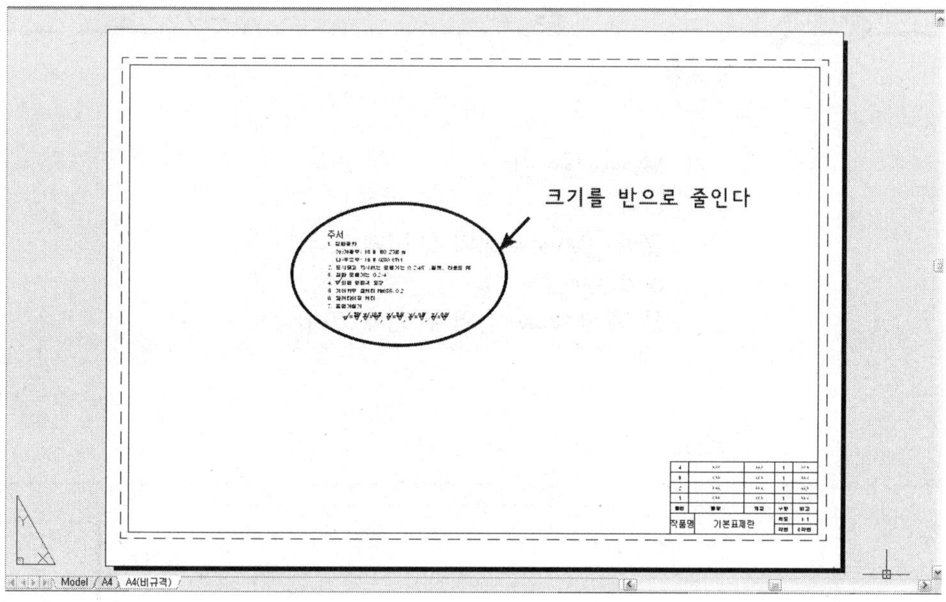

Move 명령을 사용하여 그림과 같이 배치시킨다.

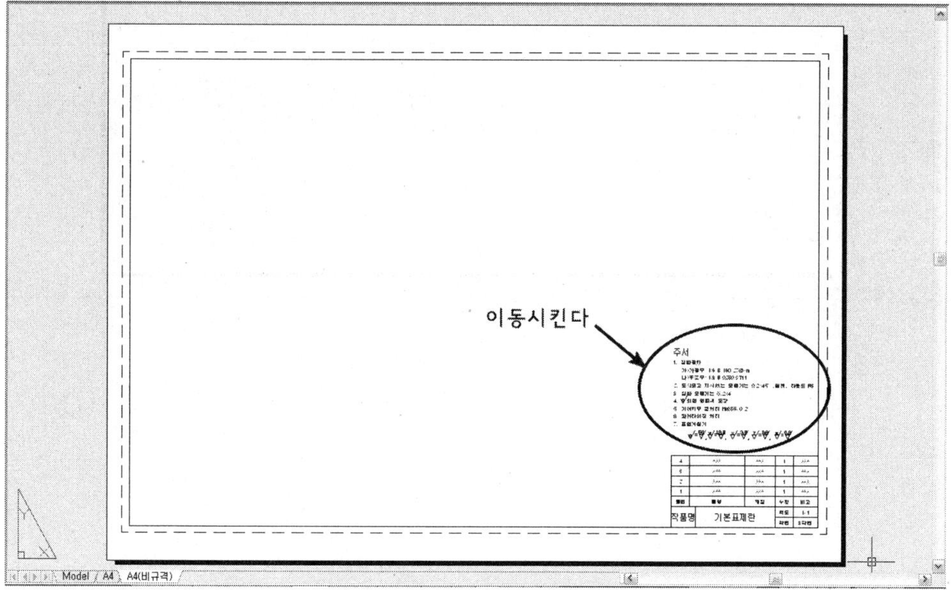

작업층을 테두리로 설정한다.

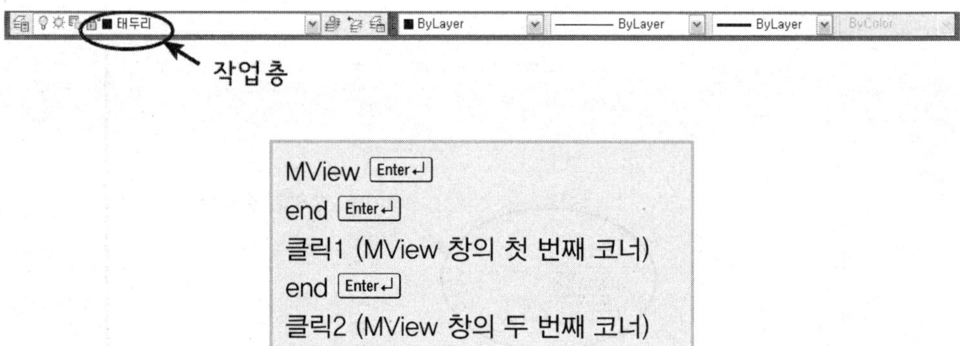

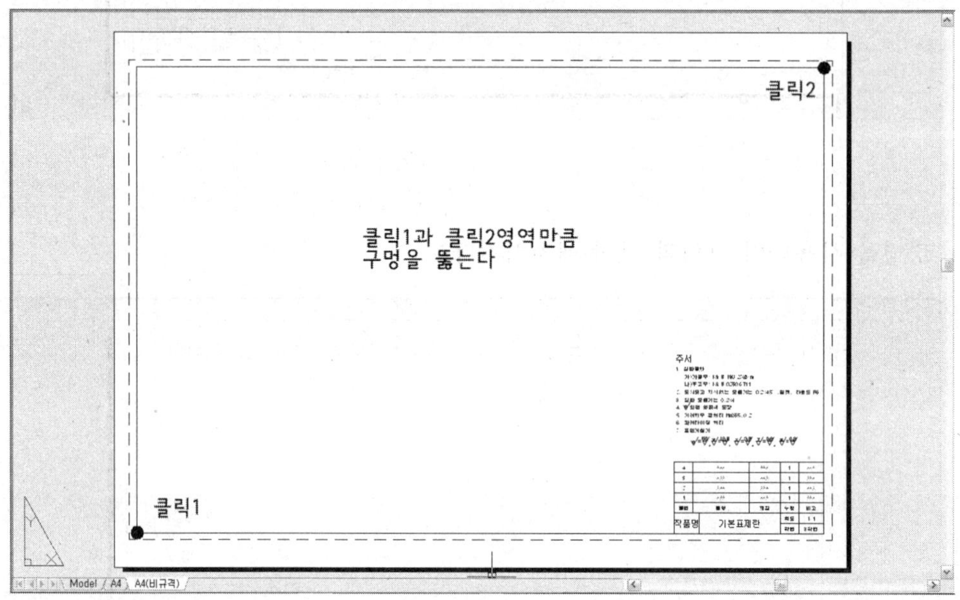

MView창 안쪽을 더블클릭하여 모델영역으로 전환한다.

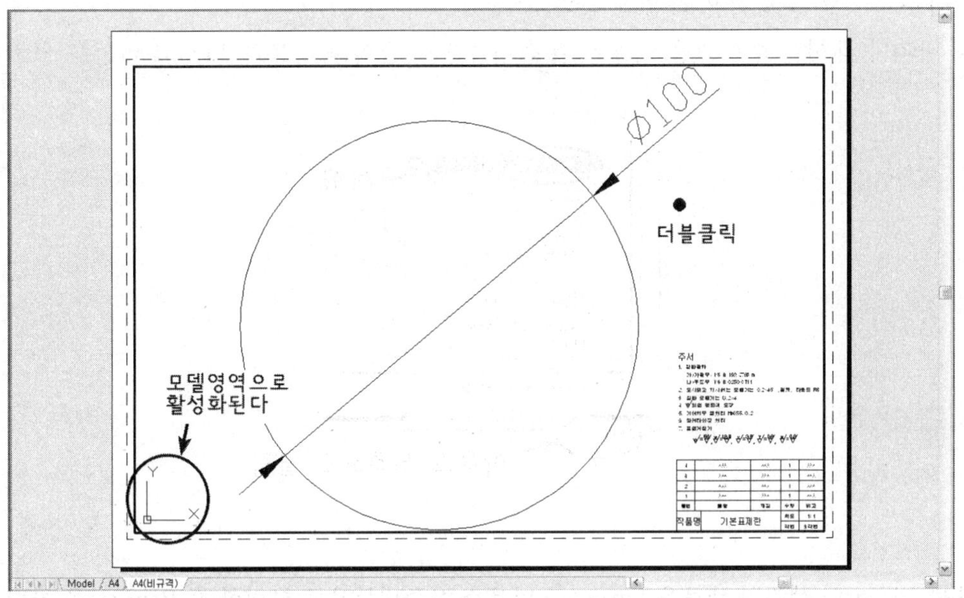

이제 A3, A2 용지에 적합한 레이아웃을 추가로 만들고 만들어진 A3, A2용지에 pagesetup 명령을 사용한다.
레이아웃 추가하는 방법은 다음과 같다.
가장 마지막 레이아웃 이름을 마우스 우측버튼으로 클릭하고 New layout 버튼을 클릭한다.

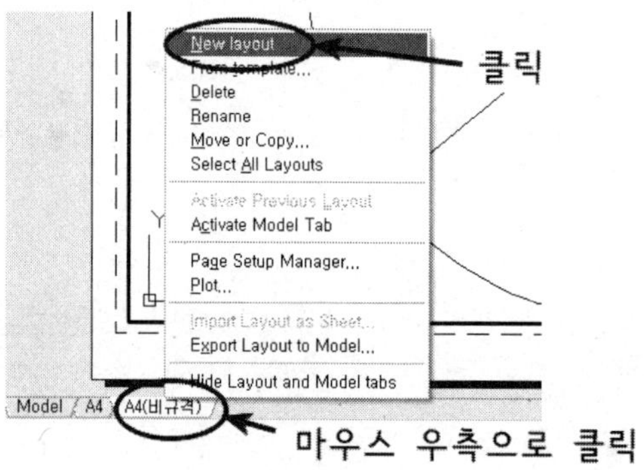

새로운 Layout이 생기면 새로운 Layout을 마우스 우측버튼으로 클릭한 후 Rename을 클릭한다.

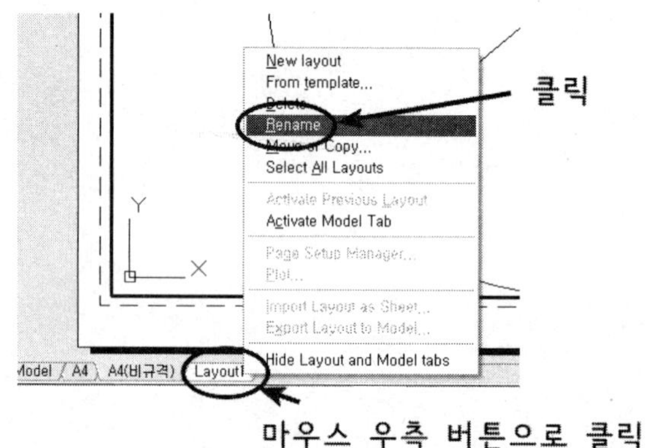

이제 A3, A2용 레이아웃을 각각 만들어 본다.
결과는 그림과 같다.

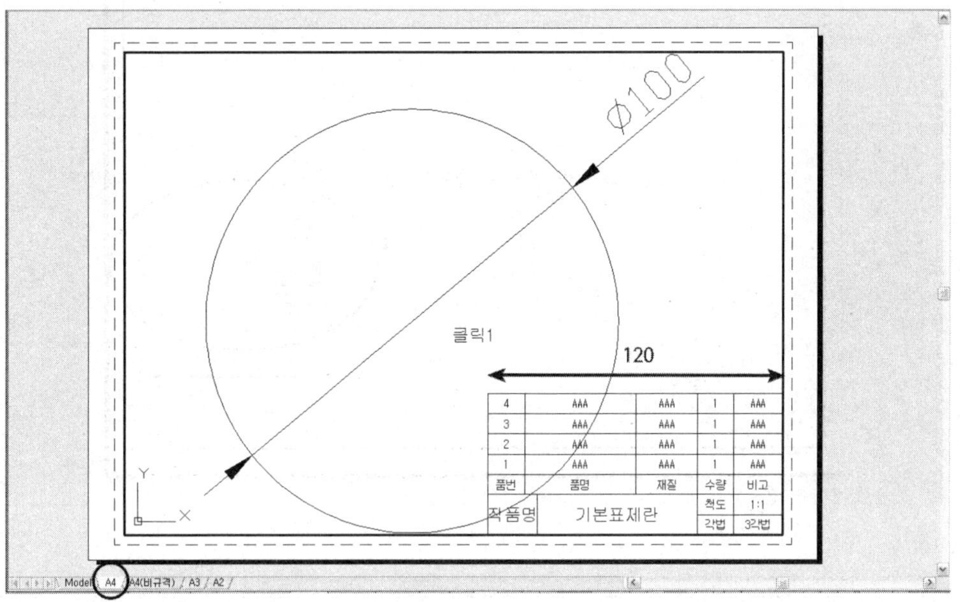

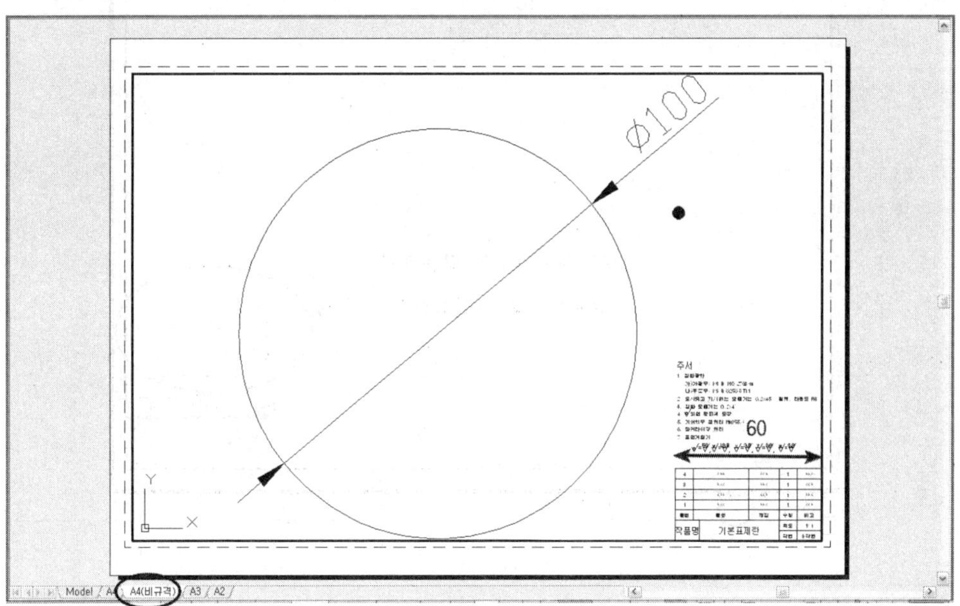

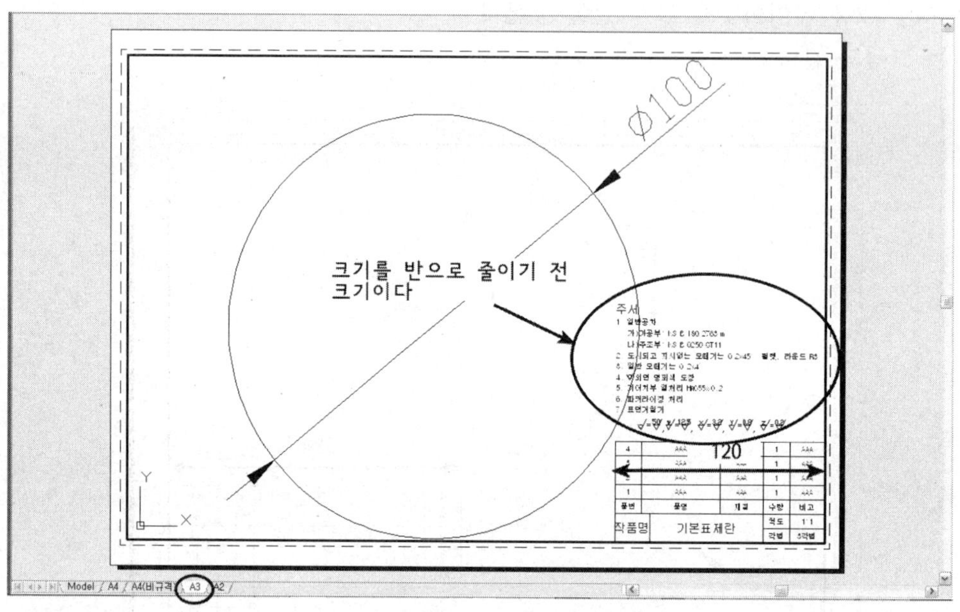
Ø100
크기를 반으로 줄이기 전
크기이다
주서
120
작품명
기본표제란
Model / A4 / A4(비규격) / A3 / A2

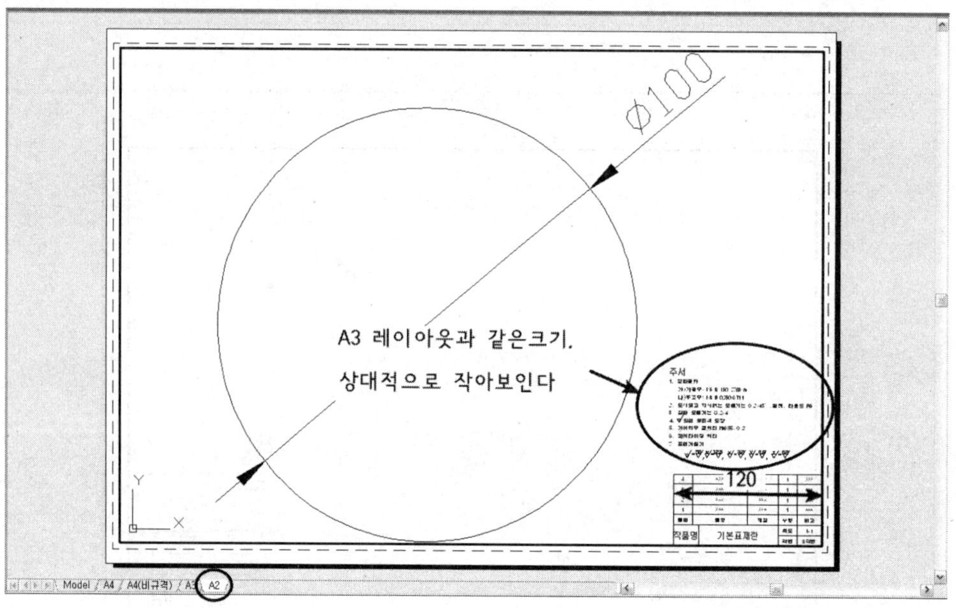
Ø100
A3 레이아웃과 같은크기.
상대적으로 작아보인다
주서
120
작품명
기본표제란
Model / A4 / A4(비규격) / A3 / A2

[레이아웃을 이용한 도면 출력하기]

A4 레이아웃으로 이동한다. 만일 종이 영역으로 되어있으면 테두리선 안쪽을 더블 클릭하여 모델 영역을 활성화시킨다.

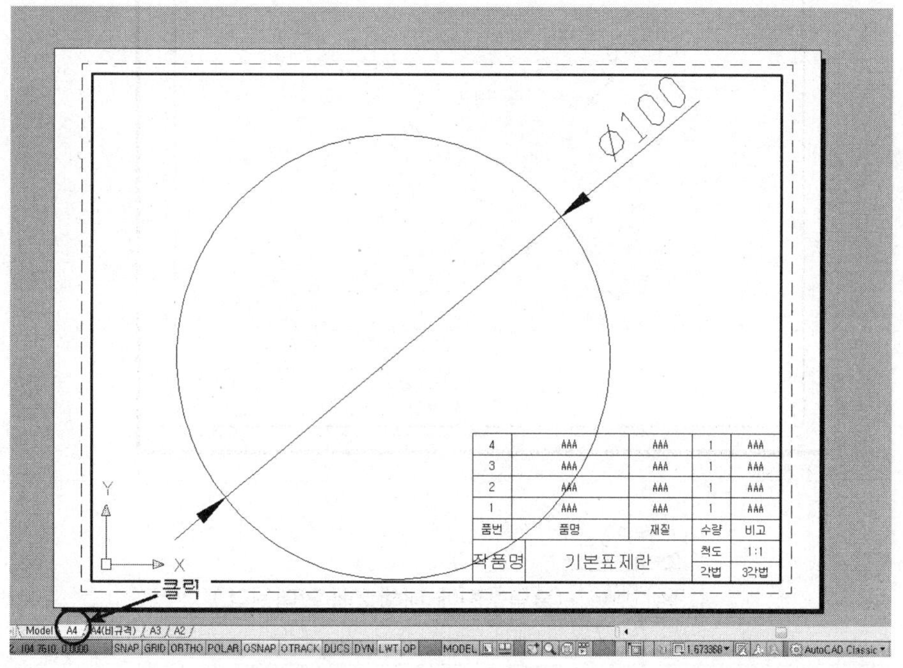

Zoom [Enter↵] (화면크기)
1xp [Enter↵] (출력용지에 대해 1 : 1크기로)

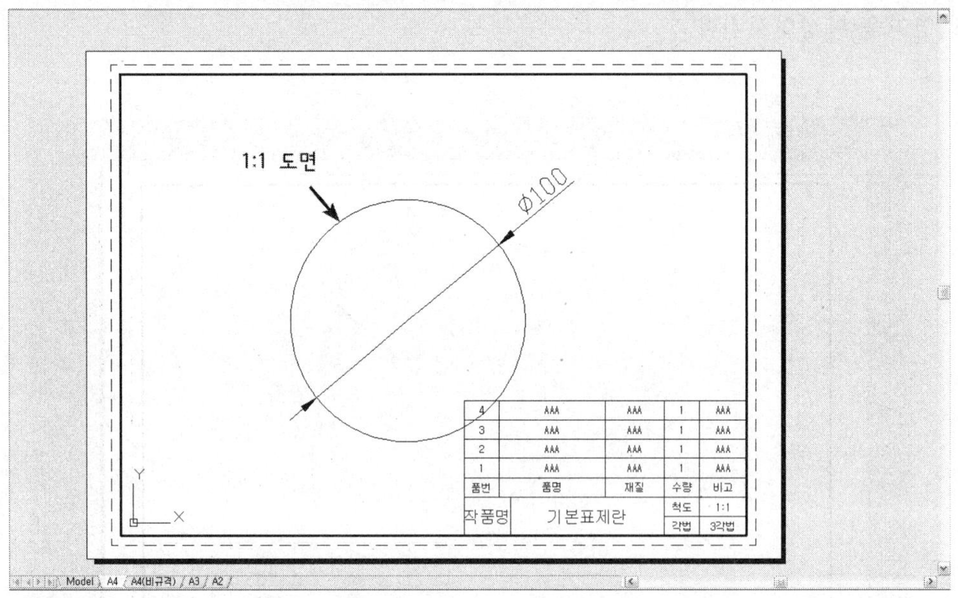

Zoom [Enter↵]
2xp [Enter↵] (출력용지에 대해 2배 확대된다.)

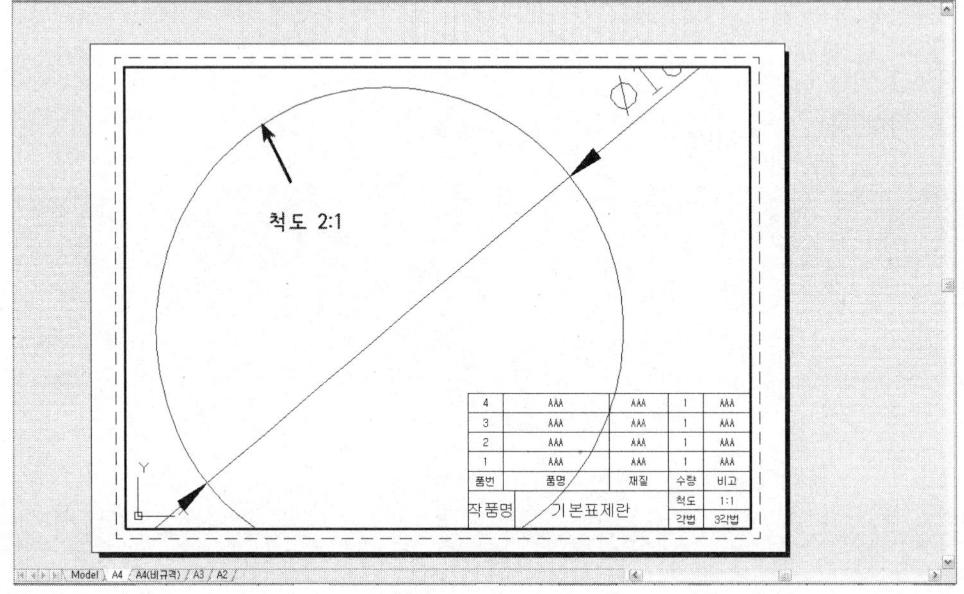

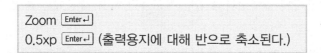

Zoom Enter↵
0.5xp Enter↵ (출력용지에 대해 반으로 축소된다.)

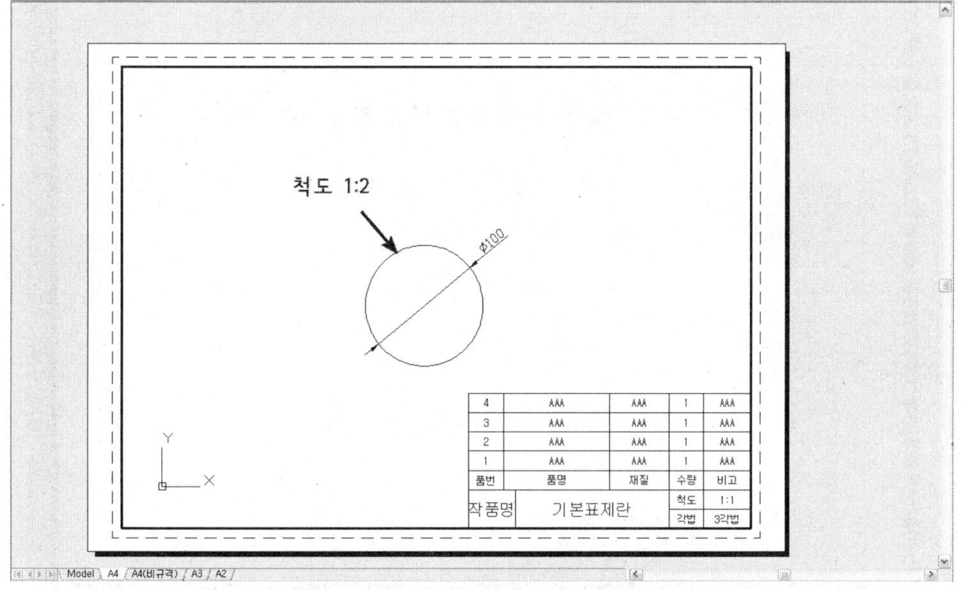

PLOT Enter↵ (출력)

출력에 앞서 Preview 버튼을 클릭한다.

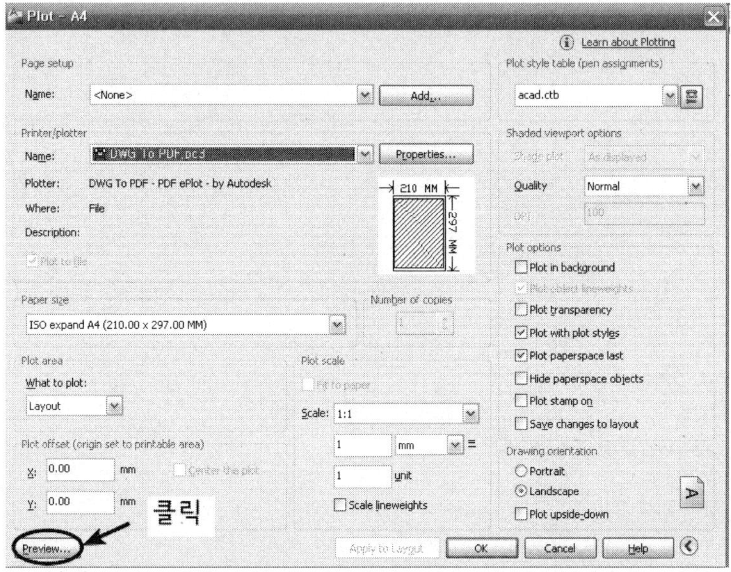

만일 이 도면이 A4용지에 출력된다면 일반 자로 원지름을 측정했을 때 정확히 지름 50인 원이 된다.

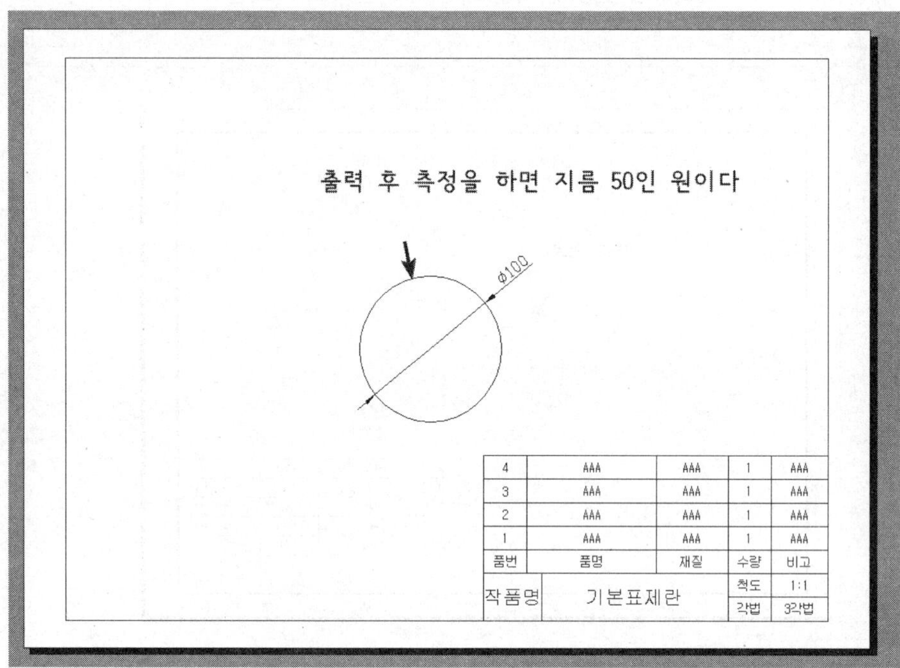

Esc 키를 눌러 출력 창으로 복귀한다.
OK 버튼을 클릭하여 종이에 출력한다.

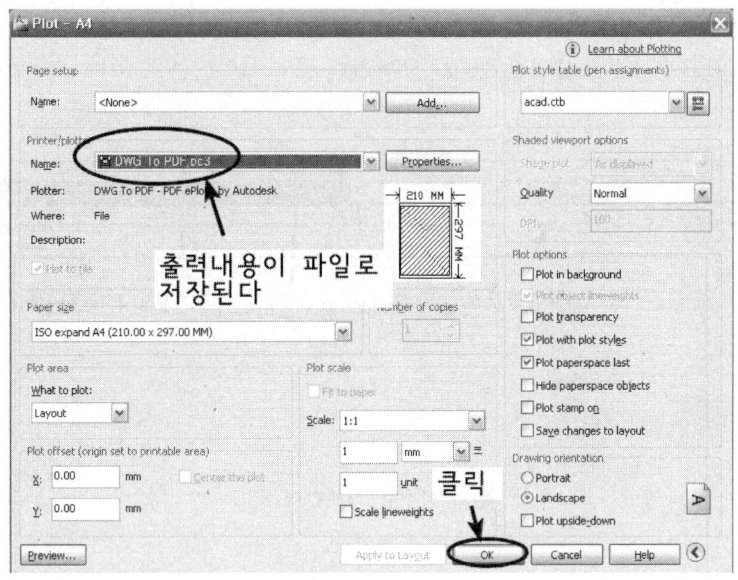

OK버튼을 클릭하면 출력물이 종이가 아닌 파일로 저장되는데, 이는 Printer/plotter 항목에서 DWG TO PDF.PC3로 설정되어 있기 때문이다.
종이에 직접 출력하려면 실제 컴퓨터에 연결된 프린터 장치를 지정하여야 한다.

[탬플릿 도면으로 저장하기]

원과 치수를 Erase 명령을 사용하여 지운다.
작업층을 외형선으로 설정하고 선색상, 모양, 굵기 모두 bylayer로 설정한다.
문자스타일은 한글, 치수스타일은 ks로 설정한다.

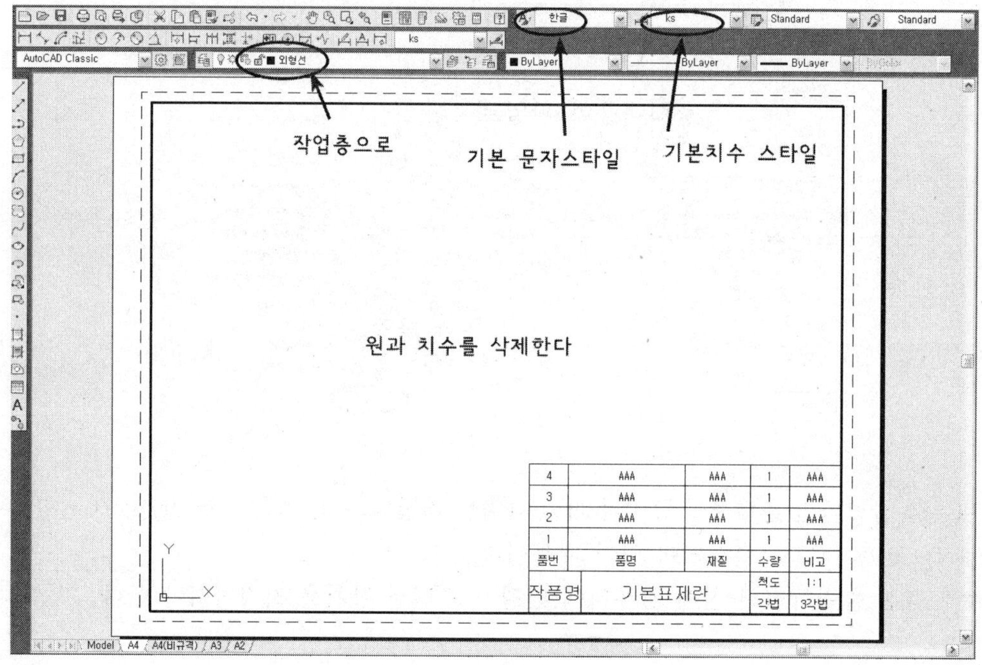

[탬플릿 도면으로 저장하기]

SAVEAS Enter↵ (다른 이름으로 저장)

Files of type 항목에서 *.dwt 파일을 선택한다.

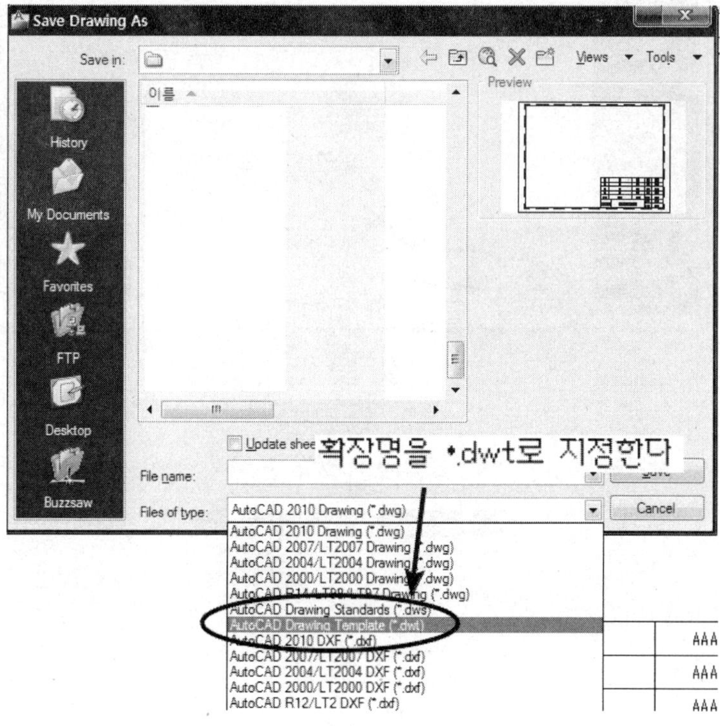

Save in에는 위에서 만들었던 초기도면연습 폴더를 찾아서 지정한다.
File name에는 실무용 틀이라고 입력한 후 Save 버튼을 클릭한다.

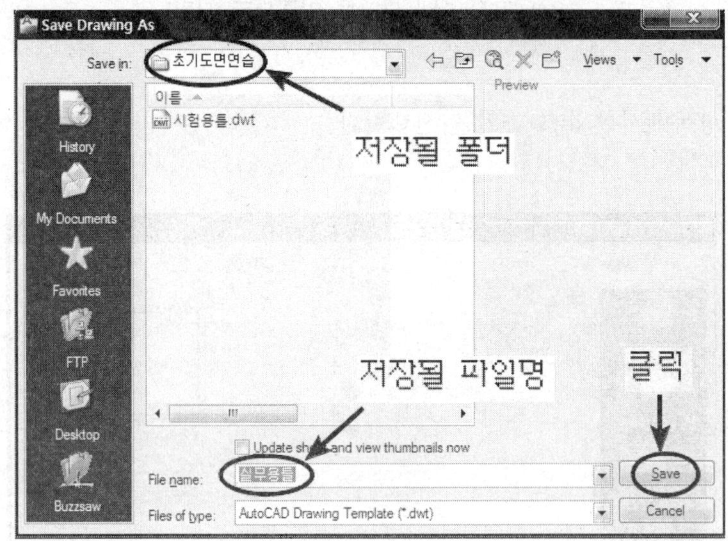

다음과 같은 창이 나타나면 OK 버튼을 눌러 저장을 완료한다.

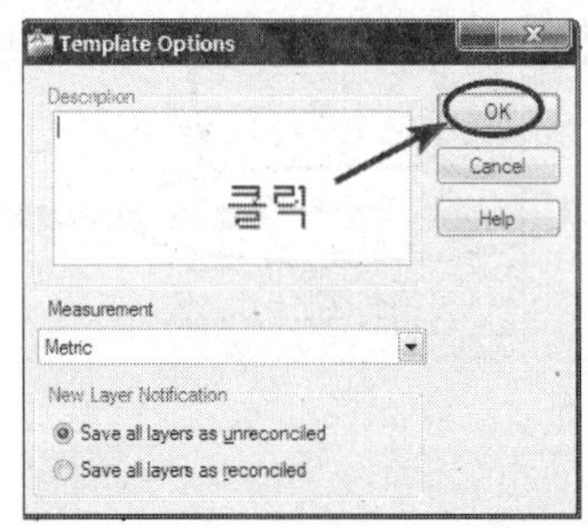

이제 모든 창을 닫는다.

[실무용틀.dwt 도면을 시작도면으로 사용하기]

New 아이콘을 클릭한다.

시작 창에서 Use a Template 아이콘을 클릭한다.
Browse 버튼을 클릭한다.
파일 선택창이 나타나면 Look in에서 초기도면연습 폴더를 지정한다.
실무용틀.dwt 파일을 클릭한다.
Open 버튼을 클릭한다.

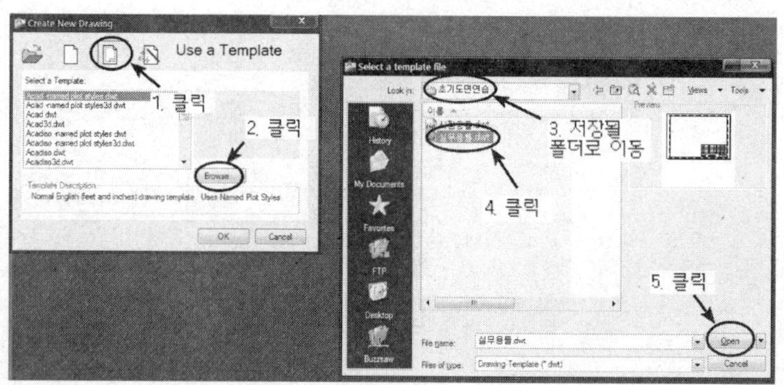

새 도면이 준비되면서 실제 도면이름은 실무도면틀.dwt가 아닌 Drawing1.dwg(빈도면)으로 되어 있다.
하지만 이 도면에는 레이어, 문자스타일, 치수스타일, 각종 자주 쓰는 블록들, 표제란, Mview창 그리고 각 규격용지에 따른 레이아웃 형식, 출력 설정값들이 모두 준비되어 있다. 사용자는 이 틀을 기반으로 오로지 그림그리기에만 집중할 수 있게 된다.

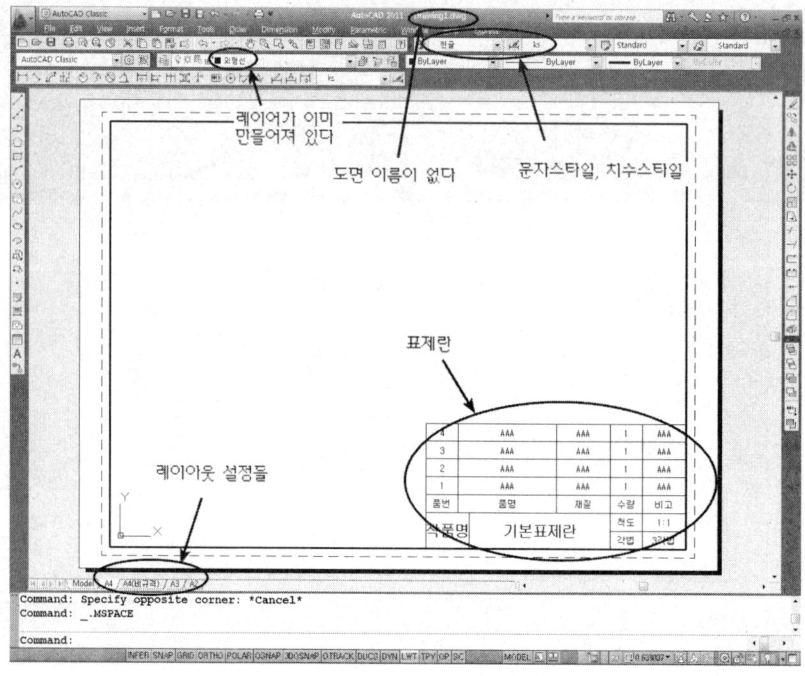

실제 도면작업을 할 때는 레이아웃에서 작업을 하는 것보다 모델영역으로 이동한 후 작업을 하는 것이 효율적이다.
그림과 같이 Model탭을 클릭한 후 도면작업을 하고 출력할 때만 A4,A4(비규격), A3, A2 중 적당한 레이아웃을 클릭하여 출력(plot) 명령을 사용하여 바로 출력하면 된다.

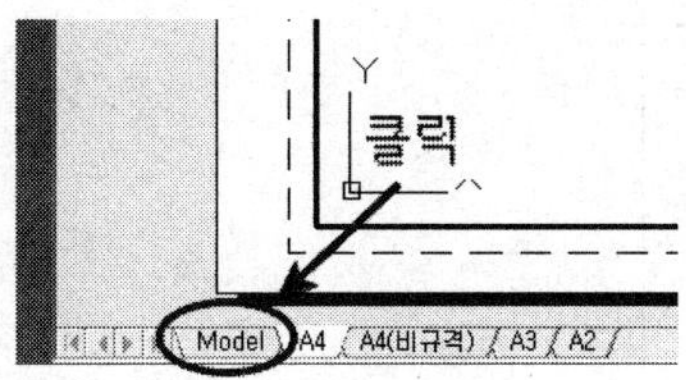

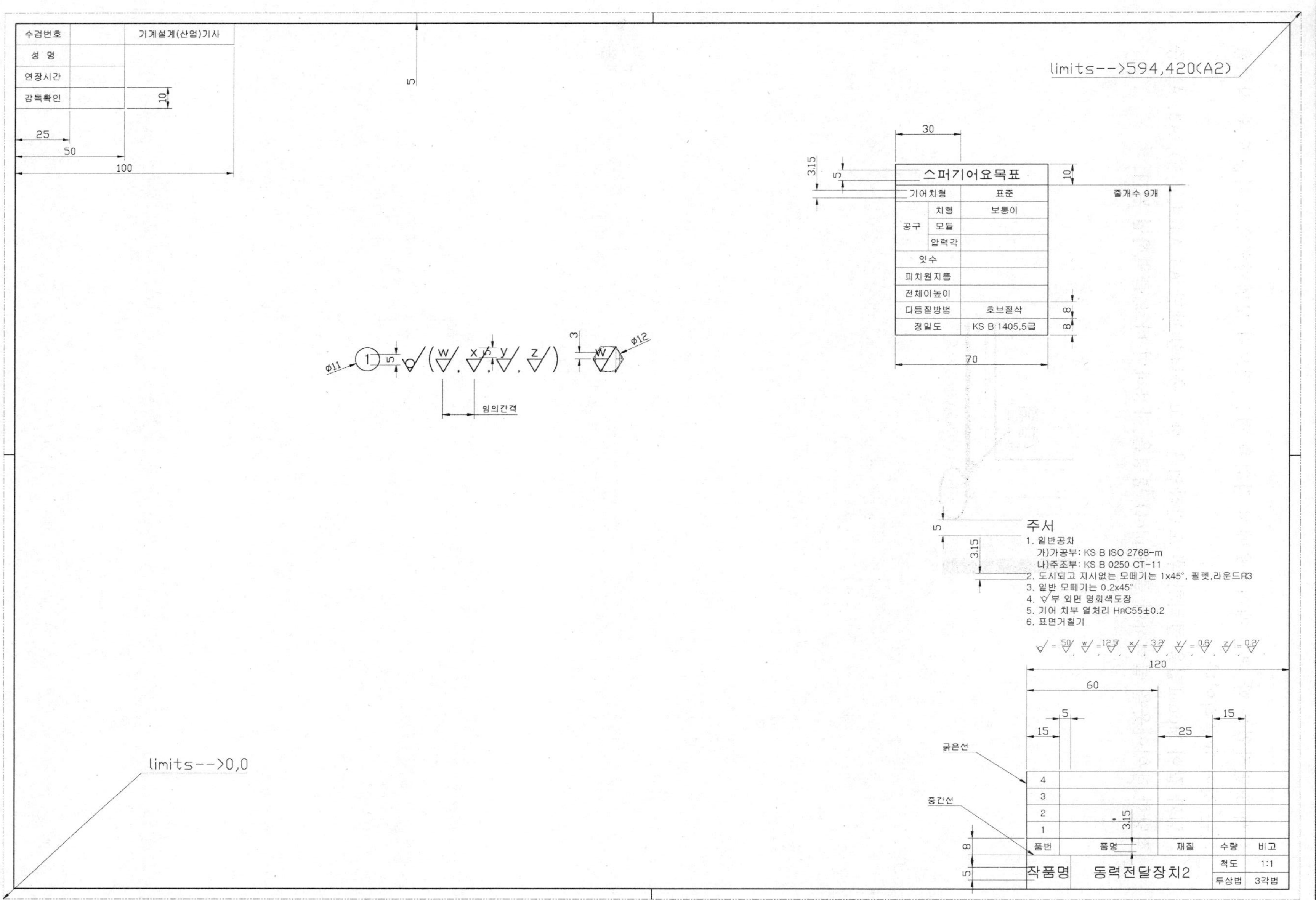
수검번호
성 명
연장시간
감독확인
기계설계(산업)기사
limits-->594,420(A2)
limits-->0,0
스퍼기어요목표
기어치형
표준
공구
치형
보통이
모듈
압력각
잇수
피치원지름
전체이높이
다듬질방법
호브절삭
정밀도
KS B 1405,5급
줄개수 9개
임의간격
주서
1. 일반공차
가)가공부: KS B ISO 2768-m
나)주조부: KS B 0250 CT-11
2. 도시되고 지시없는 모떼기는 1x45°, 필렛,라운드R3
3. 일반 모떼기는 0.2x45°
4. ∨부 외면 명회색도장
5. 기어 치부 열처리 HRC55±0.2
6. 표면거칠기
굵은선
중간선
품번
품명
재질
수량
비고
작품명
동력전달장치2
척도
1:1
투상법
3각법

PART **17**

나사연습

[숫나사 표현하기]

다음과 같은 나사모양의 물체가 있을 때 이것을 도면화시켜보자.

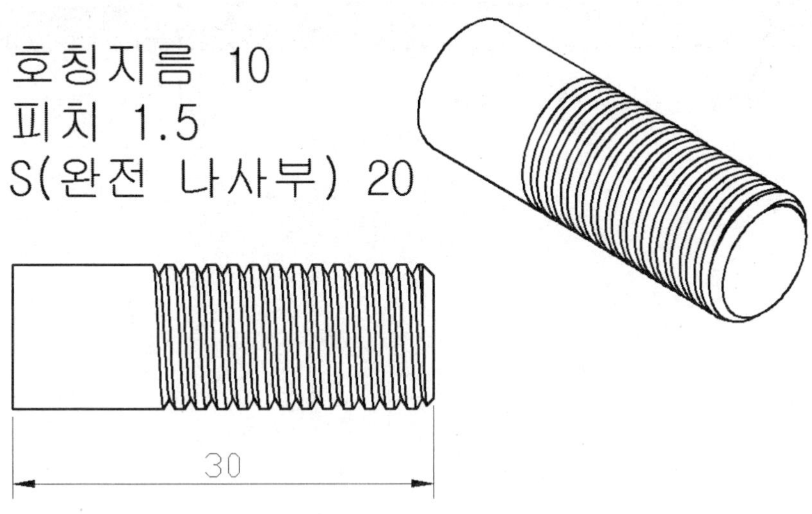

새도면을 다음과 같이 시작한다.

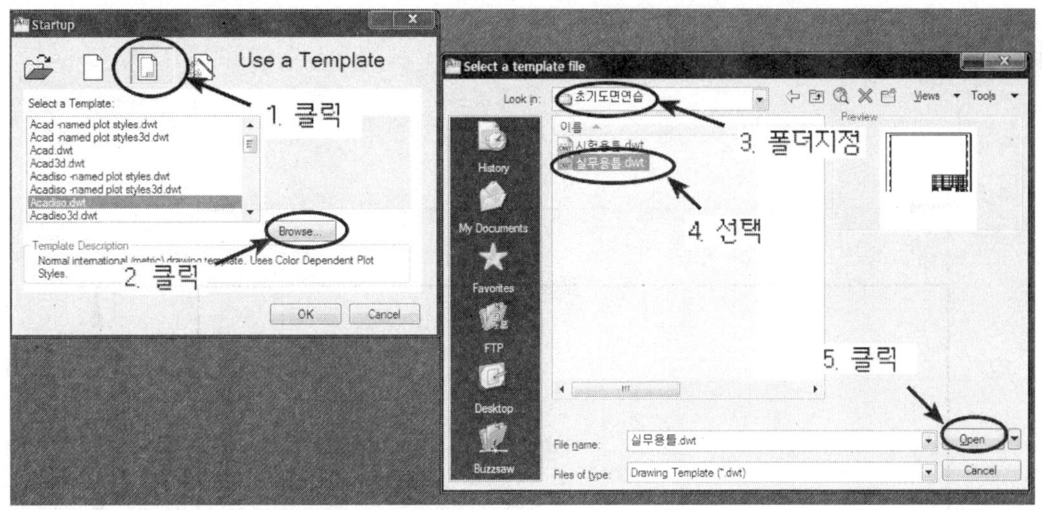

먼저 모델 창으로 전환한다.

현재 작업층이 외형선으로 되어 있는지, 치수스타일이 KS로 되어 있는지 확인한다.

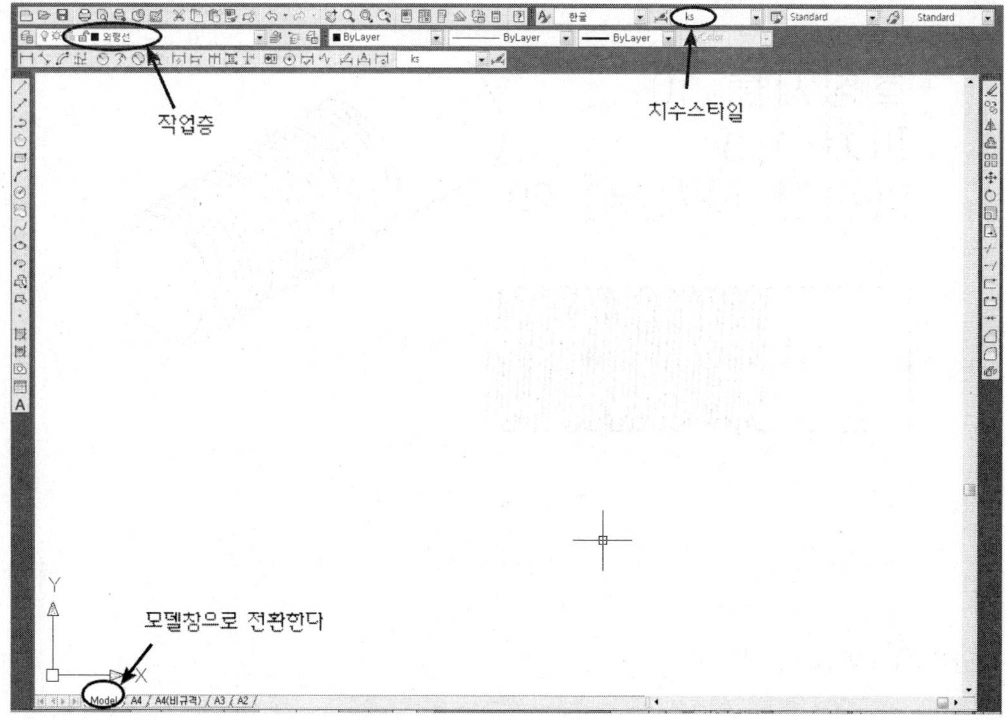

RECtang 명령을 사용하여 다음과 같이 그린다.

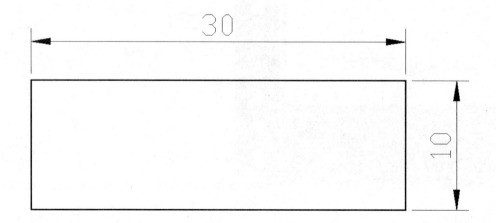

방금 그린 4각형은 한덩어리 물체이므로 eXplode 명령을 사용하여 분해한다.
CHAmfer(모따기) 명령을 사용하여 그림과 같이 모따기를 한다.

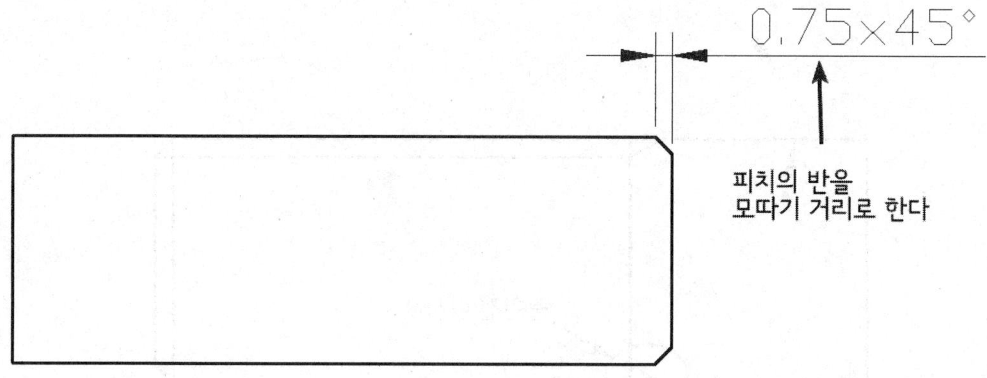

Line 명령과 Offset 명령, EXtend, Trim 등의 명령을 사용하여 다음 그림과 같이 만든다.

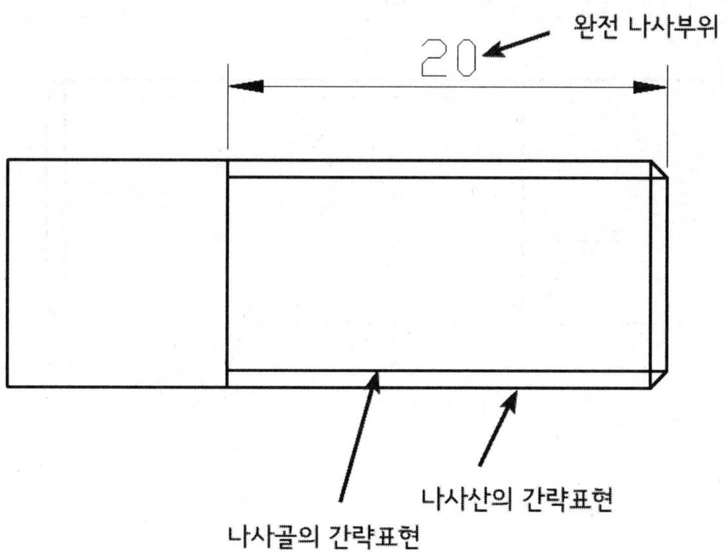

XLine, Trim, MIrror 명령을 활용하여 다음 그림과 같이 만든다.

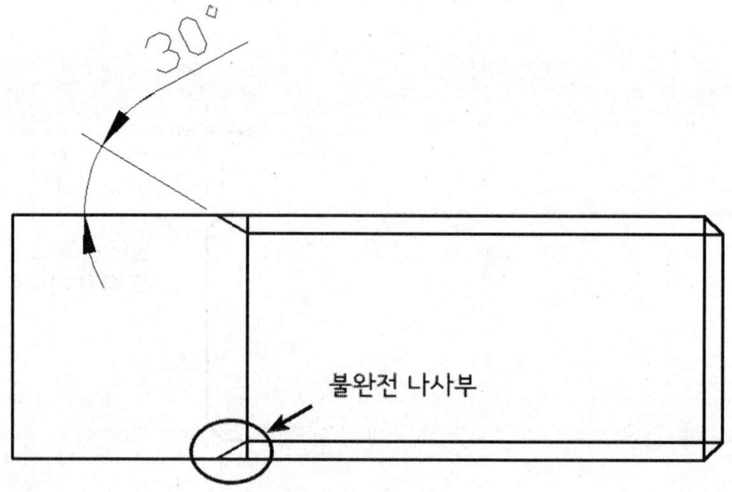

나사골과 불완전나사부 선은 가는선으로 바꾼다.

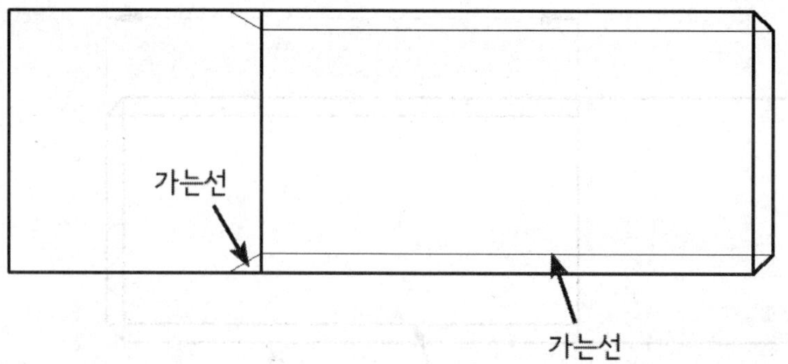

그림과 같이 치수 기입한다.

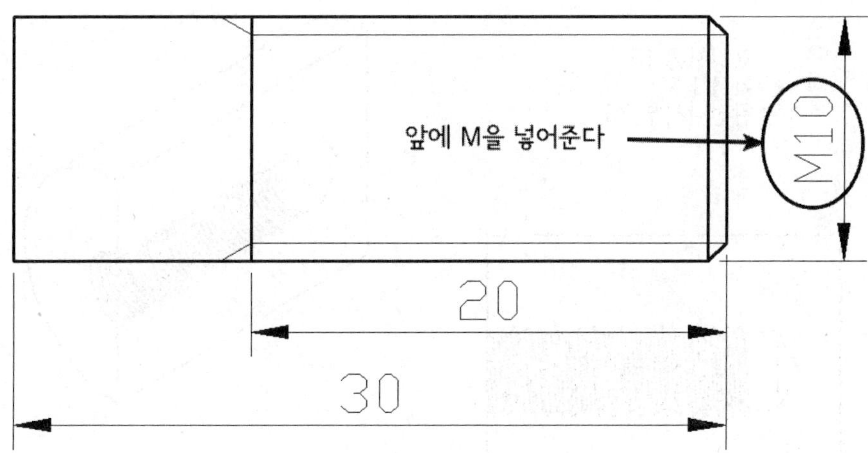

나사와 같이 복잡한 부위는 나사모양을 모두 표현하는 것이 아니라 앞에서 만든 것처럼 간략도로 표현해 주어야 한다.

치수기입은 다 하는 것이 아니라 호칭지름(M10) 와전나사부위, 물체 총길이만을 치수 기입한다. 나사의 피치는 규격집에 명시되어 있으므로 나사제도에는 규격집이 필요하다.

[암나사와 드릴구멍 표현하기]

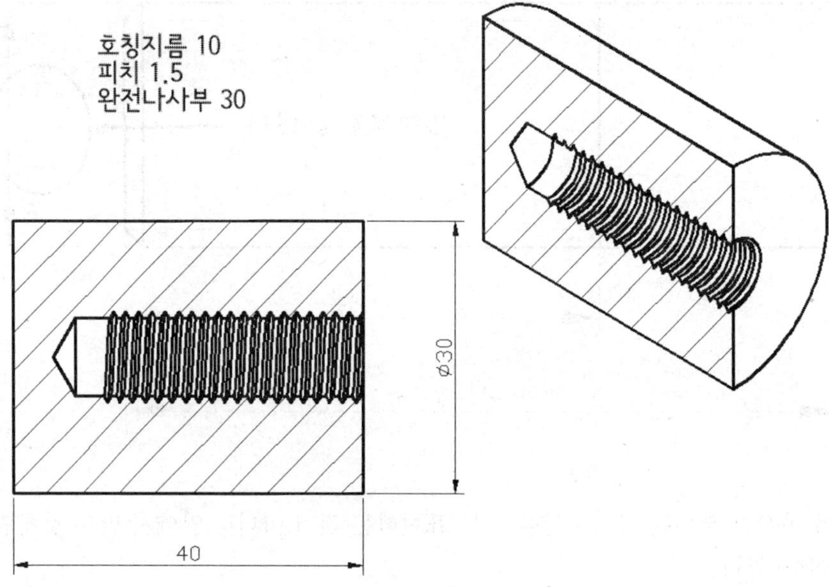

RECtang 명령을 활용하여 그림과 같이 그린다.

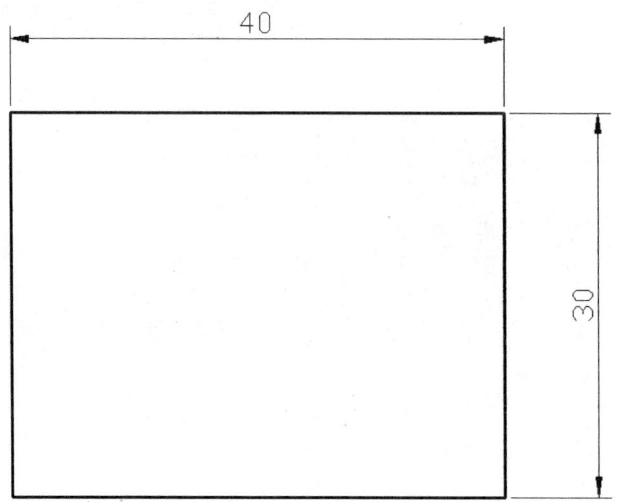

eXplode 명령을 사용하여 방금 그린 물체를 분해한다.

Insert 명령을 사용하여 이미 만들어 놓은 3번 블록을 크기 조정하여 그림과 같이 삽입한다.

완전나사부가 30일 때 3만큼 더 드릴구멍을 판다.
완전나사부 10을 기준으로 하여 10 이하일 땐 2, 10을 초과했을 때는 3을 더한다.

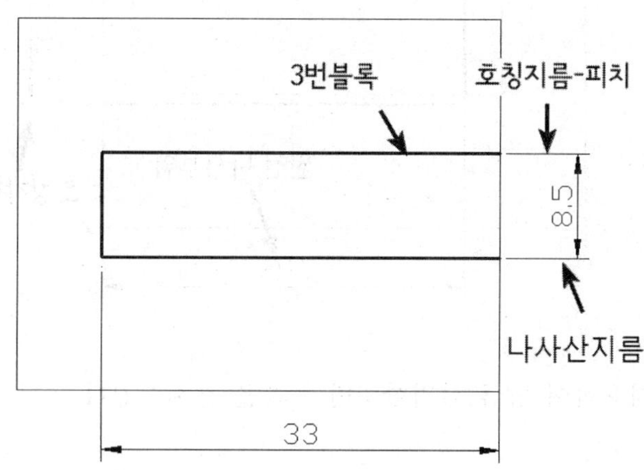

eXplode 명령을 사용하여 방금 만든 3번 블록을 분해한다.

드릴 날 모양은 Insert 명령을 사용하여 이미 만들어 놓은 d번 블록을 사용하여 크기와 각도를 조정한 후 그림과 같이 삽입한다.

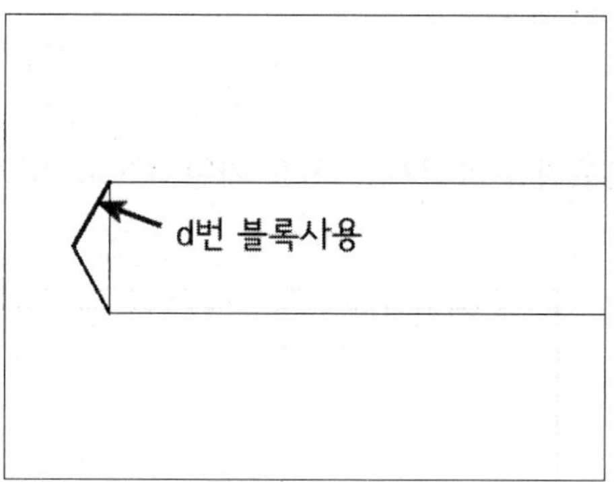

eXplode 명령을 사용하여 삽입한 블록을 분해한다.

나사골 부위는 Insert 명령을 사용하여 3번 블록을 크기 조정하여 그림과 같이 삽입한다.

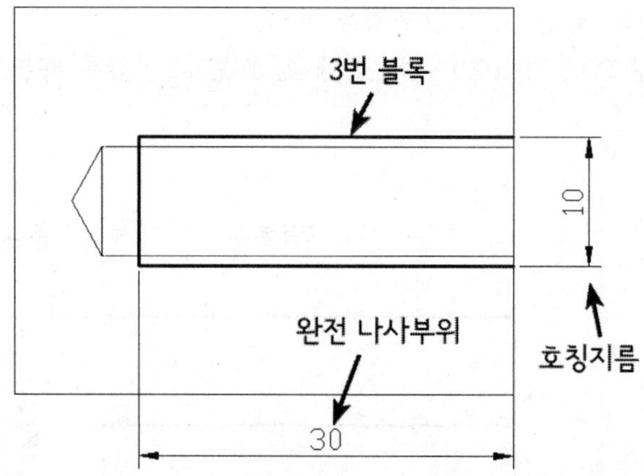

eXplode 명령을 사용하여 방금 삽입한 3번 블록을 분해시킨다.

XLine과 Trim, MIrror 명령들을 사용하여 그림과 같이 불완전 나사부위를 그린다.

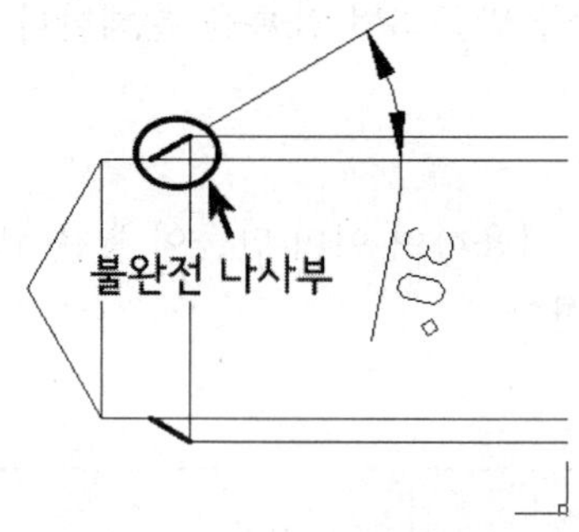

암나사의 나사골과 불완전부위를 표현하는 선을 가는선으로 바꾼다.

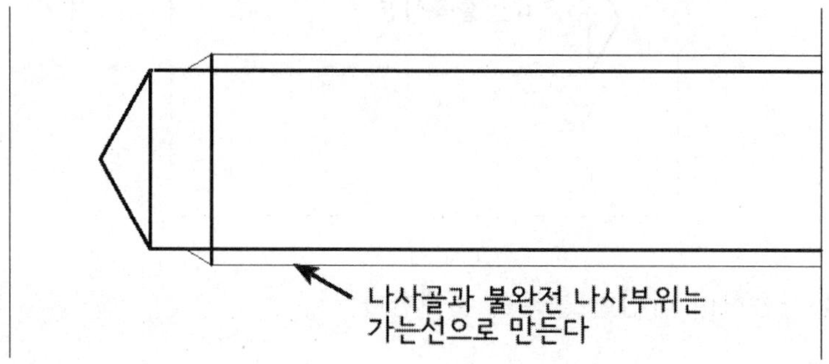

그림과 같이 해칭과 중심선을 만들고 치수기입을 한다.

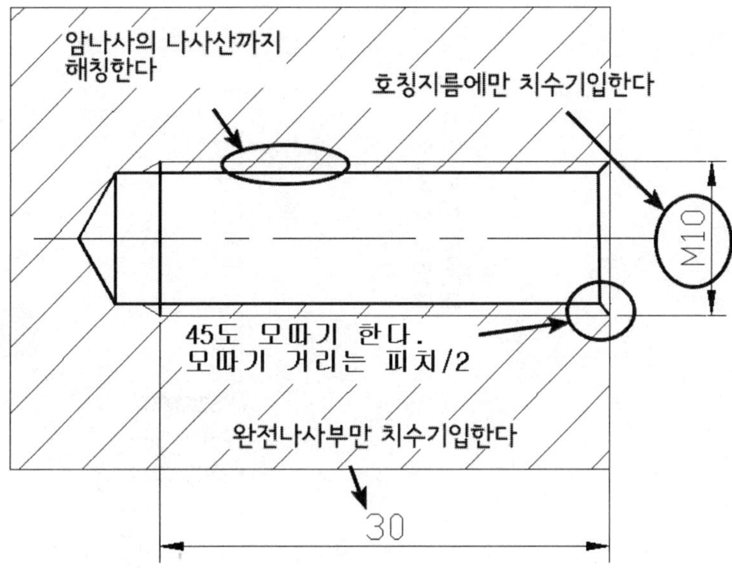
암나사의 나사산까지
해칭한다
호칭지름에만 치수기입한다
M10
45도 모따기 한다.
모따기 거리는 피치/2
완전나사부만 치수기입한다
30

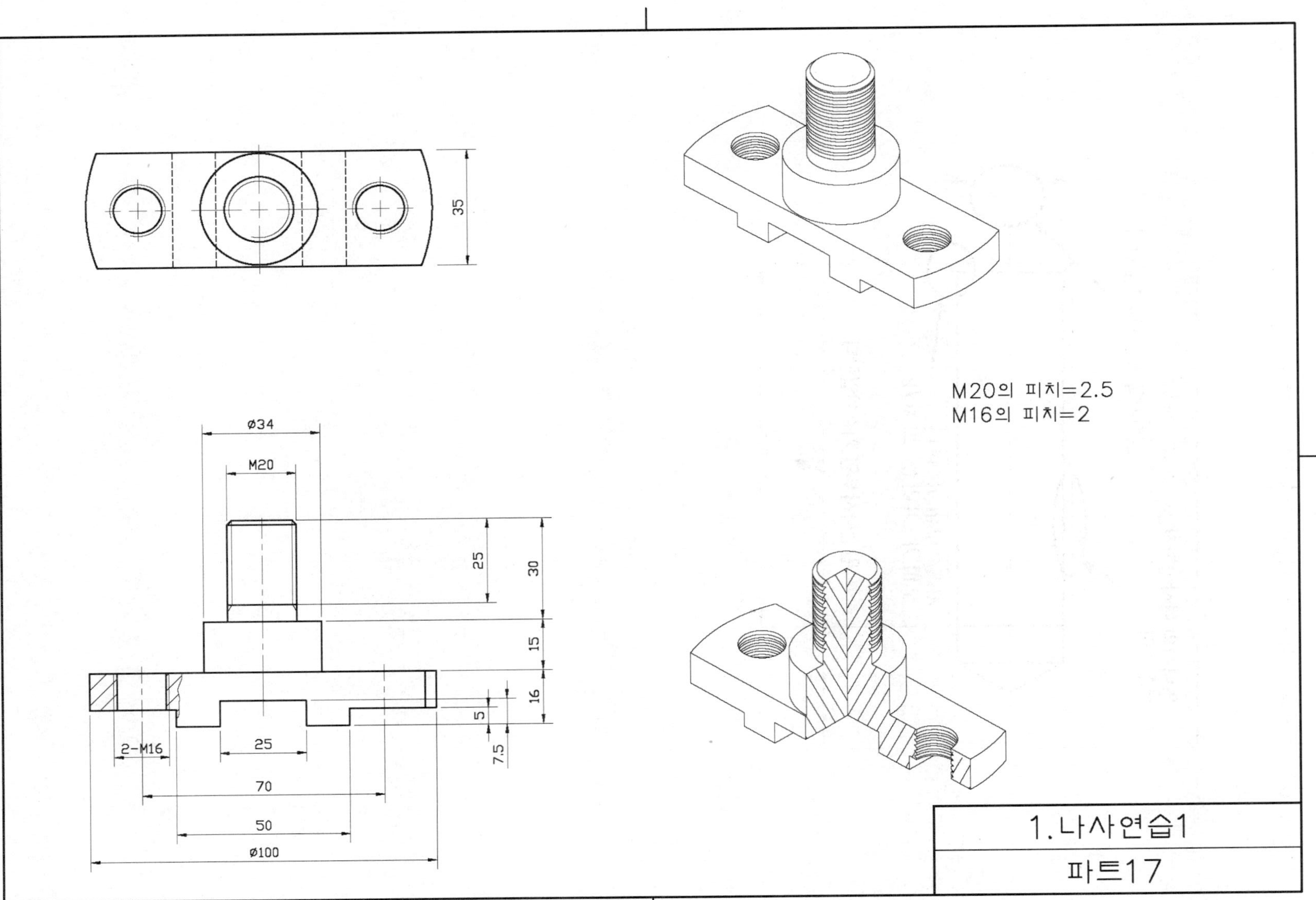
35
M20의 피치=2.5
M16의 피치=2
Ø34
M20
25
30
15
16
5
7.5
2-M16
25
70
50
Ø100
1.나사연습1
파트17

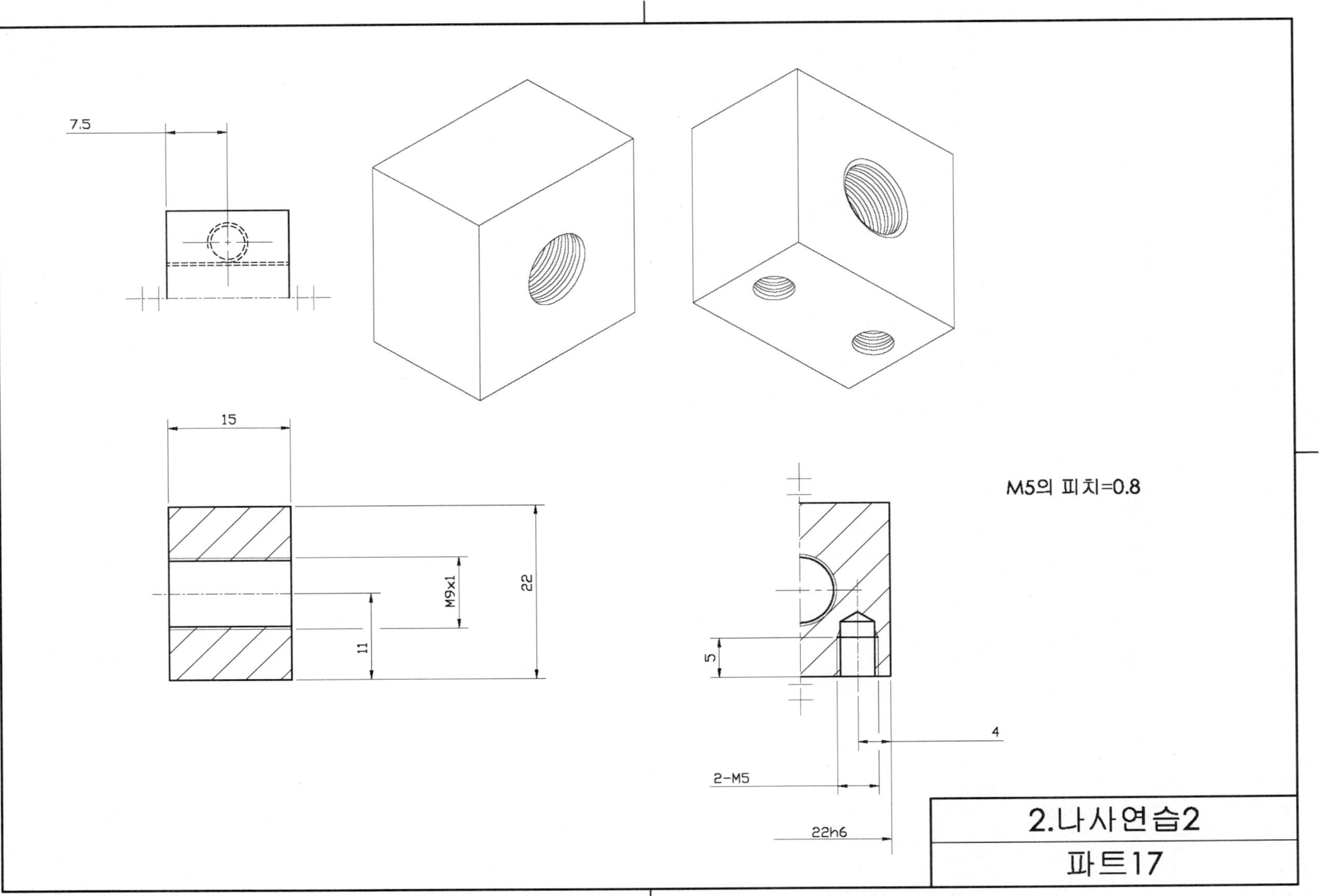
7.5
15
M9x1
22
11
M5의 피치=0.8
5
4
2-M5
22h6
2.나사연습2
파트17

PART 18

표면거칠기와 기하공차

표면 거칠기 기호는 제품면의 거친 정도를 기호로 표현한 것이다.
기제 위치는 보통 치수보조선에 기입하는 것이 원칙이나 여의치 않을 때는 해당 면에 직접 기재하기도 한다.
부품과 부품이 서로 접촉하여 상대운동을 할 경우에는 마찰이 생기는데, 이 마찰이 생기는 면에는 y 기호를 기재하고, 서로 접촉만하고 상대운동을 하지 않는 경우, 즉 마찰이 생기지 않는 면은 x 기호를, 서로 접촉하지 않는 면은 w기호를, 주물표면은 주물기호를, 거울 면같이 매끄러운 면을 요구할 때는 z기호를 각각 기재한다.

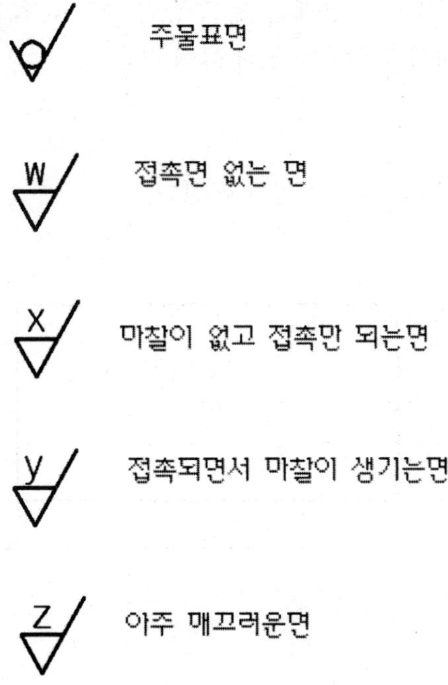

위의 설명은 일반적인 경우이고 부품의 종류와 기능에 따라 위의 규칙이 지켜지지 않을 때도 있다.

[기하공차(형상공차)]

설계도면대로 물체가 가공되기는 불가능하다. 그래서 길이공차, 끼워맞춤공차들이 치수에 포함이 된다. 하지만 물체끼리의 결합에 있어서 길이공차로써 해결되지 않는 부분이 있는데 이것을 보완한 것이 기하공차이다.

기하공차는 물체의 면과 면, 혹은 선과 선의 관계에 있어서 가공상 빚어질 수 있는 오차를 설계자가 원하는 최소치로 규제하고자 할 때 사용한다.

형상공차에 대한 자세한 설명과 적용례는 제도 관련 서적을 참고하기 바란다.

여기서는 형상공차를 기재하기 위한 기준면과 그에 따른 공차 심벌, 공차 역을 작성하는 방법에 대해서만 설명하기로 한다.

다음 그림과 같이 축을 그린다.(치수기입까지 한다.)

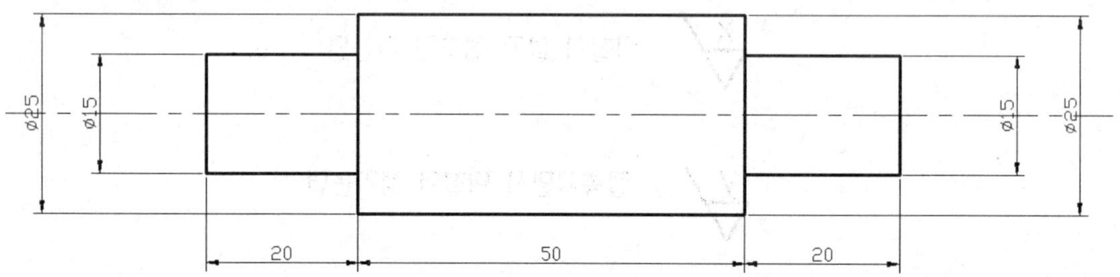

작업층을 치수층으로 설정한다.

LEADER Enter↵

<F8>키 (수평수직만 허용)를 눌러서 작동시킨다.

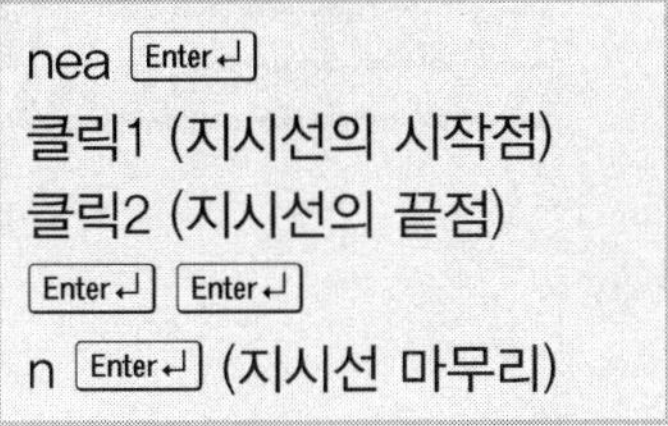
nea Enter↵
클릭1 (지시선의 시작점)
클릭2 (지시선의 끝점)
Enter↵ Enter↵
n Enter↵ (지시선 마무리)

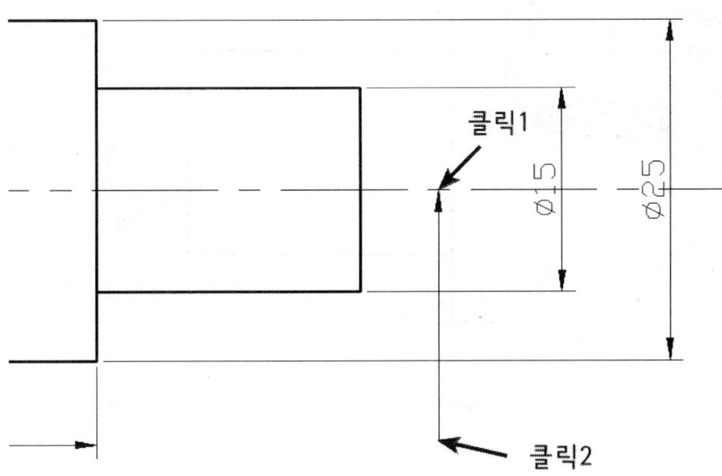

방금 만든 지시선을 클릭한다.
<Ctrl +1>키를 누른다. (<Ctrl>키를 누른 상태에서 1 키를 누른다.)
수정창이 나타나면 Line and Arrows 항목의 Arrow 확장키를 클릭2한다.
Datum triangle filled를 클릭3한다.

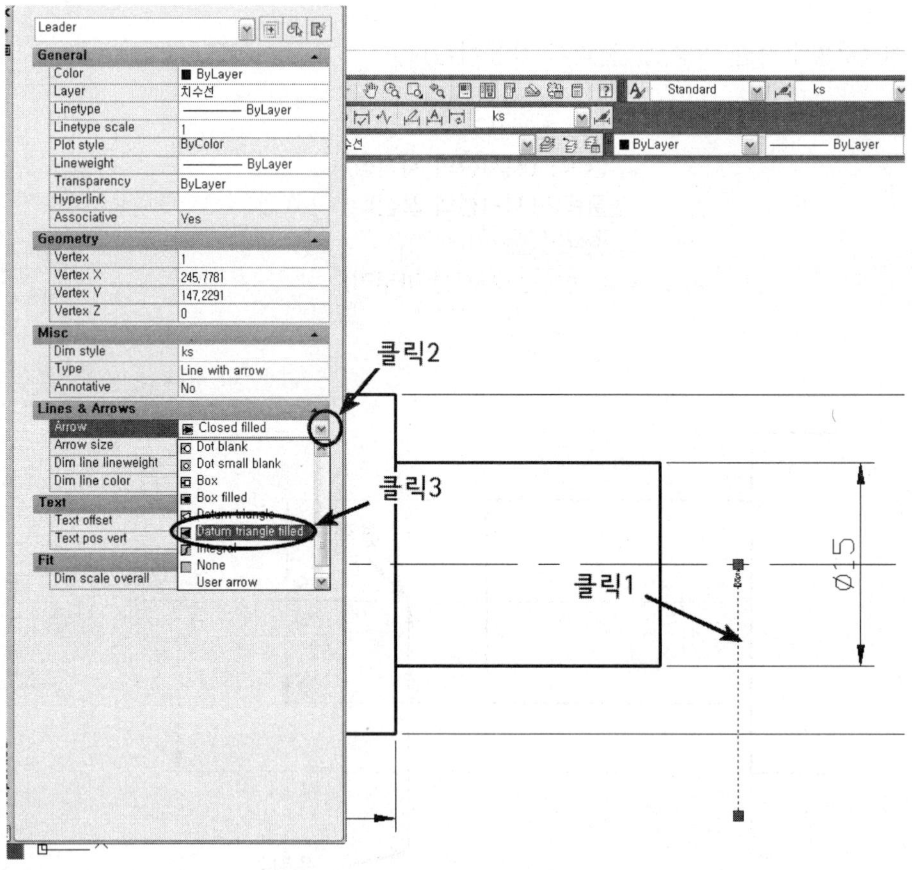

TOLerance Enter↵ (기하공차기호)

대화창이 나타나면 Datum1 항목에 A를 입력한다.
OK 버튼을 클릭하면 대화창이 사라지고 기하공차기호를 위치시킬 점을 물어본다.
도면 빈곳을 클릭2한다.

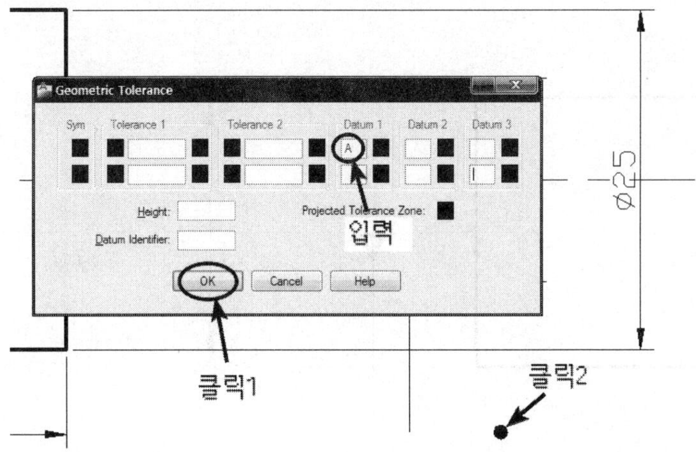

Move Enter↵ (이동)
클릭1 (물체선택)
Enter↵ (물체선택 완료)
mid Enter↵
클릭2 (기준점)
end Enter↵
클릭3

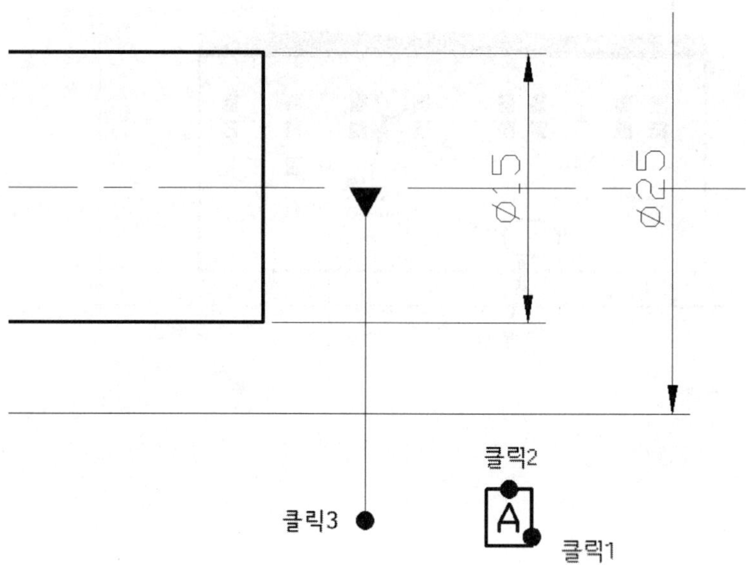

<F8>키를 사용하여 ORTHO 기능을 활성화시키고 Copy 명령을 사용하여 그림과 같이 복사한다.

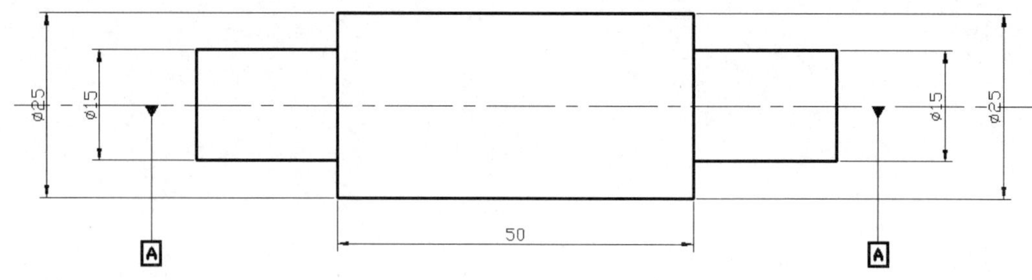

ORTHO 기능이 활성화되어 있는 상태에서

LEADer Enter↵ (지시선)
end Enter↵
클릭1 (지시선의 시작점)
클릭2 (지시선의 두 번째점)
클릭3 (지시선의 세 번째점)
Enter↵ (주석)
Enter↵ (옵션)
c Enter↵ (복사)
클릭4 (복사할 기하공차 요소)

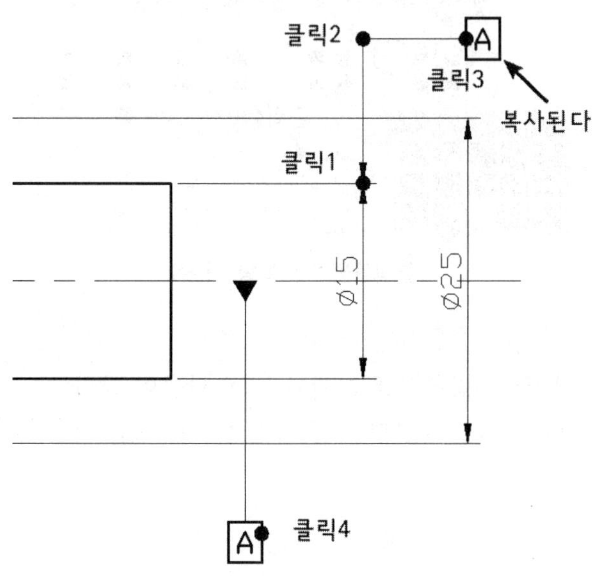

ddEDit Enter↵ (기하공차 편집)
클릭1 (편집할 기하공차)

대화창이 나타나면 심벌을 클릭2한다.
심벌창이 나타나면 원주흔들림공차를 클릭3한다.
Tolerance1 항목에 0.008을 입력한다.
OK버튼을 클릭4한다.

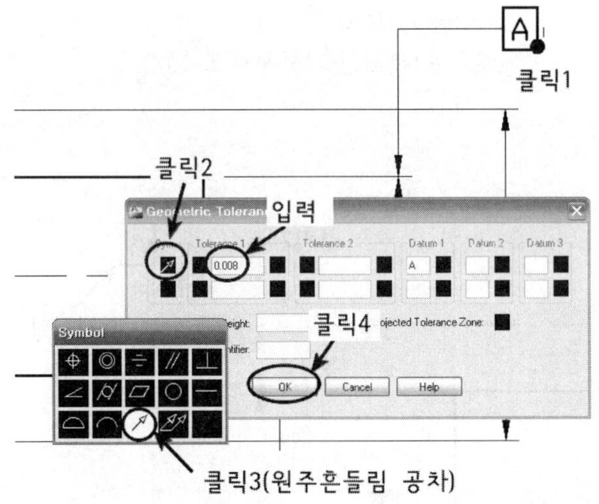

같은 방법으로 왼쪽에 원주흔들림공차를 그림과 같이 만들어 본다.
방법은 위와 같으나 Leader 명령을 사용할 때 복사할 물체는 방금 만든 원주흔들림 공차요소를 클릭하면 된다.

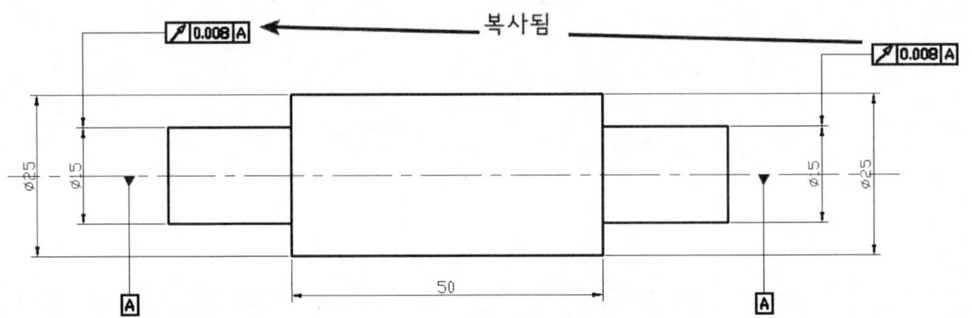

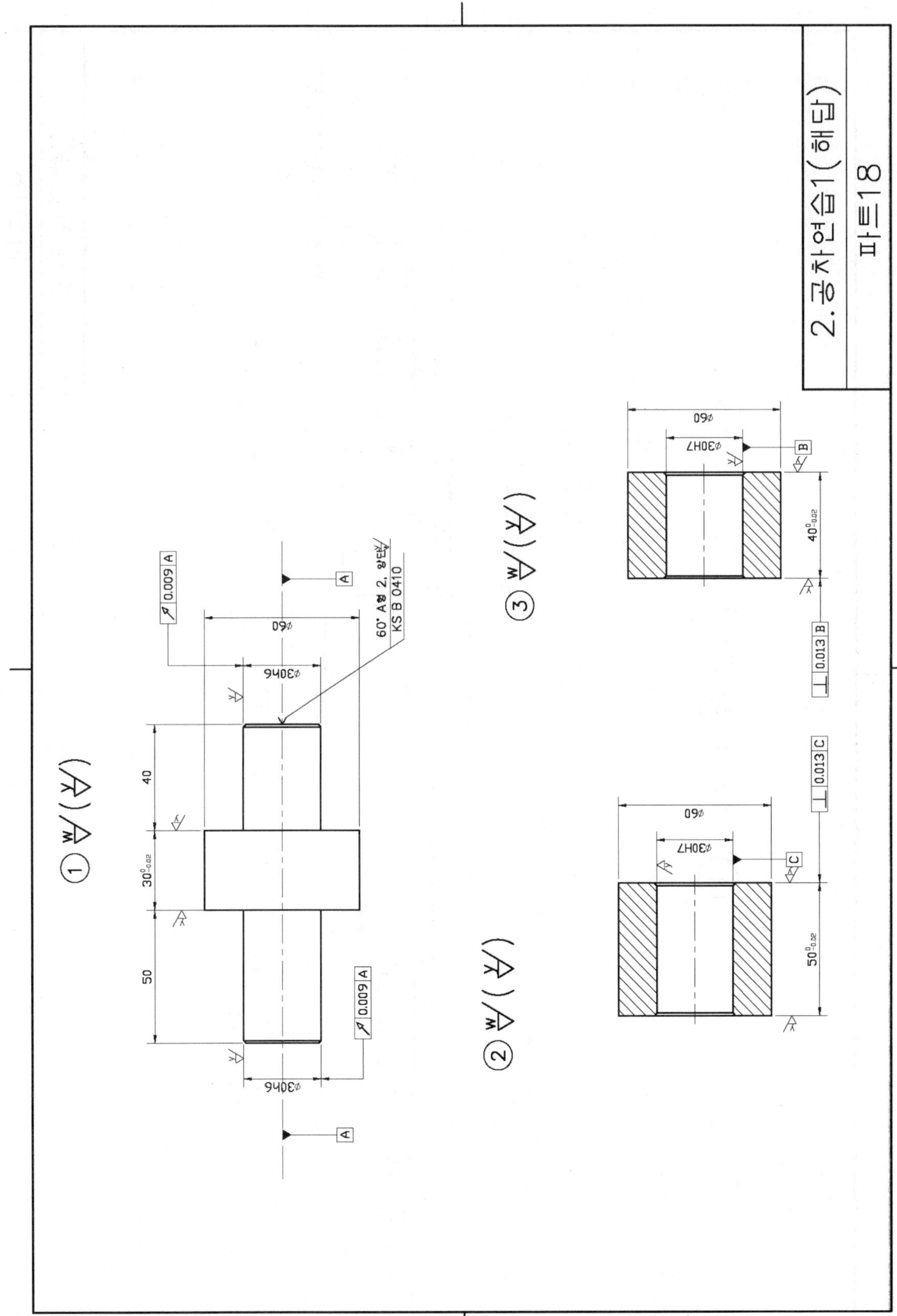
2. 공차연습1(해답)
파트18
①
②
③
60° A형 2, 양단
KS B 0410
φ30h6
φ60
φ30H7
0.009 A
0.013 B
0.013 C
40
50
30

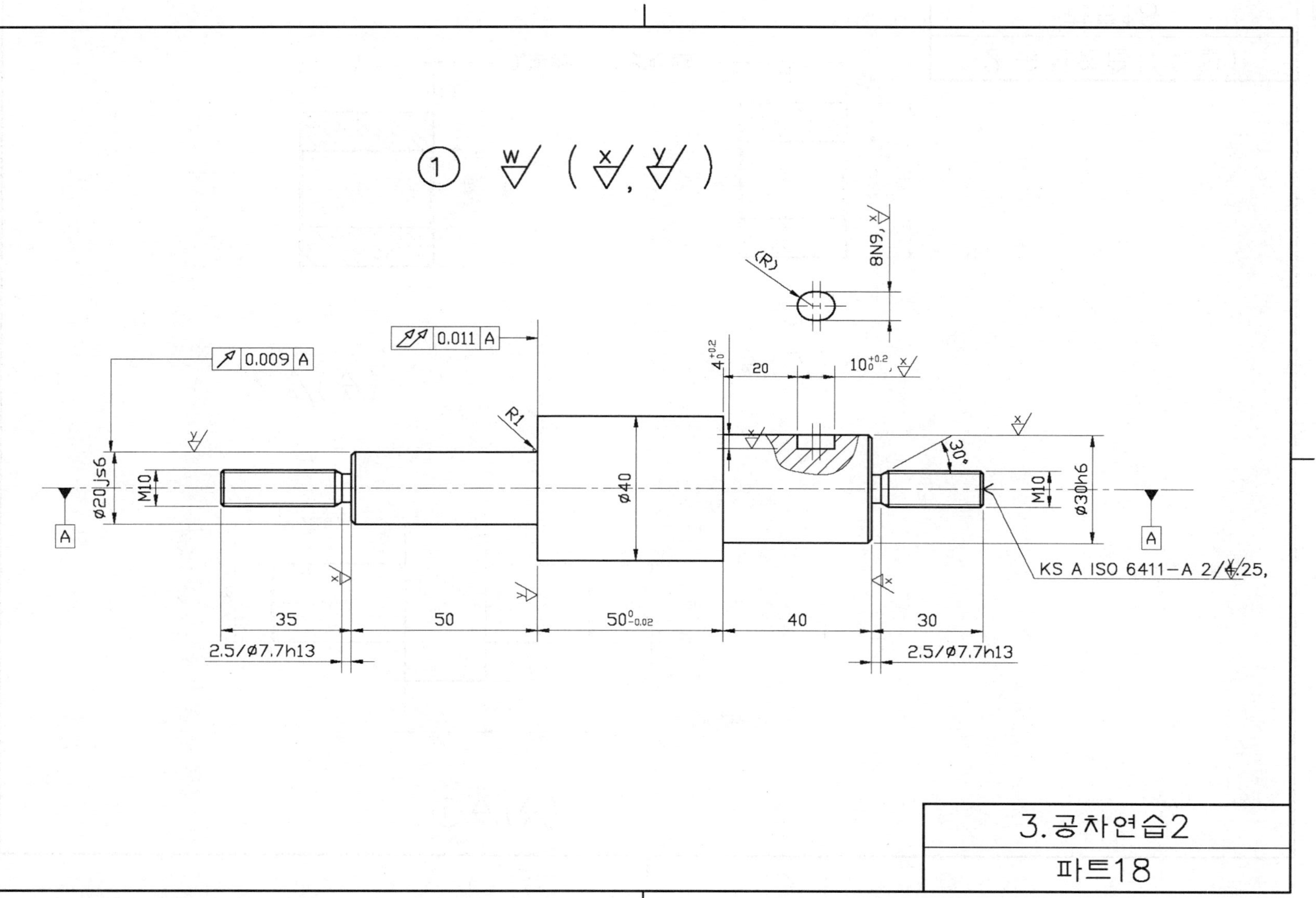
①
0.009 A
0.011 A
R1
(R)
8N9
4
20
10
30°
ø20js6
M10
ø40
M10
ø30h6
A
A
KS A ISO 6411-A 2/4.25,
35
50
40
30
2.5/ø7.7h13
2.5/ø7.7h13
3.공차연습2
파트18

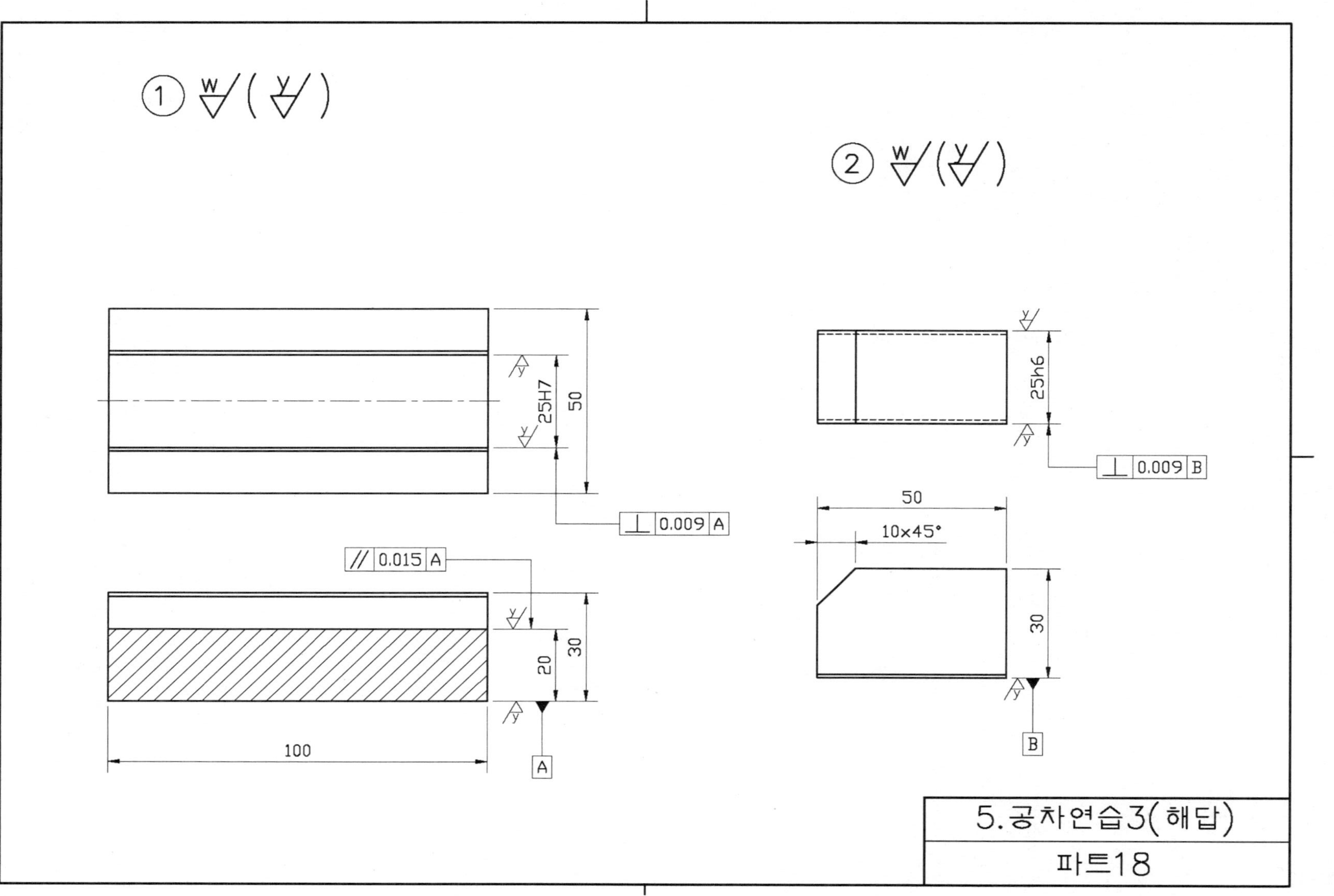
① w/ (y/)
② w/ (y/)
25H7
50
⊥ 0.009 A
// 0.015 A
20
30
100
A
25h6
⊥ 0.009 B
50
10×45°
30
B
5.공차연습3(해답)
파트18

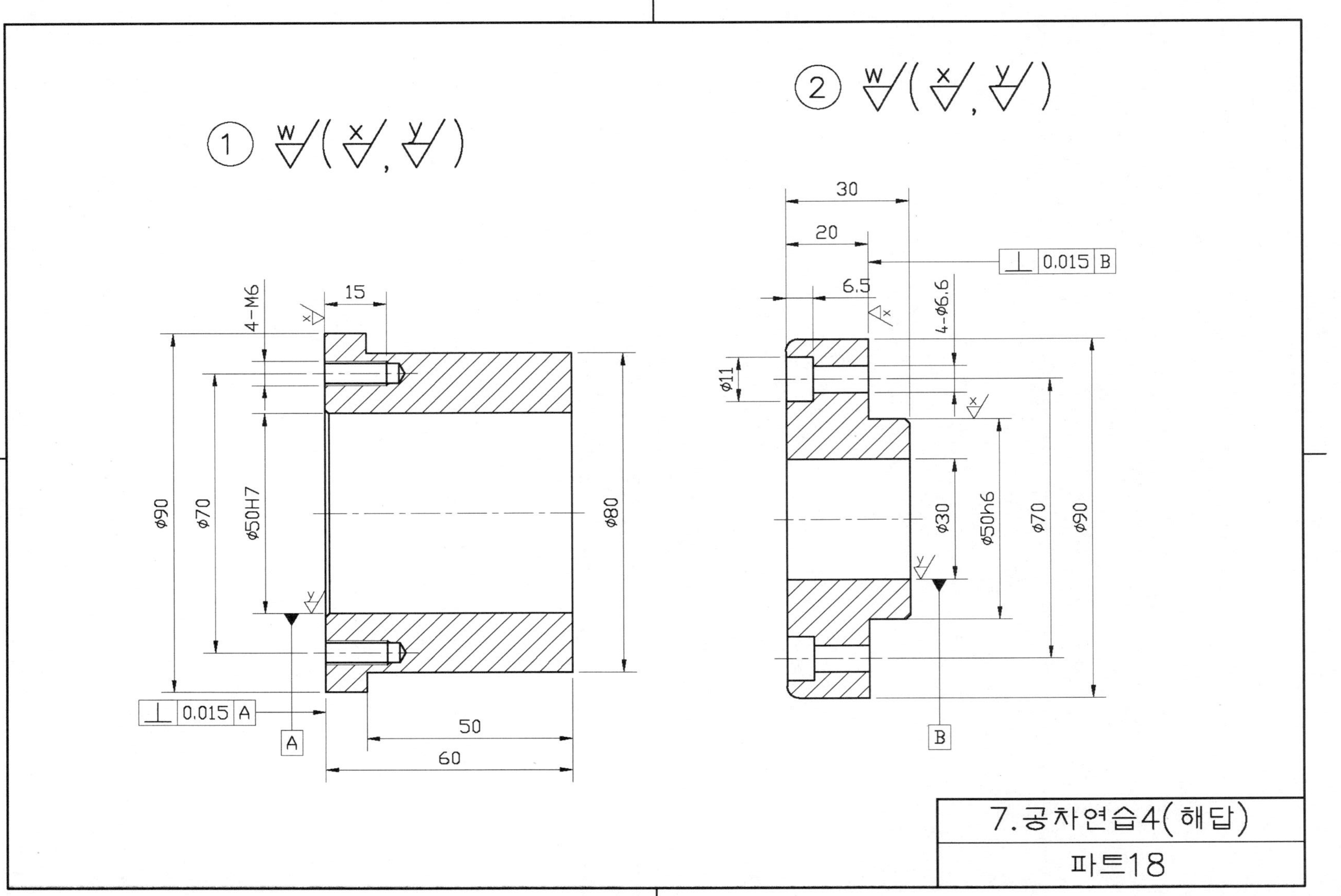
① w/(x/, y/)
② w/(x/, y/)
4-M6
15
φ90
φ70
φ50H7
φ80
⊥ 0.015 A
A
50
60
30
20
6.5
⊥ 0.015 B
4-φ6.6
φ11
φ30
φ50h6
φ70
φ90
B
7.공차연습4(해답)
파트18

PART 19

객체스냅의 활용

[객체스냅의 활용]

객체스냅을 정리하면 다음과 같다.

■ END

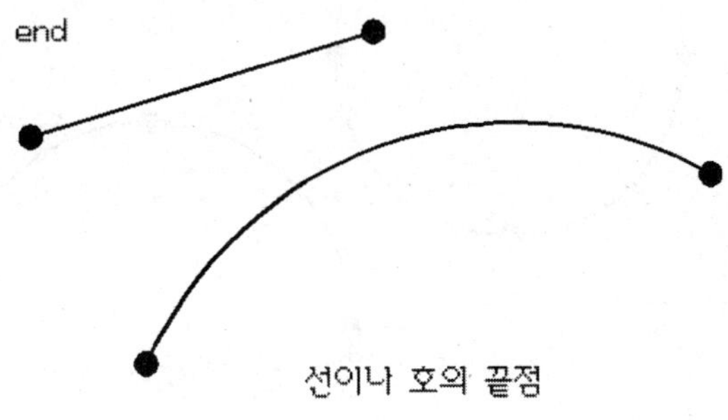

■ MID

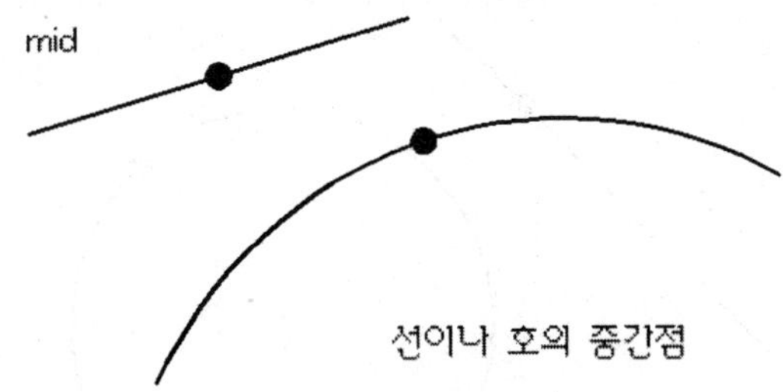

■ CEN

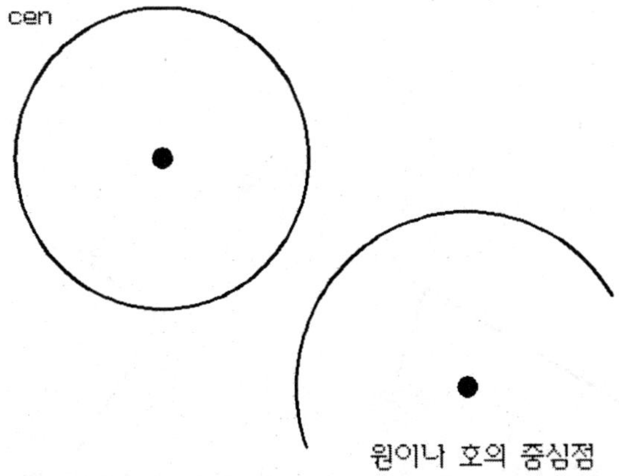

■ QUA

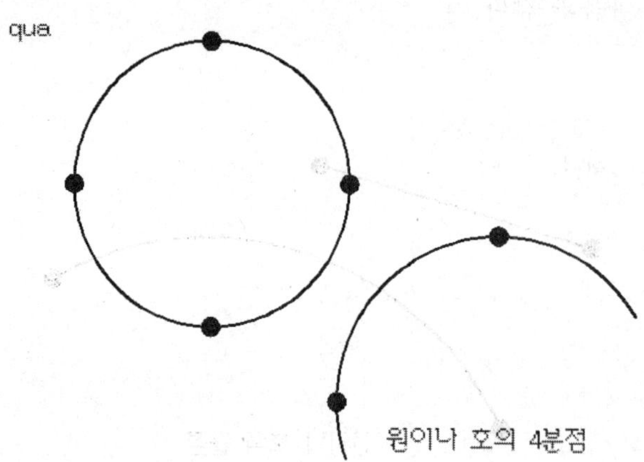

■ NEA

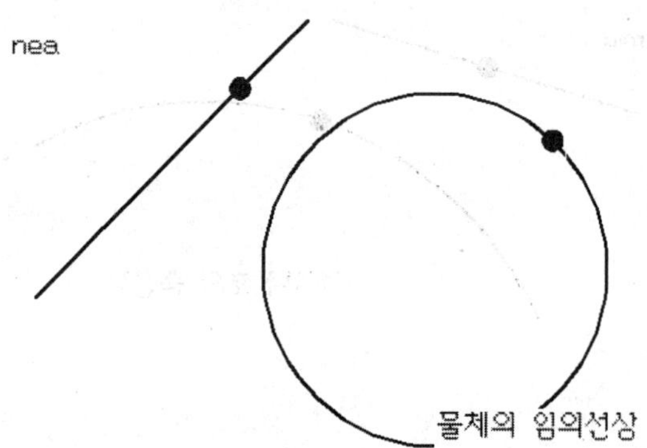

■ APP 또는 INT

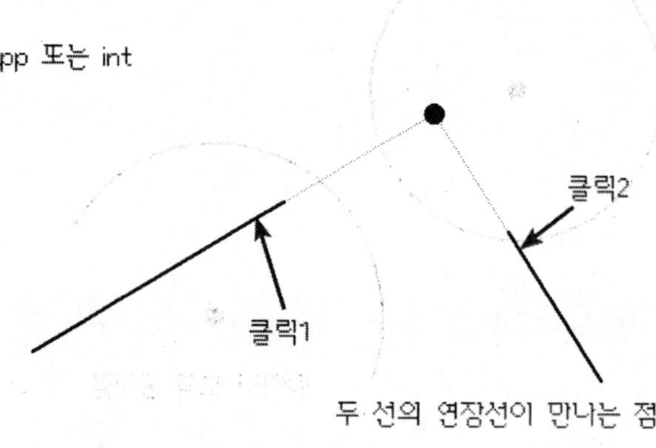

■ TAN

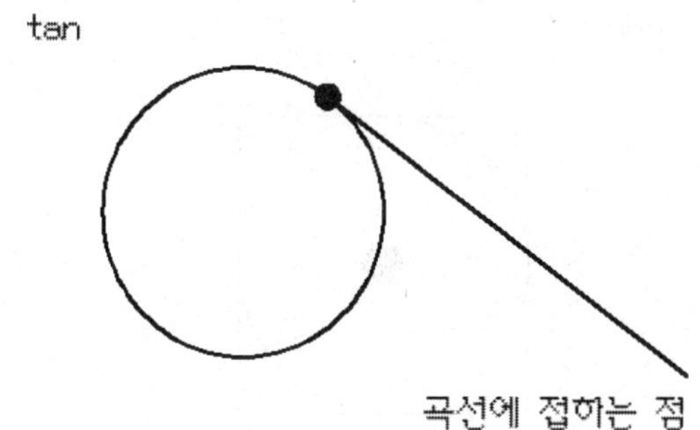

■ PER

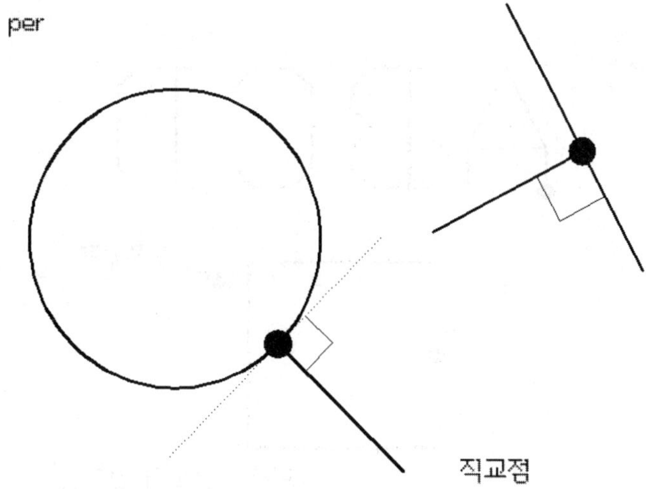

■ NODE

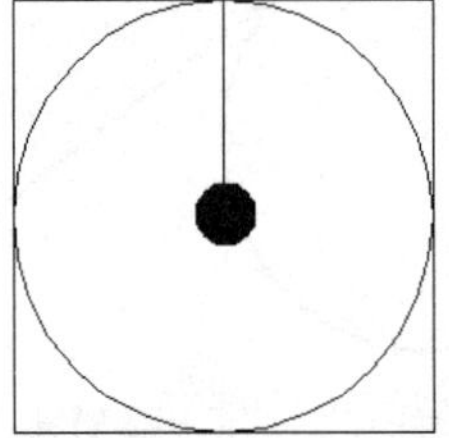

■ INS

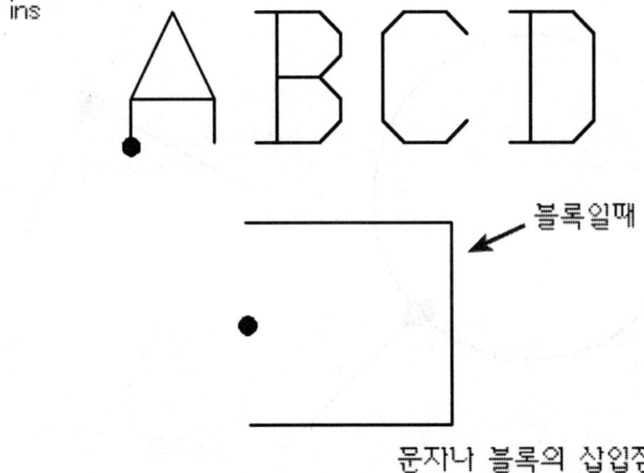

[자동객체스냅의 활용]

앞장에서 물체의 특정 점을 찾을 때 사용자가 직접 객체스냅 이름을 입력하여 좌표를 찾았다. 자동객체스냅을 설정하면 매번 end 또는 mid 객체스냅을 직접 타이핑하는 수고를 덜 수 있다. 하지만 자동객체스냅이 불편할 때가 있을 수 있다. 이때는 자동객체스냅 버튼을 비활성화시켜 주어야 한다.

다음과 같은 그림을 그린다.

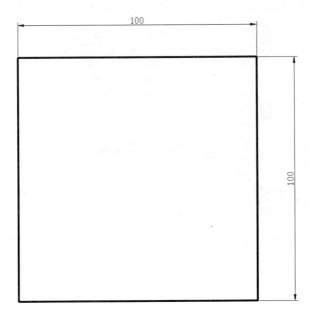

OSnap [Enter↵] (자동객체스냅)

다음과 같은 대화창이 나타나면 Clear All 버튼을 클릭하여 모든 설정을 해제한다. Endpoint, Midpoint, Intersection 항목을 체크하거나 키보드로 emi라고 입력한다. Option 버튼을 클릭한다.

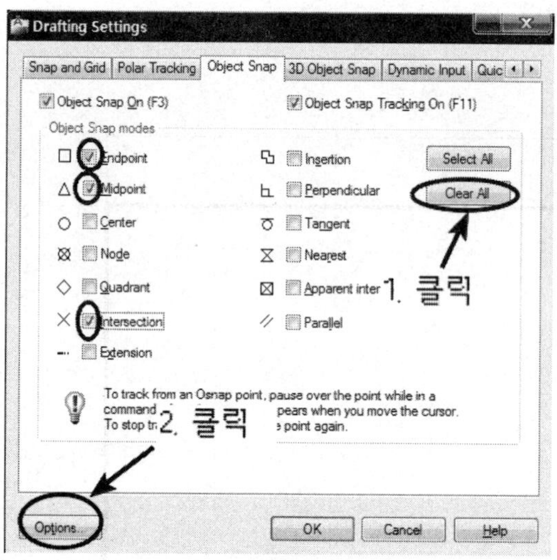

옵션버튼을 클릭하면 다음과 같은 대화창이 나타난다.
Auto Snap Setting에서 Display AutoSnap aperture box을 체크한다.
이 항목을 체크하면 물체의 특정 점을 찾아내는 감지범위가 디스플레이되므로 편리하다.
Aperture Size(감지범위)를 드래그하여 적당한 크기로 조정한다. 너무 크게 하면 감지범위가 너무 커서 다른 물체의 특정 점이 잡힐 수 있고 너무 작게 설정하면 마우스를 물체에 가깝게 근접하여야 특정 점을 잡을 수 있기 때문이다.
OK 버튼을 클릭한다.

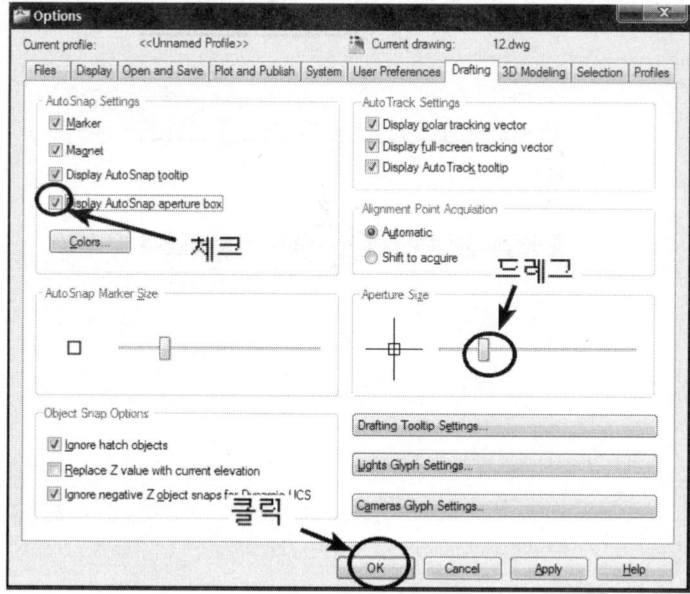

다시 대화창이 나타나면 OK 버튼을 클릭하여 대화창을 빠져나간다.
화면 하단의 기능키 중에서 OSNAP 버튼을 클릭하여 활성화시킨다.
다시 한 번 클릭하면 비활성화된다.
OSNAP 버튼을 활성/비활성화하는 방법은 키보드로 입력하는 것이 일반적인데 키보드 단축키는 <F3>키이다.

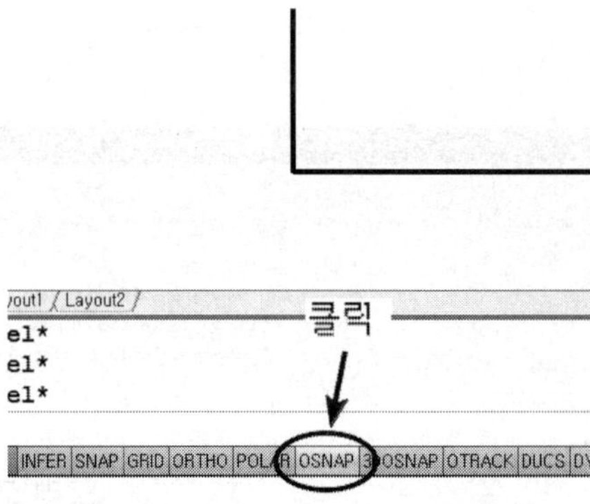

OSNAP 버튼이 활성화된 상태에서 다음과 같이 따라한다.

Line Enter↵
클릭1 클릭2
Enter↵ (라인 종료)
Enter↵ (최근 명령 다시 실행)
클릭3 클릭4
Enter↵ (라인 종료)

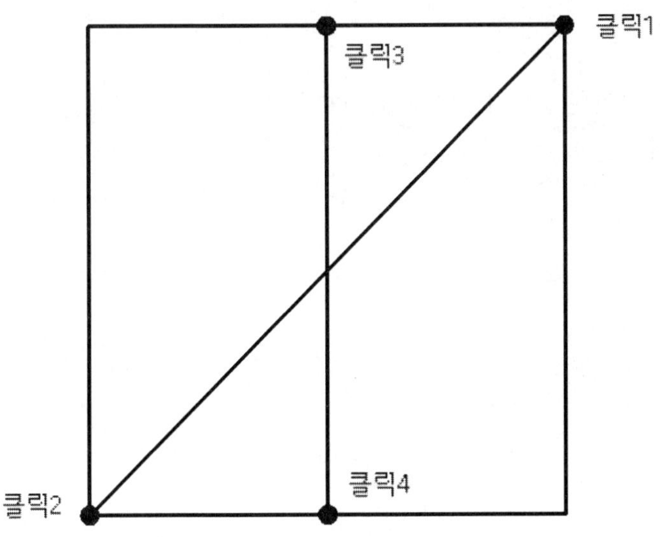

위에서 라인을 작성할 때 end, mid, int 객체스냅이 이미 설정되어 있으므로 사용자가 직접 입력하지 않아도 정확한 점을 자동으로 찾는다.
하지만 cen, qua, tan 등과 같은 객체스냅은 설정을 하지 않았으므로 원의 중심점을 찾아야 할 경우에는 사용자가 직접 입력하여야 한다.
자동OSNAP 설정에서 모든 객체스냅을 활성화시키면 원하지 않는 스넵점이 잡혀버리므로 좋은 방법은 아니다. 자주 쓰는 객체스냅은 특히 end, mid, int 객체스냅은 자동OSNAP으로 설정을 해놓고 나머지 자주 쓰이지 않는 객체스냅은 필요할 때마다 직접 키보드로 입력하는 방법을 사용하는 것이 도면작성시에 시간과 실수를 줄일 수 있다.

Offset 명령어를 사용하거나 임의의 공간을 잡아주고자 할 때 자동OSNAP은 불편할 수밖에 없다. 이럴 때는 명령어를 사용 중이더라도 <F3>키를 눌러 일시적으로 자동OSNAP을 비활성화할 수 있다.

자동OSNAP은 항상 켜있는 것보다 ORTHO(수평/수직고정) 키와 함께 필요할 때만 활성화시키는 것이 능률적이다.

PART **20**

각종 Tip

■물체를 선택할 때 선택박스가 너무 크거나 너무 작아서 선택하기 짜증날 때

pickbox [Enter↵]

5 [Enter↵] (픽셀 단위로 선택박스의 크기를 조정한다. 기본 값은 5)

■객체스냅이 활성화되어 있을 때 감지범위가 너무 작아서 특정점이 잘 안 잡힐 때

aperture [Enter↵]

5 [Enter↵] (픽셀 단위로 선택박스의 크기를 적당히 입력한다. 기본 값은 5)

■save와 saveas 명령어의 차이점

- save 명령 : 다른 이름을 지정하면 현재 작업도면 이름이 다른 이름으로 저장하기 전 도면으로 남는다.
- saveas 명령 : 다른 이름을 지정하면 현재작업 도면 이름이 다른 이름으로 저장된 파일로 설정된다.

■치수기입을 하면 물체의 길이가 수정되었을 때 치수가 같이 변하는데 모따기나 라운딩할 때 불편하다.(Update가 안 되므로 처음부터 1로 설정하는 것이 좋다.)

Dimassoc

0 : 치수기입 시 치수가 분해된다.

1 : 치수기입한 후 치수와 물체가 따로 논다

2. 치수기입한 후 치수가 물체에 연관지어진다.

■다른 도면에 설정된 레이어, 블록 등을 가져오고 싶을 때

adcenter

Command 창이 사라졌을 때

<Ctrl+9> (Ctrl 키를 누른 상태에서 9를 누른다.)

■AutoCAD2011에서 우측상단에 원치 않는 ViewCube tool을 숨기고 싶을 때

Config Enter↵

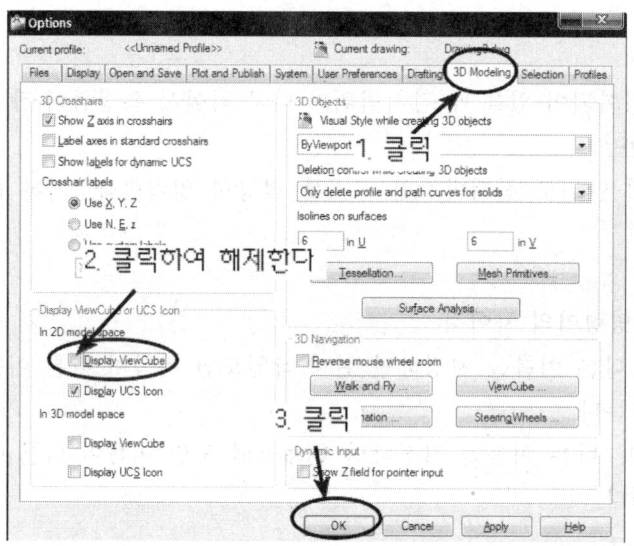

■NAVVCUBEDISPLAY

디스플레이되는 뷰큐브를 제어한다.

0 : 2D 3D에서 뷰큐브를 보이지 않는다.

1 : 3D에서만 보인다.

2 : 2D에서만 보인다.

3 : 2D, 3D에서 모두 보인다.

■모든 툴바를 숨기고 Command 라인과 도면영역만 보이고 싶을 때

<Ctrl+0>

■Erase 명령이나 편집명령을 사용할 때 물체를 선택해도 물체가 점선(하이라이트)로 디스플레이 되지 않을 때

HIGHLIGHT Enter↵

1 Enter↵ (하이라이트 모드를 작동시킨다.)

■물체를 선택한 후 다른 물체를 선택했을 때 먼저 선택한 물체가 선택해지될 때

DDSELECT [Enter↵]

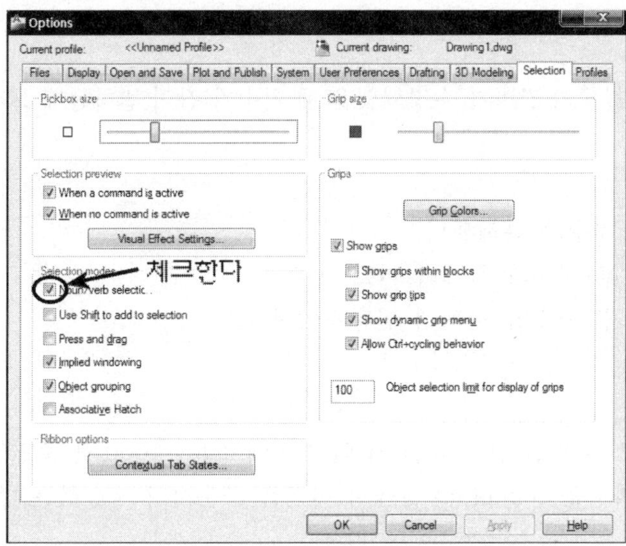

■마우스 우측버튼을 클릭하면 [Enter↵]기능이 되고자 할 때

CONFIG [Enter↵]

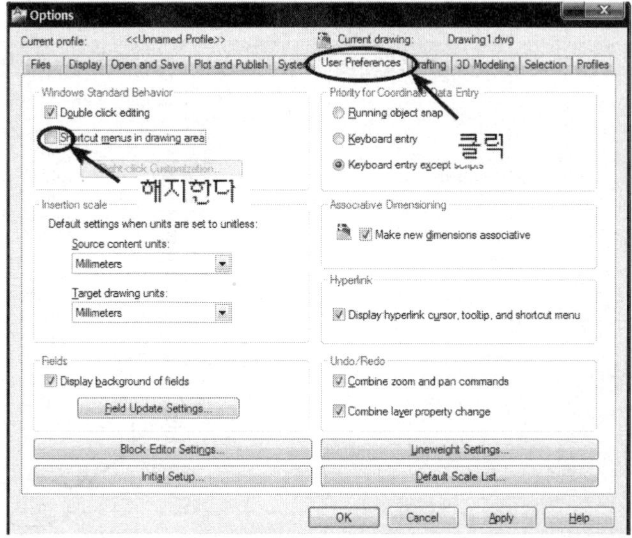

■AutoCAD2010에서 layout에서 모델영역으로 전환 시 마우스 cross hair가 보이지 않는 현상

config/display/colors/sheet layout/cross hairs/color8

■치수기입을 하면 물체의 길이가 수정되었을 때 치수가 같이 변하는데 모따기나 라운딩할 때 불편하다.

Dimassoc

0 : 치수기입시 치수가 분해된다.

1 : 치수기입한 후 치수와 물체가 따로 논다

2. 치수기입한 후 치수가 물체에 연관지어진다.

■스크립트 파일에서 파일을 열고 닫을 때 맨 위쪽에 delay 2000 을 주면 중간에 멈춰버리는 현상이 일어남. 파일을 command 상에서 버전을 다운시켜 저장하는 방법

Filedia Enter↵

0 Enter↵

Saveas Enter↵

■메뉴가 망가졌을 때

MENU Enter↵

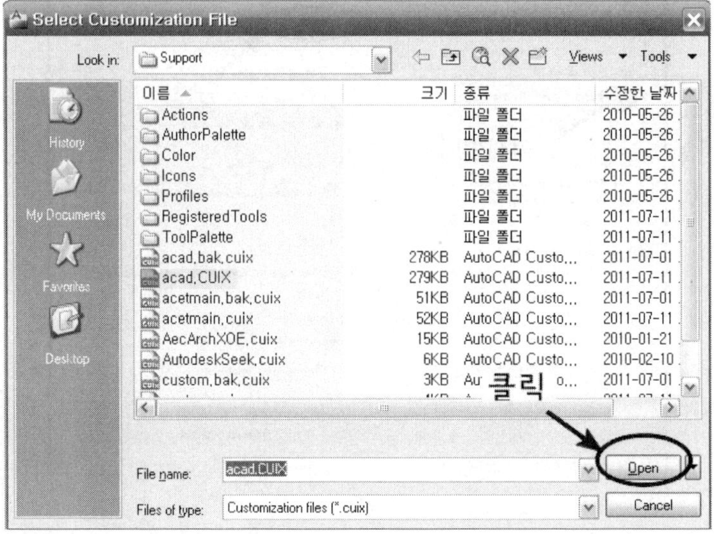

■아이콘 모양이 옛날 버전과 상이할 때

wscurrent

WSCURRENT Enter↵

autocad classic Enter↵

■물체를 이동 복사할 때 물체가 마우스를 따라오지 않고 결과만 나올 때

DRAGMODE Enter↵

a Enter↵

■레이아웃에서 작업하다다 종이영역이 너무 확대된 상태에서 모델영역이 확대되어 있을 때 종이영역으로 전환하려면

PSPACE Enter↵

PART 21

명령어 정리

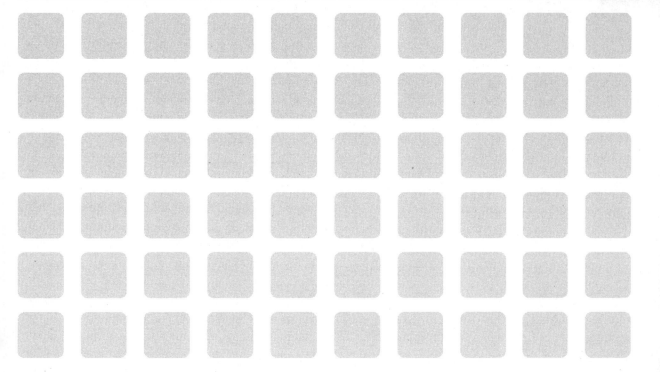

[자주 쓰는 명령어 정리]

■ 드로잉 명령

Arc : 호를 그린다.
BHatch : 해칭
Circle : 원을 그린다.
DIVide : 선을 등분한다.
DText : 문자를 작성한다.
ELlipse : 타원을 그린다.
Insert : 블록 또는 파일을 현 도면에 삽입한다.
LEADER : 지시선 작성
Line : 직선을 그린다.
MEasure : 선을 일정간격으로 나눈다.
MText : 멀티문자를 작성한다.
PLine : 다중선을 그린다.
POint : 점을 삽입한다.
POLygon : 정다각형을 그린다.
RECtang : 4각형을 그린다.
SPLine : 자유 곡선을 그린다.
TOLerance : 기하공차 생성

■ 객체스냅

APP : 연장선상 교차점
CEN : 중심점
END : 끝점
FROM : 떨어진 점
INS : 블록, 문자삽입점
INT : 교차점
MID : 중간점
NEA : 임의점
NODE : 점위치
PER : 직교점
TAN : 접점

■ 편집명령

<Ctrl> + <Y> : 되돌리기 취소
<Ctrl> + <Z> : 되돌리기
-ARray : 배열
BReak : 선 끊기
COpy : 복사
ddEDit : 문자, 치수문자, 기하공차 편집
Erase : 지우기
eXplode : 분해
EXtend : 연장시키기
LENgth : 길이 수정
MAtchprop : 특성 일치
MIrror : 대칭
Move : 이동
Offset : 간격띄우기
OOPS : 되살리기
PEdit : 다중선편집 혹은 일반 선을 다중선으로 바꿈
ROtate : 회전
SCale : 크기변경
Stretch : 특정방향으로 늘리기
TRim : 선 자르기

■ 설정명령어

Block : 블록설정
CONFIG : 환경설정
Ddim : 치수스타일 설정
DDPTYPE : 포인트 모양조정
DIMSCALE : 전체치수크기 조정
LAyer : 레이어 설정
LTScale : 선밀도 조정
MSPACE : 모델영역으로 전환
MView : 멀티뷰영역 설정
NEW : 새문서 열기

PAGESETUP : 레이아웃 설정
Pan : 화면이동
PSPACE : 종이영역으로 전환
PUrge : 사용하지 않는 설정 제거
QSAVE : 현재상태를 파일에 덮어씀
REgen : 물체 재구성(물체보정)
SAVE : 도면 저장
SAVEAS : 도면 다른이름으로 저장
STyle : 문자스타일 설정
Zoom : 화면크기 조정

PART 22

시스템 변수

■ APBOX

객체스냅이 작동될 때 범위영역을 디스플레이시킨다.
0 : 끄기
1 : 켜기

■ APERTURE

객체스냅이 작동될 때 범위영역을 픽셀크기로 조정한다.

■ AUNITS

각도단위를 제어한다.
0 : 십진단위
1 : 도/분/초
2 : 그래디안 단위
4 : 서베이어 단위

■ CMDDIA

LEADER 명령시 주석표시 입력창이 보이게 한다.
0 : 보이지 않게 한다.
1 : 보이게 한다.

■ COPYMODE

Copy 명령시 한 번 혹은 연달아 복사한다.
0 : 반복복사
1 : 한번만 복사

■ DRAGMODE

드래그되는 물체의 허용 여부와 디스플레이를 제어한다.
On : 드래그는 허용하되 드래그되는 물체는 안 보인다.
Off : 드래그를 허용하지 않고 Copy나 Move 명령 사용 시 물체가 보이지 않는다.
Auto : 드래그를 허용하고 Copy나 Move 명령 사용 시 물체가 보인다.

■ EDGEMODE

TRim 명령 혹은 EXtend 명령 사용 시 연장선까지 감안하여 잘라내거나 연장시킨다.
0 : 연장선을 감안하지 않는다.
1 : 연장선까지도 감안한다.

■ EXPLMODE

블록 삽입시 x-y스케일이 서로 다른 경우에도 분해되도록 한다.
0 : 분해되지 않는다.
1 : 분해된다.

■ FILEDIA

SAVE나 OPEN, NEW 명령시 파일선택 대화창이 나타나게 한다.
0 : 파일선택 대화창이 나타나지 않는다.
1 : 파일선택 대화창이 나타난다.

■ GRIPS

선택한 물체에 그립을 보이게 한다.
0 : 보이지 않게 한다.
1 : 보이게 한다.

■ HPASSOC

해칭과 경계영역과의 연관성을 지어준다.
0 : 해칭 후 해칭 경계선이 변경되었을 때 변화가 없다.
1 : 해칭 후 해칭 경계선이 변경되었을 때 해칭영역이 바뀐다.

■ HPSEPARATE

해칭을 여러 구역 했을 때 독립 여부를 결정한다.
0 : 여러 구역의 해칭이 하나의 물체로 인식된다.
1 : 여러 구역의 해칭이 각기 개별 물체로 인식된다.

■ ISAVEBAK

저장할 때 백업파일을 만든다.
0 : 백업파일을 만들지 않는다.
1 : 백업파일을 만든다.

■ LIMCHECK

지정한 Limits 영역 내에 물체가 놓이게 한다.
0 : Limits 영역을 벗어나도 물체를 생성할 수 있다.
1 : Limits 영역 내에서만 물체를 생성할 수 있다.

■ LOCKUI

Locks the position and size of toolbars and dockable windows such as the ribbon, DesignCenter, and the Properties palette
툴바 위치를 잠근다.
0 : 툴바와 창을 잠그지 않는다.
1 : 벽에 붙어있는 툴바를 고정한다.
2 : 벽에 붙어있는 커멘드창을 고정한다.
4 : 작업창 위에 떠있는 툴바를 고정한다.
8 : 작업창 위에 떠있는 커멘드창을 고정한다.

■ LTSCALE

전체 선의 선밀도를 재어한다.

■ LUPREC

길이단위의 정밀도를 조정한다.
허용범위는 0~8

■ MBUTTONPAN

마우스 가운데 버튼(휠 포함)을 드래그했을 때 PAN 기능(화면기능)을 제어한다.
0 : PAN 기능 사용하지 않음
1 : PAN 기능 사용함

■ MIRRTEXT

문자방향이 대칭명령에 의해 바뀐다.
0 : 대칭되지 않는다.
1 : 대칭된다.

■ NAVVCUBEDISPLAY

우측상단의 뷰큐브툴을 보이게 한다.
0 : 보이지 않게 한다.
1 : 2차원 관점에서는 뷰규브툴이 보이지 않게 한다.
2 : 2차원 관점에서는 뷰큐브툴이 보이게 한다.
3 : 2차원 3차원 관점에서 모두 뷰쿠브툴이 보이게 한다.

■ OFFSETGAPTYPE

PLine으로 구성된 선을 Offset할 때 옵셋방식을 결정한다.
0 : 벌어지는 공간을 연장시킨다.
1 : 벌어지는 공간을 필렛한다.
2 : 벌어지는 공간을 모따기한다.

■ OLEFRAME

OLE로 삽입된 물체를 출력할 때 보일지 여부를 결정한다.
0 : 프레임이 보이나 출력되지 않는다.
1 : 프레임이 출력된다.
2 : 프레임은 보이나 출력되지 않는다.

■ OSOPTIONS

0 : 객체스냅이 해칭선도 찾는다.
1 : 객체스냅이 해칭선은 무시한다.

■ SELECTIONPREVIEW

선택할 물체에 마우스를 위치시켰을 때 선택할 물체의 선 굵기가 두꺼워진다.
0 : 두꺼워지지 않는다.
1 : Command 상태에서만 두꺼워진다.

2 : 명령이 실행 중일 때만 두꺼워진다.
3 : 항상 두꺼워진다.

■ STARTUP

새 도면을 시작할 때 시작도면을 선택할 수 있는 대화창이 나타난다.
0 : 대화창이 나타나지 않는다.(FILEDIA 옵션이 1인 상태에서 사용한다.)
1 : 대화창이 나타난다.

■ STATUSBAR

상태바나 어플리케이션 바를 보이게 한다.
0 : 어플리케이션과 드로잉상태바를 숨긴다.
1 : 어플리케이션 드로잉상태바만 보인다.
2 : 어플리케이션, 드로잉상태바 모두 보인다.
3 : 드로잉상태바만 보인다.

■ TEXTFILL

출력될 때 트루타입으로 쓰인 글자출력을 제어한다.
0 : 글자의 외곽선만 출력된다.
1 : 안이 채워진다.

■ TOOLTIPS

아이콘에 마우스를 가져갈 때 툴팁이 보이게 한다.
0 : 툴팁이 보이지 않게 한다.
1 : 툴팁이 보이게 한다.

■ TRIMMODE

Fillet이나 CHAmfer 명령 사용 시 모서리에 남는 선을 잘라낸다.
0 : 남겨둔다
1 : 잘라낸다.

■ WSCURRENT

이름을 입력하면 현재 작업환경이 바뀐다.
Autocad classic

■ ZOOMFACTOR

3~100까지의 정수 값으로 마우스휠을 굴렸을 때 화면확대 축소 속도를 조정한다.
기본 값은 60

■ ZOOMWHEEL

가운데 휠을 굴려서 화면확대/축소할 때 휠의 방향을 제어한다.
0 : 앞으로 굴렸을 때 확대
1 : 앞으로 굴렸을 때 축소

PART 23

부록

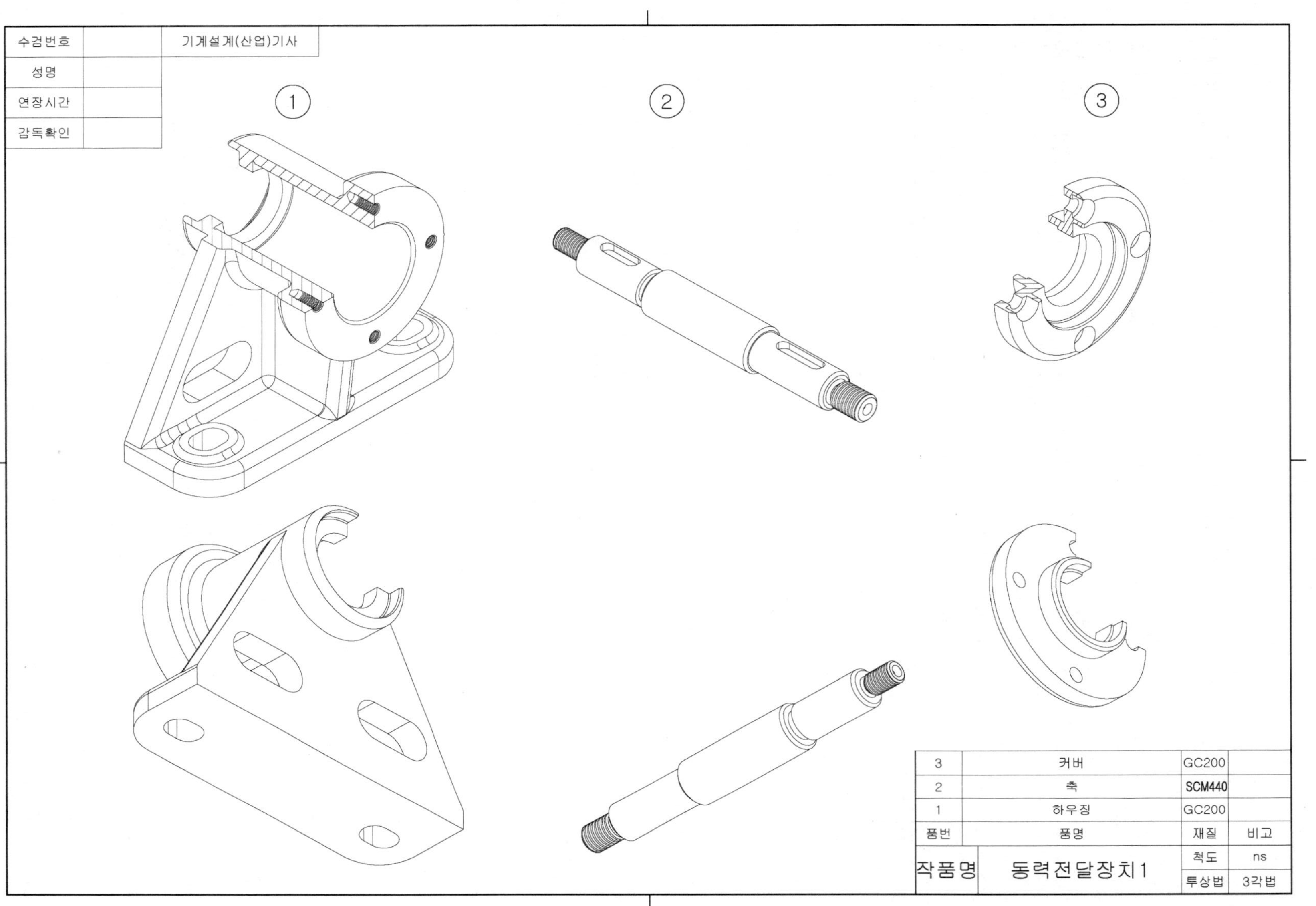

수검번호
기계설계(산업)기사
성명
연장시간
감독확인
1
2
3
3 커버 GC200
2 축 SCM440
1 하우징 GC200
품번 품명 재질 비고
작품명 동력전달장치1
척도 ns
투상법 3각법

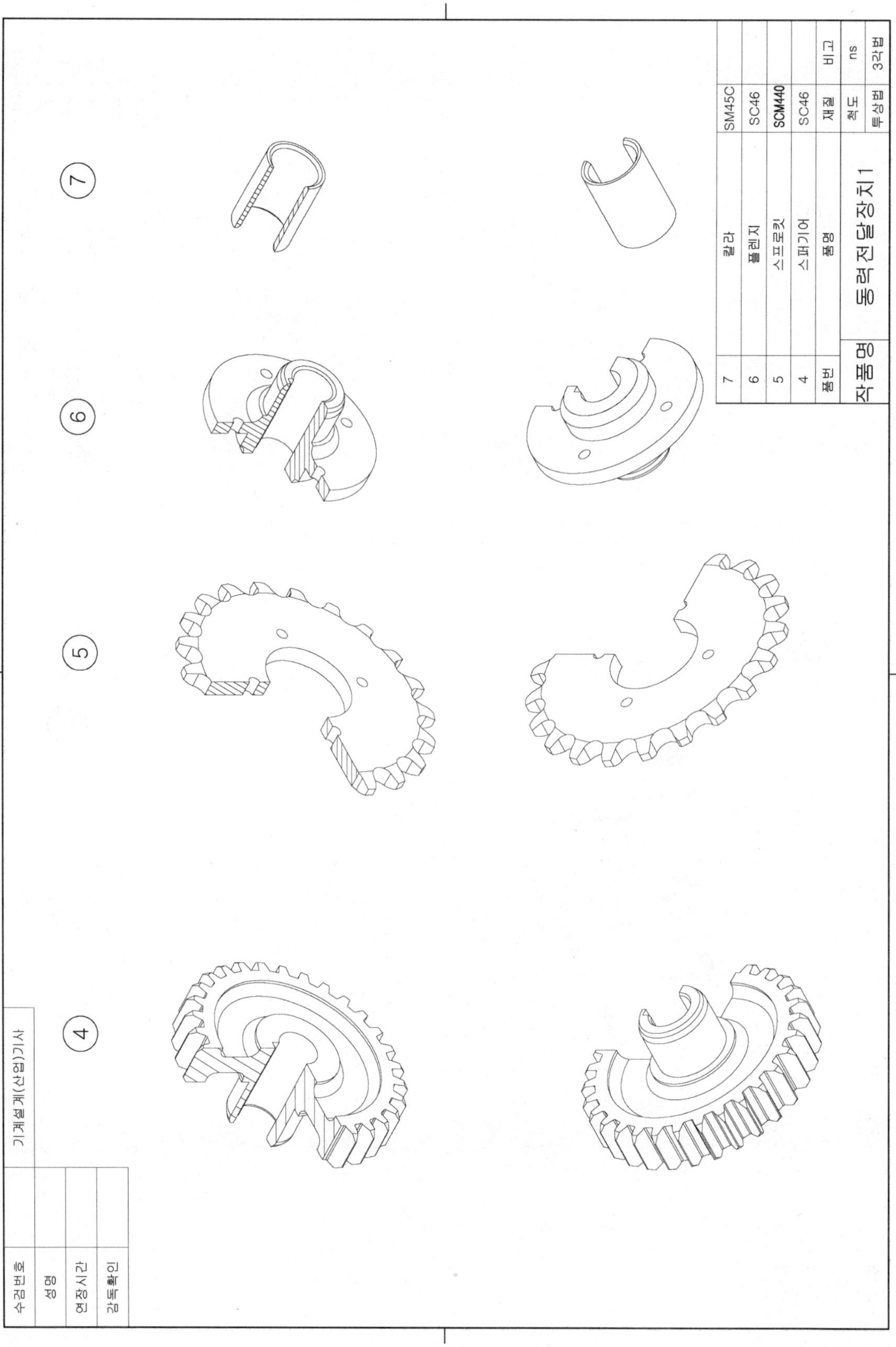

수검번호		기계설계(산업)기사
성명		
연장시간		
감독확인		

④ ⑤ ⑥ ⑦

7	칼라	SM45C	
6	플렌지	SC46	
5	스프로킷	SCM440	
4	스퍼기어	SC46	
품번	품명	재질	비고
작품명	동력전달장치1	척도	ns
		투상법	3각법

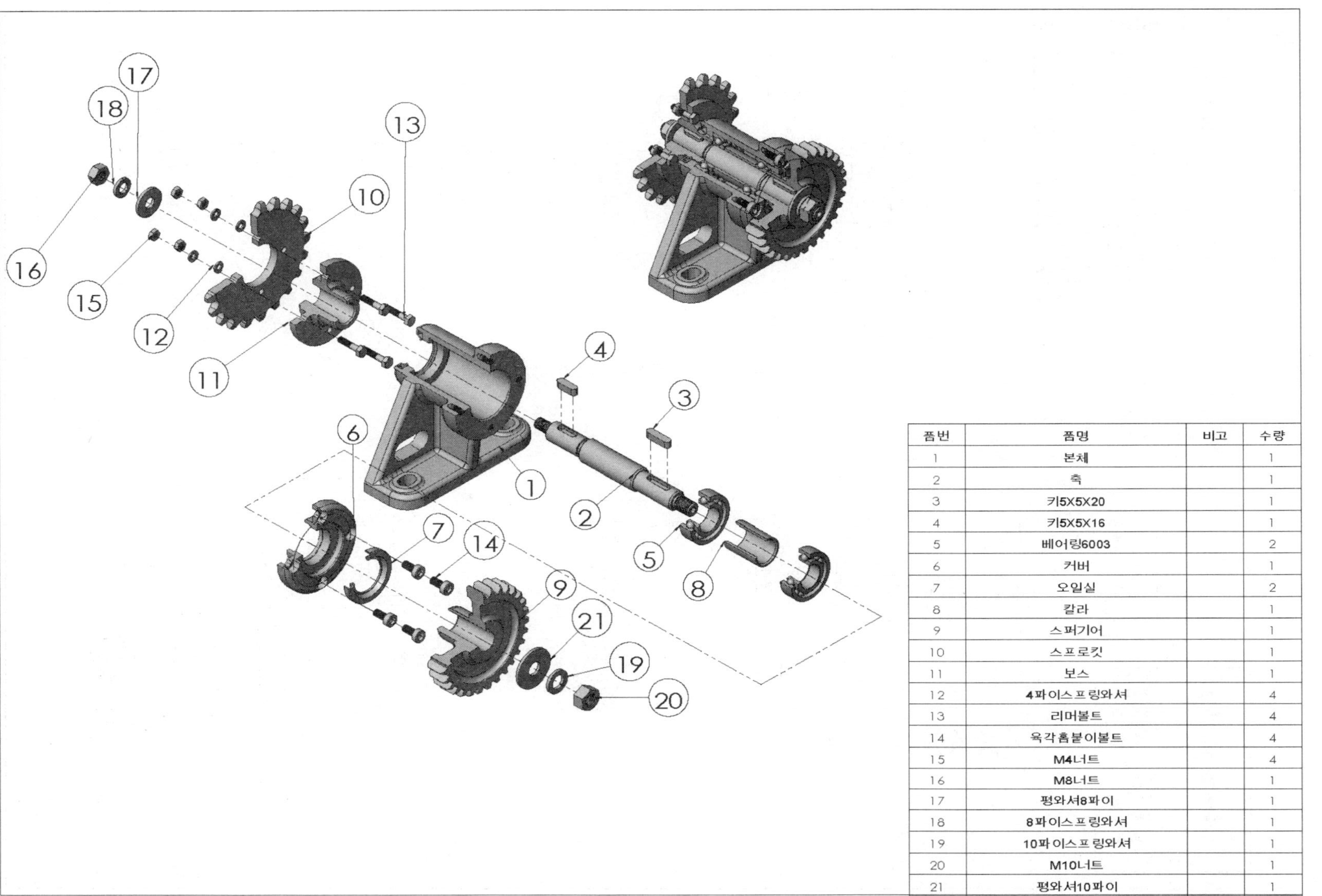

품번	품명	비고	수량
1	본체		1
2	축		1
3	키5X5X20		1
4	키5X5X16		1
5	베어링6003		2
6	커버		1
7	오일실		2
8	칼라		1
9	스퍼기어		1
10	스프로킷		1
11	보스		1
12	4파이스프링와셔		4
13	리머볼트		4
14	육각홈붙이볼트		4
15	M4너트		4
16	M8너트		1
17	평와셔8파이		1
18	8파이스프링와셔		1
19	10파이스프링와셔		1
20	M10너트		1
21	평와셔10파이		1

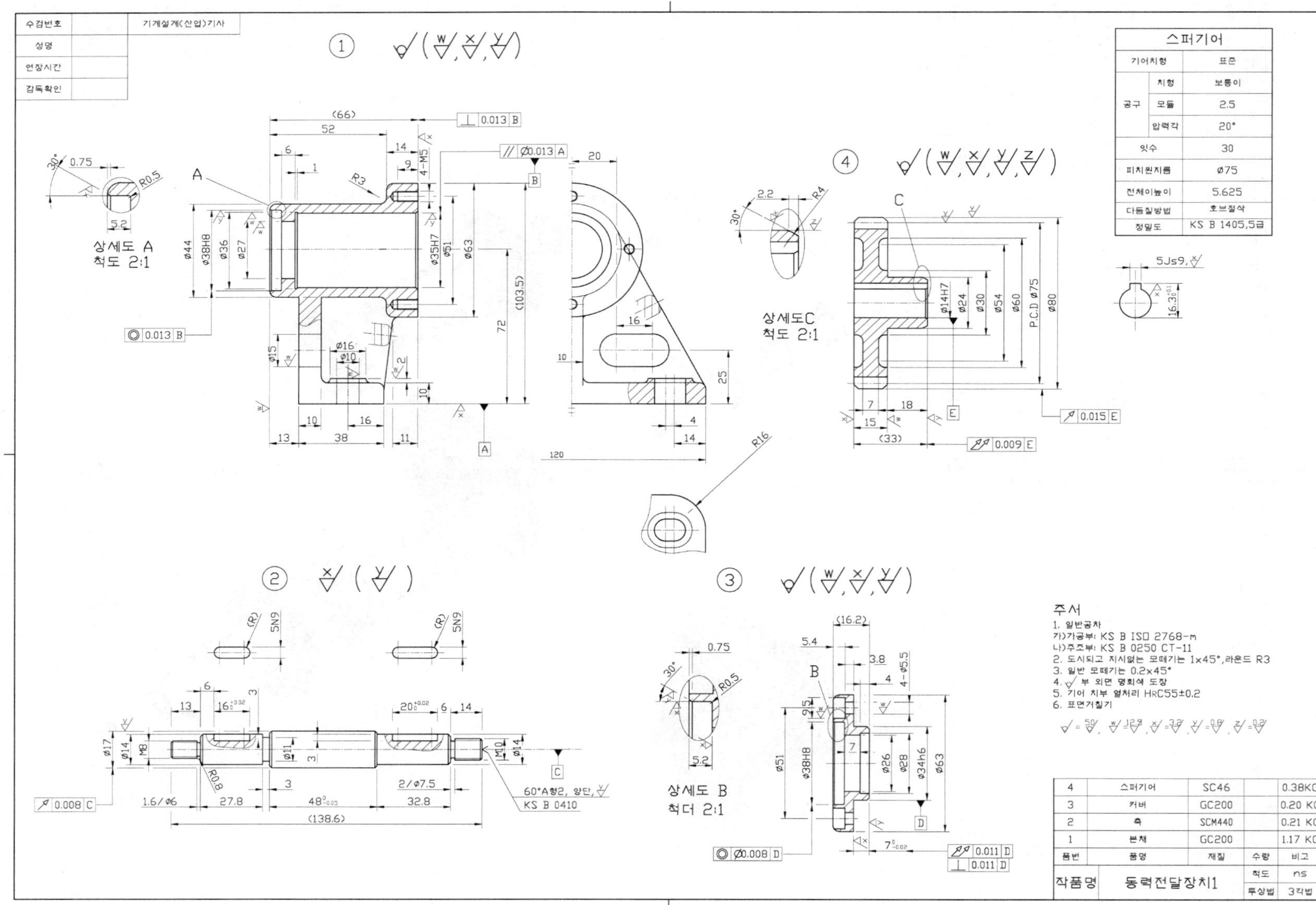
수검번호
성명
연장시간
감독확인
기계설계(산업)기사
스퍼기어
기어치형 표준
공구 치형 보통이
모듈 2.5
압력각 20°
잇수 30
피치원지름 ø75
전체이높이 5.625
다듬질방법 호브절삭
정밀도 KS B 1405,5급
상세도 A
척도 2:1
상세도C
척도 2:1
상세도 B
척더 2:1
주서
1. 일반공차
가)가공부: KS B ISO 2768-m
나)주조부: KS B 0250 CT-11
2. 도시되고 지시없는 모떼기는 1x45°,라운드 R3
3. 일반 모떼기는 0.2x45°
4. 부 외면 명회색 도장
5. 기어 치부 열처리 HRC55±0.2
6. 표면거칠기
60°A형2, 양단,
KS B 0410
4 스퍼기어 SC46 0.38KG
3 커버 GC200 0.20 KG
2 축 SCM440 0.21 KG
1 본체 GC200 1.17 KG
품번 품명 재질 수량 비고
작품명 동력전달장치1
척도 ns
투상법 3각법

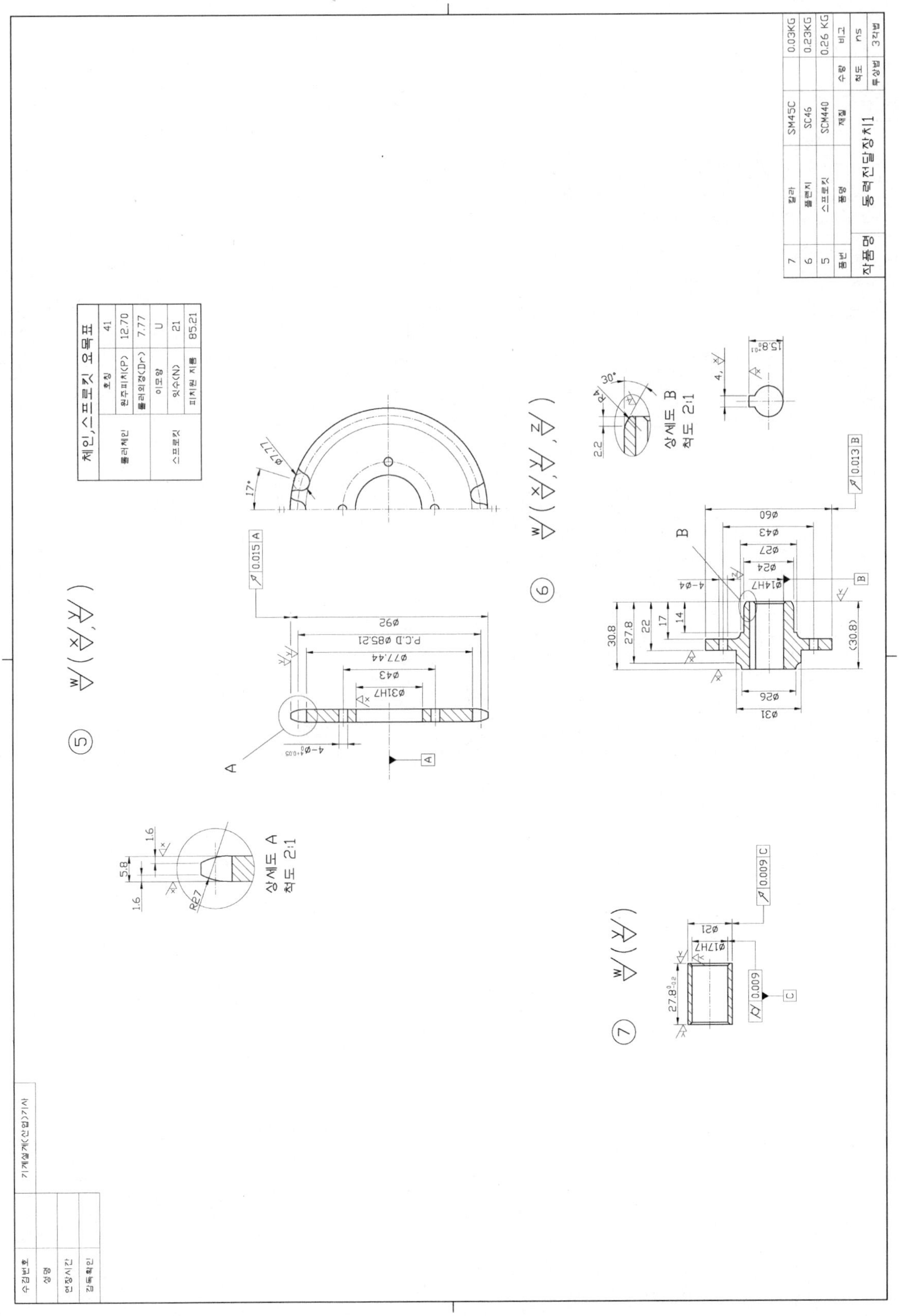

수검번호		기계설계(산업)기사
성명		
연장시간		
감독확인		

체인,스프로킷 요목표		
롤러체인	호칭	41
	원주피치(P)	12.70
	롤러외경(Dr)	7.77
스프로킷	이모양	U
	잇수(N)	21
	피치원 지름	85.21

⑤

상세도 A
척도 2:1

⑥

상세도 B
척도 2:1

⑦

7	칼라	SM45C		0.03KG
6	플랜지	SC46		0.23KG
5	스프로킷	SCM440		0.26 KG
품번	품명	재질	수량	비고
작품명	동력전달장치1		척도	ns
			투상법	3각법

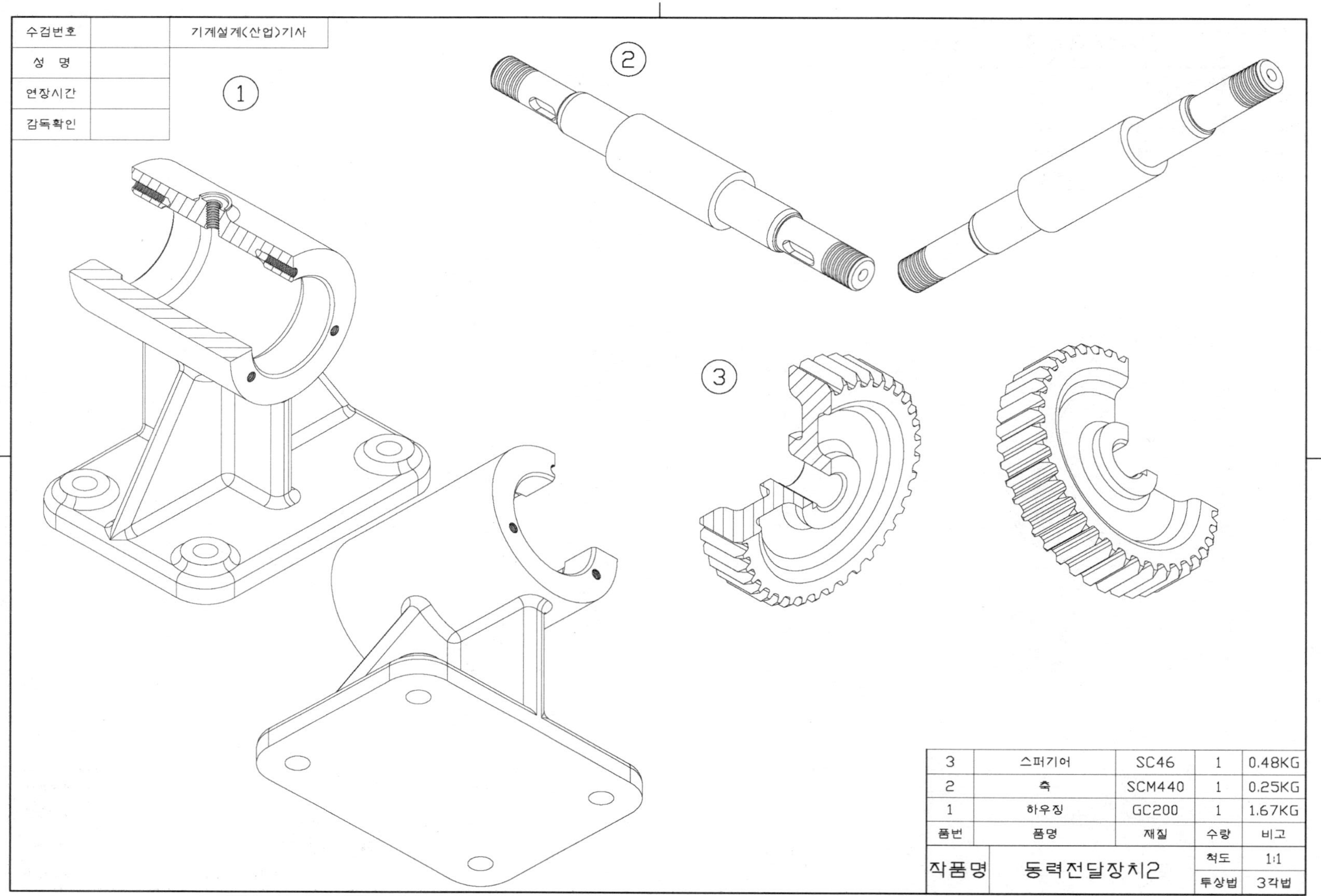
수검번호
성 명
연장시간
감독확인
기계설계(산업)기사
①
②
③
3 스퍼기어 SC46 1 0.48KG
2 축 SCM440 1 0.25KG
1 하우징 GC200 1 1.67KG
품번 품명 재질 수량 비고
작품명 동력전달장치2
척도 1:1
투상법 3각법

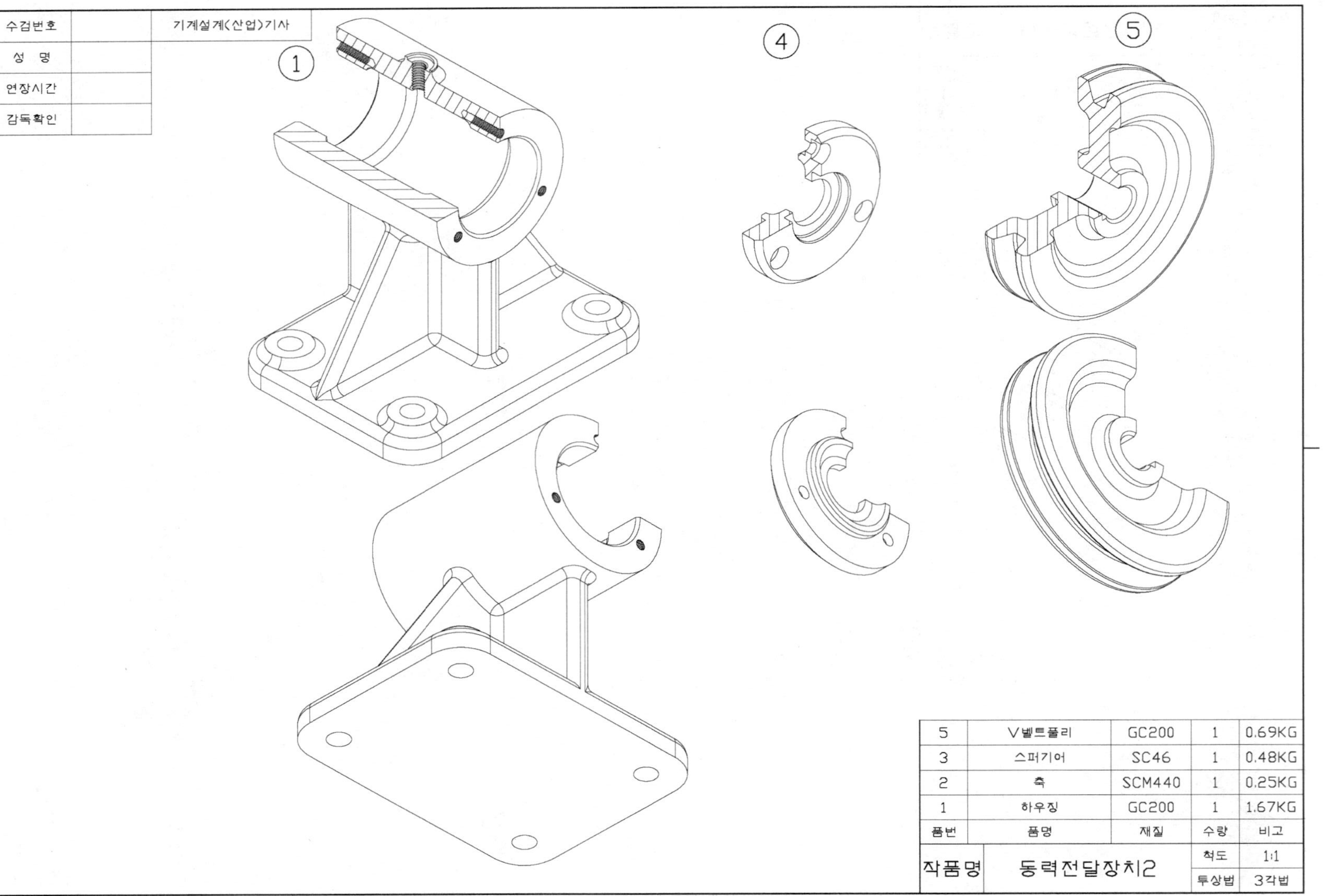
수검번호
성 명
연장시간
감독확인
기계설계(산업)기사
①
④
⑤
5
V벨트풀리
GC200
1
0.69KG
3
스퍼기어
SC46
1
0.48KG
2
축
SCM440
1
0.25KG
1
하우징
GC200
1
1.67KG
품번
품명
재질
수량
비고
작품명
동력전달장치2
척도
1:1
투상법
3각법

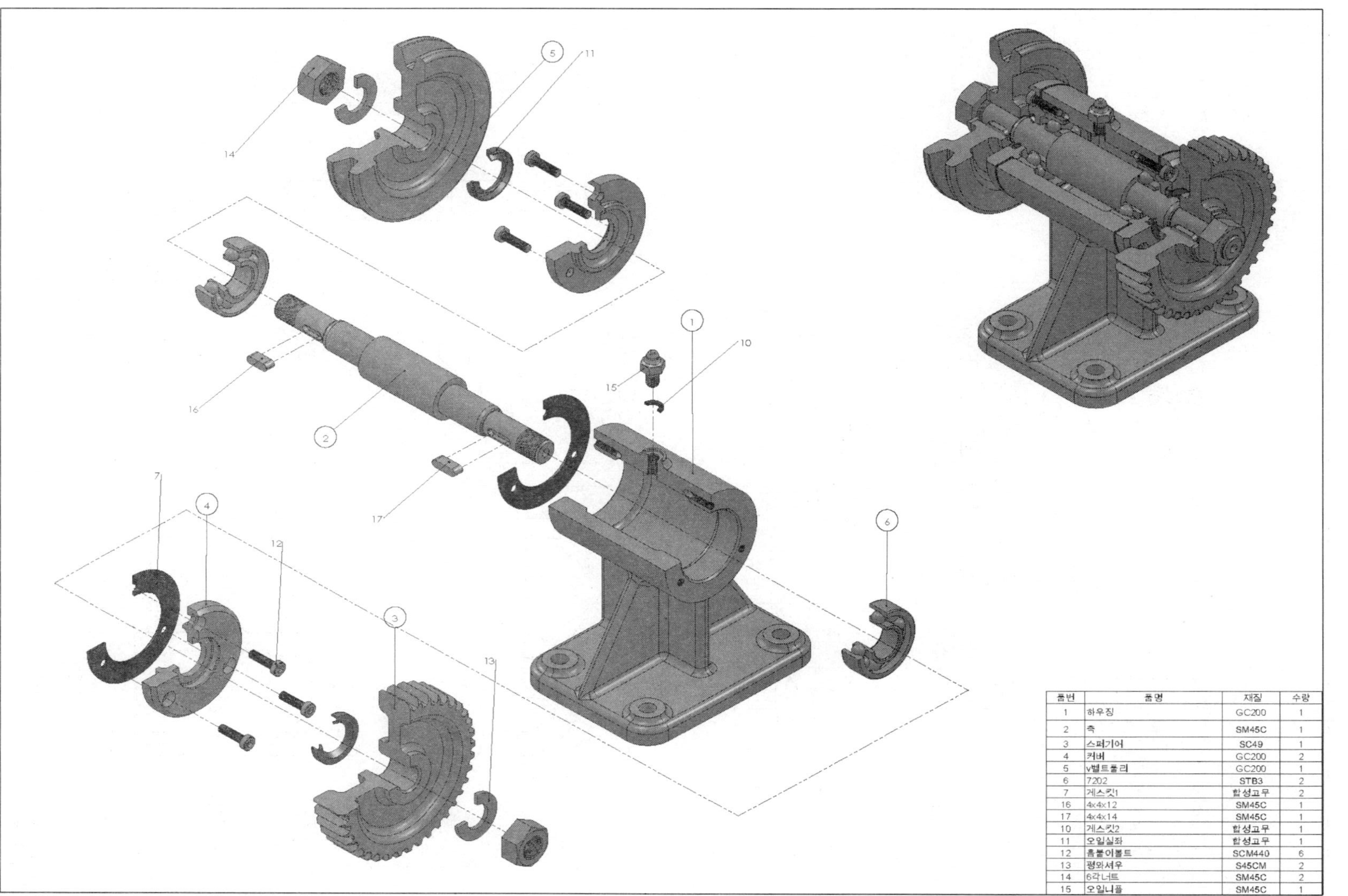

품번	품명	재질	수량
1	하우징	GC200	1
2	축	SM45C	1
3	스퍼기어	SC49	1
4	커버	GC200	2
5	v벨트풀리	GC200	1
6	7202	STB3	2
7	게스킷1	합성고무	2
16	4x4x12	SM45C	1
17	4x4x14	SM45C	1
10	게스킷2	합성고무	1
11	오일실좌	합성고무	1
12	홈붙이볼트	SCM440	6
13	평와셔우	S45CM	2
14	6각너트	SM45C	2
15	오일니플	SM45C	1

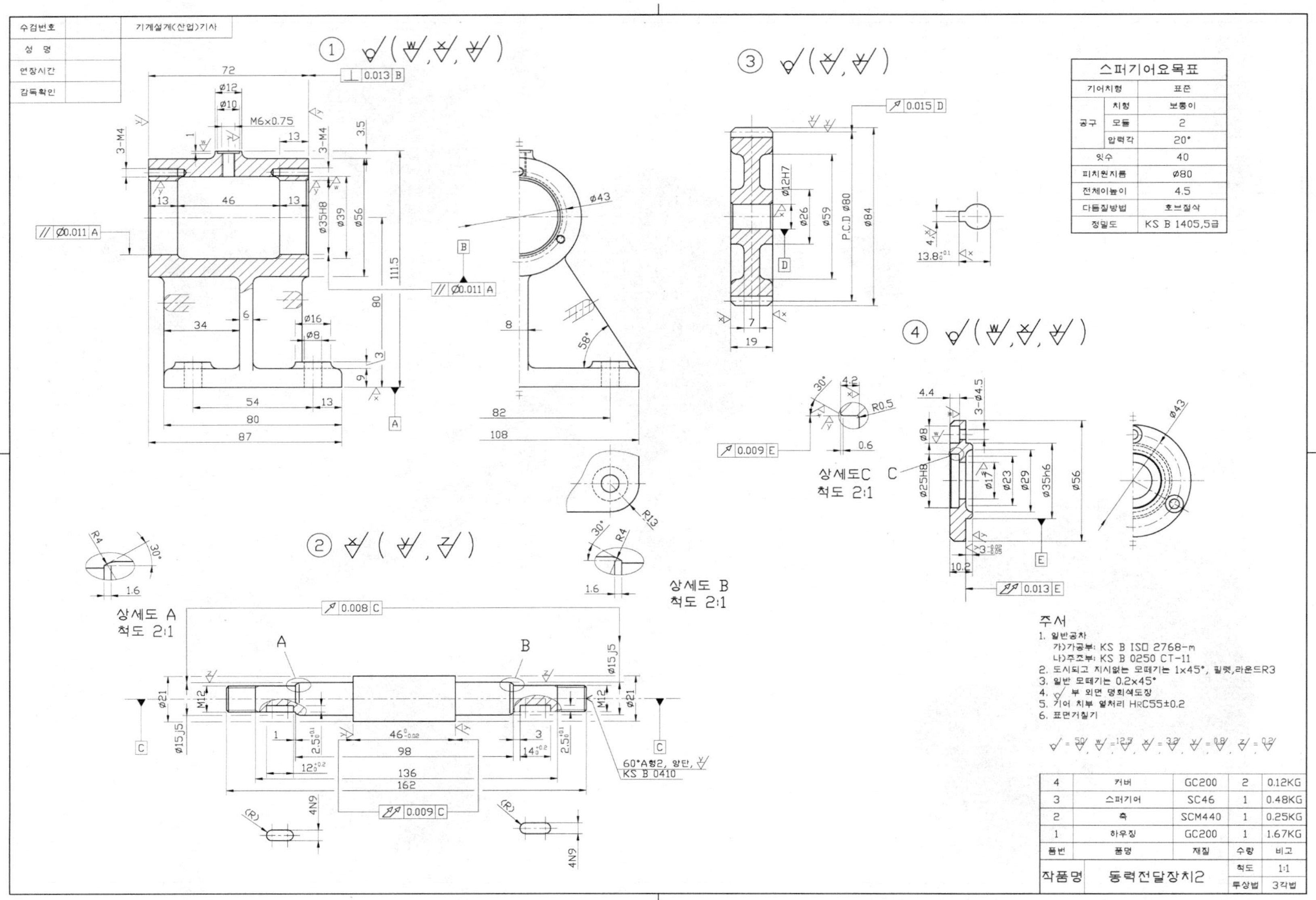
수검번호
성 명
연장시간
감독확인
기계설계(산업)기사
스퍼기어요목표
기어치형 표준
공구 치형 보통이
모듈 2
압력각 20°
잇수 40
피치원지름 Ø80
전체이높이 4.5
다듬질방법 호브절삭
정밀도 KS B 1405,5급
상세도 A
척도 2:1
상세도 B
척도 2:1
상세도C
척도 2:1
60°A형2, 양단,
KS B 0410
주서
1. 일반공차
가)가공부: KS B ISO 2768-m
나)주조부: KS B 0250 CT-11
2. 도시되고 지시없는 모떼기는 1x45°, 필렛,라운드R3
3. 일반 모떼기는 0.2x45°
4. 부 외면 명회색도장
5. 기어 치부 열처리 HRC55±0.2
6. 표면거칠기
4 커버 GC200 2 0.12KG
3 스퍼기어 SC46 1 0.48KG
2 축 SCM440 1 0.25KG
1 하우징 GC200 1 1.67KG
품번 품명 재질 수량 비고
작품명 동력전달장치2
척도 1:1
투상법 3각법

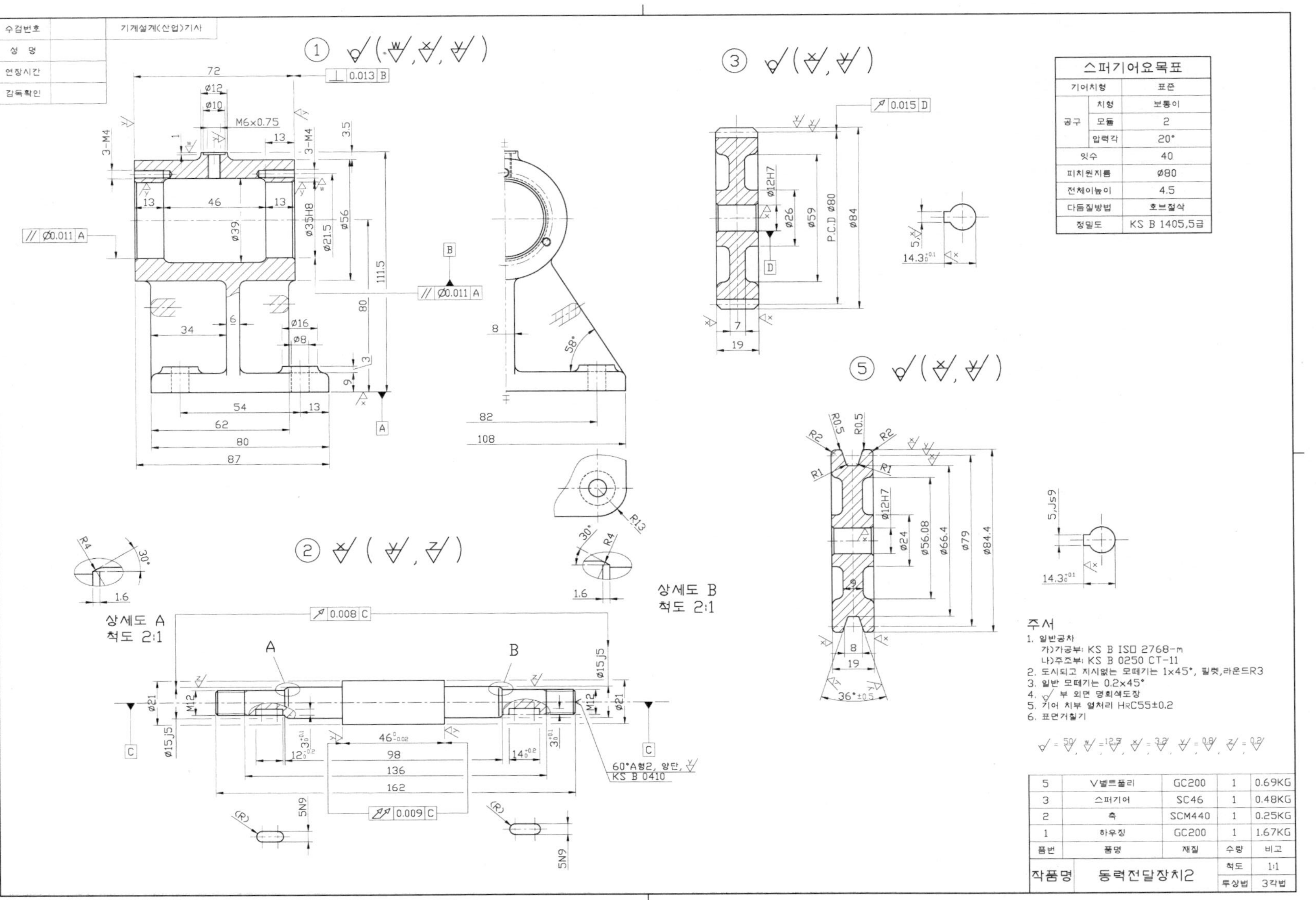
수검번호
성명
연장시간
감독확인
기계설계(산업)기사
상세도 A 척도 2:1
상세도 B 척도 2:1
60°A형2, 양단, KS B 0410
스퍼기어요목표
기어치형 표준
공구 치형 보통이
모듈 2
압력각 20°
잇수 40
피치원지름 Ø80
전체이높이 4.5
다듬질방법 호브절삭
정밀도 KS B 1405,5급
주서
1. 일반공차
가)가공부: KS B ISO 2768-m
나)주조부: KS B 0250 CT-11
2. 도시되고 지시없는 모떼기는 1x45°, 필렛,라운드R3
3. 일반 모떼기는 0.2x45°
4. 부 외면 명회색도장
5. 기어 치부 열처리 HRC55±0.2
6. 표면거칠기
5 V벨트풀리 GC200 1 0.69KG
3 스퍼기어 SC46 1 0.48KG
2 축 SCM440 1 0.25KG
1 하우징 GC200 1 1.67KG
품번 품명 재질 수량 비고
작품명 동력전달장치2
척도 1:1
투상법 3각법

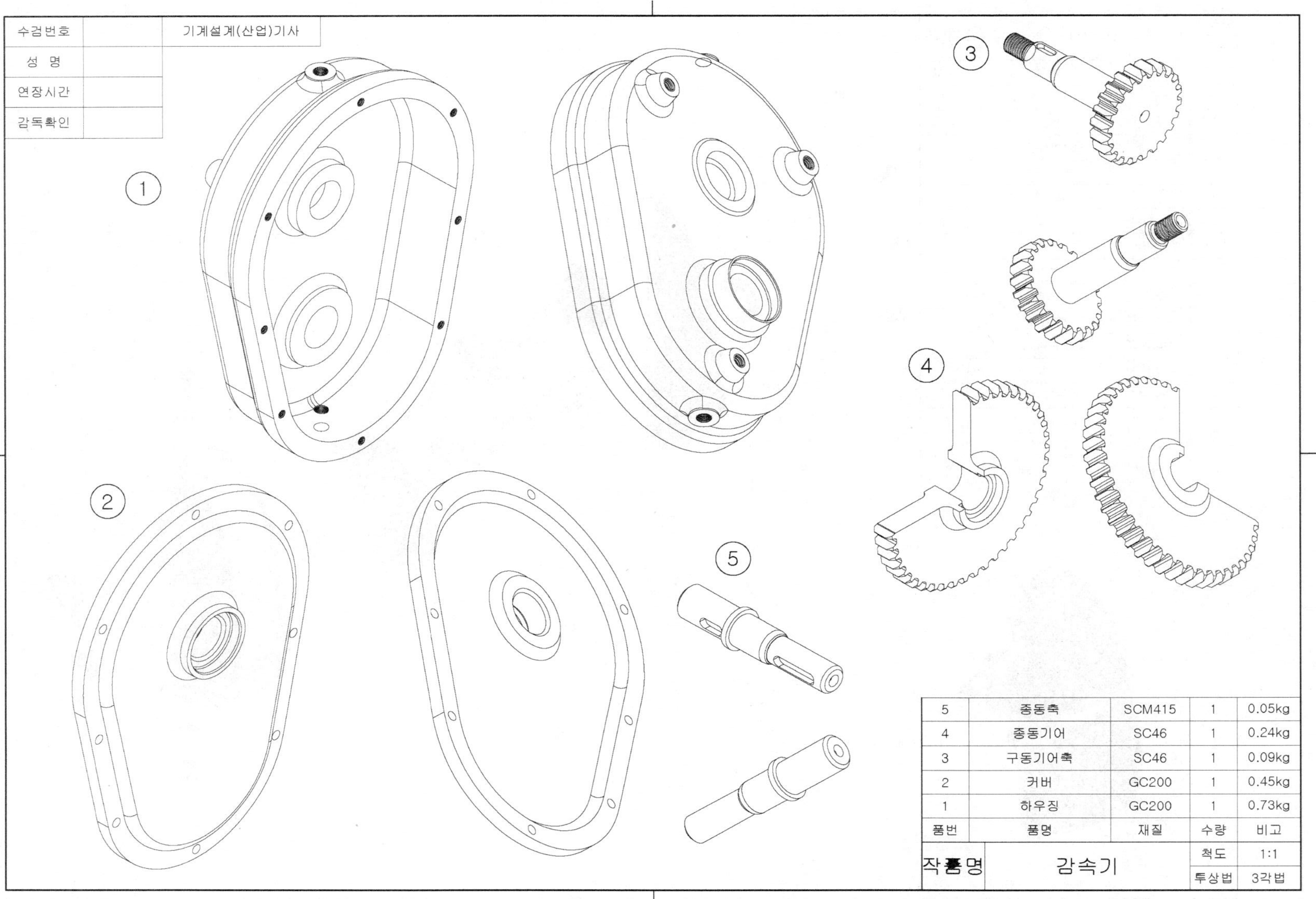

수검번호
성 명
연장시간
감독확인
기계설계(산업)기사
①
②
③
④
⑤
5 종동축 SCM415 1 0.05kg
4 종동기어 SC46 1 0.24kg
3 구동기어축 SC46 1 0.09kg
2 커버 GC200 1 0.45kg
1 하우징 GC200 1 0.73kg
품번 품명 재질 수량 비고
작품명 감속기
척도 1:1
투상법 3각법

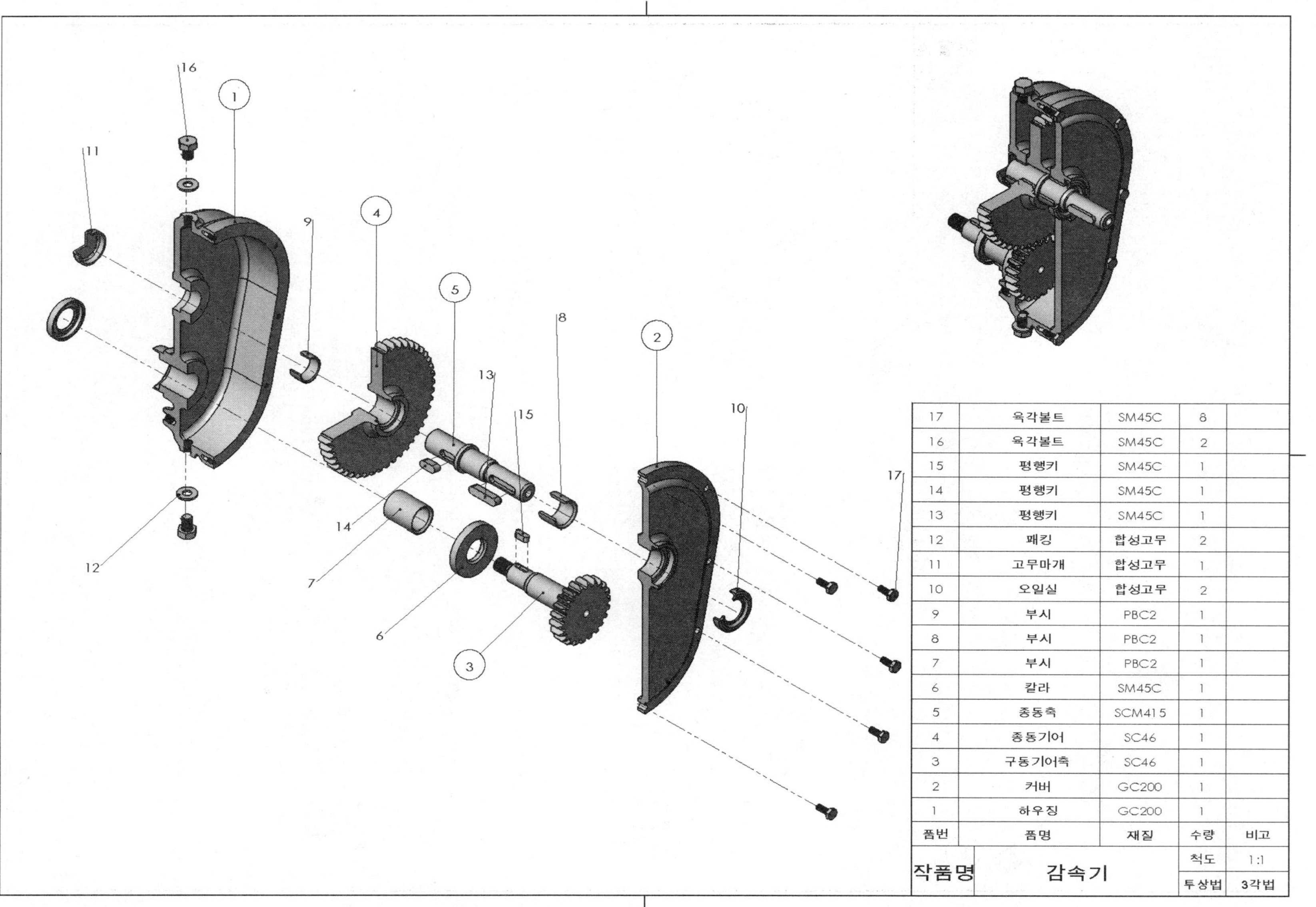

품번	품명	재질	수량	비고
17	육각볼트	SM45C	8	
16	육각볼트	SM45C	2	
15	평행키	SM45C	1	
14	평행키	SM45C	1	
13	평행키	SM45C	1	
12	패킹	합성고무	2	
11	고무마개	합성고무	1	
10	오일실	합성고무	2	
9	부시	PBC2	1	
8	부시	PBC2	1	
7	부시	PBC2	1	
6	칼라	SM45C	1	
5	종동축	SCM415	1	
4	종동기어	SC46	1	
3	구동기어축	SC46	1	
2	커버	GC200	1	
1	하우징	GC200	1	
작품명	감속기		척도	1:1
			투상법	3각법

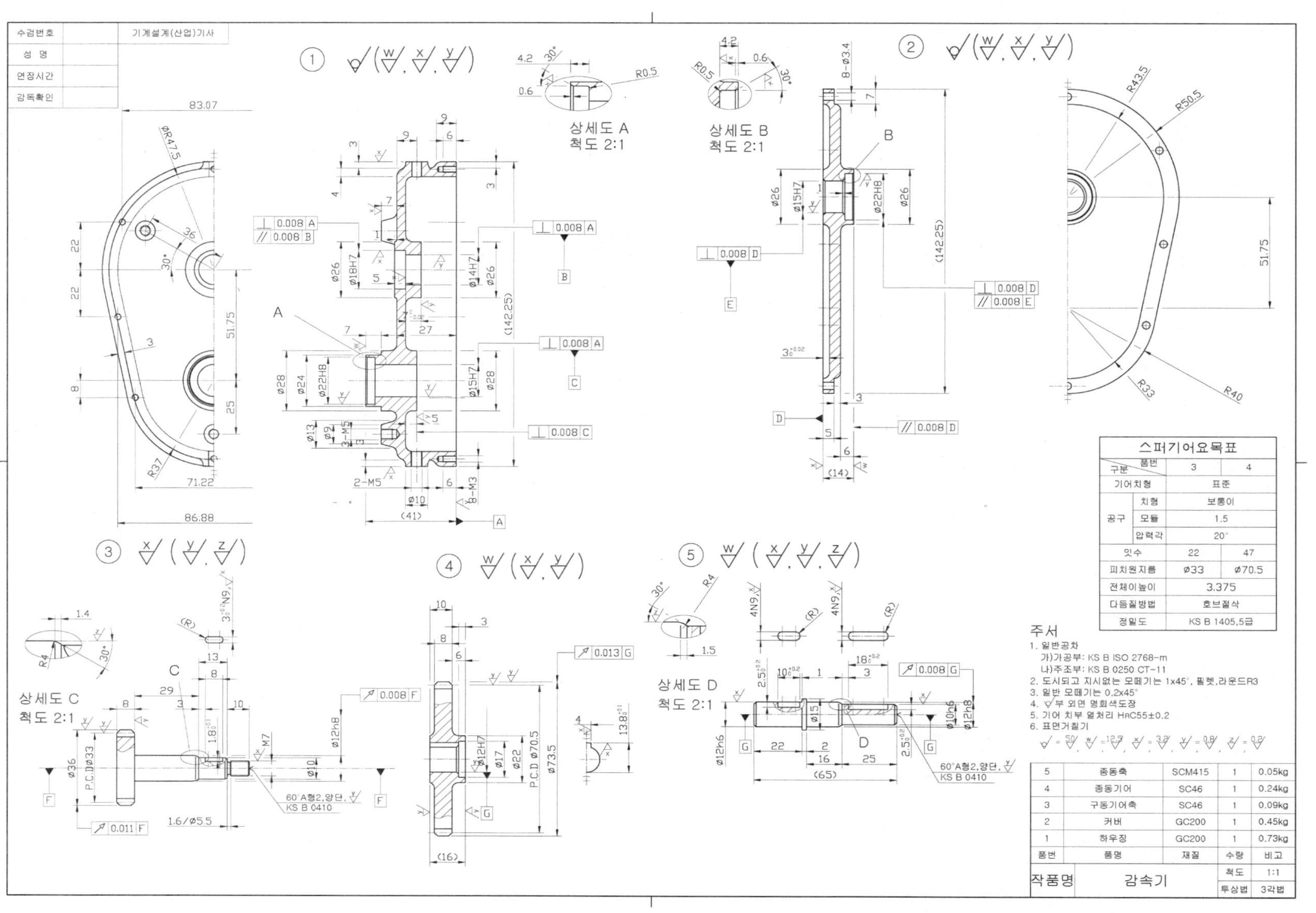
수검번호
성 명
연장시간
감독확인
기계설계(산업)기사
상세도 A
척도 2:1
상세도 B
척도 2:1
상세도 C
척도 2:1
상세도 D
척도 2:1
60°A형2,양단
KS B 0410
스퍼기어요목표
구분 품번 3 4
기어치형 표준
공구 치형 보통이
공구 모듈 1.5
공구 압력각 20°
잇수 22 47
피치원지름 ø33 ø70.5
전체이높이 3.375
다듬질방법 호브절삭
정밀도 KS B 1405,5급
주서
1. 일반공차
가)가공부: KS B ISO 2768-m
나)주조부: KS B 0250 CT-11
2. 도시되고 지시없는 모떼기는 1x45°, 필렛,라운드R3
3. 일반 모떼기는 0.2x45°
4. 부 외면 명회색도장
5. 기어 치부 열처리 HRC55±0.2
6. 표면거칠기
5 종동축 SCM415 1 0.05kg
4 종동기어 SC46 1 0.24kg
3 구동기어축 SC46 1 0.09kg
2 커버 GC200 1 0.45kg
1 하우징 GC200 1 0.73kg
품번 품명 재질 수량 비고
작품명 감속기
척도 1:1
투상법 3각법

수검번호		기계설계(산업)기사
성 명		
연장시간		
감독확인		

① ② ③ ④ ⑤

품번	품명	재질	수량	비고
5	V벨트풀리	GC200	1	0.76kg
4	스퍼기어	SC49	1	0.57kg
3	커버	GC200	2	0.16kg
2	축	SM45C	1	0.56kg
1	몸체	GC200	1	2.06kg

작품명	동력전달장치4	척도	1:1
		투상법	3각법

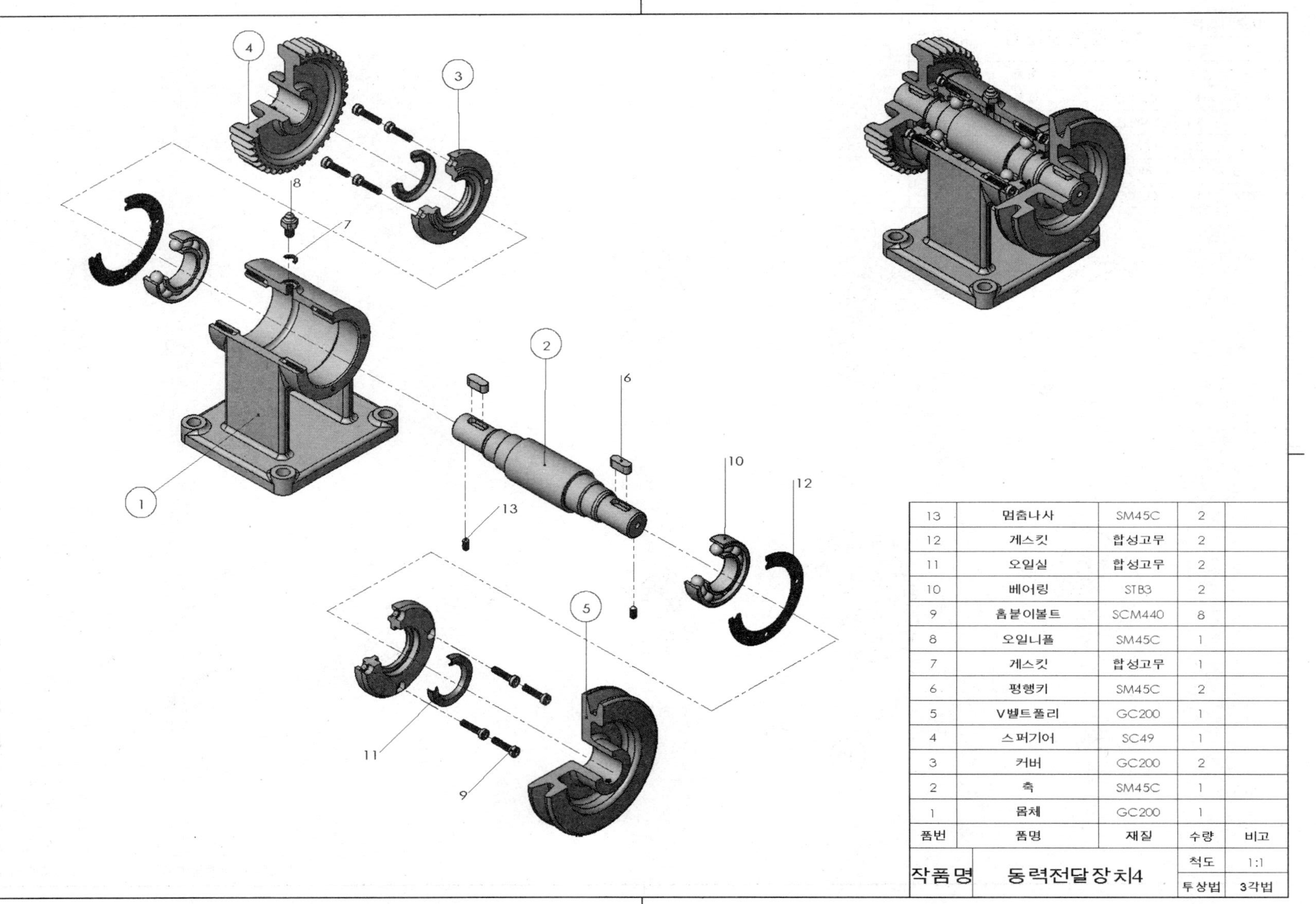

품번	품명	재질	수량	비고
13	멈춤나사	SM45C	2	
12	게스킷	합성고무	2	
11	오일실	합성고무	2	
10	베어링	STB3	2	
9	홈붙이볼트	SCM440	8	
8	오일니플	SM45C	1	
7	게스킷	합성고무	1	
6	평행키	SM45C	2	
5	V벨트풀리	GC200	1	
4	스퍼기어	SC49	1	
3	커버	GC200	2	
2	축	SM45C	1	
1	몸체	GC200	1	
작품명	동력전달장치4		척도	1:1
			투상법	3각법

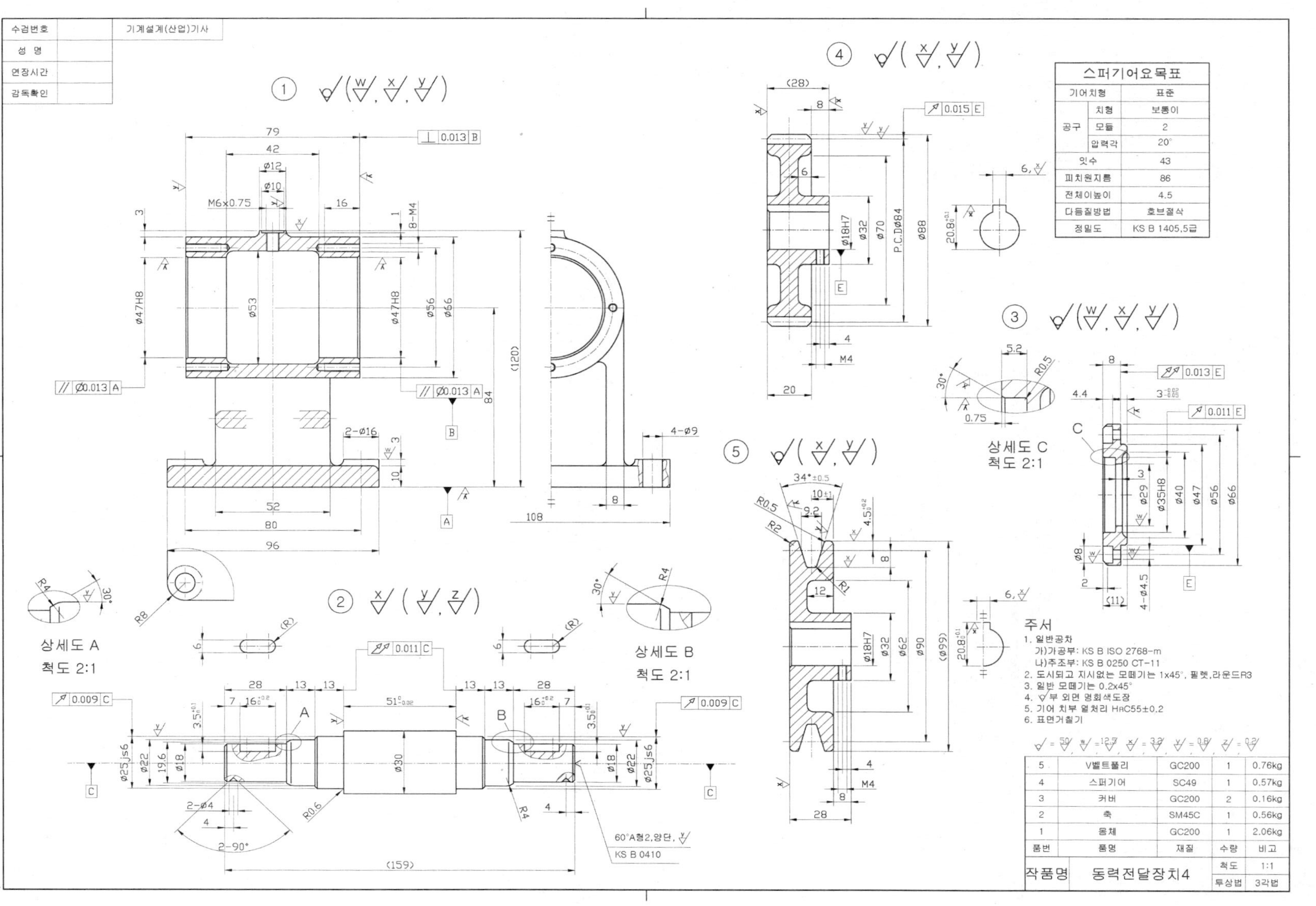
수검번호
성 명
연장시간
감독확인
기계설계(산업)기사
스퍼기어요목표
기어치형 표준
공구 치형 보통이
모듈 2
압력각 20°
잇수 43
피치원지름 86
전체이높이 4.5
다듬질방법 호브절삭
정밀도 KS B 1405,5급
상세도 A 척도 2:1
상세도 B 척도 2:1
상세도 C 척도 2:1
주서
1. 일반공차
가)가공부: KS B ISO 2768-m
나)주조부: KS B 0250 CT-11
2. 도시되고 지시없는 모떼기는 1x45°, 필렛,라운드R3
3. 일반 모떼기는 0.2x45°
4. ▽부 외면 명회색도장
5. 기어 치부 열처리 HRC55±0.2
6. 표면거칠기
5 V벨트풀리 GC200 1 0.76kg
4 스퍼기어 SC49 1 0.57kg
3 커버 GC200 2 0.16kg
2 축 SM45C 1 0.56kg
1 몸체 GC200 1 2.06kg
품번 품명 재질 수량 비고
작품명 동력전달장치4
척도 1:1
투상법 3각법

수검번호		기계설계(산업)기사
성 명		
연장시간		
감독확인		

① ② ③ ④ ⑤

품번	품명	재질	수량	비고
5	고정라이너	STC3	1	74.88g
4	드릴부시	STC3	1	59.8g
3	플레이트	SM45C	1	184.45g
2	플레이트	SM45C	1	241.13g
1	베이스	SM45C	1	947.91g
작품명	드릴지그1		척도	1:1
			투상법	3각법

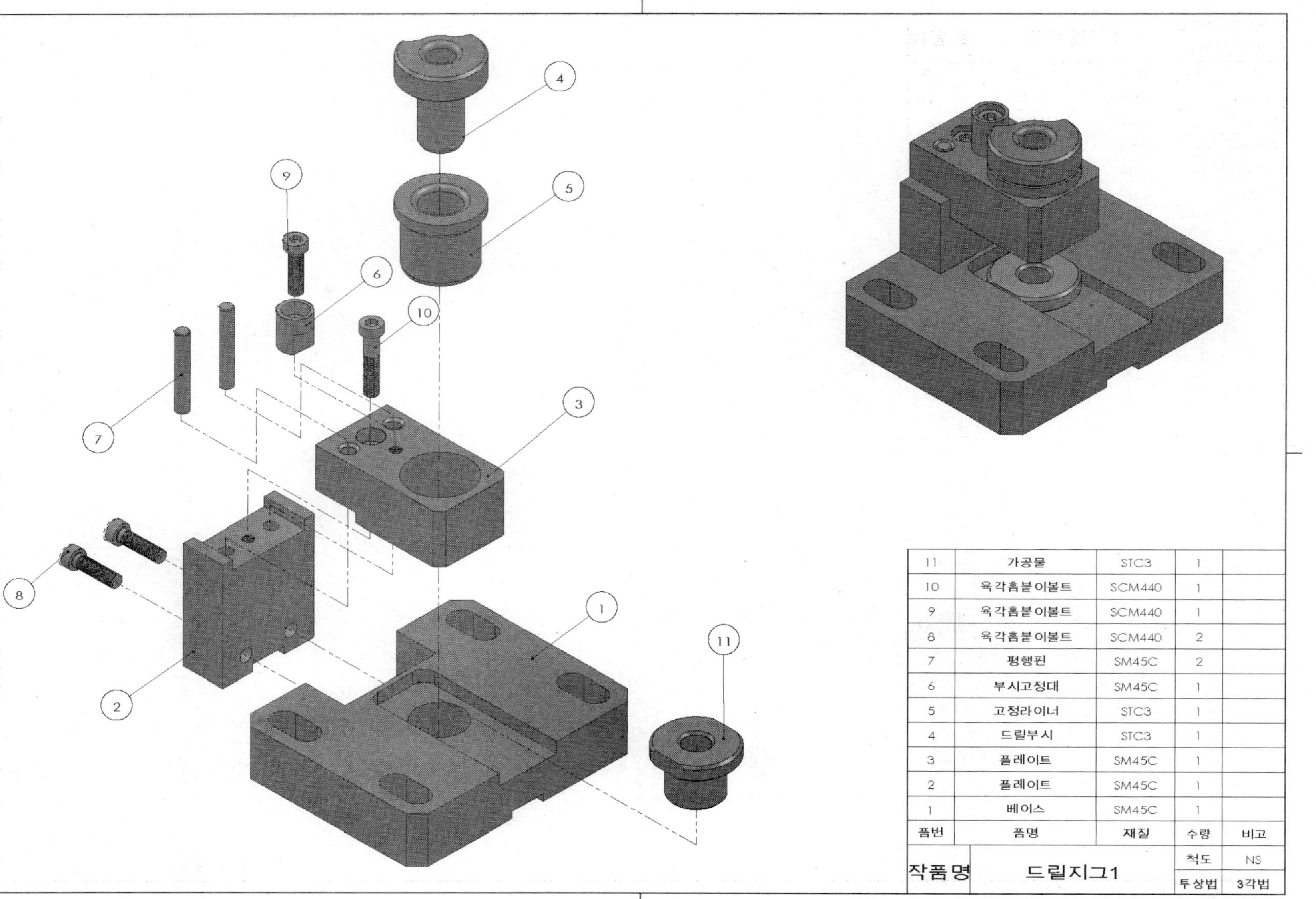
4
5
9
6
10
7
3
8
1
11
2
11 가공물 STC3 1
10 육각홈붙이볼트 SCM440 1
9 육각홈붙이볼트 SCM440 1
8 육각홈붙이볼트 SCM440 2
7 평행핀 SM45C 2
6 부시고정대 SM45C 1
5 고정라이너 STC3 1
4 드릴부시 STC3 1
3 플레이트 SM45C 1
2 플레이트 SM45C 1
1 베이스 SM45C 1
품번 품명 재질 수량 비고
작품명 드릴지그1
척도 NS
투상법 3각법

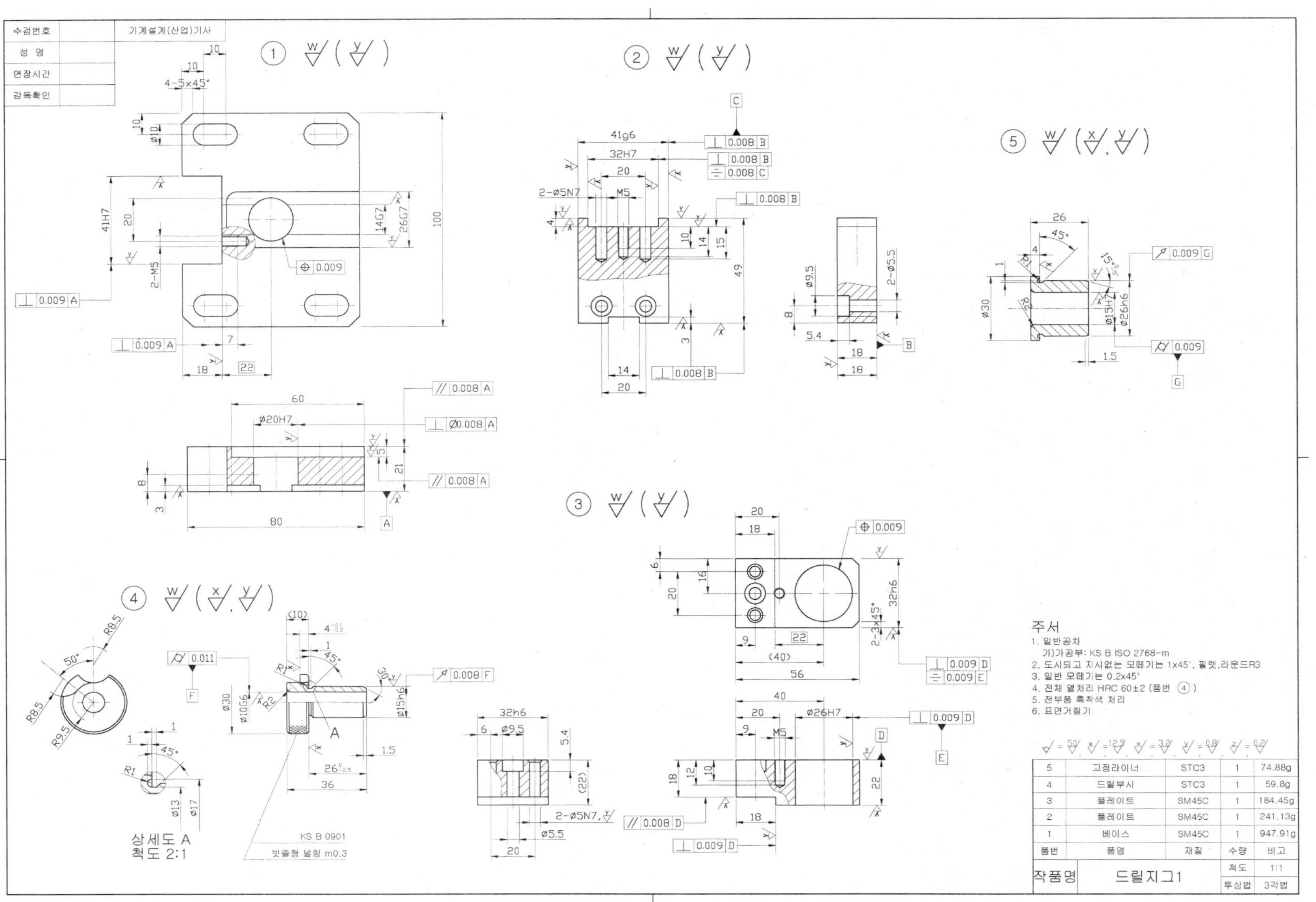
수검번호
성 명
연장시간
감독확인
기계설계(산업)기사
상세도 A
척도 2:1
KS B 0901
빗줄형 널링 m0.3
주서
1. 일반공차
가)가공부: KS B ISO 2768-m
2. 도시되고 지시없는 모떼기는 1x45°, 필렛,라운드R3
3. 일반 모떼기는 0.2x45°
4. 전체 열처리 HRC 60±2 (품번 ④)
5. 전부품 흑착색 처리
6. 표면거칠기
5 고정라이너 STC3 1 74.88g
4 드릴부시 STC3 1 59.8g
3 플레이트 SM45C 1 184.45g
2 플레이트 SM45C 1 241.13g
1 베이스 SM45C 1 947.91g
품번 품명 재질 수량 비고
작품명 드릴지그1
척도 1:1
투상법 3각법

수검번호		기계설계(산업)기사
성 명		
연장시간		
감독확인		

① ② ③ ④ ⑤ ⑥ ⑦

7	부시	재질	2	0.01kg
6	슬리브	CAC502A	1	0.14kg
5	래크스토퍼	SM45C	1	0.09kg
4	래크	SNC415	1	0.62kg
3	커버	SC46	1	0.11kg
2	피니언축	SNC415	1	0.22kg
1	하우징	GC250	1	1.46kg
품번	품명	재질	수량	비고
작품명	래크와 피니언1		척도	1:1
			투상법	3각법

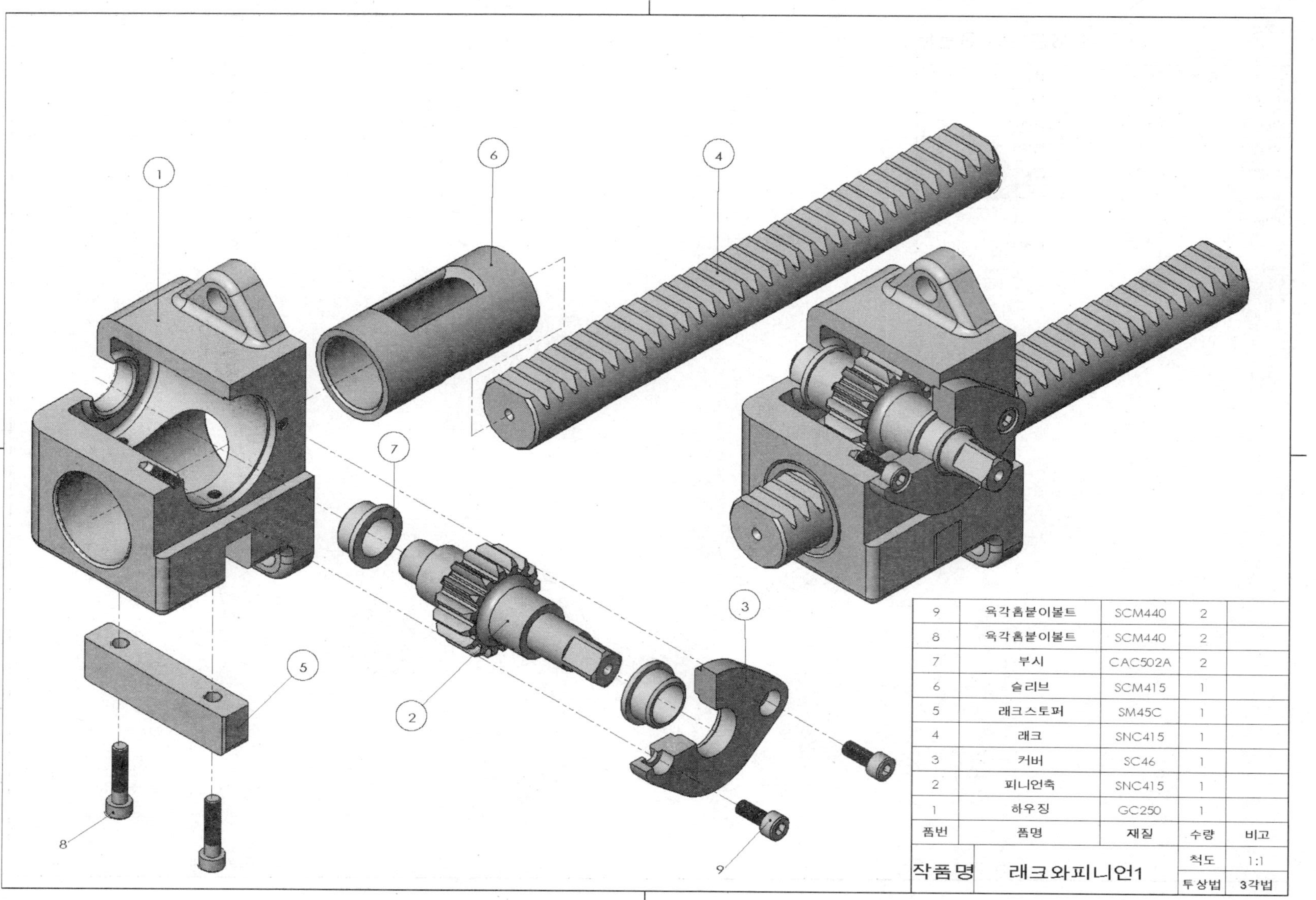

품번	품명	재질	수량	비고
9	육각홈붙이볼트	SCM440	2	
8	육각홈붙이볼트	SCM440	2	
7	부시	CAC502A	2	
6	슬리브	SCM415	1	
5	래크스토퍼	SM45C	1	
4	래크	SNC415	1	
3	커버	SC46	1	
2	피니언축	SNC415	1	
1	하우징	GC250	1	
작품명	래크와피니언1		척도	1:1
			투상법	3각법

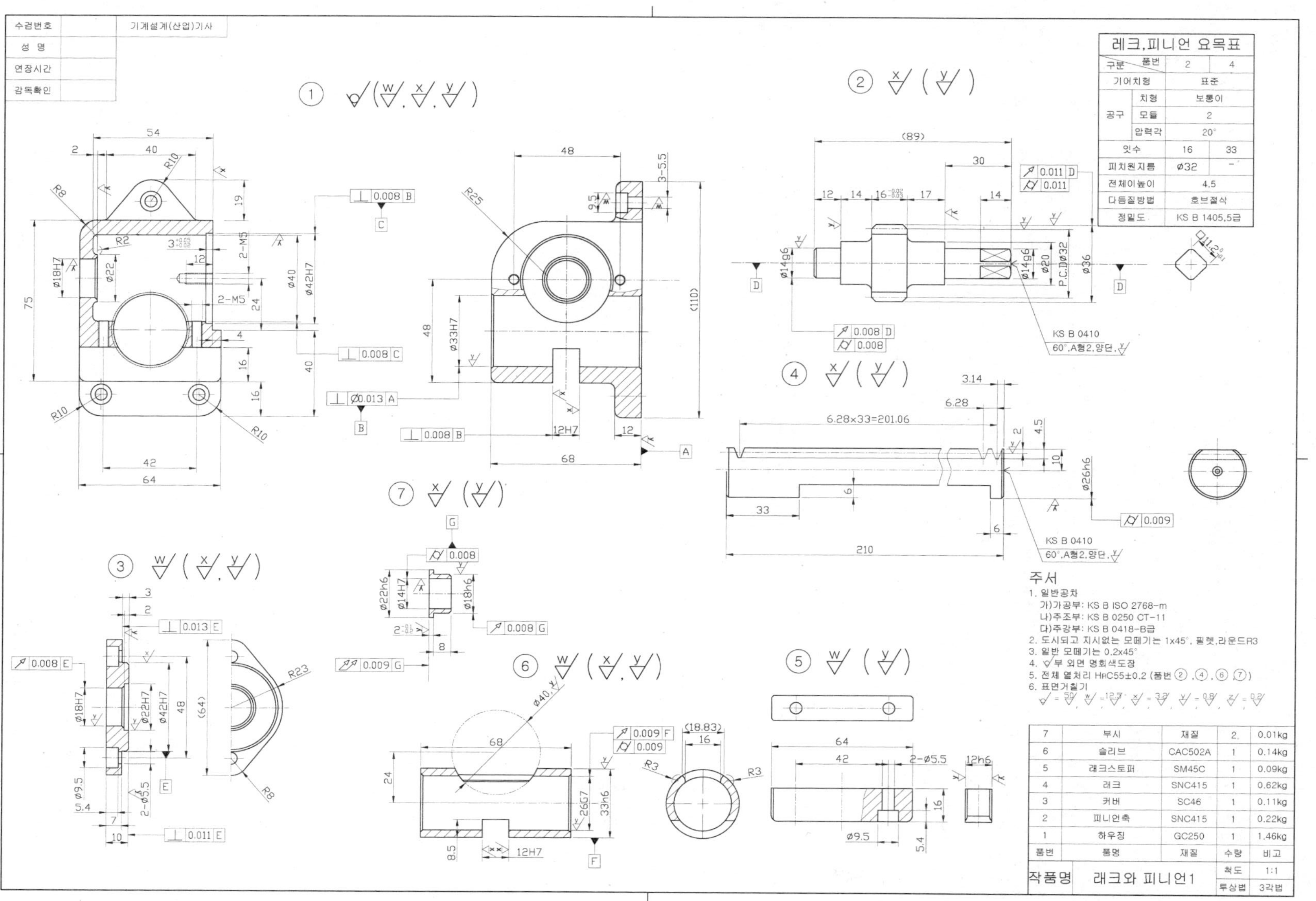
수검번호
기계설계(산업)기사
성 명
연장시간
감독확인
레크,피니언 요목표
구분 품번 2 4
기어치형 표준
공구 치형 보통이
모듈 2
압력각 20°
잇수 16 33
피치원지름 ø32 -
전체이높이 4.5
다듬질방법 호브절삭
정밀도 KS B 1405,5급
KS B 0410
60°,A형2,양단.
주서
1. 일반공차
가)가공부: KS B ISO 2768-m
나)주조부: KS B 0250 CT-11
다)주강부: KS B 0418-B급
2. 도시되고 지시없는 모떼기는 1x45°, 필렛,라운드R3
3. 일반 모떼기는 0.2x45°
4. 부 외면 명회색도장
5. 전체 열처리 HRC55±0.2 (품번 ②,④,⑥,⑦)
6. 표면거칠기
7 부시 재질 2. 0.01kg
6 슬리브 CAC502A 1 0.14kg
5 래크스토퍼 SM45C 1 0.09kg
4 래크 SNC415 1 0.62kg
3 커버 SC46 1 0.11kg
2 피니언축 SNC415 1 0.22kg
1 하우징 GC250 1 1.46kg
품번 품명 재질 수량 비고
작품명 래크와 피니언1
척도 1:1
투상법 3각법

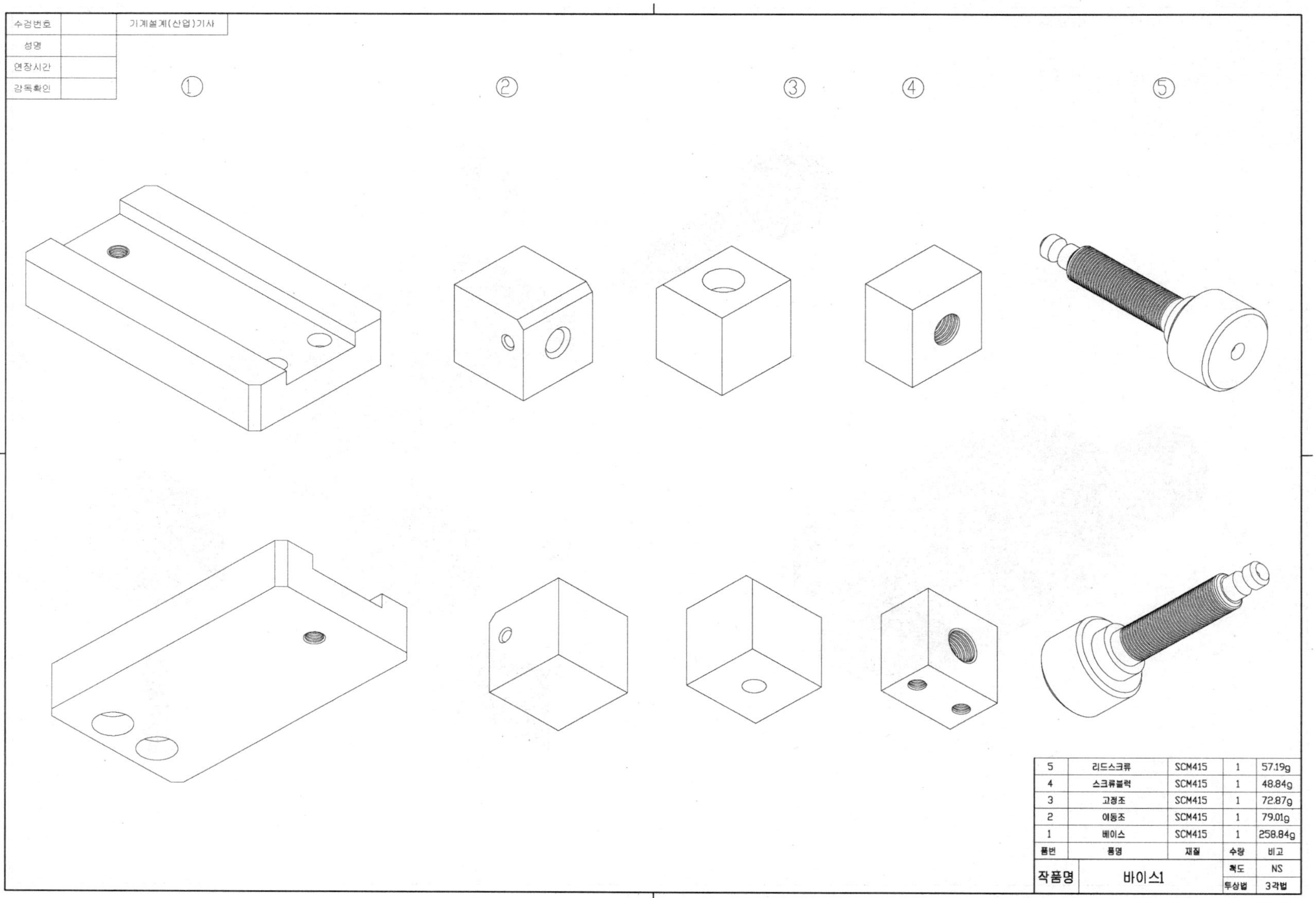

수검번호
성명
연장시간
감독확인
기계설계(산업)기사
①
②
③
④
⑤
5 리드스크류 SCM415 1 57.19g
4 스크류블럭 SCM415 1 48.84g
3 고정조 SCM415 1 72.87g
2 이동조 SCM415 1 79.01g
1 베이스 SCM415 1 258.84g
품번 품명 재질 수량 비고
작품명 바이스1
척도 NS
투상법 3각법

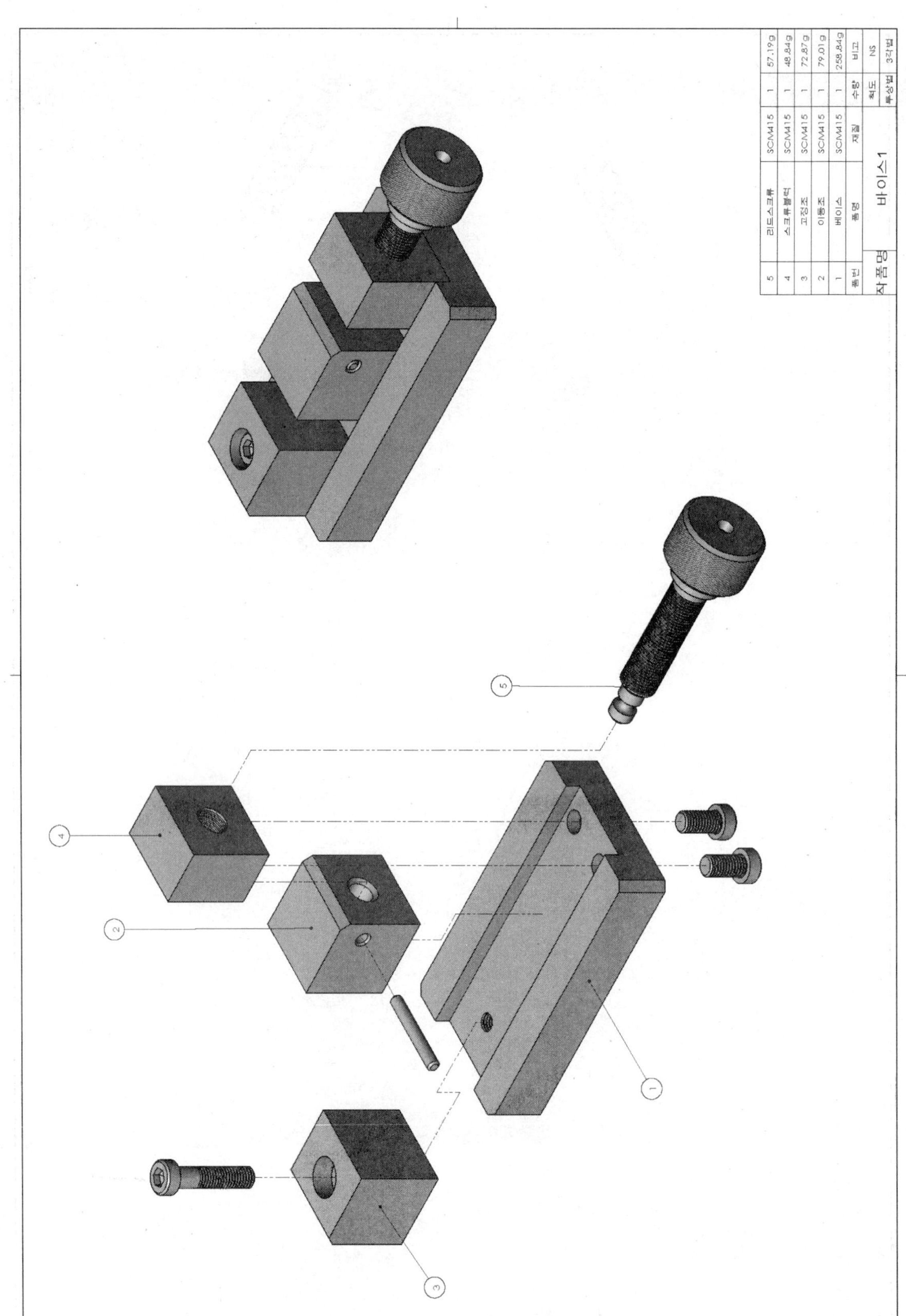
5 리드스크류 SCM415 1 57.19g
4 스크류블럭 SCM415 1 48.84g
3 고정조 SCM415 1 72.87g
2 이동조 SCM415 1 79.01g
1 베이스 SCM415 1 258.84g
품번 품명 재질 수량 비고
작품명 바이스1
척도 NS
투상법 3각법
1
2
3
4
5

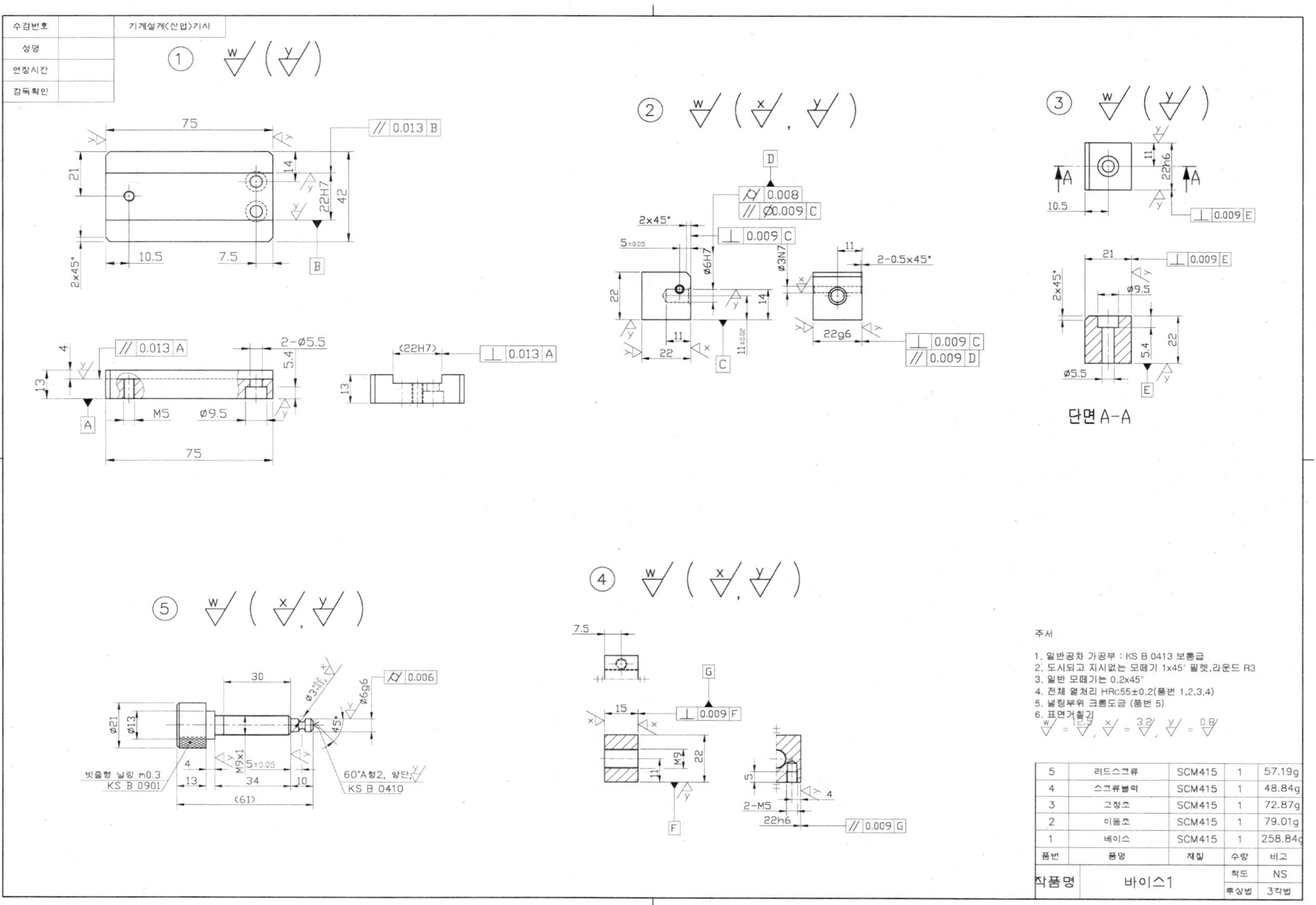

수검번호
성명
연장시간
감독확인
기계설계(산업)기사
단면 A-A
빗줄형 널링 m0.3
KS B 0901
60°A형2, 양단
KS B 0410
주서
1. 일반공차 가공부 : KS B 0413 보통급
2. 도시되고 지시없는 모떼기 1x45° 필렛,라운드 R3
3. 일반 모떼기는 0.2x45°
4. 전체 열처리 HRc55±0.2(품번 1,2,3,4)
5. 널링부위 크롬도금 (품번 5)
6. 표면거칠기
5 리드스크류 SCM415 1 57.19g
4 스크류블럭 SCM415 1 48.84g
3 고정조 SCM415 1 72.87g
2 이동조 SCM415 1 79.01g
1 베이스 SCM415 1 258.84g
품번 품명 재질 수량 비고
작품명 바이스1 척도 NS
투상법 3각법

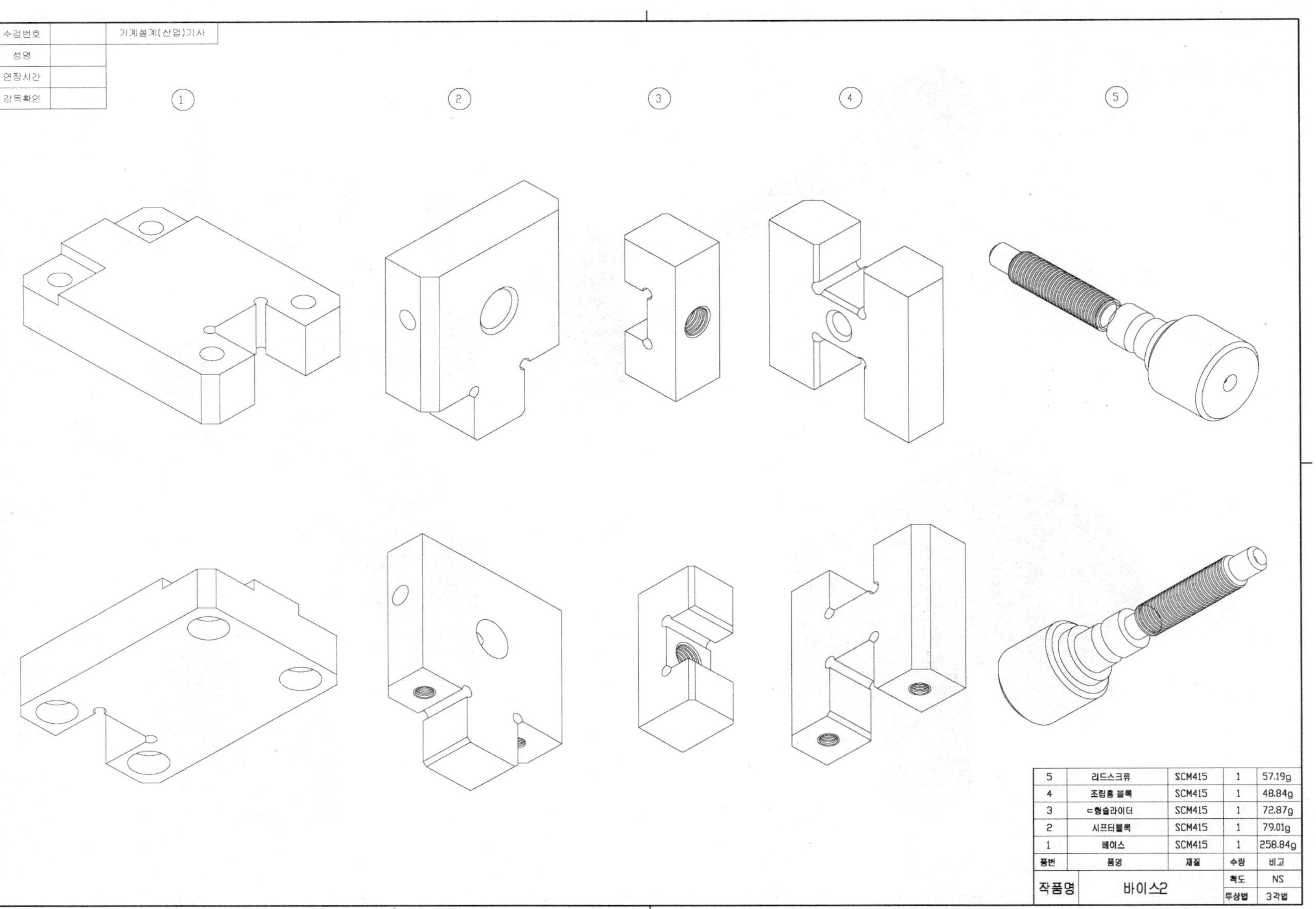
수검번호
성명
연장시간
감독확인
기계설계(산업)기사
1
2
3
4
5
5 리드스크류 SCM415 1 57.19g
4 조립홈 블록 SCM415 1 48.84g
3 ㄷ형슬라이더 SCM415 1 72.87g
2 시프터블록 SCM415 1 79.01g
1 베이스 SCM415 1 258.84g
품번 품명 재질 수량 비고
작품명 바이스2
척도 NS
투상법 3각법

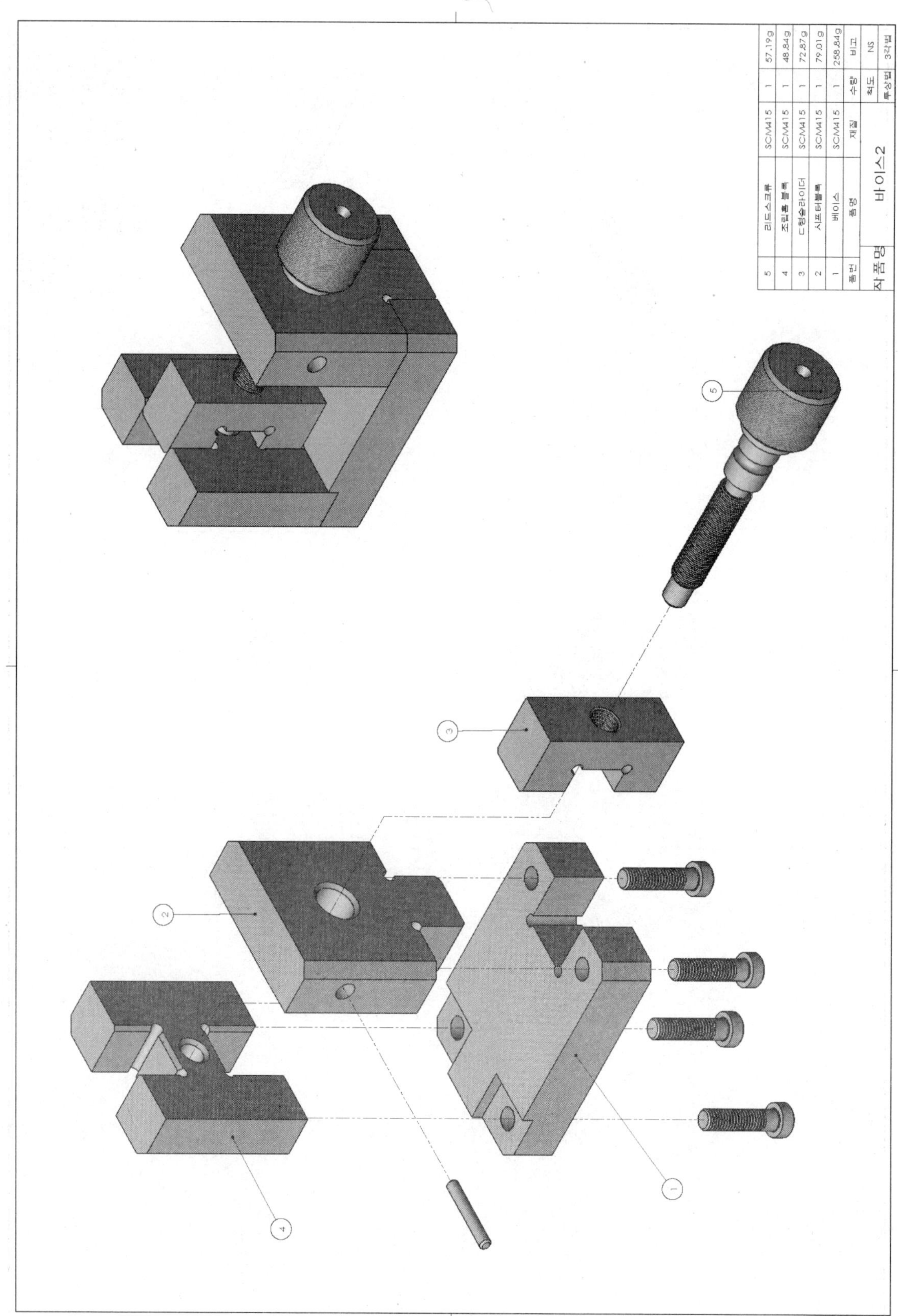
5 리드스크류 SCM415 1 57.19g
4 조립홈 블록 SCM415 1 48.84g
3 ㄷ형슬라이더 SCM415 1 72.87g
2 시프터블록 SCM415 1 79.01g
1 베이스 SCM415 1 258.84g
품번 품명 재질 수량 비고
작품명 바이스2
척도 NS
투상법 3각법
1
2
3
4
5

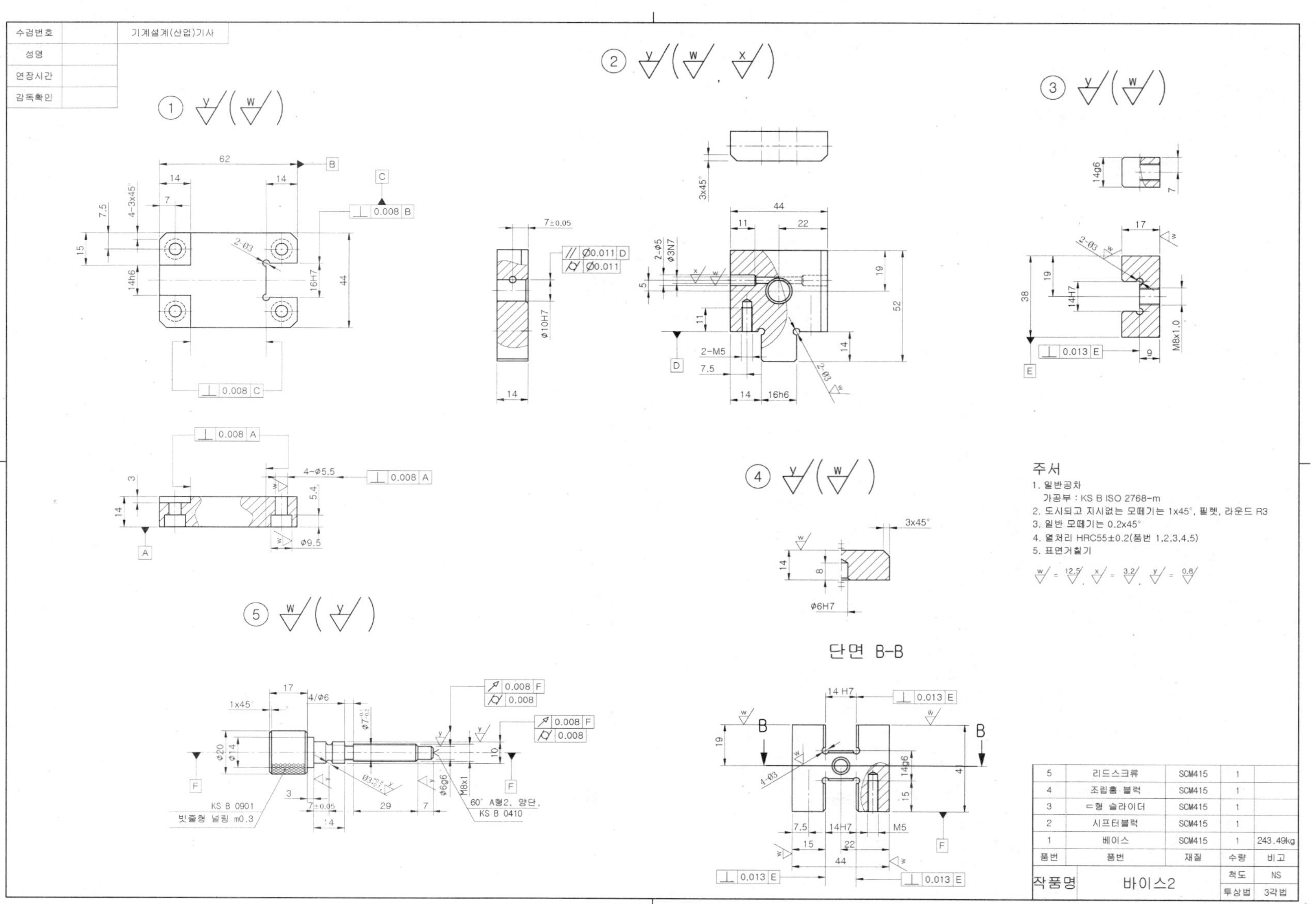

수검번호
성명
연장시간
감독확인
기계설계(산업)기사
주서
1. 일반공차
가공부 : KS B ISO 2768-m
2. 도시되고 지시없는 모떼기는 1x45°, 필렛, 라운드 R3
3. 일반 모떼기는 0.2x45°
4. 열처리 HRC55±0.2(품번 1,2,3,4,5)
5. 표면거칠기
단면 B-B
5 리드스크류 SCM415 1
4 조립홈 블럭 SCM415 1
3 ㄷ형 슬라이더 SCM415 1
2 시프터블럭 SCM415 1
1 베이스 SCM415 1 243.49kg
품번 품번 재질 수량 비고
작품명 바이스2 척도 NS 투상법 3각법
KS B 0901 빗줄형 널링 m0.3
60° A형2, 양단, KS B 0410

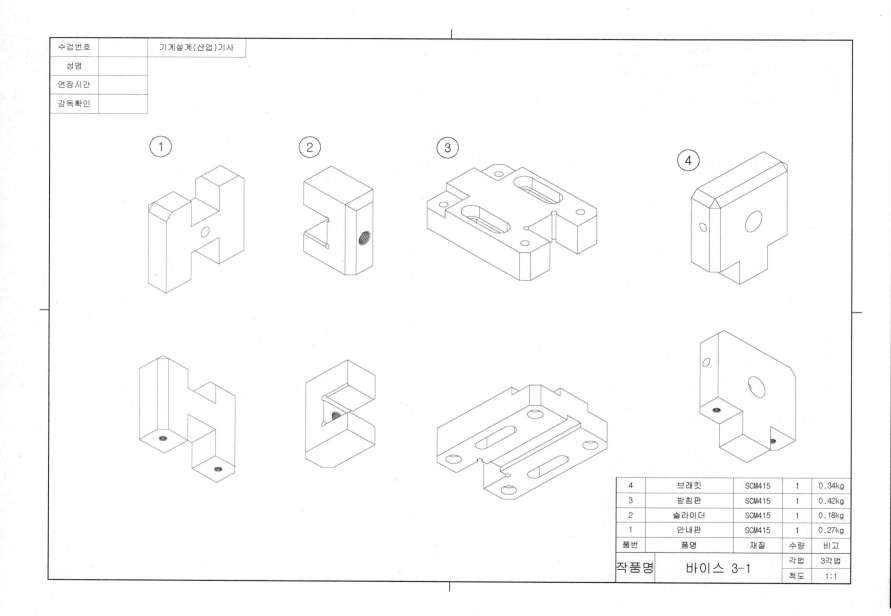

수검번호		기계설계(산업)기사
성명		
연장시간		
감독확인		

①

②

③

④

4	브래킷	SCM415	1	0.34kg
3	받침판	SCM415	1	0.42kg
2	슬라이더	SCM415	1	0.18kg
1	안내판	SCM415	1	0.27kg
품번	품명	재질	수량	비고
작품명	바이스 3-1		각법	3각법
			척도	1:1

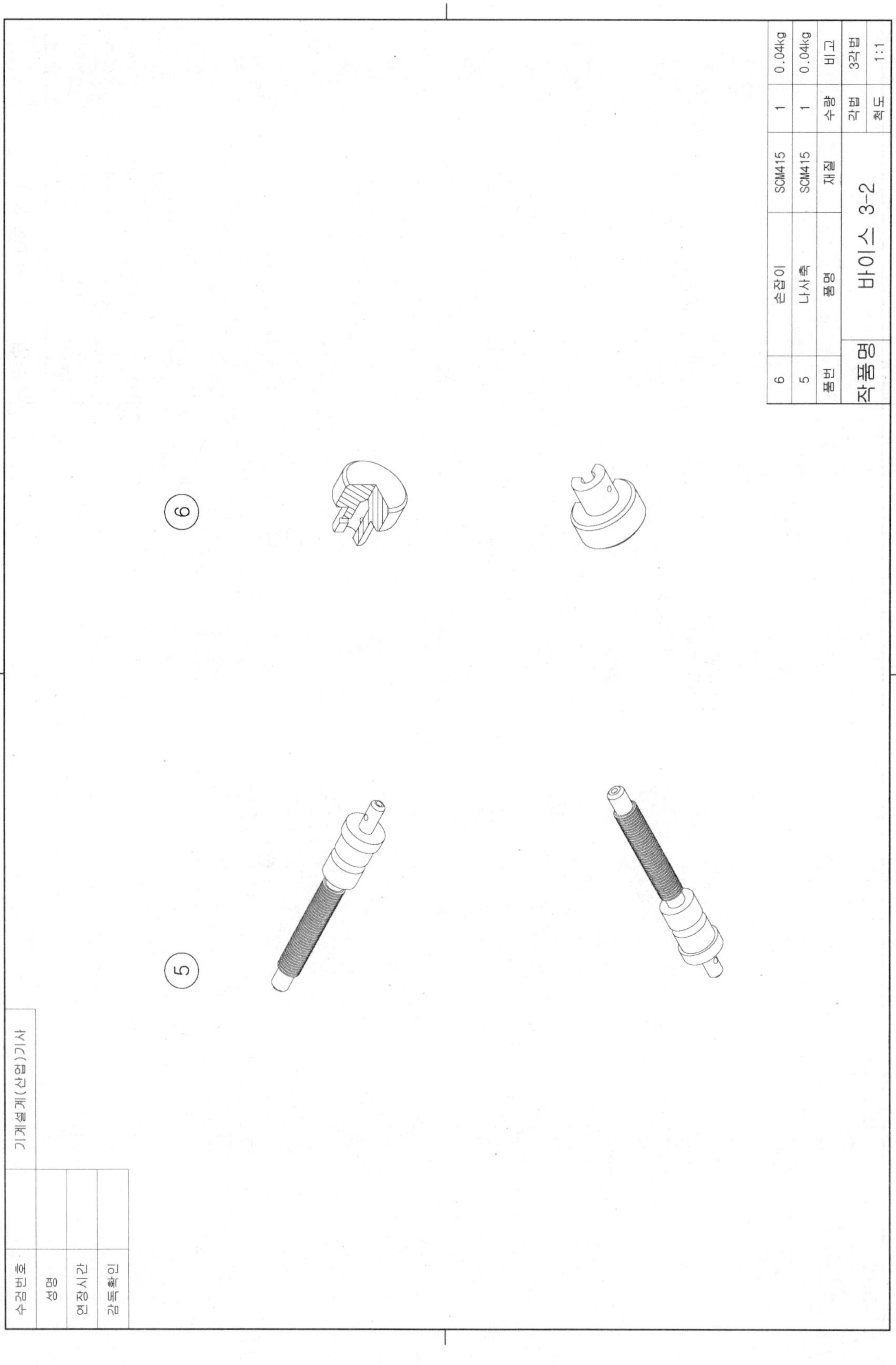

수검번호		기계설계(산업)기사
성명		
연장시간		
감독확인		

⑤

⑥

6	손잡이	SCM415	1	0.04kg
5	나사축	SCM415	1	0.04kg
품번	품명	재질	수량	비고
작품명	바이스 3-2		각법	3각법
			척도	1:1

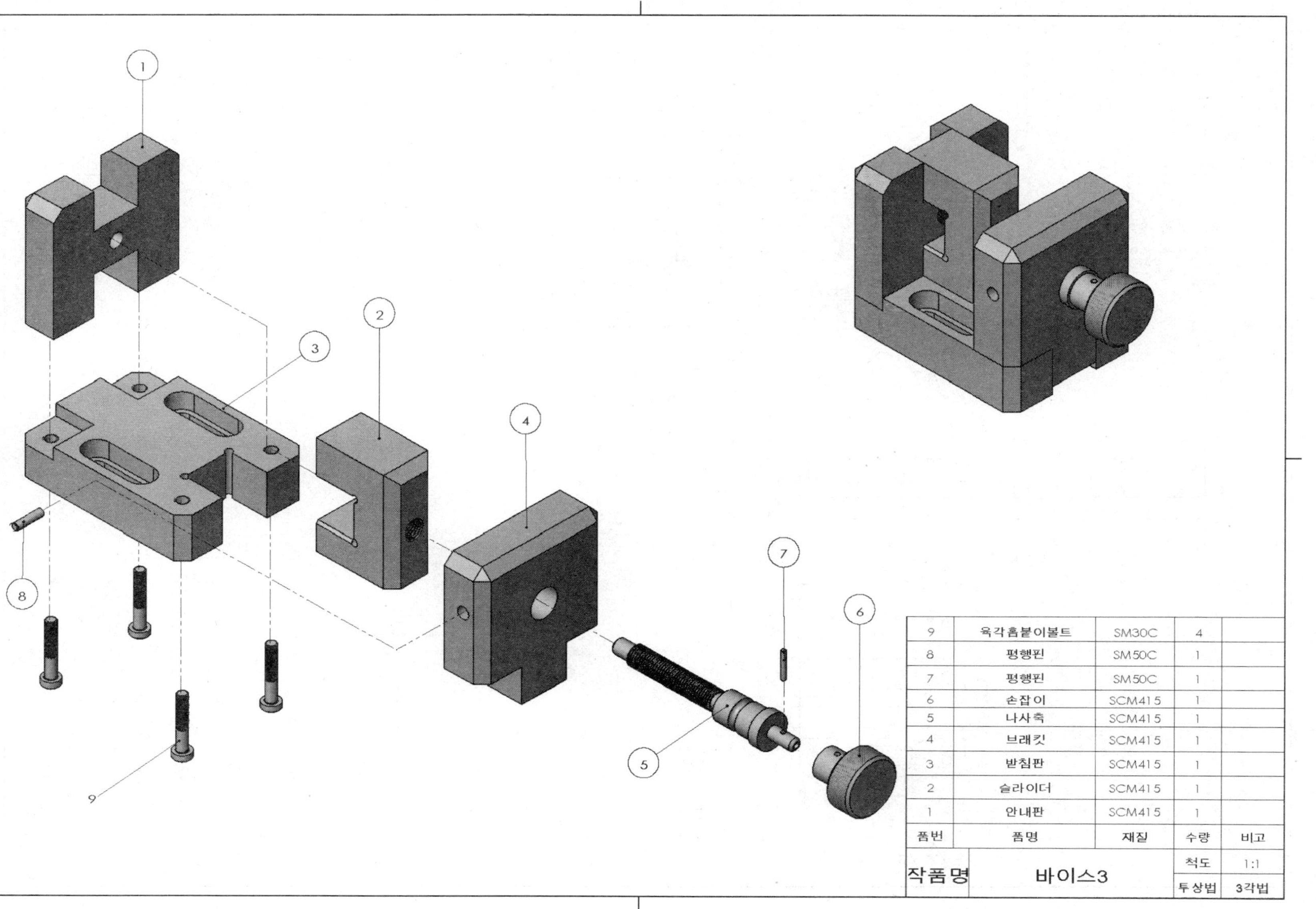

품번	품명	재질	수량	비고
9	육각홈붙이볼트	SM30C	4	
8	평행핀	SM50C	1	
7	평행핀	SM50C	1	
6	손잡이	SCM415	1	
5	나사축	SCM415	1	
4	브래킷	SCM415	1	
3	받침판	SCM415	1	
2	슬라이더	SCM415	1	
1	안내판	SCM415	1	
작품명	바이스3		척도	1:1
			투상법	3각법

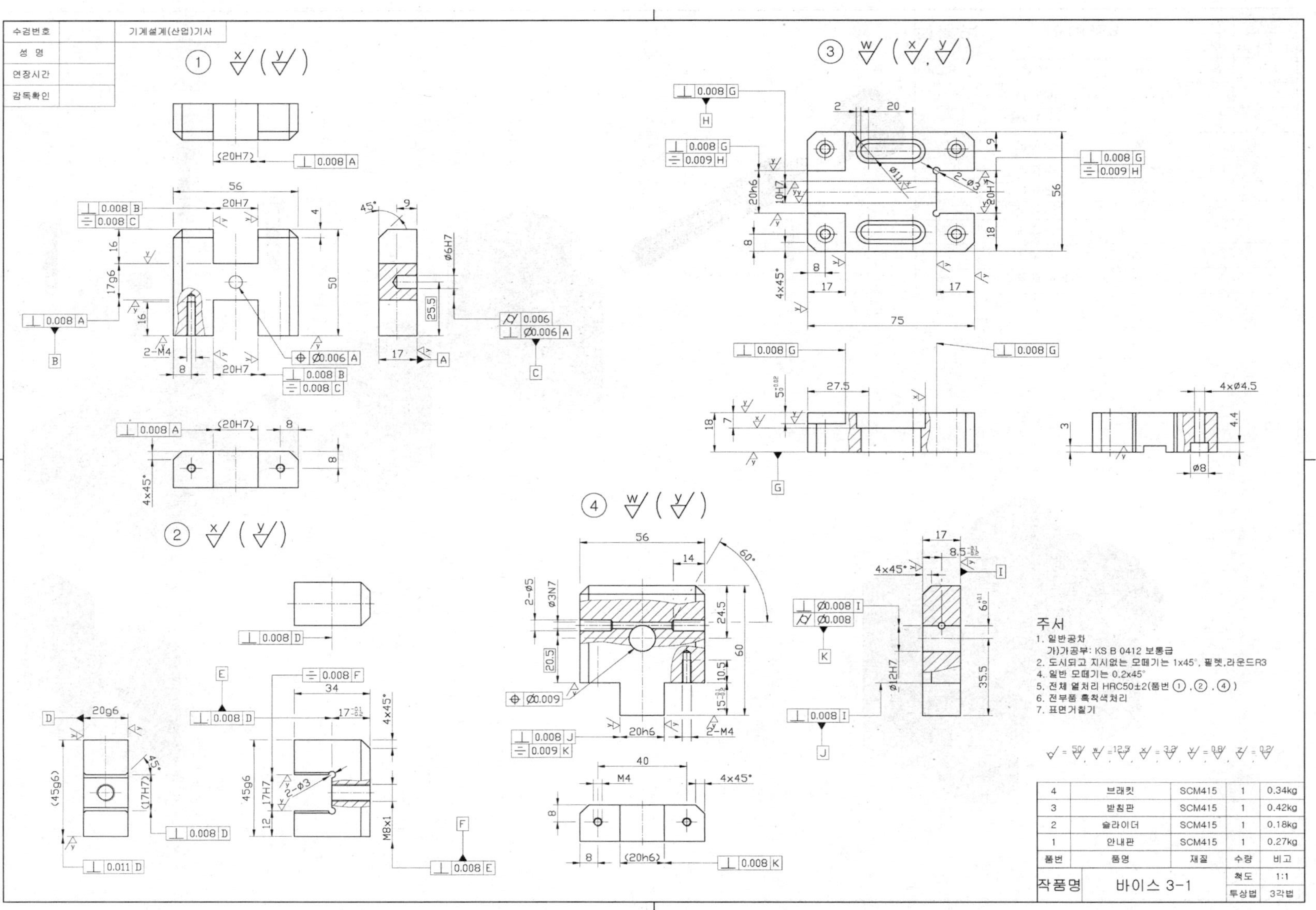
수검번호
성 명
연장시간
감독확인
기계설계(산업)기사
주서
1. 일반공차
가)가공부: KS B 0412 보통급
2. 도시되고 지시없는 모떼기는 1x45°, 필렛,라운드R3
4. 일반 모떼기는 0.2x45°
5. 전체 열처리 HRC50±2(품번 ①,②,④)
6. 전부품 흑착색처리
7. 표면거칠기
4 브래킷 SCM415 1 0.34kg
3 받침판 SCM415 1 0.42kg
2 슬라이더 SCM415 1 0.18kg
1 안내판 SCM415 1 0.27kg
품번 품명 재질 수량 비고
작품명 바이스 3-1 척도 1:1 투상법 3각법

수검번호		기계설계(산업)기사
성 명		
연장시간		
감독확인		

⑤ x/ (y/)

⑥ w/ (y/)

빗줄형 널링 m0.3 KS B 0901

60°A형2 양단, y/
KS B 0410

주서
1. 일반공차
 가)가공부: KS B 0412 보통급
2. 도시되고 지시없는 모떼기는 1x45°, 필렛,라운드R3
3. 일반 모떼기는 0.2x45°
4. 널링 부위 크롬도금(품번 ⑥)
5. 전부품 흑착색처리
6. 표면거칠기

√ = 50/√, w/ = 12.5/√, x/ = 3.2/√, y/ = 0.8/√, z/ = 0.2/√

6	손잡이	SCM415	1	0.18kg
5	나사축	SCM415	1	0.27kg
품번	품명	재질	수량	비고
작품명	바이스 3-2		척도	1:1
			투상법	3각법

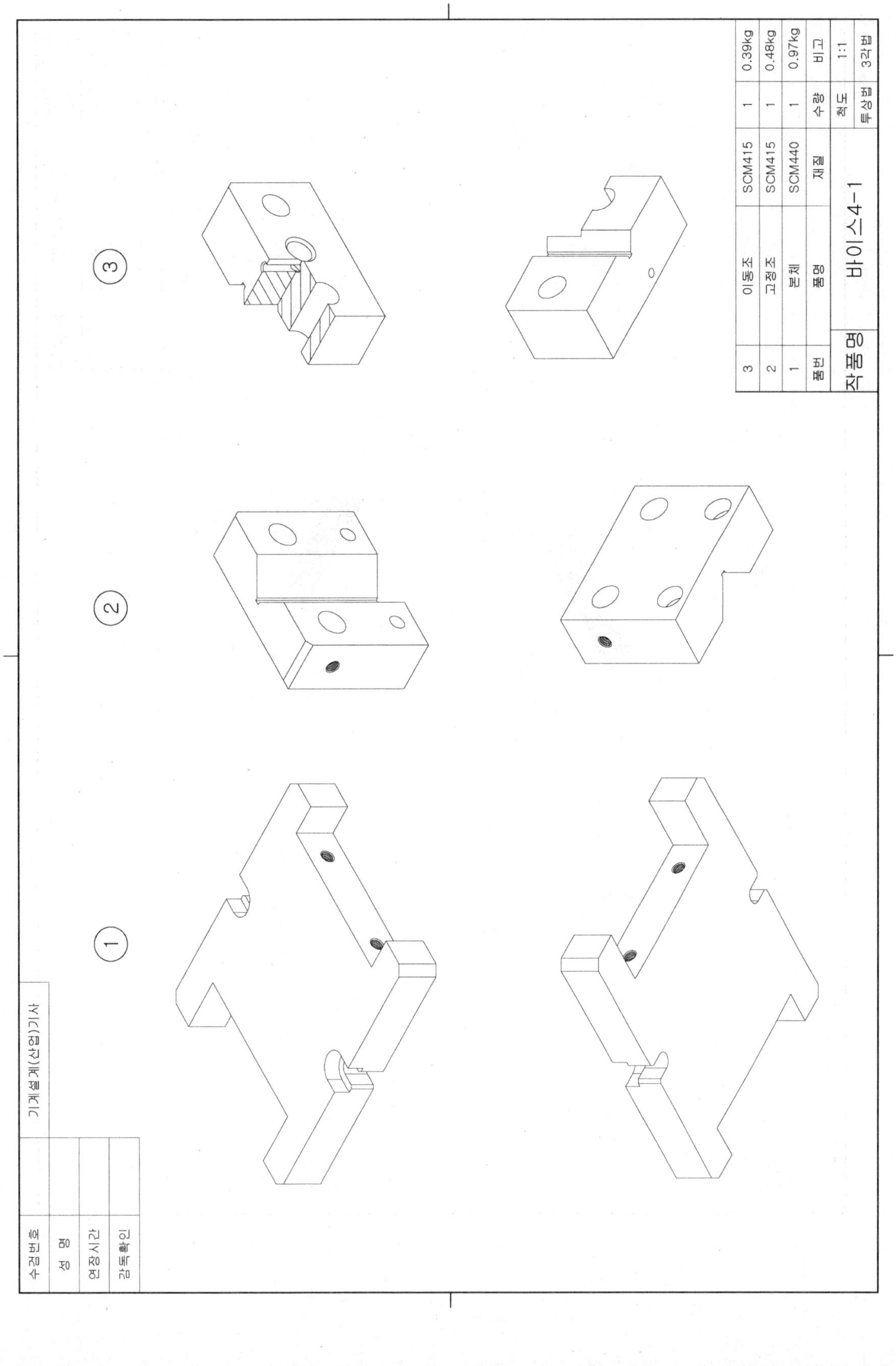

수검번호		기계설계(산업)기사
성 명		
연장시간		
감독확인		

①

②

③

3	이동조	SCM415	1	0.39kg
2	고정조	SCM415	1	0.48kg
1	본체	SCM440	1	0.97kg
품번	품명	재질	수량	비고
작품명	바이스4-1		척도	1:1
			투상법	3각법

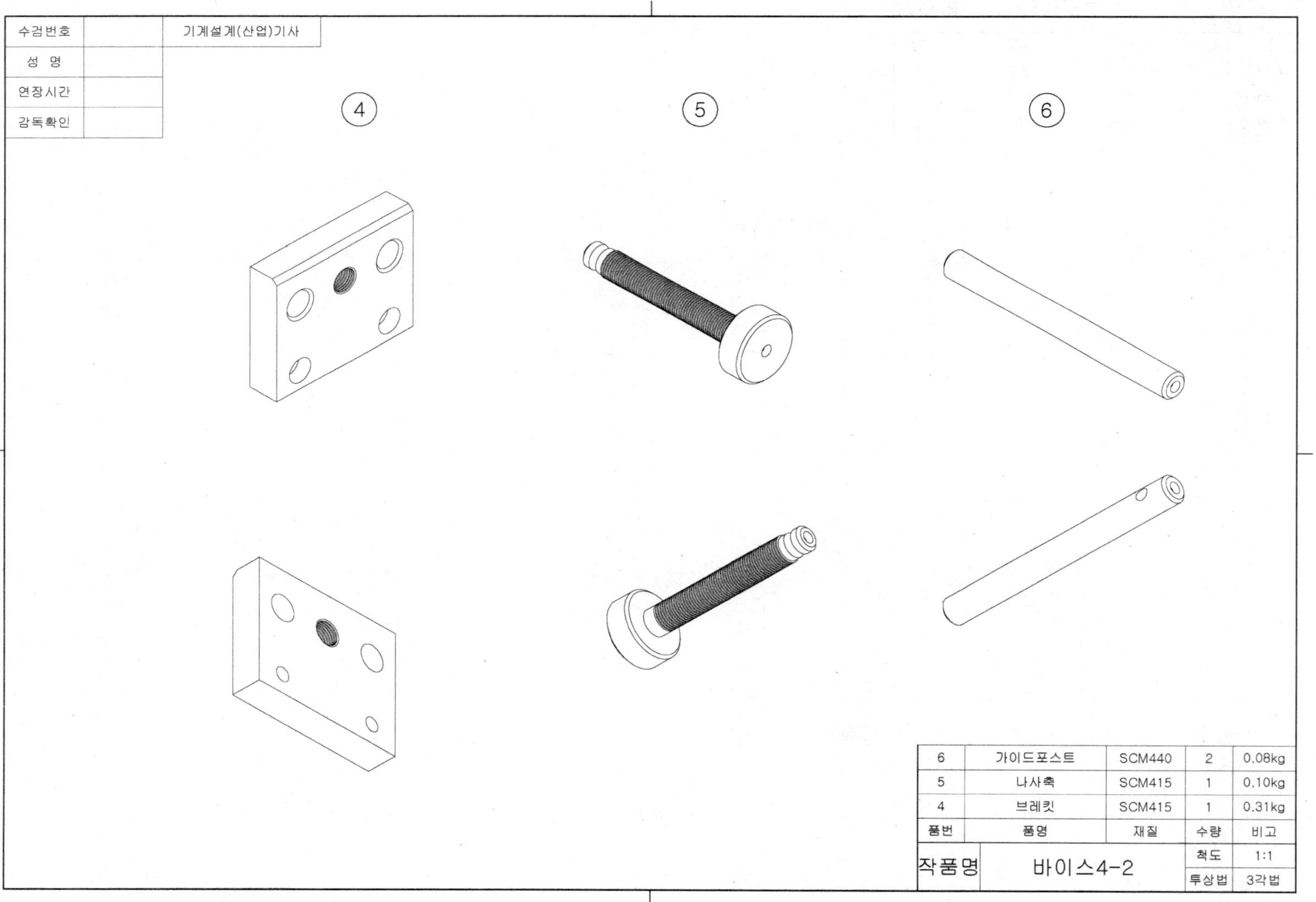
수검번호
성 명
연장시간
감독확인
기계설계(산업)기사
4
5
6
6 가이드포스트 SCM440 2 0.08kg
5 나사축 SCM415 1 0.10kg
4 브레킷 SCM415 1 0.31kg
품번 품명 재질 수량 비고
작품명 바이스4-2
척도 1:1
투상법 3각법

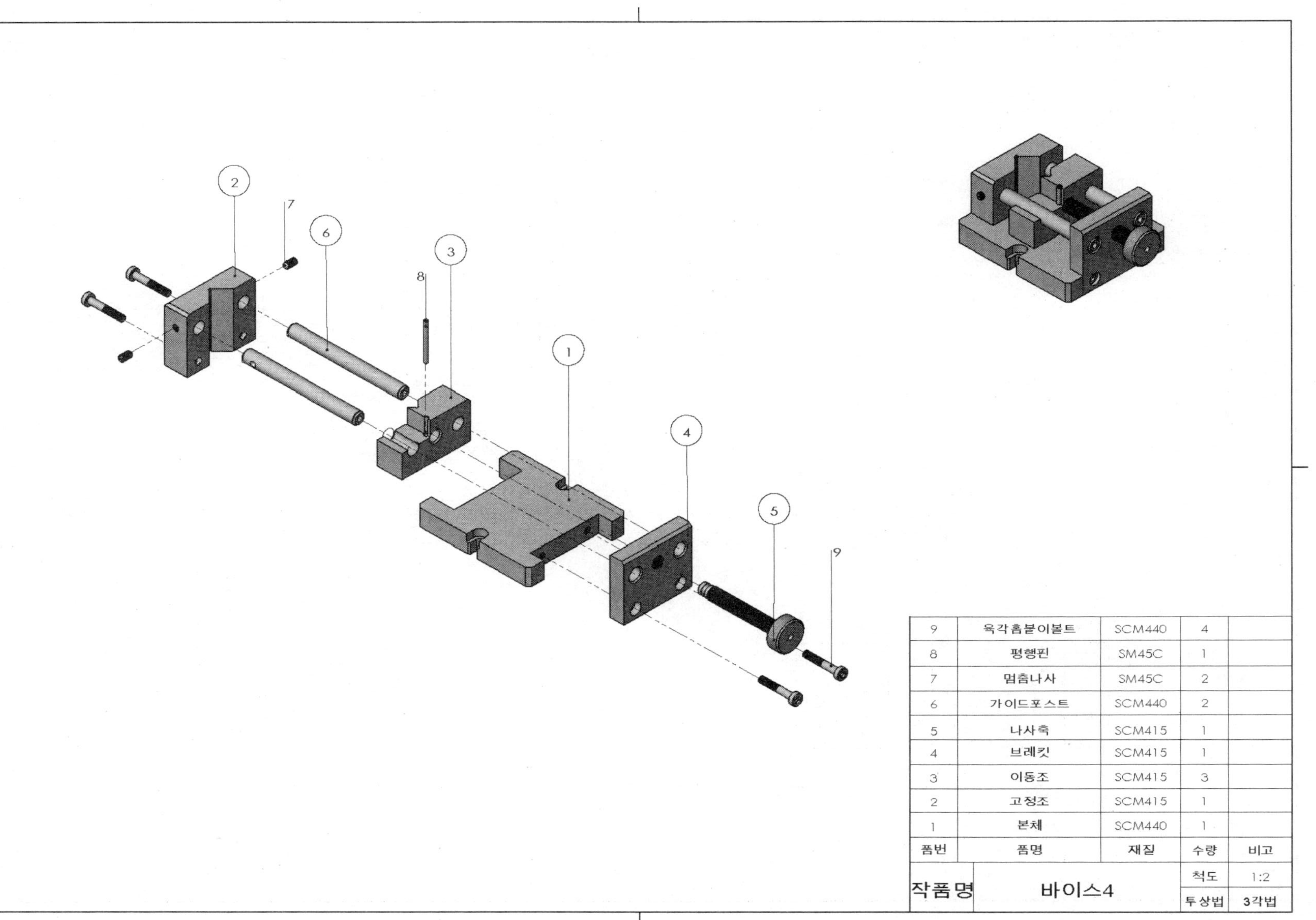

품번	품명	재질	수량	비고
9	육각홈붙이볼트	SCM440	4	
8	평행핀	SM45C	1	
7	멈춤나사	SM45C	2	
6	가이드포스트	SCM440	2	
5	나사축	SCM415	1	
4	브레킷	SCM415	1	
3	이동조	SCM415	3	
2	고정조	SCM415	1	
1	본체	SCM440	1	
작품명	바이스4		척도	1:2
			투상법	3각법

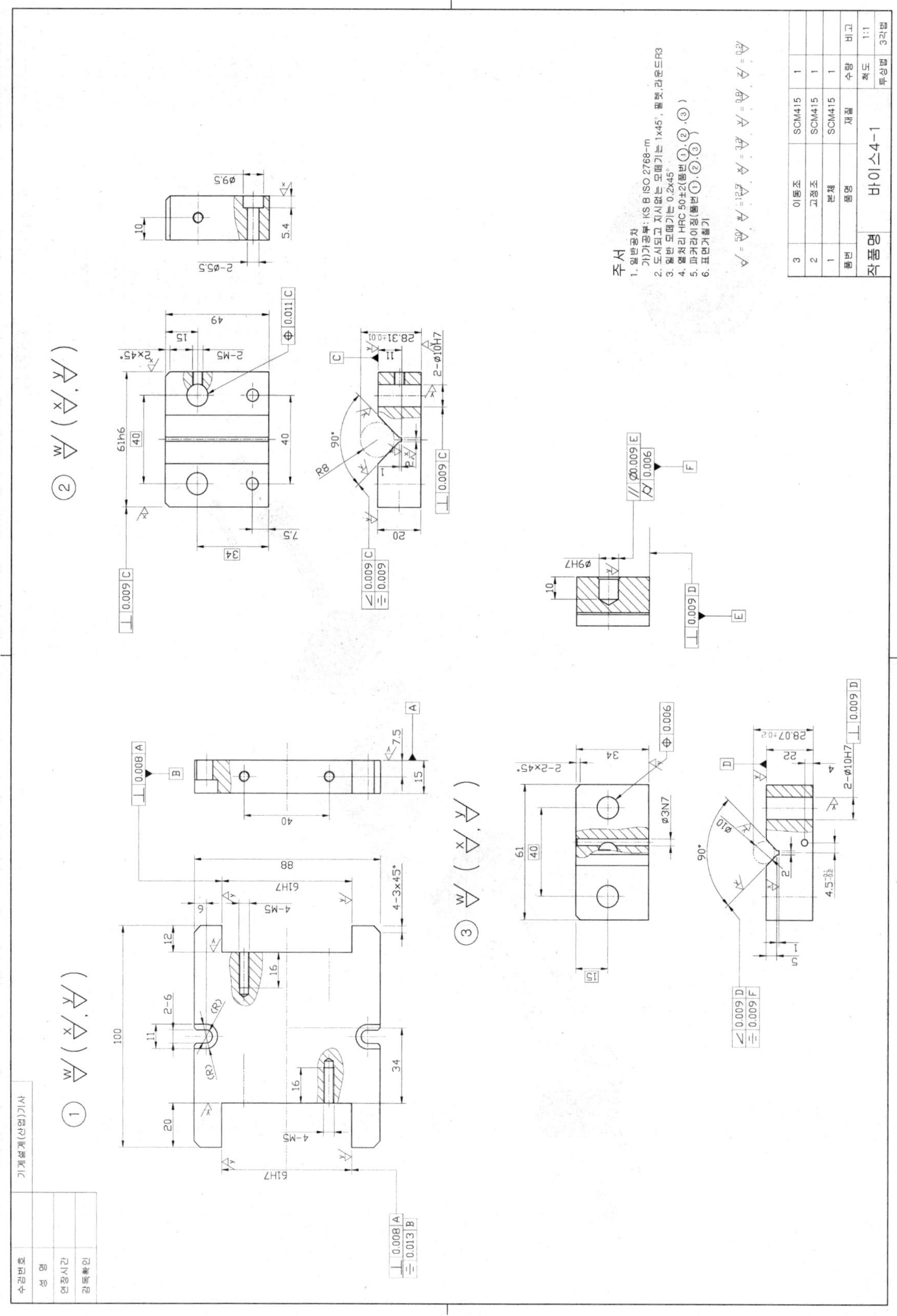
주 서
1. 일반공차
가)가공부: KS B ISO 2768-m
2. 도시되고 지시없는 모떼기는 1x45°, 필렛,라운드R3
3. 일반 모떼기는 0.2x45°
4. 열처리 HRC 50±2(품번 ①, ②, ③)
5. 파커라이징(품번 ①, ②, ③)
6. 표면거칠기
3 이동조 SCM415 1
2 고정조 SCM415 1
1 본체 SCM415 1
품번 품명 재질 수량 비고
작품명 바이스4-1
척도 1:1
투상법 3각법
수검번호
성명
연장시간
감독확인
기계설계(산업)기사

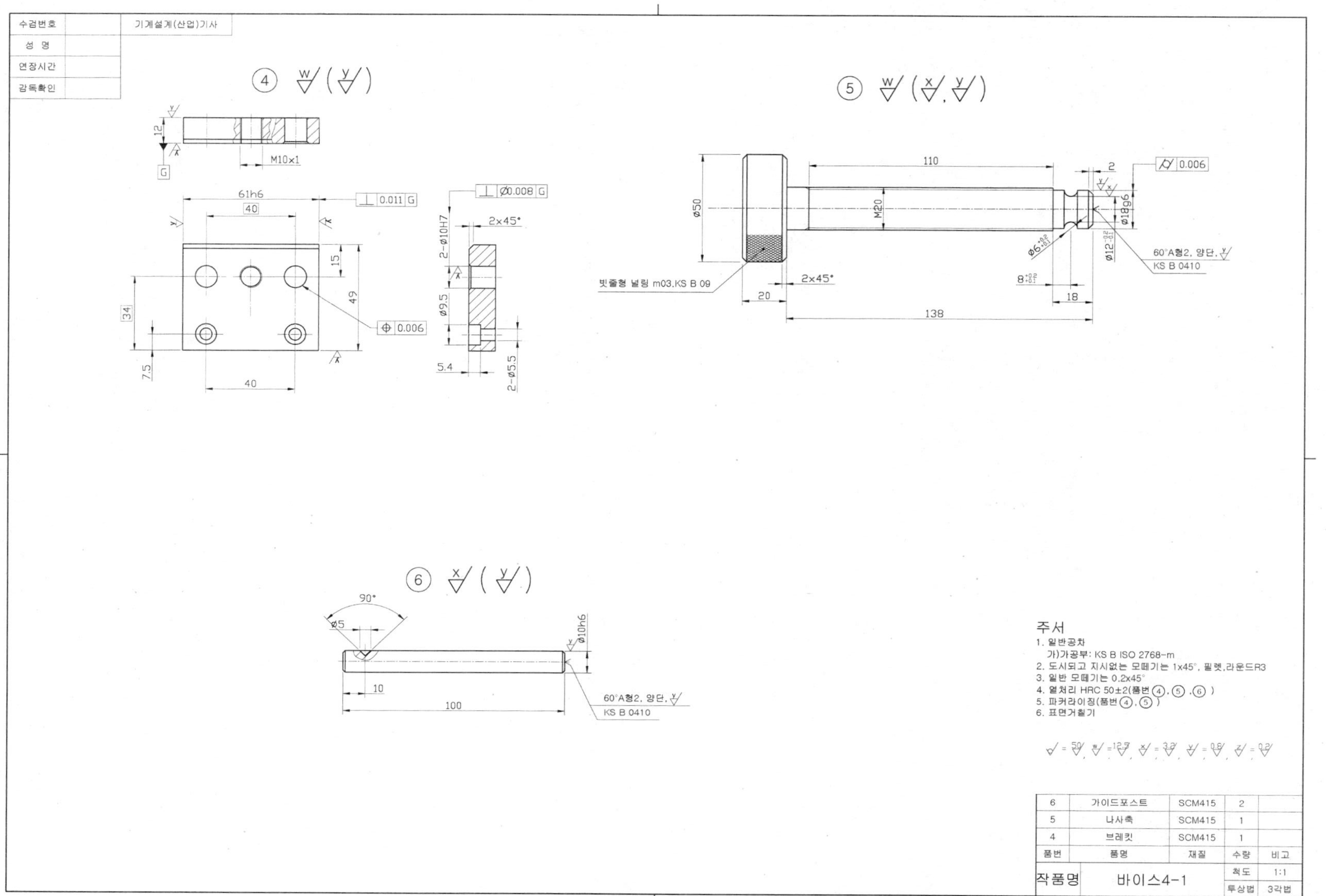
수검번호
성 명
연장시간
감독확인
기계설계(산업)기사
④
⑤
⑥
61h6
0.011 G
Ø0.008 G
2-Ø10H7
2×45°
M10×1
0.006
Ø9.5
5.4
2-Ø5.5
빗줄형 널링 m03,KS B 09
110
138
M20
Ø50
Ø18g6
60°A형2, 양단,
KS B 0410
Ø10h6
100
90°
주서
1. 일반공차
가)가공부: KS B ISO 2768-m
2. 도시되고 지시없는 모떼기는 1x45°, 필렛,라운드R3
3. 일반 모떼기는 0.2x45°
4. 열처리 HRC 50±2(품번④,⑤,⑥)
5. 파커라이징(품번④,⑤)
6. 표면거칠기
6 가이드포스트 SCM415 2
5 나사축 SCM415 1
4 브레킷 SCM415 1
품번 품명 재질 수량 비고
작품명 바이스4-1
척도 1:1
투상법 3각법

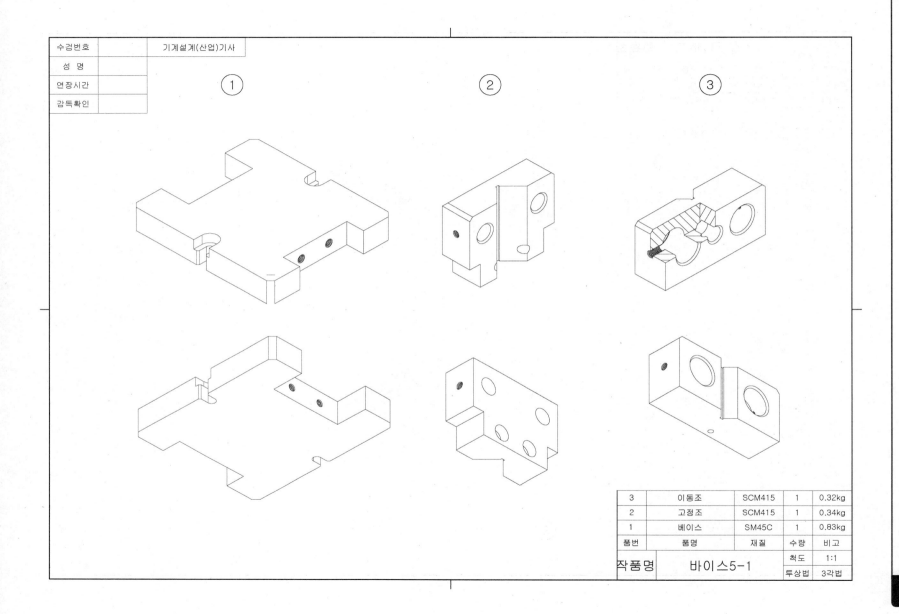

수검번호		기계설계(산업)기사
성 명		
연장시간		
감독확인		

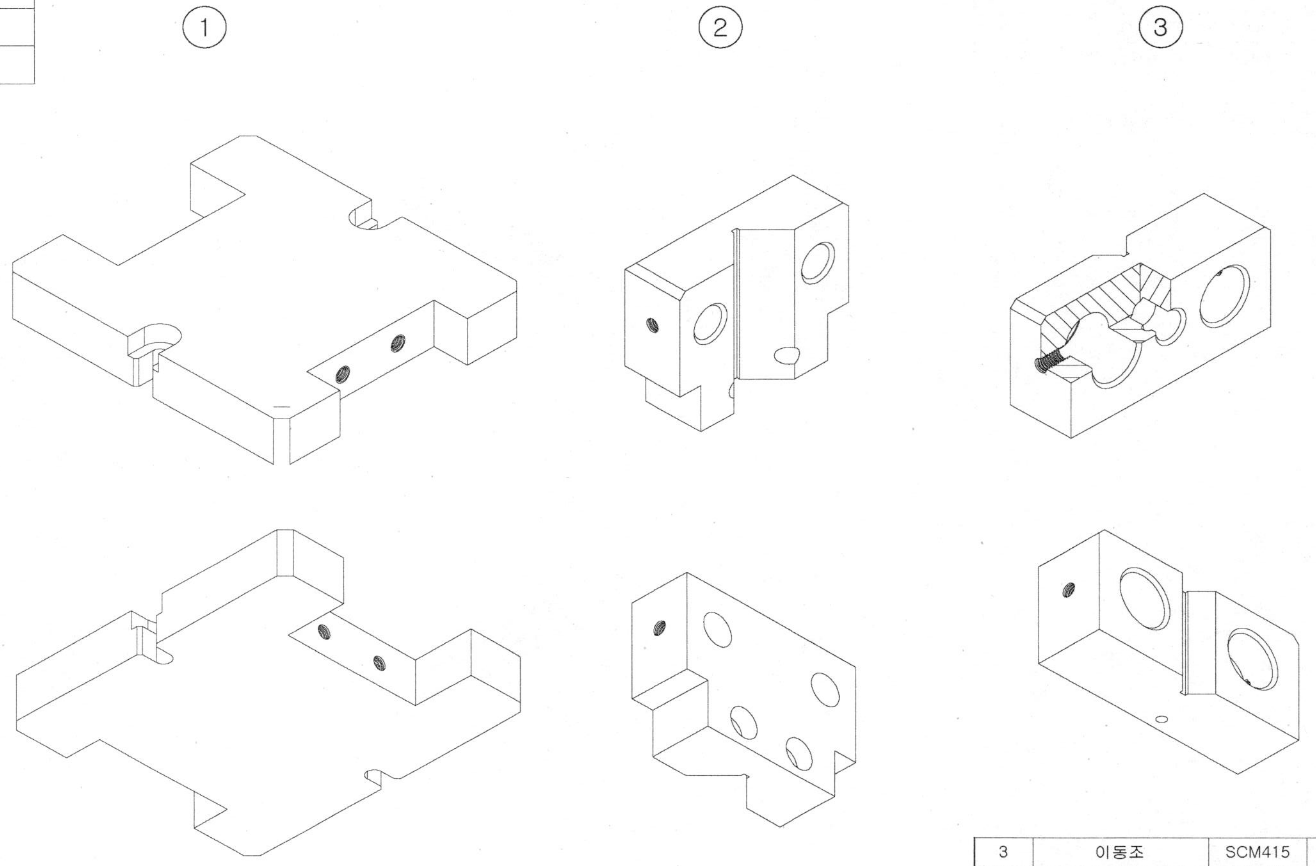

①

②

③

3	이동조	SCM415	1	0.32kg
2	고정조	SCM415	1	0.34kg
1	베이스	SM45C	1	0.83kg
품번	품명	재질	수량	비고
작품명	바이스5-1		척도	1:1
			투상법	3각법

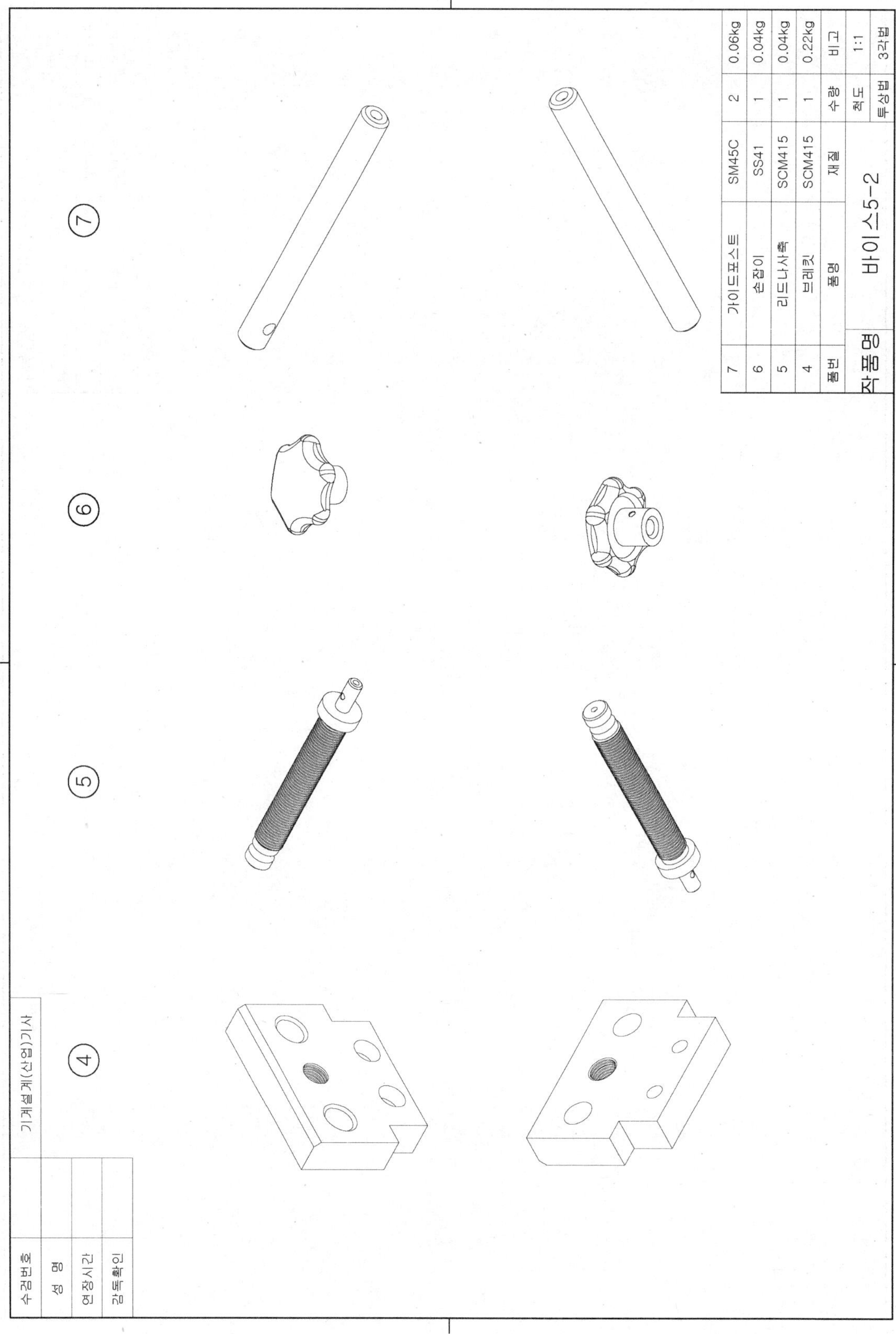
7 | 가이드포스트 | SM45C | 2 | 0.06kg
6 | 손잡이 | SS41 | 1 | 0.04kg
5 | 리드나사축 | SCM415 | 1 | 0.04kg
4 | 브레킷 | SCM415 | 1 | 0.22kg
품번 | 품명 | 재질 | 수량 | 비고
작품명 | 바이스5-2 | 척도 | 1:1
투상법 | 3각법
④
⑤
⑥
⑦
기계설계(산업)기사
수검번호
성 명
연장시간
감독확인

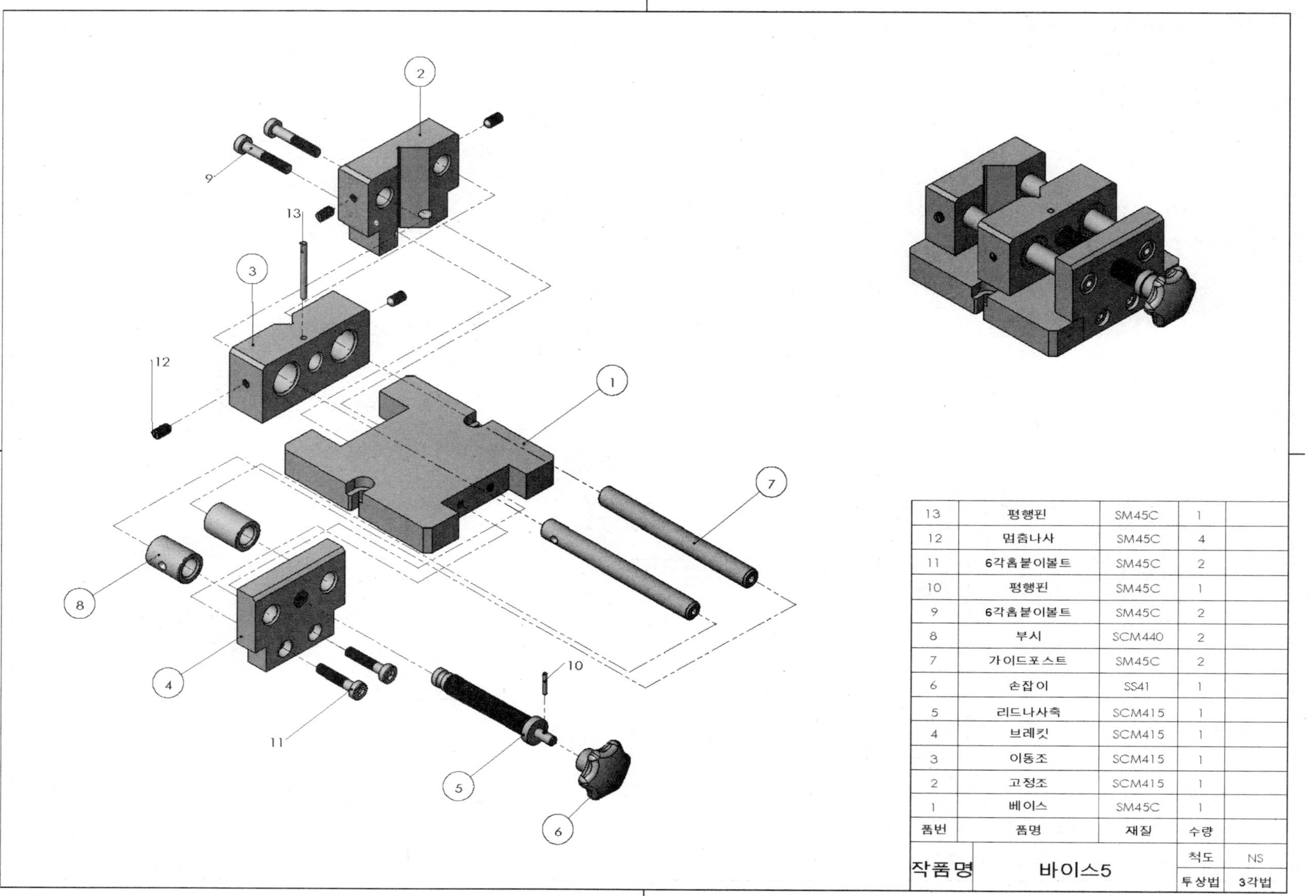

13	평행핀	SM45C	1	
12	멈춤나사	SM45C	4	
11	6각홈붙이볼트	SM45C	2	
10	평행핀	SM45C	1	
9	6각홈붙이볼트	SM45C	2	
8	부시	SCM440	2	
7	가이드포스트	SM45C	2	
6	손잡이	SS41	1	
5	리드나사축	SCM415	1	
4	브레킷	SCM415	1	
3	이동조	SCM415	1	
2	고정조	SCM415	1	
1	베이스	SM45C	1	
품번	품명	재질	수량	
작품명	바이스5		척도	NS
			투상법	3각법

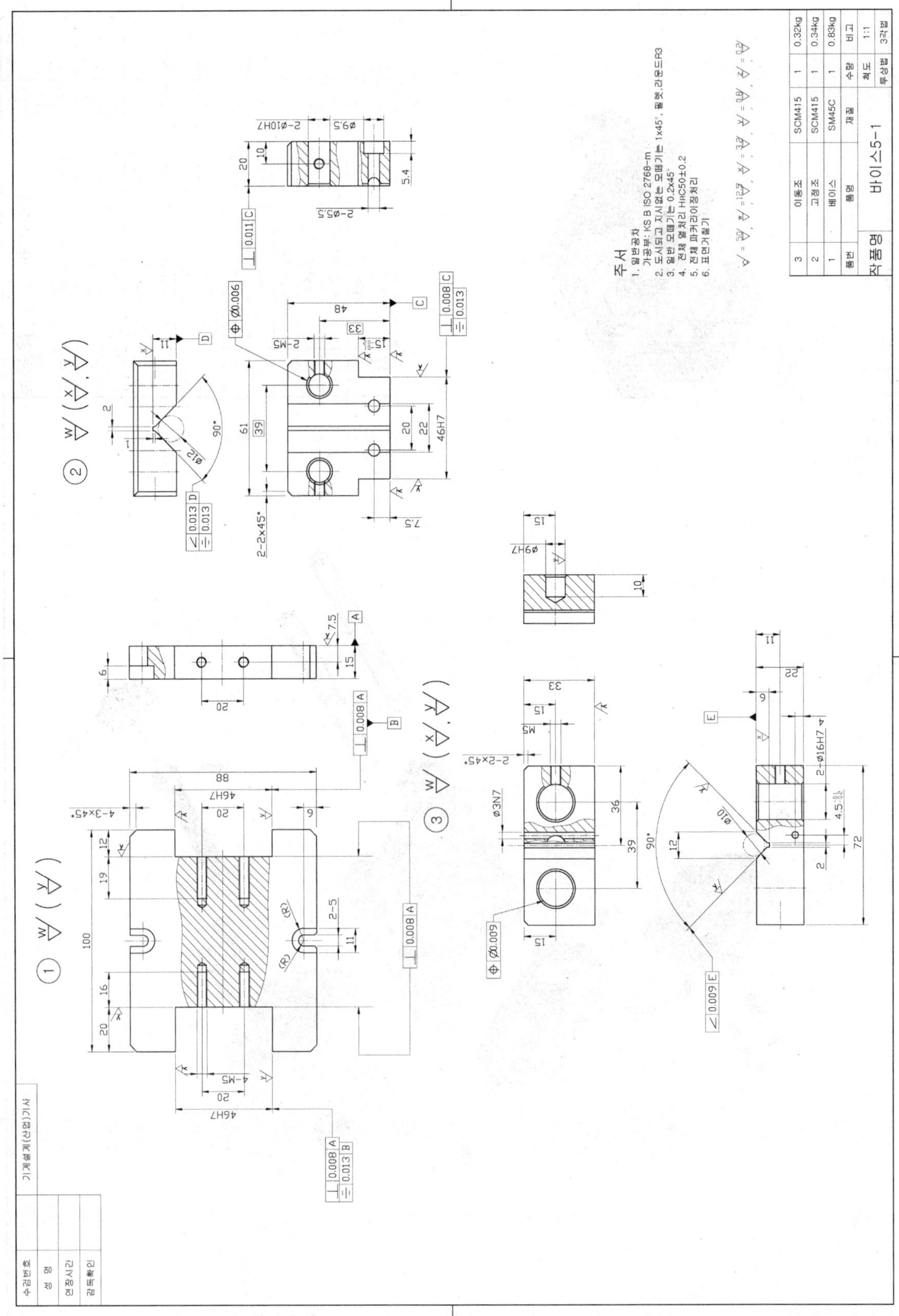

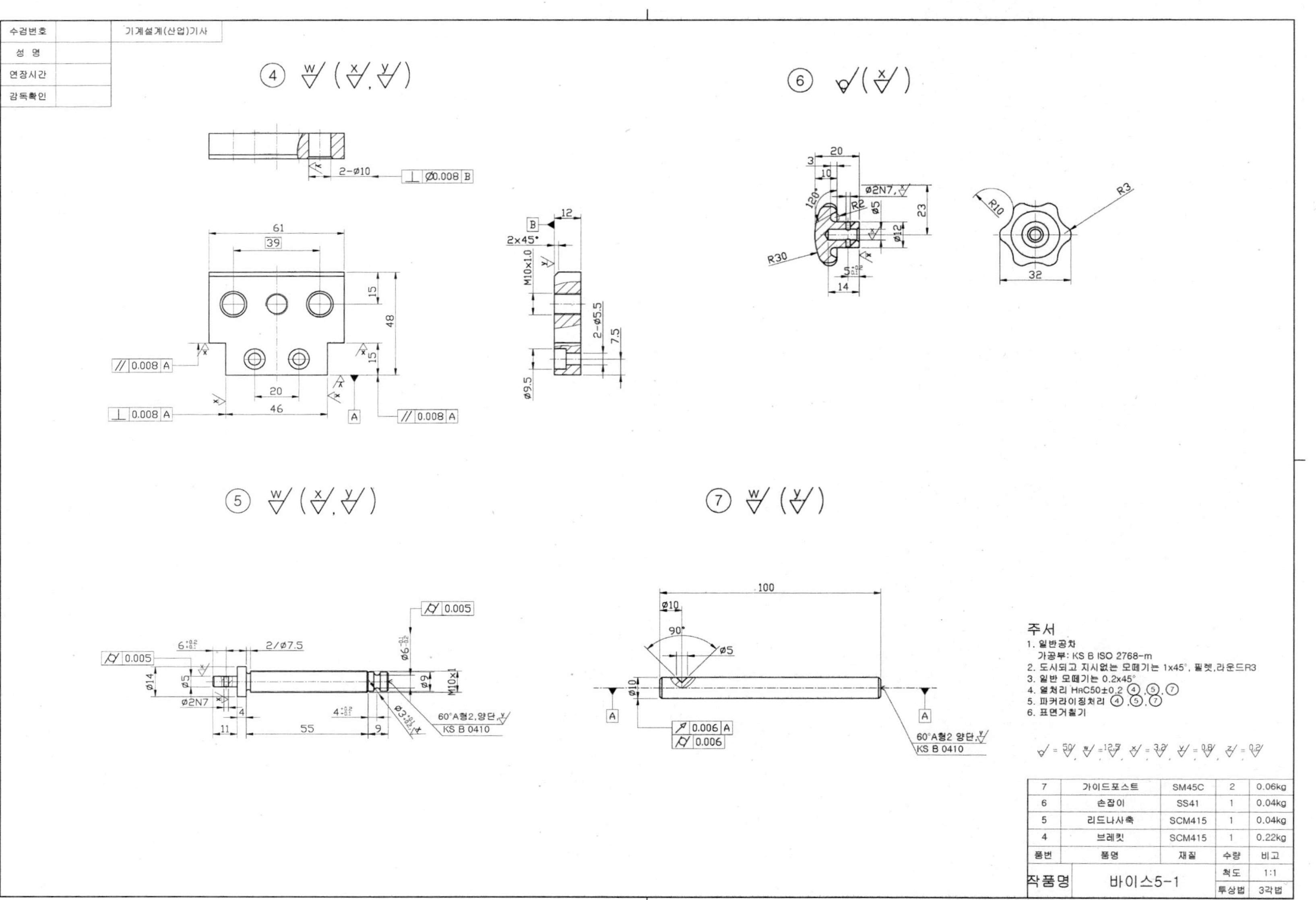

7	가이드포스트	SM45C	2	0.06kg
6	손잡이	SS41	1	0.04kg
5	리드나사축	SCM415	1	0.04kg
4	브레킷	SCM415	1	0.22kg
품번	품명	재질	수량	비고
작품명	바이스5-1		척도	1:1
			투상법	3각법

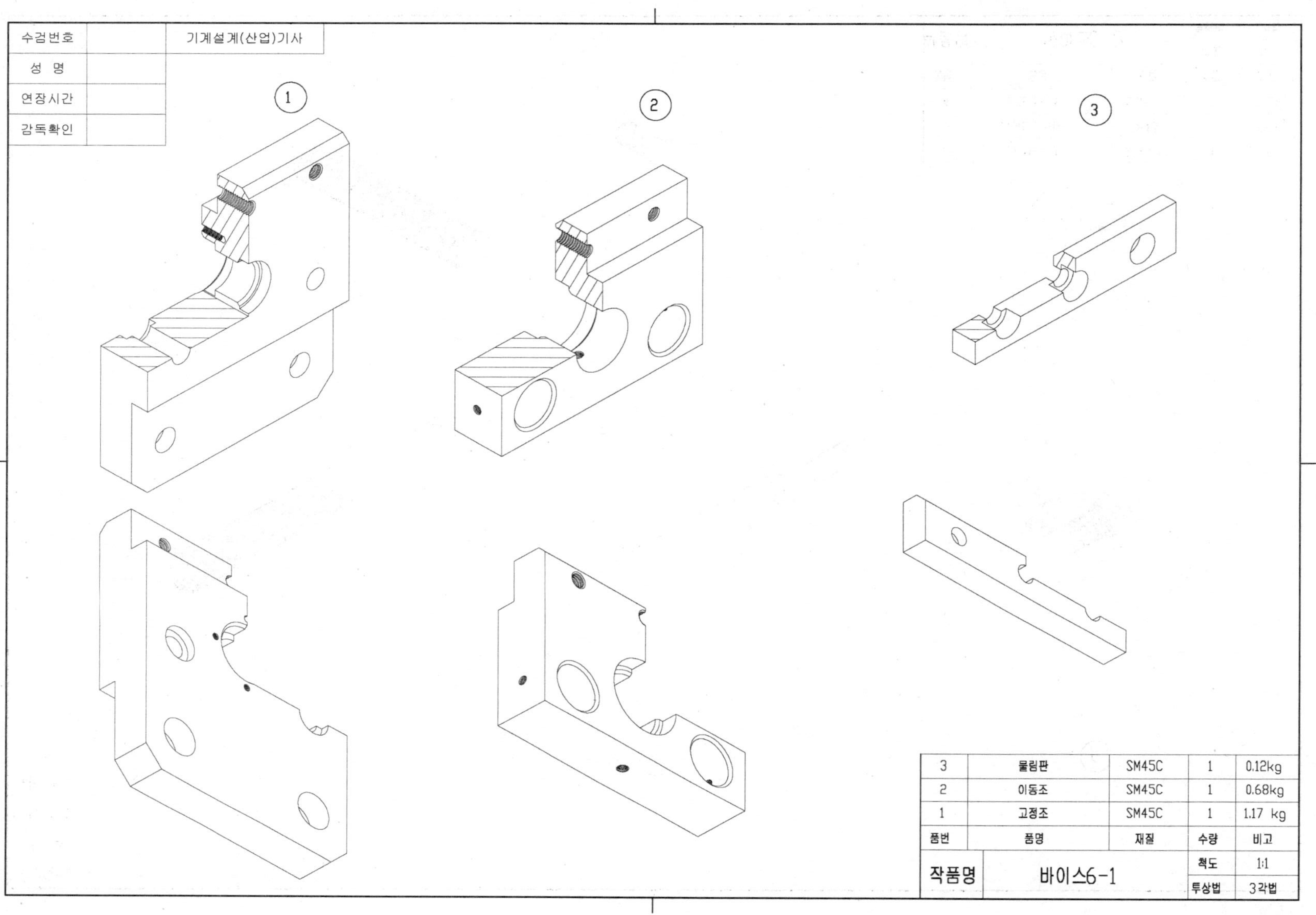
수검번호
기계설계(산업)기사
성 명
연장시간
감독확인
1
2
3
3 물림판 SM45C 1 0.12kg
2 이동조 SM45C 1 0.68kg
1 고정조 SM45C 1 1.17 kg
품번 품명 재질 수량 비고
작품명
바이스6-1
척도 1:1
투상법 3각법

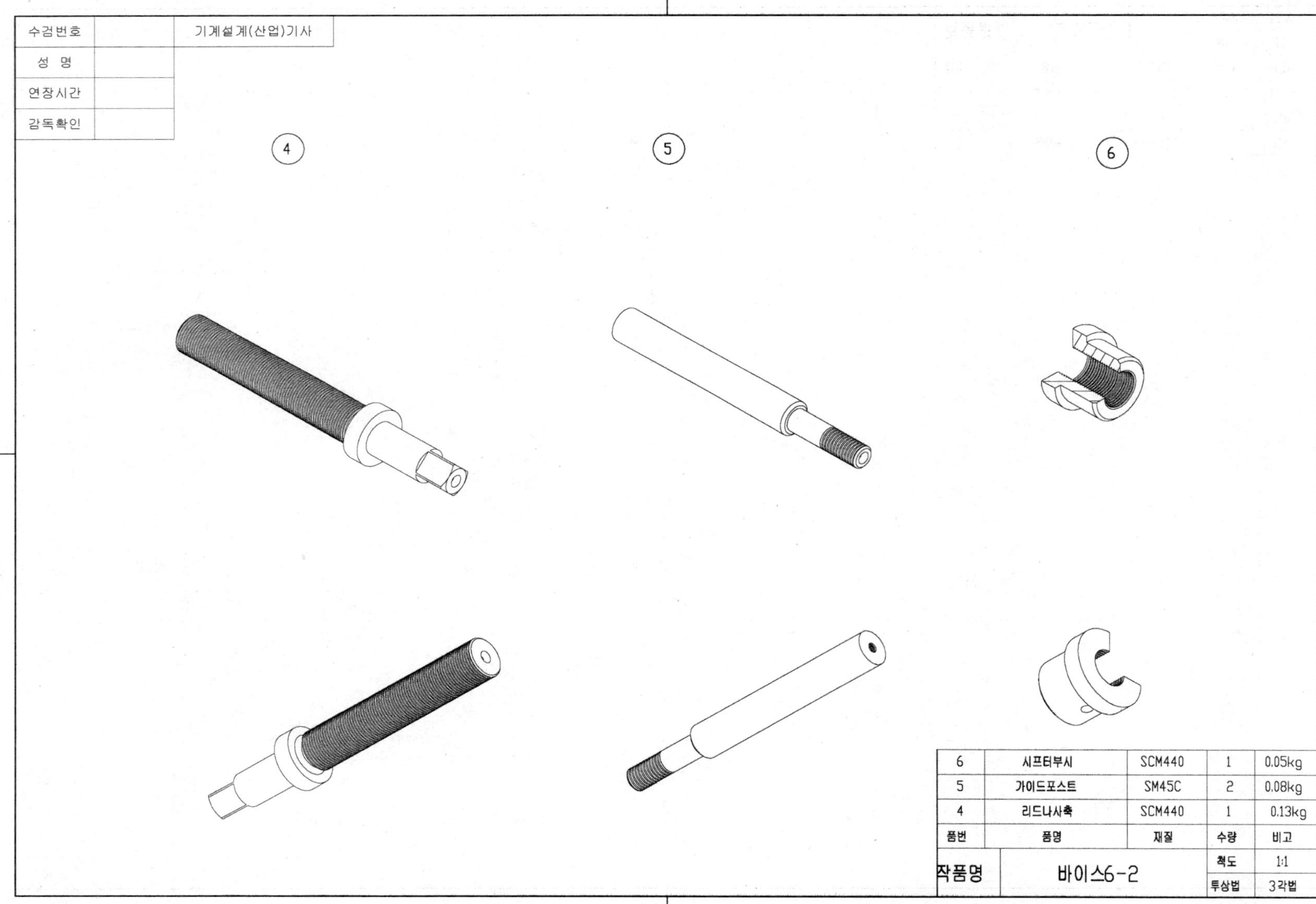
수검번호
성 명
연장시간
감독확인
기계설계(산업)기사
4
5
6
6 | 시프터부시 | SCM440 | 1 | 0.05kg
5 | 가이드포스트 | SM45C | 2 | 0.08kg
4 | 리드나사축 | SCM440 | 1 | 0.13kg
품번 | 품명 | 재질 | 수량 | 비고
작품명 | 바이스6-2 | 척도 | 1:1
투상법 | 3각법

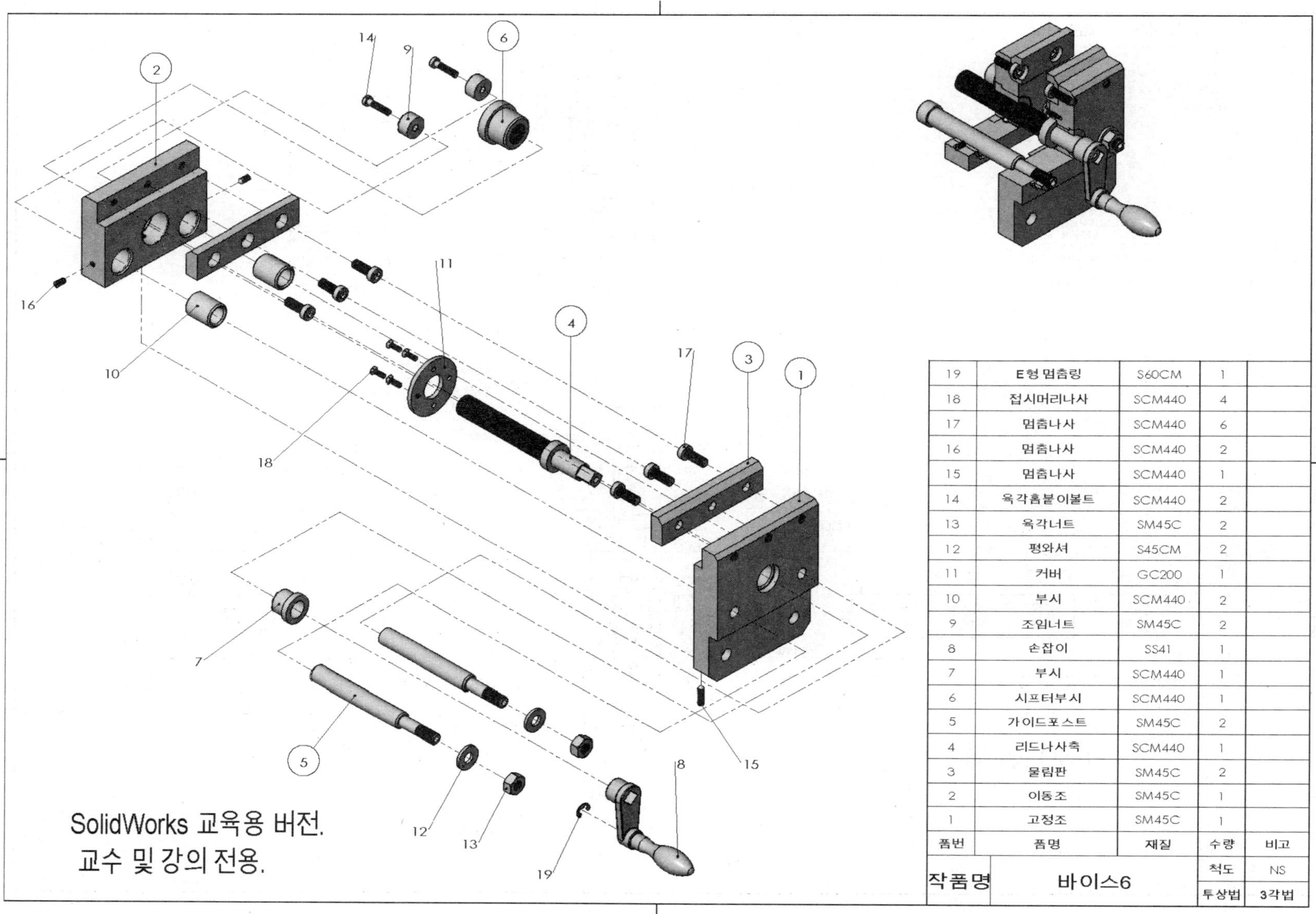

품번	품명	재질	수량	비고
19	E형 멈춤링	S60CM	1	
18	접시머리나사	SCM440	4	
17	멈춤나사	SCM440	6	
16	멈춤나사	SCM440	2	
15	멈춤나사	SCM440	1	
14	육각홈붙이볼트	SCM440	2	
13	육각너트	SM45C	2	
12	평와셔	S45CM	2	
11	커버	GC200	1	
10	부시	SCM440	2	
9	조임너트	SM45C	2	
8	손잡이	SS41	1	
7	부시	SCM440	1	
6	시프터부시	SCM440	1	
5	가이드포스트	SM45C	2	
4	리드나사축	SCM440	1	
3	물림판	SM45C	2	
2	이동조	SM45C	1	
1	고정조	SM45C	1	
작품명	바이스6		척도	NS
			투상법	3각법

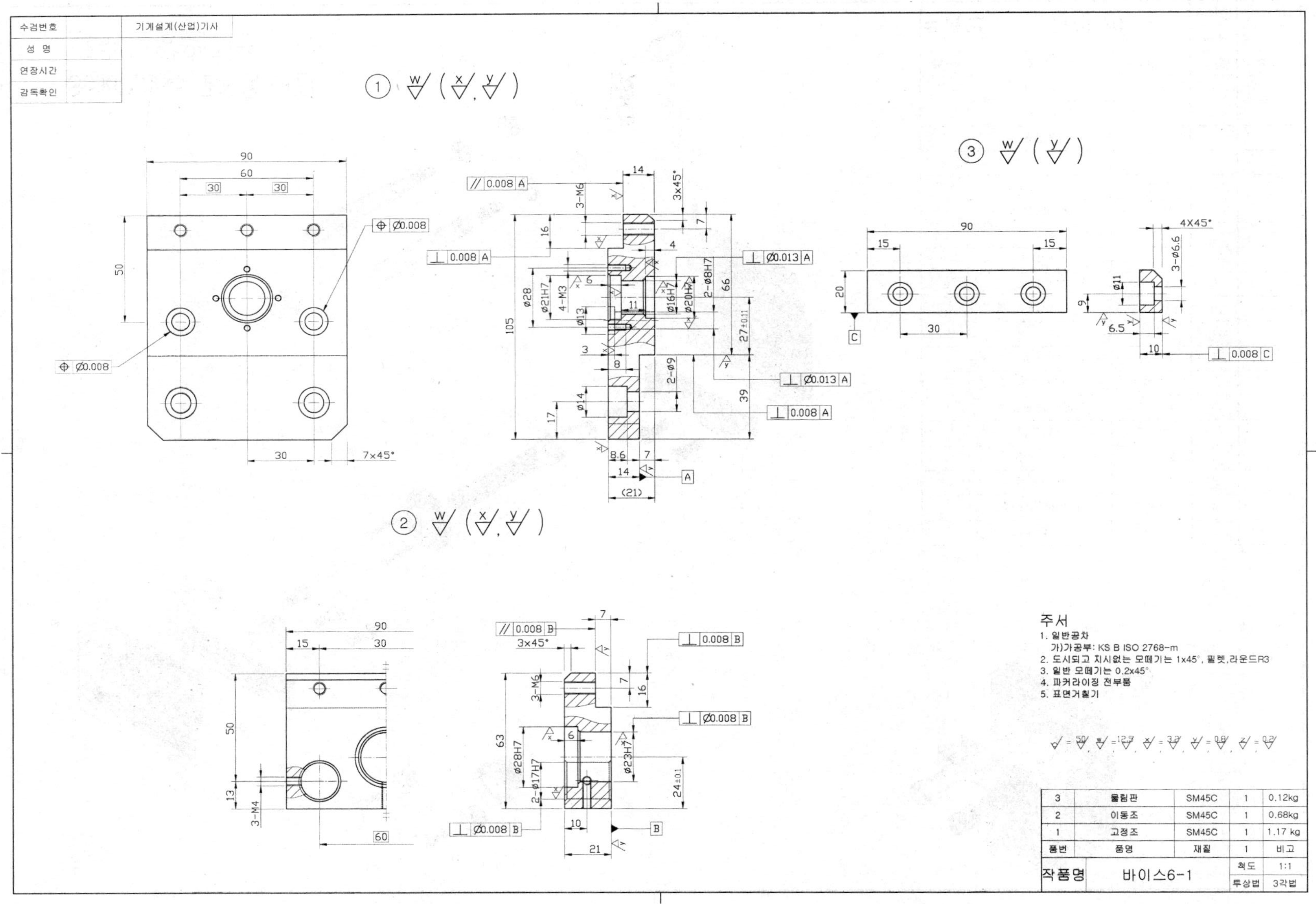
수검번호
기계설계(산업)기사
성 명
연장시간
감독확인
주서
1. 일반공차
가)가공부: KS B ISO 2768-m
2. 도시되고 지시없는 모떼기는 1x45°, 필렛,라운드R3
3. 일반 모떼기는 0.2x45°
4. 파커라이징 전부품
5. 표면거칠기
3 물림판 SM45C 1 0.12kg
2 이동조 SM45C 1 0.68kg
1 고정조 SM45C 1 1.17 kg
품번 품명 재질 1 비고
작품명 바이스6-1 척도 1:1 투상법 3각법

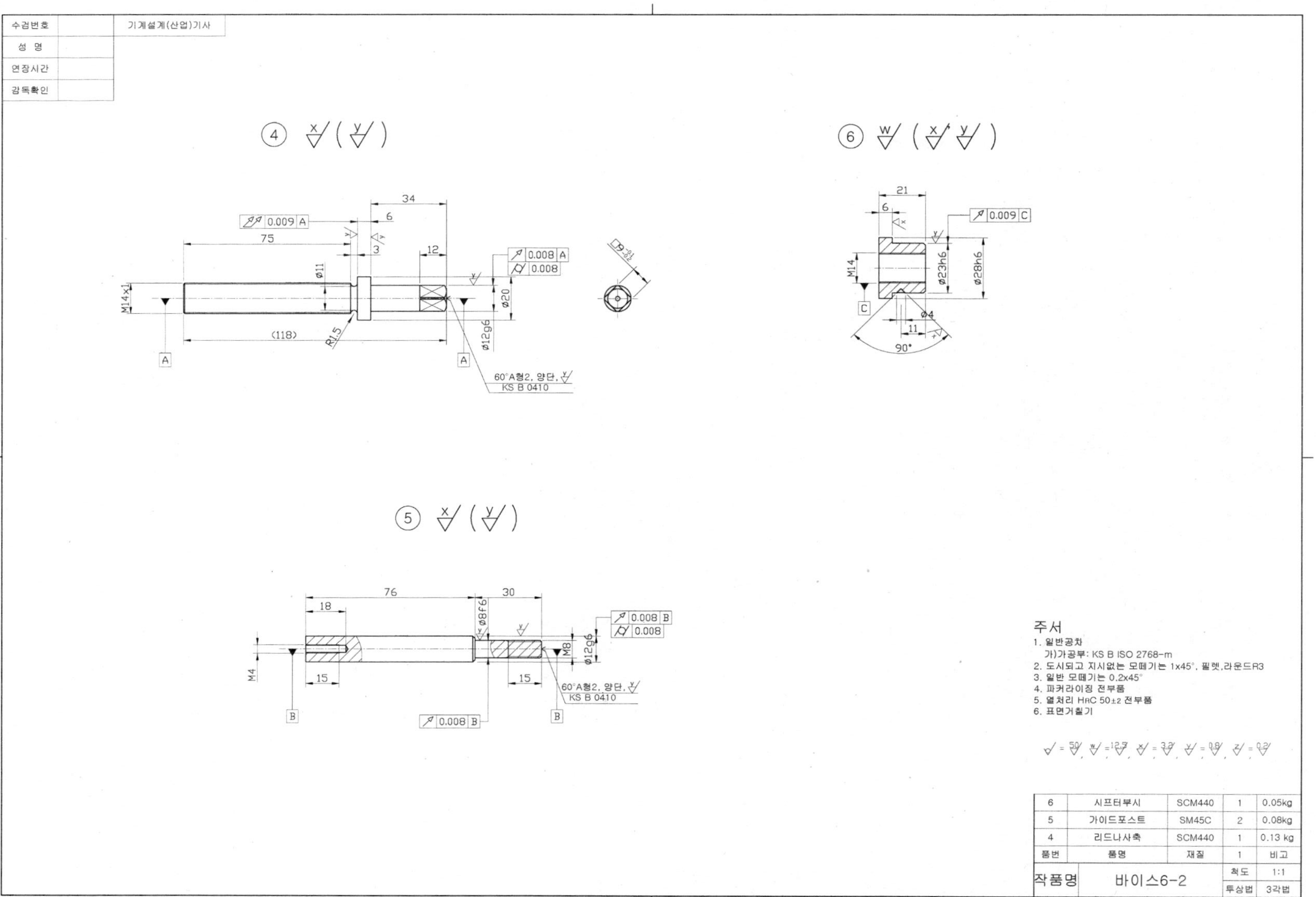
수검번호
성 명
연장시간
감독확인
기계설계(산업)기사
④
⑥
⑤
60°A형2, 양단,
KS B 0410
주서
1. 일반공차
가)가공부: KS B ISO 2768-m
2. 도시되고 지시없는 모떼기는 1x45°, 필렛,라운드R3
3. 일반 모떼기는 0.2x45°
4. 파커라이징 전부품
5. 열처리 HRC 50±2 전부품
6. 표면거칠기
6 시프터부시 SCM440 1 0.05kg
5 가이드포스트 SM45C 2 0.08kg
4 리드나사축 SCM440 1 0.13 kg
품번 품명 재질 1 비고
작품명 바이스6-2 척도 1:1 투상법 3각법

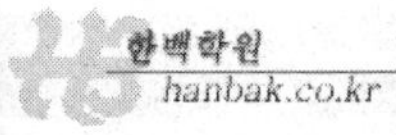

학원소개 | 교육과정(자격증) | 교육과정(실무) | 재직자(환급) | 실업자(국비지원) | 수강안내 | 자료실 | 취업정보 | 게시판 | 질문답변 | 송림코리아 | 강사소개

공지사항

- ■ 9월~11월 재직자환급/실업자.. NEW 2012-08-13
- ■ 시간표 : 재직자환급/실업자.. 2012-07-30
- ■ 8월~10월 재직자환급/실업자.. 2012-07-09
- ■ 전산응용기계제도기능사 실기.. 2012-07-09
- ■ 7월~8월 재직자/실업자/일반 .. 2012-06-12
- ■ 주말 마스터캠9.1(2D) 6/10(.. 2012-06-03
- ■ KS기계제도규격(산업인력공단.. 2012-05-18
- ■ 6월~7월 2회 기사,산업기사 .. 2012-05-09
- ■ 5월~7월 재직자/실업자/일반 .. 2012-04-23
- ■ 재직자/실업자/일반 4월~ 6.. 2012-03-27
- ■ 1회 기사,산업기사실기 및 실.. 2012-02-23

수강지원금관련서류

- ▣ 수강지원금훈련 수강 신청서 양식(개인 환급) HIT

재직자환급관련서류

- ▣ 재직자 환급 훈련 수강신청서(사업주 위탁) HIT
- □ 재직자 환급 과정 중 사업주 ..

시험문제(이론)

- ■ 2012년 4회 A형 전산응용기계제도기능사 필기 문제.. HIT
- ■ 2012-2회 일반기계기사 필기문제와 답안(B형) HIT
- ■ 2012-2회 기계설계기사 필기와 답안(B형) HIT
- ■ 2012-2회 기계설계산업기사 필기와 답안(A형) HIT
- ■ 2012-2회 컴퓨터응용가공산업기사 필기와 답안(B.. HIT
- ■ 2012-1회 B형 일반기계기사 필기문제와 답안 HIT
- ■ 2012-2회 전산응용기계제도기능사 필기와 답안(A형.. HIT
- ■ 2012-1회 건설기계산업기사 A형 필기문제 와 답안 HIT
- ■ 2012-1회 일반기계기사 A형 필기문제 와 답안 HIT
- ■ 2012-1회 컴퓨터응용가공산업기사 A형 필기문제 .. HIT

시험문제(실기)

- ■ 2012- 2회 기계설계기사 실기 작업형 문제 .. HIT
- ■ 2012- 2회 일반기계기사 실기 작업형 답안.. HIT
- ■ 2011- 2회 기계설계기사 실기 작업형 문제.. HIT
- ■ 2012-2회 기계설계기사 실기 필답형 문제 올.. HIT
- 2회차 기계설계기사 실기 복원 HIT
- ■ 2012- 1회 기계설계산업기사 실기 둘째날 문.. HIT
- ■ 2012- 1회 기계설계산업기사 실기 첫째날 문.. HIT
- ■ 2012 -1회차 전산응용기계제도기능사 실기 .. HIT
- ■ 2011- 4회 기계설계산업기사 실기 둘째날 .. HIT
- ■ 2011- 4회 기계설계산업기사 실기 첫째날 .. HIT

머시닝센터 실습 동영상

재직자환급교육이란

수강지원금교육이란

입금계좌
하나은행 116-008920-00207 박인종

문의전화
02)2636-3114~5

FAX
02)2631-1473

e-mail
lyoomy@naver.com

서울특별시 영등포구 문래동 2가 36-6 (신도림역 1번 출구)
한백산업디자인학원 대표: 박 인 종 사업자번호 107-95-06238
Tel 02)2636-3114~5 Fax 02)2631-1473 담당자 박상호

학원소개

* 학원소개
* 오시는길

오시는길

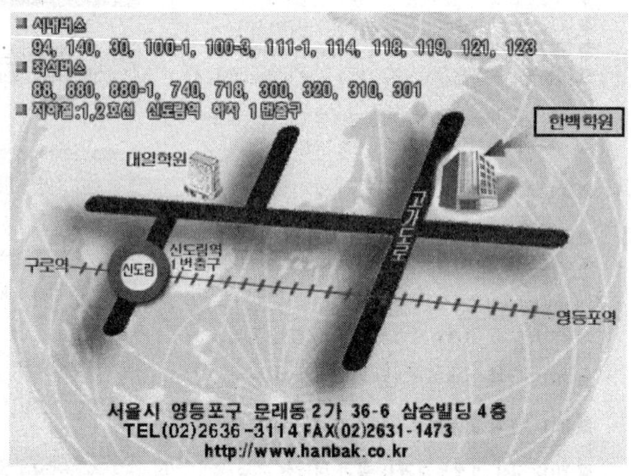

TOP

서울특별시 영등포구 문래동 2가 36-6 (신도림역 1번 출구)
한백산업디자인학원 대표: 박 인 종 사업자번호 107-95-06238
Tel 02)2636-3114~5 Fax 02)2631-1473 담당자 박상호

기초에서 활용까지

AutoCAD 도면작업

발행일 | 2012년 8월 30일 초판 발행
2013년 6월 30일 개정 1판 1쇄
2015년 1월 15일 개정 1판 2쇄
2016년 9월 10일 개정 1판 3쇄
2020년 9월 25일 개정 2판 1쇄

저 자 | 박상호
발행인 | 정용수
발행처 | 예문사

주 소 | 경기도 파주시 직지길 460(출판도시) 도서출판 예문사
TEL | 031) 955－0550
FAX | 031) 955－0660
등록번호 | 11－76호

정가 : 24,000원

ISBN 978-89-274-3701-7 13550

이 도서의 국립중앙도서관 출판예정도서목록(CIP)은 서지정보유통지원시스템 홈페이지(http://seoji.nl.go.kr)와 국가자료공동목록시스템(http://www.nl.go.kr/kolisnet)에서 이용하실 수 있습니다.
(CIP제어번호 : CIP2020037938)